张永德 著

量子菜根谭

现代量子理论专题分析

（第3版）

清華大学出版社
北京

内容简介

本书广泛深入地考察了现代量子理论的理论基础，归纳为 30 个专题。它们大多是些疑惑、困难、争论、流传错误的问题，也有部分前沿热点问题。范围涵括量子力学、高等量子力学、量子场论、量子统计、量子信息诸领域。鉴于现代量子理论已经成为当代物理学各分支学科的共同理论基础，并且正在成为当代自然科学各门学科的共同理论基础，更鉴于整个量子理论经常被一层迷惘甚至误解的"雾霾"所笼罩，朦朦胧胧，"能理解度"较差，因而实行不回避问题的认真考量十分必要和重要。

各讲叙述通常始于就事论事，继以分析提高，归于自然观和方法论，尽力得出一些经验教训。本书论述多关注物理内涵剖析，侧重见解分析评论，是一本有特色的辅助教材，为学过量子理论的学生、研究生、教师和研究工作者提供进一步思考的空间与启迪的线索。对广大科技工作者，它是一本有关自然观、方法论和量子理论内涵分析的有益的参考书。

图书在版编目(CIP)数据

量子菜根谭：现代量子理论专题分析/张永德著．—3 版．—北京：清华大学出版社，2016（2024.3 重印）
ISBN 978-7-302-44276-9

Ⅰ．①量… Ⅱ．①张… Ⅲ．①量子力学 Ⅳ．①O413.1

中国版本图书馆 CIP 数据核字(2016)第 153125 号

责任编辑：佟丽霞 赵从棉
封面设计：常雪影
责任校对：刘玉霞
责任印制：刘海龙

出版发行：清华大学出版社
网　　址：https://www.tup.com.cn，https://www.wqxuetang.com
地　　址：北京清华大学学研大厦 A 座　　**邮　　编**：100084
社 总 机：010-83470000　　**邮　　购**：010-62786544
投稿与读者服务：010-62776969，c-service@tup.tsinghua.edu.cn
质量反馈：010-62772015，zhiliang@tup.tsinghua.edu.cn
印 装 者：北京建宏印刷有限公司
经　　销：全国新华书店
开　　本：185mm×230mm　　**印　　张**：24.5　　**字　　数**：532 千字
版　　次：2012 年 1 月第 1 版　2016 年 11 月第 3 版　　**印　　次**：2024 年 3 月第 3 次印刷
印　　数：2151～2300
定　　价：89.00 元

产品编号：070082-02

第3版前言

这次历时两年的全面修改，主要针对第3、4、6、7、11、12、13、14、15、16、17、18、20、26各讲。修订了附录A和附录B。删去了原来的23讲，因为它只涉及高量散射的教学研究。增加了第23、30两讲，添了个后记。

作者十分感激，在本书写作过程中一直得到中国科学技术大学潘建伟教授、北京计算技术研究所林海青教授和朱诗尧教授、维也纳原子研究所 Helmut Rauch 教授、奥地利科学院 Anton Zeilinger 教授、维也纳技术大学 Gerald Badurek 教授、北京计算物理研究所张信威教授、南京大学邢定钰教授、中科院大学乔从丰教授，以及香港中文大学萧旭东教授的许多关心、支持和帮助。这极大促进了作者对本书的思考和改进。十分感谢中国科学技术大学近代物理系郁司夏教授，他应作者请求阅读了部分书稿，提出了宝贵意见；十分感谢香港科学技术大学孟国武教授、南京大学吴盛俊教授，他们提供的资料和讨论有助于本书的改进。

作　者

2016年5月

第2版版前言

本书出版后，我又习惯性地从头至尾再次反复斟酌，虽然没有发现重要错误，但仍然发现不少需要改进的地方。主要是叙述不够清楚，编排不利于阅读，分析和挖掘未能到位，疏漏了对个别流传错误的分析。所以决定对全书再作一次比较彻底的校改。历时一年多完成的现在这个版本，各讲和附录都做了或多或少的改动。其中改动较大的是第4、5、6、11、14、15、16、17、18、27、28等讲，再就是新增加了第23讲。另外，为了便于读者临时查找，增加了一个内容索引。

历经长期思索和反复修改之后，在此寄出再版书稿之时，作者真诚谦卑地期盼能对得起本书读者，对得起借来的“菜根谭”三个字。

作者感谢清华大学出版社邹开颜、赵从棉和石磊的费心编辑、精心设计和对本书的重视，正是由于他们的辛勤努力，才使得本书装帧呈现出江南水乡般的清新秀丽。

作　者

2013年2月

序　　言

道，可道，非常道；
名，可名，非常名。
无，名天地之始；
有，名万物之母。

——老子《道德经》

自然界最不可思议的事情是：自然界中竟然无时无处不存在着各种各样的理性自洽、普适永恒、精美绝伦的规律！用爱因斯坦(Einstein)的话概括就是：

The most incomprehensible thing about the world is that it is comprehensible.

他认为：每一个严肃地从事科学事业的人都深信，宇宙定律中显示出一种精神，这种精神大大超越于人的精神，我们在它面前必须感到谦卑[①]。

现在，人们将这些亘古不变、万有普适的规律统称为"绝对真理"，是老子说的第一个"道"。它们是外在于人类的客观永恒的存在。但是，一旦人们以人类能够接受的方式、用人类能够理解的语言将它们表述出来，成为人们创制的"可道"之"道"，就只能是相对真理！而绝非不可以更替的永恒的绝对真理——绝非"常道"之"道"。简单说，人们能够掌握并表述出来的东西永远是"相对真理"！Poincare 说：几何点是人的幻想。又说：几何学是不真实的，但是有用的[②]。他强调的正是这个观念。人类只能通过一次次建立"相对真理"去接近"绝对真理"，永远达不到掌握"绝对真理"的境界，更谈不上创造"绝对真理"！

可以有个比喻：上帝创造了世界，很是自豪。为了使杰作不成为"锦衣夜行"，希望能有智慧生命体欣赏、歌颂他的杰作，他创造了人类，赋予人类认识自然规律的能力。但是，上帝并不是那么慷慨，他非但没有赋给人类制定自然法则、创造绝对真理的能力，甚至连完全彻

---

① 安·罗宾逊. 爱因斯坦　相对论一百年. 张卜天，译. 长沙：湖南科学技术出版社，2006：188.

② H. Poincare. 科学与假设. 叶蕴理，译. 北京：商务印书馆，1989：63，65.

底一次性认识绝对真理的能力也没给,只给了人类第三等的能力——认识相对真理的能力。即便具有了这个第三等的能力,人们还得努力地、一步一步地去“思”、去“悟”才能得到!

物理学,顾名思义,是讲述“物质世界运动变化的基本道理”。从非相对论量子力学到相对论量子场论的整个量子理论(QT)是讲述微观物质世界运动变化的基本道理。QT是应当而且能够讲清道理的,但却又是最不容易讲清道理的道理。许多老师将基本道理和物理解释推向未来,常常向学生强调,先掌握数学计算再说。等到时间一长,学生也就不太管那些解释和道理了。其实,QT远非只是计算对易子、求解本征方程、算算概率、算算Feynman图、减减发散等。**数学计算只是QT的外衣,更重要也更难的是理解它的灵魂——物理动机、物理观念、物理思想、物理图像、物理本质、物理逻辑、物理分析、物理结论、物理意义……**QT的物理属性极其丰富,**除了常说的波粒二象性、不确定性、全同性这“老三性”之外,还有完备性、可观测性、内禀非线性、相干叠加性、纠缠性、逻辑自洽性、不可逆性、因果性、或然性、多粒子性、空间非定域性等。**这些物理属性交织衍生、演绎变幻,谱写出“八部天龙”般雄浑开阔、壮丽诡异的景观,铸成QT独特的理论品味。就连它的数学外衣,也涉及本征函数完备性、算符奇性、非Gauss型路径积分的数学基础、可重整性是否必要、相对论性定域因果律的处理等尚未解决的重要数学问题。

更何况,QT虽然历经百余年长足进展,逐步建成雄浑博大、深邃精美的科学宫殿群落,但从原理上看,仍然有许多地方没弄清楚。主要是:怎样充实量子测量和粒子产生湮灭描述的唯象性质?如何避免定域描述的消极影响?究竟怎样解释理论的或然性质?怎样理解空间非定域性?QT和相对论性定域因果律相互兼容吗?那些基本物理常数由何决定?等等。

正因为如此,Feynman说:“I think I can safely say that nobody understands quantum mechanics.”显然,他这句话并非针对学生和普通人说的,而是针对当时的物理学界说的,其中也许还包括他自己。的确,真正懂得量子力学并非易事。强记硬背量子力学基本内容不难,就事论事地讲清量子力学的数学外衣也容易。但传授对量子力学物理思想的理解,深化对量子力学物理逻辑的分析,懂得量子力学的本质,相当不容易。即便是著名物理学家或是教授量子力学几十年的老教师,也未必总能满意地回答莘莘学子基于直觉提出的问题。

所以,**学习和掌握QT的时候,要时时注意摆脱经典物理学先入为主的成见、人择原理的偏颇、宏观观念的束缚、人造虚像的干扰。**这里最重要的是:**第一,体察人类最先掌握的经典物理学只是离自己手边最近的物理学,未必是自然界最基础层面的物理学;第二,树立“只信实验,只信逻辑”的科学理性精神;第三,警惕人类建立“可道”理论过程中必然会引入的绝对化、理想化、局域性、片面性的纯属人造的属性。**

书中遵循总结、深入、提高、面向未来的思路,以专题讲解形式深入辨析QT中的疑难争议问题。各讲尽力以深入浅出的方式分析物理概念,明确认知边界,剖析思维路线,讲究治学方法。作者深知实现这个目标十分艰巨，但认为还是应当本着赤子之心，尽力去追求。《诗经·秦风》有曰："蒹葭苍苍，白露为霜。……"

应当指出，QT 发展史中也出现过许多名噪一时的量子佯谬，引起过热烈议论，也算得是一些疑难热点问题。比如：单光子干涉实验、延迟选择实验、de Broglie 胶片问题、负能问题、Klein 佯谬、鬼态、算符厄密性问题、Schrödinger-Cat 态、Einstein 啤酒瓶、EPR 悖论、Zeno 佯谬，等等。但因时过境迁，除少数问题还保持着生命力之外，多数由于对其已经理解，或实验已经证实，失去了往昔的神秘感和吸引力。本书也相应地予以省略。

本书的构思最初来自作者数十年参加和主持全国高校量子力学研究会的年会活动，复经常年思悟积累，初步形成作者在 2003 年清华大学物理系讲解"量子力学疑难杂症"专题讲座课程的讲稿，记得课程是 3 个学分。那些讲稿当时曾挂在清华网上，中间也曾不断复制给一些同行和同学。其中不少内容也在国内外多所大学讲过。由于电子版讲稿有所流传，时受叮嘱出版。迄今为止，作者并未中断过斟酌修改、丰富扩充的努力，直至成为现在这个付梓的样子。

应当说，在整个量子理论范畴中，和前沿热点问题相比，基本问题看似是一块块"菜根"，其实它们饱含物理，更蕴藏理论发展变革的无限生机，味道"甘美醇厚耐咀嚼"。**这 30 讲的主要目的是：通过讲解一些疑难争议问题，着重谈谈 QT 的"道"，以便为学过 QT 并对 QT 有兴趣的人提供一点思考驰骋的空间；除了传授一点知识，更希望锻炼读者的思辨能力，加深认识、提高见识、活跃思想、添点兴趣。本书论题也许多半不是"穷巷多怪"，惟盼所论内容并非"曲学多辩"**。作者深盼本书有益于提高读者对量子理论的悟性。希望读者在比对把玩时，专心思索、耐心揣摩、潜心领会。

作者十分怀念与国内外许多同行好友的交流讨论，数不清的切磋琢磨使作者受益匪浅。感谢朱邦芬教授和吴念乐教授，他们本着清华"**有容乃大**"精神，给作者以充分尊重和信任，正是那次讲课使作者凝聚起本书的最初思路。

张永德

2010 年 10 月

目　录

第 1 讲　Young 氏双缝实验→广义 Young 氏双缝实验→Qubit
——“量子力学的心脏”

第 2 讲　无限深方阱粒子动量波函数的争论
——“量子力学的数学是错的”?!

第 3 讲　自由定态球面波解的争论和中心场自然边条件的来由
——等式两边同除以零的后果!

第4讲 量子测量的理论基础、广义测量
——量子测量理论几点注解(Ⅰ)

第5讲 量子光学部分器件作用分析,测量导致退相干
——量子测量理论几点注解(Ⅱ)

第6讲 量子测量中主观性与客观性的对立统一,小结
——量子测量理论几点注解(Ⅲ)

第7讲 电子怎样从空间一个观测点运动到另一个观测点
——没有轨道的"轨道"

第8讲 电子与中子的旋量波函数
——不同于"两分量矢量"的"两分量旋量"

第 9 讲 从量子 Zeno 佯谬到量子 Zeno 效应

——越看越烧不开的“量子水壶”

第 10 讲 1/2 自旋密度矩阵的 Bloch 球分解

——“可道”之“道”的含糊

第 11 讲 “一次量子化”与“二次量子化”

——“无厘头”与不“无厘头”

第 12 讲 量子理论是线性的?!

——这是一个很大的误解

第 17 讲　超冷全同原子 Bose-Einstein 凝聚体的 Feshbach 共振

——可爱的自由度

第 18 讲　量子统计基础的一些考量

——量子统计只有一个公设吗？

第 19 讲　位相算符与位相差算符

——取决于"算符指数"！

第 20 讲　量子理论内在逻辑自洽性分析

——又一个常被忽视的基本问题

第 21 讲　Berry 相位争论分析

——可积与不可积、动力学与几何

第22讲 传统量子绝热理论的不足与解决
——“后 Berry”量子绝热理论

第23讲 光子描述
——光子有“坐标波函数”吗?

第24讲 量子态叠加和纠缠与“定域物理实在论”的矛盾
——一论 Einstein“定域实在论”

第25讲 Bell-CHSH-GHZ-Hardy-Cabello 空间关联非定域性研究路线述评
——二论 Einstein“定域实在论”

第29讲 论波粒二象性

——"大道归一,返璞归真"

第30讲 现代量子理论中的雾霾与自然科学基本公设

——再论自然科学为"可道"之"道"

第1讲

Young 氏双缝实验→广义 Young 氏双缝实验→Qubit

——“量子力学的心脏”

※ ※ ※

1.1 Young 氏双缝实验解释确实令人为难

Young 氏双缝实验是量子力学最初的、最普通的、最著名的实验,也是最奇特的、最富于量子力学味道的实验。全部疑惑在于,实验中可以将入射电子束流强度调得很低,以致每个电子都是单独穿过狭缝的。显然,如此实验只涉及每个电子的自身性质,并不涉及电子的集体行为。但重复实验的集合结果却出现了体现波动性的干涉花样!这说明:**实验中体现波动性的相干现象来自每个电子,每个电子都能自身干涉!**然而,人们每次测到单个电子却总给人以粒子质点形象!于是无法想象一个个质点每个都同时穿过两条缝!

总之,Young 氏双缝实验表面浅显易懂,其实难于理解;它很容易利用程差作简易说明,但又难以求解 Schrödinger 方程得到强度分布;它出现在所有量子力学教材中,是众所周知的基础性实验,但人们常常忽略它许多重要的侧面;它是量子力学中最古老、最普通的实验,但近代却又不断出现花样翻新的新版本①。最后,正是对它的深入思索(结合作用量

---

① 比如,观察单光子在双缝实验中平均路径的文章:Science,2011,332:1170.

原理)使 Feynman 产生了路径积分思想。

由此能理解 Feynman 的话:**Young 氏双缝实验是量子力学的心脏**。它确实是理解量子力学本质的关键。如果说量子力学是位美女,那么 Young 氏双缝实验就是这位美女琢磨不透的心!

双缝实验中,每个电子都是由电子枪发射,穿过双缝屏,到达位于接收屏上的探测器。当然可以问:**这些电子一个一个究竟是怎样穿过双缝的**?然而这是一个令人难于回答的问题。不算没穿过去的损失情况,不外乎两种答案:**随机地从两缝之一穿过去,同时从两缝穿过去。两种回答都无法选择**。

要是选择第一种回答,也即“确定,但不确知”,如此一来,重复实验的最终结果就只能是两个单缝衍射的强度相加,肯定无法解释双缝干涉条纹现象。这种回答导致否定 Young 氏双缝干涉实验现象的后果,人们不敢这样回答。

要是选择第二种回答,产生双缝干涉条纹是没有问题了,但是,事先想象为质点的电子怎么能够分成了两半从两条缝同时穿过去?!要知道,谁也没有看到过半个电子!人们不愿意这样回答。如同下图中上山的正常滑雪者,无法理解对方下滑时是怎样绕过那棵雪松树的。

(此图来自 Charles Addams, The New Yorker,1940)

1.2 Young 氏双缝实验解释常见的错误和缺点

(1) 各种错误回答

经典观念牢固:**“电子不是孙悟空,只能从两缝之一穿过去。”**

承认没有想清楚:**“这是个两难回答的问题——回答困难。”**

绕过去不回答:**“缝屏前的入射电子消失了,在缝后接收屏上某处电子被探测到了。”**

本质上是经典观念:**“电子客观上是在空间某处,只是我们不知道。一旦知道了,状态**

就会改变。”

用经典观念来概括：**“(客观上)是确定的，但(我们)不确知。”**

直截了当拒绝回答：**“这是个科学之外的问题。”**

还是直截了当地拒绝回答：**“不必问电子是怎样穿过双缝的。因为那是哲学的东西。我们是研究物理规律的。”**

平庸的错误：**“一束电子集体构成一个波束，这个波束同时穿过双缝，形成干涉花样。”**这实质是主张：**“电子的波动性只是电子集体的相干性行为，不承认单个电子有内禀的波动性质。”**

引人遐想的错误：**“电子是漂浮在波函数海面上的一艘船，它往哪走由海流引导，一旦被发现，则是这艘船的完整的本身。”**

有的似是而非地否定：**“说电子从两条缝同时穿过去是不对的。因为，这和电子是个局域性的东西相矛盾。何况，从来没人看到过从两条缝同时穿过去的实验现象。”**

似乎有理的否定：**“又说电子从两条缝同时穿过去，又不能真正明白地测量发现这件事。这是违背科学精神的。”**(见脚注⑥，分析见下面 1.3 节第 2 条)

还有刻意模仿 Feynman 的话，但却是完全错误的：**“分立和连续的统一是量子力学的心脏。”**(“This union of the discrete and the continuous is at the heart of quantum mechanics.”)[②]这又一次应验了 Feynman 的另一个说法：

I can safely say that nobody understands quantum mechanics。

(2) **有些量子力学书的原理图漏画了电子源和双缝屏间的单缝屏——其物理作用是保证双缝入口处初始相位差的固定**(由于不可能制造出几何点状电子源，实验必须保证由电子源不同部位发射的电子到达双缝入口时所经历的程差是固定的。单缝屏就专为此而设，是保证双缝实验成功的必要部件)。**作为对照，下面引用 Feynman 量子力学书中 7 幅双缝实验图(见图 1-1)**[③]。**各图都不厌其烦地画出了单缝，只图 1.1(e)未画，但明白标出平面波入射——初始相差为零，仍是固定的。**

(3) 电子 Young 氏双缝实验的标量解释是不完整的。实际上，电子是两分量旋量，所以实验应当是个两分量旋量的干涉实验。即便对光子，因为有极化，也应当考虑包含偏振的双缝干涉。

(4) 通常只有简单的关于条纹位置的程差估算，缺少求解 Schrödinger 方程得到概率分布的理论计算。

(5) 缺少 Young 氏双缝实验的近代翻版的介绍。

---

② ENGLERT B. G. lecture on quantum mechanics. Vol. basic matters, p. 51. World Sciences Publishing House。2006。这种主张错误在于：经典物理学的波动力学中也普遍存在分立与连续统一的现象。一维弦振动、二维膜振动和三维微波腔振动都存在分立本征态解的振幅连续叠加问题。

③ FEYNMAN R P, HIBBS A R. Quantum Mechanics and Path Integrals[M]. New York: McGraw-Hill Book Company, 1965.

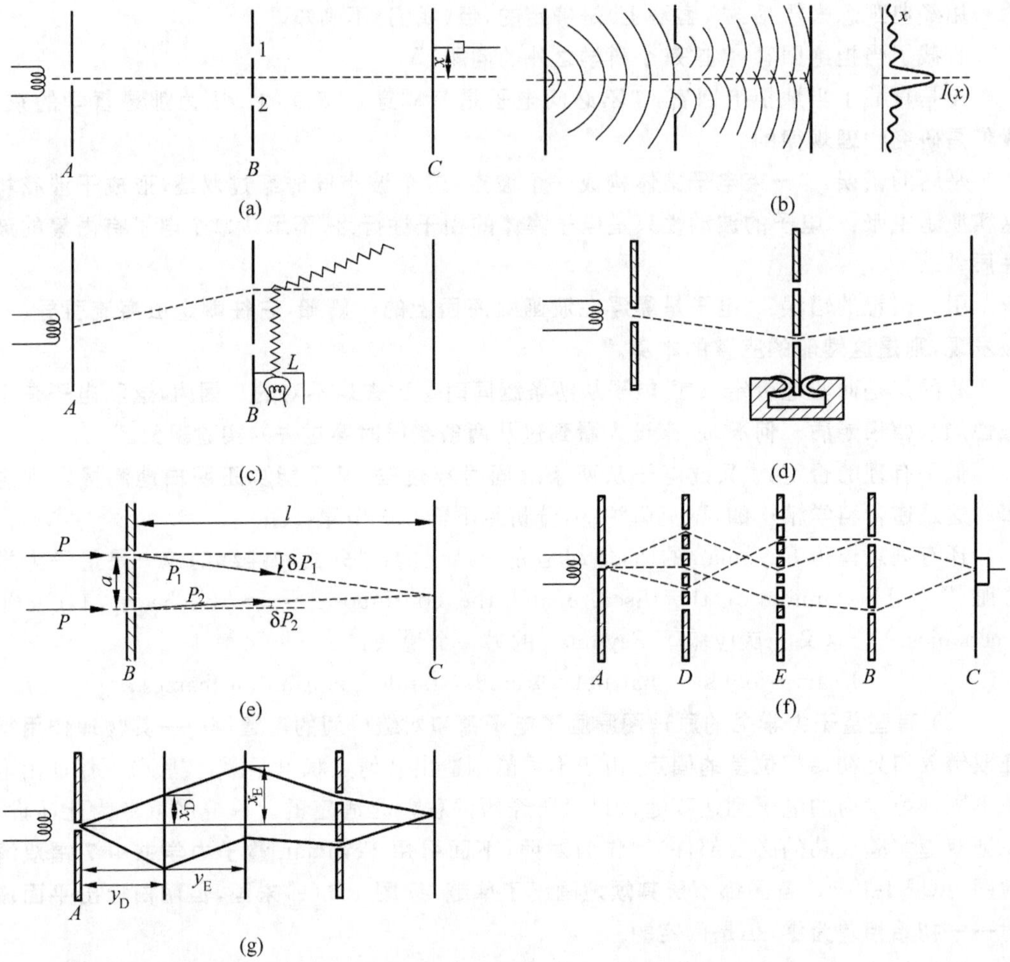

图 1.1

1.3 实验中电子究竟是怎样穿过双缝的?

1. 正确回答

实验中每个电子都是从两条缝同时穿过的。接收屏上电子所处状态是经历两条途径的两种状态(概率幅)的相干叠加:

$$|\Psi\rangle = |\text{up}\rangle + |\text{down}\rangle$$

这表明,每个电子都是自身干涉。若进行 which way 测量,必向两者之一塌缩;原则上无法分辨就会发生双态之间的干涉。

从本质上说，微观粒子的内禀性质既不是经典的“波包”，也不是经典的“弹丸(粒子)”。它们行为只是有时像宏观“波包”，有时像宏观“弹丸”。人们采用宏观世界经典物理学语言作不伦不类的比喻就说是“波粒二象性”(仿佛苏州西园五百罗汉堂的济公塑像，又哭又笑两幅截然不同面孔的相干叠加)。

不同于宏观情况，微观粒子的量子状态就像是一个个极易破碎的玻璃杯，像一个非常害羞的小女孩的面孔。对微观粒子作实验观测，将会不可避免地干扰观察对象。**微观粒子究竟“像”什么与怎样观测有关——观测结果依赖于观测类型(测量哪种类型的力学量)。观测导致状态的塌缩，不同类型的观测导致状态的不同类型的塌缩，使人们产生不同的印象。**比如，人们对电子的“粒子”形象，主要来源于企图“俘获”电子这一类型的实验；而它的“波动”形象则大体来源于企图“测量电子动量”这种类型的实验。

务必注意：**①虽然“几何点”“质点”“轨道”等概念的确有助于精确表达自然规律，使用起来很方便**[④]**，但归根结底，它们只是 Euclid 和 Newton 主观思考中想象出来的、人为的、自然界并不存在的东西；②“测量可以不干扰被测对象”只来源于宏观世界的物理经验。Newton 力学和 Maxwell 电磁理论的经典物理学是在我们身边、离我们最近的物理学，但却不一定是最基本的、最有概括力的物理学。**现在的问题是，不要将这些宏观的或主观的思维积习认为是基本的、理所当然的，甚至在思辨时无意识地用到微观世界量子力学中！西方科学精髓告诉人们：**进入微观世界时，必须依靠、也只能依靠“实验事实 ＋ 逻辑推理”的理性精神。**

上面解释是唯一符合所有实验事实又逻辑自洽的回答。同时，**只要无法知道电子从哪个缝过去，就会发生干涉；而一旦用任何办法知道每个电子是从哪个缝过去的，干涉花样便会消失。**原因是，这时已经有相异的广义好量子数可供区分了[⑤]。

2. 回答之难的再一个例证

这可以用文献[⑥]中一段文字作为例证。该处正确说了：

Only when there is no way of knowing, not even in principle, through which slit the particle passes, do we observe interference.

但接着却错误地强调：

As a small warning we might mention that it is not even possible to say that the particle passes through both slits at the same time, although this is a position often held. The problem here is that, on the one hand, this is a contradictory sentence because a particle is a localised entity, and, on the other hand, there is no operational meaning in such a statement.

---

④ 狄拉克 P A M. 量子力学原理[M]. 陈咸亨，译. 北京：科学出版社，1965：47.

⑤ BUKS E, et al. Dephasing in electron interference by a“which-path”detector[J]. Nature, 1998, 391:871.

⑥ BOUWMEESTER D, et al. The Physics of Quantum Information[M]. Berlin Springer-Verlage, 2000:2.

下面接着又回到正确：We also note that one can have partial knowledge of the slit the particle passes at the expense of partial decoherence.

中间一段说法有问题是因为，文中告诫人们不能说粒子同时穿过两条缝的两条理由都不成立。这两条理由是：

其一，粒子是个局域性的东西，因此不能说它从两条缝同时穿过，说它从两条缝同时穿过是矛盾的；

其二，从两条缝同时穿过的说法不具有可操作的意义，因为真要测量究竟从哪条缝穿过，就必定发现是从两缝之一穿过的。

对第一条理由的辩驳是，**有什么理由事先(!)就规定微观客体是"局域化的东西"呢？难道它们本性就是粒子吗?！难道它们的"粒子面貌"不正是人们总是采用"抓住"这类测量方式将粒子"逼向"位置本征态所造成的吗?！有什么理由把这一类测量结果当成被测微观客体在测量之前就客观存在的面貌呢?!**

对第二条的辩驳是，**怎么能说"从两条缝同时通过"的说法"没有可操作意义"呢?！这是批评者的思想沉湎于"which way"这类实验不能自拔的结果。难道 Young 氏双缝实验、单侧入射 Mach-Zehnder 干涉仪(见图 1.2)的延迟选择，不都是"具有可操作意义"的实验事实吗?!**

3. 确实是两路同时过的——Mach-Zehnder 干涉仪与延迟选择

如图 1.2 所示，当一个光子自左入射到半透片 1 上，分解为透射和反射两路，分别经两个全反射镜反射后，这两路光子入射到半透片 2 上，最后进入探测器 A 和 B。设想，在光子通过半透片 1 之后，才决定是否安置半透片 2——延迟选择。这时两种情况的计算结果为：

不放置 2：A 和 B 中只有一个接收到该光子，随机、等概率。过 1 后处于两路的叠加态，由于 A、B 的探测迫使其塌缩到两路之一。这导致 A、B 中只有一个能探测到该光子；

放置 2：只有 B 能接收到该光子(详见 6.3 节)。综合这两方面可以说，**延迟选择暴露了：此光子原来是同时通过两路的。**

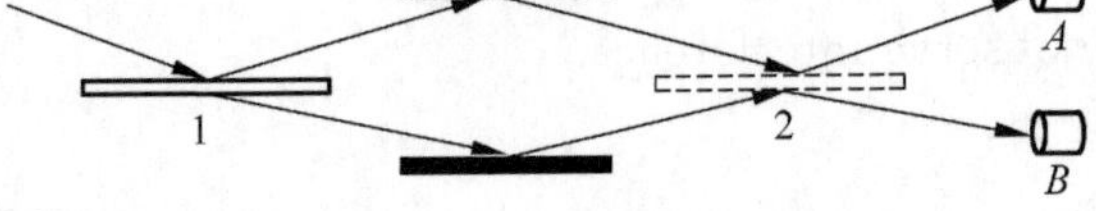

图 1.2

1.4 Young 氏双缝实验的两个理论计算

1. 极化 Young 氏双缝实验计算

光子、电子都是极化的。所以，Young 氏双缝实验应当是极化的！

假设：入射电子束是极化的，极化方向朝上，如图 1.3 所示。同时，在缝屏两缝之一(比如上缝)的后方添加一个小线圈,线圈中通以适当大小电流,线圈电流所生磁场使得穿过上缝(经过线圈)的电子,进动后自旋刚好翻转朝下。这样,到达接收屏上的电子便可以用它们的极化方向来区分了:(未经翻转)自旋仍然朝上的电子是下缝过来的;(经过翻转)自旋朝下的是从上缝过来的。

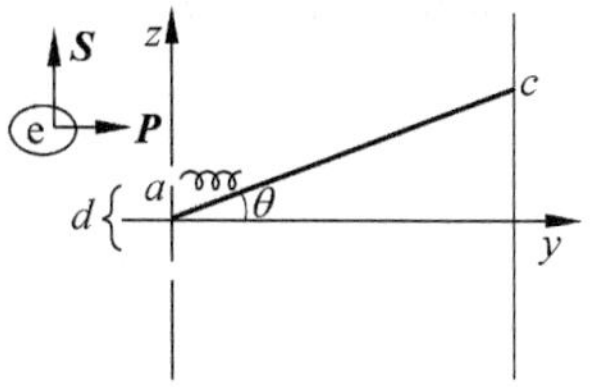

图 1.3

设定:①两缝之间距离 $d \gg$ 缝宽 a,偏角 θ 很小;②磁场使上缝电子的自旋围绕 y 轴由 z 开始偏转 α 角,而下缝过来的电子自旋仍然朝上。于是接收屏上 c 点的旋量波函数为

$$|\psi_c\rangle = \frac{1}{\sqrt{N}}(|\psi_1\rangle + |\psi_2\rangle) = \frac{1}{\sqrt{N}}\left(e^{iky}\begin{pmatrix}\cos\alpha\\ \sin\alpha\end{pmatrix}_1 + e^{i(ky+\beta)}\begin{pmatrix}1\\0\end{pmatrix}_2\right)$$
$$= \frac{1}{\sqrt{N}}e^{i\left(ky+\frac{\beta}{2}\right)}\begin{pmatrix}e^{-i\beta/2}\cos\alpha + e^{i\beta/2}\\ e^{-i\beta/2}\sin\alpha\end{pmatrix}$$

这里,两束之间的相位差 β 和归一化系数 N 为

$$\beta = 2\pi\frac{\delta l}{\lambda} = 2\pi\frac{d\sin\theta}{\lambda}, \quad N = \int_c \langle\psi_c \mid \psi_c\rangle dc = 1$$

如果只测 $+\boldsymbol{e}_z$ 方向自旋(即,探测点 c 安放的是对 $+\boldsymbol{e}_z$ 自旋取向灵敏的探测器),这时必须将 $|\psi_c\rangle$ 按 σ_z 的本征态 $|+\boldsymbol{e}_z\rangle = \begin{pmatrix}1\\0\end{pmatrix}$, $|-\boldsymbol{e}_z\rangle = \begin{pmatrix}0\\1\end{pmatrix}$ 展开。按此重新表述上式:

$$|\psi_c\rangle = \frac{1}{\sqrt{N}}e^{i\left(ky+\frac{\beta}{2}\right)}\{(e^{-i\beta/2}\cos\alpha + e^{i\beta/2})|+\boldsymbol{e}_z\rangle + (e^{-i\beta/2}\sin\alpha)|-\boldsymbol{e}_z\rangle\}$$

测得的强度为

$$I_{+z}(\beta,\alpha) = |\langle +\boldsymbol{e}_z \mid \psi_c\rangle|^2 = \frac{1}{N}(1 + 2\cos\alpha\cos\beta + \cos^2\alpha)$$

由此表达式可看出,强度还依赖于自旋转角 α:

(1) 自旋转角 α 固定,条纹极值 $\beta = 2n\pi \to d\sin\theta = n\lambda$;

(2) 如 $\alpha = 0$,条纹随程差(θ 或 β)而变,同前结果;

(3) 如 $\alpha = \frac{\pi}{2}$,上缝自旋向下,干涉消失,与 β 无关。

如果只测 $+\boldsymbol{e}_x$ 方向自旋,c 点只安放对 $+\boldsymbol{e}_x$ 自旋取向灵敏的探测器。这时须将 $|\psi_c\rangle$ 按 σ_x 本征态 $|\pm\boldsymbol{e}_x\rangle$ 展开。由于在 σ_z 表象中,

$$|+\boldsymbol{e}_x\rangle = \frac{1}{\sqrt{2}}\begin{pmatrix}1\\1\end{pmatrix}, \quad |-\boldsymbol{e}_x\rangle = \frac{1}{\sqrt{2}}\begin{pmatrix}1\\-1\end{pmatrix}$$

于是有

$$|\psi_c\rangle = \sqrt{\frac{1}{2N}}e^{i\left(ky+\frac{\beta}{2}\right)}\{(e^{-i\beta/2}(\cos\alpha + \sin\alpha) + e^{i\beta/2})|+\boldsymbol{e}_x\rangle +$$
$$(e^{-i\beta/2}(\cos\alpha - \sin\alpha) + e^{i\beta/2})|-\boldsymbol{e}_x\rangle\}$$

相应探测到的强度将为

$$I_{+x}=|\langle +\boldsymbol{e}_x|\psi_c\rangle|^2=\frac{1}{2N}|\mathrm{e}^{-\mathrm{i}\beta/2}(\cos\alpha+\sin\alpha)+\mathrm{e}^{\mathrm{i}\beta/2}|^2$$

$$=\frac{1}{N}[1+\sin\alpha\cdot\cos\alpha+(\sin\alpha+\cos\alpha)\cos\beta]$$

由此得知:

(1) 干涉极值位置依然由程差 $\beta(\theta)$ 决定,条纹角间距

$$\Delta\theta=\frac{\lambda}{d},\quad \lambda\ll d$$

对电子

$$\lambda=\frac{h}{p}=\frac{2\pi\hbar}{\sqrt{2mE}}=1.23\times10^{-7}(\mathrm{cm})|_{E=1\mathrm{eV}}$$

(2) 对 α 的依赖关系略为复杂。

空间干涉花样变成和自旋有关了!

特别是,即便上下两缝自旋态为 $|\pm\boldsymbol{e}_z\rangle$ 时,

$$|\pm\boldsymbol{e}_z\rangle=\frac{1}{\sqrt{2}}\{|+\boldsymbol{e}_x\rangle\pm|-\boldsymbol{e}_x\rangle\},\quad |\pm\boldsymbol{e}_x\rangle=\frac{1}{\sqrt{2}}\{|+\boldsymbol{e}_z\rangle\pm|-\boldsymbol{e}_z\rangle\}$$

如设想将对极化灵敏的探测器绕(粒子行进方向)y 轴旋转,就能一再观察到:

某一单缝衍射→双缝干涉→另一单缝衍射的循环过程。

若缝宽 a 并不很小于双缝的间距 d,则应考虑单缝衍射的调制。此效应可近似处理成为乘以下面因子:

$$\mathrm{sinc}\,\frac{\gamma}{2}\equiv\sin\frac{\gamma}{2}\Big/\left(\frac{\gamma}{2}\right),\quad \gamma=\frac{2\pi a\sin\theta}{\lambda}$$

这里 a 为单缝的宽度。例如,对 $I_{+z}(\beta,\alpha)\Rightarrow I_{+z}(\beta,\alpha,\gamma)$,有

$$I_{+z}(\beta,\alpha,\gamma)=\mathrm{sinc}^2\frac{\gamma}{2}\cdot|\langle +\boldsymbol{e}_z|\psi_c\rangle|^2=\frac{1}{N}\mathrm{sinc}^2\frac{\gamma}{2}(1+2\cos\alpha\cos\beta+\cos^2\alpha)$$

2. 强度分布的模型计算

下面给出一个利用势模型所做的强度分布的唯象计算⑦——采用等效双势来描述双缝的作用,用散射 Born 近似计算接收屏上既有干涉又有衍射的强度分布。设粒子前进方向是 x,双缝沿 z 方向,有

$$\psi(\boldsymbol{r})=\mathrm{e}^{\mathrm{i}kx}-\frac{1}{4\pi}\int\frac{\mathrm{e}^{\mathrm{i}k|\boldsymbol{r}-\boldsymbol{r}'|}}{|\boldsymbol{r}-\boldsymbol{r}'|}U(\boldsymbol{r}')\mathrm{e}^{\mathrm{i}kx'}\mathrm{d}\boldsymbol{r}'$$

这里,(x,y) 平面取极坐标。$\boldsymbol{r}=(\rho,z)$,$\boldsymbol{r}'=(\rho',z')$ 分别是自双缝之间的 O 点到观察点和势散射点的矢径。(ρ,ρ') 分别是它们在 $z=0$ 平面上的投影。$|\boldsymbol{r}-\boldsymbol{r}'|=\sqrt{(z-z')^2+(\rho-\rho')^2}$。

---

⑦ 张永德. Young 氏双缝实验的唯象量子理论[J]. 大学物理,1992,11(9): 9.

令双缝衍射作用为等效势(a 为等效势衰减长度,d 为两缝间距离):

$$V(\rho')=g\left(\frac{e^{-\rho_1'/a}}{\rho_1'}+\frac{e^{-\rho_2'/a}}{\rho_2'}\right),\quad \rho_1'=\rho'-\frac{d}{2},\quad \rho_2'=\rho'+\frac{d}{2}$$

由于$V(\rho')$不含z',ψ的$d\boldsymbol{r}'$积分对z'可先积出。经过一些特殊函数计算,将结果用(x,y)面内变数(ρ,θ)表示:

$$\psi(\rho,\theta)=e^{ikx}-\frac{2mga}{\hbar^2}\sqrt{\frac{2\pi}{k\rho\left(1+4k^2a^2\sin^2\dfrac{\theta}{2}\right)}}e^{ik\rho}\cos\left(\frac{kd}{2}\sin\theta\right)$$

对照柱面波的散射形式:$\psi(\rho,\theta)=e^{ikx}+f(\theta)\dfrac{e^{ik\rho}}{\sqrt{\rho}}$,即得散射振幅

$$f(\rho,\theta)=-\frac{2mga}{\hbar^2}\sqrt{\frac{2\pi}{k\rho\left(1+4k^2a^2\sin^2\dfrac{\theta}{2}\right)}}\cos\left(\frac{kd}{2}\sin\theta\right)$$

最后得到柱面散射波下的微分散射截面为

$$\frac{d^2\sigma}{d\rho d\theta}=|f(\theta)|^2=\frac{8\pi m^2a^2g^2}{\hbar^4}\frac{1}{k\left(1+4k^2a^2\sin^2\dfrac{\theta}{2}\right)}\cos^2\left(\frac{kd}{2}\sin\theta\right)$$

这就是既考虑两个单缝干涉、又考虑(干涉条纹系列的)包络是两个单缝衍射分布总强度的表达式。其中,

(1) $\cos^2\left(\dfrac{kd}{2}\sin\theta\right)=\dfrac{1}{2}(1+\cos\beta)$为双缝干涉因子,极值条件$d\sin\theta=n\lambda$。

(2) $\left(1+4k^2a^2\sin^2\dfrac{\theta}{2}\right)^{-1}$是两个单缝的总衍射因子。此包络曲线稍有误差,是由于所取等效势不很妥当,并非量子力学原理的缺陷。

1.5 各种翻版的 Young 氏双缝实验,广义 Young 氏双缝实验

1. 光学半透片:两个出口处的状态相干叠加

图 1.4 所示为双光子入射,各自又有两个出口、两种测量选择所造成的状态的相干叠加。设水平极化光子 1 从 a 入射("空间模 a"),半透镜将其相干分解,反射向 c+ 透射向 d;垂直极化的另一个光子 2("空间模 b")从 b 入射,半透镜将其相干分解成反射向 d+ 透射向 c。注意,此处每个光子的分解都是相干分解:**反射束有 π/2 位相跳变,透射束则无**[⑧],分束器不改变入射光子的极化状态。于是出射态为

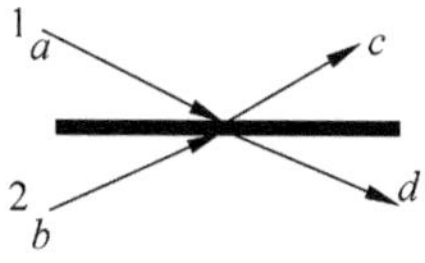

图 1.4

⑧ 论证见本书 5.1 节。

$$|\psi_{12}\rangle_{out} = |\leftrightarrow\rangle_1 \otimes \frac{1}{\sqrt{2}}(\mathrm{i}\,|c\rangle_1 + |d\rangle_1)\cdot|\updownarrow\rangle_2 \otimes \frac{1}{\sqrt{2}}(|c\rangle_2 + \mathrm{i}\,|d\rangle_2)$$

但是,由于此时两个光子同时到达,出射态中光子的空间模有重叠,按全同性原理必须要对称化。正确的出射态最终应当表述为

$$\begin{aligned}|\psi\rangle_{out} &= \frac{1}{\sqrt{2}}\{|\psi_{12}\rangle_{out} + |\psi_{21}\rangle_{out}\}\\ &= \frac{1}{2}\{\mathrm{i}\,|\psi^+_{(12)}\rangle[|c_1\rangle|c_2\rangle + |d_1\rangle|d_2\rangle] + |\psi^-_{(12)}\rangle[|d_1\rangle|c_2\rangle - |c_1\rangle|d_2\rangle]\}\end{aligned}$$

作为对照,这显然类似于双电子同时到达的杨氏双缝——两个电子同时入射到杨氏双缝,各自均按两条缝作相干分解,但要求进行反称化。

2. 各类“which way”的 Young 氏双缝实验

在众多 which way 实验中,有一类是用可以激发的原子代替电子做 Young 氏双缝实验。这是采用激励原子内部自由度的办法去查明“到底是从哪条缝(或是哪条路径)过来”。

比如,在两条路径中的一条上(或者双缝的一条缝后)实施适当波长的激光辐照,使原子共振激发至激发态;而另一条路径上则不照射。与此相应,会合点处安置对原子是否激发很灵敏的探测器。根据测到的该原子是否激发,可以判断它是从哪条路径(缝)过来的。

所有 which way 实验的共同结论是:无论双缝、双路、双出口、双态等各种各类 which way 实验,不论用何种方法,只要能够区分“which way”,干涉花样必定消失;只对那些原理上无法区分的实验方案,干涉现象才会出现。

3. 带 A-B 效应的 Young 氏双缝实验

经典力学中,Maxwell 方程和 Lorentz 力公式都是用场强表达的。全部宏观电磁实验表明,只有规范变换不变的场强才有物理意义。量子力学中,电磁场下 Schrödinger 方程虽然是用电磁势表达的,但由于方程具有定域规范变换不变性,因此人们一直认为,如同经典力学一样,量子力学中也只有电磁场场强才具有可观测的物理效应,电磁势不具有直接可观测的物理效应。

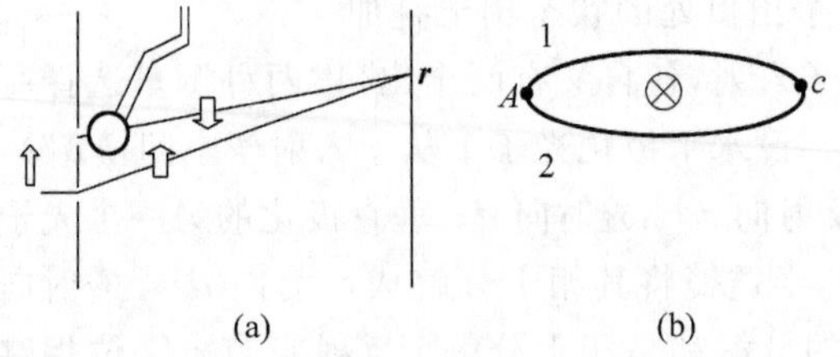

图 1.5

但是,1959 年 Aharonov 和 Bohm 提出,在量子力学中,在某些电磁过程中,具有局域性质(因为是关于空间坐标的微商)的电磁场场强不能有效地描述带电粒子的量子行为,电

磁势有直接可观测的物理效应。下面只对磁 A-B 效应作一简明分析。向电磁 A-B 效应推广和进一步讨论详见有关文献⑨。

缝屏后面两缝之间放置一个细螺线管(见图 1.5)。通电后细螺线管产生一细束磁弦，管内磁场 $\boldsymbol{B}\neq\boldsymbol{0}$,但管外 $\boldsymbol{B}=\boldsymbol{0}$,矢势 $\boldsymbol{A}\neq\boldsymbol{0}$。下面的分析表明，相对于未通电的情况来说，通电后，接收屏上干涉花样在包络(干涉条纹峰值的轮廓线)不变情况下所有极值位置都发生了移动。电流改变峰值位置也跟随变化；电流反向峰值位置也跟随反向移动。现在对此作一简单分析。

前面已经提及，双缝实验能够做成功必定要求两缝处电子波函数初始位相差固定。不失一般性，假设初始位相差为零，将两缝合并成为 A 点，简化成上面图 1.5(b)。通电之前，

$$\frac{\boldsymbol{p}^2}{2\mu}\varphi_0(\boldsymbol{r})=E\varphi_0(\boldsymbol{r}),\quad \varphi_0(\boldsymbol{r},t)=\varphi_0(\boldsymbol{r})\mathrm{e}^{-\mathrm{i}Et/\hbar}$$

C 点的合振幅为 $f_c^{(0)}=f_1^{(0)}(c)+f_2^{(0)}(c)$。通电之后 $\boldsymbol{p}\to\boldsymbol{p}-\frac{e}{c}\boldsymbol{A}$。于是

$$\begin{cases}\dfrac{1}{2\mu}\left(\boldsymbol{p}-\dfrac{e}{c}\boldsymbol{A}\right)^2\varphi(\boldsymbol{r})=E\varphi(\boldsymbol{r})\\ \varphi(\boldsymbol{r},t)=\varphi(\boldsymbol{r})\mathrm{e}^{-\mathrm{i}Et/\hbar}\end{cases}$$

直接验算即知，此方程的解为

$$\varphi(\boldsymbol{r})=\mathrm{e}^{\frac{\mathrm{i}e}{\hbar c}\int_A^{\boldsymbol{r}}\boldsymbol{A}(\boldsymbol{r}')\cdot\mathrm{d}\boldsymbol{r}'}\varphi_0(\boldsymbol{r})$$

注意，此处相因子在 $\boldsymbol{B}\neq\boldsymbol{0}$ 的区域与积分路径有关(不仅与积分端点有关)，因而是不可积的；只在 $\boldsymbol{B}=\boldsymbol{0}$区域与路径无关(这正说明，磁场毕竟是一种物理的实在，不能通过数学变换将其完全转化为纯粹的相因子)。这个相因子存在表明，即使粒子路径限制在磁场强度为零的区域，粒子不受定域的动力学作用，但电磁势(沿粒子路径的路径积分)仍会影响到粒子的位相。于是，在通电情况下，c 点合振幅成为

$$\begin{aligned}f_c&=\exp\left\{\frac{\mathrm{i}e}{\hbar c}\int_{A,1}^{c}\boldsymbol{A}\cdot\mathrm{d}\boldsymbol{l}\right\}f_1^{(0)}(c)+\exp\left\{\frac{\mathrm{i}e}{\hbar c}\int_{A,2}^{c}\boldsymbol{A}\cdot\mathrm{d}\boldsymbol{l}\right\}f_2^{(0)}(c)\\&=\exp\left\{\frac{\mathrm{i}e}{\hbar c}\int_{A,1}^{c}\boldsymbol{A}\cdot\mathrm{d}\boldsymbol{l}\right\}\left\{f_1^{(0)}(c)+\exp\left\{\frac{\mathrm{i}e}{\hbar c}\oint_{Ac}\boldsymbol{A}\cdot\mathrm{d}\boldsymbol{l}\right\}f_2^{(0)}(c)\right\}\end{aligned}$$

这里，指数线积分的脚标 1 和 2 表示积分分别沿路径 1 和 2 进行。大括号外的相因子是新增加的整体相因子，没有可观测的物理效应，可以略去；但大括号内的相因子为新增加的内部相因子，它会改变两束电子在 c 点的相对位相差，从而改变双缝干涉条纹的位置。

这个新增加的内部相因子可以改写为

$$\exp\left\{\frac{\mathrm{i}e}{\hbar c}\oint\boldsymbol{A}\cdot\mathrm{d}\boldsymbol{l}\right\}=\exp\left\{\frac{\mathrm{i}e}{\hbar c}\iint(\nabla\times\boldsymbol{A})\cdot\mathrm{d}\boldsymbol{S}\right\}=\exp\left(\frac{\mathrm{i}e}{\hbar c}\varphi\right)$$

表明此相因子的指数正比于路径 1 和 2 包围面积内的磁通。显然，此相因子改变了双缝干

⑨ 张永德. 量子力学[M]. 4 版. 北京：科学出版社，2016，第 9 章.

涉花样的峰值位置,但却并不改变单缝衍射的强度分布,所以条纹移动时包络曲线形状不变。实验很快证实了这一点。注意相因子不含动力学状态参数,与电子的动力学状态无关。

4. 中子干涉量度学[10]:两条宏观"距离"路径的相干叠加

这是又一种"which way"实验(如图1.6所示):单色热中子束,于 A 点入射中子干涉仪(整块柱状单晶硅挖成"山"字形)。由于实验经常被安排成逐个中子断续地入射,于是 Laue 散射使每个中子都被分解成沿透射和衍射两路前进。两路分别在 B 点和 C 点经反射后,交会于 D 点。**每次在 D 点的相干叠加都是单个中子沿两条路径的两种状态概率幅的相干叠加!** 所以它是一种广义 Young 氏双缝实验。其中 AC 束也可穿过横向均匀磁场(空间区间 l)。**注意,这时 B、C 两点之间分开为宏观距离(3~5cm),所以又像下面的 Schrödinger Cat!** 假定从 A 点到 D 点的这两条路径除磁场外完全对称,在中子极化方向平行于磁场情况下,点 D 强度的变化关系为(见第8讲8.5节)

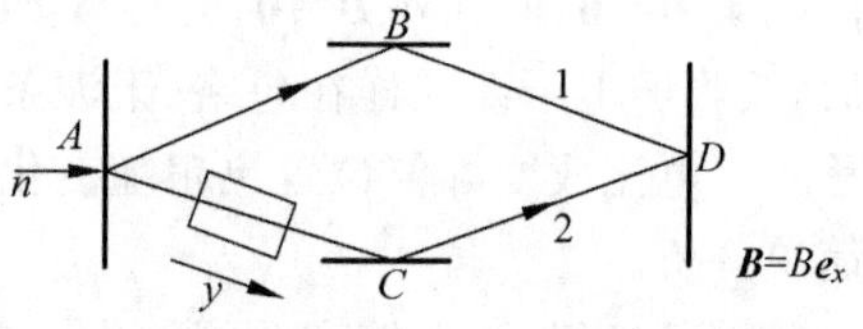

$\boldsymbol{P}_{\text{in}}=\boldsymbol{P}_{\text{out}}=\{1,0,0\} \quad |\psi(s)\rangle_{\text{in}}=\frac{1}{\sqrt{2}}\binom{1}{1}$

图 1.6

$$I_D(\boldsymbol{B}) = I_D(0)\cos^2\left(\frac{\rho}{4}\right) = I_D(0)\cos^2\left(\frac{|\mu_n|Bl\mu\lambda}{4\pi\hbar^2}\right)$$

这里 $I_D^{(0)} = |\langle \boldsymbol{r}_D|\psi^{(0)}\rangle|^2$ 为无磁场时 D 点中子计数强度。结果表明,D 点中子计数率随磁场的 B、l 呈周期变化。干涉仪的两条路径很像天平的两臂,这种由位相平衡所决定的两分量旋量干涉十分灵敏。各种实验安排创立了高精密度中子干涉量度学,完成了大量有关检验量子力学基本原理的实验研究和实际测量。

5. 各种宏观"距离"的"Schrödinger Cat 态"

(1) 各种"Schrödinger Cat"态。要点:一个粒子处于两个不同态的相干叠加态上,而这两个态又在各种意义上具有足够的"分开",以致具有"宏观"的"距离"。例如上面的中子干涉仪中的两路中子态。

(2) 如果这只倒霉的 Schrödinger Cat 是装在透明箱子里的,那将如何呢?——对放射源的连续测量导致量子 Zeno 效应——结果:猫会一直活着!

(3) **Schrödinger Cat's Paradox:其实,真正的"死亡"状态与"活着"状态,应当是涉及大量原子分子的总体的宏观观念。由于大自由度系统不可避免地存在大量相互作用而产生的大量纠缠,造成极快速的退相干,猫的"死亡"状态与"活着"状态之间早已不复存在相干叠加态,而只是非相干相加的混态。所以通常无法观察这个佯谬[11]。**

---

⑩ RAUCH H, WERNER S A. Neutron Interferometry[M]. Oxford Science Publications, 2000. 简单介绍见脚注⑨或本书第8讲第8.5节。

⑪ 张永德. 量子信息物理原理[M]. 北京:科学出版社,2005,第6章.

1.6 高强度电子束入射的 Young 氏双缝实验

这时要考量多个电子同时穿过双缝情况，必须计及全同性原理的 fermion 反称化效应，出现双缝干涉花样的多体效应。简单分析如下：

鉴于经过双缝到达同一指定探测点的电子空间波函数都相同，于是（同时穿过双缝的）各个电子只剩下自旋指向这个自由度可用于构造全反对称波函数。由 Pauli 不相容原理，用 1/2 自旋电子的两个独立自旋态只能构造双电子反称自旋态，无法构造 3 个及以上电子全反称自旋态。因而不存在 3 个及以上电子的多体双缝干涉效应。对于两个电子反称自旋态，也只当不是沿 $\pm z$ 轴测量自旋时，才可以发现双电子同时穿过双缝的多体干涉效应。分析类似于上面 1.4.1 节。

1.7 分析与结论：广义 Qubit

（1）无论单粒子或复合粒子杨氏双缝、各种“which way ”实验、各类 Schrödinger 猫等，都可以概括地统称为“广义双态系统”。系统的两个态矢可以广义地理解为两个能级、两种自旋取向、两种极化方式、两条缝出来、两条路径过来、折射和反射、两个出口、“猫”的死活……有关实验可以归结为“广义 Young 氏双缝实验”。如果两份概率幅原则上无法区分，将呈现出相干叠加，而当进行“which one”测量时，表现向两者之一的随机塌缩。如果将两个态矢形象地称做 $|\mathrm{Yes}\rangle$ 和 $|\mathrm{No}\rangle$，

$$|\Psi\rangle = \alpha|\mathrm{Yes}\rangle + \beta|\mathrm{No}\rangle, \quad |\alpha|^2 + |\beta|^2 = 1$$

概念上，广义 Young 氏双缝实验等价于“量子位 quantum bit(qubit)”。量子位的量子状态服从“量子逻辑”：

既是 Yes 又是 No，既不是 Yes 也不是 No；
测量结果，不是 Yes 就是 No。

这完全不同于**“经典 bit 逻辑”：Yes 或 No 只居其一。**

（2）只当实验方案原理上无法区分哪一条路（缝、出口、死活、反射折射）——无广义的好量子数（好量子数或“正交特性”）可供识别时，干涉现象才能发生；如果能用某种办法识别出是哪条路（缝），干涉现象必定消失——已存在可供识别的广义好量子数使两态之间正交，导致干涉消失。如为多粒子情况，“可识别性”相应于：按全同性原理进行对（反）称化所出现的交换矩阵元（正是它们显示干涉效应）因正交性而消失。

（3）这类实验中，发生干涉现象的物理根源来自微观粒子的内禀性质——波动性（波粒二象性）。

（4）全同性原理主张：来源不同的全同粒子可以发生干涉！只要从初态→相互作用→测量塌缩到终态的全过程中，不存在可供区分的广义好量子数。Dirac 关于“光子只能自身

干涉”的结论[12],以及维护 Dirac 结论的“1+1≠2”辩护[13]都是不对的。

(5) 全部 which way 实验中塌缩(注意,这是单个粒子自身朝自身两种状态之一的随机选择,并不是在不同粒子间的塌缩与关联塌缩!)过程也是违背相对论性定域因果律的超空间过程! 它们一再警示:**整个量子理论本质上是空间非定域性的理论——只是披着定域描述的外衣而已!**

(6) 能作为 qubit 的双态体系必须满足条件:除这两个能级外,其余能级在工作和测量期间影响可忽略;可施加外控进行相应幺正或非幺正操控;可随意插入测量;退相干时间长于多次运行时间。

---

[12] 狄拉克 P A M. 量子力学原理[M]. 陈咸亨,译. 北京:科学出版社,1965:9.

[13] A talk of “1+1 is not 2”, included in *Fundamental Problems in Quantum Theory Workshop*, Aug. 4-7, 1997, Univ. of Maryland, Baltimore , USA.

第2讲

无限深方阱粒子动量波函数的争论

——“量子力学的数学是错的”?!

※ ※ ※

2.1 无限深方阱模型简单回顾

这个最简单的势阱束缚模型在量子力学书中常有叙述。势函数如下:

$$V(x)=\begin{cases}0, & |x|<a\\ +\infty, & |x|\geqslant a\end{cases}$$

相应的,定义在整个x轴上的一维Schrödinger方程为

$$\begin{cases}-\dfrac{\hbar^2}{2m}\dfrac{\mathrm{d}^2}{\mathrm{d}x^2}\psi(x)=E\psi(x), & |x|<a\\ \psi(x)=0, & |x|\geqslant a\end{cases}$$

作为连接条件的边界条件为$\psi(x)=0\ (|x|\geqslant a)$。求解分三个区域进行:第Ⅰ、Ⅲ区$V(x)=+\infty$;第Ⅱ区$V(x)=0$。于是,坐标波函数求解只需对第Ⅱ区进行。最后,阱中粒子能级和波函数为

$$E_n=\frac{n^2\pi^2\hbar^2}{8ma^2},\quad n=1,2,3,\cdots$$

$$\psi_n(x)=\begin{cases}\dfrac{1}{\sqrt{a}}\sin\left[\dfrac{n\pi}{2a}(x+a)\right], & |x|<a\\ 0, & |x|\geqslant a\end{cases}$$

将波函数 $\psi_n(x)$ 中的正弦用复指数表示，并近似配以 $\exp\{-\mathrm{i}E_nt/\hbar\}$，得

$$\psi_n(xt)=\begin{cases}\dfrac{1}{2\mathrm{i}\sqrt{a}}\left[\mathrm{e}^{\frac{\mathrm{i}}{\hbar}\left(\frac{n\pi(x+a)}{2a}-E_nt\right)}-\mathrm{e}^{-\frac{\mathrm{i}}{\hbar}\left(\frac{n\pi(x+a)}{2a}+E_nt\right)}\right], & |x|<a\\ 0, & |x|\geqslant a\end{cases}$$

这似乎表明，就阱内情况而言，粒子波函数是两个反向传播的 de Broglie 行波叠加而成的驻波，类似于两端固定的一段弦振动。实际上这种看法是不严格的，分析如下。

2.2 Pauli 和 Landau 的矛盾——基态动量波函数的不同解

1. 两种基态动量波函数表达式

显然，这个问题只是一种近似的数学模型。因为势能不可能真为无限大，其变化也不会是严格的阶跃。

有时，边界条件被改写作 $\psi(x)=0(|x|=a)$。这两种不同的边界条件写法对求解阱内坐标波函数并无影响。但要注意，后面写法对阱外坐标波函数取值情况未作规定，是含混的。下面分析表明，矛盾正是来源于这个含混 ①。

W. Pauli 等人的做法②：对于阱内粒子处于基态时求解其动量波函数 $\varphi_1(p)$ 的问题，Pauli 大概想都没有想就简单地认为，阱中粒子处于基态 $n=1$ 时，其动量波函数只含有强度相同、传播相向的两个单色波叠加而成的驻波，动量谱的成分就是同等份额的、动量数值分别是“$p=\pm\dfrac{\pi\hbar}{2a}$”的、两个单色 de Broglie 平面波。于是，他不经推导直接就写出下面动量概率分布：

$$|\varphi_1(p)|^2=\frac{1}{2}\delta\left(p-\frac{\pi\hbar}{2a}\right)+\frac{1}{2}\delta\left(p+\frac{\pi\hbar}{2a}\right)$$

其实严格来说，此式只当波的运动定义在全实轴上时才成立，就是说，对无限阱宽(即方阱不存在)情况才成立！

L. D. Landau 等人的做法③：将上面定义在全实轴上的基态坐标波函数作 Fourier 积分变换，得到无限深方阱中粒子的动量波函数 $\varphi_1(p)$：

$$\varphi_1(p)=\frac{1}{\sqrt{2\pi\hbar}}\int_{-\infty}^{+\infty}\mathrm{e}^{-\mathrm{i}\frac{px}{\hbar}}\psi_1(x)\mathrm{d}x$$

---

① 张永德. 量子力学[M]. 4版. 北京：科学出版社，2016，3.

② PAULI W. *Handbuch der Physik*[M]. eds. by H GEIGER, K SCHEEL, Vol. 24/1, Springer, Berlin, 1933, 中译本“Pauli 物理学讲义”，第五卷：《波动力学》。洪铭熙，等译，人民教育出版社，1983：15 及注①。1956—1958 年在苏黎世联邦工业大学物理学位课程两次授课中，他依然如此讲。YUKAWA H. *Quantum Mechanics*[J]. Vol. 1, Yanbo Bookshop, 1978. COOPER L N. 物理世界(上、下)[M]. 杨基方，等译. 北京：海洋出版社，1984：184. DOMINGOS J M, et al. Found. hys., 1984, 14(2)：147。

③ 朗道，栗弗席茨，《量子力学(非相对论理论)》，俄文第一版为 1947 年。Fermi 于 1954 年所写的《量子力学讲稿》，罗吉庭，译. 西安：西安交通大学出版社，1984：60-61。

代入 $\psi_1(x)$ 表达式，注意阱外 $\psi_1(x)$ 为零，即得阱中粒子动量概率是连续分布

$$|\varphi_1(p)|^2=\frac{\pi a\cos^2\left(\frac{ap}{\hbar}\right)}{2\hbar}\left[\left(\frac{ap}{\hbar}\right)^2-\left(\frac{\pi}{2}\right)^2\right]^{-2},\quad -\infty<p<+\infty$$

两种结果很不同！哪个正确?！两个都对？两个都错？按几年来的讨论情况，4 种观点全有表述。可见分歧明显、争论热烈④。

2. 误解列举

事情还并不到此为止。由这两个不同解答出发，进一步衍生出许多疑问。它们包括：

动量波函数物理含义问题；

Schrödinger 方程定义域问题；

动量、角动量、动能、Hamilton 量等算符的厄米性问题；

量子力学(QM)解的完备性问题；

QM 数学正确性问题；

QM 理论自洽性问题，等等。

显然，争论已经殃及量子力学的基本原理。这些问题起先在国外非主流学术界中讨论，接着被引进国内，20 世纪 80—90 年代掀起过不大不小的争论，发表了不少文章和著作，出现了对 QM 各种程度的否定或曲解(部分文献见脚注④)。这些争论最后导致《文汇报》(1997 年 12 月 10 日)头版报道(图 2.1)。报道的通栏黑体字标题是

《文汇报》1997.12.10.头版

中国数学家挑战物理学
量子力学逻辑自相矛盾

上海交大陶宗英教授提出质疑，承诺将对有关批评文章作公开答复

图 2.1

④ 国内自 1983 年 6 月起，在《大学物理》《光子学报》等有多篇文章。其中一部分为：《一维无限深势阱内粒子的动量分布》，两篇文章(《大学物理》1994，7)；《关于同一问题的不同解法》(《大学物理》)；《编者的话》(《大学物理》)；《谈谈量子力学中的动量算符》(《大学物理》)；《也谈正则动量算符之争》(《大学物理》)；《编者的话》(《大学物理》)；《也谈一维无限深势阱内粒子(基态)的动量概率分布》(《大学物理》，1998，7)；《关于量子力学基础的一个质疑》(《光子学报》，1997，9)；《也谈量子力学的基础》(《光子学报》，1998，4)。

“中国数学家挑战物理学
量子力学逻辑自相矛盾”

可见曾经出现过对QM的多大误解!

2.3 矛盾分析与结论

按QM的基本原理,波函数、动量算符及Schrödinger方程都应当定义在整个(空间)实轴上,而不是只定义在(有限空间的)势阱内。所以,

正确的边界条件应当是 $\psi(x)=0, |x|\geqslant a$;

而不是 $\psi(x)=0, |x|=a$。

如果相反,认为边界条件可以用后者,并认为物理量算符可以“只”定义在势阱 $|x|\leqslant a$ 内,这不仅会给QM基本原理解释以及很多算符(比如,动量算符及相关的动能算符、轨道角动量算符等)的厄米性、完备性带来许多不必要的混乱和麻烦,理论处理很烦琐;而且动量波函数的解有两种不同的结果!

前面2.1节中曾说过:阱内粒子波函数是两个行波叠加而成的驻波,类似于两端固定的一段弦振动。但这种形象的说法是近似的!因为,这两个行波

仅仅存在于(定义于)有限区间 $[-a,a]$ 内,

而有限长度光波波列不会是严格单色的!

这里问题的关键是:**关于坐标波函数边界条件的两种不同提法,虽然不影响求解阱内坐标波函数,但却影响阱内粒子的动量波函数!因为坐标波函数是定域的,而动量波函数则是非定域的!**

后者是说:**阱内动量波函数分布不仅依赖于阱内坐标波函数的形状,而且还依赖于阱外坐标波函数的形状。换句话说,它还取决于对阱外坐标波函数的处理——坐标波函数边界条件的正确拟定!**

总之,由设定坐标波函数边界条件的分歧导致:先是Pauli,后来是Landau等人给出此模型的阱内粒子动量波函数的两种不同结果,由此引发了混乱。Pauli只是错误地处理了阱外坐标波函数:由于并不影响阱内坐标波函数求解,含糊的“两端点为零”边界条件被潜意识地推广为“周期零点”边界条件,得到了坐标波函数的周期解。Pauli解正是此周期解的动量分布——这等于将阱内坐标波函数向全实轴作了周期性延拓。此周期解的阱外部分显然不符合现在阱外坐标波函数的实际情况,其相应的动量分布当然也就不符合阱内现在问题。

可以证明(见本讲附注):当比值 $a/\hbar$ 很大(或 n 很大)向经典趋近时,Landau解将逐渐演变为Pauli解。这充分说明:**Pauli解仅仅是大阱宽、高激发态的近似解。当然,与此相应,指数上的量** $\pm n\frac{\pi\hbar}{2a}$ **也不是严格的物理动量(特别是当** a **或** n **较小时)。**

2.4 设想实验的佐证

如图 2.2 所示，一块无穷大并足够厚的平板，取厚度方向为 z 轴，板上沿 y 方向开一条无限长的缝，沿 x 轴的缝宽为 $2a$。电子束由板的下方入射。分离掉电子在 y 和 z 方向的自由运动，单就电子在 x 方向的运动而言，便是一个(沿 x 方向)无限深方阱问题。在板上方放一接收电子的探测屏，观察狭缝穿出的电子在此探测屏上沿 x 方向的偏转，偏转大小将和电子在 x 方向的动量 p_x 数值有关。由此可知[5]：

如 a 值较小，必定是一个单缝衍射分布。只当 a 值较大向宏观过渡时，分布才逐渐过渡到两条(平行 y 轴的)细线。

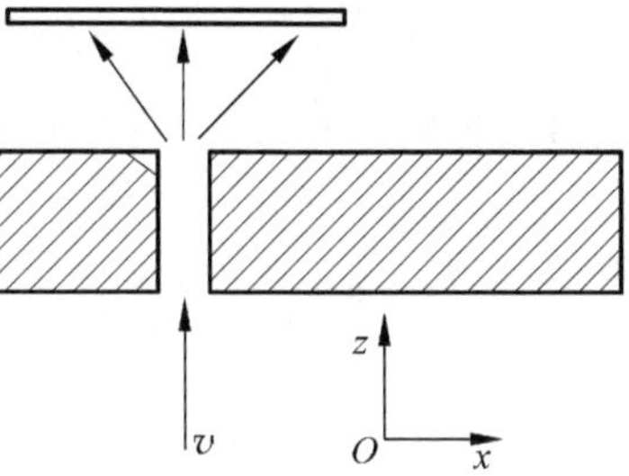

图 2.2

2.5 产生问题的根源

无限深方阱问题只是一个计算模型而已。模型中用到位势的突变和无穷高势垒假设都是对实际物理情况的简化近似。**实际上，物理学中许多常用的数学和物理概念，如其小无内的几何点、其大无外的∞、质点、无头无尾巴的平面波，等等，都只是一些人为抽象的、理想化的、绝对化的概念。虽然用起来经常很简便，但其实它们在自然界中并不真实存在，有时甚至还会惹出麻烦。**

Henri Poincare 说[6]：**几何点其实是人的幻想。**甚至说：“**几何学不是真实的，但是有用的**”。按照他对几何学的深刻认识，我们可以说：**$V=\infty$ 不是真实的，但是有用的。**

从思想方法论来说，全部困惑的根源正在此处：将势垒 $V=\infty$ 这件事看成是物理的真实的了。对它过度的执着干扰了我们对实际物理问题的认识，从而带来许多不必要的困惑

⑤ 张永德. 量子力学[M]. 4 版. 北京：科学出版社，2016，3.

⑥ POINCAR E H . 科学与假设[M]. 北京：科学出版社，1989：63，65.

和烦恼！文献[7]也说：理论物理中的很多概念并不代表真实。所以，每当遇到由数学和物理处理的简单化、绝对化带来问题的时候，返回物理、回归真实，再行考察。记住这点是必要的。

其实，正如前言引《道德经》所说：人们能够表述出来的所有理论都只是“可道”之“道”，无例外地具有各自的局限性和近似性，都只是“相对真理”，不必过分认真地将它们看作是“绝对真理”[8]。

[附注] Pauli 结果是 Landau 结果在 $a/\hbar\to\infty$ 时的极限

证明 利用 δ 函数的一个表达式

$$\delta(x)=\lim_{\beta\to\infty}\frac{\sin^2\beta x}{\pi\beta x^2}$$

由 Landau 结果出发$\left(\text{注意最后极限时有 } p=\pm\frac{\pi\hbar}{2a}\right)$，有

$$\begin{aligned}
|\varphi_1(p)|^2&=\frac{\pi a\cos^2\left(\frac{ap}{\hbar}\right)}{2\hbar}\left[\left(\frac{ap}{\hbar}\right)^2-\left(\frac{\pi}{2}\right)^2\right]^{-2}\\
&=\frac{\pi a\cos^2\left(\frac{ap}{\hbar}\right)}{2\hbar}\cdot\frac{\hbar}{2\pi ap}\left\{\frac{1}{\left(\frac{ap}{\hbar}-\frac{\pi}{2}\right)^2}-\frac{1}{\left(\frac{ap}{\hbar}+\frac{\pi}{2}\right)^2}\right\}\\
&=\frac{1}{4p}\left\{\frac{\sin^2\left(\frac{ap}{\hbar}-\frac{\pi}{2}\right)}{\left(\frac{ap}{\hbar}-\frac{\pi}{2}\right)^2}-\frac{\sin^2\left(\frac{ap}{\hbar}+\frac{\pi}{2}\right)}{\left(\frac{ap}{\hbar}+\frac{\pi}{2}\right)^2}\right\}\\
&\Rightarrow\frac{\pi}{4p}\left\{\delta\left(\frac{ap}{\hbar}-\frac{\pi}{2}\right)-\delta\left(\frac{ap}{\hbar}+\frac{\pi}{2}\right)\right\}=\frac{1}{2}\left\{\delta\left(p-\frac{\pi\hbar}{2a}\right)+\delta\left(p+\frac{\pi\hbar}{2a}\right)\right\}
\end{aligned}$$

---

⑦ 文小刚. 量子多体理论[M]. 北京：高等教育出版社，2005：19.

⑧ 详见本书第13、14、15、30诸讲，特别是第30讲。

第3讲

自由定态球面波解的争论和中心场自然边条件的来由

——等式两边同除以零的后果!

※ ※ ※

3.1 前 言

初中数学老师就强调过:一个等式两边不能同除以零。要不然,导出的下一步式子可能不再成立、不再有意义。然而,人们有时候就是不注意这一点。比如,有个等式 $A=B$,将它两边同除以变数 x,就当然地写成$\frac{A}{x}=\frac{B}{x}$。如果这个变数 x 永远不会取零值,这种除法当然不会出问题。但实际是变数 x 的定义域包含了零点,于是在零点附近就要出问题。除以函数 $f(x)$情况类似。Dirac 曾强调过[①],这时一般地应当有

$$A=B\Rightarrow\frac{A}{x}=\frac{B}{x}+C\delta(x)\tag{3.1}$$

系数 C 由乘以 x 还原计算的自洽性决定。本讲就涉及这个很简单但却时常会犯、犯了之后出了状况还不容易找出原因的问题。

---

① DIRAC P A M. 量子力学原理[M]. 陈咸亨,译. 北京:科学出版社,1965.

3.2 e^{ikr}/r 是自由粒子定态球面波解吗?

结论:**不是**[②]。

表达式 e^{ikr}/r 的确满足球坐标下自由粒子 Schrödinger 方程

$$-\frac{\hbar^2}{2\mu}\frac{\mathrm{d}^2}{\mathrm{d}r^2}(r\psi)=E(r\psi) \tag{3.2a}$$

$\alpha=\sqrt{2\mu E}/\hbar$。但是,它却并不是直角坐标下同一 Schrödinger 方程的解。因为代入之后会得到

$$-\frac{\hbar^2}{2\mu}\Delta\left(\frac{\mathrm{e}^{\mathrm{i}\alpha r}}{r}\right)=E\left(\frac{\mathrm{e}^{\mathrm{i}\alpha r}}{r}\right)+\frac{2\pi\,\hbar^2}{\mu}\delta(r) \tag{3.2b}$$

由于这个方程右边第二项不含波函数,它甚至连 Schrödinger 方程也不是。通常在验算这个解时,往往遗漏了右边含 δ 函数的第二项。对此可用半径为 R 球体积分的办法直接检验:

$$\begin{aligned}\text{左边}&=-\frac{\hbar^2}{2\mu}\iiint\limits_{r\leqslant R}\nabla\cdot\nabla\left(\frac{\mathrm{e}^{\mathrm{i}\alpha r}}{r}\right)\mathrm{d}V=-\frac{\hbar^2}{2\mu}\oiint\limits_{r=R}\nabla\left(\frac{\mathrm{e}^{\mathrm{i}\alpha r}}{r}\right)\cdot\mathrm{d}\boldsymbol{S}\\&=-\frac{\hbar^2}{2\mu}\oiint\limits_{r=R}\frac{\mathrm{e}^{\mathrm{i}\alpha r}}{r^2}(\mathrm{i}\alpha r-1)r^2\,\mathrm{d}\Omega=\frac{2\pi\,\hbar^2}{\mu}(1-\mathrm{i}\alpha R)\mathrm{e}^{\mathrm{i}\alpha R}\\\text{右边}&=E\iiint\limits_{|r|\leqslant R}\frac{\mathrm{e}^{\mathrm{i}\alpha r}}{r}r^2\,\mathrm{d}r\mathrm{d}\Omega+\frac{2\pi\,\hbar^2}{\mu}=4\pi E\int_0^R r\mathrm{e}^{\mathrm{i}\alpha r}\,\mathrm{d}r+\frac{2\pi\,\hbar^2}{\mu}\\&=\frac{2\pi\,\hbar^2}{\mu}(1-\mathrm{i}\alpha R)\mathrm{e}^{\mathrm{i}\alpha R}\end{aligned}$$

显然,一个物理的解不应该受坐标系选择的影响。特别是它在原点附近并不满足直角坐标下 Schrödinger 方程,所以这个表达式不能看作是全空间中自由粒子运动的"定态解"。

但从检验中也可以看到,表达式 $\mathrm{e}^{\pm\mathrm{i}\alpha r}/r$ 实际上是表示在坐标原点有个(正、负)源头不断向外(内)发散(收敛)的球面"行波解"(可通过计算径向流密度分量,或配上含时因子即知)。其中正源头那个行波解可用来表示散射。但无论如何,它不是全空间自由粒子运动的"定态解"。事实上,全空间自由粒子运动定态解另有表达式(见下文)。

3.3 从此处奇性说开去(Ⅰ)——中心场自然边条件的来由

产生上述现象的原因在于:将自由运动 Schrödinger 方程从直角坐标转向球坐标(主要是其中 Laplace 算符从直角坐标表示转到球坐标表示)的转换过程中,含有除以 r 的运算。

---

② TAYLOR J R. Scattering Theory: The Quantum Theory on Non-relativistic Collisions[M]. New York: John Wiley & Sons,1972:183. 详细参见:张永德. 大学物理,1989 年第 9 期。或:张永德. 量子力学[M]. 4 版. 北京: 科学出版社,2016,第 4 章.

由于 r 的定义域包含着零点，所以这个运算是带奇性的：在原点附近并不合法！

这样做的后果之一是，出现两个坐标系两个解集合之间的不等价。球坐标方程比直角坐标方程多出了一类解——有点源存在情况下的行波解（出射波和入射波，按源头符号而定）。这些解与现在全空间自由运动问题并无关系。

正是原点附近的奇性运算，招致出现不需要的多余解的现象，使得两个坐标系下的两个解集合不等价。**为了保证两个物理解集合的等价性，必须人为额外地引入 $r\to 0$ 处自然边条件，用以剔除这些不合理的多余解。这就是为什么对中心场问题在波函数的一般要求之外，还添加这个要求的缘故。**

再具体一步，关于 $r\to 0$ 处径向波函数的自然边条件，前后共计有三种不同形式，都有人使用过：

(1) $\int_{[0]} |\psi|^2 r^2 \mathrm{d}r\mathrm{d}\Omega =$ 有限，或$\int_{[0]} |\chi(r)|^2 \mathrm{d}r$ 平方可积；

(2) $r\psi \xrightarrow{r\to 0} 0$，或 $\chi(r) \xrightarrow{r\to 0} 0$；

(3) $\psi(0)$或 $R(0)$有限，或 $\chi(r) \xrightarrow{r\to 0} 0$ 不慢于 $r\to 0$。

三个条件一个比一个苛刻。哪一种正确？物理和数学根据如何？

自然界本来就不存在几何点，位置测量永远不可能精确到几何点。于是，认真地说，"几何点处的波函数"的提法应当理解为非物理的、是人造的"可道"之道。因此，(不得不用坐标描述的)**波函数可以有发散的奇点，只需要它在包含奇点的任意体积内模平方可积即可。条件(1)正是依据波函数的物理诠释，按量子测量中实际实验要求所拟定的。物理要求应该到此止步，后面两个更苛刻的要求已经是非物理的了。**

但是，考虑到应当剔除不合理的多余解，以保证两个解集合之间的等价，正确的条件应当选用条件(2)：

$$r\psi \xrightarrow{r\to 0} 0 \quad 或 \quad \chi(r) \xrightarrow{r\to 0} 0 \tag{3.3}$$

这个人为强加的条件，对于排除那一类由于 Laplace 算符在坐标系转换中不合理的奇性运算带入的额外解(诸如 $\mathrm{e}^{\pm \mathrm{i}\alpha r}/r$)已经足够。而要求在原点处连续无奇性的条件(3)，显然过分解读了波函数的点描述，是主观的苛求，没有任何物理和数学根据。

总之，引入 $r\to 0$ 处径向波函数自然边条件是人为的，是数学自洽所必需的，并非物理的要求。

3.4 从此处奇性说开去(Ⅱ)——与 δ 函数有关的一些奇性运算

1. δ 函数与主值积分

(1) $\log x$ 的微分和函数$\dfrac{1}{x}$的主值积分问题。在 $x\neq 0$ 的区域有 $\dfrac{\mathrm{d}\log x}{\mathrm{d}x}=\dfrac{1}{x}$，但在 $x=0$

的邻域则应为

$$\frac{\mathrm{d}\log x}{\mathrm{d}x}=\frac{1}{x}-\mathrm{i}\pi\delta(x) \tag{3.4}$$

此式在包含 $x=0$ 点的任意区域上作积分时,右边第一项 x^{-1} 应理解为主值积分。就是说,从函数 x^{-1} 的积分值中对称抠去以 $x=0$ 点为中心左右无穷小邻域$[-\varepsilon,+\varepsilon]$的那一部分积分值。第二项虽然不影响 $x\neq0$ 区域的数值,但有它才能保证此等式两边积分之后仍然成立。这是因为,左边积分出来的函数为 $\log x$,当它从 $-\varepsilon$ 变到 $+\varepsilon$ 时,其虚部从 $\mathrm{i}\pi$ 突降为零,出来个 $-\mathrm{i}\pi$ 项。

上式也可以写为更明确的形式:

$$\frac{1}{x+\mathrm{i}\varepsilon}=P\,\frac{1}{x}-\mathrm{i}\pi\delta(x) \tag{3.5}$$

这里 P 表示取主值积分。

(2) 推广。取式(3.5)的共轭再与其相减,得

$$\frac{1}{x-\mathrm{i}\varepsilon}=\frac{1}{x+\mathrm{i}\varepsilon}+2\pi\mathrm{i}\delta(x) \tag{3.6}$$

有时也将引入 $\delta_+(x)$函数记号,它定义为

$$\delta_+(x)=\frac{1}{\pi}\int_0^{\infty}\mathrm{e}^{\mathrm{i}\eta(x+\mathrm{i}\varepsilon)}\,\mathrm{d}\eta=\frac{\mathrm{i}}{\pi}\,\frac{1}{x+\mathrm{i}\varepsilon} \tag{3.7}$$

这里积分原应出来两项,但函数 $\mathrm{e}^{\mathrm{i}\eta(x+\mathrm{i}\varepsilon)}$ 在上限处为零。这是由于按表达式规定,运算次序是先在固定 $\varepsilon(>0)$条件下对 η 积分,代入积分限后,再令 ε 取极限值为零,所以此项为零。于是有

$$\delta_+(x)=\frac{\mathrm{i}}{\pi}P\,\frac{1}{x}+\delta(x) \tag{3.8}$$

这实际就是式(3.5)。这说明包含函数 $\delta_+(x)$的积分可按下面规则计算:

$$\int_{-\infty}^{+\infty}f(x)\delta_+(x)\,\mathrm{d}x=\frac{\mathrm{i}}{\pi}P\int_{-\infty}^{+\infty}f(x)\,\frac{\mathrm{d}x}{x}+f(0) \tag{3.9}$$

实际上,这几个等式已包括在如下更一般的等式中:

$$P\int_A^B\frac{f(x)}{x-x_0}\mathrm{d}x=\lim_{\varepsilon\to0}\int_A^B\frac{f(x)}{x-x_0\pm\mathrm{i}\varepsilon}\mathrm{d}x\pm\mathrm{i}\pi f(x_0) \tag{3.10}$$

可简写为如下记号:

$$P\,\frac{1}{x-x_0}=\lim_{\varepsilon\to0}\frac{1}{x-x_0\pm\mathrm{i}\varepsilon}\pm\mathrm{i}\pi\delta(x-x_0) \tag{3.11}$$

可以证明:奇性函数$\dfrac{f(x)}{x}$的主值积分为(为简单起见,设积分区间$[A,B]$含 $x=0$ 点,A 和 B 可为正负无穷,并令 $x_0=0$):

$$P\int_A^B\frac{f(x)}{x}\mathrm{d}x\equiv\lim_{\rho\to0}\left\{\int_A^{-\rho}\frac{f(x)}{x}\mathrm{d}x+\int_{+\rho}^B\frac{f(x)}{x}\mathrm{d}x\right\}$$

$$
\begin{aligned}
&= \lim_{\varepsilon\to 0}\left\{\int_A^B \frac{f(x)}{x\pm \mathrm{i}\varepsilon}\mathrm{d}x - \lim_{\rho\to 0}\int_{-\rho}^{+\rho}\frac{f(x)}{x\pm \mathrm{i}\varepsilon}\mathrm{d}x\right\}\\
&= \lim_{\varepsilon\to 0}\int_A^B \frac{f(x)}{x\pm \mathrm{i}\varepsilon}\mathrm{d}x - \lim_{\substack{\rho\to 0\\ \varepsilon\to 0}}\int_{C\pm}\frac{f(x)}{x\pm \mathrm{i}\varepsilon}\mathrm{d}x\\
&= \lim_{\varepsilon\to 0}\int_A^B \frac{f(x)}{x\pm \mathrm{i}\varepsilon}\mathrm{d}x - f(0)\lim_{\substack{\rho\to 0\\ \varepsilon\to 0}}\int_{C\pm}\mathrm{i}\mathrm{d}\varphi\\
&= \lim_{\varepsilon\to 0}\int_A^B \frac{f(x)}{x\pm \mathrm{i}\varepsilon}\mathrm{d}x \pm \mathrm{i}\pi f(0)
\end{aligned}
$$

有时对易子运算中也可能碰到这类奇性运算，需要小心。叙述从略。

2. 注意“好的、坏的和丑的”δ 函数

见有关文献[③]。

3.5 δ 函数不是严格意义上的函数，但它却是严格意义上的线性泛函数

将各种数学代数量之间的关系宽泛地称做：从一个代数元素集合“映射”到另一个(可能性质不同的)代数元素集合的某种“映射方式”，则

函数：从数(集合)到数(集合)的映射

泛函数：从函数(集合)到数(集合)的映射

算符：从函数(集合)到函数(集合)的映射

超算符：从算符(集合)到算符(集合)的映射

这就全面而简洁地归纳了 QT 中的全部广义函数关系。

的确，将 δ 函数称做函数确实不妥：除奇点外，对应所有自变数的函数值都平庸地等于零，而唯一非平庸不为零的奇点处函数值却为无穷大，也没意义。所以连 Dirac 本人也心虚地将它称做“非正规函数”。但如果从泛函数的角度来看定积分号下的 δ 函数：对于任意给定的一个函数(在 δ 函数奇点附近解析)，必定有一个数与之对应。这是将函数族向数集合的一种映射，是严格意义上的(线性)泛函数。于是，严格说对它的求导也将按泛函数求导处理[④]。

3.6 自由粒子定态球面波的正确解

1. 直角坐标答案是周知的

$$
\psi(x,y,z) = (1/2\pi\hbar)^{3/2}\exp\{\mathrm{i}\boldsymbol{p}\cdot\boldsymbol{r}/\hbar\} \tag{3.12}
$$

③ DUTRA S M. Cavity Quantum Electrodynamics[M]. John-Wiley & Sons，2005：321.

④ 泛函积分和求导. 参见：张永德. 高等量子力学[M]. 3 版. 北京：科学出版社，2015，附录 E.

2. 球坐标答案

在球坐标下,注意到中心场的两个自然边条件:

$$r\psi(r,\theta,\varphi)\xrightarrow{r\to 0}0,\quad \psi(r,\theta,\varphi)\xrightarrow{r\to\infty}0$$

在分离掉 $Y_{lm}(\theta,\varphi)$ 部分之后,自由粒子的径向方程即为

$$R''+\frac{2}{r}R'+\left[k^2-\frac{l(l+1)}{r^2}\right]R=0,\quad k=\frac{1}{\hbar}\sqrt{2\mu E}$$

这是球 Bessel 方程,有两个独立解:$j_l(kr)$ 和 $y_l(kr)=\sqrt{\dfrac{\pi}{2kr}}Y_{l+\frac{1}{2}}(kr)$。但

$$y_l(\rho)\xrightarrow{\rho\to 0}-\frac{(2l-1)!!}{\rho^{l+1}}\{1+O(\rho)\}$$

即便对 $l=0$ 也不满足自然边条件($r\psi\xrightarrow{r\to 0}0$),应当删去。又因方程 $j_l(k\cdot\infty)=0$,于是对任何正 k 值,无穷远处自然边条件总成立,因此不存在对 k 的约束,即此时能量为连续谱。这时波函数为

$$\psi_{klm}(r,\theta,\varphi)=A_{kl}j_l(kr)Y_{lm}(\theta,\varphi),\quad k>0;\quad l=0,1,2,\cdots;\quad |m|\leqslant l$$

利用连续参量下球 Bessel 函数归一化公式⑤

$$\int_0^\infty j_l(kr)j_l(k'r)r^2\mathrm{d}r=\frac{\pi}{2k^2}\delta(k-k')=\frac{\pi\hbar^3}{2\mu p}\delta(E-E')$$

可得归一化波函数为(归一化到 $\delta(E-E')$)(见脚注②文献)

$$\psi_{klm}(r,\theta,\varphi)=i^l\sqrt{\frac{2\mu p}{\pi\hbar^3}}j_l(kr)Y_{lm}(\theta,\varphi),\quad k>0;l=0,1,2,\cdots;|m|\leqslant l \tag{3.13}$$

这就是球坐标下的自由粒子球面波定态解。这里添加相因子 i^l 是为了以后考虑时间反演运算时方便。

量子力学中有两组常用的自由粒子解,一组是平面波解表示定态平动运动,另一组就是这组波函数表示定态转动运动⑥。与平动解有确定的三个动量分量不同,这组定态解具有确定的能量、角动量及其第三分量。由于

$$j_l(kr)\xrightarrow{r\to 0}\frac{(kr)^l}{(2l+1)!!}(1+O(kr))$$

即便 $l=0$,解也满足零点处自然边条件。所以这组解确实可称为自由粒子球面波解。显然,如同平面波集合一样,这组解的集合也是完备的。于是,两组解之间可互相展开(见脚注②文献)。

3. 更多的自由粒子解

详见脚注⑤,其余问题见本书14.4节。

---

⑤ ABRAMOWITZ M, et al. Handbook of Mathematical Functions[M]. New York: Dover Publications, 1973.

⑥ 原则上可以在无穷多种坐标系中写出自由粒子方程。只要满足相应的边条件便是真正的自由粒子解。所以应当有无穷多组自由粒子波函数族。见:柯善哲.自由运动的波函数[G]//量子力学朝花夕拾(第二辑).北京:科学出版社,2007:81.

第4讲

量子测量的理论基础、广义测量

——量子测量理论几点注解(Ⅰ)

※　※　※

4.1　前　　言

量子测量理论是量子理论的基础支柱。它联系着理论计算和实验测量,是两者之间的必经桥梁。按现在文献情况,可以说,不熟悉量子测量理论将难以很好地理解许多近代重要的实验工作。更何况,量子测量理论本身就蕴含着量子理论几乎全部未解决的重大基本问题。这些问题如此基本,以至于对它们的解答必定从根本上纠正我们现有的时空观念和某些基本概念,导致我们对世界有一个崭新的再认识。

鉴于量子力学教材通常很少谈及测量问题,也鉴于量子测量理论的浩瀚芜杂,以下用三讲篇幅扼要介绍并简单评述一下量子测量的基础理论。

4.2　量子测量基础——唯象模型分析

1. 第三公设——量子测量公设①

“对状态$\psi(x)$进行力学量 A 的测量,总是将$\psi(x)$按 A 所对应算符$\hat{A}$的正交归一本征函

① 张永德. 量子力学[M]. 4 版. 北京：科学出版社,2016,第 1 章.

数族$\{\varphi_i | \hat{A}\varphi_i = a_i\varphi_i, i=1,2,\cdots\}$展开：

$$\psi(x) = \sum_i c_i\varphi_i(x)$$

单次测量所得A的数值必定随机地属于$\hat{A}$本征值中某一个a_k(除非$\psi(x)$是它的某个特定本征态)；测量完毕，$\psi(x)$即相应地随机突变(塌缩)为该本征值a_k的本征态$\varphi_k(x)$。对大量相同态组成的量子系综多次重复实验时，某个本征值a_k出现的概率是此展开式中对应项系数的模平方$|c_k|^2$。”

这里需要注意4点(详细见下文)：

(1) 由于被测力学量是可观测的力学量，其本征态族是完备的，可以用来展开任意的波函数。

(2) 对同一个态进行不同力学量的测量，将导致不同的展开，产生不同的塌缩，从而显示不同的结果和现象！正是由于不同测量中的不同表现，电子才一会儿像粒子(当测其位置时)，一会儿又像波动(当测其动量时)。

(3) 测量所对应的展开和叠加，是“概率幅的展开和叠加”！本质上不同于经典的概率分解与合成。以对$|+\boldsymbol{e}_z\rangle$态的测量为例分析：

$$|+\boldsymbol{e}_z\rangle = \frac{1}{\sqrt{2}}(|+\boldsymbol{e}_x\rangle + |-\boldsymbol{e}_x\rangle)$$

按量子力学的理解，此处右边分解是振幅叠加、相干叠加。沿z轴测此态的自旋，肯定发现自旋在$+\boldsymbol{e}_z$方向。但按经典力学，右边展开将理解为各占1/2概率或然地处在态$|+\boldsymbol{e}_x\rangle$或态$|-\boldsymbol{e}_x\rangle$上。如果接着将$|\pm\boldsymbol{e}_x\rangle$态再分解：

$$|\pm\boldsymbol{e}_x\rangle = \frac{1}{\sqrt{2}}(|+\boldsymbol{e}_z\rangle \pm |-\boldsymbol{e}_z\rangle)$$

右边展开将继续理解为，如果仍旧沿z轴测$|\pm\boldsymbol{e}_x\rangle$态的自旋，还是得到自旋朝上、朝下各占1/2概率。最后综合条件概率，按经典力学得到：对$|+\boldsymbol{e}_z\rangle$态沿$z$轴测自旋得到朝上朝下的概率各占1/2！这个结果完全不同于量子力学的预言。

(4) **单次测量的塌缩过程所表现的随机或然性，性质完全不同于经典的或然性。量子或然是没有任何隐变数的或然，是真正的或然，是上帝掷骰子的或然；而经典的或然全都是有隐变数的或然，是表观的或然，是人掷骰子的或然。**

2. 测量过程分解——测量的三个阶段

(1) 量子体系状态变化的两种方式：

U过程——决定论的、可逆的、保持相干性的；

R过程——随机的、不可逆的、斩断相干性的。

(2) 理想的完整测量过程有三个阶段——姑娘出嫁

纠缠分解　　波包塌缩　　初态制备

“纠缠分解”：$\psi(r)$按被测力学量A的本征态分解并和测量指示器的可区分态产生纠缠。

“波包坍缩”：$\psi(r)$以 A 展开式系数模方为概率向 A 的本征态之一随机突变(塌缩)。

“初态制备”：塌缩态作为初态在新环境的新 Hamilton 量下开始新一轮演化。

量子测量过程可以比喻为一位漂亮姑娘出嫁的过程。三个阶段是：对象新郎的相干排列，选定一位新郎登记结婚，在新环境下作为新人开始新生活。

实验经常对大量相同量子态组成的量子系综进行同类重复测量并读出结果。多次重复测量制备出一个混态——各次测量中各次塌缩所得各种 $\varphi_i(x)$之间不存在位相关联，彼此非相干。这个一系列纯态集合的混态称做纯态系综——{集合中，纯态 $\varphi_i(x)$出现的概率为 p_i，等等}。详细具体的叙述可见第 5 讲的量子测量模型。

3. 深邃的塌缩阶段——具有四大特征

应当说，状态塌缩过程是一个极其深邃的、尚未了解清楚的过程。它蕴涵着一系列根本性的 open 问题。但无论如何，从唯象描述角度看，塌缩过程具有四大特征：

随机的——原则上就无法预见和控制的；

切断相干性的——切断被测态中不同选择(塌缩)之间的相干性；

不可逆的——有人说，测量是熵增加过程；

非定域的——波函数的塌缩总是非定域的。

按测量公设，每次测量并读出结果之后，被测态 $\psi(\boldsymbol{r})$即向该次测量所得本征值的相应本征态随机突变(塌缩)过去——除非 $\psi(\boldsymbol{r})$原本是该被测力学量的某一本征态，否则单次测量后，被测态 $\psi(\boldsymbol{r})$究竟向哪个本征态塌缩，就像测得的本征值一样，是随机的，QT 不能事先预告。单次测量是一种随机过滤器，是向被测力学量本征态的随机投影，使波函数随机约化到它的一个成分(分支)上。单次测量造成的塌缩称为第一类波包塌缩。

塌缩中，表现为粒子状态的突变，实质上是体系演化时空的塌缩！这从量子 Zeno 效应叙述可以窥见。近来的实验表明：塌缩与关联塌缩是同一个事件，其间不存在因果关联！

按多世界理论，不同的测量及其塌缩就意味着进入了不同的分支世界。关于这个多世界理论，评述见本书 6.7 节。

初步说来，塌缩过程中存在的未解决问题有：

塌缩随机性的根源是什么？——或者有根源吗?!

为什么(不论自旋态或空间态、单粒子或多粒子)所有塌缩过程总是非定域的?!

怎样看待塌缩过程体系熵的增加?

塌缩—关联塌缩和相对论性定域因果律有深刻矛盾吗?!

认为塌缩—关联塌缩是同一事件就能避免量子理论对相对论性定域因果律的否定吗?!

相互作用过程和测量过程的明确界线在哪里?

4.3 量子测量分类

1. 开放系统

以往量子力学通常研究的是孤立、封闭的量子体系。此时量子测量都是正交投影——按测量公设,是向被测力学量的本征函数族投影:

$$|\psi\rangle \to E_i|\psi\rangle\{E_i=|i\rangle\langle i|,\sum_i E_i=I,E_iE_j=\delta_{ij}E_j,\mathrm{tr}E_i=1,i,j=1,2,3,\cdots\} \quad (4.1)$$

现在针对开放系统,量子力学将出现三个新特点:

(1) **量子态可能是混态;**

(2) **量子演化可能是非幺正的、不可逆的;**

(3) **测量造成的投影分解可能是非正交的——POVM。此时测量种类将会复杂化。**详细见下文。

2. 测量分类

量子测量,按不同情况和不同分类标准,有不同分类。

(1) **封闭系统测量,开放系统测量。**

(2) **两体及多体:局域测量、关联测量、联合测量。**

(3) **完全测量,不完全测量;破坏测量,非破坏测量,弱测量。**

3. 两体局域测量、关联测量、联合测量

(1) 局域测量:只对两体中的某一方做测量,比如只对A测量。相应力学量是$\Omega=\Omega_A\otimes I_B$,

$$\begin{aligned}\mathrm{tr}(\rho_{AB}\Omega)&=\mathrm{tr}^{(A)}[\mathrm{tr}^{(B)}(\rho_{AB}\Omega_A\otimes I_B)]=\mathrm{tr}^{(A)}[\mathrm{tr}^{(B)}(\rho_{AB})\Omega_A]\\&=\mathrm{tr}^{(A)}(\rho_A\Omega_A)\end{aligned}$$

所有测量结果只和约化密度矩阵ρ_A有关。

(2) 关联测量:同时对A和B做局域测量(并比较相应的结果),$\Omega=\Omega_A\otimes\Omega_B$。此时只对未纠缠态——可分离态,有$\langle\Omega\rangle=\langle\Omega_A\rangle\cdot\langle\Omega_B\rangle$。

(3) 联合测量 :测量不是局域进行的,类似于下面不可分离类型的力学量测量,$\Omega=\sum_i\Omega_A^{(i)}\otimes\Omega_B^{(i)}$,$i\geqslant 2$。

4. 非破坏测量

见文献②。

5. 弱测量与测量-扰动关系(MDR)

② BRAGINSKY V B,KHALILI F Y. Rev. Mod. Phys.,1996 Vol. 68,1. 张永德. 量子信息物理原理[M]. 北京:科学出版社,2006,1.5节.

弱测量的原理见文献③,部分应用见文献④。

关于弱测量问题应当指出:**根据弱测量技术的测量-扰动关系(MDR)概念**(实际是对同一对象前后相继两次测量,将所得不确定度相乘,比如将弱测量所得位置不确定度和随后测得的动量不确定度相乘,这种乘积可能大于$\hbar/2$),**当前有些文献宣称突破了 Heisenberg 不确定性关系对量子态的限制。应当指出,这种提法并不准确,也容易造成误解。**因为,那只是修正了 Heisenberg 当时误用 MDR 概念对正确结论所作的不准确解释。现在,QM 已经将 Heisenberg 不确定性关系理解为对量子态本身性质的分析——对同一个量子态作同时测量(实际是对制备出的大量相同态所组成的量子系综作重复性测量)。**数学上,Heisenberg 不确定性关系直接就是 Fourier 积分变换理论中的带宽定理;物理上,Heisenberg 不确定性关系根源于微观粒子波粒二象性特别是波动性。Heisenberg 不确定性关系的数学物理根据都毋庸置疑。**其余有关论述可见脚注①文献的附录一、本书 6.6 节、29.2 节。

4.4 局域测量——广义测量与 POVM(正算符测度分解)

1. 广义测量

广义测量是指,在一个由若干子系统组成的大系统上进行正交测量时,按局部子系统观察所体现的测量。广义测量又称为局域测量。从大系统角度来看,现在的子系统是个开放系统,对其进行的观测是片面的观测、局部的观测。广义测量也可以说成是对开放系统的量子测量。

通过把与所考虑系统有相互作用的外部系统都计算进来,构成足够大系统的方法,总能以足够好的近似将这个大复合系统看作孤立体系。已经知道,对孤立体系所作的测量是正交投影测量,因此可以说,对如此构成的大系统中某一组相互对易力学量完备组进行的量子测量,必定是正交投影测量。就是说,每次测量所得必定是这个共同本征态集合的某个量子数组,每次测量所实现的态也必定是共同本征态集合中的某一个。

但是,大系统这组相互正交的本征态族在子系统所属子空间中的对应态未必仍然相互

---

③ AHARONOV Y, et al. How the Result of a Measurement of a Component of the Spin of a Spin-2 Particle Can Turn Out to be 100[J]. Phys. Rev. Lett.,1988, 60, 1351. AHARONOV Y, et al. Vol. 41, PRA, 11(1990).

④ HOSTEN O, et al. Observation of the Spin Hall Effect of Light via Weak Measurements[J]. Science, 2008, 319:787. 此文用信号放大观察自旋 Hall 效应. ROZEMA L A, et al. Phys. Rev. Lett., 109, 100404(2012). 此文研究 MDR. KOCSIS S, et al. Observing the Average Trajectories of Single Photons in a Two-Slit Interferometer[J]. Science, 2011,332:1170. 此文测量双缝装置中单光子的轨道. LALOY A P, et al. Experimental violation of a Bell's inequality in time with weak measurement[J]. Nature Physics, Vol. 6, 2010. 此文将弱测量技术应用于观察 Bell 不等式的破坏. LUNDEEN J S. Nature, 2011, 474: 188-191. 此文用弱测量技术直接观察量子波函数。KIM Y-S, et al. Protecting entanglement from decoherence using weak measurement and quantum measurement reversal[J]. Nature Physics, 2012, 8: 117-120.

正交。于是可以设想,不知道(根本不知道,或是不想知道,或是难以知道)大系统,只知道子系统的观察者会认为:通常情况下的量子测量将投影出一组非正交态,而不是一组正交态。这就是通常所说的**"广义测量不一定是正交投影"的缘故**[⑤]。

2. 广义测量解释[⑥]

(1) 直和子空间解释

假设所关心的态空间 H_A 是一个更大的直和空间

$$H = H_A \oplus H_A^{\perp}$$

的一部分(设 H_A 的基是$\{|i\rangle\}$,$H^{\perp}$的基是$\{|\mu\rangle\}$,$\langle i|\mu\rangle=0,\forall i,\mu$)。$H$ 有正交基$\{|u_\alpha\rangle\}$。设 M_A 是 H_A 中的一个可观察量,于是有以下正交分解关系:

$$M_A \mid \psi^{\perp} \rangle = \langle \psi^{\perp} \mid M_A = 0 \tag{4.2}$$

$$\mid u_\alpha \rangle = \mid \tilde{\psi}_\alpha \rangle + \mid \tilde{\psi}_\alpha^{\perp} \rangle \tag{4.3}$$

这里$|\tilde{\psi}_\alpha\rangle \in H_A$,$|\psi^{\perp}\rangle$,$|\tilde{\psi}_\alpha^{\perp}\rangle \in H_A^{\perp}$。注意,不同 α 值的$|u_\alpha\rangle$虽然彼此正交,但它们在子空间 H_A 中投影部分$|\tilde{\psi}_\alpha\rangle$却不一定彼此正交,也不一定归一。由$\langle u_\alpha|u_\alpha\rangle=\langle\tilde{\psi}_\alpha|\tilde{\psi}_\alpha\rangle+\langle\tilde{\psi}_\alpha^{\perp}|\tilde{\psi}_\alpha^{\perp}\rangle=1$,记$\lambda_\alpha=\langle\tilde{\psi}_\alpha|\tilde{\psi}_\alpha\rangle=1-\langle\tilde{\psi}_\alpha^{\perp}|\tilde{\psi}_\alpha^{\perp}\rangle$,注意$1\geqslant\lambda_\alpha\geqslant0$,于是可令

$$\mid \tilde{\psi}_\alpha \rangle \equiv \sqrt{\lambda_\alpha} \mid \psi_\alpha \rangle \tag{4.4}$$

这里态$|\psi_\alpha\rangle$已经归一。

现在假设,在大空间 H 中对子空间 H_A 中的一个态ρ_A 执行向基矢$\{|u_\alpha\rangle\}$的正交投影测量$\{E_\alpha=|u_\alpha\rangle\langle u_\alpha|\}$。这些测量,从"生活"在 H_A 中的观察者来看,只得到以概率(注意ρ_A 不属于 $H_A^{\perp}$,作用为零)

$$\mathrm{Prob}(\alpha) = \langle u_\alpha \mid \rho_A \mid u_\alpha \rangle = \langle \tilde{\psi}_\alpha \mid \rho_A \mid \tilde{\psi}_\alpha \rangle = \lambda_\alpha \langle \psi_\alpha \mid \rho_A \mid \psi_\alpha \rangle \tag{4.5a}$$

获得测量结果为α 和$|\psi_\alpha\rangle\langle\psi_\alpha|$。特别是,在测出$\alpha$ 值以后,塌缩投影过去的这些测量末态$|\psi_\alpha\rangle$不见得彼此正交。

设 E_A 是大空间 H 向子空间 H_A 的投影算符,它也必定是子空间 H_A 中单位算符 $E_A=I_A$。利用 E_A 可将 H 中正交投影算符系列$\{E_\alpha=|u_\alpha\rangle\langle u_\alpha|\}$向 H_A 投影。即,定义 H_A 中的一组算符

$$F_\alpha \equiv E_A E_\alpha E_A = \mid \tilde{\psi}_\alpha \rangle \langle \tilde{\psi}_\alpha \mid = \lambda_\alpha \mid \psi_\alpha \rangle \langle \psi_\alpha \mid \tag{4.6}$$

利用此定义式,可以把式(4.5a),即从 H_A 中观察所得结果为 α 的概率重新写为

$$\mathrm{Prob}(\alpha) = \lambda_\alpha \langle \psi_\alpha \mid \rho_A \mid \psi_\alpha \rangle \equiv \mathrm{tr}(F_\alpha \rho_A) \tag{4.5b}$$

这些算符 F_α 显然是厄米的、非负的,但迹却不一定为 1($1\geqslant \mathrm{tr}F_\alpha=\lambda_\alpha\geqslant0$),而且也不一定彼此正交,所以不能算是正交投影算符系列。然而,它们的总和等于子空间 H_A 中的单位算符

⑤ 张永德.量子信息物理原理[M].北京:科学出版社,2006,第1章.

⑥ BRAGINSKY V B,KHALILI F. Rev. Mod. Phys.,1996 Vol. 68,1. 张永德.量子信息物理原理[M].北京:科学出版社,2006,1.3节.

$$\sum {}_\alpha F_\alpha = E_A \sum {}_\alpha E_\alpha E_A = E_A = I_A \tag{4.7}$$

因此,这些 F_α 在子空间 H_A 中执行着类似于 E_α 在 H 空间中的正值投影分解的任务,但它们却不是正交投影⑦。推广开来,引入如下定义:

[定义] 系统 A 的一组 POVM(positive operator valued measure)是对系统 A 单位算符 I_A 所做的一组非正交的测度分解。一般说,这种分解是将单位算符 I_A 拆解成一组不相互正交、非负、厄米算符系列:

$$\left\{\{F_\alpha(\alpha = 1,2,\cdots,n)\},\quad F_\alpha^+ = F_\alpha,\quad \mathrm{tr}F_\alpha \leqslant 1;{}_A\langle\psi \mid F_\alpha \mid \psi\rangle_A \geqslant 0,\quad \sum_{\alpha=1}^{n} F_\alpha = I_A\right\} \tag{4.8}$$

这里态$|\psi\rangle_A$ 是系统A 的任意态。若以正交方式分解,即简化为前面的正交投影测量。根据这里的广义测量理论,当对 H_A 中 ρ_A 态作广义测量时,相应每个测量结果 F_α 的概率由式(4.5a)、式(4.5b)表示。特别是,有

$$\mathrm{Prob}(\alpha) = \mathrm{tr}(F_\alpha \rho_A) = \lambda_\alpha \langle \psi_\alpha \mid \rho_A \mid \psi_\alpha \rangle$$

为保证概率正定和总概率为 1, F_α 的正定性和 $\sum\limits_\alpha F_\alpha = 1$ 都是必需的。

由于任何投影算符 P 的平方等于它自己,$P^2 = P$,所以开根也是它自己,$\sqrt{P} = P$。而这里$|\psi_\alpha\rangle\langle\psi_\alpha|$属于投影算符,于是,**在广义测量前后,态的改变是**

$$\rho_A \to \rho'_A = \sum_\alpha [\lambda_\alpha \langle \psi_\alpha \mid \rho_A \mid \psi_\alpha \rangle]\cdot \mid \psi_\alpha\rangle\langle\psi_\alpha \mid = \sum_\alpha \sqrt{F_\alpha}\rho_A \sqrt{F_\alpha} \tag{4.9}$$

式(4.9)是正交投影情况($\rho_A \to \rho'_A = \sum {}_\alpha E_\alpha \rho_A E_\alpha$)向 POVM 情况的推广。注意,由于"$F_\alpha$ 等于大空间的 E_α 向子空间 H_A 的投影",所以有

$$H_A \text{ 的维数} \leqslant F_\alpha \text{ 数目} \leqslant E_\alpha \text{ 数目} = (H_A + H_A^\perp)\text{维数和} \tag{4.10}$$

F_α 个数可能少于E_α 个数的原因是:可以有这样的 E_α,它只向正交子空间 $H_A^\perp$ 投影,于是与这种 E_α 相应的 F_α 便是零。

POVM 这一名词最初是由 Peres 在引入广义测量概念分辨一些非正交态时提出的⑧。**POVM 是封闭系统正交投影测量向开放系统非正交投影测量的推广,是完全测量向非完全测量的推广**。

(2) 直积子空间解释

考虑一个 N 维系统 A 处在态 ρ_A 上。并假设另有一个辅助系统 B(常称为"附属系统",其维数这里并不重要,予以略去)处在已知态 ρ_B 上。设这两个系统组成一个"未关联"

---

⑦ PRESKILL J. Lecture Notes for Physics229: Quantum Information and Computation[R]. CIT, Sept. 1998. 以及注①文献 1.3 节。NIELSEN M A, CHUANG I L. Quantum Computation and Quantum information[M]. Cambridge University Press, 2000:90.

⑧ PERES A. How to differentiate between non-orthogonal states[J]. Phys. Lett. A, 1988, 128: 19.

的张量积的大系统,初态为 $\rho_{AB}=\rho_A\otimes\rho_B$。现在对这个张量积系统进行某种正交投影测量 $\left(\{E_\mu\};\ \sum_\mu E_\mu = I_{AB}\right)$。在单次测量中得到测量结果为 $\{E_\mu\}$ 中的某一个,相应概率 $\mathrm{Prob}(\mu)$ 为

$$\mathrm{Prob}(\mu)=\mathrm{tr}^{(AB)}(E_\mu\cdot\rho_A\otimes\rho_B)=\sum_{m,n=0}^{N}\sum_{r,s}(E_\mu)_{mr,ns}(\rho_A)_{nm}(\rho_B)_{sr}$$

$$\equiv\sum_{m,n=0}^{N}(F_\mu)_{mn}(\rho_A)_{nm}=\mathrm{tr}^{(A)}(F_\mu\rho_A)$$

简单直接地说,即有

$$\mathrm{Prob}(\mu)=\mathrm{tr}^{(AB)}(E_\mu\cdot\rho_A\otimes\rho_B)\equiv\mathrm{tr}^{(A)}(F_\mu\rho_A)\tag{4.11a}$$

其中

$$(F_\mu)_{mn}=\sum_{r,s}(E_\mu)_{mr,ns}(\rho_B)_{sr}=(\mathrm{tr}^{(B)}[E_\mu(I_A\otimes\rho_B)])_{mn}\tag{4.11b}$$

这一组算符 F_μ 就被称做一种 POVM。式(4.11a)表明,$\mathrm{Prob}(\mu)$既是张量积大系统在正交测量$\{E_\mu\}$中得到结果为 E_μ 的概率,也是在子系统 A 中执行相应的 POVM 并得到 F_μ 的概率。

由于式(4.11a)中的 $\mathrm{Prob}(\mu)\geqslant0$,以及 ρ_A 是任意和非负的,可知全体 F_μ 都是非负的,有时就简单称它们为正的。按式(4.11b),它们也是厄米的、总和为1。比如总和为1,式(4.11b)对 μ 求和即得分量形式为

$$\left(\sum_\mu F_\mu\right)_{mn}=\sum_\mu(F_\mu)_{mn}=\sum_{r,s}\left(\sum_\mu E_\mu\right)_{mr,ns}(\rho_B)_{sr}=\sum_{r,s}\delta_{mn}\delta_{rs}(\rho_B)_{sr}$$

$$=\delta_{mn}\mathrm{tr}^{(B)}\rho_B=\delta_{mn}=(I_A)_{mn}$$

这正是式(4.7)。但对于直积情况,POVM 中 F_μ 个数的上限与直和的式(4.10)不同。这时有

$$\dim H_A\leqslant\mathrm{Number}(F_\mu)\leqslant\mathrm{Number}(E_\mu)=\dim(H_A\otimes H_B)\text{维数积}\tag{4.12}$$

对大系统 $A\otimes B$ 测量之后,如果塌缩结果为 E_α,则大系统的态相应塌缩到下面状态:

$$\rho'_{AB}(\alpha)=\frac{E_\alpha(\rho_A\otimes\rho_B)E_\alpha}{\mathrm{tr}^{(AB)}[E_\alpha(\rho_A\otimes\rho_B)]}\tag{4.13}$$

但与此同时,对于只知道子系统 A 的观察者而言,当测量塌缩到 F_μ 时,密度矩阵从 ρ_A 变为

$$\rho'_A(\alpha)=\frac{\mathrm{tr}^{(B)}[E_\alpha(\rho_A\otimes\rho_B)E_\alpha]}{\mathrm{tr}^{(AB)}[E_\alpha(\rho_A\otimes\rho_B)]}\tag{4.14}$$

可以证明,此处式(4.14)和前面式(4.9)求和中的对应项相同。因为,注意向 A 投影算符 E_A 对 A 而言是单位算符 I_A,于是由于式(4.14)分子已经 $\mathrm{tr}^{(B)}$,所以可以左右全乘以 E_A,并收入求迹号内,同时对求迹号内 ρ_A 两侧也如此做。至于分母可直接利用概率公式(4.11a)。总之可以有

$$\rho'_A(\alpha)=\frac{\mathrm{tr}^{(B)}[E_AE_\alpha(E_A\rho_AE_A\otimes\rho_B)E_\alpha E_A]}{\mathrm{tr}^{(AB)}[E_\alpha(\rho_A\otimes\rho_B)]}$$

$$= \frac{\mathrm{tr}^{(B)}[F_\alpha(\rho_A \otimes \rho_B)F_\alpha]}{\mathrm{tr}^{(A)}(F_\alpha\rho_A)} = \frac{F_\alpha(\rho_A)F_\alpha}{\mathrm{tr}^{(A)}(F_\alpha\rho_A)} = \sqrt{F_\alpha}\rho_A\sqrt{F_\alpha}$$

这里最后结果 F_α 上的根号是等式对全部测量概率归一化的要求。

以上通过直和与直积两种方式说明了,**在更大态空间中进行某个正交投影测量过程,反映到它某个子空间中(相当于只从这个子空间作局部性观察),就实现为一个非正交的投影系列——实现一种 POVM**。

3. POVM 举例

举一个单 qubit 两维态空间中 POVM 例子。选择 N 个三维单位矢量 $\{\boldsymbol{n}_\alpha\}$ 和 N 个正实数 λ_α,使它们满足:$0<\lambda_\alpha<1$, $\sum_\alpha \lambda_\alpha = 1$, $\sum_\alpha \lambda_\alpha \boldsymbol{n}_\alpha = \boldsymbol{0}$。由此便可构造一种有 N 个元素的 POVM 如下:

$$F_\alpha = \lambda_\alpha(1 + \boldsymbol{n}_\alpha \cdot \boldsymbol{\sigma}) \tag{4.15a}$$

回忆起$\frac{1}{2}$自旋态的投影算符为 $E_\alpha = |\boldsymbol{n}_\alpha\rangle\langle\boldsymbol{n}_\alpha| = \frac{1}{2}(1+\boldsymbol{n}_\alpha\cdot\boldsymbol{\sigma})$,这里 $\boldsymbol{n}_\alpha$ 是态的极化矢量,就有

$$F_\alpha = 2\lambda_\alpha E_\alpha \tag{4.15b}$$

它们共计 N 个,显然都是非负的、厄米的,并且有

$$\sum_\alpha F_\alpha = \sum_\alpha \lambda_\alpha \cdot I + \sum_\alpha \lambda_\alpha \boldsymbol{n}_\alpha \cdot \boldsymbol{\sigma} = I$$

这 N 个$\{F_\alpha\}$就在此 qubit 二维态空间中定义了一个 POVM。

注意,在两维态空间中作单位算符的 POVM 分解时,若是两个分解($N=2$,即(F_1,F_2)),虽有无穷多种分解,但必定都是正交分解:

$$I = |\boldsymbol{n}\rangle\langle\boldsymbol{n}| + |-\boldsymbol{n}\rangle\langle-\boldsymbol{n}| \equiv F_1 + F_2$$

只有多于所在空间维数的分解(现在即 $N\geqslant 3$),才必定是非正交的分解。比如取任意三角形的三个边作为(首尾相接的)三个矢量 $\boldsymbol{n}_\alpha(\alpha=1,2,3)$,则有 $\boldsymbol{n}_1+\boldsymbol{n}_2+\boldsymbol{n}_3=\boldsymbol{0}$,再选比如 $\lambda_1=\lambda_2=\lambda_3=\frac{1}{3}$,于是便得到一种共计三个一组的如下 POVM:

$$F_\alpha = \frac{1}{3}(1+\boldsymbol{n}_\alpha\cdot\boldsymbol{\sigma}) = \frac{2}{3}E(n_\alpha),\quad \alpha = 1,2,3 \tag{4.16}$$

由乘积即知,它们已不再是正交投影,各自的迹也不是 1 了。

4.5 Neumark 定理

1. Neumark 定理⑨

上面通过考察比 H_A 更大空间中的正交测量,得到了在 H_A 空间中的 POVM 的概念。

⑨ 张永德. 量子信息物理原理[M]. 北京:科学出版社,2010,1.3 节.

现在反过来考虑,这就是 **Neumark 定理**:

"总能够采用将所考虑的态空间拓展到一个较大空间,并在这个较大空间执行适当正交测量的办法,实现所考虑空间中任何事先给定的 POVM。"

证明 考虑一个 N 维状态空间 H 和 $n(n\geqslant N)$ 个 $\{F_\alpha,\alpha=1,2,\cdots,n\}$ 的 POVM。每个一维正算符(意即只有 1 个非零本征值)F_α 可写为

$$F_\alpha=|\tilde{\psi}_\alpha\rangle\langle\tilde{\psi}_\alpha|;(F_\alpha)_{i,j}=\tilde{\psi}^{*}_{\alpha,i}\tilde{\psi}_{\alpha,j},\quad i,j=1,2,\cdots,N \tag{4.17}$$

注意这里 $\langle\tilde{\psi}_\alpha|$ 和 $|\tilde{\psi}_\alpha\rangle^{\mathrm{T}}=(\tilde{\psi}_{\alpha,1},\tilde{\psi}_{\alpha,2},\cdots,\tilde{\psi}_{\alpha,N})$ 不一定归一。于是,已设的全体 F_α 之和为 H 中单位矩阵的结果,现在就表示为

$$\sum_{\alpha=1}^{n}(F_\alpha)_{i,j}=\sum_{\alpha=1}^{n}\tilde{\psi}^{*}_{\alpha,i}\tilde{\psi}_{\alpha,j}=\delta_{i,j} \tag{4.18}$$

可以换一种角度看待上面这 n 个 N 维矢量的并矢之和为单位矩阵的关系式(4.18),按下式定义 N 个 n 维矢量:

$$(\tilde{\psi}_i)_\alpha\equiv\tilde{\psi}_{\alpha,i}$$

这里是说,在 n 维空间中第 i 个矢量的第 α 分量为 $|\tilde{\psi}_i\rangle_\alpha=|\tilde{\psi}_\alpha\rangle_i=\tilde{\psi}_{\alpha,i}$。于是在这 n 维空间中就已经有了 N 个正交归一的矢量。现在只需要在这个高维一些的 n 维空间中再增加 $(n-N)$ 个正交归一矢量,补充这 N 个正交归一矢量集合,使它们共同成为一组正交归一完备基矢就可以了。显然,这种补充不但是可行的,并且办法不是唯一的。设补充的 $(n-N)$ 个正交归一矢量为

$$|\tilde{\varphi}_k\rangle^{\mathrm{T}}=(\tilde{\varphi}_{1,k},\tilde{\varphi}_{\alpha,k},\cdots,\tilde{\varphi}_{n,k}),\quad k=N+1,\cdots,n \tag{4.19}$$

将两部分合并排成正交归一的 n 行之后,各列便同时组成 n 维空间的一组 n 个正交归一基 $|u_\alpha\rangle$。注意这些 $|u_\alpha\rangle$ 是如此构造的:第 α 个矢量的前 N 个分量为 $\tilde{\psi}_{\alpha,i}(i=1,2,\cdots,N)$,后 $(n-N)$ 个分量为新补充的。

现在可以在这个 n 维空间中执行一个由下式定义的正交测量:

$$E_\alpha=|u_\alpha\rangle\langle u_\alpha| \tag{4.20}$$

显然,将基矢 $|u_\alpha\rangle$ 明写出来便是

$$|u_\alpha\rangle=|\tilde{\psi}_\alpha\rangle+|\tilde{\psi}_\alpha^{\perp}\rangle=\begin{pmatrix}\tilde{\psi}_\alpha\\ \tilde{\varphi}_\alpha\end{pmatrix} \tag{4.21}$$

式中,$|\tilde{\psi}_\alpha\rangle\in H$,$|\tilde{\varphi}_\alpha\rangle\in H^{\perp}$。这里 $H^{\perp}$ 是由 $|\tilde{\varphi}_\alpha\rangle^{\mathrm{T}}$ 所撑开的、维数为 $(n-N)$ 的、与 H 正交的另一个子空间。通过正交投影,可将 $|u_\alpha\rangle$ 投影到 H,于是就得到 H 中原先已设定为 POVM 的 $\{F_\alpha\}$。 证毕。

总而言之,由正交测量的局部投影之后所得的 POVM 以及此处的 Neumark 定理,可以得到一个总体认识:**在一个系统上执行任选的 POVM 类型的测量是人们能够执行的最一般的测量。**

2. 举例说明

例 4.1 可以采用直和拓展方法来应用此定理。再次考虑单个 qubit。取式(4.16)的 POVM$\{F_\alpha\}$:

$$F_\alpha = \frac{2}{3} \mid \boldsymbol{n}_\alpha\rangle\langle\boldsymbol{n}_\alpha \mid, \quad \alpha = 1,2,3; \boldsymbol{n}_1 + \boldsymbol{n}_2 + \boldsymbol{n}_3 = \boldsymbol{0}$$

现在用直和方式增加一维,在三维态空间中构造如此正交投影操作,使得在二维态空间中观察,此测量就是事先给定的 F_α。为此取一个"三进制"量子位——一个三维态空间的单量子系统 qutrit,并取定

$$\boldsymbol{n}_1 = (0,0,1), \quad \boldsymbol{n}_2 = \left(\frac{\sqrt{3}}{2},0,-\frac{1}{2}\right), \quad \boldsymbol{n}_3 = \left(-\frac{\sqrt{3}}{2},0,-\frac{1}{2}\right)$$

在球坐标中,这三个矢量分别为$(\theta \quad \varphi)=(0 \quad 0)$,$\left(\frac{2\pi}{3} \quad 0\right)$,$\left(\frac{4\pi}{3} \quad 0\right)$,它们是 x-z 面上等角三叶螺旋桨,夹角为120°。因此,考虑到 $F_\alpha = |\tilde{\psi}_\alpha\rangle\langle\tilde{\psi}_\alpha|$ 和

$$\mid \tilde{\psi}_\alpha\rangle = \sqrt{\frac{2}{3}} \mid \boldsymbol{n}(\theta,\varphi)_\alpha\rangle = \sqrt{\frac{2}{3}}\begin{pmatrix}\cos\dfrac{\theta}{2}\\ \sin\dfrac{\theta}{2}\end{pmatrix}$$

这里$|\boldsymbol{n}(\theta,\varphi)_\alpha\rangle$均是归一化的$\frac{1}{2}$自旋态,由此得到

$$\left(\mid \tilde{\psi}_1\rangle = \begin{pmatrix}\sqrt{2/3}\\ 0\end{pmatrix} \quad \mid \tilde{\psi}_2\rangle = \begin{pmatrix}\sqrt{1/6}\\ \sqrt{1/2}\end{pmatrix} \quad \mid \tilde{\psi}_3\rangle = \begin{pmatrix}-\sqrt{1/6}\\ \sqrt{1/2}\end{pmatrix}\right) \tag{4.22}$$

根据定理证明中叙述,可以将这三个两维矢量看作是个 2×3 的矩阵(由于所取 POVM 的完备性,式(4.22)中两行是正交的)。再补上正交的第三行(注意保持归一化),就成为

$$\left(\mid u_1\rangle = \begin{pmatrix}\sqrt{2/3}\\ 0\\ \sqrt{1/3}\end{pmatrix} \quad \mid u_2\rangle = \begin{pmatrix}\sqrt{1/6}\\ \sqrt{1/2}\\ -\sqrt{1/3}\end{pmatrix} \quad \mid u_3\rangle = \begin{pmatrix}-\sqrt{1/6}\\ \sqrt{1/2}\\ \sqrt{1/3}\end{pmatrix}\right) \tag{4.23}$$

如定理所说的,各列(现即为$|u_\alpha\rangle$)也彼此正交。这时执行向基$\{|u_\alpha\rangle\}$的正交投影测量(即,测量以$\{|u_\alpha\rangle\}$为本征矢量的物理量组)。一位只生活在二维子空间中的观察者将会认为在他的子空间中执行了一种 POVM$\{F_1,F_2,F_3\}$。就是说,如果现在的 qubit 暗中是某个 qutrit 的两个分量,则对该 qutrit 态空间进行上面这样的正交测量,就实现了在现在这个 qubit 上所预定的 POVM$\{F_\alpha\}$。

例 4.2 也可以采用直积拓展的方法来应用此定理。为便于比较,仍考虑单个 qubit 情况,并且仍取式(4.16)的 POVM$\{F_\alpha\}$:

$$F_\alpha = \frac{2}{3} \mid \boldsymbol{n}_\alpha \rangle \langle \boldsymbol{n}_\alpha \mid, \quad \alpha = 1,2,3; \boldsymbol{n}_1 + \boldsymbol{n}_2 + \boldsymbol{n}_3 = \boldsymbol{0}$$

三个态为(下面$|\tilde{\psi}_2\rangle$中添一负号是为了$\langle \boldsymbol{n}_\alpha | \boldsymbol{n}_\beta \rangle = -\frac{1}{2}$，$\forall\, \alpha \neq \beta = 1,2,3$)

$$\left(\mid \tilde{\psi}_\alpha \rangle = \sqrt{\frac{2}{3}} \mid \boldsymbol{n}_\alpha \rangle: \quad \mid \tilde{\psi}_1 \rangle = \begin{pmatrix} \sqrt{2/3} \\ 0 \end{pmatrix} \quad \mid \tilde{\psi}_2 \rangle = \begin{pmatrix} -\sqrt{1/6} \\ -\sqrt{1/2} \end{pmatrix} \quad \mid \tilde{\psi}_3 \rangle = \begin{pmatrix} -\sqrt{1/6} \\ \sqrt{1/2} \end{pmatrix} \right)$$

现在采用引入第二个 qubit B 作直积来拓展，去实现这个 POVM。在两个 qubit 的直积态空间中，设计一组完备力学量组的测量实验，使状态向下述正交归一基作正交投影：

$$\begin{cases} \mid \Phi_\alpha \rangle = \sqrt{\frac{2}{3}} \mid \boldsymbol{n}_\alpha \rangle_A \mid 0 \rangle_B + \sqrt{\frac{1}{3}} \mid 0 \rangle_A \mid 1 \rangle_B, \quad \alpha = 1,2,3 \\ \mid \Phi_0 \rangle = \mid 1 \rangle_A \mid 1 \rangle_B \end{cases} \tag{4.24}$$

如果初态是 $\rho_{AB} = \rho_A \otimes |0\rangle_B \langle 0|$，有

$$\langle \Phi_\alpha \mid \rho_{AB} \mid \Phi_\alpha \rangle = \frac{2}{3} \langle \boldsymbol{n}_\alpha \mid \rho_A \mid \boldsymbol{n}_\alpha \rangle (= \mathrm{tr}^{(A)}(F_\alpha \rho_A)) \tag{4.25}$$

所以此处投影实现了 H_A 上的这个 POVM。这里直积拓展是在一个 4 维态空间中执行正交测量，而上面直和方案中仅需要三维。

3. 考虑到 POVM 的 Gisin-Hughston-Jozsa-Wootters(GHJW)定理

详见本书 28.4 节。

第5讲

量子光学部分器件作用分析，测量导致退相干

——量子测量理论几点注解(Ⅱ)

※ ※ ※

5.1 量子光学部分器件作用分析

当前常用的极化纠缠光子对源是由非线性晶体 BBO 自发参量下转换过程产生的。这部分内容书中多见，不拟复述[①]，下面讲其余的。

1. 光子半透片位相变化的设定

下面由幺正条件导出对称半透片 $\pi/2$ 位相跳变公式。众所周知，光学半透片将一定频率的入射光束相干分解为透射和反射两束，按强度大体各占一半。这时，**相对于透射束而言，反射束有一个 $\pi/2$ 位相跳变，而透射束则无位相跳变**[②]。初看起来，这和通常由光疏介质到光密介质的 π 位相跳变相矛盾，实际并不矛盾。下面分析这个问题。

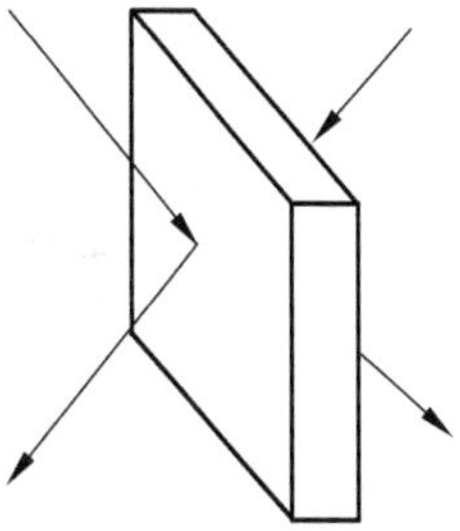

图 5.1

如图 5.1 所示，左边入射和出射的光束分别记为 $u_{\text{in,L}}$、$u_{\text{out,L}}$，右边入射和出射的光束为 $u_{\text{in,R}}$、$u_{\text{out,R}}$。于是有

---

① DE CARO L, et al. Phys. Rev., A 50, R2803-2805(1994). KWIAT P G, et al. Phys. Rev. Lett., 75, 4337-4341(1995). MANDEL L, WOLF E. Optical coherence and quantum optics[M]. Cambridge University Press, 1995: 1074.

② ZEILINGER A. Am. J. Phys., 1981, 49: 882; DEGIORGIE V. Am. J. Phys., 1980, 48: 81.

$$\begin{pmatrix} u_{\text{out,L}} \\ u_{\text{out,R}} \end{pmatrix} = \begin{pmatrix} r_{\text{LL}} & t_{\text{LR}} \\ t_{\text{RL}} & r_{\text{RR}} \end{pmatrix} \begin{pmatrix} u_{\text{in,L}} \\ u_{\text{in,R}} \end{pmatrix} \Rightarrow \begin{cases} u_{\text{out,L}} = r_{\text{LL}} u_{\text{in,L}} + t_{\text{LR}} u_{\text{in,R}} \\ u_{\text{out,R}} = t_{\text{RL}} u_{\text{in,L}} + r_{\text{RR}} u_{\text{in,R}} \end{cases}$$

已知 $\Omega=\begin{pmatrix} \alpha & \beta \\ \gamma & \delta \end{pmatrix} \rightarrow \Omega^{-1}=\frac{1}{\alpha\delta-\beta\gamma}\begin{pmatrix} \delta & -\beta \\ -\gamma & \alpha \end{pmatrix}$,于是幺正条件 $\Omega^{+}=\Omega^{-1}$ 给出

$$\frac{\alpha}{\gamma}=-\frac{\delta^*}{\beta^*} \Rightarrow \left(\frac{\alpha}{\gamma}=\mathrm{e}^{\mathrm{i}\theta}, \frac{\delta}{\beta}=\mathrm{e}^{\mathrm{i}\varphi}\right) \Rightarrow$$

$$\theta+\varphi=\arg\left(\frac{r_{\text{LL}}}{t_{\text{RL}}}\right)+\arg\left(\frac{r_{\text{RR}}}{t_{\text{LR}}}\right)=\pi$$

于是,半透片将入射束相干分解为反射透射两束时,由于传递矩阵 Ω 的幺正性,每个侧面入射的反射透射两束之间的位相差 $\theta(\varphi)$ 可以不确定,但两个侧面的位相差的总和确定为 π。考虑到半透片两个侧面是对称的,于是每个侧面的反射透射两束之间的位相差应取为 $\theta=\varphi=\pi/2$。这就是上面 $\pi/2$ 位相跳变结论的由来。

例如 Hadamard 门,有 $\frac{1}{\sqrt{2}}\begin{pmatrix} 1 & 1 \\ 1 & -1 \end{pmatrix}, \frac{1}{\sqrt{2}}\begin{pmatrix} \mathrm{i} & 1 \\ 1 & \mathrm{i} \end{pmatrix}, \frac{1}{\sqrt{2}}\begin{pmatrix} 1 & \pm\mathrm{i} \\ \pm\mathrm{i} & 1 \end{pmatrix}$ 几个表达式。它们均满足 $\theta+\varphi=\pi$ 条件,但 θ 可以取作不同值。其实,它们都只是强调概率守恒的幺正条件,说明半透片不吸收光子。

2. 半透片、PBS

一块半透镜一个光子入射。如图 5.2 所示,水平极化光子 1 从左上方 a 端入射,透镜将其相干分解,反射向分束器的 c 端,同时透射向 d 端。由 a 端入射的空间态称为 a 空间模,向 c 端出射的称为 c 空间模,等等。此时光子的输入态为

$$|\psi_i\rangle_1 = |\leftrightarrow\rangle_1 \cdot |a\rangle_1$$

自半透镜反射和透射出来的出射光子态为

$$|\psi_{\text{out}}\rangle_1 = |\leftrightarrow\rangle_1 \otimes \frac{1}{\sqrt{2}}(\mathrm{i}\,|c\rangle_1 + |d\rangle_1)$$

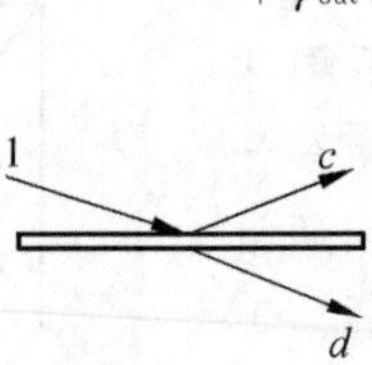

图 5.2

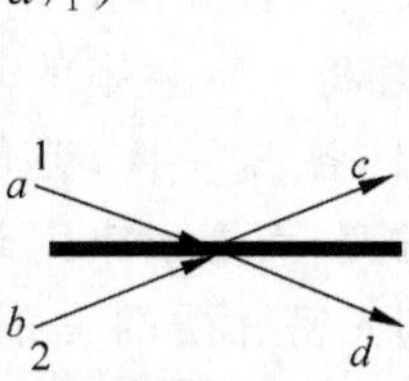

图 5.3

半透片有两个不同极化光子入射。如图 5.3 所示,水平极化光子 1 从左上方 a 端入射,透片将其相干分解:反射向分束器的 c 端,同时透射向 d 端;垂直极化光子 2 从左下方 b 端入射,相干分解后反射向 d 端,透射向 c 端。此时两光子的输入态为

$$|\psi_i\rangle_{12} = |\leftrightarrow\rangle_1 \cdot |a\rangle_1 \otimes |\updownarrow\rangle_2 \cdot |b\rangle_2$$

这里水平和垂直箭头分别表示光子的两种极化方向,这两种极化状态彼此正交。经分束器

之后，反射束应附加$\frac{\pi}{2}$位相跃变而透射束则无位相跃变。同时，分束器不改变入射光子的极化状态，所以出射态应为

$$|\psi_f\rangle_{12}=|\leftrightarrow\rangle_1\cdot\frac{1}{\sqrt{2}}(\mathrm{i}|c\rangle_1+|d\rangle_1)\otimes|\updownarrow\rangle_2\cdot\frac{1}{\sqrt{2}}(|c\rangle_2+\mathrm{i}|d\rangle_2)$$

假如两个光子大体同时到达分束器，则出射态中两光子空间模有重叠，必须考虑两光子按全同性原理所产生的交换干涉。事实上，这相当于两个电子同时到达的 Young 氏双缝实验。只是此处出射态需要的是对称化。所以正确的出射态应为

$$\begin{aligned}|\psi_f\rangle_{[12]}&=\frac{1}{\sqrt{2}}(|\psi_f\rangle_{12}+|\psi_f\rangle_{21})\\&=\frac{1}{2}\{\mathrm{i}|\psi^+\rangle_{12}\cdot(|c\rangle_1|c\rangle_2+|d\rangle_1|d\rangle_2)+|\psi^-\rangle_{12}\cdot(|d\rangle_1|c\rangle_2-|c\rangle_1|d\rangle_2)\}\end{aligned}$$

这里$|\psi^\pm\rangle$是 4 个(正交归一)Bell 基中的两个：

$$|\psi^\pm\rangle_{12}=\frac{1}{\sqrt{2}}\{|\updownarrow\rangle_1|\leftrightarrow\rangle_2\pm|\leftrightarrow\rangle_1|\updownarrow\rangle_2\}$$

如果入射极化态为一般的$|\boldsymbol{e}\rangle_1$、$|\boldsymbol{e}'\rangle_2$，对称化的出射态结果只需相应替换这两个极化态。

显然，如果对此实验采用极化测量或者符合测量两种不同的测量，由于测量方案不同，所得最后结果也不同(见第 6 讲后选择部分)。

极化分束器(PBS)。由于常用的作为分束器的半透片，其透射/反射强度比值 1/2 通常是对中心波长而言的，由于片的透射宽度较宽，对于不是中心波长的光入射，这一比值可能偏离 1/2。这是使用它不方便的原因之一。现在常用的是**极化分束器(PBS)：它让水平极化入射光子几乎全部透过，而让垂直极化入射光子几乎全部反射。若是斜的极化入射，则将其分解之后，对分解后的分量实行透射或反射。这完全是选择性的透射和反射。同半透片一样，反射后的分量有一个 $\pi/2$ 位相跃变。**

3. 斜置偏振片和斜置半波片变换

(1) **斜置偏振片变换**。设一斜置偏振片，如图 5.4 所示。由于偏振片是投影变换 $P^2=P$，所以它共有两个本征值+1 和 0。

对单光子态输入，此时归一化的输出态为

$$|+1\rangle_{\text{out}}=(\sin\delta|V\rangle+\cos\delta|H\rangle),$$
$$|0\rangle_{\text{out}}=(\cos\delta|V\rangle-\sin\delta|H\rangle)$$

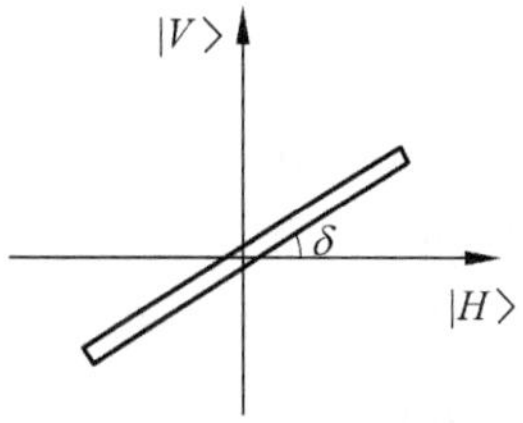

图 5.4

当然，后者对应零本征值的态不输出(被偏振片吸收)。输出强度为输入和输出两态内积的模平方。

用表象 $|H\rangle=|0\rangle=\begin{pmatrix}0\\1\end{pmatrix}$，$|V\rangle=|1\rangle=\begin{pmatrix}1\\0\end{pmatrix}$。

从谱表示得矩阵表示：

$$P=|+1\rangle_{\text{out}}\langle +1|=\begin{pmatrix}\sin^2\delta & \sin\delta\cos\delta\\ \sin\delta\cos\delta & \cos^2\delta\end{pmatrix},\quad |+1\rangle=\begin{pmatrix}\sin\delta\\ \cos\delta\end{pmatrix}\left(|0\rangle=\begin{pmatrix}\cos\delta\\ -\sin\delta\end{pmatrix}\right)$$

当 $\delta=45°$ 时,输入 $|H\rangle$ 态或 $|V\rangle$ 态,输出分别是:

$$|\text{out}\rangle=(1/\sqrt{2})(|V\rangle\mp|H\rangle)$$

对双光子态输入。实际上,对任意多光子态输入时,对其中每个光子均如上面那样作用。例如:

$$\begin{aligned}P_{ab}|\Phi^+\rangle_{ab}&=\begin{pmatrix}\sin^2\delta & \cos\delta\sin\delta\\ \sin\delta\cos\delta & \cos^2\delta\end{pmatrix}_a\begin{pmatrix}\sin^2\delta & \cos\delta\sin\delta\\ \sin\delta\cos\delta & \cos^2\delta\end{pmatrix}_b\frac{1}{\sqrt{2}}\left\{\begin{pmatrix}0\\1\end{pmatrix}_a\begin{pmatrix}0\\1\end{pmatrix}_b\right.\\&\quad\left.+\begin{pmatrix}1\\0\end{pmatrix}_a\begin{pmatrix}1\\0\end{pmatrix}_b\right\}\\&=\frac{1}{\sqrt{2}}\left\{\begin{pmatrix}\sin\delta\cos\delta\\ \cos^2\delta\end{pmatrix}_a\begin{pmatrix}\sin\delta\cos\delta\\ \cos^2\delta\end{pmatrix}_b+\begin{pmatrix}\sin^2\delta\\ \sin\delta\cos\delta\end{pmatrix}_a\begin{pmatrix}\sin^2\delta\\ \sin\delta\cos\delta\end{pmatrix}_b\right\}\\&=\frac{1}{\sqrt{2}}\{\cos^2\delta|HH\rangle_{ab}+\sin^2\delta|VV\rangle_{ab}+\sin\delta\cos\delta(|HV\rangle_{ab}+|VH\rangle_{ab})\}\end{aligned}$$

当 $\delta=45°$ 时,有(因已考虑吸收,输出态未归一)

$$\begin{cases}P_{\frac{\pi}{4}}|\Phi^+\rangle_{ab}=\dfrac{1}{2}(|\Phi^+\rangle_{ab}+|\Psi^+\rangle_{ab})\\ \qquad P_{\frac{\pi}{4}}|\Phi^-\rangle_{ab}=0\\ P_{\frac{\pi}{4}}|\Psi^+\rangle_{ab}=\dfrac{1}{2}(|\Phi^+\rangle_{ab}+|\Psi^+\rangle_{ab})\\ \qquad P_{\frac{\pi}{4}}|\Psi^-\rangle_{ab}=0\end{cases}$$

$$\Rightarrow\begin{cases}P_{\frac{\pi}{4}}|HH\rangle_{ab}=P_{\frac{\pi}{4}}|VV\rangle_{ab}=P_{\frac{\pi}{4}}|HV\rangle_{ab}=P_{\frac{\pi}{4}}|VH\rangle_{ab}\\ \qquad=\dfrac{1}{4}\begin{pmatrix}1\\1\end{pmatrix}_a\begin{pmatrix}1\\1\end{pmatrix}_b=\dfrac{1}{2\sqrt{2}}(|\Phi^+\rangle_{ab}+|\Psi^+\rangle_{ab})\end{cases}$$

注意它对 $|\Phi^-\rangle_{ab}(|\Psi^-\rangle_{ab})$ 吸收,当纯化方案中用 $|\Phi^+\rangle_{ab}$ 或 $|\Psi^+\rangle_{ab}$ 工作时,可用来筛除两叠加项间负号相位误差。

(2) **波晶片与位相延迟**。波晶片是从单轴晶体上切割下来的平面板块,其表面与晶体光轴方向平行。这样,当一束单色光垂直入射时,电矢量振动与光轴垂直(也就与主平面垂直)的入射光便是o光,平行的是e光。它们在晶体中的传播速度不同,这就产生了相对相移:

$$\delta=\varphi_o-\varphi_e=\frac{2\pi}{\lambda}(n_o-n_e)d$$

如果相移相应于半个波长,称为半波片;相移相应于1/4波长为 $\lambda/4$ 波片。

(3) **斜置的半波片的作用**。所谓斜置是半波片的光轴相对于入射的两个基

（$|H\rangle$，$|V\rangle$）电矢量振动方向而言，如图 5.5 所示。由于两者（$|H\rangle$，$|V\rangle$）中，以平行光轴的分量 e 光为准，则垂直光轴的 o 光分量延迟半波，有 π 相差，o 光要反号。于是无论 $|H\rangle$ 或 $|V\rangle$，透过半波片后，均以光轴为对称轴作了反演变换（基的表象见前）：

$$\begin{cases} |H\rangle = \cos\delta\,|e\rangle + \sin\delta\,|o\rangle \\ |V\rangle = \sin\delta\,|e\rangle - \cos\delta\,|o\rangle \end{cases};\quad \mathrm{HWP}_\delta = \begin{pmatrix} -\cos 2\delta, & \sin 2\delta \\ \sin 2\delta, & \cos 2\delta \end{pmatrix}$$

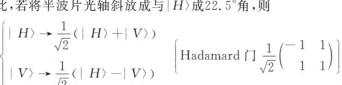

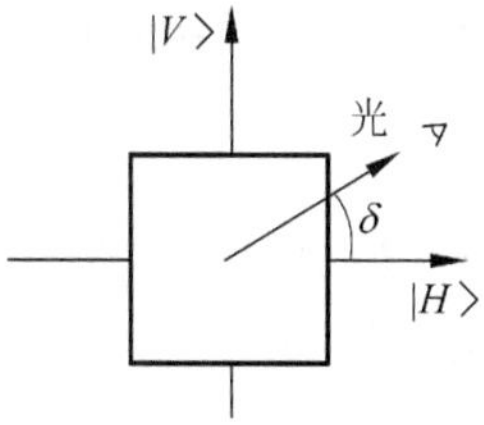

图 5.5

由此，若将半波片光轴斜放成与 $|H\rangle$ 成22.5°角，则

$$\begin{cases} |H\rangle \to \dfrac{1}{\sqrt{2}}(|H\rangle + |V\rangle) \\ |V\rangle \to \dfrac{1}{\sqrt{2}}(|H\rangle - |V\rangle) \end{cases}\quad \left[\text{Hadamard 门}\ \frac{1}{\sqrt{2}}\begin{pmatrix} -1 & 1 \\ 1 & 1 \end{pmatrix}\right]$$

注意这时出射 o 光和 e 光有先后，一般须补偿。

Hadamard 门。它对 4 个 Bell 基输入有以下变换：

$$|\Phi^+\rangle_{ab} \xrightarrow{H} |\Phi^+\rangle_{ab} = \frac{1}{\sqrt{2}}(|HH\rangle_{ab} + |VV\rangle_{ab})$$

$$|\Phi^-\rangle_{ab} \xrightarrow{H} |\Psi^+\rangle_{ab} = \frac{1}{\sqrt{2}}(|HV\rangle_{ab} + |VH\rangle_{ab})$$

$$|\Psi^+\rangle_{ab} \xrightarrow{H} |\Phi^-\rangle_{ab} = \frac{1}{\sqrt{2}}(|HH\rangle_{ab} - |VV\rangle_{ab})$$

$$|\Psi^-\rangle_{ab} \xrightarrow{H} -|\Psi^-\rangle_{ab} = \frac{-1}{\sqrt{2}}(|HV\rangle_{ab} - |VH\rangle_{ab})$$

于是，综上所述，只要采用半波片和 PBS，只需用双重符合技术就可以证认 4 个 Bell 基中的两个③。

5.2 测量导致退相干模型（Ⅰ）——von Neumann 测量模型④

1. 由“测量 Hamilton 量 H_i”建立相关的量子纠缠

为了测量子系统可观测量 A，要建立“测量 Hamilton 量 H_i”。通过它接通被测子系统的可观测量 A 和测量仪器的指示器量 X。由于 H_i 中 A-X 的耦合作用，在可观测量 A 的本征态和指示器的可区分态之间产生了量子纠缠。正是这种量子纠缠，使人们能够通过测量指示器变数 x 去制备可观测量 A 数值 a 的本征态。

③ PAN J W. Quantum Teleportation and Multi-photon Entanglement[D]. Institute for Experimental Physics, University of Vienna, 1998.

④ PRESKILL J. Lecture Notes for Physics 229: Quantum Information and Computation, CIT[Z]. CIT 的课程讲义，非出版书籍，Sept.，1998。张永德. 量子信息物理原理[M]. 北京：科学出版社，2012：20.

设初始时刻被测子系统 A 处于叠加态 $|\varphi\rangle=\sum_i c_i|a_i\rangle$,仪器子系统 X 的可区分态为 $|\psi(x)\rangle$。它们合成的大系统处于尚未纠缠的可分离态,

$$|\varphi\rangle\otimes|\psi(x)\rangle=\sum_i c_i|a_i\rangle\otimes|\psi(x)\rangle$$

由于 H_i 中存在 A 和 X 的耦合作用项 $H_i=\lambda\hat{A}\hat{P}$,$t$ 时刻后,这个量子态将从可分离态演化成为纠缠态:

$$U(t)\sum_i c_i|a_i\rangle\otimes|\psi(x)\rangle=\sum_i\{c_i|a_i\rangle\otimes|\psi(x-\lambda a_i t)\rangle\},\quad x-\lambda a_i t\equiv x_i$$

这是因为,含有 H_i 的 $U(t)$ 作用到 $|a_i\rangle$ 态上,代入本征值 a_i 后便成为使仪器态 $|\psi(x)\rangle$ 中自变数平移 a_i 数值的平移算符,成为 $|\psi(x-\lambda a_i t)\rangle$。这就造成了量子纠缠,使 $\hat{X}$ 和 $\hat{A}$ 的测量值 x 和 a 关联起来。如果仪器的观测变量 x 的精度足以分辨全部本征值 a,就实现了通过测量 x,使仪器可区分态塌缩(比如随机塌缩并测得某个 $x_k=x-\lambda a_k t$),导致被测子系统的态向相应态 $|a_k\rangle$ 作关联塌缩,最后得到本征值 a_k。

2. 典型例子——Stern-Gerlach 装置

Stern-Gerlach 装置对电子自旋的测量。设电子束沿 x 轴飞行,自旋初态为 $\alpha_+|\uparrow\rangle+\alpha_-|\downarrow\rangle$,飞行中通过指向 z 轴的非均匀磁场 $B_z=\lambda z$。电子磁矩 $\mu\boldsymbol{\sigma}$ 和磁场之间的耦合相互作用项——"测量 Hamilton 量"为

$$H'=-\lambda\mu z\sigma_z$$

这里是可观测量 σ_z 和位置 z 相耦合。由于 H' 中含 z,不同 z 值处附加能数值不同,这产生一个力

$$\hat{F}=-\frac{\partial H'}{\partial z}=\lambda\mu\sigma_z$$

此力沿 z 轴,正负视 $\sigma_z=\pm1$ 而定。在测量(电子穿过磁场)时间 $t\approx\dfrac{mL}{p_x}$ 内(L 为磁场区在 x 方向长度,p_x 为入射电子动量),此力在 z 方向给电子以冲量,使它偏转产生 z 方向的位移 Δz:

$$\hat{p}_z=\hat{F}t,\quad \widehat{\Delta z}=\frac{\hat{F}}{m}t^2$$

这就是说,耦合作用使指示器(z 方向的位置)偏转。通过观察粒子向 z 轴正向、反向的偏转距离,(正交)投影出粒子自旋态 $|+z\rangle$ 或 $|-z\rangle$。

由于

$$U(t)=\exp\left\{\frac{\mathrm{i}}{\hbar}\lambda\mu z\sigma_z t\right\}=\exp\left\{\frac{\mathrm{i}}{\hbar}\hat{F}t\,\widehat{\Delta z}\right\}=\exp\left\{\frac{\mathrm{i}}{\hbar}\hat{p}_z\,\widehat{\Delta z}\right\}$$

因此

$$\begin{aligned}\mathrm{e}^{\frac{\mathrm{i}}{\hbar}\hat{p}_z\widehat{\Delta z}}\{[\alpha_+|+z\rangle+\alpha_-|-z\rangle]\otimes|0\rangle\}&\approx\alpha_+|+z\rangle\otimes\mathrm{e}^{\frac{\mathrm{i}}{\hbar}\hat{p}_z\Delta z}|0\rangle+\alpha_-|-z\rangle\otimes\mathrm{e}^{-\frac{\mathrm{i}}{\hbar}\hat{p}_z\Delta z}|0\rangle\\&=[\alpha_+|+z\rangle\otimes|\Delta z\rangle+\alpha_-|-z\rangle\otimes|-\Delta z\rangle]\end{aligned}$$

这里已将力产生位移的作用转化为以动量算符作为生成元的平移算符。z 方向偏移量为

$\pm\Delta z\approx\pm\frac{p_z}{m}t\approx\pm\frac{Ft^2}{m}$。此外，注意这时仍有

$$\Delta E\cdot\Delta t=\frac{p_z}{m}\Delta p_z\cdot\frac{m}{p_z}\Delta z=\Delta p_z\cdot\Delta z\geqslant\frac{\hbar}{2}$$

※思考题：若入射电子状态不知为下面两者中哪个

$$\rho=\frac{1}{2}(|+z\rangle\langle+z|+|-z\rangle\langle-z|)\text{；}|+x\rangle=\frac{1}{\sqrt{2}}(|+z\rangle+|-z\rangle)$$

问：如何用 Stern-Gerlach 装置对它们进行区分？

5.3 测量导致退相干模型(Ⅱ)——Kraus 模型

Kraus 求和⑤。按密度矩阵演化的超算符方法，超算符映射＄：

$$\rho(t)=\$(\rho(0))=\sum_{\mu}M_{\mu}(t)\rho(0)M_{\mu}^{+}(t)$$

现在，$\{M_\mu\}$应理解为被测体系与测量仪器相互耦合造成被测体系的量子跃迁算符系列：

$$M_\mu(t)={}_B\langle\mu|U_{AB}(t)|0\rangle_B$$

当算符系列$\{M_\mu\}$中至少有两个彼此线性无关情况下，某些纯态将会演化为混态⑥。

比如设 M_1、M_2 彼此线性无关，则必定存在一个纯态$|\varphi\rangle_A$，使

$|\tilde{\varphi}_1\rangle_A=M_1|\varphi\rangle_A$ 和$|\tilde{\varphi}_2\rangle_A=M_2|\varphi\rangle_A$ 是线性无关的。这使得态矢

$$|\Phi\rangle_{AB}=|\tilde{\varphi}_1\rangle_A|1\rangle_B+|\tilde{\varphi}_2\rangle_A|2\rangle_B+\cdots$$

的 Schmidt 数大于 1。于是，A 和 B 在这种纠缠演化之下，使 A 的纯态 $\rho_A=|\varphi\rangle_A\langle\varphi|$ 演化成了混态 ρ_A'。这就是说，只要仪器(环境)的每个粒子存在至少两个独立的态，即便被测体系的初态是个纯态，经测量之后，也有可能变成混态。因为这时也就至少有两个线性无关的 Lindblad 算符。

5.4 测量导致退相干模型(Ⅲ)——Neumann-Hepp-Coleman-Kraus 模型

借鉴 Hepp⑦ 等人的思路，可以建立起这个宏观极限下较普适的测量模型。设被测体系 A 的基矢、Hamilton 量和初态分别为 $\{|\omega_i\rangle_A\}$、H_A、$T\to-\infty$：$|\varphi_{\text{in}}\rangle_A=\sum_i\alpha_i|\omega_i\rangle_A$。测量

⑤ 张永德. 高等量子力学[M]. 3 版. 北京：科学出版社，2015，11. PRESKILL J. Lecture Notes for Physics 229: Quantum Information and Computation，CIT[Z]. CIT 的课程讲义，非出版书籍，Sept.，1998.

⑥ 并非任何$|\varphi\rangle_A$都会演化为混态，比如使 $M_2|\varphi\rangle_A=0$ 的态$|\varphi\rangle_A$就不会。

⑦ HEEP K. Hev. Phys. Acta, Vol. 45, 237(1972). BELL J S, Speakable and unspeakable in quantum mechanics [M]. Cambridge: Cambridge University Press, 1987. 孙昌璞，衣学喜，周端陆，郁司夏. 量子退相干问题. 收入《量子力学新进展》第一辑，北京大学出版社，2000。

仪器 B 对 A 的观测力学量为 $\hat{\Omega}_A$。仪器 B 是由 N 个处在基态、近独立的全同粒子集合组成。其 Hamilton 量、单粒子自由态基矢、一般态、初态分别为

$$H_B = \sum_{j=1}^{N} H_{B,j}, \quad \{|\, b_l^{(j)}\rangle_B, l = 0,1,\cdots,M; j = 1,2,\cdots,N\}$$

$$|\, b_{[k]}\rangle_B \equiv \prod_j^N |\, b_{l_j}^{(j)}\rangle_B, \quad 0 \leqslant l_j \in [k] \leqslant M$$

$$\rho_B(-\infty) = |\, b_{[0]}\rangle_B\langle b_{[0]}\,| = \prod_j^N |\, b_0^{(j)}\rangle_B\langle b_0^{(j)}\,|$$

其中,指标 $[k]$ 是 N 个自然数的一个数列,以仪器单粒子态编号,一个数列标记测量仪器的一个状态。测量在 $t=(-\infty,+\infty)$ 内完成。$A+B$ 总系统 Hamilton 量、A 和 B 相互作用、初态、演化算符分别为

$$H = H_A + H_B + H_{AB}, \quad H_{AB} = \sum_{j=1}^{N} H_{AB,j}$$

$$\rho_{AB}(-\infty) \equiv \rho_A(-\infty) \otimes \rho_B(-\infty) = \sum_{i,j} \alpha_i \alpha_j^* \,|\, \omega_i\rangle_A\langle\omega_j\,| \otimes \prod_j^N |\, b_0^{(j)}\rangle_B\langle b_0^{(j)}\,|$$

$$U_{AB}^{(s)}(t;t_0) = T\exp\{-\mathrm{i}H_\varepsilon(t)(t-t_0)/\hbar\}$$

$$H_\varepsilon(t) = H_A + H_B + \mathrm{e}^{-\varepsilon|t-t_0|} H_{AB}, \quad \varepsilon > 0$$

顶标 s 表示 Schrödinger 绘景。测量后 A 状态成为广义 Kraus 求和形式:

$$\begin{aligned}
\rho_A(+\infty) &= \lim_{T\to+\infty} \mathrm{tr}^{(B)} \rho_{AB}(T) = \lim_{T\to+\infty} \mathrm{tr}^{(B)} \{U_{AB}^{(s)}(T;-T)\rho_{AB}(-T)U_{AB}^{(s)+}(T;-T)\} \\
&= \lim_{T\to+\infty} \sum_{[k]}^{M^N} {}_B\langle B_{[k]}(T)\,|\, U_{AB}^{(s)}(T;-T)\rho_{AB}(-T)U_{AB}^{(s)+}(T;-T)\,|\, B_{[k]}(T)\rangle_B \\
&= \lim_{T\to+\infty} \sum_{i,j} \sum_{[k]}^{M^N} \alpha_i \alpha_j^* {}_B\langle B_{[k]}(T)\,|\, U_{AB}^{(s)}(T;-T)\,|\, b_{[0]}\rangle_B \,|\, \omega_i\rangle_A \\
&\quad \cdot {}_A\langle\omega_j\,|\, {}_B\langle b_{[0]}\,|\, U_{AB}^{(s)+}(T;-T)\,|\, B_{[k]}(T)\rangle_B
\end{aligned}$$

此处相互作用实际态 $|B_{[k]}(\pm T)\rangle_B$ 来自渐近自由态 $|b_{[k]}\rangle_B$。定义只对 A 作用的 Lindblad 算符系列:

$$M_{[k]} = \lim_{T\to\infty} {}_B\langle B_{[k]}(T)\,|\, U_{AB}^{(s)}(T;-T)\,|\, b_{[0]}\rangle_B$$

这里乘积的极限已用极限的乘积代入。于是测量后,A 所处状态可写为

$$\rho_A(+\infty) = \sum_{i,j} \sum_{[k]}^{M^N} \alpha_i \alpha_j^* M_{[k]} \,|\, \omega_i\rangle_A\langle\omega_j\,|\, M_{[k]}^+$$

下面计算 Lindblad 算符系列 $\{M_{[k]}\}$。为此注意,由于测量仪器本身各粒子之间无相互作用,它们的时间演化算符可以因式化(见脚注⑦最后文献),Lindblad 算符成为

$$\mathrm{M}_{[k]} = \lim_{T\to\infty} {}_B\langle B_{[k]}(T)\,|\, U_{AB}^{(s)}(T;-T)\,|\, b_{[0]}\rangle_B$$

$$= \lim_{T\to\infty}\prod_j^N {}_B\langle B_{l_{[k]}}^{(j)}(T) \mid U_{AB}^{(s)}(T;-T)_j \mid b_0^{(j)}\rangle_B$$

$$\equiv \lim_{T\to\infty}\prod_j^N M_{l_{[k]}}^{(j)}$$

因为全体 $A+B_j$ 系统都是孤立系，时间演化算符都具有幺正性：

$$U_{AB,j}^{+}U_{AB,j} = U_{AB,j}U_{AB,j}^{+} = I_{AB}^{(j)}, \quad j=1,2,\cdots,N$$

对 j 连乘也如是。所以算符 $U_{AB}^{+}U_{AB}$ 对 B 渐近自由基态的对角矩阵元之和为 I_A。再插入 B 在 T 时刻态的完备性关系，有

$$M_{[k]}^{+}M_{[k]}$$

$$= \lim_{T\to\infty}\prod_j^N\sum_{l_{[k]}}^{M^N} {}_B\langle b_0^{(j)} \mid U_{AB,j}^{(s)+}(T;-T) \mid B_{l_{[k]}}^{(j)}(T)\rangle_{BB}\langle B_{l_{[k]}}^{(j)}(T) \mid U_{AB,j}^{(s)}(T;-T) \mid b_0^{(j)}\rangle_B$$

$$= I_A$$

由算符的幺范性可知，当 $l_{[k]}\neq 0$ 时，对 A 作用的算符系列 $M_{l_{[k]}}^{(j)}$ 的范数均小于 1：

$$\lim_{T\to\infty}\| {}_B\langle B_{l_{[k]}}^{(j)}(T) \mid U_{AB}^{(s)}(T;-T)_j \mid b_0^{(j)}\rangle_B \| < 1, \quad \forall j, \forall l_{[k]}\neq 0$$

由于 $N\to\infty$，对入射 A 粒子的量子测量过程只能使有限数量的 B 粒子改变状态，不可能改变大量 B 粒子的状态。因为，大量范数小于 1 的算符连乘结果，将使发生这种情况的概率趋于零。于是量子测量总是这样类型的物理过程：要么在测量结束之后，仪器所有粒子都将回复原来的状态(比如，用板上小孔观测入射粒子的位置)；要么在测量结束之后，只有有限数目的仪器粒子改变原来状态，实验就是通过对这些粒子状态的改变来观察入射的被测粒子(比如，借助各种相互作用产生纠缠，或是通过测量造成干扰发生量子数转移等来探测入射粒子)。无论怎样，在测量后绝大多数仪器粒子还是回复到原来的状态。

仔细分析可知，第二种情况不过是影响测量效率、测量方式和对最后结果的修正，并不影响原则分析。为叙述简明，下面只针对较理想的第一种情况。这时 $M_{[k]}$ 计算将是统计平均而言无能量动量交换的弹性散射并各自复原的过程。有

$$M_{[k]} = \lim_{T\to\infty} {}_B\langle B_{[k]}(T) \mid b_{[0]}\rangle_B \exp\left\{-\mathrm{i}H_A 2T/\hbar - \mathrm{i}\sum_j E_{Bj}^{(0)} 2T/\hbar\right\}$$

$$= \lim_{T\to\infty} \mathrm{e}^{-\mathrm{i}H_A 2T/\hbar - \mathrm{i}\sum_j E_{Bj}^{(0)} 2T/\hbar}\delta_{[k][0]}$$

这里考虑了当 $T\to\infty$ 时，相互作用将完全撤除。

由上面叙述可得，当取宏观极限 $N\to\infty$ 时，$M_{[k]}$ 将成为

$$M_{[k]} \xrightarrow{N\to\infty} \lim_{T\to\infty}\exp\left[-2\mathrm{i}H_A T/\hbar - 2\mathrm{i}\sum_j E_{Bj}^{(0)} T/\hbar\right]\cdot\delta_{[k][0]}$$

接着利用 $\mathrm{e}^{\mathrm{i}\beta(\gamma-\lambda)}\xrightarrow{\beta\to\infty}\delta_{\gamma\lambda}$ 是 Kronecker－δ 函数，最后得到对 A 做 $\hat{\Omega}_A$ 测量的结果，原先相干叠加的纯态变成如下混态：

$$\rho_A(+\infty) = \lim_{T\to\infty}\sum_{m,n}\alpha_m\alpha_n^* \mid \omega_m\rangle_A\langle\omega_n \mid \mathrm{e}^{-2\mathrm{i}(E_{Am}-E_{An})T/\hbar}$$

$$= \sum_{m,n} \alpha_m \alpha_n^* \mid \omega_m \rangle_A \langle \omega_n \mid \cdot \delta_{mn} = \sum_m \mid \alpha_m \mid^2 \mid \omega_m \rangle_A \langle \omega_m \mid$$

最后再次指出,如果考虑仪器部分粒子受到激发,这里结果将要作部分相应修改,结果并没有现在这样整齐。另外,如果考虑全同粒子对(反)称化,以上分析并无实质性的改变。还有,也可以在相互作用绘景中用 S 矩阵语言来描述,这时

$$U_{AB}^{(i)}(t;t_0) = \exp(\mathrm{i}H_0(t-t_0)/\hbar)\exp(-\mathrm{i}H(t-t_0)/\hbar)\exp(-\mathrm{i}H_0(t-t_0)/\hbar)$$

$$\mid \psi(t)\rangle^{(i)} = \mathrm{e}^{\mathrm{i}H_0 t/\hbar} \mid \psi(t)\rangle$$

以上推导表明:**只要组成测量仪器的粒子之间无相互作用(或可忽略),被测粒子和测量仪器粒子的时间演化算符就可以因子化。这时考虑宏观极限,即测量仪器分子具有宏观数量 $N\to\infty$,使得系统的非对角项相应跃迁概率幅的乘积项消失。其结果就是,在对任一被测纯态作某个力学量测量的过程中,被测纯态将肯定会转变为一个混态(除非原来就是此力学量的本征态)——向被测力学量本征函数族作系列投影,成为一个纯态系综。系综中取每个本征函数的概率是原先被测态用此本征函数族展开时展开式系数的模平方——这正是量子力学的测量公设。**

注意,本节关于测量导致波包塌缩的理论推导只是一个理论模型,但却是一个相当普遍的模型:和被测的力学量无关、和被测粒子与测量仪器相互作用无关。只需设定仪器是由近似独立的大量全同粒子所组成的即可。

第6讲

量子测量中主观性与客观性的对立统一，小结

——量子测量理论几点注解(Ⅲ)

※　※　※

6.1　引　　言

人们看见树叶是碧绿的，天空是蔚蓝的，那是基于自然现象的客观存在性和人眼感光细胞构造的主观选择共同决定的结果，特别是人类视觉探测系统特性主观选择的结果。正如同从光学望远镜到射电望远镜、X 射线探测器、γ 射线探测器的演进，会导致从天文学发展到天体物理学那样。一般而言，自然现象总是复杂的，多方面、多层次的，所以人们观察到的自然现象，将决定性地依赖于人们所使用的探测系统。不但探测到事物的现象中有人择原理的成分；甚至，考虑到人们并不知道人类所能掌握的探测系统最终是否完备(更不必说当前的暂时状态)，自然界中本就客观存在的某些现象原则上能否被我们所感知也是难于逻辑论证的、说不清楚的(详见第 30 讲)。

QT 测量理论认为：**对同一量子状态$\psi(r)$作不同种类的测量，则塌缩结果不同，表现出的实验现象也就不同。例如，**

测量 $\hat{r}:\psi(r)=\int\psi(r')\delta(r-r')\mathrm{d}r'\Rightarrow\{|\psi(r')|^2,\delta(r-r'),\forall r'\}$

$$\text{测量}\hat{\boldsymbol{p}}:\psi(\boldsymbol{r})=\int\varphi(\boldsymbol{p})\mathrm{e}^{\frac{\mathrm{i}}{\hbar}\boldsymbol{p}\cdot\boldsymbol{r}}\mathrm{d}\boldsymbol{p}\Rightarrow\{|\varphi(\boldsymbol{p})|^2,\mathrm{e}^{\frac{\mathrm{i}}{\hbar}\boldsymbol{p}\cdot\boldsymbol{r}},\forall\boldsymbol{p}\}$$

$$\text{测量}\hat{\boldsymbol{\Omega}}:\psi(\boldsymbol{r})=\sum_n\alpha_n\psi_n(\boldsymbol{r})\Rightarrow\{|\alpha_n|^2,\psi_n(\boldsymbol{r}),\forall n\},(\hat{\boldsymbol{\Omega}}\psi_n(\boldsymbol{r})=\omega_n\psi_n(\boldsymbol{r}))$$

所以,**人们看到某个微观物体呈现的物理现象是这种样子,是因为人们事先选择了这类探测器,并事先安排进行这类测量。这就是"测量的主观性"。甚至,测量前为可分离态$|\boldsymbol{\varphi}\rangle_A\otimes|\boldsymbol{\psi}\rangle_B$,测量后也能够向纠缠态投影**:

$$|\alpha\rangle_A\otimes|\beta\rangle_B\equiv|\alpha_A\beta_B\rangle=\left\{\sum_{i=1}^{4}|\mathrm{Bell}_i\rangle_{AB\,AB}\langle\mathrm{Bell}_i|\right\}|\alpha_A\beta_B\rangle=\frac{1}{2}{}_{AB}\langle\psi^+|\alpha_A\beta_B\rangle|\psi^+\rangle_{AB}$$

$$+\frac{1}{2}{}_{AB}\langle\psi^-|\alpha_A\beta_B\rangle|\psi^-\rangle_{AB}+\frac{1}{2}{}_{AB}\langle\varphi^+|\alpha_A\beta_B\rangle|\varphi^+\rangle_{AB}+\frac{1}{2}{}_{AB}\langle\varphi^-|\alpha_A\beta_B\rangle|\varphi^-\rangle_{AB}$$

$$\Rightarrow\left\{\left(\frac{1}{4},|\psi^+\rangle_{AB}\right),\left(\frac{1}{4},|\psi^-\rangle_{AB}\right),\left(\frac{1}{4},|\varphi^+\rangle_{AB}\right),\left(\frac{1}{4},|\varphi^-\rangle_{AB}\right)\right\}$$

以上这些都说明:**测量结果依赖于测量方案的选择**。最简单的例子就是:对同一个态,要是测量位置,塌缩结果将为某个$|\boldsymbol{x}\rangle$;要是测量动量,塌缩结果则为某个$|\boldsymbol{p}\rangle$。两种测量展示给人两种完全不同的面貌(粒子或平面波)。于是,**虽然测量对量子系统状态产生干扰,使单次测量结果的塌缩状态具有随机性,完全无法由它识别粒子状态,但塌缩状态的类型却决定性地依赖于主观选择!** 这正如同有人逗一位很敏感的小女孩:如果用"good news"逗她,她会表现出一副笑面孔,而如果用"bad news"逗她,她就会表现出一副哭面孔。小女孩表现出什么样的面孔依赖于这个人用什么样的"news"来逗她。而"news"的种类是这个人事先主观选择的。这和经典物理学的(原则上可以做到测量不影响被测物体运动状态的)测量观念完全不同。

但是,对大量同一态构成量子系综作重复测量,统计结果的概率分布不仅表现出不依赖于观测者的客观性,甚至蕴含着不依赖于观测类型的自洽统一性。这时将体现出"测量的客观性":被测微观体系存在一种东西——描述状态的波函数(密度矩阵,现在体现为左边的ket),它与测量类型及测量本身都无关,是完全客观性的(虽然也有绝对位相的不确定性)。 例如:

$$|\varphi\rangle=\begin{cases}\displaystyle\int\langle\boldsymbol{x}|\varphi\rangle|\boldsymbol{x}\rangle\mathrm{d}\boldsymbol{x}=\int\varphi(\boldsymbol{x})|\boldsymbol{x}\rangle\mathrm{d}\boldsymbol{x}\rightarrow\{|\varphi(\boldsymbol{x})|^2,|\boldsymbol{x}\rangle,\forall\boldsymbol{x}\}\\ \displaystyle\int\langle\boldsymbol{p}|\varphi\rangle|\boldsymbol{p}\rangle\mathrm{d}\boldsymbol{p}=\int\varphi(\boldsymbol{p})|\boldsymbol{p}\rangle\mathrm{d}\boldsymbol{p}\rightarrow\{|\varphi(\boldsymbol{p})|^2,|\boldsymbol{p}\rangle,\forall\boldsymbol{p}\}\\ \displaystyle\sum_n\langle\psi_n|\varphi\rangle|\psi_n\rangle\Rightarrow\{|\langle\psi_n|\varphi\rangle|^2,|\psi_n\rangle,\forall n\}\end{cases}$$

总之,观察微观体系时,一方面表现出单次结果的随机性和塌缩类型选择的主观性;但另一方面又表现出统计分布的客观性和叠加结果不依赖于类型选择的自洽统一性。

这里,重要的问题是,谈论测量结果所含主观性和客观性的同时,**测量主体与被测体的分界线在哪里?量子理论主张:这种分界是相对的,完全依赖于观察角度的选择**。例如,你在某个实验室里做某个量子物理实验，那么主体是你和你的实验装置，被测体是你的测量对象；但如果在你实验室里放个摄像头由我来观察，则主体就变成是我，被测体是你和你的实验装置，以及你测量的对象。所以划分永远是相对的、有条件的——正如同观测和观测结果永远是相对的、有条件的一样。考虑到广义擦洗 GHJW 定理，测量塌缩分析也应如此类推。

6.2 预选择、后选择；半透片

1. 预选择与后选择的概念

“预选择”是预先对量子态进行加工过滤之后，再让它们进入相互作用区域参与相互作用。这是对相互作用过程的预先选择；如果量子态经过作用区域之后，进入探测器之前作态的选择，进行加工过滤，再行测量塌缩，则称为(对过程的)“后选择”。

2. 举例： 半透片的不同的后选择实验

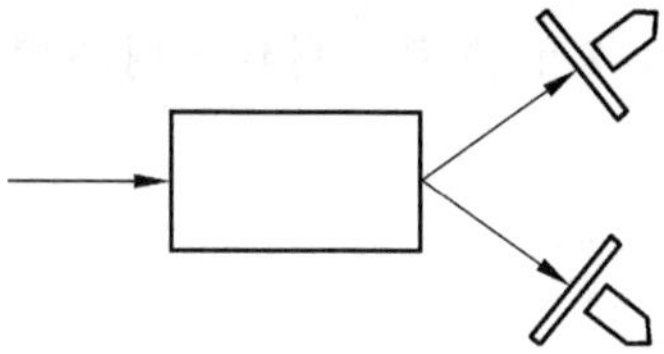

图 6.1

双光子入射到半透片(图 6.1)。此时两个光子的输入态为

$$|\psi_{in}\rangle_{12}=|\leftrightarrow\rangle_1\cdot|a\rangle_1\otimes|\updownarrow\rangle_2\cdot|b\rangle_2$$

水平和垂直箭头分别表示光子的两种极化方向，它们彼此正交。经分束器之后，分束器不改变入射光子的极化状态，而且反射束应附加 $\pi/2$ 位相跃变而透射束则无位相跃变(见第 5 讲)。如果出射态中两光子空间模有重叠，必须考虑两光子按全同性原理所产生的交换干涉(事实上，这相当于两个电子同时到达的杨氏双缝实验。只是此处出射态需要的是对称化)。所以正确的出射态应当是对称化后的形式：

$$\begin{cases}|\psi_{out}\rangle_{12}=|\leftrightarrow\rangle_1\cdot\dfrac{1}{\sqrt{2}}(\mathrm{i}|c\rangle_1+|d\rangle_1)\otimes|\updownarrow\rangle_2\cdot\dfrac{1}{\sqrt{2}}(|c\rangle_2+\mathrm{i}|d\rangle_2)\\[2ex] |\psi_{out}\rangle_{21}=|\leftrightarrow\rangle_2\cdot\dfrac{1}{\sqrt{2}}(\mathrm{i}|c\rangle_2+|d\rangle_2)\otimes|\updownarrow\rangle_1\cdot\dfrac{1}{\sqrt{2}}(|c\rangle_1+\mathrm{i}|d\rangle_1)\end{cases}$$

$$\begin{aligned}|\psi_{out}\rangle_{[12]}&=\frac{1}{\sqrt{2}}(|\psi_{out}\rangle_{12}+|\psi_{out}\rangle_{21})\\&=\frac{1}{2}\{\mathrm{i}|\psi^+\rangle_{12}\cdot(|c\rangle_1|c\rangle_2+|d\rangle_1|d\rangle_2)+|\psi^-\rangle_{12}\cdot(|d\rangle_1|c\rangle_2-|c\rangle_1|d\rangle_2)\}\end{aligned}$$

下面对此实验进行两种后选择测量并分析测量结果。

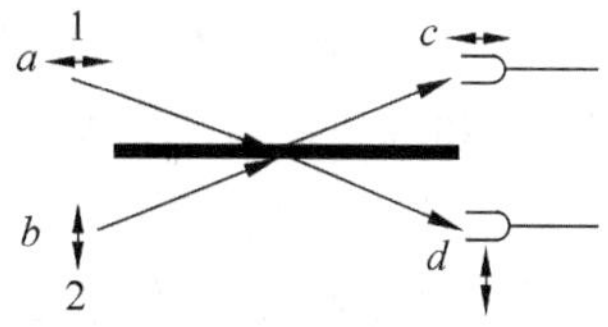

图 6.2

其一，**半透片的极化测量**。如果采用最简单测量方案，如图 6.2 所示，在 c 端和 d 端各放一只分别测量水平、垂直极化状态的探测器，测量出射到达 c 端和 d 端的光子。这时由于在①入射态里；②分束器中；③特别是，如此实验安排就是选择了下面对称化末态：

$$|\psi_f\rangle_{[12]} \propto \frac{1}{\sqrt{2}}\{(|\leftrightarrow\rangle_1|c\rangle_1 \otimes |\updownarrow\rangle_2|d\rangle_2)+(|\leftrightarrow\rangle_2|c\rangle_2 \otimes |\updownarrow\rangle_1|d\rangle_1)\}$$

进一步,三个环节中,两个光子各自极化状态都不变。即,它们极化矢量对全过程都守恒,这时上面第二项$|\psi_{\text{out}}\rangle_{21}$应丢弃。因为水平垂直极化正交,对称化无效用。因此整个测量实验中,对两个光子就可以用它们的极化状态(既守恒又相异的量子数)来分辨,而不出现全同性原理干涉效应。

其二,**半透片的符合测量**。注意出射态$|\psi_{\text{out}}\rangle_{[12]}$中的第二项与态$|\psi^-\rangle_{12}$关联的空间模为"两个光子分别自两个不同端口出去":

$$(|d\rangle_1|c\rangle_2-|c\rangle_1|d\rangle_2)$$

这不同于第一项——光子1、2同时出现在$c(d)$端(由于目前光子探测器难以分辨光子数目,而这个模的测量需要分辨到达的光子数目是1个还是2个,目前实验未选用这个模)。为了探测从两个端口出去的这个模,可在分束器出射方向c和d两端各放一个探测器,对两处单光子计数作符合测量。此式表明,这种实验安排将会有1/2的概率探测到出射态塌缩为第二项,即有1/2概率得到双光子极化纠缠态$|\psi^-\rangle_{12}$:

$$|\psi^-\rangle_{12}=\frac{1}{\sqrt{2}}\{|\updownarrow\rangle_1|\leftrightarrow\rangle_2-|\leftrightarrow\rangle_1|\updownarrow\rangle_2\}$$

这样一来,尽管两个光子之间(以及分束器中)并不存在可以令光子极化状态发生改变的相互作用,但"**全同性原理对称化 + 符合测量塌缩**"还是使两光子的极化状态发生了改变——纠缠起来。就是说,如此的测量造成了这般的塌缩,使得两个光子中每一个的极化矢量都不再守恒(尽管表面上看来并不存在改变入射光子极化状态的作用)。现在这两个光子已经不可分辨!这种实验说明:符合测量的塌缩末态和光子极化本征态不是兼容的——符合计数实验不问极化状态!

最后,进行测量效应分析。这里两个光子入射半透片的两个实验中,两种测量方法得到了两种不同结果:第一个实验结果,两个光子极化不纠缠,可以按它们的极化状态分辨;第二个符合型实验结果,它们的极化状态已因纠缠而不可分辨。这表明,**实验结果不仅依赖于初态和相互作用过程,更依赖于最后环节——测量方案的选择。不同测量方案选定不同的(向其塌缩的)末态"类型",从而得到不同的末态。**

这说明,**此时两个光子究竟是否可分辨,还要看如何测量——末态如何选择而定。对同一个实验过程,如果进行两种不同的后选择测量,会导致完全不同的测量结果。**

另外要注意,此处和全同玻色子散射情况有三点不同:其一,此处两个光子的总动量并不守恒(和分束器有动量交换);其二,此处两个出射光子的空间模处在重叠区域,而散射后两个玻色子在渐近区中的波函数已不再重叠(所用的对称化或反称化渐近波函数,均来自以前在散射区中相互作用时的交换作用);其三,不同于全同粒子散射,此处光子之间(除交换作用外)并无相互作用。

6.3 Mach-Zehnder 干涉仪，延迟选择

如图 6.3 所示，当一个光子自左入射到半透片 1 上，分解为透射和反射两路，分别经两个全反射镜反射后，这两路光子入射到半透片 2 上，最后进入探测器 A 和 B。

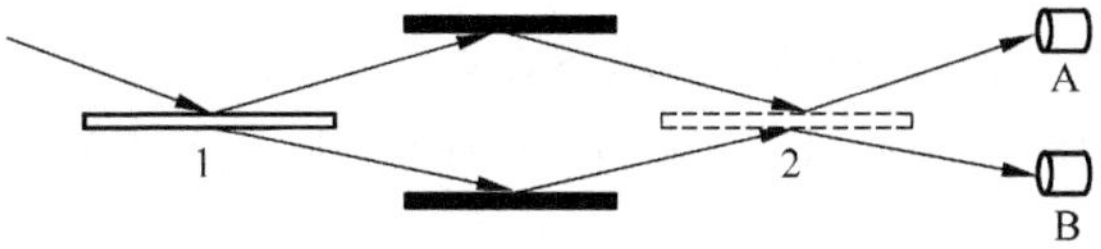

图 6.3

设想，在光子通过半透片 1 之后，才决定是否安置半透片 2——延迟选择。这时两种情况的计算结果分别如下。

放置 2 之前：A 和 B 中只有一个接收到该光子，随机、等概率。过 1 后处于两路的叠加态，由于 A、B 的探测迫使其塌缩到两路之一。这导致 A、B 中只有一个能探测到该光子。

放置 2 之后：只有 B 接收到该光子。这说明此光子一定从两路同时过来。因为反射一次添相位 i，到 A 的两路分别添相位 i 和 $i^3=-i$，相互抵消。与此同时，延迟选择还指明了：在前一方案中，经 1 后光子本是同时通过两路(处于两路叠加态)的，只是 A、B 同时测量(which one 测量)，迫使光子事后塌缩，随机地归入了某一路。

6.4 Young 氏双缝实验中的后选择

1.4 节说过，Young 氏双缝中电子沿 z 轴前进，如果在双缝屏后放置磁场令电子极化进动，使两条缝出来的电子的自旋分别指向 $\pm x$ 轴。于是在接收屏上放置对自旋指向灵敏的探测器，就能提供一种鉴别方法，鉴别电子到底是从哪一条缝穿过的。但这时候就不再发生双缝干涉了。然而，接着用后选择方式，沿 y 轴测量自旋指向，就又能发现两条缝相互干涉了。所以，**究竟是否出现双缝干涉还可以用后选择方式决定**。

6.5 预选择、后选择与相干性恢复

实际上，上面预选择和后选择所起作用问题已经涉及第 28 讲所说的量子测量和相干性恢复问题。这里有必要预先简单地提一下。

量子测量，既可以破坏相干性，也可以建立和恢复相干性。无论是对单粒子，或是对多粒子体系，通过合适的测量或联合测量，都可以用预选择或后选择的方式，达到增强单粒子相干性、建立或恢复多粒子相干性的目的。

第28讲将集中讲述这个问题。相关方案包括：按不确定性关系，用预选择和后选择方式进行能量“单色化”，以建立或恢复多粒子相干性；对单粒子不同组分态作关联正交分解测量，以达到相干性恢复；按GHJW定理作相关测量，进行混态的相干性恢复。

6.6 不确定性关系争论简单小结①

关于不确定性关系争论，简单概括有以下几点：

(1) 此关系是作为量子理论出发点的第一性的原理，还仅仅是一个可以导出的普适关系式？

(2) 仅仅是作为统计解释，只适用于量子系综，还是也同样适用于单个微观粒子？

(3) 不确定性关系的现代解释是量子态本身固有性质——对其Fourier分析的结果，是正确的；但并非是Heisenberg当年提出的形式。他当时的解释是从实验测量精度和干扰之间关系(MDR)的观点出发的。最近有文献依据弱测量理论对Heisenberg当年的MDR观点的解释提出异议，结果也不唯一。

(4) 此关系共分为几大类？

(5) 此关系与定域描述方式观念的不协调是否为量子理论的基本矛盾？

简要回答：

(1) 不能将此关系式说成是量子理论的基本原理，而只是一个可以证明的推论；

(2) 此关系的物理根源是微观粒子的波动性，所以此关系同样适用于单个微观粒子，并有试验证明；

(3) 对此关系的准确解释是前者，与弱测量无关；

(4) 关系式大致分为三大类(以上4点均见脚注1文献附录一)；

(5) 观念上，作为微观粒子波动性体现之一的不确定关系，确实和定域描述方式有根本性的矛盾。

应当指出，汇总下面4处内容，即可得到有关Heisenberg不确定性关系的全面详细的论述：脚注①文献中附录一推导分析、此处简单小结、29.2节关于此关系根源的论述、4.2节弱测量与MDR观念。

6.7 量子测量解释现状简单小结

1. 现有解释基本要素分析

这些要素包括：

(1) **测量公设**；

① 不确定性关系的初步论述见：张永德. 量子力学[M]. 4版. 北京：科学出版社，2016，附录一.

(2) **塌缩过程的三个阶段；**

(3) **人择原理所含的局限性；**

(4) **量子测量的主观性和客观性；**

(5) **多分支世界解释，这条下面有个简单的评论；**

(6) **量子测量理论的唯象性质和框架性质；**

(7) **人类探测系统的完备性与自然存在的可观测性，这是一个无法否定也无法肯定的问题；**

(8) **科学本身的局限性：科学在公设、逻辑、认知、量化、道德这 5 个方面都有局限性**②。

总之，确实需要脱出宏观观念的束缚，消解先入为主的偏见，注意人择原理的偏颇，避免人造虚像的干扰。这里重要的是注意前言说的"体察""树立"和"警惕"，并参见第 30 讲。

2. 现有解释存在问题简列

以上叙述尚未涉及将在下面各讲谈及的还有：**空间非定域性问题**(第 25 讲)；**测量中时间不可逆性与熵增加问题**(第 26 讲)；**测量塌缩与关联塌缩问题**(第 26 讲)。最后还有，如果将第 9 讲和第 27 讲内容结合起来可以知道，**量子测量和时间及空间的塌缩有紧密关联：**

Zeno 效应 + Teleportation & Swapping = 量子测量造成系统演化时空的塌缩！

这些蕴含在量子力学公设中的奇妙结论近几年已逐步为实验证实。

如同在测量公设中所说的，一个完整的量子测量过程分为三个阶段：纠缠分解、波包塌缩、初态制备。在被测态的纠缠分解阶段中，虽因观测量不同，使态分解方式不同，但只要尚未进入塌缩阶段，在此期间被测态仍然保持原来的全部相干性。

接下来的第二个阶段发生了至今仍难以捉摸、难以定论(Landau 称为"深邃")的过程——状态的塌缩。量子测量中存在很多很基本的问题都是产生在这个阶段的物理过程中(至于最后的第三阶段——测量最终制备一个初态则是显然的。因为在此次测量后，系统将以塌缩态为初态在新 Hamilton 量控制下开始新一轮演化)。

量子测量理论中存在的 open 问题计有：**塌缩的或然性到底有没有隐变数的根源？塌缩为什么是不可逆的？为什么量子理论中有 U 和 R 两个基本过程？测量与相互作用能够确切普适地划分界限吗？von Neumann 熵必定是不会减少的？直接测量总是在局域空间中进行，但造成的结果——塌缩和关联塌缩为什么经常是空间非定域的？塌缩中的非定域性含义究竟是什么？为什么测量会导致演化时空的塌缩？关联塌缩与相对论性定域因果律有无矛盾？**这些问题都是目前许多工作企图解决而尚未明确解决的问题。

迄今为止，人们认为，若不涉及物理根源探讨，只是就事论事，上面这些 open 问题的部分原因是由于将被测体系与测量仪器分割开来所造成的。由此，试图解决塌缩过程前三个特征的大量工作都认为应当计入测量仪器。并认为，**如果将测量仪器包括在内，系统和测量**

② 详见附录 A。

仪器组成的大系统,其演化一定是幺正的、保持相干性的,而且一定是因果可逆的。但其实,由本书第 14 讲知道,不一定是因果可逆的! 由此进一步思考使人们相信,以上这种纯态框架足以描述任何封闭系统的量子状态。推广开来,人们没有理由不相信,**宇宙是量子力学的,整个宇宙的状态是纯态,宇宙演化总是幺正的、保持相干性的,但不知道就宇观而言最终是否为因果可逆的!**

表面上看,量子理论公理体系似乎是完备的,逻辑是自洽的。但从理论构造的经济思维来看,还是潜在一个严重问题:**一个系统的量子态有两种方式去变化,一是幺正演化——这是确定的;另一是测量塌缩——这是随机的。**为什么量子理论公理体系中会内禀地具有这种两重性?这是否说明量子力学框架仍然是不完备的,起码是不完美、不经济的?抑或如阐述波函数描述时所能联想的,这种两重性正来源于微观粒子的基本禀性——波粒二象的性质?

近来时常听到量子测量的"**多世界理论**"解释。也许原意是想用它来描述甚或替代量子测量中"状态塌缩"所造成的多种投影结果。但是,**借用"世界"一词,非但没有带来物理内涵可供解释塌缩过程 4 大特征中的任何一个,而且还容易引起误会**。因为,一方面,如果将其中的"世界"一词理解作微观世界,这个提法本身实在是个平庸的大实话!因为,对纯态系综测量后的各种塌缩结果本来就是非相干地同时并存着、各自演化着,现在换个"多世界"词重说一遍而已;另一方面,如果将"世界"一词与宏观世界联想挂钩,那将给 QT 测量理论解释抹上不必要的荒唐诡异的色彩:本来,人们当前这一刻所实现的世界肯定来自古代某个时刻的世界,历经无数次大大小小历史事件的选择,每次都或多或少偶然地选择了可能塌缩中的某一个,总体上历经无数次随机分支之后,发展演化而进入的世界。但这却被说成有无数个并行着的宇宙,有无数个一样的地球,有无数个一样的我你他,按照事先的概率分配,各自做着各自的日常杂事,并行不悖地工作生活着!如此一来,**本来只存在于人造"可道"理论的模型中的可能性,偏要将它们说成是平行存在的真实的宇宙!**上帝真的不嫌麻烦制造出无穷多个同样的平行演化着的宇宙?!抑或上帝本身就有完全一样的无穷多位——有的宇宙中上帝正在思考怜悯着人类,有的宇宙中上帝正在休闲而不管人类?!在某个宇宙中,Heisenberg 帮助 Hitler 造成了原子弹,横扫了全欧洲,称霸着世界?!……尽管从历史分析看可能性不为零,**但实际上,那些无穷多个平行的人类社会只存在于"可道"之道的、人造理论的构想之中!那些分支的可能性已经被迄今历史所经历的一次次事件的"选择塌缩"抹去了,没能实现!它们在现实世界中根本不存在!简单地说,塌缩之外的多个世界都是非物理的!总之,在普通意义上引用"世界"一词对量子测量的"多世界"解释只是涂抹诡异氛围,没有任何实际物理意义。**

关于量子测量理论内容、实质和地位的持续讨论,Bell 有一段话很地道③:The

③ BELL J S. Speakable and unspeakable in quantum mechanics [M]. Cambridge: Cambridge University Press, 1987.

continuing dispute about quantum measurement theory is not between people who disagree on the results of simple mathematical manipulations. Nor is it between people with different ideas about the actual practicality of measuring arbitrarily complicated observables. It is between people who view with different degrees of concern or complacency the following fact: so long as the wave packet reduction is an essential component, and so long as we do not know exactly when and how it takes over from the Schrödinger equation, we do not have an exact and unambiguous formulation of our most fundamental physical theory。

第7讲

电子怎样从空间一个观测点运动到另一个观测点

——没有轨道的“轨道”

※ ※ ※

7.1 电子怎样从空间一个观测点运动到另一个观测点

(1) 实验事实

① t_1 时刻在 x_1 点观察到电子；

② 后来 t_2 时刻在 x_2 点又观察到这个电子。

(2) 问题：这个电子究竟是怎样从一个观测点(x_1t_1)运动向另一个观测点(x_2t_2)的？

一种回答：这是科学之外的问题。这是对难以回答的问题的回避。

还有回答：粒子在 t_1 时刻在 x_1 处消失了，t_2 时刻在 x_2 处产生了。这只是把问题简单地复述了一遍，什么也没回答。

下面看看量子力学的奠基者们怎样回答这个很难回答的问题。

7.2 Dirac、Pauli、Wheeler、Feynman 等人的回答

1. Dirac 的回答①

按自由电子 Dirac 方程，速度算符的本征值为光速“ $\pm c$”：

$$\mathrm{i}\hbar\frac{\partial\psi}{\partial t}=H_{\text{elect}}\psi,\quad H_{\text{elect}}=c\boldsymbol{\alpha}\cdot\boldsymbol{p}+\beta m_0c^2 \tag{7.1}$$

① DIRAC P A M. 量子力学原理[M]. 陈咸亨，译，喀兴林，校. 北京：科学出版社，2004:69.

$$v_i = \frac{1}{\mathrm{i}\hbar}[x_i, H] = c\alpha_i, \quad x_i = x, y, z \tag{7.2}$$

由于 $\alpha_i^2=1$，本征值为 ±1，于是得知 v_i 的本征值为" $\pm c$"。注意，有外场时也是如此！

这和实际观测现象不矛盾。因为：平时观察到的总是一定时间间隔内的"平均速度"，而这里计算的则是某个时刻理论上的"瞬时速度"：

$$v = \lim_{\Delta t \to 0} \frac{x_2 - x_1}{t_2 - t_1}, \quad \Delta x = x_1 - x_2, \quad \Delta t = (t_1 - t_2) \to 0$$

从实验角度看这种测量，由不确定性关系，在非常短的时间间隔中，以非常高的精度知道了电子的位置。这对电子动量产生极大扰动。极限情况导致被测动量分量的数值为无穷大，相应的速度分量为光速 c！这无异于主张：

源于微观粒子波动性的不确定性关系本质上排斥" 瞬时速度" 概念！

2. PAULI W. 的回答②

即使对一个单独过程，能量和动量守恒定律在目前也被认为在实验和理论上都是牢固地确立了的。

如图 7.1 所示，这里第一条曲线是经典的，第二条则是量子的。按不确定性关系，量子的情况不同于经典情况：**每次测量都使粒子脱离轨道。即，先前的位置测量对其后轨道的确定是无用的。**

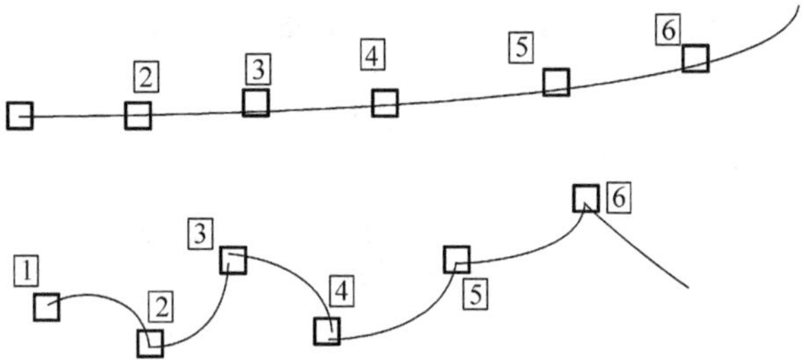

图 7.1

3. WHEELER J A. 的回答③

假设在尾巴处被第一次探测到，之后在巨嘴处再一次被探测到，则在这两点间行进中的粒子就像"一条云雾袅绕中的龙"(见图 7.2)：

The point of entry of the photon is indicated by the tail. And the point of reception is indicated by the mouth of the great smoky dragon biting the one counter or the other, but in between all is cloud.

---

② PAULI W. 波动力学——泡利物理学讲义[M]. 北京：人民教育出版社，1990.

③ WHEELER J A. "Time Today", included in QuantumPhysics, Chaos Theory, and Cosmology. eds. Namiki M, et al. American Institute of Physics，1996.

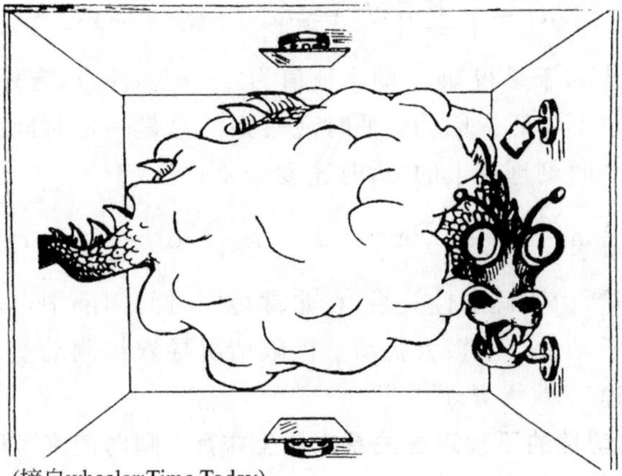

图　7.2

4. FEYNMAN R P. 的回答[④]

按路径积分的观点,可以替 Feynman 拟定如下的回答:

微观粒子,以经典路线为最可几路径,在量子涨落中,是以完全随机的方式,像一个醉汉,历经一切可能的路径,摇摇晃晃地、忽忽悠悠地飘忽着过来的。

概率幅 = 作用量相因子沿一切可能路径积分的等权相干叠加

即

$$\begin{cases}\psi(\boldsymbol{r}t)=\displaystyle\int U(\boldsymbol{r}t;\boldsymbol{r}_0t_0)\psi(\boldsymbol{r}_0t_0)\,\mathrm{d}\boldsymbol{r}_0\\ U(\boldsymbol{r}t;\boldsymbol{r}_0t_0)=\displaystyle\lim_{\substack{\varepsilon\to 0\\ n\to\infty}}\frac{1}{A^3}\int\cdots\int\exp\left\{\frac{\mathrm{i}\varepsilon}{\hbar}\sum_{i=0}^{n-1}L\left(\frac{\boldsymbol{r}_{i+1}-\boldsymbol{r}_i}{\varepsilon},\frac{\boldsymbol{r}_{i+1}+\boldsymbol{r}_i}{2}\right)\right\}\frac{\mathrm{d}\boldsymbol{r}_1}{A^3}\cdots\frac{\mathrm{d}\boldsymbol{r}_{n-1}}{A^3}\end{cases}$$

$$\equiv\int\exp\left\{\frac{\mathrm{i}}{\hbar}\int_{t_0}^{t}L(\boldsymbol{r}(\tau),\dot{\boldsymbol{r}}(\tau))\,\mathrm{d}\tau\right\}\mathrm{D}\boldsymbol{r}(\tau) \tag{7.3}$$

总而言之,如果一定要按照通常宏观经典图像描绘微观粒子的时空运动的话,**微观粒子总是以经典轨道为最可几选择的“没有轨道的轨道”随机飘忽着过来的。这就是单粒子力学理论框架下的空间运动观。**

7.3　量子自由运动随机性分析

1. 量子涨落的两种形态: 振颤与飘忽

量子运动,即便是自由运动,也伴随着随机性,表现出“量子涨落”。“量子涨落”有两种

---

④ FEYNMAN R P, HIBBS A R. Quantum Mechanics and Path Integrals[M]. New York: McGraw Hill, 1965.

形态，各有自己的物理根源：

其一，相对论性量子力学（RQM）中的“随机振颤”——根源于正负能解的干涉。由 Dirac 方程(7.1)出发计算 $\boldsymbol{r}(t)$。注意，方程中不仅 $\boldsymbol{r}(t)$、$\boldsymbol{p}(t)$是动力学变数，体现旋量结构的$\boldsymbol{\alpha}$、β也是动力学变数。此时有

$$\frac{\mathrm{d}\boldsymbol{\alpha}}{\mathrm{d}t}=\frac{1}{\mathrm{i}\hbar}[\boldsymbol{\alpha},H]=\frac{2}{\mathrm{i}\hbar}(c\boldsymbol{p}-H\boldsymbol{\alpha}) \tag{7.4}$$

自由运动下$\frac{\mathrm{d}\boldsymbol{p}}{\mathrm{d}t}=0$，$\frac{\mathrm{d}H}{\mathrm{d}t}=0$，$\boldsymbol{p}$、$H$ 均是守恒量。于是可代以它们的初始本征值。直接求导可以证实，式(7.4)的解为

$$\boldsymbol{v}(t)=c\boldsymbol{\alpha}(t)=\mathrm{e}^{(2\mathrm{i}/\hbar)Ht}c\boldsymbol{\alpha}(0)+(1-\mathrm{e}^{(2\mathrm{i}/\hbar)Ht})c^2H^{-1}\boldsymbol{p} \tag{7.5}$$

接着，再对式(7.5)进行积分，就得到动力学变量位置的解：

$$\boldsymbol{r}(t)=\boldsymbol{r}(0)+\frac{c^2\boldsymbol{p}}{H}t+\frac{\hbar c}{2\mathrm{i}H}(\mathrm{e}^{(2\mathrm{i}/\hbar)Ht}-1)\left\{\boldsymbol{\alpha}(0)-\frac{c\boldsymbol{p}}{H}\right\} \tag{7.6}$$

这个解的前两项描述自由运动，第三项常称 Zitterbewegung 项。后者是加载在自由运动上、频率为 $\omega\approx 2m_0c^2/\hbar$、振动幅度为 Compton 波长 $\lambda_c=h/m_0c$ 的高频无规“**颤动**”。可以证明，如果只取正(或负)能解构造波包，此项的态平均消失，**说明 Zitterbewegung 现象根源于正负能解间的相互干涉。**

于是，RQM 显示：由于正负能解的干涉，粒子运动中时刻作着一种频率极高、振幅很小的随机振颤。人们平常看到的自由运动图像只是一种抹平振颤这种量子涨落后的平均图像。就是说，负能解的存在使“位置”概念失去精确意义！

换一种角度谈振颤。由 Dirac 方程的二阶非相对论近似，粒子的波粒二象内禀性质使它在运动中时刻有⑤

$$\text{相对论性 Darwin 颤动：}\frac{\hbar^2 e}{8m^2c^2}(\Delta V)$$

其二，整个 QT 中的“随机飘忽”——根源于 de Broglie 波的波动性。在非相对论量子力学中，由于忽略了反粒子解(确切讲是略去正负能量解间的相互干涉)，已不存在上述相对论性“随机振颤”。**但由于微观粒子具有 de Broglie 波的波动性，按 Feynman 公设，依然以经典轨道为最可几选择的“没有轨道的轨道”“随机飘忽”着过来。**就是说，即便低能微观粒子，也时刻围绕经典轨道体现着这种“随机飘忽”形态的量子涨落。

应当指出，存在和第一条 Dirac 观点相异的看法。分别是：

(1) 从同一个速度方程，既导出速度为光速，又得出 Darwin 的随机颤动。自相矛盾。

(2) 在 Dirac 理论中没有 $\boldsymbol{r}(t)$，当然也就没有$\dot{\boldsymbol{r}}(t)$；

(3) α_i 是一些常数矩阵，怎么能对时间求导呢；

(4) 表达式 $\boldsymbol{v}=c\boldsymbol{\alpha}$ 是荒唐的；

---

⑤ 张永德．高等量子力学(上册)[M]．3 版．北京：科学出版社，2015，6．

(5) 对 RQM，Heisenberg 图像的运动方程是否仍然正确尚未考察过。

这些异议看法值得商榷。因为，①对第(1)点的回答是，这里是两个不同问题——本征值问题和运动中随时间变化问题；②对第(2)点，这些算符是存在的，否则如何写得出单粒子 Dirac 方程呢；③对第(3)点，在非相对论 QM 的 Schrödinger 图像中，也有许多不显含时间算符对时间求导的例子(例如 $d\boldsymbol{\sigma}/dt$，等等)；④对第(4)点，此表达式不荒唐；⑤对第(5)点，Heisenberg 图像不是只适用于非相对论情况。相对论量子力学和相对论量子场论都有 Heisenberg 图像和运动方程。

2. 几位物理学家回答的归纳分析

看起来，上面几位物理学家都是针对“量子涨落”的解释，仅仅是表述方式不同。其实不然。不仅他们的回答方式和侧重不同，由于“量子涨落”起因不同，他们回答的内容也不同。

Pauli 的回答偏重于测量造成的干扰——不同塌缩的随机性。

Dirac 的回答偏重于相对论性“随机振颤”——正反粒子解的相互干涉导致的随机性。

Wheeler 叙述光子情况，光子的反粒子是其自身，所以 Wheeler 的回答只是阐明微观粒子波动性造成的“随机飘忽”。

Feynman 的回答也是着重阐明微观粒子波动性造成的“随机飘忽”。因为，非相对论性 Schrödinger 方程本就忽略了(更准确地说是截然分离了)反粒子解，所以这时的 Feynman 路径积分显示的随机性只能是反映微观粒子波动性的“随机飘忽”。

上面所述两点——微观粒子波动性(波粒二象性)的内禀性质和正反粒子解的相互干涉，使微观粒子在运动中时刻飘忽着、振颤着，按照“没有轨道的轨道”运动着，遵照“没有路径的路径积分”变化着。

再进一步，当微观粒子位置观测精度达到 Compton 波长 $\boldsymbol{\lambda}_C$ 尺度以内，实验观测所投入的能量已经够大，这时将会出现粒子的净产生净湮灭和转化，于是将有一定概率产生新的与被观测粒子无法区分的全同粒子。这时理论和实验结果都将直接导致：在 Compton 波长尺度上，位置概念彻底失去意义！(详见 11.6 节，20.3～20.5 节，23.2 节，29.2 节。)

总之，QT 认为，事情最终演变成：“皮”(位置本身不确定、飘忽、振颤，直至位置概念本身失去意义)之不存，“毛”(轨道概念，瞬时速度，直至定域描述方式)将焉附?!

第8讲

电子与中子的旋量波函数

——不同于“两分量矢量”的“两分量旋量”

8.1　1/2 自旋算符计算补充

8.2　两个核子间非相对论性相互作用的唯象推导

8.3　级联 Stern-Gerlach 装置对自旋态的分解与合成

8.4　纯自旋算符 Hamilton 量求解

8.5　中子干涉量度学(neutron-spinor interferometry)

※　※　※

1/2 自旋算符与开平方根操作紧密联系，并且自动蕴含在 4 分量 Dirac 联立方程组的旋量结构中(参见下面 8.5.4 节)。但作最低阶非相对论近似(至 Schrödinger 方程)时，将它完全抛弃了。为了解释实验，又不得不将其找回来，以外加方式重新引入运动方程，就得到 Pauli 方程。于是将 Schrödinger 方程从标量方程推广为两分量旋量方程，这产生了有别于两分量矢量的两分量旋量，以及旋量干涉概念。

8.1　1/2 自旋算符计算补充

QM 教材对自旋算符有详细叙述，下面只扼要地作点补充。

1. SU_2 与 R_3 的同态对应

(1) 非相对论自旋算符的作用对象是两分量自旋波函数，变换构成 SU_2 群。常见的有两种表示：Euler 角和矢量表示，分别为

$$\begin{cases} U(\alpha\beta\gamma)=U(\alpha)U(\beta)U(\gamma)=\exp(-\mathrm{i}\alpha\sigma_z/2)\exp(-\mathrm{i}\beta\sigma_y/2)\exp(-\mathrm{i}\gamma\sigma_z/2) \\ \qquad\qquad\qquad\qquad\qquad\quad=\begin{pmatrix} \mathrm{e}^{-\mathrm{i}(\alpha+\gamma)/2}\cos(\beta/2) & -\mathrm{e}^{-\mathrm{i}(\alpha-\gamma)/2}\sin(\beta/2) \\ \mathrm{e}^{\mathrm{i}(\alpha-\gamma)/2}\sin(\beta/2) & \mathrm{e}^{\mathrm{i}(\alpha+\gamma)/2}\cos(\beta/2) \end{pmatrix} \\ U(\psi\boldsymbol{n})=\exp\{-\mathrm{i}\psi\boldsymbol{\sigma}\cdot\boldsymbol{n}(\theta,\varphi)/2\},\quad \boldsymbol{n}(\theta,\varphi)=\{\sin\theta\cos\varphi,\sin\theta\sin\varphi,\cos\theta\} \end{cases} \tag{8.1}$$

直接检验即知,两种参数表示$(\alpha\beta\gamma)$、$(\psi\boldsymbol{n})$间的转换关系为

$$\begin{cases}-\sin\dfrac{\beta}{2}\sin\dfrac{\alpha-\gamma}{2}=\sin\theta\cos\varphi\sin\dfrac{\psi}{2}\\ \sin\dfrac{\beta}{2}\cos\dfrac{\alpha-\gamma}{2}=\sin\theta\sin\varphi\sin\dfrac{\psi}{2},\quad \cos\dfrac{\psi}{2}=\cos\dfrac{\beta}{2}\cos\left(\dfrac{\alpha+\gamma}{2}\right)\\ \cos\dfrac{\beta}{2}\sin\dfrac{\alpha+\gamma}{2}=\cos\theta\sin\dfrac{\psi}{2},\end{cases}\tag{8.2}$$

由此可得 SU_2 的一个新表达式——Euler 角参数表示下的单一指数形式:

$$\begin{aligned}U(\psi\boldsymbol{n})=\exp\Bigg[i\frac{\arccos\left(\cos\dfrac{\beta}{2}\cos\dfrac{\alpha+\gamma}{2}\right)}{\sqrt{1-\cos^2\dfrac{\beta}{2}\cos^2\dfrac{\alpha+\gamma}{2}}}\Bigg(\sin\frac{\beta}{2}\sin\frac{\alpha-\gamma}{2}\sigma_1\\ -\sin\frac{\beta}{2}\cos\frac{\alpha-\gamma}{2}\sigma_2-\cos\frac{\beta}{2}\sin\frac{\alpha+\gamma}{2}\sigma_3\Bigg)\Bigg]=U(\alpha\beta\gamma)\end{aligned}\tag{8.3}$$

此式的特点是便于对其取对数,以便作进一步运算。详见有关文献[①]。

(2) SU_2 和空间转动群 R_3 同态,对任意 $U\in SU_2$ 和 $R_3(U)$,有以下命题成立。

[命题1] 设方向单位矢量 $\boldsymbol{n}=\boldsymbol{n}(\theta\varphi)$,存在对应关系:

$$\boldsymbol{U}(\psi\boldsymbol{n})\boldsymbol{\sigma}\cdot\boldsymbol{r}\boldsymbol{U}^{-1}(\psi\boldsymbol{n})=\boldsymbol{\sigma}\cdot\boldsymbol{R}_3(\psi\boldsymbol{n})\boldsymbol{r}\tag{8.4}$$

证明 考虑无限小转动 $\psi=\varepsilon$,这时只需计及一阶小量。于是左边为

$$\begin{aligned}U(\varepsilon\boldsymbol{n})(\boldsymbol{r}\cdot\boldsymbol{\sigma})U^{-1}(\varepsilon\boldsymbol{n})&=[I-\mathrm{i}\varepsilon(\boldsymbol{n}\cdot\boldsymbol{\sigma})/2](\boldsymbol{r}\cdot\boldsymbol{\sigma})[I+\mathrm{i}\varepsilon(\boldsymbol{n}\cdot\boldsymbol{\sigma})/2]\\&=(\boldsymbol{r}\cdot\boldsymbol{\sigma})+\mathrm{i}(\varepsilon/2)[(\boldsymbol{r}\cdot\boldsymbol{\sigma}),(\boldsymbol{n}\cdot\boldsymbol{\sigma})]\\&=(\boldsymbol{r}\cdot\boldsymbol{\sigma})+\mathrm{i}(\varepsilon/2)[2\mathrm{i}(\boldsymbol{r}\times\boldsymbol{n})\cdot\boldsymbol{\sigma}]\\&=[\boldsymbol{r}+\varepsilon(\boldsymbol{n}\times\boldsymbol{r})]\cdot\boldsymbol{\sigma}=[R_3(\varepsilon\boldsymbol{n})\boldsymbol{r}]\cdot\boldsymbol{\sigma}\end{aligned}$$

(若为有限小转动,上面推导中第一、第二两步等号应取为"≈")。对于有限转动,可以接连进行绕同一转轴 $\boldsymbol{n}$ 的无穷小转动,作用结果相乘,指数相加即得。 证毕。

[命题2] 此同态对应关系也可以解读为

$$(\boldsymbol{\sigma}_x,\boldsymbol{\sigma}_y,\boldsymbol{\sigma}_z)\Leftrightarrow(\boldsymbol{e}_x,\boldsymbol{e}_y,\boldsymbol{e}_z)\tag{8.5}$$

就是说,SU_2 元素 $U(\psi\boldsymbol{n})=\exp(-\mathrm{i}\psi\boldsymbol{n}\cdot\boldsymbol{\sigma}/2)$ 对 $(\sigma_x,\sigma_y,\sigma_z)$ 的变换就像对应的 $R_3(\psi\boldsymbol{n})$ 对直角坐标基矢 (e_x,e_y,e_z) 的转动。

证明 注意上面同态对应关系中 $U(\psi\boldsymbol{n})=\exp(-\mathrm{i}\psi\boldsymbol{n}\cdot\boldsymbol{\sigma}/2)$,并取 $\boldsymbol{r}=\boldsymbol{e}_x$,该式即化作

$$\begin{cases}\exp(-\mathrm{i}\psi\boldsymbol{n}\cdot\boldsymbol{\sigma}/2)\sigma_x\exp(\mathrm{i}\psi\boldsymbol{n}\cdot\boldsymbol{\sigma}/2)=\displaystyle\sum_{i=x,y,z}R_{ix}(\psi\boldsymbol{n})\sigma_i\\ R_3(\psi\boldsymbol{n})\boldsymbol{e}_x=\displaystyle\sum_{i=x,y,z}R_{ix}(\psi\boldsymbol{n})\boldsymbol{e}_i\end{cases}$$

如此等等,这就证明了解读的论断。例如,$\exp(\mathrm{i}\lambda\sigma_z)$ 对 $(\sigma_x,\sigma_y,\sigma_z)$ 的变换就理解为"沿 z 轴

---

① 张永德.高等量子力学(下册)[M].3版.北京:科学出版社,2015,4.3节.

转动(-2λ)角的转动”。由此立即得到变换结果为

$$\exp(\mathrm{i}\lambda\sigma_z)\sigma_y\exp(-\mathrm{i}\lambda\sigma_z)=\sigma_x\sin2\lambda+\sigma_y\cos2\lambda$$

按此解释的这一类变换结果均可以用直接计算予以证实。但要注意,SU_2 元素 $U(\psi\boldsymbol{n})=\exp(-\mathrm{i}\psi\boldsymbol{n}\cdot\boldsymbol{\sigma}/2)$对态的变换无此几何解释。

(3) 命题 2 的对应关系又可以直接解读成对极化矢量的转动。

[命题 3]　当态矢经受 SU_2 变换 $U(\psi\boldsymbol{n})=\exp(-\mathrm{i}\psi\boldsymbol{n}\cdot\boldsymbol{\sigma}/2)$时,极化矢量经受一个对应的转动变换 $R_3(\psi\boldsymbol{n})$。即

$$\begin{cases}|\chi_{\text{out}}\rangle=\exp\{-\mathrm{i}\psi\boldsymbol{n}(\theta\varphi)\cdot\boldsymbol{\sigma}/2\}|\chi_{\text{in}}\rangle\\ \boldsymbol{p}_{\text{out}}=R(\psi\boldsymbol{n}(\theta\cdot\varphi))\boldsymbol{p}_{\text{in}}\end{cases}\tag{8.6}$$

证明　设态经受变换

$$|\chi_{\text{out}}\rangle=\exp\{-\mathrm{i}\psi\boldsymbol{n}(\theta\varphi)\cdot\boldsymbol{\sigma}/2\}|\chi_{\text{in}}\rangle$$

则按极化矢量的定义,有

$$\begin{aligned}\boldsymbol{p}_{\text{out}}&\equiv\langle\chi_{\text{out}}|\boldsymbol{\sigma}|\chi_{\text{out}}\rangle=\langle\chi_{\text{in}}|\exp(\mathrm{i}\psi\boldsymbol{n}\cdot\boldsymbol{\sigma}/2)(\sigma_x\boldsymbol{e}_x+\sigma_y\boldsymbol{e}_y+\sigma_z\boldsymbol{e}_z)\exp(-\mathrm{i}\psi\boldsymbol{n}\cdot\boldsymbol{\sigma}/2)|\chi_{\text{in}}\rangle\\ &=\langle\chi_{\text{in}}|\Big\{\sum_{i=x,y,z}R(-\psi\boldsymbol{n})_{ix}\sigma_i\boldsymbol{e}_x+\sum_{i=x,y,z}R(-\psi\boldsymbol{n})_{iy}\sigma_i\boldsymbol{e}_y+\sum_{i=x,y,z}R(-\psi\boldsymbol{n})_{iz}\sigma_i\boldsymbol{e}_z\Big\}|\chi_{\text{in}}\rangle\\ &=\Big\{\sum_{i=x,y,z}R^{-1}(\psi\boldsymbol{n})_{ix}(p_{\text{in}})_i\boldsymbol{e}_x+\sum_{i=x,y,z}R^{-1}(\psi\boldsymbol{n})_{iy}(p_{\text{in}})_i\boldsymbol{e}_y+\sum_{i=x,y,z}R^{-1}(\psi\boldsymbol{n})_{iz}(p_{\text{in}})_i\boldsymbol{e}_z\Big\}\\ &=\Big\{\sum_{i=x,y,z}R^{\mathrm{T}}(\psi\boldsymbol{n})_{ix}(p_{\text{in}})_i\boldsymbol{e}_x+\sum_{i=x,y,z}R^{\mathrm{T}}(\psi\boldsymbol{n})_{iy}(p_{\text{in}})_i\boldsymbol{e}_y+\sum_{i=x,y,z}R^{\mathrm{T}}(\psi\boldsymbol{n})_{iz}(p_{\text{in}})_i\boldsymbol{e}_z\Big\}\\ &=\Big\{\sum_{i=x,y,z}R(\psi\boldsymbol{n})_{xi}(p_{\text{in}})_i\boldsymbol{e}_x+\sum_{i=x,y,z}R(\psi\boldsymbol{n})_{yi}(p_{\text{in}})_i\boldsymbol{e}_y+\sum_{i=x,y,z}R(\psi\boldsymbol{n})_{zi}(p_{\text{in}})_i\boldsymbol{e}_z\Big\}\\ &=R(\psi\boldsymbol{n}(\theta,\varphi))\boldsymbol{p}_{\text{in}}\end{aligned}$$

证毕。

注意,命题 3 是中子干涉量度学(脚注⑦)的计算基础。

2. 自旋空间投影算符$(\boldsymbol{\sigma}\cdot\boldsymbol{e}_r)$②

因$(\boldsymbol{\sigma}\cdot\boldsymbol{e}_r)^2=I$,算符本征值为$\pm1$。对应两个本征函数为($\boldsymbol{e}_r=\boldsymbol{r}/r$)

$$|\chi^{(+)}(\boldsymbol{e}_r)\rangle=\begin{pmatrix}\cos\dfrac{\theta}{2}\exp(-\mathrm{i}\varphi/2)\\ \sin\dfrac{\theta}{2}\exp(\mathrm{i}\varphi/2)\end{pmatrix},\quad|\chi^{(-)}(\boldsymbol{e}_r)\rangle=\begin{pmatrix}-\sin\dfrac{\theta}{2}\exp(-\mathrm{i}\varphi/2)\\ \cos\dfrac{\theta}{2}\exp(\mathrm{i}\varphi/2)\end{pmatrix}\tag{8.7}$$

可以直接将其写为谱表示:

$$(\boldsymbol{\sigma}\cdot\boldsymbol{e}_r)=|\chi^{(+)}(\boldsymbol{e}_r)\rangle\langle\chi^{(+)}(\boldsymbol{e}_r)|-|\chi^{(-)}(\boldsymbol{e}_r)\rangle\langle\chi^{(-)}(\boldsymbol{e}_r)|\tag{8.8}$$

注意,空间旋转一圈$(\theta,\varphi)\rightarrow(\theta,\varphi+2\pi)$时,$|\chi^{(\pm)}(\boldsymbol{e}_r)\rangle$多出一负号。这正是(两分量)旋量的特征,绝对不是(二维)矢量。

[命题 4]　算符$(\boldsymbol{\sigma}\cdot\boldsymbol{e}_r)$保持此费米子总角动量不变,$[\boldsymbol{\sigma}\cdot\boldsymbol{e}_r,\boldsymbol{J}]=0$。

证明　先算轨道角动量的 l_z 分量的对易子:

② 张永德.量子力学[M].4 版.北京:科学出版社,2016,7.1 节.

$$[\boldsymbol{\sigma}\cdot\boldsymbol{e}_r,l_z]=-\mathrm{i}\,\hbar\left[\frac{x}{r}\sigma_x+\frac{y}{r}\sigma_y+\frac{z}{r}\sigma_z,x\partial_y-y\partial_x\right]=-\mathrm{i}\,\hbar(\boldsymbol{\sigma}\times\boldsymbol{e}_r)_z$$

于是有

$$[(\boldsymbol{\sigma}\cdot\boldsymbol{e}_r),\boldsymbol{l}]=-\mathrm{i}\,\hbar(\boldsymbol{\sigma}\times\boldsymbol{e}_r)$$

再按对易子$[(\boldsymbol{\sigma}\cdot\boldsymbol{e}_r),\boldsymbol{\sigma}]=2\mathrm{i}(\boldsymbol{\sigma}\times\boldsymbol{e}_r)$,可知有

$$[\boldsymbol{\sigma}\cdot\boldsymbol{e}_r,\boldsymbol{J}]=\left[\boldsymbol{\sigma}\cdot\boldsymbol{e}_r,\boldsymbol{l}+\frac{\hbar}{2}\boldsymbol{\sigma}\right]=0 \tag{8.9}$$

3. 自旋相互作用算符 $S_{12}\equiv3(\boldsymbol{\sigma}_1\cdot\boldsymbol{e}_r)(\boldsymbol{\sigma}_2\cdot\boldsymbol{e}_r)-(\boldsymbol{\sigma}_1\cdot\boldsymbol{\sigma}_2)$

两个1/2自旋粒子相互作用的形式,除纯粹含$\boldsymbol{r}$、$\boldsymbol{p}$部分外,主要组成为$S_{12}\equiv3(\boldsymbol{\sigma}_1\cdot\boldsymbol{e}_r)(\boldsymbol{\sigma}_2\cdot\boldsymbol{e}_r)-(\boldsymbol{\sigma}_1\cdot\boldsymbol{\sigma}_2)$。下面分析算符$S_{12}$的各种性质。

(1)[**命题5**]

$$\begin{cases}\displaystyle\iint_{4\pi}S_{12}\,\mathrm{d}\Omega=0\\ \mathrm{tr}S_{12}=0,\quad S_{12}=-4,0,2,2\end{cases} \tag{8.10a}$$

这里 $\boldsymbol{e}_r=\{\sin\theta\cos\varphi,\sin\theta\sin\varphi,\cos\theta\}\equiv\{n_1,n_2,n_3\}$。**所以又有**

$$S_{12}=\sum_{i,j=1}^{3}3(n_in_j-\delta_{ij})\sigma_{1,i}\sigma_{2,j}$$

第一个方程表明,S_{12}对全空间方位角等权积分为零。于是它在s态中平均值为零,只对相对运动为非球对称的空间概率分布起作用。第二个方程表明它是零迹并给出本征值。

证明 由等权积分,易得第二条迹为零,即$\mathrm{tr}S_{12}=0$,有

$$\begin{aligned}\int_0^{2\pi}\mathrm{d}\varphi\int_0^{\pi}\sin\theta\mathrm{d}\theta\cdot S_{12}&=\int_0^{2\pi}\mathrm{d}\varphi\int_0^{\pi}\sin\theta\mathrm{d}\theta\cdot\left\{\sum_{i,j=1}^{3}\sigma_{1,i}\sigma_{2,j}[3n_in_j-\delta_{ij}]\right\}\\&=\left\{\sum_{i,j=1}^{3}\sigma_{1,i}\sigma_{2,j}\left[3\delta_{ij}\frac{4\pi}{3}-4\pi\delta_{ij}\right]\right\}=0\end{aligned}$$

直积矩阵S_{12}是4维,有4个本征值。鉴于S_{12}第一项形式(第二项可化为自旋交换算符P_{12},易于运算),取如下4个正交归一基矢,构成一个表象:

$$\begin{cases}|+,+\rangle_{12}=|\chi^{(+)}(\boldsymbol{e}_r)\rangle_1|\chi^{(+)}(\boldsymbol{e}_r)\rangle_2\equiv\begin{pmatrix}1\\0\\0\\0\end{pmatrix};|+,-\rangle_{12}=|\chi^{(+)}(\boldsymbol{e}_r)\rangle_1|\chi^{(-)}(\boldsymbol{e}_r)\rangle_2\equiv\begin{pmatrix}0\\1\\0\\0\end{pmatrix}\\ |-,+\rangle=|\chi^{(-)}(\boldsymbol{e}_r)\rangle_1|\chi^{(+)}(\boldsymbol{e}_r)\rangle_2\equiv\begin{pmatrix}0\\0\\1\\0\end{pmatrix};|-,-\rangle=|\chi^{(-)}(\boldsymbol{e}_r)\rangle_1|\chi^{(-)}(\boldsymbol{e}_r)\rangle_2\equiv\begin{pmatrix}0\\0\\0\\1\end{pmatrix}\end{cases}$$

将$S_{12}=3(\boldsymbol{\sigma}_1\cdot\boldsymbol{e}_r)(\boldsymbol{\sigma}_2\cdot\boldsymbol{e}_r)+1-2P_{12}$作用到它们上面,得

$$\begin{cases} S_{12}\ |+,+\rangle = 3\ |+,+\rangle + |+,+\rangle - 2\ |+,+\rangle = 2\ |+,+\rangle \\ S_{12}\ |+,-\rangle = -3\ |+,-\rangle + |+,-\rangle - 2\ |-,+\rangle = -2\ |+,-\rangle - 2\ |-,+\rangle \\ S_{12}\ |-,+\rangle = -3\ |-,+\rangle + |-,+\rangle - 2\ |+,-\rangle = -2\ |-,+\rangle - 2\ |+,-\rangle \\ S_{12}\ |-,-\rangle = 3\ |-,-\rangle + |-,-\rangle - 2\ |-,-\rangle = 2\ |-,-\rangle \end{cases}$$

得到 S_{12}的矩阵表示为

$$S_{12} = \begin{pmatrix} 2 & 0 & 0 & 0 \\ 0 & -2 & -2 & 0 \\ 0 & -2 & -2 & 0 \\ 0 & 0 & 0 & 2 \end{pmatrix}$$

由此容易得到,4 个根为$\{-4,0,2,2\}$。

可以直接看出:S_{12}的 4 个本征矢量为

$$\begin{cases} |\ \Phi^{(\pm)}\rangle = \dfrac{1}{\sqrt{2}}(|+,+\rangle_{12} \pm |-,-\rangle_{12}) \\ |\ \Psi^{(\pm)}\rangle = \dfrac{1}{\sqrt{2}}(|+,-\rangle_{12} \pm |-,+\rangle_{12}) \end{cases},\quad |\pm\rangle_i \equiv (|\ \chi^{(\pm)}(\boldsymbol{e}_r)\rangle_i,\quad i=1,2) \tag{8.10b}$$

分别对应如下本征方程:

$$S_{12}\ |\ \Phi^{(\pm)}\rangle = 2\ |\ \Phi^{(\pm)}\rangle; S_{12}\ |\ \Psi^{(+)}\rangle = -4\ |\ \Psi^{(+)}\rangle; S_{12}\ |\ \Psi^{(-)}\rangle = 0.\ |\ \Psi^{(-)}\rangle = 0 \tag{8.10c}$$

到此命题 5 证毕。

(2) 容易用直接计算检验以下对易子:

$$\begin{cases} [S_{12},\boldsymbol{\sigma}] = 6\mathrm{i}\{(\boldsymbol{\sigma}_1 \times \boldsymbol{e}_r)(\boldsymbol{\sigma}_2 \cdot \boldsymbol{e}_r) + (\boldsymbol{\sigma}_1 \cdot \boldsymbol{e}_r)(\boldsymbol{\sigma}_2 \times \boldsymbol{e}_r)\} \\ [S_{12},\boldsymbol{l}] = -3\mathrm{i}\hbar\{(\boldsymbol{\sigma}_1 \cdot \boldsymbol{e}_r)(\boldsymbol{\sigma}_2 \times \boldsymbol{e}_r) + (\boldsymbol{\sigma}_1 \times \boldsymbol{e}_r)(\boldsymbol{\sigma}_2 \cdot \boldsymbol{e}_r)\} \\ [S_{12},\boldsymbol{J}] = \left[S_{12},\boldsymbol{l} + \dfrac{\hbar}{2}\boldsymbol{\sigma}\right] = 0 \end{cases} \tag{8.10d}$$

这些对易子表明,S_{12}算符不保持两个费米子总自旋矢量不变,也不保持两个费米子相对运动的轨道角动量矢量不变;但 S_{12}算符保持两个费米子总角动量矢量不变,保持此两费米子总自旋平方不变,即不改变状态的总自旋量子数。

8.2 两个核子间非相对论性相互作用的唯象推导

核力是强作用的剩余力。实验发现核力与电荷无关。据此可以认为,原子核内的质子和中子其实是同一种粒子——“核子”在内禀“同位旋空间”中两种不同的状态。于是,可以将两个核子间的相互作用位势一般地表示成 $V(\boldsymbol{r}_1,\boldsymbol{r}_2,\boldsymbol{p}_1,\boldsymbol{p}_2,\boldsymbol{\sigma}_1,\boldsymbol{\sigma}_2,\boldsymbol{\tau}_1,\boldsymbol{\tau}_2)$。这里 $\boldsymbol{\tau}_i(i=1,2)$是每个核子的同位旋矢量。

原子核物理只涉及 1~15MeV 量级能量变化,远小于核子本身(接近 1000MeV 的)静止能量。所以,**不算电子(0.511MeV),核物理问题可以应用非相对论量子力学**。相互作用位势 V 应当是空间平移不变的,所以 V 中只能包含两核子间的相对坐标 $\boldsymbol{r}=\boldsymbol{r}_1-\boldsymbol{r}_2$;加之,$V$ 应有参考系 $A\to B$ 时 Galileo 变换不变性。于是它不应依赖每个核子动量,而只和两核子相对动量 $\boldsymbol{p}=\boldsymbol{p}_1-\boldsymbol{p}_2$ 有关。即

$$\begin{cases}\boldsymbol{r}_{1B}=\boldsymbol{r}_{1A}+\boldsymbol{v}_{AB}t\to\boldsymbol{p}_{1B}=\boldsymbol{p}_{1A}+m\boldsymbol{v}_{AB}\\ \boldsymbol{r}_{2B}=\boldsymbol{r}_{2A}+\boldsymbol{v}_{AB}t\to\boldsymbol{p}_{2B}=\boldsymbol{p}_{2A}+m\boldsymbol{v}_{AB}\end{cases}\Rightarrow\boldsymbol{p}_{1B}-\boldsymbol{p}_{2B}=\boldsymbol{p}_{1A}-\boldsymbol{p}_{2A}=\boldsymbol{p}$$

鉴于自旋和同位旋算符 $\boldsymbol{\sigma}$、$\boldsymbol{\tau}$ 均满足 $\sigma_j^{(i)}\sigma_k^{(i)}=\mathrm{i}\varepsilon_{jkl}\sigma_l^{(i)}$,$\tau_j^{(i)}\tau_k^{(i)}=\mathrm{i}\varepsilon_{jkl}\tau_l^{(i)}$,$i=1,2$,所以 V 中含 $\boldsymbol{\sigma}$ 和 $\boldsymbol{\tau}$ 最高为二次幂式。再则,由于同位旋空间旋转不变性,V 应当是两个核子同位旋的标量。从同位旋算符角度看,V 的结构形式应当是(含 $\boldsymbol{\tau}_1^2=\boldsymbol{\tau}_2^2=3$ 项是常数项)

$$V(\boldsymbol{r},\boldsymbol{p},\boldsymbol{\sigma}_1,\boldsymbol{\sigma}_2,\boldsymbol{\tau}_1,\boldsymbol{\tau}_2)=V_1(\boldsymbol{r},\boldsymbol{p},\boldsymbol{\sigma}_1,\boldsymbol{\sigma}_2)+(\boldsymbol{\tau}_1\cdot\boldsymbol{\tau}_2)V_2(\boldsymbol{r},\boldsymbol{p},\boldsymbol{\sigma}_1,\boldsymbol{\sigma}_2)\tag{8.11}$$

下面进一步确定 V_1、V_2 的形式。原则上以下叙述对 V_1、V_2 都适用。由于:①核力宇称守恒→空间反演不变,$V_i(\boldsymbol{r},\boldsymbol{p},\boldsymbol{\sigma}_1,\boldsymbol{\sigma}_2)=V_i(-\boldsymbol{r},-\boldsymbol{p},\boldsymbol{\sigma}_1,\boldsymbol{\sigma}_2)$;②由核子全同粒子置换对称性→$V_i(\boldsymbol{r},\boldsymbol{p},\boldsymbol{\sigma}_1,\boldsymbol{\sigma}_2)=V_i(-\boldsymbol{r},-\boldsymbol{p},\boldsymbol{\sigma}_2,\boldsymbol{\sigma}_1)$,按此两条得知,$V_i$ 对两个核子自旋算符交换为对称的:

$$P_{12}V_iP_{12}=V_i\tag{8.12}$$

再则,依据以下两点:①位势各项对空间转动应为标量;②由核力时间反演不变性,即 $V_i(\boldsymbol{r},-\boldsymbol{p},-\boldsymbol{\sigma}_1,-\boldsymbol{\sigma}_2)=V_i(\boldsymbol{r},\boldsymbol{p},\boldsymbol{\sigma}_1,\boldsymbol{\sigma}_2)$。由第一条知,除含旋轨耦合项 $\boldsymbol{S}\cdot\boldsymbol{l}=(\boldsymbol{s}_1+\boldsymbol{s}_2)\cdot(\boldsymbol{r}\times\boldsymbol{p})$ 外,应有 $V_i(\boldsymbol{r},\boldsymbol{p},\boldsymbol{\sigma}_1,\boldsymbol{\sigma}_2)=V_i(-\boldsymbol{r},-\boldsymbol{p},-\boldsymbol{\sigma}_1,-\boldsymbol{\sigma}_2)$。结合第二条即得,除旋轨耦合 $(\boldsymbol{S}\cdot\boldsymbol{l})$ 项外,应有

$$V_i(\boldsymbol{r},\boldsymbol{p},\boldsymbol{\sigma}_1,\boldsymbol{\sigma}_2)=V_i(-\boldsymbol{r},\boldsymbol{p},\boldsymbol{\sigma}_1,\boldsymbol{\sigma}_2)\tag{8.13a}$$

利用这点,也即除 $(\boldsymbol{S}\cdot\boldsymbol{l})$ 项外,结合置换对称和自旋交换对称,还有

$$V_i(\boldsymbol{r},\boldsymbol{p},\boldsymbol{\sigma}_1,\boldsymbol{\sigma}_2)=V_i(-\boldsymbol{r},-\boldsymbol{p},\boldsymbol{\sigma}_2,\boldsymbol{\sigma}_1)=V_i(\boldsymbol{r},-\boldsymbol{p},\boldsymbol{\sigma}_1,\boldsymbol{\sigma}_2)\tag{8.13b}$$

总之,除旋轨耦合 $(\boldsymbol{S}\cdot\boldsymbol{l})$ 项外,V_i 中不出现含 $\boldsymbol{r}$ 和 $\boldsymbol{p}$ 一次幂的项,即不再含 $\boldsymbol{r}$、$\boldsymbol{p}$、$\boldsymbol{r}\cdot\boldsymbol{p}$、$\boldsymbol{r}\times\boldsymbol{p}$ 等项,更不会出现 $(\boldsymbol{r}\cdot\boldsymbol{\sigma}_1)(\boldsymbol{p}\cdot\boldsymbol{\sigma}_2)$ 等项,因为它们甚至不是自旋算符交换对称的。最后,V_i 中只应出现下列诸项以及它们的组合(不计 $\boldsymbol{\sigma}_i^2=3$ 常数项):

$$\boldsymbol{r}^2,\boldsymbol{p}^2,(\boldsymbol{r}\times\boldsymbol{p})^2,\boldsymbol{\sigma}_1\cdot\boldsymbol{\sigma}_2,(\boldsymbol{r}\cdot\boldsymbol{\sigma}_1)(\boldsymbol{r}\cdot\boldsymbol{\sigma}_2),(\boldsymbol{p}\cdot\boldsymbol{\sigma}_1)(\boldsymbol{p}\cdot\boldsymbol{\sigma}_2),(\boldsymbol{s}_1+\boldsymbol{s}_2)\cdot\boldsymbol{l}$$

于是,得到一般形式为

$$\begin{aligned}V_i(\boldsymbol{r},\boldsymbol{p},\boldsymbol{\sigma}_1,\boldsymbol{\sigma}_2)=&\alpha(\boldsymbol{r}^2,\boldsymbol{p}^2,\boldsymbol{l}^2)+\beta(\boldsymbol{r}^2,\boldsymbol{p}^2,\boldsymbol{l}^2)\boldsymbol{S}\cdot\boldsymbol{l}+\\&+\gamma(\boldsymbol{r}^2,\boldsymbol{p}^2,\boldsymbol{l}^2)(\boldsymbol{r}\cdot\boldsymbol{\sigma}_1)(\boldsymbol{r}\cdot\boldsymbol{\sigma}_2)+\delta(\boldsymbol{r}^2,\boldsymbol{p}^2,\boldsymbol{l}^2)(\boldsymbol{p}\cdot\boldsymbol{\sigma}_1)(\boldsymbol{p}\cdot\boldsymbol{\sigma}_2)\\&+\lambda(\boldsymbol{r}^2,\boldsymbol{p}^2,\boldsymbol{l}^2)(\boldsymbol{\sigma}_1\cdot\boldsymbol{\sigma}_2)\end{aligned}$$

进一步,若只考虑定域相互作用,则 V 中将不存在含 $\boldsymbol{p}$ 项。当然也就不存在含轨道角动量 $\boldsymbol{l}$ 项。这时核子间相互作用 V 成为

$$\begin{cases}V(\boldsymbol{r},\boldsymbol{p},\boldsymbol{\sigma}_1,\boldsymbol{\sigma}_2)=V_C+V_T\\ V_C=V_0(r)+V_\sigma(r)(\boldsymbol{\sigma}_1\cdot\boldsymbol{\sigma}_2)+V_\tau(r)(\boldsymbol{\tau}_1\cdot\boldsymbol{\tau}_2)+V_{\sigma\tau}(r)(\boldsymbol{\sigma}_1\cdot\boldsymbol{\sigma}_2)(\boldsymbol{\tau}_1\cdot\boldsymbol{\tau}_2)\\ V_T=[V_{T0}(r)+V_{TC}(r)(\boldsymbol{\tau}_1\cdot\boldsymbol{\tau}_2)]S_{12}\\ S_{12}=3(\boldsymbol{\sigma}_1\cdot\boldsymbol{e}_r)(\boldsymbol{\sigma}_2\cdot\boldsymbol{e}_r)-(\boldsymbol{\sigma}_1\cdot\boldsymbol{\sigma}_2)\end{cases}\tag{8.14a}$$

使用核子位置、自旋、同位旋三种置换算符 P_r、P_σ、P_τ 来更换上面的 V_C 表达式。这时注意，Fermion 体系总波函数是反称的，所以有

$$P_rP_\sigma P_\tau=-1\rightarrow P_\tau=-P_rP_\sigma$$

注意$(\boldsymbol{\sigma}_1\cdot\boldsymbol{\sigma}_2)=2P_\sigma-1$，$(\boldsymbol{\tau}_1\cdot\boldsymbol{\tau}_2)=2P_\tau-1$，即得下式：

$$\begin{aligned}V_C&=V_0+V_\sigma(2P_\sigma-1)+V_\tau(2P_\tau-1)+V_{\sigma\tau}(2P_\sigma-1)(2P_\tau-1)\\&=V_0+V_\sigma(2P_\sigma-1)+V_\tau(-2P_rP_\sigma-1)+V_{\sigma\tau}(2P_\sigma-1)(-2P_rP_\sigma-1)\\&=(V_0-V_\sigma-V_\tau+V_{\sigma\tau})+(2V_\sigma-2V_{\sigma\tau})P_\sigma-4V_{\sigma\tau}P_r+(2V_{\sigma\tau}-2V_\tau)P_rP_\sigma\\&\equiv V_{\text{Wigner}}+V_{\text{Bartlett}}P_\sigma+V_{\text{Majorana}}P_r+V_{\text{Heisenberg}}P_rP_\sigma\end{aligned}\tag{8.14b}$$

代入前式，最后即得常见的结果③。

8.3 级联 Stern-Gerlach 装置对自旋态的分解与合成

设有一细束非极化电子束，顺序穿过 3 个磁场方向为 z-x-z 的 Stern-Gerlach 装置④。经过 3 个装置之后，因依次分解而在最终接收屏上出现 8 个斑点。这时，如果中间那个 S-G 装置的磁场强度逐渐减弱到零，只有第 1、3 两个装置起作用。在此过程中，8 个斑点沿 x 方向彼此靠拢直到重合，经过相长相消干涉，最后应当只留下两个斑点，表示由于剩下两个 z 方向 S-G 装置的相继作用。

下面用态矢相继的相干分解来解释相干叠加结果及其变化。这时沿 z 方向和 x 方向的相干分解分别为

$$\begin{cases}|+z\rangle=\dfrac{1}{\sqrt{2}}(|+x\rangle+|-x\rangle)\\|-z\rangle=\dfrac{1}{\sqrt{2}}(|+x\rangle-|-x\rangle)\end{cases},\quad\begin{cases}|+x\rangle=\dfrac{1}{\sqrt{2}}(|+z\rangle+|-z\rangle)\\|-x\rangle=\dfrac{1}{\sqrt{2}}(|+z\rangle-|-z\rangle)\end{cases}\tag{8.15a}$$

分解式中 $1/\sqrt{2}$ 系数表示经过 S-G 装置时束流强度守恒。当非极化电子束穿过第一个磁场沿 z 方向的 S-G 装置时，入射束相干分解分成两束：

$$|\text{in}\rangle=\frac{1}{\sqrt{2}}(|+z\rangle+|-z\rangle)\Rightarrow\begin{cases}\text{向}+z\text{偏：}\dfrac{1}{\sqrt{2}}|+z\rangle\\\text{向}-z\text{偏：}\dfrac{1}{\sqrt{2}}|-z\rangle\end{cases}\tag{8.15b}$$

这时如果作记录，表明非相干分解，成为沿 z 方向分布的两个斑点；而不作测量记录时，这两束仍保留相干性。接着，对于后面情况，向$\pm z$方向飞行的两个分束再经受第二个 S-G 装置的沿 x 方向相干分解，成为

③ 比如见：胡济民.原子核理论(第二卷)[M].北京：原子能出版社，1987：68.

④ PERES A. Quantum Theory: Concepts and Methods[M]. Kluwer Academic Publishers，1993：37.

$$\begin{cases} \frac{1}{\sqrt{2}}|+z\rangle = \frac{1}{\sqrt{2}}\frac{1}{\sqrt{2}}(|+z,+x\rangle + |+z,-x\rangle) \Rightarrow \begin{cases} \frac{1}{\sqrt{2}}\frac{1}{\sqrt{2}}|+z,+x\rangle \\ \frac{1}{\sqrt{2}}\frac{1}{\sqrt{2}}|+z,-x\rangle \end{cases} \\ \frac{1}{\sqrt{2}}|-z\rangle = \frac{1}{\sqrt{2}}\frac{1}{\sqrt{2}}(|-z,+x\rangle - |-z,-x\rangle) \Rightarrow \begin{cases} \frac{1}{\sqrt{2}}\frac{1}{\sqrt{2}}|-z,+x\rangle \\ -\frac{1}{\sqrt{2}}\frac{1}{\sqrt{2}}|-z,-x\rangle \end{cases} \end{cases} \tag{8.15c}$$

这里,记号$|+z,-x\rangle$表示此束先经由$+z$束再经$-x$束分解而来。这时沿4个方向$(+z,+x)$,$(+z,-x)$,$(-z,+x)$,$(-z,-x)$飞行4个分束。如果测量记录,将得到4个斑点。如不测量记录,则仍保持着相干性。注意这里分解的正负号。最后,再经受第三个S-G装置的沿z方向相干分解,成为朝如下8个方向飞行8个分束:

$$\begin{cases} \frac{1}{\sqrt{2}}\frac{1}{\sqrt{2}}|+z,+x\rangle \\ \frac{1}{\sqrt{2}}\frac{1}{\sqrt{2}}|+z,-x\rangle \\ \frac{1}{\sqrt{2}}\frac{1}{\sqrt{2}}|-z,+x\rangle \\ -\frac{1}{\sqrt{2}}\frac{1}{\sqrt{2}}|-z,-x\rangle \end{cases} \Rightarrow \begin{cases} \frac{1}{\sqrt{2}}\frac{1}{\sqrt{2}}|+z,+x\rangle = \frac{1}{\sqrt{2}}\frac{1}{\sqrt{2}}\frac{1}{\sqrt{2}}(|+z,+x,+z\rangle + |+z,+x,-z\rangle) \\ \frac{1}{\sqrt{2}}\frac{1}{\sqrt{2}}|+z,-x\rangle = \frac{1}{\sqrt{2}}\frac{1}{\sqrt{2}}\frac{1}{\sqrt{2}}(|+z,-x,+z\rangle - |+z,-x,-z\rangle) \\ \frac{1}{\sqrt{2}}\frac{1}{\sqrt{2}}|-z,+x\rangle = \frac{1}{\sqrt{2}}\frac{1}{\sqrt{2}}\frac{1}{\sqrt{2}}(|-z,+x,+z\rangle + |-z,+x,-z\rangle) \\ -\frac{1}{\sqrt{2}}\frac{1}{\sqrt{2}}|-z,-x\rangle = -\frac{1}{\sqrt{2}}\frac{1}{\sqrt{2}}\frac{1}{\sqrt{2}}(|-z,-x,+z\rangle - |-z,-x,-z\rangle) \end{cases} \tag{8.15d}$$

现在,如果令第二个S-G装置中电流逐渐减小,直至为零。相应地,分为两行每行4个的最终8个斑点相互靠拢,合并成为一行。但上面分解式清楚表明,这一行中间两对4个斑点——相应于$(|+z,+x,-z\rangle,|+z,-x,-z\rangle)$和$(|-z,+x,+z\rangle,|-z,-x,+z\rangle)$两对,因彼此位相相反,相消干涉而消失。最后只剩下沿z方向最外端(对应$(+z,+z)$,$(-z,-z)$)的两个斑点,相当于一个(加强了的)沿z方向S-G装置起的作用。

由于经过每个S-G装置时,态矢的分解都是强度守恒的,所以全过程中,全空间积分的束流总强度一直守恒。但是,由于波动性的相长相消干涉,不能说每个斑点处的强度局域守恒。

8.4 纯自旋算符 Hamilton 量求解

1. 三个1/2自旋$\boldsymbol{s}_1$、$\boldsymbol{s}_2$、$\boldsymbol{s}_3$粒子组成体系

Hamilton 量为

$$H = \frac{A}{\hbar^2}\boldsymbol{s}_1\cdot\boldsymbol{s}_2 + \frac{B}{\hbar^2}(\boldsymbol{s}_1+\boldsymbol{s}_2)\cdot\boldsymbol{s}_3 \tag{8.16a}$$

求体系的能级及能级的简并度。

解 这是一个纯由自旋算符组成的 Hamilton 量。其自变数本来即为

$$s_{1,z}, \quad s_{2,z}, \quad s_{3,z}$$

所以此体系自由度的数目是 3。鉴于 $\boldsymbol{s}_1\cdot\boldsymbol{s}_2$，$(\boldsymbol{s}_1+\boldsymbol{s}_2)\cdot\boldsymbol{s}_3$ 之间有

$$\begin{aligned}[\boldsymbol{s}_1\cdot\boldsymbol{s}_2,(\boldsymbol{s}_1+\boldsymbol{s}_2)\cdot\boldsymbol{s}_3] &= [\boldsymbol{s}_1\cdot\boldsymbol{s}_2,(\boldsymbol{s}_1+\boldsymbol{s}_2)]\cdot\boldsymbol{s}_3\\ &= [\boldsymbol{s}_1\cdot\boldsymbol{s}_2,\boldsymbol{s}_1]\cdot\boldsymbol{s}_3+[\boldsymbol{s}_1\cdot\boldsymbol{s}_2,\boldsymbol{s}_2]\cdot\boldsymbol{s}_3\\ &= [s_{1,i}s_{2,i},s_{1,j}]s_{3,j}+[s_{1,i}s_{2,i},s_{2,j}]s_{3,j}\\ &= [s_{1,i},s_{1,j}]s_{2,i}s_{3,j}+s_{1,i}[s_{2,i},s_{2,j}]s_{3,j}\\ &= \mathrm{i}\varepsilon_{ijk}s_{1,k}s_{2,i}s_{3,j}+\mathrm{i}\varepsilon_{ijk}s_{1,i}s_{2,k}s_{3,j}\\ &= \mathrm{i}\varepsilon_{kij}s_{1,k}s_{2,i}s_{3,j}-\mathrm{i}\varepsilon_{ikj}s_{1,i}s_{2,k}s_{3,j}=0\end{aligned}$$

就是说，它们既是对易的又是组成 Hamilton 量的两个主要成分，所以它们是守恒量。于是可以“直接设定”这两者在耦合中可能获得的量子数以直接方式确定能量（即能级）。

当然，按照两者间耦合的具体情况，也可将 Hamilton 量改写为

$$\begin{aligned}H &= \frac{B}{\hbar^2}(\boldsymbol{s}_1\cdot\boldsymbol{s}_2+\boldsymbol{s}_1\cdot\boldsymbol{s}_3+\boldsymbol{s}_2\cdot\boldsymbol{s}_3)+\frac{A-B}{\hbar^2}\boldsymbol{s}_1\cdot\boldsymbol{s}_2\\ &= \frac{B}{2\hbar^2}(\boldsymbol{S}_{123}^2-\boldsymbol{s}_1^2-\boldsymbol{s}_2^2-\boldsymbol{s}_3^2)+\frac{A-B}{2\hbar^2}(\boldsymbol{S}_{12}^2-\boldsymbol{s}_1^2-\boldsymbol{s}_2^2)\\ &= \frac{B}{2}\left(\frac{1}{\hbar^2}\boldsymbol{S}_{123}^2-\frac{3}{4}-\frac{3}{4}-\frac{3}{4}\right)+\frac{A-B}{2}\left(\frac{1}{\hbar^2}\boldsymbol{S}_{12}^2-\frac{3}{4}-\frac{3}{4}\right)\\ &= \frac{B}{2\hbar^2}\boldsymbol{S}_{123}^2+\frac{A-B}{2\hbar^2}\boldsymbol{S}_{12}^2-\frac{3}{8}(2A+B)\end{aligned} \tag{8.16b}$$

这里 $\boldsymbol{S}_{123}=\boldsymbol{s}_1+\boldsymbol{s}_2+\boldsymbol{s}_3$，$\boldsymbol{S}_{12}=\boldsymbol{s}_1+\boldsymbol{s}_2$，由于 $\boldsymbol{S}_{123}$、$\boldsymbol{S}_{12}$ 两者也是对易的，并且是构成 Hamilton 量的主要成分，因此也是守恒量。

若取定两个 1/2 自旋耦合的 $S_{12}=0$ 或 1，就有

$$\begin{cases} S_{12}=0, & S_{12}=1, & S_{12}=1\\ S_{123}=\dfrac{1}{2}, & S_{123}=\dfrac{1}{2}, & S_{123}=\dfrac{3}{2}\\ E=-\dfrac{3}{4}A, & E=\dfrac{A}{4}-B, & E=\dfrac{A}{4}+\dfrac{B}{2}\end{cases} \tag{8.17}$$

而简并度由 $S_{123,z}$ 决定：分别为 2、2、4。总共 $2\times2\times2=8$ 个独立的状态。

2. 一个 1-自旋 Hamilton 量 $H=As_z+Bs_x^2$ 求解

这里 A、B 是常系数（取 $\hbar=1$），注意第二项是 s_x，求体系的能级。当 $t=0$ 时，粒子处在 $+\hbar$ 的本征态上，求 t 时刻粒子自旋的期望值。

解 1 这又是一个纯由自旋算符组成的 Hamilton 量。态空间维数是 3，相应的三个基矢为 $\{|l=1,m\rangle\}=\{|1,-1\rangle,|1,0\rangle,|1,1\rangle\}$。显然，这里守恒量不明显，难于直接看出如何叠加得到本征矢量。只能求其在基矢中的矩阵表示并将矩阵对角化，以求得它的本征值和

本征矢量。

即便不知道自旋为1粒子的三个自旋分量算符的矩阵表示，也可以用下面办法求得Hamilton量的矩阵表示。已知自旋平方与三个分量都对易，自旋升降算符也容易计算，所以转向用它们来表示Hamilton量，以便于求得它的矩阵表示。这里主要是改写 s_x^2 算符。利用下式：

$$\begin{cases} L_x = \frac{1}{2}(L_+ + L_-) \\ L_+ L_- + L_- L_+ = 2(L^2 - L_z^2) \end{cases}$$

求得此时自旋算符关系式，代入Hamilton量，将其整理成

$$H = \frac{B}{2}\boldsymbol{S}^2 - \frac{B}{2}s_z^2 + As_z + \frac{B}{4}(s_+^2 + s_-^2) \tag{8.18a}$$

利用公式 $L_\pm|lm\rangle = \sqrt{l(l+1)-m(m\pm1)}\,|l,m\pm1\rangle$ 和 $L_+|l,l\rangle=0, L_-|l,-l\rangle=0$，得

$$\begin{cases} \left\{\frac{B}{2}\boldsymbol{S}^2 - \frac{B}{2}s_z^2 + As_z + \frac{B}{4}(s_+^2 + s_-^2)\right\}|1,-1\rangle = \left(B - \frac{B}{2} - A\right)|1,-1\rangle + \frac{B}{4}2\,|1,1\rangle \\ \left\{\frac{B}{2}\boldsymbol{S}^2 - \frac{B}{2}s_z^2 + As_z + \frac{B}{4}(s_+^2 + s_-^2)\right\}|1,0\rangle = B\,|1,0\rangle \\ \left\{\frac{B}{2}\boldsymbol{S}^2 - \frac{B}{2}s_z^2 + As_z + \frac{B}{4}(s_+^2 + s_-^2)\right\}|1,1\rangle = \left(B - \frac{B}{2} + A\right)|1,1\rangle + \frac{B}{4}2\,|1,-1\rangle \end{cases}$$

现在可以进入矩阵表示，设

$$|1,-1\rangle = \begin{pmatrix}0\\0\\1\end{pmatrix},\quad |1,0\rangle = \begin{pmatrix}0\\1\\0\end{pmatrix},\quad |1,1\rangle = \begin{pmatrix}1\\0\\0\end{pmatrix},\quad H = \begin{pmatrix} a_{11} & a_{12} & a_{13} \\ a_{21} & a_{22} & a_{23} \\ a_{31} & a_{32} & a_{33} \end{pmatrix}$$

将上面变换式写为矩阵形式：

$$H\begin{pmatrix}0\\0\\1\end{pmatrix} = \begin{pmatrix} a_{11} & a_{12} & a_{13} \\ a_{21} & a_{22} & a_{23} \\ a_{31} & a_{32} & a_{33} \end{pmatrix}\begin{pmatrix}0\\0\\1\end{pmatrix} = \begin{pmatrix}\frac{B}{2}\\0\\\frac{B}{2}-A\end{pmatrix},\quad H\begin{pmatrix}0\\1\\0\end{pmatrix} = \begin{pmatrix}0\\B\\0\end{pmatrix},\quad H\begin{pmatrix}1\\0\\0\end{pmatrix} = \begin{pmatrix}\frac{B}{2}+A\\0\\\frac{B}{2}\end{pmatrix}$$

由此定出全部矩阵元。最后得到此Hamilton量的矩阵表示为

$$H = \begin{pmatrix} \frac{B}{2}+A & 0 & \frac{B}{2} \\ 0 & B & 0 \\ \frac{B}{2} & 0 & \frac{B}{2}-A \end{pmatrix} \tag{8.18b}$$

问题变成求此矩阵的本征值和本征矢量。显然其中一个本征值为 $\lambda_1=B$，其余两个为

$$\begin{cases}\lambda^2 - B\lambda - A^2 = 0 \\ \lambda_{2,3} = \dfrac{1}{2}\{B \pm \sqrt{B^2 + 4A^2}\} \equiv \dfrac{B}{2} \pm \omega, \quad \omega = \sqrt{\left(\dfrac{B}{2}\right)^2 + A^2}\end{cases}$$

为求另两个本征矢量，可排除本征值 $\lambda_1 = B$ 及其本征矢量 $|1,0\rangle$，只需求本征值 λ_2、λ_3 数值为已知的如下二阶本征方程即可：

$$\begin{pmatrix}\dfrac{B}{2}+A & \dfrac{B}{2} \\ \dfrac{B}{2} & \dfrac{B}{2}-A\end{pmatrix}\begin{pmatrix}x_{2,3} \\ z_{2,3}\end{pmatrix} = \lambda_{2,3}\begin{pmatrix}x_{2,3} \\ z_{2,3}\end{pmatrix} \tag{8.19a}$$

由于两个分量方程相关，只需取一个，再利用归一化条件即可定出两组系数 (x_2, z_2)，(x_3, z_3)。于是得到此 H 的本征矢量为

$$\begin{cases}|\lambda_1\rangle = \begin{pmatrix}0\\1\\0\end{pmatrix} = |1,0\rangle, \quad |\lambda_2\rangle = \dfrac{1}{\sqrt{N_2}}\begin{pmatrix}B/2\\0\\\omega - A\end{pmatrix}, \quad |\lambda_3\rangle = \dfrac{1}{\sqrt{N_3}}\begin{pmatrix}B/2\\0\\-(\omega + A)\end{pmatrix} \\ N_2 = \left(\dfrac{B}{2}\right)^2 + (\omega - A)^2 = 2\omega(\omega - A), \quad N_3 = \left(\dfrac{B}{2}\right)^2 + (\omega + A)^2 = 2\omega(\omega + A)\end{cases} \tag{8.19b}$$

当初态为 $|1,1\rangle$ 时，按 H 演化，到 t 时刻将成为

$$\begin{cases}|\psi(0)\rangle = |1,1\rangle = c_1|\lambda_1\rangle + c_2|\lambda_2\rangle + c_3|\lambda_3\rangle \\ |\psi(t)\rangle = c_1|\lambda_1\rangle e^{-iE_1t/\hbar} + c_2|\lambda_2\rangle e^{-iE_2t/\hbar} + c_3|\lambda_3\rangle e^{-iE_3t/\hbar}\end{cases} \tag{8.20}$$

这里，初态的展开系数为 $\{c_1, c_2, c_3\} = \dfrac{B}{2}\left\{0, \dfrac{1}{\sqrt{N_2}}, \dfrac{1}{\sqrt{N_3}}\right\}$。

注意这里自旋不是 1/2，s_z 期望值计算不能全套用二维 Pauli 矩阵运算（否则有 $[s_z, H] = 0$）。鉴于 s_z 的本征值为 $(1, 0, -1)$，可令它为 $s_z = \hbar\begin{pmatrix}1&0&0\\0&0&0\\0&0&-1\end{pmatrix}$。下面恢复正确的量纲：由 Hamilton 量量纲是能量出发，B 乘 $\hbar$ 即为 A 的频率量纲。添加 $\hbar$ 后，量纲正确的公式为

$$E_{2,3} = \hbar\left(\frac{\hbar B}{2} \pm \sqrt{\left(\frac{\hbar B}{2}\right)^2 + A^2}\right) \equiv \hbar\left(\frac{\hbar B}{2} \pm \omega\right)$$

据此得到

$$\begin{aligned}\bar{s}_z &= \langle\psi(t)|s_z|\psi(t)\rangle = \sum_{i,j=2}^{3} c_i^* c_j \langle\lambda_i|\begin{pmatrix}\hbar&0&0\\0&0&0\\0&0&-\hbar\end{pmatrix}|\lambda_j\rangle\exp[-i(E_j - E_i)t/\hbar] \\ &= \hbar\left\{1 - \frac{\hbar^2 B^2}{2\omega^2}\sin^2(\omega t)\right\}\end{aligned}$$

解 2 已知结论：**一个 Hamilton 量，若能表示成某个有限维 Lie 群生成元的组合，则其**

演化问题可以用有限维量子变换理论求解。现在,注意 $S^2=s_\pm s_\mp+s_z^2\mp\hbar s_z$,则所给 Hamilton 量可以表示为$(s_z,s_+,s_-)$的组合:

$$H=\frac{B}{2}\boldsymbol{S}^2-\frac{B}{2}s_z^2+As_z+\frac{B}{4}(s_+^2+s_-^2)$$

而(s_z,s_+,s_-)的对易子构成封闭的 $SU(2)$ Lie 代数$\{(s_z,s_+,s_-)\sim(L_z,L_+,L_-)\}$,

$$\begin{cases}[L_+,L_-]=2\hbar L_z\\ [L_z,L_\pm]=\pm\hbar L_\pm\end{cases}$$

按此结论,应有

$$\begin{cases}\overline{s}_i=\langle\psi(t)\mid s_i\mid\psi(t)\rangle=\langle\psi(0)\mid\exp(\mathrm{i}Ht/\hbar)s_i\exp(-\mathrm{i}Ht/\hbar)\mid\psi(0)\rangle\\ \exp(\mathrm{i}Ht/\hbar)s_i\exp(-\mathrm{i}Ht/\hbar)=\sum\limits_{j=z,+,-}\alpha_{ij}s_j,\quad i=z,+,-\end{cases}\tag{8.21}$$

现在的任务是去求得系数 α_{ij} 的表达式。由于初态为$|1,1\rangle$,s_+ 向其作用为零,故 α_{i2} $(\forall i)$这三个系数都不必计算。

首先任务是消除 Hamilton 量中的线性项,从而将 Hamilton 量表示为这些生成元的二次齐次式形式。为此对它作平移变换,引入新算符 $s'_z=s_z+C$。由于 $\boldsymbol{S}^2=2\hbar^2$ 是个常数,$C=-A/B$。Hamilton 量等价转换为($\hbar=1$)

$$H=-\frac{B}{2}(s'_z)^2+\frac{B}{4}(s_+^2+s_-^2)+\left(B+\frac{A^2}{2B}\right)\tag{8.18c}$$

Hamilton 量常数项只提供一个常数时间相因子,可略去。但$\{s'_z,s_+,s_-\}$已不满足 $SU(2)$代数,而为

$$\begin{cases}[s_+,s_-]=2\hbar s'_z+2\hbar A/B\\ [s'_z,s_\pm]=\pm\hbar s_\pm\end{cases}\tag{8.22}$$

但它们之间的对易关系仍为封闭形式。于是,主方程便可以形式地积出来,表示成为

$$\rho(t)=\exp\{(W_+K_++W_-K_-+W_0K_0)t\}\rho(0)\tag{8.23}$$

现在任务是分解式(8.23)中指数和形式的超算符,使其成为单项指数超算符连乘的形式,以便于从 $\rho(0)$得到 $\rho(t)$的显式表达式。由于对易规则(8.22)是封闭的,按 Baker-Hausdorff 公式容易验证有如下两种解——由降算符→升算符的乘积分解(升序乘积解),和由升算符→降算符的乘积分解(降序乘积解):

$$\exp\{(W_+K_++W_-K_-+W_0K_0)t\}=\exp(x_+(t)K_+)\exp(K_0\ln x_0(t))\exp(x_-(t)K_-)\tag{8.24a}$$

$$\exp\{(W_+K_++W_-K_-+W_0K_0)t\}=\exp(y_-(t)K_-)\exp(K_0\ln y_0(t))\exp(y_+(t)K_+)\tag{8.24b}$$

而$(W_+t,W_-t,W_0t)\sim(x_+(t),x_-(t),x_0(t))$,$(W_+t,W_-t,W_0t)\sim(y_+(t),y_-(t),y_0(t))$两组系数之间的关系可由式(8.22)确定,是已知可求的。于是,当主方程具有这些对称结构

时，利用式(8.23)便普遍地解决了它的含时求解问题。当然，在得到式(8.23)这种标准形式之前，也许需要预先作适当的变换，如同文献⑤所做的那样。

于是，式(8.23)既可以表示为升序乘积解的形式：

$$\rho(t)=\mathrm{e}^{x_+(t)K_+}\mathrm{e}^{K_0\ln x_0(t)}\mathrm{e}^{x_-(t)K_-}\rho(0) \tag{8.25a}$$

也可以表示为降序乘积解的形式：

$$\rho(t)=\mathrm{e}^{y_-(t)K_-}\mathrm{e}^{K_0\ln y_0(t)}\mathrm{e}^{y_+(t)K_+}\rho(0) \tag{8.25b}$$

两种解中的展开系数分别由下式决定(脚注⑤文献)：

$$\begin{aligned}&\begin{pmatrix}\mathrm{ch}(\gamma t)+\dfrac{W_0}{2\gamma}\mathrm{sh}(\gamma t), & \dfrac{W_+}{\gamma}\mathrm{sh}(\gamma t)\\ -\varepsilon\dfrac{W_-}{\gamma}\mathrm{sh}(\gamma t), & \mathrm{ch}(\gamma t)-\dfrac{W_0}{2}\gamma\mathrm{sh}\gamma(t)\end{pmatrix}\\ &=\frac{1}{\sqrt{x_0(t)}}\begin{pmatrix}x_0(t)-\varepsilon x_+(t)x_-(t), & x_+(t)\\ -\varepsilon x_-(t), & 1\end{pmatrix}\\ &=\sqrt{y_0(t)}\begin{pmatrix}1, & y_+(t)\\ -\varepsilon y_-(t), & y_0(t)^{-1}-\varepsilon y_+(t)y_-(t)\end{pmatrix}\end{aligned} \tag{8.25c}$$

这里中间参量 γ 等于

$$\gamma=\left(\frac{1}{4}W_0^2-\varepsilon W_+W_-\right)^{1/2} \tag{8.25d}$$

与文献⑥方法相比，这里方法不但给出了这一类主方程解的一般显式表达式，而且对其系数也无须去解微分方程(详见脚注⑤文献)。

8.5 中子干涉量度学(neutron-spinor interferometry)⑦

1. 预备：板状均匀磁场下自由中子运动

［**命题 1**］ **磁场内自由中子自旋态变化——SU_2 变换**。中子通过板状均匀磁场。中子自旋 1/2，反常磁矩 $\boldsymbol{\mu}=-|\mu_n|\boldsymbol{\sigma}$，$\mu_n=-1.91314$(核磁子)。Hamilton 量为

$$H=-\frac{\hbar^2}{2\mu}\Delta+|\mu_n|\boldsymbol{\sigma}\cdot\boldsymbol{B} \tag{8.26a}$$

设 $|\psi(s,\boldsymbol{r})_{\text{in}}\rangle$ 和 $|\psi(s,\boldsymbol{r})_{\text{out}}\rangle$ 分别代表射入和透出板状磁场时中子的状态矢量。不记板状磁场界面上中子波反射损失，则态矢模长不变，得

$$|\psi_{\text{out}}\rangle=\mathrm{e}^{-\frac{\mathrm{i}}{\hbar}\tau H}|\psi_{\text{in}}\rangle=\mathrm{e}^{-\frac{\mathrm{i}}{\hbar}\tau\left(-\frac{\hbar^2}{2\mu}\Delta+|\mu_n|\boldsymbol{\sigma}\cdot\boldsymbol{B}\right)}|\psi_{\text{in}}\rangle$$

---

⑤ LU H X, YANG J, ZHANG Y D and CHEN Z B. Phys. Ren. A, 67, 024101(2003). 或见：张永德. 量子信息物理原理[M]. 北京：科学出版社，2006：136.

⑥ AREVALO-AGUILAR L M, et al. Quantum Semiclass, Opt. 1998, 10, 671.

⑦ 详见：RAUCH H, WERNER S A. Neutron Interferometry[M]. 2nd Ed. Oxford University Press, 2015.

由于 H 的空间部分和自旋部分可交换,可以将态矢的空间部分分离掉,得到自旋部分为($\omega_L=2|\mu_n|B/\hbar$ 为 Larmor 频率)

$$|\psi(s)_{\text{out}}\rangle=e^{-\frac{i}{\hbar}\tau|\mu_n|\boldsymbol{\sigma}\cdot\boldsymbol{B}}|\psi(s)_{\text{in}}\rangle=e^{-\frac{i}{2}\boldsymbol{\sigma}\cdot\boldsymbol{\rho}}|\psi(s)_{\text{in}}\rangle,\quad \boldsymbol{\rho}=\omega_L\tau\boldsymbol{e}_B \tag{8.26b}$$

显然,ρ 为在磁场期间中子极化矢量进动转过的总角度。注意表达式指数上有个 1/2 因子。结论是:从入态 $|\psi(s)_{\text{in}}\rangle$ 到出态 $|\psi(s)_{\text{out}}\rangle$ 波函数的变换是 $SU_2(\rho\boldsymbol{e}_B)$。

［命题 2］　**磁场内自由中子极化矢量变化——R_3 变换**[⑧]。磁场中自由中子 Hamilton 量 H(不计动能部分)为 $H=|\mu_n|\boldsymbol{\sigma}\cdot\boldsymbol{B}$,设中子自旋态为 $|\lambda\rangle$,相应的极化矢量 $\boldsymbol{P}_\lambda$ 随时间变化为

$$\frac{d\boldsymbol{P}_\lambda}{dt}=\frac{d}{dt}\langle\lambda|\boldsymbol{\sigma}|\lambda\rangle=\left\{\frac{\partial}{\partial t}\langle\lambda|\right\}\boldsymbol{\sigma}|\lambda\rangle+\langle\lambda|\boldsymbol{\sigma}\left\{\frac{\partial}{\partial t}|\lambda\rangle\right\}$$
$$=-\frac{1}{i\hbar}\langle\lambda|H\boldsymbol{\sigma}|\lambda\rangle+\frac{1}{i\hbar}\langle\lambda|\boldsymbol{\sigma}H|\lambda\rangle=\frac{1}{i\hbar}\langle\lambda|[\boldsymbol{\sigma},H]|\lambda\rangle$$

由等式 $[\boldsymbol{\sigma},\boldsymbol{A}\cdot\boldsymbol{\sigma}]=2i(\boldsymbol{A}\times\boldsymbol{\sigma})$,矢量 $\boldsymbol{A}=|\mu_n|\boldsymbol{B}$,即得在磁场中 $\boldsymbol{P}_\lambda$ 的运动方程

$$\frac{d\boldsymbol{P}_\lambda}{dt}=\omega_L(\boldsymbol{e}_B\times\boldsymbol{P}_\lambda) \tag{8.26c}$$

这里 $\boldsymbol{e}_B=\boldsymbol{B}/B$ 为磁场方向单位矢量。该方程表示:**中子极化矢量沿磁场方向作右手进动,进动频率为 Larmor 频率 $\boldsymbol{\omega}_L$。**

由 8.1 节[命题 3],**均匀磁场下中子波函数 ψ 的 $SU_2(\boldsymbol{\rho}\,\boldsymbol{e}_B)$ 变化和极化矢量 $\boldsymbol{P}$ 的转动 $R_3(\boldsymbol{e}_B,\boldsymbol{\rho})$(绕 $\boldsymbol{e}_B$ 转 $\boldsymbol{\rho}$ 角的空间转动)为同态对应。**

两个例算说明:

(1) 设中子入射波函数和极化矢量分别为

$$|\psi_{\text{in}}\rangle=\begin{pmatrix}e^{-i\varphi/2}\cos\dfrac{\theta}{2}\\ e^{i\varphi/2}\sin\dfrac{\theta}{2}\end{pmatrix},\quad \boldsymbol{P}_{\text{in}}=\langle\psi_{\text{in}}|\boldsymbol{\sigma}|\psi_{\text{in}}\rangle=\{\sin\theta\cos\varphi,\sin\theta\sin\varphi,\cos\theta\} \tag{8.27}$$

设磁场强度和长度乘积 Bl 使中子极化矢量 $\boldsymbol{P}$ 在磁场中转过总角度为 $\rho=\omega_L\tau=\frac{2}{\hbar}|\mu_n|B\cdot\frac{l}{v}=2\pi$,于是穿出磁场时中子极化矢量已还原,$\boldsymbol{P}_{\text{out}}=\boldsymbol{P}_{\text{in}}$。求这时出射波函数 $|\psi_{\text{out}}\rangle$:

$$|\psi_{\text{out}}\rangle=e^{-\frac{i}{2}\rho\boldsymbol{e}_B\cdot\boldsymbol{\sigma}}|\psi_{\text{in}}\rangle=\left[\cos\frac{\rho}{2}-i\sin\frac{\rho}{2}\cdot(\boldsymbol{\sigma}\cdot\boldsymbol{e}_B)\right]|\psi_{\text{in}}\rangle=-|\psi_{\text{in}}\rangle$$

这说明,**中子波函数是两分量旋量,不是两分量矢量!因为其周期是 4π,不是 2π!** 实验与分析见下文。

(2) 设入射中子波函数为 $\begin{pmatrix}1\\0\end{pmatrix}$。板状磁场沿 y 轴,再设 Bl 大小如此,使中子极化矢量转

⑧ 张永德.量子力学[M].4 版.北京:科学出版社,2016,9.3 节.

过$\frac{\pi}{2}$角，见图 8.1。求出射中子波函数和极化矢量。

解 显然，极化矢量的变化是

$$\boldsymbol{P}_{\text{in}} = (0,0,1) \rightarrow \boldsymbol{P}_{\text{out}} = (1,0,0)$$

波函数的相应变化是

$$\begin{pmatrix}1\\0\end{pmatrix} \rightarrow \frac{1}{\sqrt{2}}\begin{pmatrix}1\\1\end{pmatrix}$$

变换后波函数是 σ_x 的本征值为 +1 的本征态。此两结果也可按公式计算。注意空间波函数是自由的，已略。

2. 中子的广义“Schrödinger 猫”态

中子干涉量度仪由整块柱状单晶硅挖成“山”字形做成。一单色热中子束入射向 A 点，如图 8.2 所示，由于 Laue 散射被分解成透射和衍射两束，然后分别在 B 和 C 点经反射交汇于 D 点。当中子束强度很低时，干涉仪中每次确实只有一个中子通过。如果在 B 和 C 两处测量这个中子，由于 B 和 C 相距是宏观尺寸，**每个中子均可以认为是处于“猫态”**——也可认为是“**广义 Young 氏双缝”——不是塌缩在 *B* 处，就是塌缩在 *C* 处**：

$$|\psi\rangle = \frac{1}{\sqrt{2}}\{|\psi_B\rangle + |\psi_C\rangle\}$$

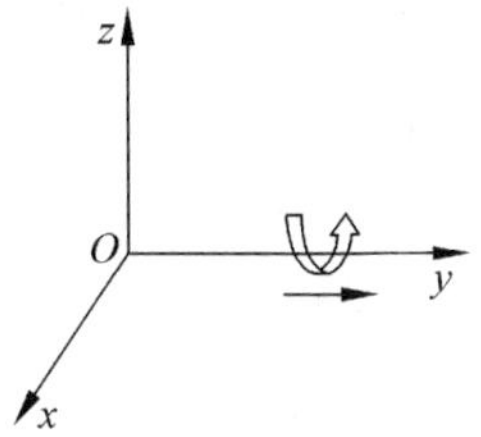

图 8.1

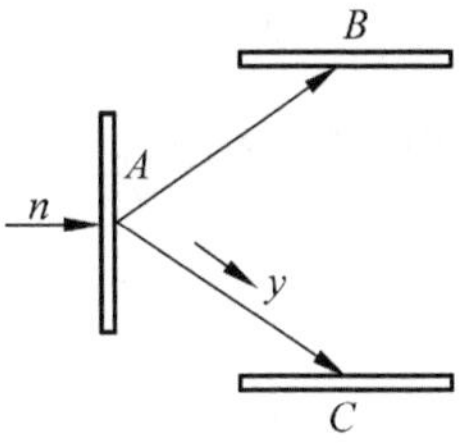

图 8.2

3. 中子干涉量度学——广义天平

将上面实验安排再经 B、C 反射后交会于 D 点，并在 AC 段插入楔形物质薄层，如图 8.3 所示。设无楔形物质时，ABD 和 ACD 两臂平衡，即两路的位相差为零(或 $2n\pi$)。由于此楔形物质插入，给 ACD 臂带来可调节位相 $e^{i\varphi}$。因此 D 点的中子强度为

$$I_D(\varphi) = \frac{1}{2}(\langle\psi_{ABD}| + e^{-i\varphi}\langle\psi_{ACD}|)\cdot(|\psi_{ABD}\rangle + e^{i\varphi}|\psi_{ACD}\rangle) = \frac{I_0}{2}(1+\cos\varphi)$$

由此，根据 D 点中子强度计数即得 φ 值。由此可以推求楔形物质对中子散射过程的物性参数。D 点计数是相干叠加，两路构造又像是平衡天平的两臂。基于这种平衡型的干涉量度，实验测量十分灵敏。推广应用就构成了**中子干涉量度学**。由下面各种实验还可以对此进行进一步了解。

4. 验证中子波函数是(以 4π 为周期的)旋量波函数[⑨]

设有一束中子穿过含有横向板状均匀磁场 $\boldsymbol{B}$ 区域(距离为 l)的中子干涉量度仪,如图 8.4 所示。假定从 A 到 D 两条路径除磁场外完全对称,中子极化方向为平行于磁场,求点 D 强度依赖于 $\boldsymbol{B}$、l 和中子波长 λ 的关系。

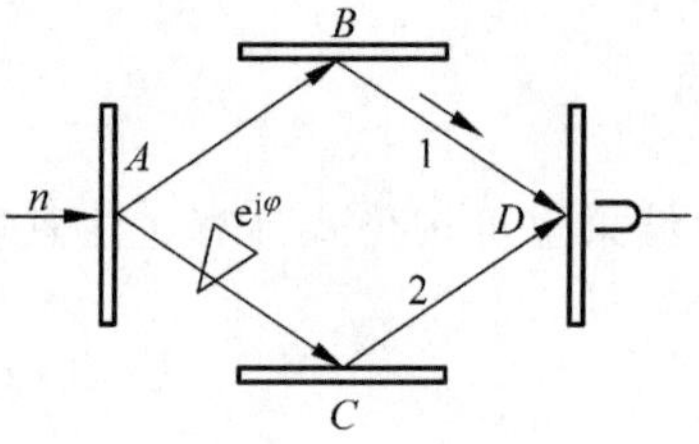

图 8.3

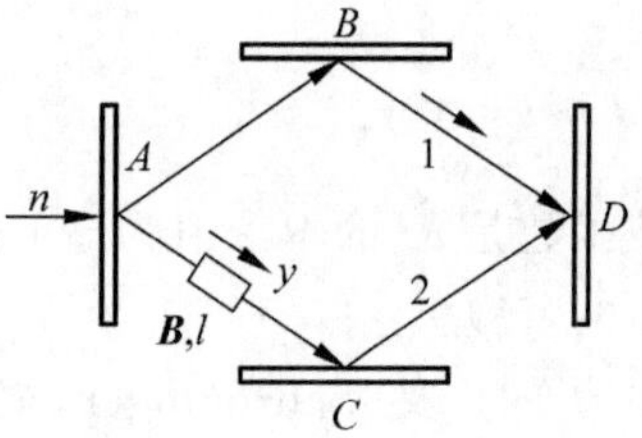

图 8.4

解 设 AC 束前进方向为 y,$\boldsymbol{B}=B\boldsymbol{e}_x$,按题设有 $\boldsymbol{P}_{\text{in}}=\boldsymbol{P}_{\text{out}}=(1,0,0)$。

于是,射入磁场的中子自旋初态为

$$|\psi(s)\rangle_{\text{in}}=\frac{1}{\sqrt{2}}\begin{pmatrix}1\\1\end{pmatrix}$$

由于两条空间路径相同,且中子不带电荷,磁场对中子空间波函数不起作用,故空间波函数对 D 点的干涉不起作用,D 点干涉强度只决定于自旋波函数的相干叠加。有

$$\psi_D(\boldsymbol{r}_D)=\langle\boldsymbol{r}_D\mid\psi_D\rangle=\langle\boldsymbol{r}_D\mid\frac{1}{\sqrt{2}}\{\mid\psi_D^{(1)}(s,t)\rangle+\mid\psi_D^{(2)}(s,t)\rangle\}$$

$$\mid\psi_D^{(1)}(s,t)\rangle+\mid\psi_D^{(2)}(s,t)\rangle=\frac{1}{\sqrt{2}}(1+\mathrm{e}^{-\frac{\mathrm{i}}{2}\boldsymbol{\rho}\cdot\boldsymbol{\sigma}})\mid\psi_{\text{in}}\rangle\equiv U\mid\psi_{\text{in}}\rangle$$

$$I_D=\mid\psi_D\mid^2=\langle\psi_{\text{in}}\mid U^+U\mid\psi_{\text{in}}\rangle=$$

$$=\frac{1}{4}(1,1)(1+\mathrm{e}^{\frac{\mathrm{i}}{2}\rho\sigma_x})(1+\mathrm{e}^{\frac{-\mathrm{i}}{2}\rho\sigma_x})\begin{pmatrix}1\\1\end{pmatrix}=\frac{1}{4}(1,1)(2+\mathrm{e}^{\frac{\mathrm{i}}{2}\rho\sigma_x}+\mathrm{e}^{\frac{-\mathrm{i}}{2}\rho\sigma_x})\begin{pmatrix}1\\1\end{pmatrix}=2\cos^2\frac{\rho}{4}$$

$$I_D(\boldsymbol{B})=I_D(0)\cos^2\left(\frac{\rho}{4}\right)=I_D(0)\cos^2\left(\frac{|\mu_n|Bl\mu\lambda}{4\pi\hbar^2}\right)I_D(0)=|\langle\boldsymbol{r}_D\mid\psi^{(0)}\rangle|^2$$

这里 $I_D(0)=|\langle\boldsymbol{r}_D|\psi^{(0)}\rangle|^2$ 为无磁场时 D 点中子计数强度。结果表明,D 点中子计数率随磁场的 B、l 呈周期变化。值得注意的是,当 ACD 分支穿过这个磁场区时,若磁场选择使极化矢量转过总角度为 $\rho=2(2n+1)\pi$。就是说 $\boldsymbol{P}_{\text{out}}=\boldsymbol{P}_{\text{in}}$ 时,这一分支的自旋波函数并未完全还原,而是出一个 π 的位相,使得 D 点相干叠加呈现极小。

上面叙述正是(此处为1/2自旋)波函数旋量性质的体现:**波函数在空间转动 2π 时会出负号,只当极化矢量在空间中转过 4π 时,中子的波函数才完全还原**。中子干涉量度学利

⑨ 这一重要结论为 H. Rauch 等人用中子干涉量度学精密实验证实。详见脚注⑦文献 P. 180。

用中子干涉仪的这一旋量干涉实验，出色地证实了这一点：**非相对论中子波函数不是二维矢量，而是个二维旋量！因为，它的空间转动周期不是 2π，而是 4π！**

关于这一点，Feynman 有一个形象的比喻：伸出你的右臂，手掌向上，右手螺旋转动小臂一圈 2π。你会发现整个胳膊处于很别扭的状态。这时需要让你的右臂再转动一圈 2π，一共转过 4π，右臂才回到原先的自然状态。于是可以说，作为链杆机构的整条右臂，转动周期不是 2π 而是 4π！

还有一个比较贴切的描述：**比较普通双侧环带面和 Mobius 单侧环带面。设想在这两种环面上各自栽植一根法线矢量，令它们分别沿所处环带面作平行移动。在前种环面上，绕行 2π 后矢量完全复原；在后种环面上，绕行 2π 后矢量倒向反方向，转 4π 后才还原。注意，这一切来源于开根运算这种映射。这时，一方面，Dirac 十分纯净漂亮地由 Klein-Gordon 方程开根导出包含 1/2 自旋的 Dirac 方程；另一方面，开根运算使拓扑平庸的普通双侧环带面转为拓扑非平庸的 Mobius 单侧环带面。如果简化成一维情况，即有下式：**

$$\sqrt{\mathrm{e}^{\mathrm{i}\gamma}} = \mathrm{e}^{\mathrm{i}\gamma/2}, \quad \gamma = (0, 4\pi)$$

这就是上面 Feynman 的胳膊转圈比喻。

5. 中子自旋回波共振(Neutron-Spin-Echo)

设在两路放置两个同向磁场区，如图 8.5 所示。第一路为 $\boldsymbol{B}_1$、l_1，第二路为 $\boldsymbol{B}_2$、l_2。这时探测点 D 中子强度为

$$\begin{aligned}
|\,|\psi_D\rangle|^2 &= \left|\frac{1}{\sqrt{2}}\left(\mathrm{e}^{-\frac{\mathrm{i}}{2}\rho_1\sigma_x}\,|\psi_D^{(1)}\rangle + \mathrm{e}^{-\frac{\mathrm{i}}{2}\rho_2\sigma_x}\,|\psi_D^{(2)}\rangle\right)\right|^2 \\
&= \frac{1}{2}\,|\,|\psi_D^{(1)}\rangle + \mathrm{e}^{-\frac{\mathrm{i}}{2}\rho_2\sigma_x+\frac{\mathrm{i}}{2}\rho_1\sigma_x}\,|\psi_D^{(2)}\rangle|^2 = I_0\cos^2\frac{\rho_2-\rho_1}{4}
\end{aligned}$$

就成了中子自旋回波共振(也可在同一路两段上设置两个方向相反的磁场区)。

6. 引力进入 Schrödinger 方程的检验实验——COW 实验

如图 8.6 所示，将中子干涉仪的实验台架中的平面 $ABDC$ 水平放置，调平衡；再将平面 $ABDC$ 翻转垂直放置：AB 边在上，CD 边在下。设水平放置时，两路相位是平衡的。现计算垂直情况下 D 点的强度：按 ABD 路线，中子加速在 BD，而 AB 是慢速飞行的；按 ACD

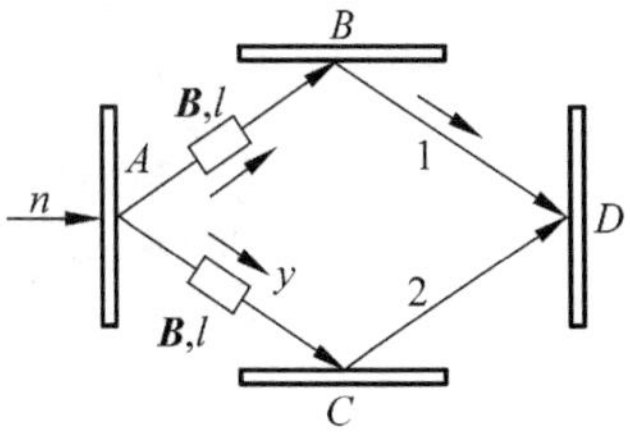

图 8.5

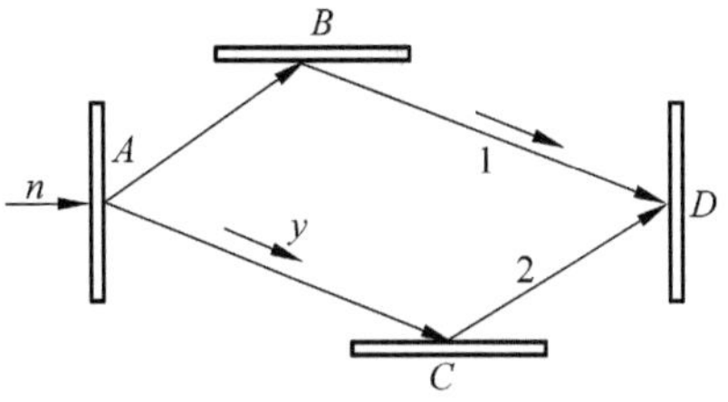

图 8.6

路线,中子加速在 AC,而 CD 是快速飞行的,由于 BD 和 AC 情况相同,两路差别只在 AB 和 CD。这两段上飞行中子的势能差为 mgh。因为此势能差很小,按 Schrödinger 方程的势能微扰方法,这两路中子的位相差应为

$$\Delta\varphi = \varphi_{AB} - \varphi_{CD} = \frac{1}{\hbar}E \cdot (t_{AB} - t_{CD})$$
$$= \frac{1}{2\hbar}mv^2 \frac{l}{v^2}\Delta v = \frac{ml}{2\hbar} \cdot \frac{gh}{v} = \frac{mgs}{2\hbar v}$$

这里 $s=hl$ 是平行四边形 $ABDC$ 的面积。于是 D 点的中子强度为

$$I_D = I_0 \cos^2 \frac{\Delta\varphi}{2}$$

这就是著名的 COW 实验。该实验的意义在于首次检验了引力(与弱电力不同的另一种基本力)如何进入量子动力学方程。结论是:进入方式与电磁力的相同。

第9讲

从量子 Zeno 佯谬到量子 Zeno 效应

——越看越烧不开的"量子水壶"

※ ※ ※

作为量子测量效应的一个说明例证，下面分析著名的量子 Zeno 效应。说明它是量子测量效应的许多奇妙特性中的一种。

9.1 量子 Zeno 佯谬成了量子 Zeno 效应

1. "Zeno 佯谬"

古希腊哲学家 Zeno 曾经断言："(古希腊神话中)飞毛腿 Achilles 永远追不上乌龟。"他是这样论证这个佯谬的：

在赛跑的时候，跑得最快的永远追不上跑得最慢的。因为，追跑者必须首先到达被追跑者的出发点。这时，那个跑得慢的人又跑出了一段路。如此一次次的追，所以跑得慢的人总是领先一段路。

——亚里士多德《物理学》

注意，时钟计时总是依赖于一种重复性的过程。Zeno 佯谬中使用的时钟是 Achilles 每一次追上乌龟的上一次位置——将每个循环取作一个时间单位用以计时。当 Achilles 第 n 次到达乌龟上一次的位置时，Zeno 时为 $t'=n$。设 Achilles 和乌龟的奔跑速度分别为 V_1 和 V_2，开始时乌龟领先距离为 L。竞赛过程的时间，按普通时钟计时为

$$t=\frac{L}{V_1}+\frac{L}{V_1}\frac{V_2}{V_1}+\frac{L}{V_1}\left(\frac{V_2}{V_1}\right)^2+\cdots=\frac{L}{V_1}\frac{1-\left(\frac{V_2}{V_1}\right)^n}{1-\frac{V_2}{V_1}}$$

反解出上式中的"Zeno时"——著名的"Zeno变换":

$$t'=\frac{1}{\ln(V_2/V_1)}\ln\left[1-\left(\frac{V_1-V_2}{L}\right)t\right] \tag{9.1}$$

Zeno变换的特点是当 $t=L/(V_1-V_2)$ 时,t' 达到无限。即 t' 的全区间 $[0,+\infty)$ 只覆盖了 t 的一个有限区间 $t=[0,L/(V_1-V_2)]$。这正是佯谬中"谬"的来源!

2. "佯谬"成了"效应"——"量子水壶效应"

初始人们以为这是量子力学的一个佯谬——Zeno佯谬,但随即发现,其实它是一个地道物理的、纯量子的效应——量子Zeno效应。理论研究发现,**频繁地对一个不稳定体系进行量子测量会抑制(或阻止)它本该发生的衰变或跃迁。极端而言,连续进行的量子测量将使不稳定体系稳定地保持在它的初态上,不发生应该发生的衰变或跃迁。这种不稳定初态的存活概率随测量频度增加而增加的现象就是量子Zeno效应:**

"量子水壶效应"——越看越烧不开的"量子水壶"。

详细见下文。

9.2 量子Zeno效应存在的理论论证与分析

1. 分两步证明

含时体系问题可普遍化地提为

$$\mathrm{i}\hbar\frac{\mathrm{d}\,|\psi(t)\rangle}{\mathrm{d}t}=H(t)\,|\,\psi(t)\rangle\quad,|\,\psi(t)\rangle|_{t=0}=|\,\psi(0)\rangle$$

定义:任意不稳定量子体系,演化到 t 时刻,初态仍存活着而不衰变(不跃迁)的概率为 $P(t)=|\langle\psi(0)|\psi(t)\rangle|^2$。

第一部分证明:**[命题]任何不稳定量子体系的初始衰变(跃迁)速率必定为零,即**

$$\left.\frac{\mathrm{d}P(t)}{\mathrm{d}t}\right|_{t=0}=0 \tag{9.2}$$

含时量子体系问题的类型和相关计算尽管都很复杂,但这个结论却是共同的。由于

$$\frac{\mathrm{d}\,|\,\psi(t)\rangle}{\mathrm{d}t}=\frac{1}{\mathrm{i}\hbar}H(t)\,|\,\psi(t)\rangle,\quad \frac{\mathrm{d}\langle\psi(t)\,|}{\mathrm{d}t}=-\langle\psi(t)\,|\,\frac{1}{\mathrm{i}\hbar}H(t)$$

于是

$$\begin{aligned}\frac{\mathrm{d}P(t)}{\mathrm{d}t}&=\langle\psi(0)\,|\left\{\frac{\mathrm{d}}{\mathrm{d}t}\,|\,\psi(t)\rangle\right\}\langle\psi(t)\,|\,\psi(0)\rangle+\mathrm{h.c.}\\&=\frac{1}{\mathrm{i}\hbar}\langle\psi(0)\,|\,H(t)\,|\,\psi(t)\rangle\langle\psi(t)\,|\,\psi(0)\rangle-\frac{1}{\mathrm{i}\hbar}\langle\psi(0)\,|\,\psi(t)\rangle\langle\psi(t)\,|\,H(t)\,|\,\psi(0)\rangle\end{aligned}$$

令 $t\to 0$ 取极限，即得结果。

这是量子力学中具有普遍性的结论之一，当然也是各类含时微扰论的共同特征。其实，这是量子理论非线性本质的再一次体现。

第二部分证明：论证用到测量公设中“测量最终制备初态”的结论。设一个含时量子体系初态为 $|\psi(0)\rangle$。由一般分析可知，随着这个不稳定体系的演化，初态的存活概率 $P(t)=|\langle\psi(0)|\psi(t)\rangle|^2$ 将越来越小。当然，这个 $P(t)$ 按其物理含义应当只适用于：自 $t=0$ 开始演化之后，直到 t 时刻才执行初态存活与否的量子测量(假设测量是理想的瞬间完成的，以下同此)，在 $(0,t)$ 时间间隔内不再另行插入这类测量。现在问：如果在 $(0,t)$ 之间再插入 N 次这类量子测量，相应的初态存活概率 $P_N(t)$ 实测值会不会发生变化？根据量子测量理论的分析，下面证明：**$P_N(t)$ 的数值随 N 增加而增加。**

将 $[0,t]$ 区间划分成 N 等份，在每一时刻 $t_n=nt/N$ 进行一次量子测量，以确认体系是否仍在 $|\psi(0)\rangle$ 上。按上面关于 $P(t)$ 含义的叙述，在 $t_1=t/N$ 时刻第一次测量时，初态存活概率为 $P(t/N)$。按测量理论，除衰变(或跃迁)的已经不予记入以外，剩下的这 $P(t/N)$ 部分将塌缩成为初态 $|\psi(0)\rangle$，并以此时刻 t/N 为初始时刻，再次重新开始演化。演化到 $t_2=2t/N$ 时刻，再次作类似测量。于是，经上一次测量后，到 $t_2=2t/N$ 时刻作第二次测量时，初态存活几率为 $[P(t/N)]^2$。如此继续，在 $[0,t]$ 内经受 $(N-1)$ 次测量后，到 t 时刻作第 N 次测量时，初态 $|\psi(0)\rangle$ 的存活概率将成为 $[P(t/N)]^N$。N 足够大时 t/N 足够小，可将 $P(t/N)$ 展开：

$$P\left(\frac{t}{N}\right)=1+P'(0)\,\frac{t}{N}+\cdots$$

令 $N\to\infty$，过渡到在 $[0,t]$ 内连续测量的极限情况——理想的连续测量情况。设这时存活概率为 $P_C(t)$，记为

$$P_C(t)=\lim_{N\to\infty}\left(1+P'(0)\,\frac{t}{N}+\cdots\right)^N=\mathrm{e}^{P'(0)t}$$

注意第一部分证明有结论 $P'(0)=0$，最后即得

$$P_C(t)=1$$

这就证明了：**当不稳定体系经受连续量子测量时，将会一直待在它的初态上而不发生(本应发生的)衰变或跃迁。**

Zeno 效应的原来证明见文献①，但该文章的证明十分繁复。这里简洁普适的证明取自文献②。实验证实之一可见文献③。

---

① MISRA B, SUDARSHAN E C G. J. Math. Phys., 18(1977)756.

② ZHANG Y D, et al. Some studies about quantum Zeno effects, D. M. Greenberger and A. Zeilinger, In: Fundamental problems in quantum theory, Annals of the New York Academy of Sciences, Vol. 755, 353(1995).

③ ITANO W M, et al. PRA, 41(1990)2295; Coveney R, et al. 时间之箭[M]. 江涛，向守平，译. 长沙：湖南科学技术出版社，1995.

注意,连续测量虽然有时是可能的(比如厚板开孔进行平面位置测量),但有时按不确定性关系很难存在(比如能量测量),而且实验上往往难以实现。有鉴于此,用实验检验效应只需要做到,对于给定时间间隔$[0,t]$,用实验检验存活概率能够满足如下不等式即可:

$$P_n(t) > P_m(t), \quad n > m \tag{9.3}$$

综合以上两部分推导,最后可得结论:含时量子力学中确实存在这种纯量子现象。

2. 证明讨论

(1) 上面的证明既简单又普适,但涉及的分析是理想化的、概念性的。所讲的量子测量是完整意义下的量子测量,也即前面几讲论述的那一类可分解为纠缠分解、随机塌缩和初态演化三个阶段的量子测量。

(2) 有人会想到,此处量子力学结论$\left.\frac{\mathrm{d}P(t)}{\mathrm{d}t}\right|_{t=0}=0$和通常放射源负指数衰变规律导致的结论$P(t)=\mathrm{e}^{-\lambda t}\to\left.\frac{\mathrm{d}P(t)}{\mathrm{d}t}\right|_{t=0}=-\lambda$相互矛盾。其实不然。这里关键概念是:**存活年龄,纯态系综,统计系综**。此处量子力学结论描述的是纯态系综,即"在同一时刻"被制备出的、具有相同存活年龄的不稳定粒子系综的衰变规律。而后者描述的是具有各种不同存活年龄的不稳定粒子的统计系综。由于存活年龄是统计平衡的,衰变速率必定正比于当时粒子总数,并且可以统计地认为比例系数与时间无关。于是对时间积分,自然得到负指数的统计衰变规律。**两者研究的量子系综不同,并不互相矛盾。**

3. 效应分析

(1) 上面的叙述令人相信:量子Zeno效应揭示出量子测量过程中体系演化时间是停滞了!就是说:**测量导致量子体系演化时间的塌缩!**

由证明过程容易看出,**除了对初态存活概率使用了两个态内积模方的概率解释之外,只使用了两个公设:Schrödinger公设、测量公设。所以可以说,Zeno效应其实就是这两个公设的一个推论**。这一深邃而难以捉摸的现象竟然直接暗藏在量子理论第三、第四两个公设中,这是让人兴奋而又令人费解的。

(2) Zeno效应有一个形象的比喻:高脚独轮车表演的平衡过程。让车子摔倒的重力分量是$mg\sin\theta$,其中θ是人车偏离垂直线的偏角,如图9.1所示。当人车处于垂直位置时,这个分力为零。令x为人在表演时重心偏离人车垂直线的距离。有

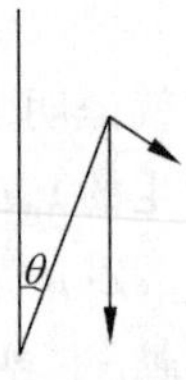

图 9.1

$$F(\theta)=mg\sin\theta=m\frac{\mathrm{d}^2x}{\mathrm{d}t^2}$$

$$x(t)=x(\theta(t))=x|_{\theta=0}+x'|_{\theta=0}\theta(t)+\frac{1}{2}x''|_{\theta=0}\theta(t)^2+\cdots$$

$$\{x|_{\theta=0}=0,x'|_{\theta=0}=0,x''|_{\theta=0}=0\}\Rightarrow x(t)\approx\frac{1}{6}x'''|_{\theta=0}\theta(t)^3$$

众所周知,垂直位置是不稳定平衡状态。玩此杂技的人处于不稳定平衡状态而始终不

倒下，这是因为，当他稍稍感觉有倒下的趋势时，就扭动自己的上半身(相当于测量)，使自己和车的合成重心回到垂直位置(相当于回到初态)。在此不稳定平衡位置，利用初始分力和初始歪倒速率均为零，可以保持片刻。待到再次略微感到不行时，再做重复动作。如此不断，高脚独轮车表演者就能一直处于不稳定的动态平衡，仿佛是量子 Zeno 效应的宏观翻版(图 9.2)。稍有不同的是，此过程前三阶展开系数都为零，比采用量子 Zeno 效应保持初态要更容易些。

图 9.2

9.3 量子 Zeno 效应的某些应用

(1) 众所周知，自由飞行中子很快会衰变($\tau_{1/2}=11.3'$)。但在稳定的原子核内，中子却是稳定的。于是可以合理推测，这与 $\pi^{(0,\pm)}$ 交换及频繁碰撞能够增加中子的动态稳定性有关。至少，没有理由排除 Zeno 效应是核内中子不按自由中子衰变的原因之一。

(2) 量子信息论中，正在研究利用 Zeno 效应保存量子信息态，克服退相干效应，纠正误差。纠正误差的主要方法是基于“冗余码”(redundent code)的办法。比如，用 3 个 qubit 联合起来，共同表示“0” qubit 和 “1”qubit。即

$$|0\rangle_L=|0\rangle_1\otimes|0\rangle_2\otimes|0\rangle_3,\quad |1\rangle_L=|1\rangle_1\otimes|1\rangle_2\otimes|1\rangle_3$$

于是，每个“逻辑位”(logical qubit)——称做码符(code word)均由 3 个 qubit 联合构成。对任一逻辑位信息，存储时间 τ 之后，发生误差概率为 $P(\tau)$。发生 1 位(1 个 qubit)误差，比如原先是 000，后来误成 100、010 或 001 中的任一种，其概率为 $3P(\tau)[1-P(\tau)]^2$。发生 2 位(2 个 qubit)误差，比如原先是 000，后来是 110、011 或 101 中的任一种，其概率为 $3P(\tau)^2[1-P(\tau)]$。发生 3 位——3 个 qubit 全发生误差的概率为 $P(\tau)^3$。这时原先是 000，后来是 111。

误差纠正由如下测量所组成：**假如3个qubit全在同一状态上，就不做操作；假如它们在不同态上，就采用多数表决的原则去翻转、纠正那个处于少数的不同状态的qubit。**这些纠正为：010→000，110→111，等等。现在来看，在如此纠正操作之后失误的概率。纠正以后τ时刻，得到维持在正确状态的概率为

$$P(\tau)_C = [1-P(\tau)]^3 + 3P(\tau)[1-P(\tau)]^2 = 1-3P(\tau)^2 + 2P(\tau)^3 \tag{9.4}$$

若要求$P(\tau)_C \geqslant 1-P(\tau)$，则要求$P(\tau)<1/2$。于是，**如果已经是完全随机的，这种"添加冗余位并用多数表决"办法是行不通的。**

假如要求将态保持一个长的时间，就必须执行足够频繁的测量。假设在时间t内测量的次数N足够大，以致间隔$\tau=t/N$足够短，可设$P(\tau)\approx\gamma\tau$。于是在执行纠正之后的时刻，保有正确态的概率将是

$$P_N^C(t) = \left[1-3\left(\frac{\gamma t}{N}\right)^2 + 2\left(\frac{\gamma t}{N}\right)^3\right]^N \xrightarrow{N\to\infty} 1$$

这里，**正是由于用三个量子位来标志一个逻辑位，并实行多数表决纠错原则，所以含N^{-1}阶的项消失，只剩下负幂次最大的N^{-2}阶项。**只要$N\gg\gamma t$足够大，这个概率可以与1接近到所要求的程度。这就是利用量子Zeno效应所得的结果。

9.4 量子反Zeno效应——又成了"Zeno佯谬"

(1) 以上全部论述虽然正确，但仔细分析可以发现，论述有一个前提假设：测量时间可以无限分割。显然这会引来测量问题。现在换一种角度作进一步分析。根据能量-时间不确定性关系，如此频繁(也就如此短促)的测量，必将带给被测的不稳定体系以很大的能量干扰。这种能量干扰更多的是加速而不是减缓不稳定体系的衰变。

(2) 最近的文献[④]表明，如果测量频度在一定范围内，也可以产生反量子Zeno效应——加速衰变的效应，具体要依赖衰变曲线形状。

(3) 文献[⑤]讨论了连续测量，并得出反效应的佯谬。

(4) 但是，上面推导已经表明：不论衰变曲线的形状如何，即便反量子Zeno效应出现，只要测量的频度够密，最终还将转化而归结于量子Zeno效应。

---

④ KOFMAN A G, KURIZKI G. Acceleration of quantum decay processes by frequent observations[J]. Nature, 2000, 405: 546-550.

⑤ HALACHANDRAN A P, ROY S M. PRL, 2000, 84: 4019-4022.

第10讲

1/2 自旋密度矩阵的 Bloch 球分解

——“可道”之“道”的含糊

※　※　※

10.1　纯态与混态，两能级系统

1. 纯态与混态

纯态定义：能用单一波函数(或 ket)描述的状态。例如，对自旋 1/2 体系，状态的一般形式为

$$
\begin{cases}
|\chi^{(+)}(\theta,\varphi)\rangle = U(\boldsymbol{e}_z\to\boldsymbol{n}(\theta,\varphi))|+z\rangle = \mathrm{e}^{-\mathrm{i}\frac{\varphi}{2}}\cos\dfrac{\theta}{2}\,|1\rangle + \mathrm{e}^{\mathrm{i}\frac{\varphi}{2}}\sin\dfrac{\theta}{2}\,|0\rangle = \begin{pmatrix}\mathrm{e}^{-\mathrm{i}\frac{\varphi}{2}}\cos\dfrac{\theta}{2}\\ \mathrm{e}^{\mathrm{i}\frac{\varphi}{2}}\sin\dfrac{\theta}{2}\end{pmatrix}\\
|\chi^{(-)}(\theta,\varphi)\rangle = U(\boldsymbol{e}_z\to\boldsymbol{n}(\theta,\varphi))|-z\rangle = -\mathrm{e}^{-\mathrm{i}\frac{\varphi}{2}}\sin\dfrac{\theta}{2}\,|1\rangle + \mathrm{e}^{\mathrm{i}\frac{\varphi}{2}}\cos\dfrac{\theta}{2}\,|0\rangle = \begin{pmatrix}-\mathrm{e}^{-\mathrm{i}\frac{\varphi}{2}}\sin\dfrac{\theta}{2}\\ \mathrm{e}^{\mathrm{i}\frac{\varphi}{2}}\cos\dfrac{\theta}{2}\end{pmatrix}
\end{cases}
\tag{10.1a}
$$

这里 $U(\boldsymbol{e}_z\to\boldsymbol{n}(\theta,\varphi))$ 是在二维自旋空间中将 $\boldsymbol{e}_z$ 转向 $\boldsymbol{n}(\theta,\varphi)$ 方向的转动：

$$
U(\boldsymbol{e}_z\to\boldsymbol{n}(\theta,\varphi)) = \mathrm{e}^{-\mathrm{i}\varphi\frac{\sigma_z}{2}}\mathrm{e}^{-\mathrm{i}\theta\frac{\sigma_y}{2}} = \begin{pmatrix}\mathrm{e}^{-\mathrm{i}\frac{\varphi}{2}}\cos\dfrac{\theta}{2} & -\mathrm{e}^{-\mathrm{i}\frac{\varphi}{2}}\sin\dfrac{\theta}{2}\\ \mathrm{e}^{\mathrm{i}\frac{\varphi}{2}}\sin\dfrac{\theta}{2} & \mathrm{e}^{\mathrm{i}\frac{\varphi}{2}}\cos\dfrac{\theta}{2}\end{pmatrix}
\tag{10.2}
$$

纯态的相干叠加依然是一个纯态。这里需要强调，**量子叠加是概率幅的叠加，是相干叠加；它不同于经典的概率叠加(非相干叠加)。概率幅及其叠加在测量中表现出的或然性也不同**

于经典概率及其叠加在测量中表现出的或然性。比如

$$|+z\rangle=\frac{1}{\sqrt{2}}(|+x\rangle+|-x\rangle)$$

按量子力学,若沿 z 轴测此态的自旋,肯定会发现其自旋在 $+z$ 轴方向,并且右边的分解是振幅叠加、相干叠加;但按经典力学,右边应当理解为以或然的方式(各有1/2概率)处在 $|+x\rangle$ 态和 $|-x\rangle$ 态上。由此再进一步,按照下面分解:

$$|+x\rangle=\frac{1}{\sqrt{2}}(|+z\rangle+|-z\rangle),\quad |-x\rangle=\frac{1}{\sqrt{2}}(|+z\rangle-|-z\rangle)$$

又得知,如进一步测 $|+x\rangle$ 态可得自旋朝上($+z$)、朝下($-z$)各占1/2概率,测 $|-x\rangle$ 也如此。综合起来,沿 z 轴测得自旋朝上朝下的概率应当各占1/2! 这与量子力学结果完全不同。

对于两维态空间的光子,与电子情况有两点不同。其一,无静质量;其二,自旋为1是玻色子,其表示不是一个简单旋量。设光子两个极化状态基矢为:水平极化态 $|x\rangle=|H\rangle=|0\rangle=\begin{pmatrix}0\\1\end{pmatrix}$,垂直极化态 $|y\rangle=|V\rangle=|1\rangle=\begin{pmatrix}1\\0\end{pmatrix}$。对沿 z 轴前进的光子,将其极化状态在 $x-y$ 面内转 θ 角的转动变换为

$$\begin{pmatrix}\cos\theta & \sin\theta\\ -\sin\theta & \cos\theta\end{pmatrix}=e^{i\theta\sigma_y}$$

再加上对两个基的相对相移变换

$$\begin{bmatrix}e^{i\omega/2} & 0\\ 0 & e^{-i\omega/2}\end{bmatrix}=e^{i\omega\sigma_z/2}$$

这两种变换联合使用即可对光子极化状态施加任一 2×2 幺正变换

$$U(\omega,\theta)=e^{i\omega\sigma_z/2}e^{i\theta\sigma_y}$$

直接检验可知,两个纯态基矢的极化矢量 $\boldsymbol{P}$ 分别为

$$\boldsymbol{P}^{(\pm)}(\theta,\varphi)=\langle\chi^{(\pm)}(\theta,\varphi)\mid\boldsymbol{\sigma}\mid\chi^{(\pm)}(\theta,\varphi)\rangle=\pm\boldsymbol{n}(\theta,\varphi)\tag{10.1b}$$

必须指出:由于量子测量过程中塌缩的随机性,即使对这个态的多个样品沿 z 轴进行多次测量,也只能决定两个系数的模值,不能决定态的内部相因子(这完全不同于经典方程式,几个变数就用几次独立测量来确定)。实验测定一个自旋态 $|\psi\rangle$ 等价于确定其极化矢量 $\boldsymbol{P}$,测定了 $\boldsymbol{P}$ 沿三个方向的分量,就决定了两个方位角和态 $|\psi\rangle$。

混态定义:不能用单一波函数(或ket)描述的状态。按量子系综观点为

$$\{p_i,|\psi_i\rangle_A,i=1,2,3,\cdots\}\tag{10.3}$$

注意,这里是纯态系列。其物理含义是:**这是一个大量处于不同状态的 A 粒子组成的量子系综。它们所处状态的概率分布是 $|\psi_1\rangle_A$ 态上的概率为 p_1,等等。**或者将这个纯态系列理解成一种制备方式:按此方式制备出来的大量粒子,它们所处状态是以 p_i 的概率处在 $|\psi_i\rangle_A$ 态上。**简单来说,混态就是各个组分态按预设权重所作的非相干混合。**

于是,一些混态的非相干叠加结果,依然是一个混态。

2. 混态的密度矩阵描述

不论纯态或混态都可用密度矩阵描述，但纯态并无必要这般复杂化。如果体系 A 处于上面纯态序列的混态，可用密度矩阵 ρ_A 将其记为

$$\rho_A = \sum_{i=1}^{n} p_i \mid \psi_i\rangle_{A\,A}\langle\psi_i \mid$$

注意：

(1) 由系综叙述知，这些纯态之间相对相位不定，彼此并不相干；

(2) 这些 $|\psi_i\rangle_A$ 彼此不一定正交。

例如，对双态体系的混态，密度矩阵 ρ 表述为

$$\rho = \begin{bmatrix} q_{11} & q_{10} \\ q_{01} & q_{00} \end{bmatrix} = q_{00} \mid 0\rangle\langle 0 \mid + q_{11} \mid 1\rangle\langle 1 \mid + q_{01} \mid 0\rangle\langle 1 \mid + q_{10} \mid 1\rangle\langle 0 \mid$$

对角元素是正数，非对角元素可以是复数(但要求 $q_{10}=q_{01}^*$)。并且有

$$\mathrm{tr}\rho = q_{00} + q_{11} = 1, \quad \mathrm{tr}\rho^2 = q_{00}^2 + q_{11}^2 + 2 \mid q_{01} \mid^2 \leqslant 1$$

注意这里共有 3 个独立实参数，可用来决定此混态。相应地，状态变换有 4 个算符($\sigma_\pm = \frac{1}{2}(\sigma_x \pm \mathrm{i}\sigma_y)$)：

$$P_0 = \mid 0\rangle\langle 0 \mid = \begin{pmatrix} 0 & 0 \\ 0 & 1 \end{pmatrix}, \quad P_1 = \mid 1\rangle\langle 1 \mid = \begin{pmatrix} 1 & 0 \\ 0 & 0 \end{pmatrix},$$

$$\sigma_+ = \mid 1\rangle\langle 0 \mid = \begin{pmatrix} 0 & 1 \\ 0 & 0 \end{pmatrix}, \quad \sigma_- = \mid 0\rangle\langle 1 \mid = \begin{pmatrix} 0 & 0 \\ 1 & 0 \end{pmatrix}$$

三个 Pauli 矩阵 $\sigma_i(i=1,2,3)$ 加上 σ_0 共 4 个 2×2 矩阵构成一组反对易、自逆的矩阵基，可用于展开任何 2×2 矩阵(类似于正交归一矢量基展开任何同类矢量)。

体系 A 混态的密度矩阵 ρ_A 有如下一般性质：

(1) ρ_A 是厄米的：$\rho_A=\rho_A^+$。

(2) ρ_A 本征值是非负的。任何态 $|\psi\rangle_A$ 在此混态中出现的概率为 ${}_A\langle\psi|\rho_A|\psi\rangle_A \geqslant 0$。

(3) 迹为 1：$\mathrm{tr}(\rho_A)=1$。与此同时有：

纯态 $\mathrm{tr}(\rho_A^2)=1$，混态 $\mathrm{tr}(\rho_A^2)<1$

按量子系综和混态制备的观点，更确切些，一般混态应当理解为

$$\left\{(p_i,\rho_i);\sum_{i=1}^{n} p_i = 1\right\}$$

3. 可观察量

可观察量对应自伴算符(self-adjoint operators)：$\hat{\Omega}^+ = \hat{\Omega}$。对二维系统，任一可观察量 $\hat{\Omega}$ 总可以写为

$$\hat{\Omega} = I\hat{\Omega}I = (P_0 + P_1)\hat{\Omega}(P_0 + P_1)$$

$$= \omega_{00} \mid 0\rangle\langle 0 \mid + \omega_{11} \mid 1\rangle\langle 1 \mid + \omega_{01} \mid 0\rangle\langle 1 \mid + \omega_{10} \mid 1\rangle\langle 0 \mid = \begin{pmatrix} \omega_{11} & \omega_{10} \\ \omega_{01} & \omega_{00} \end{pmatrix}$$

这里 $\omega_{ij} = \langle i|\hat{\Omega}|j\rangle$。采用4个矩阵基,可将$\hat{\Omega}$展开为

$$\hat{\Omega} = \frac{1}{2}\sum_{i=0}^{3}\alpha_i\sigma_i, \quad \alpha_i = \mathrm{tr}(\hat{\Omega}\sigma_i)$$

4. 复合的两能级系统①

考虑两个(有时更多个)双态系统,此时 Hilbert 空间是个直积空间 $\mathscr{H}_4 = \mathscr{H}_A \otimes \mathscr{H}_B$。基为

$$\mid 0\rangle_A \otimes \mid 0\rangle_B, \mid 0\rangle_A \otimes \mid 1\rangle_B, \mid 1\rangle_A \otimes \mid 0\rangle_B, \mid 1\rangle_A \otimes \mid 1\rangle_B$$

A 和 B 可以是两个原子、两个电子、两个模,等等。注意,复合系统的量子状态大部分都是纠缠的(它们在状态空间中是稠密的)。

一般的纯态是

$$\mid \psi\rangle_{AB} = c_{00} \mid 0\rangle_A \otimes \mid 0\rangle_B + c_{01} \mid 0\rangle_A \otimes \mid 1\rangle_B + c_{10} \mid 1\rangle_A \otimes \mid 0\rangle_B + c_{11} \mid 1\rangle_A \otimes \mid 1\rangle_B$$

这里,除了归一化和不计总体相因子,表示一个态最多需要6个独立参数。有时不写直积符号"$\otimes$",并记 $|0\rangle_A \otimes |0\rangle_B = |00\rangle_{AB}$,或是用二进制符号 $|3\rangle_{AB} = |11\rangle_{AB}$ 等。也常用矢量符号:

$$\begin{pmatrix} 0 \\ 0 \\ 0 \\ 1 \end{pmatrix} = \mid 00\rangle = \mid 0\rangle, \quad \begin{pmatrix} 0 \\ 0 \\ 1 \\ 0 \end{pmatrix} = \mid 01\rangle = \mid 1\rangle, \quad \begin{pmatrix} 0 \\ 1 \\ 0 \\ 0 \end{pmatrix} = \mid 10\rangle = \mid 2\rangle, \quad \begin{pmatrix} 1 \\ 0 \\ 0 \\ 0 \end{pmatrix} = \mid 11\rangle = \mid 3\rangle$$

约化密度矩阵为

$$\rho_A = \mathrm{tr}^{(B)}(\mid \psi\rangle_{AB}\langle \psi \mid), \quad \rho_B = \mathrm{tr}^{(A)}(\mid \psi\rangle_{AB}\langle \psi \mid)$$

例如,为了只研究子体系 A,计算办法是对 AB 复合体系态的子体系 B 求迹。取部分迹之后,只剩下子体系 A 的算符和态矢。这种只对子体系 B 作部分求迹的操作记为 $\mathrm{tr}^{(B)}$。

对 B 部分求迹的物理含义是:**以等权平均方式考虑对 A 现有状态有影响的 *B* 的全部可能状态**。这里"全部"是在符合物理和几何约束条件意义下的,不必一直使用 B 整个态空间的全体完备基。

未关联态为 $|\psi\rangle_{AB} = |\psi_1\rangle_A \otimes |\psi_2\rangle_B$,就是说这些态可以按子体系 A 和 B 分开,成为因子化的形式。

纠缠态是一些不能被分解成为上面那样因子化的态。对有相互作用的复合体系,状态空间中绝大多数是这一类的态。比如4个 Bell 基就是4个典型的纠缠态:

$$\begin{cases} \mid \psi^{\pm}\rangle_{AB} = \dfrac{1}{\sqrt{2}}(\mid 0\rangle_A \otimes \mid 1\rangle_B \pm \mid 1\rangle_A \otimes \mid 0\rangle_B) \\ \mid \varphi^{\pm}\rangle_{AB} = \dfrac{1}{\sqrt{2}}(\mid 0\rangle_A \otimes \mid 0\rangle_B \pm \mid 1\rangle_A \otimes \mid 1\rangle_B) \end{cases}$$

① 两能级系统动力学的一般叙述可见:MERZBACHER E. Quantum Mechanics[M]. New York: John Wiley & Sons, 1970:276.

以及 N 体的 GHZ 态：

$$|\Psi\rangle = \frac{1}{\sqrt{2}}(|0\rangle_1|0\rangle_2\cdots|0\rangle_N - |1\rangle_1|1\rangle_2\cdots|1\rangle_N)$$

这些都是纠缠程度最高的纠缠态。对它们中的任一体作任意幺正变换得到的态仍是最大纠缠态。

一般两体混态可表示为

$$\rho_{AB} = \sum_{i,j=0}^{3} p_{ij}|i\rangle_{AB\,AB}\langle j| \tag{10.4}$$

这里的系数 p_{ij} 必须使矩阵 ρ_{AB} 是厄米的，$\mathrm{tr}\rho_{AB}=1$，并且 $\mathrm{tr}\rho_{AB}^2<1$。

取 A、B 两粒子系统的 16 个基：

$$\begin{aligned}&[\Sigma_i, i = 0,1,2,\cdots,15]\\&=\{I_{AB},\sigma_x^A\sigma_0^B,\sigma_y^A\sigma_0^B,\sigma_z^A\sigma_0^B,\sigma_0^A\sigma_x^B,\sigma_0^A\sigma_y^B,\sigma_0^A\sigma_z^B,\sigma_x^A\sigma_x^B,\sigma_x^A\sigma_y^B,\cdots,\sigma_z^A\sigma_z^B\}\end{aligned}$$

用这组基可将 ρ_{AB} 展开为

$$\rho_{AB} = \frac{1}{4}\sum_{i=0}^{15}\lambda_i\Sigma_i$$

这里 λ_i 是实系数($\lambda_0=1$)，且有 $\lambda_i=\mathrm{tr}(\rho_{AB}\Sigma_i)$。于是两体两能级体系的任一混态密度矩阵最多需用 15 个实参数来确定。

5. 未关联态、可分离态、部分转置判据

未关联态是这样一些态：它们的密度矩阵可以写作

$$\rho_{AB} = \rho_A\otimes\rho_B \tag{10.5}$$

的态。对于这些态，它们的约化密度矩阵分别为 ρ_A 和 ρ_B。

可分离态是这样一些态，相应密度矩阵可以写作一些未关联态之和：

$$\rho_{AB} = \sum_k p_k\rho_A^k\otimes\rho_B^k \tag{10.6}$$

不可分离态，即纠缠态。它们是这样一些不能写成上式形式的态，例如($f<1$)：

$$\rho_{AB} = f|\psi^+\rangle\langle\psi^+| + (1-f)|\varphi^+\rangle\langle\varphi^+| \tag{10.7}$$

Peres 可分离判据②：**两体双态体系密度矩阵$\boldsymbol{\rho}_{AB}$是可分离态的充要条件为，对其任一体作部分转置运算后所得矩阵$\boldsymbol{\rho}_{AB}^{T_A}$(或$\boldsymbol{\rho}_{AB}^{T_B}$)仍是半正定的(即不出现负本征值)。也即，对两体中任一体作部分转置后得到的矩阵仍然是个密度矩阵。**

比如对 A 作部分转置 T_A 的含义是：

$$\begin{cases}\rho_{AB} = {}_A\langle 0|\rho_{AB}|0\rangle_A|0\rangle_A\langle 0| + {}_A\langle 1|\rho_{AB}|1\rangle_A|1\rangle_A\langle 1| + {}_A\langle 0|\rho_{AB}|1\rangle_A|0\rangle_A\langle 1|\\ \qquad + {}_A\langle 1|\rho_{AB}|0\rangle_A|1\rangle_A\langle 0|\\ \rho_{AB}^{T_A} = {}_A\langle 0|\rho_{AB}|0\rangle_A|0\rangle_A\langle 0| + {}_A\langle 1|\rho_{AB}|1\rangle_A|1\rangle_A\langle 1| + {}_A\langle 0|\rho_{AB}|1\rangle_A|1\rangle_A\langle 0|\\ \qquad + {}_A\langle 1|\rho_{AB}|0\rangle_A|0\rangle_A\langle 1|\end{cases}$$

② Peres A. Phys. Rev. Lett, 1996, 77: 1413.

显然,这等价于在上面展开式中作变换 $\sigma_y^A \to -\sigma_y^A$。这由 $\sigma_y^A = \begin{pmatrix} 0 & -\mathrm{i} \\ \mathrm{i} & 0 \end{pmatrix}_A$ 经转置出负号即知。对于不是两能级的一般两体情况,部分转置操作的具体做法是

$$\rho_{AB}^{\mathrm{T}_B} = \left\{ \sum_{i,j} \langle i_B \mid \rho_{AB} \mid j_B \rangle \cdot \mid i_B \rangle \langle j_B \mid \right\}^{\mathrm{T}_B} = \sum_{i,j} \langle i_B \mid \rho_{AB} \mid j_B \rangle \cdot \mid j_B \rangle \langle i_B \mid$$

这里 $\{\mid i_B \rangle\}$ 为 B 体系任一组正交归一完备基。由此再经部分转置 T_B 操作即还原,$(\rho_{AB}^{\mathrm{T}_B})^{\mathrm{T}_B} = \rho_{AB}$。

证明 这个判据的必要性是显然的。既然已设

$$\rho_{AB} = \sum_i p_i \rho_A^i \otimes \rho_B^i$$

则经部分转置操作后

$$\rho_{AB}^{\mathrm{T}_B} = \sum_i p_i \rho_A^i \otimes (\rho_B^i)^{\mathrm{T}_B}$$

必定仍然是一个密度矩阵,即仍然是半正定的、迹为1的厄米矩阵。关于条件充分性的证明,可按16个基展开式讨论。注意部分转置不影响展开式的厄米性和迹为1性质,所以只需证明:如果部分转置后展开式本征值仍是非负的,则该展开式必为前面可分离态形式。

注意,**Peres 判据等价于对任一单体作部分时间反演操作**。由于 ρ_{AB} 厄米,16个展开数均是实数。而时间反演算符为 $\hat{T}_A = -\mathrm{i}\sigma_y^A K$ ($\hat{T}_A^{-1} = \mathrm{i}\sigma_y^A K$, $\hat{T}_A^2 = -1$),于是变换将使含 $(\sigma_x^A, \sigma_y^A, \sigma_z^A)$ 的项全部反号,再进行一个局域幺正变换 $\exp(-\mathrm{i}\pi\sigma_y/2)$,从而等价于 Peres 判据主张的部分转置,即 $\sigma_y^A \to -\sigma_y^A$。

值得说明的是,当两体中一体是二维而另一体是三维时,这个部分转置正定性的判据仍是充要的;但对其他两体情况,判据是必要但不是充分的。

10.2 1/2 自旋单体密度矩阵的 Bloch 球表示

1. 双态体系密度矩阵的极化矢量表示

双态体系任一混态总是两个两分量自旋态按一定概率的非相干混合,相应的密度矩阵 ρ 是迹为1、本征值非负的厄米矩阵。它总可以用矩阵基 $\{\sigma_x, \sigma_y, \sigma_z, \sigma_0\}$ 展开,写为

$$\rho = \frac{1}{2}(1 + \boldsymbol{n}(\theta, \varphi) \cdot \boldsymbol{\sigma}) = \frac{1}{2} \begin{bmatrix} 1 + n_3 & n_1 - \mathrm{i}n_2 \\ n_1 + \mathrm{i}n_2 & 1 - n_3 \end{bmatrix}$$

$$\boldsymbol{n} = n(\sin\theta\cos\varphi, \sin\theta\sin\varphi, \cos\theta)$$

于是有如下关系式,并给出 ρ 的本征值 λ_1、λ_2:

$$\det\rho = \frac{1}{4}(1 - \boldsymbol{n}^2), \quad \mathrm{tr}\rho = \lambda_1 + \lambda_2 = 1, \quad \det\rho = \lambda_1\lambda_2$$

或者,直接从 ρ 的表达式得到

$$\left(\rho - \frac{1}{2}\right)^2 = \frac{1}{4}\boldsymbol{n}^2, \quad \lambda_{1,2} = \frac{1}{2}(1 \pm n)$$

λ_1、λ_2 为非负的要求导致混态密度矩阵极化矢量模长小于 1：

$$\boldsymbol{n}^2 \equiv n^2 < 1$$

2. 单体 1/2 自旋纯态的 Bloch 球表示

单体 1/2 自旋纯态有一种简单明了而又普适的描述(映射)方法，即 Bloch 球方法。

众所周知，单体 1/2 自旋纯态、投影算符和极化矢量分别为

$$\begin{cases} |\chi^{(+)}(\theta\varphi)\rangle = \begin{pmatrix} \mathrm{e}^{-\mathrm{i}\varphi/2}\cos(\theta/2) \\ \mathrm{e}^{\mathrm{i}\varphi/2}\sin(\theta/2) \end{pmatrix} \\ \pi_\chi = |\chi^{(+)}\rangle\langle\chi^{(+)}| = \begin{pmatrix} \cos^2(\theta/2) & \mathrm{e}^{-\mathrm{i}\varphi}\cos(\theta/2)\sin(\theta/2) \\ \mathrm{e}^{\mathrm{i}\varphi}\cos(\theta/2)\sin(\theta/2) & \sin^2(\theta/2) \end{pmatrix} \equiv \dfrac{1}{2}(1+\boldsymbol{p}\cdot\boldsymbol{\sigma}) \\ \boldsymbol{p} = \langle\chi^{(+)}(\theta\varphi)|\boldsymbol{\sigma}|\chi^{(+)}(\theta\varphi)\rangle = \{\sin\theta\cos\varphi, \sin\theta\sin\varphi, \cos\theta\}, \quad |\boldsymbol{p}| = 1 \end{cases} \tag{10.8}$$

由此得$\left[\pi_\chi - \dfrac{1}{2}\right]^2 = \dfrac{1}{4}\boldsymbol{p}^2 = \dfrac{1}{4}$，于是矩阵 π_χ 的两个本征值为 $\lambda_{1,2}=1,0$。

因此，纯态$|\chi^{(+)}(\theta\varphi)\rangle$与 Bloch 球面上的$(\theta,\varphi)$点构成一对一映射，自球心至此点的矢径即为此自旋态的极化矢量 $\boldsymbol{p}=\boldsymbol{p}(\theta,\varphi)$。

3. 单体 1/2 自旋混态的 Bloch 球表示

其实，Bloch 球方法的主要用途在于对双态体系混态的描述。

单个 qubit 在退相干过程中由某一纯态转为混态时，相应极化矢量随着时间演化，从球面上某点因为径长缩小而进入球内(在某些特殊的退相干过程中，矢径最终会转到球面上某一特定点——体系的稳定基态，是个纯态)。

1/2 自旋单粒子体系任意混态密度矩阵也可写为

$$\rho(\theta\varphi;c) = c|\chi^{(+)}(\theta\varphi)\rangle\langle\chi^{(+)}(\theta\varphi)| + (1-c)|\chi^{(-)}(\theta\varphi)\rangle\langle\chi^{(-)}(\theta\varphi)|, \quad 0<c<1$$

注意

$$|\chi^{(-)}(\theta\varphi)\rangle = |\chi^{(+)}(\pi-\theta,\pi+\varphi)\rangle, \quad \boldsymbol{p}(\pi-\theta,\pi+\varphi) = -\boldsymbol{p}(\theta,\varphi)$$

再利用上面投影算符 π_χ 的极化矢量表达式，即得

$$\begin{aligned} \rho(\theta\varphi;c) &= \frac{c}{2}[1+\boldsymbol{p}(\theta,\varphi)\cdot\boldsymbol{\sigma}] + \frac{(1-c)}{2}[1+\boldsymbol{p}(\pi-\theta,\pi+\varphi)\cdot\boldsymbol{\sigma}] \\ &= \frac{1}{2}[1+(2c-1)\boldsymbol{p}(\theta,\varphi)\cdot\boldsymbol{\sigma}] \equiv \frac{1}{2}[1+\boldsymbol{n}(\theta,\varphi)\cdot\boldsymbol{\sigma}] \end{aligned}$$

这里 $n=|2c-1|$。由于 $0<c<1$，混态极化矢量(其分量是对态测量三个自旋分量所得三个平均值)模长小于 1：$0\leqslant n<1$。于是单体 1/2 自旋混态密度矩阵与 Bloch 球内部的点构成单值映射。由于$\left[\rho(\theta\varphi;c)-\dfrac{1}{2}\right]^2=\dfrac{1}{4}\boldsymbol{n}^2$，矩阵 $\rho(\theta\varphi;c)$的本征值为 $\lambda_1=c$，$\lambda_2=1-c$。于是，二维情况下的混态无零根。这是显然的，否则就成为纯态了。

特别是，球心对应的混态为 $\lambda_{1,2}=c=1/2$。这描述完全随机、高度简并的混态，相应 $|\boldsymbol{n}|=0$(“简并”指丧失了如何制备态的信息)。即

$$\rho(\boldsymbol{n}=0)=\frac{1}{2}(|+z\rangle\langle+z|+|-z\rangle\langle-z|)=\frac{1}{2}(|+y\rangle\langle+y|+|-y\rangle\langle-y|)$$

$$=\frac{1}{2}(|+x\rangle\langle+x|+|-x\rangle\langle-x|)=\frac{1}{2}(|+\chi\rangle\langle+\chi|+|-\chi\rangle\langle-\chi|)=\cdots$$

纯态只需两个参数(θ,φ)即可确定；但混态需要三个参数，即两个角度(θ,φ)和矢径长度$|\boldsymbol{n}|=|2c-1|$(或混合比例c)。

对球外任何点$n>1$，按$\det\rho$表达式得知，矩阵本征值有负根，不正定，不能视作态的密度矩阵。

总之，Bloch球面每一点对应某个单体二维纯态(或1/2自旋纯态)；球内每一点对应某个二维混态；球心描述极化矢量为零的完全随机混态；球外所有点(因为有负本征值而)不表示任何二维物理态③。

4. 体系密度矩阵集合的凸性

[定理]　在给定体系N维Hilbert空间H中，体系全部密度矩阵构成N阶厄米矩阵的N^2维流形上一个(N^2-1)维单连通凸性子集合。

证明　设ρ_1、ρ_2是两个密度矩阵——就是说它们满足厄米、半正定、迹为1的三个条件。对区间$[0,1]$中任意数λ，构造它们的凸性和

$$\rho(\lambda)=\lambda\rho_1+(1-\lambda)\rho_2 \tag{10.9}$$

可证这些凸性和的$\rho(\lambda)$也满足这三个条件，就是说它们也是密度矩阵。$\rho(\lambda)$满足厄米、迹为1两个条件是显然的，只需证明它具有半正定性即可。事实上，对任意态$|\psi\rangle$，因为

$$\langle\psi|\rho_1|\psi\rangle\geqslant 0,\quad \langle\psi|\rho_2|\psi\rangle\geqslant 0$$

因此

$$\langle\psi|\rho(\lambda)|\psi\rangle=\lambda\langle\psi|\rho_1|\psi\rangle+(1-\lambda)\langle\psi|\rho_2|\psi\rangle\geqslant 0$$

另外，由凸性和表达式知，这个子集合是单连通的。　证毕。

关于密度矩阵凸性和有个物理解释。假定已给定了制备ρ_1、ρ_2的方法，现在引入一个随机数$d(d=0$或$1)$，当$d=0$时，制备态ρ_1；当$d=1$时，制备态ρ_2(设d取0的概率为λ)。计算这时对任一可观察量M的期望值：

$$\begin{aligned}\langle M\rangle&=\lambda\langle M\rangle_1+(1-\lambda)\langle M\rangle_2\\&=\lambda\mathrm{tr}(M\rho_1)+(1-\lambda)\mathrm{tr}(M\rho_2)=\mathrm{tr}(M\rho(\lambda))\end{aligned} \tag{10.10}$$

这在物理上完全相当于已制备了一个混态$\rho(\lambda)$。意思是说，**现在的制备做法和原先制备出的$\boldsymbol{\rho}(\boldsymbol{\lambda})$，就全部可观测量M期望值的测量而言，完全不可分辨。于是这里的制备办法等于给出一个(在给定制备$\boldsymbol{\rho_1}$和$\boldsymbol{\rho_2}$办法之后)制备$\boldsymbol{\rho_1}$和$\boldsymbol{\rho_2}$任一凸性组合的操作手续。**

作为定理的特例，双态体系所有态(纯态和混态)的密度矩阵是由迹为1的、2×2厄米非负矩阵所组成的一个三维集合，这个集合构成一个凸性的单位球——Bloch球。

③　张永德. 量子信息物理原理[M]. 北京：科学出版社，2006：62.

5．密度矩阵的合成与分拆[④]

值得指出的是，**由于极化矢量是态的平均值，因而可以借助经典几何图像，用极化矢量直观方便地对态进行合成与分拆**。回忆起纯态极化矢量 $\boldsymbol{p}_A$、$\boldsymbol{p}_C$ 模长为 1，混态极化矢量 $\boldsymbol{n}_B$ 模长小于 1。于是，对于混态

$$\rho = c_1 |+x\rangle\langle +x| + c_2 |-z\rangle\langle -z|, \quad 0 < (c_1, c_2) < 1, \quad c_1 + c_2 = 1$$

其极化矢量可以直接合成求得。态的密度矩阵 ρ 也可以改写，即

$$\rho = \frac{1}{2}(1 + \boldsymbol{n}\cdot\boldsymbol{\sigma}), \quad \boldsymbol{n} = (c_1\boldsymbol{e}_x - c_2\boldsymbol{e}_z), \quad |\boldsymbol{n}| < 1$$

下面定理一般性地说明了对于双态体系的这种矢量合成与分解：

【混态分解定理】 过混态 ρ 的极化矢量 $\boldsymbol{n}(\theta\varphi)$ 端点任作一直线，交 Bloch 球面于两点。两点所对应的纯态即为组成混态 ρ 的两个纯态成分，构成 ρ 的非相干分解（见图 10.1）。自 $\boldsymbol{n}(\theta\varphi)$ 端点到球面交点的距离反比于它们的混合比例系数。其中，正交谱分解是沿 $\boldsymbol{n}(\theta\varphi)$ 矢量朝两个相反方向延长，交球面两点所对应的两个相互正交的纯态，它们是 ρ 的两个本征态。

具体地说，分解为凸性组合的办法是：对球内任一给定的 $\boldsymbol{n}_B$，过其顶点 B 作某一线段，两端交球面于 A、C 点，如图 10.2 所示。可对 B 点混态进行如下分解与合成：

$$\begin{aligned}\rho_B &= \frac{1}{2}(1 + \boldsymbol{n}_B\cdot\boldsymbol{\sigma}) = \frac{1}{2}\{1 + [c_1\boldsymbol{p}_A + (1-c_1)\boldsymbol{p}_C]\cdot\boldsymbol{\sigma}\} \\ &= \frac{c_1}{2}(1 + \boldsymbol{p}_A\cdot\boldsymbol{\sigma}) + \frac{1-c_1}{2}(1 + \boldsymbol{p}_C\cdot\boldsymbol{\sigma}) = c_1 |A\rangle\langle A| + (1-c_1)|C\rangle\langle C|\end{aligned}$$

$$\begin{cases}\boldsymbol{n}_B = c_1\boldsymbol{p}_A + (1-c_1)\boldsymbol{p}_C \\ c_1 = \dfrac{CB}{AC}, \quad 1-c_1 = \dfrac{AB}{AC}\end{cases} \tag{10.11}$$

这两个方程说明了混态密度矩阵的纯态分解与极化矢量分解（与合成）之间的对应关系。

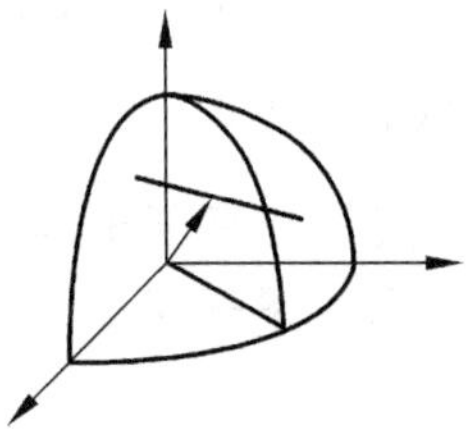

图 10.1

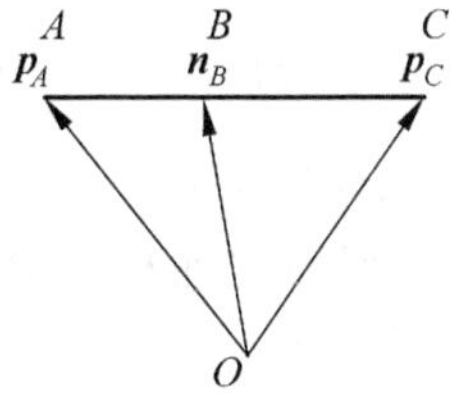

图 10.2

④ 见脚注③。

已经知道,不论纯态或混态,只要知道它的极化矢量就可以完全决定态本身。因此上面这种分解方法可用于混态的合成与分解。具体看问题是从方程式左方已知参数出发去寻求右方未知参数,还是从方程式右方已知参数出发去寻求左方未知参数,甚至两者相结合的方式。

10.3 混态概念的含糊性,与温度比较

1. 双态体系混态作为纯态系综解释的含糊性

对于双态体系,借助 Bloch 球的几何作图表示,下面分析并小结系综制备和混态解释含糊性问题。

任一混态ρ的正交分解(谱分解)是唯一的,但它的非正交分解(与合成)远不是唯一的。由上面定理可知,存在无穷多种非正交分解方案,将同一混态等价地表示为某些纯态ρ_i的凸性组合。这相应于过球内一点 B 可以作无数直线段 AC,交球面于两点 A 和 C,将给定的混态密度矩阵 ρ 分解成为两个纯态并矢按一定比例的非相干叠加。

虽然纯态的制备方法(不计整体相因子)是唯一的、确定的,但混态情况远非如此。如果将混态解释为按一定概率支配下制备出的非相干混合着的纯态序列,即对混态作量子系综解释,这种解释将是含糊的,远不是唯一的。就是说,任一混态都存在无穷多种不同的制备方法,构成无穷多种不同的纯态系列,彼此完全等价:

$$\begin{aligned} p &= \{(p_1, |\varphi_1\rangle), (p_2, |\varphi_2\rangle), p_1 + p_2 = 1\} \\ &= \{(q_1, |\psi_1\rangle), (q_2, |\psi_2\rangle), q_1 + q_2 = 1\} = \cdots \end{aligned}$$

这就是混态解释的含混性,或者说,混态制备的含混性!这个含混性来源于密度矩阵中组分纯态并矢混合相加。这种混合相加使各纯态成分之间的相对相位信息永远丢失。

至于球心的完全随机混态 $\rho_0=\frac{1}{2}I$,即便对其进行正交分解,也不是唯一的。它可以在一个完全随机数指令下制备$|\pm z\rangle$来得到;也可以在这个随机数指令下制备$|\pm x\rangle$来得到;等等。制备方法有无穷多种。但在测量使用中,就所得平均实验结果而言,无法察觉它们之间的差异。所以说,球心 $\rho_0=\frac{1}{2}I$ 态是一个不含任何量子信息的垃圾态。

情况虽然如此的不确定,但由于对任意力学量 Ω 的平均值只和密度矩阵有关:$\langle\Omega\rangle=\mathrm{tr}(\rho\Omega)$,**所以统计测量(包括单次测量)中,无法区分混态的不同的量子系综解释,不会造成实验测量的混乱。**

2. 密度矩阵合成与分拆的算例

现在举一个计算例子作为说明。由于某种量子纠缠或某些随机干扰的原因,Alice 手中有很多非极化的、自旋指向杂乱无章的 $S=\frac{1}{2}$粒子。Alice 通过下述办法可以制备出此$\frac{1}{2}$自旋粒子系综的这样一个混态。这件事用数学语言叙述如下:给定一个随机数 $\kappa=0,1$,并假

定 κ 以相等概率$\frac{1}{2}$取 0 或 1 值(当然也可以设为概率不相等)。当随机数 κ 取 0 值时,Alice 就通过沿 z 方向磁场测量自旋 σ_z,并且如果测出的是沿 $-z$ 方向,就将这个粒子扔掉,从而制备出一个沿正 z 方向的自旋态(其极化矢量 $\boldsymbol{p}=(0,0,1)$);当 κ 取 1 值时,Alice 就沿 $\boldsymbol{n}(\theta,\varphi)=\frac{1}{\sqrt{2}}(1,0,1)$方向磁场测量自旋 $\boldsymbol{n}\cdot\boldsymbol{\sigma}$,同样如果测出的是沿 $-\boldsymbol{n}=\frac{-1}{\sqrt{2}}(1,0,1)$方向,就将这个粒子扔掉,制备出一个沿 $+\boldsymbol{n}$ 方向的自旋态。由于各自都扔掉了一半,所以两个态还是各占一半,这就得到了如下一个混态(是两个纯态的凸性和):

$$\rho=\frac{1}{2}\{|+z\rangle\langle+z|+|+\boldsymbol{n}\rangle\langle+\boldsymbol{n}|\}=\frac{1}{2}\left\{\begin{pmatrix}1&0\\0&0\end{pmatrix}+\frac{1}{2}\begin{pmatrix}1+\cos\frac{\pi}{4}&\sin\frac{\pi}{4}\\\sin\frac{\pi}{4}&1-\cos\frac{\pi}{4}\end{pmatrix}\right\}$$

$$=\frac{1}{4}\begin{pmatrix}3+\cos\frac{\pi}{4}&\sin\frac{\pi}{4}\\\sin\frac{\pi}{4}&1-\cos\frac{\pi}{4}\end{pmatrix}=\frac{1}{2}\begin{pmatrix}1+\cos^2\frac{\pi}{8}&\sin\frac{\pi}{8}\cos\frac{\pi}{8}\\\sin\frac{\pi}{8}\cos\frac{\pi}{8}&1-\cos^2\frac{\pi}{8}\end{pmatrix}$$

这是因为任意$\frac{1}{2}$自旋态$|\gamma\rangle$的投影算符$|\gamma\rangle\langle\gamma|$与其极化矢量(态中平均自旋指向)$\boldsymbol{p}(\gamma)$之间有如下关系⑤:

$$\begin{cases}|\gamma\rangle\langle\gamma|=\frac{1}{2}(1+\boldsymbol{p}(\gamma)\cdot\boldsymbol{\sigma})=\frac{1}{2}\begin{pmatrix}1+p_3&p_1-\mathrm{i}p_2\\p_1-\mathrm{i}p_2&1-p_3\end{pmatrix},\quad \boldsymbol{p}(\gamma)=\langle\gamma|\boldsymbol{\sigma}|\gamma\rangle\\|\boldsymbol{n}(\theta,\varphi)\rangle\langle\boldsymbol{n}(\theta,\varphi)|=\frac{1}{2}(1+\boldsymbol{n}(\theta,\varphi)\cdot\boldsymbol{\sigma})=\begin{pmatrix}\cos^2\theta/2&\mathrm{e}^{-\mathrm{i}\varphi}\sin\theta/2\cos\theta/2\\\mathrm{e}^{\mathrm{i}\varphi}\sin\theta/2\cos\theta/2&\sin^2\theta/2\end{pmatrix}\\\boldsymbol{n}(\theta,\varphi)=\langle\boldsymbol{n}(\theta,\varphi)|\boldsymbol{\sigma}|\boldsymbol{n}(\theta,\varphi)\rangle\end{cases}$$

按量子系综观点,它是如下两个非正交纯态等概率非相干无序排列:

$$\rho=\left\{\frac{1}{2},|+z\rangle;\quad\frac{1}{2},|+\boldsymbol{n}\rangle\right\}\tag{10.12a}$$

这是第一种观点。图解表示如图 10.3。从左到右的三个箭头分别为$|+\boldsymbol{n}\rangle\langle+\boldsymbol{n}|$,$\rho$,$|+z\rangle\langle+z|$的极化矢量。此混态的极化矢量 $\boldsymbol{p}=\cos\frac{\pi}{8}\left(\sin\frac{\pi}{8},0,\cos\frac{\pi}{8}\right)$,模长$=\cos\frac{\pi}{8}<1$。

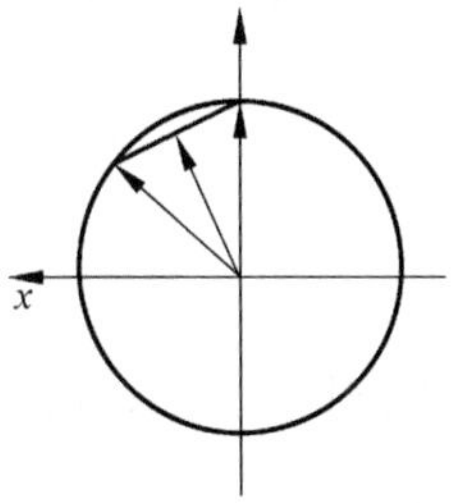

图 10.3

这个混态 ρ 有个唯一的正交分解——本征分解。此本征分解可向球心连线作直径即得。其本征值为 $\lambda_\pm=\frac{1}{2}\left(1\pm\cos\frac{\pi}{8}\right)$;而两个混合的正交本征态为

⑤ 张永德.量子信息物理原理[M].北京:科学出版社,2006:62,7.1.5 节。

沿极化矢量过球心直径相交球面上对立的两点。此两点的极化矢量分别为 $\boldsymbol{p}_{1,2}=\pm\left(\sin\frac{\pi}{8},0,\cos\frac{\pi}{8}\right)$。利用上面态矢投影算符与其极化矢量的关系式,即得这两个态的投影算符为

$$|\pm\boldsymbol{n}\rangle\langle\pm\boldsymbol{n}|=\frac{1}{2}\{1+\boldsymbol{p}_{1,2}\cdot\boldsymbol{\sigma}\}=\frac{1}{2}\begin{pmatrix}1\pm\cos\frac{\pi}{8} & \pm\sin\frac{\pi}{8}\\ \pm\sin\frac{\pi}{8} & 1\mp\cos\frac{\pi}{8}\end{pmatrix}$$

于是这个混态密度矩阵 ρ 的正交分解(谱表示)就成为

$$\begin{aligned}\rho&=\frac{1}{2}\left(1+\cos\frac{\pi}{8}\right)|+\boldsymbol{n}\rangle\langle+\boldsymbol{n}|+\frac{1}{2}\left(1-\cos\frac{\pi}{8}\right)|-\boldsymbol{n}\rangle\langle-\boldsymbol{n}|\\&=\frac{1}{4}\left(1+\cos\frac{\pi}{8}\right)\begin{pmatrix}1+\cos\frac{\pi}{8} & \sin\frac{\pi}{8}\\ \sin\frac{\pi}{8} & 1-\cos\frac{\pi}{8}\end{pmatrix}+\frac{1}{4}\left(1-\cos\frac{\pi}{8}\right)\begin{pmatrix}1-\cos\frac{\pi}{8} & -\sin\frac{\pi}{8}\\ -\sin\frac{\pi}{8} & 1+\cos\frac{\pi}{8}\end{pmatrix}\end{aligned}$$

这就得到了第二种看法:按系综观点理解,此分解是两个正交纯态 $|+\boldsymbol{n}\rangle$ 和 $|-\boldsymbol{n}\rangle$ 的随机序列,两个态出现概率分别为 λ_+ 和 λ_-(混态 ρ 的谱表示):

$$\rho=\{\lambda_+,\ |+\boldsymbol{n}\rangle;\quad \lambda_-,\ |-\boldsymbol{n}\rangle\}\tag{10.12b}$$

现在对 ρ 作非正交分解。非正交分解有无穷多种。任选其中一种,过 ρ 态的极化矢量作一水平直线,交圆周于两点,如图 10.4 所示。这又代表将此混态分解成了另外两个纯态的凸性和。现在求分解出的两个纯态。由于 ρ 态的极化矢量与 z 轴的夹角是 $\frac{\pi}{8}$,于是这两个纯态(Bloch 球面与 x-z 面内此水平直线的两个交点)分别有极化矢量(注意,球面上纯态极化矢量模长为 1):

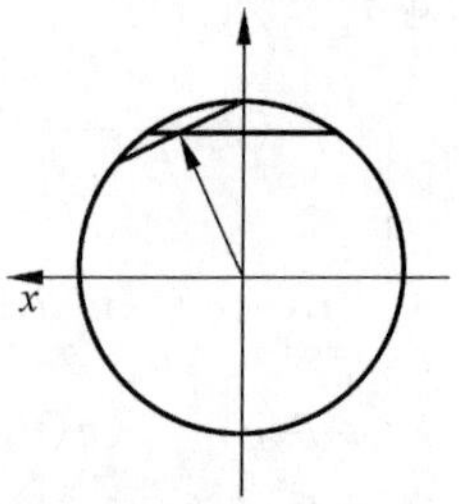

图 10.4

$$\boldsymbol{p}_1=\left(\sqrt{1-\cos^4\frac{\pi}{8}},0,\cos^2\frac{\pi}{8}\right)$$

$$\boldsymbol{p}_2=\left(-\sqrt{1-\cos^4\frac{\pi}{8}},0,\cos^2\frac{\pi}{8}\right)$$

有了这两个纯态的极化矢量,便很容易构造出它们的密度矩阵。另外需要求出态 ρ 被这两个非正交态分配的比例 $\delta_\pm$($\delta_++\delta_-=1$)。容易看出,整根水平弦长为 $2\sqrt{1-\cos^4\frac{\pi}{8}}$,所以权重 $\delta_\pm$ 便由下式决定:

$$\delta_\pm=\frac{1}{2}\left\{1\pm\frac{\cos\frac{\pi}{8}\sin\frac{\pi}{8}}{\sqrt{1-\cos^4\frac{\pi}{8}}}\right\}$$

由此式定出 $\delta_{\pm}$ 后，就得到 ρ 的第二种非正交分解：

$$\rho=\frac{\delta_{+}}{2}\begin{pmatrix}1+\cos^{2}\frac{\pi}{8}, & \sqrt{1-\cos^{4}\frac{\pi}{8}}\\ \sqrt{1-\cos^{4}\frac{\pi}{8}}, & 1-\cos^{2}\frac{\pi}{8}\end{pmatrix}+\frac{\delta_{-}}{2}\begin{pmatrix}1+\cos^{2}\frac{\pi}{8}, & -\sqrt{1-\cos^{4}\frac{\pi}{8}}\\ -\sqrt{1-\cos^{4}\frac{\pi}{8}}, & 1-\cos^{2}\frac{\pi}{8}\end{pmatrix}$$

可以直接验证右边之和就是上面的混态 ρ 矩阵。于是，按系综解释，现在，对这同一个混态 ρ 又有第三种解释，即如下两个非正交纯态的非相干混合随机序列：

$$\rho=\{\delta_{+},\ |\boldsymbol{p}_1\rangle;\quad \delta_{-},\ |\boldsymbol{p}_2\rangle\} \tag{10.12c}$$

对这个随机纯态序列也可以描述为按一个随机数 κ 的取值，分别让磁场沿 $\boldsymbol{p}_1$ 或 $\boldsymbol{p}_2$ 来制备相应正向取向的态(如自旋塌缩到它们的负方向，便将这个粒子弃去)。这个随机数 κ 以 δ_{+} 的概率取 0 值，制备 $\boldsymbol{p}_1$ 方向的纯态 $|\boldsymbol{p}_1\rangle$；以 δ_{-} 的概率取 1 值时，制备 $\boldsymbol{p}_2$ 方向的纯态 $|\boldsymbol{p}_2\rangle$。

理论上，这三种不同纯态系综代表同一混态，实验完全无法鉴别。

3. 混态与温度的概念比较

正如人们不能问单个空气分子的温度是多少，因为温度概念只属于经典热平衡统计系综。与温度概念类似的是，**混态概念只属于量子系综。它不属于单个微观粒子。任何单个微观粒子总是处于纯态，哪怕是处于含时叠加纯态，甚至与别的粒子共处于一个纠缠纯态**(此时相干叠加的系数不再是纯数值，而含有其他粒子的态矢)。进一步，与温度概念不同的是，当温标取定之后，温度数值毕竟是确定的；**但表示混态的密度矩阵不同：其系综解释是不确定的，制备办法也就是不确定的——虽然都是统计计算物理等价的含糊、统计测量效果相同的任意。其实，作为量子统计计算工具的密度矩阵，其确切性远赶不上温度在平衡态统计系综中的地位。**

第11讲

“一次量子化”与“二次量子化”

——“无厘头”与不“无厘头”

※　※　※

11.1　前　　言

学过量子力学的人都知道，文献和教科书中经常遇到如下说法：经典力学经过“一次量子化”便“过渡到”量子力学。其实，从科学逻辑观点看，这个“一次量子化”实在是一个无逻辑推理可言的“无厘头”的荒谬东西！然而，荒谬并不到此为止，更有甚者：在量子力学中，再经过“第二次量子化”，还可以从单粒子量子力学转向建立相对论量子场论。并且理论与实验还广泛符合，相当成功！本讲专门谈谈这两个荒谬。**结论是：一次量子化是个无逻辑、非理性的“无厘头”的荒谬东西；但二次量子化，对非相对论情况它是逻辑结论，它向相对论情况的推广是基于微观粒子波粒二象性和全同性原理，是有理性基础的，并非“无厘头”。**

11.2　量子力学的建立——何必借助这个“无厘头”的一次量子化

先简单重复一下“一次量子化”的具体内容：将 Newton 力学的力学量转化为作用到系统状态空间上的算符(开始了“无厘头”的逻辑飞跃!)，同时也就得到坐标和动量的对易规则，构成算符的非对易代数：

$$\begin{cases} \boldsymbol{r} \to \hat{\boldsymbol{r}}, \quad \boldsymbol{p} \to \hat{\boldsymbol{p}} = -\mathrm{i}\,\hbar\nabla, \quad E \to \hat{E} = \mathrm{i}\,\hbar\dfrac{\partial}{\partial t} \\ [\hat{x}_i, \hat{p}_j] = \delta_{ij}\mathrm{i}\,\hbar, \qquad\qquad i,j = x,y,z \end{cases}$$

接着再将 Newton 力学能量等式 $E=\dfrac{\boldsymbol{p}^2}{2m}+V(\boldsymbol{r})$ 对应地转化成算符方程，作用到表征状态的实变数复值函数 $\psi(\boldsymbol{r},t)$ 上，就得到状态运动方程：

$$\mathrm{i}\hbar\frac{\partial\psi(\boldsymbol{r},t)}{\partial t} = \left(\frac{-\hbar^2}{2m}\nabla + V(\boldsymbol{r})\right)\psi(\boldsymbol{r},t)$$

现在得到了算符的非对易运算规则，又有了状态运动方程，再添加两条关于实验测量和物理解释的公设以及全同性原理公设，就能建立起非相对论量子力学。这就是著名的不讲道理的、十分古怪的"一次量子化"过程。

其实，这是"人择原理"的偏颇和"先入为主"的偏执相结合所产生的"无厘头"的东西(注意，这些偏颇和偏执并不局限于经典与量子过渡问题)。基于人类固有的尺度、质量范围和观测系统，人类注定属于这个特定尺度下的当前宏观世界。人们别无选择地首先掌握了描述这个世界的物理学——Newton 力学。**但是，人们应当意识到，最先掌握的物理学只是离我们身边最近的物理学，未见得就是自然界中最基本、最普适的物理学。尽管如此，由此开始，人们自然而不自觉地具有了"人择原理"的偏颇，经典观念的束缚，形成了先入为主的成见，制约了人们的认知能力：既然微观世界物理学和所熟悉的宏观世界物理学如此相悖，人们总是习惯地想从宏观世界物理学的角度去理解它，刺激人们想要从 Newton 力学去理解(甚至"推导")量子力学的"逆向思维"，拼凑出这么个"无厘头"的"一次量子化"。**

众所周知，如果对电磁波取极短波长极限，能流矢量将转化为光线概念，波动光学便简化成为几何光学。这表明 Maxwell 理论已经全面地包容着几何光学作为自己的极限情况①。但如果一定要主观地逆向逻辑推理，想在(已经取了极短波长极限的、具有较少自由度的)几何光学中加入波动性，从而"导出"(一般波长下的、具有更多自由度的)Maxwell 理论，那就必须引入一些无逻辑的、很古怪的、"无厘头"的导致"波动化"的假设才行。当然，物理学发展的历史事实是人们没有这样做，而是依据电磁现象众多实验事实，结合逻辑归纳，直接构建和接纳了(包容几何光学的)Maxwell 电磁波理论。

Newton 力学和量子力学的传承关系也类似于此。从微观世界过渡到宏观世界时，宏观物体的 de Broglie 波波长趋于零。因此，如果在量子力学中取 de Broglie 波极短波长极限，(较多自由度的)量子力学便简化成为(较少自由度的)Newton 力学。这表明(描述波粒二象性的)量子力学已经全面地包容着(描述不具有波动性的质点轨道运动的)Newton 力学作为自己的极限情况。同样，如果一定要想从 Newton 力学"导出"(确切地说是推广、扩展成为)量子力学，如同从光学"导出"(推广、扩展成为)Maxwell 电磁波理论那样，是主观的无逻辑

---

① 玻恩 M，沃耳夫 E. 光学原理[M]. 杨葭荪，等译校. 北京：科学出版社，1978，第 3 章.

的逆向思维。物理学发展事实表明,最直截了当的办法就是依据微观实验事实,结合逻辑归纳演绎,直接构建起(包容 Newton 力学的)量子力学。如同从光学到电磁波理论的物理学发展事实那样。

说到底,物理学发展并不需要这个"无厘头"的"一次量子化",不需要它所显示的缺乏理性、缺乏逻辑的神秘,唯一需要的只是"相信实验,相信逻辑"的科学理性精神。正是这种科学理性精神,导致 Maxwell 建立了经典电磁理论,导致 Einstein 建立了狭义相对论和广义相对论,甚至导致他提出(后来表明连他本人也不十分理解的)光子概念!

11.3 Maxwell 场协变量子化——需要"鬼光子"的一次量子化

1. Lorenz 规范的协变量子化

(1) 序言

众所周知,Maxwell 场表述蕴含物理上多余的规范自由度,必须采用约束系统量子化方法进行量子化[②]。用势 A_μ 表述的电磁场,要保持 Lorentz 变换协变形式,必定带有纵向和标量的非物理自由度;一旦消除这些非物理自由度,形式就不是协变的。于是,**只依赖于物理的动力学自由度的正则量子化方法和理论的协变形式不相容。**辐射规范的优点是只量子化该场的物理自由度,但这样就牺牲了协变形式。本节叙述保持协变形式的量子化,看看结果到底如何。在 Lorenz 规范[③]下,取 Lagrange 量密度 $\mathscr{L}_{em}=-\frac{1}{2}(\partial_\mu A_\nu)^2$,有

$$\begin{cases} H=\dfrac{1}{2}\int \mathrm{d}^3x(\pi_\mu\pi_\mu+\nabla A_\mu\cdot\nabla A_\mu) \\ \partial_\nu^2A_\mu=0,\quad \pi_\mu=\dot{A}_\mu,\quad \partial_\mu A_\mu=0 \end{cases}$$

显然,4 组正则场量对$(A_\mu(x),\pi_\mu(x))$之间,如果没有约束条件$\partial_\mu A_\mu=0$相互关联,彼此完全独立,此理论就扩大了经典 Maxwell 理论,包含了非 Maxwell 的自由度。

(2) 协变形式等时对易规则

现在暂且不管附加的协变规范条件$\partial_\mu A_\mu=0$,于是 4 个 A_μ 运动方程可以当作平行独立的 4 个自由度处理。对 4 组(A_μ,π_μ)同时实施正则量子化,即设定

$$\begin{cases} [A_\mu(\boldsymbol{x}t),\pi_\nu(\boldsymbol{x}'t)]=\mathrm{i}\delta_{\mu\nu}\delta(\boldsymbol{x}-\boldsymbol{x}')\text{④} \\ [A_\mu(\boldsymbol{x}t),A_\nu(\boldsymbol{x}'t)]=[\pi_\mu(\boldsymbol{x}t),\pi_\nu(\boldsymbol{x}'t)]=0 \end{cases}$$

---

② 约束系统量子化见:张永德.高等量子力学[M].3 版.北京:科学出版社,2015,第 7 章.关于不同规范对求解方程的影响的讨论见该书附录I。

③ 以前以为 Lorenz 规范条件是荷兰物理学家 H. A. Lorentz 首先提出的,误作 Lorentz 规范。事实是丹麦人 L. V. Lorenz 于 1867 年首先提出。此事见 Rev. Mod. Phys., Vol. 73t, July, 2001。

④ 对第一式两边 ∂_μ,左边由于 $\partial_\mu A_\mu=0$ 为零,而右边不为零。这说明,此处对易规则已和 Lorenz 条件相矛盾,算符 $A_\mu(x)$作为时空函数已不能满足Lorenz条件。由下文知道,Lorenz条件总是要将纵分量和类时分量联系起来。这个矛盾似乎可以只对两个横分量量子化,而不对类时、纵向分量也量子化来解决。但这是非协变的,因为纵横分解和 Lorentz 观察系有关。上面这些讨论也可对非等时对易子$[A_\mu(x),A_\nu(x)]=\mathrm{i}\delta_{\mu\nu}D(x-x')$进行。

由量子场场量的运动方程

$$\dot{A}_\mu = \frac{1}{\mathrm{i}}[A_\mu, H], \quad \dot{\pi}_\mu = \frac{1}{\mathrm{i}}[\pi_\mu, H]$$

为记号简明，下面记 $A_\mu(\boldsymbol{x}t)=A_\mu, A_\nu(\boldsymbol{x}'t)=A'_\nu$ 等，于是得到

$$\begin{aligned}\dot{A}_\mu &= \frac{\delta_{\mu\nu}}{2\mathrm{i}}\int \mathrm{d}^3x'[A_\mu, \pi'^2_\nu + (\nabla' A'_\nu)^2] = \frac{\delta_{\mu\nu}}{2\mathrm{i}}\int \mathrm{d}^3x'[A_\mu, \pi'_\nu\pi'_\nu] \\ &= \frac{1}{\mathrm{i}}\int \mathrm{d}^3x'\,\mathrm{i}\delta_{\mu\nu}\delta(\boldsymbol{x}-\boldsymbol{x}')\pi'_\nu = \pi_\mu \\ \dot{\pi}_\mu &= \frac{\delta_{\mu\nu}}{2\mathrm{i}}\int \mathrm{d}^3x'[\pi_\mu, \pi'^2_\nu + (\nabla' A'_\nu)^2] = \frac{\delta_{\mu\nu}}{2i}\int \mathrm{d}^3x'[\pi_\mu, \nabla' A'_\nu \cdot \nabla' A'_\nu] \\ &= \int \mathrm{d}^3x' \cdot \delta_{\mu\nu}\delta(\boldsymbol{x}-\boldsymbol{x}')\Delta' A'_\nu = \Delta A_\mu(\boldsymbol{x}t)\end{aligned}$$

将两者结合，即得与原先形式相同的场算符 $A_\mu(\boldsymbol{x}t)$ 的量子场方程

$$\partial^2_\nu A_\mu(x) = 0$$

(3) 向动量空间转换

由于方程形式完全相同，可以直接采用经典的 Fourier 展开，只需添加反映非对易代数的量子系数即可。于是，选定 $\boldsymbol{k}$ 后，可取如下正交归一的 4 矢四重标架[⑤]：

$$e_1(k) = (\boldsymbol{\varepsilon}_1(\boldsymbol{k}), 0), e_2(k) = (\boldsymbol{\varepsilon}_2(\boldsymbol{k}), 0), e_3(k) = \left(\frac{\boldsymbol{k}}{|\boldsymbol{k}|}, 0\right), e_4(\boldsymbol{k}) = \mathrm{i}\eta = \mathrm{i}(\boldsymbol{0}, \mathrm{i})$$

极化标架取定后，平面波完备基可取为(取 $c=1, \omega=|\boldsymbol{k}|$。否则 $\omega=c|\boldsymbol{k}|$)

$$\frac{1}{(2\pi)^{3/2}}\frac{e_\lambda(\boldsymbol{k})}{\sqrt{2|\boldsymbol{k}|}}\mathrm{e}^{\pm ikx}, \quad kx = \boldsymbol{k}\cdot\boldsymbol{r} - \omega t;\ \lambda = 1,2,3,4$$

考虑 $A_\mu(\boldsymbol{x}t)=(\boldsymbol{A}, \mathrm{i}\varphi)$ 中 $\boldsymbol{A}$、φ 均是实的，量子化应为厄米算符，A_4 量子化为反厄米算符。场算符 A_μ 的时空函数展开为[⑥]

$$A_\mu(\boldsymbol{x}t) = \sum_{\lambda=1}^{4}\int \frac{\mathrm{d}^3k}{\sqrt{2|\boldsymbol{k}|(2\pi)^3}} e_\lambda(\boldsymbol{k})_\mu (a_\lambda(\boldsymbol{k})\mathrm{e}^{ikx} + (-1)^{\delta_{\lambda4}} a^\dagger_\lambda(\boldsymbol{k})\mathrm{e}^{-ikx})$$

这里，量子系数 $a_\lambda(\boldsymbol{k})$、$a^\dagger_\lambda(\boldsymbol{k})$ 体现场算符的非对易代数性质。注意 $e^*_\lambda(\boldsymbol{k})_\mu(-)^{\delta_{\lambda4}+\delta_{\mu4}} \cdot e_\lambda(\boldsymbol{k})_\mu$[⑦]，有 $A^\dagger_\mu(x)=(-)^{\delta_{\mu4}}A_\mu(x)$。说明 $A_i(x)$ 是厄米场，$A_4(x)$ 是(由纯虚量量子化而来)反厄米场。与 $A_\mu(x)$ 展式相应，有

---

⑤ 这是对静止质量为零的 4 矢四重标架，其中 $\boldsymbol{\varepsilon}_1(\boldsymbol{k})\perp\boldsymbol{\varepsilon}_2(\boldsymbol{k})\perp\boldsymbol{k}$，用来描述极化。注意，由此特殊 Lorentz 系转入一般 Lorentz 系时，e_3、e_4 分别为

$$e_3 = \frac{k+\eta'(k\cdot\eta')}{-(k\cdot\eta')}\ \left(在\ \eta=(\boldsymbol{0},\mathrm{i})\mathrm{Lorentz}\ 系中还原为\left(\frac{\boldsymbol{k}}{|\boldsymbol{k}|},0\right)\right), e_4 = \mathrm{i}\eta' = \mathrm{i}(\boldsymbol{\eta}', \mathrm{i}\eta'_4)$$

⑥ 展开式中 $(-1)^{\delta_{\lambda4}}$ 的负号和 $e_4(\boldsymbol{k})=\mathrm{i}\eta$ 中的 i 直接有关(因为要求 A_4 是反厄米的，而 $e_4(\boldsymbol{k})_4$ 又是实的⇒不得不引入 $(-1)^{\delta_{\lambda4}}$！)。但如果重新定义 $e_4=\eta$，则由于 $e_4(\boldsymbol{k})_4$ 为纯虚(确切地说，e_4 类时)，$e_4^2(\boldsymbol{k})=-1$，而且由后面 $a_4(\boldsymbol{k})$、$a_4^\dagger(\boldsymbol{k})$ 的表达式知仍有：$[a_4(\boldsymbol{k}), a_4^\dagger(\boldsymbol{k}')] = -\delta(\boldsymbol{k}-\boldsymbol{k}')$！所以，此对易子右边负号是实质性的，无法避免。

⑦ 第一个四维矢量：空间分量为实的，只时间分量为纯虚，故有 $(-)^{\delta_{\mu4}}$；但对 $e_4(\boldsymbol{k})=i\eta$，前有 i，故又多一相因子 $(-1)^{\delta_{\lambda4}}$.

$$\pi_\mu(x) = -\mathrm{i}\sum_{\lambda=1}^{4}\int \frac{\mathrm{d}^3 k}{\sqrt{(2\pi)^3}}\sqrt{\frac{|\boldsymbol{k}|}{2}}\, e_\lambda(\boldsymbol{k})_\mu\left(a_\lambda(\boldsymbol{k})\mathrm{e}^{\mathrm{i}kx} - (-1)^{\delta_{\lambda 4}} a_\lambda^\dagger(\boldsymbol{k})\mathrm{e}^{-\mathrm{i}kx}\right)$$

由 A_μ、π_μ 展开式反解求得 a_λ、a_λ^+ 的表达式为

$$\begin{aligned}
a_\lambda(\boldsymbol{k}) &= \int \frac{\mathrm{d}^3 x}{\sqrt{(2\pi)^3}}\mathrm{e}^{-\mathrm{i}kx}\left\{\sqrt{\frac{|\boldsymbol{k}|}{2}}A_\mu(x) + \mathrm{i}\sqrt{\frac{1}{2|\boldsymbol{k}|}}\pi_\mu(x)\right\}e_\lambda(\boldsymbol{k})_\mu \\
&= \int \frac{\mathrm{d}^3 x}{\sqrt{(2\pi)^3}}\mathrm{i}\sqrt{\frac{1}{2|\boldsymbol{k}|}}\{-A_\mu\partial_t \mathrm{e}^{-\mathrm{i}kx} + \mathrm{e}^{-\mathrm{i}kx}\partial_t A_\mu\}e_\lambda(\boldsymbol{k})_\mu \\
&= \mathrm{i}\int \frac{\mathrm{d}^3 x}{\sqrt{2(2\pi)^3|\boldsymbol{k}|}}\mathrm{e}^{-\mathrm{i}kx}\overleftrightarrow{\partial}_t(e_\lambda(\boldsymbol{k})_\mu A_\mu)
\end{aligned}$$

$$\begin{aligned}
a_\lambda^\dagger(\boldsymbol{k}) &= (-)^\lambda(-1)^{\delta_{\lambda 4}}\mathrm{e}^{-2\mathrm{i}|\boldsymbol{k}|t}\int \frac{\mathrm{d}^3 x}{\sqrt{(2\pi)^3}}\mathrm{e}^{\mathrm{i}\boldsymbol{k}\cdot\boldsymbol{x}+\mathrm{i}|\boldsymbol{k}|t}\left\{\sqrt{\frac{|\boldsymbol{k}|}{2}}A_\mu(x) - \mathrm{i}\sqrt{\frac{1}{2|\boldsymbol{k}|}}\pi_\mu(x)\right\}e_\lambda(-\boldsymbol{k})_\mu \\
&= (-1)^{\delta_{\lambda 4}}\int \frac{\mathrm{d}^3 x}{\sqrt{(2\pi)^3}}\mathrm{i}\sqrt{\frac{1}{2|\boldsymbol{k}|}}\{\mathrm{e}^{\mathrm{i}kx}(-\mathrm{i}|\boldsymbol{k}|)A_\mu - \mathrm{e}^{\mathrm{i}kx}\dot{A}_\mu\}e_\lambda(\boldsymbol{k})_\mu \\
&= \frac{\mathrm{i}(-1)^{\delta_{\lambda 4}}}{\sqrt{2|\boldsymbol{k}|}}\int \frac{\mathrm{d}^3 x}{\sqrt{(2\pi)^3}}e_\lambda(\boldsymbol{k})_\mu A_\mu\overleftrightarrow{\partial}_t \mathrm{e}^{\mathrm{i}kx}
\end{aligned}$$ ⑧

由 $a_\lambda(\boldsymbol{k})$、$a_\lambda^\dagger(\boldsymbol{k})$这些关系，可导出它们之间的等时对易规则

$$\begin{aligned}
&[a_\lambda(\boldsymbol{k}), a_{\lambda'}^\dagger(\boldsymbol{k}')] \\
&= -\frac{(-)^{\delta_{\lambda' 4}}}{2\sqrt{|\boldsymbol{k}||\boldsymbol{k}'|}}\int \frac{\mathrm{d}^3(xx')}{(2\pi)^3}[\mathrm{e}^{-\mathrm{i}kx}\overleftrightarrow{\partial}_t(e_\lambda(\boldsymbol{k})_\mu A_\mu(\boldsymbol{x}t)), e_{\lambda'}(\boldsymbol{k}')_\nu A_\nu(\boldsymbol{x}'t)\overleftrightarrow{\partial}_t \mathrm{e}^{\mathrm{i}k'x'}] \\
&= -\frac{(-)^{\delta_{\lambda' 4}}}{2\sqrt{|\boldsymbol{k}||\boldsymbol{k}'|}}\int \frac{\mathrm{d}^3(xx')}{(2\pi)^3}e_\lambda(\boldsymbol{k})_\mu e_{\lambda'}(\boldsymbol{k}')_\nu\{\mathrm{e}^{-\mathrm{i}kx}[\dot{A}_\mu(\boldsymbol{x}t), A_\nu(\boldsymbol{x}'t)]\partial_t \mathrm{e}^{\mathrm{i}k'x'} \\
&\quad + (\partial_t \mathrm{e}^{-\mathrm{i}kx})[A_\mu(\boldsymbol{x}t), \dot{A}_\nu(\boldsymbol{x}'t)]\mathrm{e}^{\mathrm{i}k'x'}\} \\
&= \frac{(-)^{\delta_{\lambda' 4}}}{2\sqrt{|\boldsymbol{k}||\boldsymbol{k}'|}}\int \frac{\mathrm{d}^3 x}{(2\pi)^3}e_\lambda(\boldsymbol{k})_\mu e_{\lambda'}(\boldsymbol{k}')_\mu \mathrm{e}^{-\mathrm{i}kx+\mathrm{i}k'x}(|\boldsymbol{k}|+|\boldsymbol{k}'|) \\
&= \frac{(-)^{\delta_{\lambda' 4}}}{2\sqrt{|\boldsymbol{k}||\boldsymbol{k}'|}}e_\lambda(\boldsymbol{k})_\mu e_{\lambda'}(\boldsymbol{k}')_\mu(|\boldsymbol{k}|+|\boldsymbol{k}'|)\delta(\boldsymbol{k}-\boldsymbol{k}') = (-)^{\delta_{\lambda 4}}\delta_{\lambda\lambda'}\delta(\boldsymbol{k}-\boldsymbol{k}')
\end{aligned}$$ ⑨

$$\begin{aligned}
&[a_\lambda^\dagger(\boldsymbol{k}), a_{\lambda'}^\dagger(\boldsymbol{k}')] \\
&= \frac{-(-)^{\delta_{\lambda 4}+\delta_{\lambda' 4}}}{2\sqrt{k_0 k_0'}}\int \frac{\mathrm{d}^3(xx')}{(2\pi)^3}e_\lambda(\boldsymbol{k})_\mu e_{\lambda'}(\boldsymbol{k}')_\nu[A_\mu(\boldsymbol{x}t)\overleftrightarrow{\partial}_t \mathrm{e}^{\mathrm{i}kx}, A_\nu(\boldsymbol{x}'t)\overleftrightarrow{\partial}_t \mathrm{e}^{\mathrm{i}k'x'}] \\
&= \frac{(-)^{\delta_{\lambda 4}+\delta_{\lambda' 4}}}{2\sqrt{k_0 k_0'}}\int \frac{\mathrm{d}^3(xx')}{(2\pi)^3}e_\lambda(\boldsymbol{k})_\mu e_{\lambda'}(\boldsymbol{k}')_\nu\{(\partial_t \mathrm{e}^{\mathrm{i}kx})\mathrm{e}^{\mathrm{i}k'x'}[A_\mu(\boldsymbol{x}t), \dot{A}_\nu(\boldsymbol{x}'t)]
\end{aligned}$$

---

⑧ 此式亦可直接由 $a_\lambda(\boldsymbol{k})$ 取“†”得到，只需要注意：

$$A_\mu^\dagger(x) = (-)^{\delta_{\mu 4}}A_\mu(x), \quad e_\lambda^*(\boldsymbol{k})_\mu = (-)^{\delta_{\lambda 4}+\delta_{\mu 4}}e_\lambda(\boldsymbol{k})_\mu$$

⑨ 注意即使前面取 $e_4(\boldsymbol{k}) = \mathrm{i}\eta$，从而消去 $A_\mu(x)$ 展开式中的 $(-1)^{\delta_{\lambda 4}}$ 相因子，从而也就消去了此处的 $(-1)^{\delta_{\lambda' 4}}$ 因子，但却多出了一个 $e_4(\boldsymbol{k})_\mu e_4(\boldsymbol{k})_\mu = -1$，此式还是最终存在 $(-1)^{\delta_{\lambda 4}}$。

$$+\mathrm{e}^{\mathrm{i}kx}(\partial_t \mathrm{e}^{\mathrm{i}k'x'})[\dot{A}_\mu(\boldsymbol{x}t),A_\nu(\boldsymbol{x}'t)]\}$$

$$=\frac{(-)^{\delta_{\lambda 4}+\delta_{\lambda' 4}}}{2\sqrt{k_0k_0'}}\int\frac{\mathrm{d}^3x}{(2\pi)^3}e_\lambda(\boldsymbol{k})_\mu e_{\lambda'}(\boldsymbol{k}')_\mu(|\boldsymbol{k}|-|\boldsymbol{k}'|)\mathrm{e}^{\mathrm{i}kx+\mathrm{i}k'x}=0$$

同理有$[a_\lambda(\boldsymbol{k}),a_{\lambda'}(\boldsymbol{k}')]=0$。总之可得

$$\begin{cases}[a_\lambda(\boldsymbol{k}),a_{\lambda'}(\boldsymbol{k}')]=[a_\lambda^\dagger(\boldsymbol{k}),a_{\lambda'}^\dagger(\boldsymbol{k}')]=0\\ [a_\lambda(\boldsymbol{k}),a_{\lambda'}^\dagger(\boldsymbol{k}')]=(-)^{\delta_{\lambda'4}}\delta_{\lambda\lambda'}\delta(\boldsymbol{k}-\boldsymbol{k}')\end{cases},\quad \lambda,\lambda'=1,2,3,4$$

$\boldsymbol{k}$ 空间中 H、$\boldsymbol{P}$ 表达式(取正规乘积,减去真空态的无穷大本底)分别为

$$H=\frac{1}{2}\int\mathrm{d}^3x\{\nabla A_\mu(x)\cdot\nabla A_\mu(x)+\dot{A}_\mu(x)\dot{A}_\mu(x)\}$$

$$=\int\mathrm{d}^3k\cdot|\boldsymbol{k}|\{a_1^+(\boldsymbol{k})a_1(\boldsymbol{k})+a_2^+(\boldsymbol{k})a_2(\boldsymbol{k})+a_3^+(\boldsymbol{k})a_3(\boldsymbol{k})-a_4^+(\boldsymbol{k})a_4(\boldsymbol{k})\}$$

$$\boldsymbol{P}=-\int\mathrm{d}^3x\dot{A}_\mu(x)\nabla A_\mu(x)$$

$$=\int\mathrm{d}^3k\cdot\boldsymbol{k}\cdot(a_1^+(\boldsymbol{k})a_1(\boldsymbol{k})+a_2^+(\boldsymbol{k})a_2(\boldsymbol{k})+a_3^+(\boldsymbol{k})a_3(\boldsymbol{k})-a_4^+(\boldsymbol{k})a_4(\boldsymbol{k}))$$

2. 不定度规、负模态、鬼光子

上面将 4 个分量平行地实施了正则量子化。由于存在非物理的,甚至非 Maxwell 自由度,这个量子场当然不是量子 Maxwell 场。本节先总结分析结果,下节考察加上怎样的约束,才能够将这两类多余自由度消除掉,从而等效于对物理的 Maxwell 场进行量子化。

上面已经表明,**$\boldsymbol{\lambda}=1,2,3$ 是正常 Boson,但 $\boldsymbol{\lambda}=4$ 是反常 Boson,**

$$[a_4(\boldsymbol{k}),a_4^+(\boldsymbol{k}')]=-\delta(\boldsymbol{k}-\boldsymbol{k}')$$

对易子右边出现一个反常的负号,它是不可避免的。因为 Minkowski 空间是 3+1 维赝欧氏空间,矢量模长有不定性。或者说,它是此空间度规不定性的必然结果。(注意脚注⑥和脚注⑨,此对易子右边出现负号是不可避免的。)

上面对易子右边负号的重要后果是:场算符定义在其上的 Hilbert 空间具有不定度规,即此空间具有负模态⑩**,因而是鬼态。**为了方便说清问题,转入箱归一:

$$\int\mathrm{d}^3k\to\sum_k\Delta V_k,\Delta V_k=\frac{(2\pi)^3}{V},\quad\delta(\boldsymbol{k}-\boldsymbol{k}')\to\frac{\delta_{kk'}}{\Delta V_k},\quad a_\lambda(\boldsymbol{k})\sqrt{\Delta V_k}=a_{k\lambda}$$

于是对易子成为

$$[a_{k4},a_{k'4}^\dagger]=-\delta_{kk'}$$

可以构造单个标量光子态$|1_{k4}\rangle=a_{k4}^\dagger|0\rangle$。这就是一个负模态,因为

$$\langle 1_{k4}|1_{k4}\rangle=\langle 0|a_{k4}a_{k4}^\dagger|0\rangle=\langle 0|[a_{k4},a_{k4}^\dagger]|0\rangle=-1$$

一般地有

---

⑩ 古普塔 S N. 量子电动力学[M]. 史天一,等译. 北京:北京师范大学出版社,1981:32;卢里 D. 粒子与场[M]. 董明德,等译. 北京:科学出版社,1981:175.

$$\langle n_{k4} \mid n_{k4} \rangle = (-)^{n_{k4}}$$

证明 一般的光子态为

$$| n_1, n_2, n_3, n_4 \rangle = \frac{1}{\sqrt{n_1 ! n_2 ! n_3 ! n_4 !}} (a_{k1}^+)^{n_1} (a_{k2}^+)^{n_2} (a_{k3}^+)^{n_3} (a_{k4}^+)^{n_4} \mid 0 \rangle$$

故单个标量光子的一般态为

$$| n_1, n_2, n_3, 1_4 \rangle = | n_1, n_2, n_3 \rangle \mid 1_4 \rangle = a_{k4}^+ \mid 0_4 \rangle \mid n_1, n_2, n_3 \rangle$$

于是,可以只考虑标量光子,并略去 $\boldsymbol{k}$ 记号,即

$$| n_4 \rangle = \frac{1}{\sqrt{n_4 !}} (a_4^+)^{n_4} \mid 0 \rangle$$

已知$\langle 1_4 | 1_4 \rangle = -1$,以及

$$\langle 2_4 \mid 2_4 \rangle = \frac{1}{2} \langle 0 \mid (a_4)^2 (a_4^+)^2 \mid 0 \rangle = \frac{1}{2} \langle 0 \mid [(a_4)^2, (a_4^+)^2] \mid 0 \rangle = 1$$

现用归纳法证明内积符号的交替:设$\langle n_4 - 1 | n_4 - 1 \rangle = (-)^{n_4 - 1}$正确,则有

$$\begin{aligned}\langle n_4 \mid n_4 \rangle &= \frac{1}{n_4} \langle n_4 - 1 \mid a_4 \cdot (a_4^+)^{n_4} \mid 0 \rangle \frac{1}{\sqrt{(n_4 - 1)!}} \\ &= \frac{1}{n_4 \sqrt{(n_4 - 1)!}} \langle n_4 - 1 \mid [a_4, (a_4^+)^{n_4}] \mid 0 \rangle \\ &= \frac{1}{n_4 \sqrt{(n_4 - 1)!}} \langle n_4 - 1 \mid (-) n_4 (a_4^+)^{n_4 - 1} \mid 0 \rangle ^{⑪} \\ &= - \langle n_4 - 1 \mid n_4 - 1 \rangle = (-)^{n_4} {}^{⑫}\end{aligned}$$

也正确。接着,再证明标量光子的粒子数算符为

$$N_{k4} = - a_{k4}^+ a_{k4}$$

证明
$$N_{k4} | n_{k4} \rangle = (-a_{k4}^+ a_{k4}) \frac{1}{\sqrt{n_{k4} !}} (a_{k4}^+)^{n_4} | 0 \rangle = - \frac{1}{\sqrt{n_{k4} !}} a_{k4}^+ [a_{k4}, (a_{k4}^+)^{n_4}] | 0 \rangle$$

$$= - \frac{1}{\sqrt{n_{k4} !}} a_{k4}^+ (-n_{k4}) (a_{k4}^+)^{n_4 - 1} | 0 \rangle = n_{k4} | n_{k4} \rangle$$

由此可知,量子化电磁场 Hamilton 量 $\boldsymbol{H}$ 的本征值总是非负的。然而,由于态空间度规的不定性,$\boldsymbol{H}$ 的期望值却可能是负的!即有

$$\langle n_{k4} \mid H \mid n_{k4} \rangle = n_{k4} \mid \boldsymbol{k} \mid \langle n_{k4} \mid n_{k4} \rangle = (-)^{n_{k4}} n_{k4} \mid \boldsymbol{k} \mid$$

最后应当指出,不定度规的量子力学

$$\langle \psi \mid \psi \rangle = 0, \pm 1$$

将会产生两个根本性的困难:其一,负模态表示负概率,在物理上这是难以理解的;其二,零模态也会发生物理解释上的困难,因为一个态若是零模$\langle \boldsymbol{\psi} | \boldsymbol{\psi} \rangle = \mathbf{0}$,用任意常数乘它还

---

⑪ 这一步利用:若$[a, a^\dagger] = -1$,则$[a, (a^\dagger)^n] = -n(a^\dagger)^{n-1}$,此公式易用归纳法证明。

⑫ 或一般地有:$\langle n_1, n_2, n_3, n_4 \mid n_1', n_2', n_3', n_4' \rangle = (-)^{n_4} \delta_{n_1 n_1'} \delta_{n_2 n_2'} \delta_{n_3 n_3'} \delta_{n_4 n_4'}$。

是个零模态 $f|\boldsymbol{\psi}\rangle=|\boldsymbol{\psi}'\rangle$。于是，还会导致任何力学量 $\boldsymbol{\Omega}$ 在该零模态中有任意期望值：$\langle\boldsymbol{\psi}|\boldsymbol{\Omega}|\boldsymbol{\psi}\rangle\neq\langle\boldsymbol{\psi}'|\boldsymbol{\Omega}|\boldsymbol{\psi}'\rangle$！正由于零模长或负模长的态矢在物理解释上有困难，只能在确保这两类态物理上不可观测条件下，才可以使用这种不定度规。

3. 附加条件——"协变性要求有鬼，约束条件保证看不见它们"

前面一再提及，无论从经典场论或量子场论看，为使理论是物理的，还必须附加规范约束条件。对经典场它是 $\partial_\mu A_\mu=0$；对量子场，本来应当相应写为算符方程 $\partial_\mu A_\mu|A\rangle=0$，$|A\rangle$ 为 Hilbert 空间的任意态矢[⑬]。但是，这个约束太强，以致真空态也不能满足这一条件，从而也成了非物理的！事实上，根据这一条件应有

$$\partial_\mu A_\mu\mid 0\rangle=0\quad 和\quad \langle 0\mid\partial_\mu A_\mu=0$$

分别左乘、右乘以 $A_\nu(\boldsymbol{x}'t')$ 之后相减，得

$$\begin{aligned}0&=\langle 0\mid\partial_\mu[A_\mu(\boldsymbol{x}t),A_\nu(\boldsymbol{x}'t')]\mid 0\rangle=\partial_\mu(\mathrm{i}\delta_{\mu\nu}D(x-x'))\langle 0\mid 0\rangle\\&=\mathrm{i}(\partial_\nu D(x-x'))\langle 0\mid 0\rangle\end{aligned}$$

由于 $\partial_\nu D(x-x')\neq 0$，导致 $\langle 0|0\rangle=0$。这不合理，因此附加条件必须放宽。

经过 20 多年不成功的尝试之后，直到 1950 年，**Gupta 大胆吸纳上述不定度规思路，并改用 $\boldsymbol{A}_\mu=\boldsymbol{A}_\mu^{(+)}+\boldsymbol{A}_\mu^{(-)}$ 中只含湮灭算符的正频部分 $\boldsymbol{A}_\mu^{(+)}$ 作用为零作为选择物理态的条件[⑭]，**

$$\boldsymbol{\partial_\mu A_\mu^{(+)}(x)\mid P\rangle=0}$$

其中 **$|P\rangle$ 为物理态子空间中任意态矢。**作为与经典条件 $\partial_\mu A_\mu=0$ 的对照，用上述条件及其厄米共轭条件 $\langle P|\partial_\mu A_\mu^{(-)}=0$ 立即可得：算符 $\partial_\mu A_\mu$ 在物理态子空间中全部矩阵元为零。设 $|P\rangle$ 和 $|P'\rangle$ 为此子空间的两个任意态矢，有

$$\langle P'\mid\partial_\mu A_\mu\mid P\rangle=\langle P'\mid\partial_\mu A_\mu^{(-)}\cdot\mid P\rangle+\langle P'\mid\cdot\,\partial_\mu A_\mu^{(+)}\mid P\rangle=0$$

就是说，**算符 $\boldsymbol{\partial_\mu A_\mu}$ 其实并不恒为零，只是在物理态子空间中看它是零。下面就用这个附加条件区分 Hilbert 空间的物理态和非物理态。**

将条件 $\partial_\mu A_\mu^{(+)}|P\rangle=0$ 转入粒子数表象，可以看清楚 $|P\rangle$ 的组成。由

$$A_\mu^{(+)}(x)=\sum_{\lambda=1}^{4}\int\frac{\mathrm{d}^3k}{\sqrt{2k_0(2\pi)^3}}e_\lambda(\boldsymbol{k})a_\lambda(\boldsymbol{k})\mathrm{e}^{\mathrm{i}kx}$$

代入 $\partial_\mu A_\mu^{(+)}|P\rangle=0$ 中，得

$$\sum_{\lambda=1}^{4}\int\frac{\mathrm{d}^3k}{\sqrt{2k_0(2\pi)^3}}\mathrm{i}e_\lambda(\boldsymbol{k})\cdot\boldsymbol{k}\mathrm{e}^{\mathrm{i}kx}a_\lambda(\boldsymbol{k})\mid P\rangle=0$$

---

⑬ 一般来说，限制性条件可对两方面起作用：一是限制算符 A_μ；另一是限制后面态矢——符合此条件的态才是物理态，否则是非物理态。由于算符 A_μ 已经确定，无法对其进一步限制，所以采取后一种方式。

⑭ GUPTA S N. Proc. Phys. Soc. London，1950，A63：681；亦见：古普塔 S N. 量子电动力学[M]. 史天一，等译. 北京：北京师范大学出版社，1981：69.

由于 x 的任意性,可以得到物理态 $|P\rangle$ 必须满足的条件[⑮]

$$\sum_{\lambda=1}^{4} \boldsymbol{k} \cdot e_{\lambda}(\boldsymbol{k}) a_{\lambda}(\boldsymbol{k}) \mid P\rangle = 0$$

由于 $\boldsymbol{k} \cdot e_1(\boldsymbol{k}) = \boldsymbol{k} \cdot e_2(\boldsymbol{k}) = 0$[⑯],$\boldsymbol{k} \cdot e_3(\boldsymbol{k}) = |\boldsymbol{k}| = -\boldsymbol{k} \cdot \boldsymbol{\eta}$,$\boldsymbol{k} \cdot e_4(\boldsymbol{k}) = \mathrm{i}\boldsymbol{k} \cdot \boldsymbol{\eta}$,由上式得

$$(\boldsymbol{k} \cdot \boldsymbol{\eta})(a_3(\boldsymbol{k}) - \mathrm{i}a_4(\boldsymbol{k})) \mid P\rangle = 0, \quad \forall \boldsymbol{k}$$

或

$$[a_3(\boldsymbol{k}) - \mathrm{i}a_4(\boldsymbol{k})] \mid P\rangle = 0$$ [⑰]

此式明确表述了物理态中含有纵向光子和标量光子时应遵从的约束。

下面具体分析这种约束产生的后果。可以看出,该条件将这两类光子总数相同态的系数相互关联起来。设两类光子总数为 M 的光子态 $|n_1, n_2, M\rangle$,就有 $|P\rangle$ 的一般表达式

$$| P\rangle = | n_1, n_2, M\rangle = \sum_{l=0}^{M} i^l \sqrt{\frac{M!}{(M-l)!l!}} \mid n_1, n_2, M-l, l\rangle$$

证明

$$\begin{aligned}
(a_3 - \mathrm{i}a_4) \mid n_1, n_2, M\rangle &= \sum_{l=0}^{M-1} \mathrm{i}^l \sqrt{\frac{M!}{(M-l)!l!}} \sqrt{M-l} \mid n_1, n_2, M-l-1, l\rangle \\
&\quad - \mathrm{i} \sum_{l=0}^{M-1} \mathrm{i}^l \sqrt{\frac{M!}{(M-l)!l!}} (-\sqrt{l}) \mid n_1, n_2, M-l, l-1\rangle \text{⑱} \\
&= \sum_{l=0}^{M-1} \mathrm{i}^l \sqrt{\frac{M!}{(M-l-1)!l!}} \mid n_1, n_2, M-l-1, l\rangle \\
&\quad + \mathrm{i} \sum_{l'=0}^{M-1} \mathrm{i}^{l'+1} \sqrt{\frac{M!}{(M-l'-1)!l'!}} \mid n_1, n_2, M-l'-1, l'\rangle \\
&= 0
\end{aligned}$$

将 $M=0,1,2$ 各态具体写出来是

$$\begin{cases}
| n_1, n_2, 0\rangle = | n_1, n_2, 0, 0\rangle \\
| n_1, n_2, 1\rangle = | n_1, n_2, 1, 0\rangle + | n_1, n_2, 0, 1\rangle \\
| n_1, n_2, 2\rangle = | n_1, n_2, 2, 0\rangle + \mathrm{i}\sqrt{2} \mid n_1, n_2, 1, 1\rangle - | n_1, n_2, 0, 2\rangle \\
\vdots
\end{cases}$$ [⑲]

---

⑮ 亦可这样看:

$$\int \mathrm{d}^3 k f(\boldsymbol{k}) \mathrm{e}^{\mathrm{i}\boldsymbol{k}\cdot\boldsymbol{x}} = F(\boldsymbol{x}) = 0 \Leftrightarrow f(\boldsymbol{k}) = \frac{1}{(2\pi)^3} \int \mathrm{d}^3 x F(\boldsymbol{x}) \mathrm{e}^{-\mathrm{i}\boldsymbol{k}\cdot\boldsymbol{x}} = 0$$

⑯ 于是,$\partial_\mu A_\mu^{(+)}$ 中只含有纵向和标量光子项。

⑰ 此式不应理解为 $a_3(\boldsymbol{k})$、$a_4(\boldsymbol{k})$ 间不独立;而应理解为对 $|P\rangle$ 态的限制,a_3、a_4 间是彼此独立的。

⑱ 注意:$a_4 \mid n\rangle = -\sqrt{n} \mid n-1\rangle$

证:$a_4 \mid n\rangle = a_4 \dfrac{1}{\sqrt{n!}} (a_4^\dagger)^n \mid 0\rangle = \dfrac{1}{\sqrt{n!}} [a_4, (a_4^\dagger)^n] \mid 0\rangle = \dfrac{-n}{\sqrt{n!}} (a_4^\dagger)^{n-1} \mid 0\rangle = -\sqrt{n} \mid n-1\rangle$

⑲ 例如,只有如此混合起来的 $|n_1, n_2, 2\rangle$ 才能满足物理态的约束条件,但其模长仍为零!!

由此可得

$$\langle n_1,n_2,M \mid n_1,n_2,M\rangle = \sum_{ll'=0}^{M}(-)^l \mathrm{i}^{l+l'}\sqrt{\frac{M!\cdot M!}{(M-l)!(M-l')!l!l'!}}\text{[20]}$$

$$\cdot\langle n_1,n_2,M-l,l \mid n_1,n_2,M-l',l'\rangle$$

$$= \sum_{l=0}^{M}(-)^l \frac{M!}{(M-l)!l!} = (1-1)^M = \begin{cases}1, & M=0\\ 0, & M\neq 0\end{cases}$$

于是,光子场的一般态矢可表示为

$$\mid \lambda\rangle = \sum_{n_1 n_2} B_{n_1 n_2 M} \mid n_1,n_2,M\rangle\text{[21]}$$

这样,从上面结果可以得到

$$\langle \lambda \mid \lambda\rangle = \sum_{\substack{n_1' n_2' n_1' n_2'\\ MM'}} B^*_{n_1 n_2 M} B_{n_1' n_2' M'}\langle n_1,n_2,M \mid n_1',n_2',M'\rangle = \sum_{n_1 n_2 M} \mid B_{n_1 n_2 M}\mid^2 \langle n_1,n_2,M \mid n_1,n_2,M\rangle$$

$$= \sum_{n_1' n_2' n_1' n_2'} B^*_{n_1 n_2 0} B_{n_1' n_2' 0}\langle n_1,n_2,0 \mid n_1',n_2',0\rangle = \sum_{n_1 n_2} \mid B_{n_1 n_2 0}\mid^2 \langle n_1,n_2,0 \mid n_1,n_2,0\rangle$$

这就是说,**含纵向光子、标量光子的态,其模长为零,是不可观测的非物理态;只有不含这两类光子的态,模长才不为零,是可观测的物理态。而且任何态的模长,等于其中所包含的 $M=0$ 物理态的模长,也就是说,任何态中所包含的 $M\neq 0$ 非物理的态对该态的模长无贡献。换句话说,纵向光子和标量光子的允许(按约束条件)混合并不影响态矢的模长,态矢的模长仅由态矢中不含这两类光子、只含横向光子的态矢成分决定。**于是,光子场所允许的一般态就成为

$$\mid \chi\rangle = \sum_{n_1 n_2} B_{n_1 n_2 0} \mid n_1,n_2,0\rangle$$

态矢的模长总是正的。

这样就证明了:**附加条件消除了负模态,保证了纵向自由度和类时自由度在物理上是不可观测的。**这一句话还为以下命题所证实:

$$\langle A \mid \Omega \mid A\rangle = \langle M=0 \mid \Omega \mid M=0\rangle(=\langle P \mid \Omega \mid P\rangle)$$

证明 对 H、$\boldsymbol{P}$ 是明显的,因为它们的表达式中包含了 N_{k^3}、N_{k^4},作用在后面态矢 $M\neq 0$ 的成分上取出本征值之后,均由于 $\langle n_1,n_2,M|n_1,n_2,M\rangle=0$(当 $M\neq 0$ 时),从而只剩下受 N_{k^1}、N_{k^2} 作用的 $|n_1,n_2,0\rangle$ 之类的态。

---

⑳ $\langle n_1,n_2,M\mid = \sum_{l=0}^{M}(-\mathrm{i})^l\sqrt{\frac{M!}{(M-l)!l!}}\cdot\langle n_1,n_2,M-l,l\mid$,并注意到

$$\langle n_1,n_2,M-l,l|n_1,n_2,M-l,l\rangle=(-)^l$$

㉑ 这个推广的 Maxwell 量子场状态空间包含三类矢量:① 不含纵向、标量光子——物理态,满足约束条件;② 含有 3、4 两类光子但满足条件;③ 含有 3、4 两类光子不满足条件。

11.4 “Schrödinger 场”二次量子化——非相对论二次量子化是逻辑结论，不“无厘头”

1. “Schrödinger 场”的“经典”场论

众所周知，依据大量实验事实，按照“公设＋逻辑”思维模式，人们逐步构筑起非相对论量子力学，其中包括 Schrödinger 方程公设。换一种思维模式，将波函数看成“经典”的概率幅“场”，由设定的 Lagrange 量出发，按“经典”场论方式推演，也得到 Schrödinger 方程。这只是将 Schrödinger 方程公设替换作 Lagrange 量公设。数学演绎虽然不同(甚至对数个场相互作用情况，更便于导出协变形式的联立方程组)，物理本质并无新意，但却为二次量子化叙述带来一些方便。

Lagrange 量框架。设 Lagrange 量密度[22]为

$$\mathscr{L}_{\mathrm{S}}=\mathrm{i}\hbar\,\psi^{*}(\boldsymbol{r},t)\dot{\psi}(\boldsymbol{r},t)-\frac{\hbar^{2}}{2\mu}\nabla\psi^{*}\cdot\nabla\psi-V\psi^{*}\psi$$

这是复数场，所以一般说 ψ、ψ^{*} 相互独立。应用 Hamilton 量变分原理，

$$\delta S=\delta\int\mathrm{d}^{4}x\,\mathscr{L}_{\mathrm{S}}(\psi,\partial_{\lambda}\psi,\psi^{*},\partial_{\lambda}\psi^{*})=0$$

只对 ψ^{*} 进行变分，得“Schrödinger 场”的 Euler-Lagrange 方程

$$\partial_{\lambda}\frac{\partial\mathscr{L}_{\mathrm{S}}}{\partial(\partial_{\lambda}\psi^{*})}-\frac{\partial\mathscr{L}_{\mathrm{S}}}{\partial\psi^{*}}=0$$

将所设 Lagrange 量密度代入，即得

$$\mathrm{i}\hbar\frac{\partial\psi}{\partial t}=-\frac{\hbar^{2}}{2\mu}\Delta\psi+V\psi$$

得到这个“**经典概率幅场**”的场方程——Schrödinger 方程。**本来它是量子力学的一个公设，现在将其等价转换为关于 Lagrange 量的公设。**

正则框架。首先定义正则动量场。

［**定义**］ 与场量 $\psi(\boldsymbol{r},t)$ 对应的正则共轭动量场为

$$\pi(\boldsymbol{r},t)=\frac{\partial\mathscr{L}}{\partial\dot{\psi}(\boldsymbol{r},t)}=\mathrm{i}\hbar\,\psi^{*}(\boldsymbol{r},t)$$

由于 Lagrange 量密度中不含 $\psi^{*}(\boldsymbol{r},t)$ 的时间导数，所以与独立场量 $\psi^{*}(\boldsymbol{r},t)$ 对应的正则共轭动量场 $\pi^{*}=\dfrac{\partial\mathscr{L}}{\partial\dot{\psi}^{*}}=0$ 恒为零。说明“Schrödinger 场”只存在一对独立正则共轭变量 $(\psi,\pi=\mathrm{i}\hbar\,\psi^{*})$[23]。于是 Hamilton 量密度为

$$\mathscr{H}=\pi\dot{\psi}-\mathscr{L}=\frac{\hbar^{2}}{2\mu}\nabla\psi^{*}\cdot\nabla\psi+V\psi^{*}\psi$$

㉒ 此 Lagrange 量密度不含相互作用项。尽管含有一个外势 V，但它表示粒子受外场作用，不代表场粒子之间的相互作用。

㉓ 原则上，复标量场 ψ、ψ^{*} 相互独立，各自独立变分。场与共轭场应有两对：(ψ,π)，(ψ^{*},π^{*})。

对 $\mathscr{H}$ 积分并对右边第一项作分部积分，得到这个场的 Hamilton 量 H：

$$H=\int \mathrm{d}\boldsymbol{r}\mathscr{H}=\int \mathrm{d}\boldsymbol{r}\psi^{*}(\boldsymbol{r},t)\left[-\frac{\hbar^{2}}{2\mu}\Delta+V\right]\psi(\boldsymbol{r},t)$$

方括号内是单粒子量子力学的 Hamilton 量。现在它是"经典的 Schrödinger 场 $\psi(\boldsymbol{r},t)$"的 Hamilton 量[24]。

按经典 Poisson 括号定义，求得场量 ψ 和 ψ^* 的"经典"泛函 Poisson 括号如下（注意是等时的）：

$$\{\psi(\boldsymbol{r},t),\psi^{*}(\boldsymbol{r}'',t)\}_{P.B.}=\int \mathrm{d}\boldsymbol{r}'\left\{\frac{\delta\psi(\boldsymbol{r},t)}{\delta\psi(\boldsymbol{r}',t)}\frac{\delta\psi^{*}(\boldsymbol{r}'',t)}{\delta\pi(\boldsymbol{r}',t)}-\frac{\delta\psi(\boldsymbol{r},t)}{\delta\pi(\boldsymbol{r}',t)}\frac{\delta\psi^{*}(\boldsymbol{r}'',t)}{\delta\psi(\boldsymbol{r}',t)}\right\}$$

将泛函导数：

$$\frac{\delta\psi(\boldsymbol{r},t)}{\delta\psi(\boldsymbol{r}',t)}=\delta(\boldsymbol{r}-\boldsymbol{r}'),\quad \frac{\delta\psi^{*}(\boldsymbol{r}'',t)}{\delta\pi(\boldsymbol{r}',t)}=\frac{1}{\mathrm{i}\hbar}\delta(\boldsymbol{r}''-\boldsymbol{r}')$$

（其余为零）代入积分中，求得等时的"经典"泊松括号为

$$\{\psi(\boldsymbol{r},t),\psi^{*}(\boldsymbol{r}',t)\}_{P.B.}=\frac{1}{\mathrm{i}\hbar}\delta(\boldsymbol{r}-\boldsymbol{r}')$$

$$\{\psi(\boldsymbol{r},t),\psi(\boldsymbol{r}',t)\}_{P.B.}=\{\psi^{*}(\boldsymbol{r},t),\psi^{*}(\boldsymbol{r}',t)\}_{P.B.}=0$$

同时，还得到这个"经典场"的正则变量的运动方程[25]

$$\frac{\mathrm{d}\psi(\boldsymbol{r},t)}{\mathrm{d}t}=\{\psi(\boldsymbol{r},t),H(t)\}_{P.B.(\psi,\pi)}$$

另一个关于 ψ^* 的运动方程是不独立的，不必理会。

当然，上述概率幅场"经典"场论的演绎过程，实际等价于一次量子化公设，但却为下节二次量子化叙述提供了（并非必要的）铺垫。

2. "Schrödinger 场"按对易规则二次量子化

现在叙述第二个古怪，那就是不顾一切地将正则量子化方案用到这个"Schrödinger 场"上，看看对这个概率幅场进行"第二次量子化"，得到的"量子场"会是个什么结果。预先指出，**这样做的后果是建立起了全同粒子的多体量子力学！**

二次量子化方法由两条规定组成：其一，将普通场量函数替换为非对易的场算符（作用在二次量子化后系统的状态空间上）

$$\psi(\boldsymbol{r},t)\rightarrow\hat{\boldsymbol{\Psi}}(\boldsymbol{r},t);\quad \pi(\boldsymbol{r},t)\rightarrow\hat{\Pi}(\boldsymbol{r},t)$$

还有 $\psi^{*}\rightarrow\hat{\boldsymbol{\Psi}}^{+}$。这条规定是对场量进行"量子替换"，实质内容就是规定它们之间的非对易规则：将经典 Poisson 括号替换为量子 Poisson 括号（除 Lagrange 量密度外，就是此处引入 Planck 常数 $\hbar$），

---

[24] Klein-Gordon 场、Dirac 场也类似。

[25] 注意已设定 ψ 和 π 是由它俩各自本身组成，是不显含 t 的，故无 $\frac{\partial}{\partial t}$ 项。

$$\{A,B\}_{P.B.} \Rightarrow \frac{1}{\mathrm{i}\hbar}[\hat{A},\hat{B}]$$

现在,这种“量子替换”产生如下等时对易关系:

$$[\hat{\boldsymbol{\Psi}}(\boldsymbol{r},t),\hat{\boldsymbol{\Psi}}^{+}(\boldsymbol{r}',t)] = \delta(\boldsymbol{r}-\boldsymbol{r}')$$

$$[\hat{\boldsymbol{\Psi}}(\boldsymbol{r},t),\hat{\boldsymbol{\Psi}}(\boldsymbol{r}',t)] = [\hat{\boldsymbol{\Psi}}^{+}(\boldsymbol{r},t),\hat{\boldsymbol{\Psi}}^{+}(\boldsymbol{r}',t)] = 0$$

显然,此处对易关系式是量子力学中 Heisenberg 基本对易关系$[x_i,p_j]=\delta_{ij}$向具有空间广延性的、无穷多自由度的场论情况的自然推广——这时自由度的编号是位置矢量。**其二,维持原来“经典”场方程形式不变,只将其中(普通函数性质的)场量替换成场算符(也可以用场算符本身的运动方程求得,见下面 Fermion 叙述)。所以,二次量子化后的量子场方程和原先单粒子方程形式完全相同。于是有**

$$\mathrm{i}\hbar\frac{\partial\hat{\boldsymbol{\Psi}}}{\partial t} = -\frac{\hbar^2}{2\mu}\Delta\hat{\boldsymbol{\Psi}}(\boldsymbol{r},t) + V(\boldsymbol{r},t)\hat{\boldsymbol{\Psi}}(\boldsymbol{r},t)$$

第二条内容是规定场算符的时空函数解析性质——时空传播规律。

以上就是对 Schrödinger 方程二次量子化的全过程。初看起来,这些手续很是古怪,不知其为何!但下面将严格证明:**这样做的结果就是从单粒子 Schrödinger 方程得到全同 Boson 多体 Schrödinger 方程。就是说,原来单粒子的“经典”Schrödinger 方程,经此手续转换,表面形式未变,但却已经是描述全同 Boson 多体 Schrödinger 方程。显然,这样做法导出过程简捷,表达形式简明。因此,Schrödinger 方程的二次量子化手续是有逻辑证明的,一点都不“无厘头”。**下面逐步阐明。

鉴于从 Newton 力学到 Schrödinger 方程已经实现了(第一次)量子化,这次量子化就应当称做第二次量子化——这是名称的由来。

最后强调指出,**就目前 Schrödinger 场情况而言,所得到的“量子 Schrödinger 场”,在场量子之间并无相互作用——虽然各自都经受着外部势场 $\boldsymbol{V}(\boldsymbol{r},t)$的作用。**经过下节粒子数表象叙述之后,对此将看得更为清楚,因为 Hamilton 量中只有单体算符,不存在两体或多体算符。这是由现在 Lagrang 量密度 $\mathscr{L}$ 的形式决定的。场量子间有相互作用的讨论见 11.5 节。

3. “Schrödinger 场”按 Jordan-Wigner 规则二次量子化

现在使用反对易规则对“经典”的“Schrödinger 场”实施二次量子化,仍然按照正则量子化方案进行。**以 Jordan-Wigner 量子化规则替代经典 Poisson 括号**[26],即

$$\{\hat{\boldsymbol{\Psi}}(\boldsymbol{r},t),\hat{\boldsymbol{\Psi}}^{+}(\boldsymbol{r}',t)\} = \delta(\boldsymbol{r}-\boldsymbol{r}')$$

$$\{\hat{\boldsymbol{\Psi}}(\boldsymbol{r},t),\hat{\boldsymbol{\Psi}}(\boldsymbol{r}',t)\} = \{\hat{\boldsymbol{\Psi}}^{+}(\boldsymbol{r},t),\hat{\boldsymbol{\Psi}}^{+}(\boldsymbol{r}',t)\} = 0$$

这里$\{\hat{A},\hat{B}\}=\hat{A}\hat{B}+\hat{B}\hat{A}$。**注意,这时场算符运动方程中的经典 Poisson 括号仍替换为量子 Poisson 括号,即正比于对易子,不能正比于反对易子。**这是因为,量子化后的 Hamilton 量

---

[26] JORAN P, WIGNER E. Über das Paulische Äquivalenzverbot[J]. Z. Phys., 1928, 47: 631.

是时间演化算符的生成元，于是对任意不显含时间的场算符，其时间演化及导数为

$$\hat{\Omega}(t)=\mathrm{e}^{\mathrm{i}\hat{H}t/\hbar}\hat{\Omega}(0)\mathrm{e}^{-\mathrm{i}\hat{H}t/\hbar}\rightarrow\frac{\mathrm{d}\hat{\Omega}(t)}{\mathrm{d}t}=\frac{1}{\mathrm{i}\hbar}[\hat{\Omega}(t),\hat{H}]$$

这里结果与量子化规则无关。应当指出，为了得到量子化后场算符的运动方程，既可以按二次量子化假设直接写出(如 Boson 情况)，也可以按上式计算得到。比如，现在采用上式来推导。注意用反对易分解$[\hat{A},\hat{B}\hat{C}]=\{\hat{A},\hat{B}\}\hat{C}-\hat{B}\{\hat{A},\hat{C}\}$，得

$$\begin{aligned}\dot{\hat{\Psi}}(\boldsymbol{r},t)&=\frac{1}{\mathrm{i}\hbar}[\hat{\Psi}(\boldsymbol{r},t),\hat{H}(t)]=\int\mathrm{d}\boldsymbol{r}'\frac{1}{\mathrm{i}\hbar}[\hat{\Psi}(\boldsymbol{r},t),\hat{\Psi}^{+}(\boldsymbol{r}',t)H'_{\text{single}}\hat{\Psi}(\boldsymbol{r}',t)]\\&=\frac{1}{\mathrm{i}\hbar}\int\mathrm{d}\boldsymbol{r}'[\{\hat{\Psi}(\boldsymbol{r},t),\hat{\Psi}^{+}(\boldsymbol{r}',t)\}H'_{\text{single}}\hat{\Psi}(\boldsymbol{r}',t)\\&\quad-\hat{\Psi}^{+}(\boldsymbol{r}',t)H'_{\text{single}}\{\hat{\Psi}(\boldsymbol{r},t),\hat{\Psi}(\boldsymbol{r}',t)\}]\\&=\frac{1}{\mathrm{i}\hbar}\int\mathrm{d}\boldsymbol{r}'\delta(\boldsymbol{r}-\boldsymbol{r}')H'_{\text{single}}\hat{\Psi}(\boldsymbol{r}',t)=\frac{1}{\mathrm{i}\hbar}H_{\text{single}}(\boldsymbol{r},t)\hat{\Psi}(\boldsymbol{r},t)\end{aligned}$$

得到和单粒子 Schrödinger 方程形式相同的场算符$\hat{\boldsymbol{\Psi}}(\boldsymbol{r},t)$的运动方程：

$$\mathrm{i}\hbar\frac{\partial\hat{\boldsymbol{\Psi}}(\boldsymbol{r},t)}{\partial t}=\left(-\frac{\hbar^2}{2\mu}\Delta+V(\boldsymbol{r},t)\right)\hat{\boldsymbol{\Psi}}(\boldsymbol{r},t)$$

就是说，按正则量子化方案，用这种反对易规则对该场进行量子化的结果，只是在原先单粒子 Schrödinger 方程中，将波函数代以满足反对易关系的场算符。下面将表明，这是全同 Fermion 多体量子力学。

4. 将两种二次量子化结果转入粒子数表象

为了揭示上面这两种二次量子化后的“Schrödinger 量子场”蕴含的物理内容，先转入粒子数表象。

第一步是寻求适当的正交归一本征函数组对场算符$\hat{\boldsymbol{\Psi}}$的时空变数作展开。例如，对一个大而均匀系统，很自然地采用满足周期边界条件的箱归一平面波组作为展开基矢；而对于原子中相互作用的电子系统，通常就用单粒子库仑波函数完备集合作为展开基矢；对晶格点阵中运动的粒子，方便的选择是适当周期势中的 Bloch 波函数完备集。**无论哪种选择，一旦选定，粒子数表象的“粒子”概念即被赋予该模式的具体物理含义，是该含义下的“准粒子”。**

为简单起见，限于相互作用 V 不显含 t 的情况，这时“经典”Schrödinger 方程解的完备集是

$$\{\psi_k(\boldsymbol{r})\mathrm{e}^{-\mathrm{i}E_k t/\hbar}\},\quad\left(-\frac{\hbar^2}{2\mu}\Delta+V(\boldsymbol{r})\right)\psi_k(\boldsymbol{r})=E_k\psi_k(\boldsymbol{r})$$

这里 k 表示完备力学量组的量子数集合。它们的取值不同表示粒子状态或运动模式不同。通常这个函数族构成正交归一完备族

$$\int \mathrm{d}v \psi_k(\boldsymbol{r}) \psi_{k'}^*(\boldsymbol{r}) = \delta_{kk'}, \quad \sum_k \psi_k(\boldsymbol{r}) \psi_k^*(\boldsymbol{r}') = \delta(\boldsymbol{r} - \boldsymbol{r}')$$

于是可以用这组函数族展开场算符$\hat{\boldsymbol{\Psi}}(\boldsymbol{r},t)$和$\hat{\boldsymbol{\Psi}}^+(\boldsymbol{r},t)$：

$$\hat{\Psi}(\boldsymbol{r},t) = \sum_k \hat{a}_k \psi_k(\boldsymbol{r}) \mathrm{e}^{-\mathrm{i}E_k t/\hbar}, \quad \hat{\Psi}^+(\boldsymbol{r},t) = \sum_k \hat{a}_k^+ \psi_k^*(\boldsymbol{r}) \mathrm{e}^{\mathrm{i}E_k t/\hbar}$$

这里$\hat{a}_k$、$\hat{a}_k^+$是量子系数，体现场算符$\hat{\boldsymbol{\Psi}}(\boldsymbol{r},t)$、$\hat{\boldsymbol{\Psi}}^+(\boldsymbol{r},t)$的非对易代数性质。实际上，利用$\{\psi_k(\boldsymbol{r})\}$的正交归一性可以反解出这两个量子系数：

$$\hat{a}_k = \int \mathrm{d}\boldsymbol{r} \hat{\boldsymbol{\Psi}}(\boldsymbol{r},t) \psi_k^*(\boldsymbol{r}) \mathrm{e}^{\mathrm{i}E_k t/\hbar}, \quad \hat{a}_k^+ = \int \mathrm{d}\boldsymbol{r} \hat{\boldsymbol{\Psi}}^+(\boldsymbol{r},t) \psi_k(\boldsymbol{r}) \mathrm{e}^{-\mathrm{i}E_k t/\hbar}$$

用对易子进行量子化的方案。根据$\hat{\boldsymbol{\Psi}}$、$\hat{\boldsymbol{\Psi}}^+$的对易关系，容易得到$\hat{a}_k$、$\hat{a}_k^+$的对易关系

$$\begin{aligned}
[\hat{a}_k, \hat{a}_{k'}^+] &= \int \mathrm{d}\boldsymbol{r} \mathrm{d}\boldsymbol{r}' [\hat{\Psi}(\boldsymbol{r},t), \hat{\Psi}^+(\boldsymbol{r}',t)] \psi_{k'}(\boldsymbol{r}') \psi_k^*(\boldsymbol{r}) \mathrm{e}^{\mathrm{i}(E_k - E_{k'})t/\hbar} \\
&= \int \mathrm{d}\boldsymbol{r} \mathrm{d}\boldsymbol{r}' \delta(\boldsymbol{r} - \boldsymbol{r}') \psi_{k'}(\boldsymbol{r}') \psi_k^*(\boldsymbol{r}) \mathrm{e}^{\mathrm{i}(E_k - E_{k'})t/\hbar} \\
&= \int \mathrm{d}\boldsymbol{r} \psi_{k'}(\boldsymbol{r}) \psi_k^*(\boldsymbol{r}) \mathrm{e}^{\mathrm{i}(E_k - E_{k'})t/\hbar} = \delta_{kk'}
\end{aligned}$$

其余计算类似，综合得到

$$[\hat{a}_k, \hat{a}_{k'}^+] = \delta_{kk'}, \quad [\hat{a}_k, \hat{a}_{k'}] = [\hat{a}_k^+, \hat{a}_{k'}^+] = 0$$

这里强调指出，“Schrödinger 场”二次量子化时，场算子$\hat{\boldsymbol{\Psi}}$展开式中只含湮灭算符，$\hat{\boldsymbol{\Psi}}^+$中只含产生算符。这与 Klein-Gordon 场不同。

下面用$\hat{a}_k$、$\hat{a}_k^+$表示 Hamilton 量和粒子数算符：

$$\begin{aligned}
\hat{H} &= \int \mathrm{d}\boldsymbol{r} \mathscr{H} = \int \mathrm{d}\boldsymbol{r} \hat{\Psi}^+(\boldsymbol{r},t) \left[-\frac{\hbar^2}{2\mu} \Delta + V \right] \hat{\Psi}(\boldsymbol{r},t) \\
&= \int \mathrm{d}\boldsymbol{r} \hat{\Psi}^+(\boldsymbol{r},t) \sum_k \hat{a}_k E_k \psi_k(\boldsymbol{r}) \mathrm{e}^{\mathrm{i}E_k t/\hbar} \\
&= \sum_{kk'} \hat{a}_{k'}^+ \hat{a}_k E_k \mathrm{e}^{\mathrm{i}(E_{k'} - E_k)t/\hbar} \int \mathrm{d}\boldsymbol{r} \psi_{k'}^*(\boldsymbol{r}) \psi_k(\boldsymbol{r})
\end{aligned}$$

$$\hat{N} = \int \mathrm{d}\boldsymbol{r} \hat{\Psi}^+(\boldsymbol{r},t) \hat{\Psi}(\boldsymbol{r},t) = \sum_{kk'} \hat{a}_k^+ \hat{a}_{k'} \mathrm{e}^{\mathrm{i}(E_{k'} - E_k)t/\hbar} \int \mathrm{d}\boldsymbol{r} \psi_{k'}^*(\boldsymbol{r}) \psi_k(\boldsymbol{r})$$

利用$\{\psi_k(\boldsymbol{r}) \mathrm{e}^{-\mathrm{i}E_k t/\hbar}\}$的正交归一性，有

$$\hat{H} = \sum_k E_k \hat{a}_k^+ \hat{a}_k, \quad \hat{N} = \sum_k \hat{a}_k^+ \hat{a}_k = \sum_k \hat{N}_k$$

这里$\hat{N}_k = \hat{a}_k^+ \hat{a}_k$为$k$模态的粒子数算符。于是可将$\hat{H}$系统看成满足对易规则的所有无相互作用$k$模态准粒子的集合。由于

$$[\hat{H}, \hat{N}_k] = 0, \quad [\hat{N}_k, \hat{N}_l] = 0, \quad \forall k, l$$

每个k模态的粒子数n_k都是不依赖于时间的运动常数(当然，各个k模态占据数可能不同，由初始条件决定)。从而$\{\hat{H}, \hat{N}_k\}$组成一个对易的完备力学量组，共同本征态是

$$\left\{ | n_1, n_2, \cdots\rangle = \frac{1}{\sqrt{(n_1!\cdots n_k!\cdots)}}(\hat{a}_1^+)^{n_1}\cdots(\hat{a}_k^+)^{n_k}\cdots|0\rangle, \forall n_k \right\}$$

此式表明,态中有 n_k 个场量子在 k 模态上,但却未说明这 n_k 个场量子谁是谁。实际上,由于同一个 k 模态内各个$\hat{a}_k^+$ 之间的全同性,这 n_k 个场量子不可分辨,这要求态矢对它们置换是对称的。如果某过程中有量子态跃迁,n_k 不是好量子数,由于场量子间对易而无法分辨哪个场量子参与跃迁交换。**总之,这里的理论已经自动符合于全同性原理。**

这组完备基矢称做粒子数表象基矢,共同撑开粒子数表象。它们任意线性组合构成一个富于粒子图像的 Boson 的 Fock 空间[27]。

这里附带指出,虽然粒子数表象与二次量子化过程关系密切,但不要将粒子数表象称做二次量子化表象。因为,一次量子化的谐振子也可以采用粒子数表象来表示[28]。

用反对易子进行量子化的方案。与上面 Boson 情况类似,有$\{\psi_k(\boldsymbol{r})\mathrm{e}^{-\mathrm{i}E_k t/\hbar}\}$,以及

$$\begin{cases} \hat{\Psi}(\boldsymbol{r},t) = \sum\limits_k \hat{b}_k \psi_k(\boldsymbol{r})\mathrm{e}^{-\mathrm{i}E_k t/\hbar} \\ \hat{\Psi}^+(\boldsymbol{r},t) = \sum\limits_k \hat{b}_k^+ \psi_k^*(\boldsymbol{r})\mathrm{e}^{\mathrm{i}E_k t/\hbar} \end{cases}, \quad \begin{cases} \hat{b}_k = \int \mathrm{d}\boldsymbol{r}\hat{\Psi}(\boldsymbol{r},t)\psi_k^*(\boldsymbol{r})\mathrm{e}^{\mathrm{i}E_k t/\hbar} \\ \hat{b}_k^+ = \int \mathrm{d}\boldsymbol{r}\hat{\Psi}^+(\boldsymbol{r},t)\psi_k(\boldsymbol{r})\mathrm{e}^{-\mathrm{i}E_k t/\hbar} \end{cases}$$

根据$\hat{\boldsymbol{\Psi}}$、$\hat{\boldsymbol{\Psi}}^+$ 的反对易关系,容易导出$\hat{b}$、$\hat{b}^+$ 的反对易关系如下:

$$\{\hat{b}_k, \hat{b}_{k'}^+\} = \delta_{kk'}, \quad \{\hat{b}_k, \hat{b}_{k'}\} = \{\hat{b}_k^+, \hat{b}_{k'}^+\} = 0$$

接着,用$\hat{b}_k$、$\hat{b}_k^+$ 来表示$\hat{H}$和$\hat{N}$:

$$\hat{H} = \int \mathrm{d}\boldsymbol{r}\hat{\Psi}^+(\boldsymbol{r},t)\left[\frac{-\hbar^2}{2\mu}\Delta + V\right]\hat{\Psi}(\boldsymbol{r},t) = \int \mathrm{d}\boldsymbol{r}\sum_{kk'}\hat{b}_k^+\psi_k^*(\boldsymbol{r})\mathrm{e}^{\mathrm{i}(E_k-E_{k'})t/\hbar}E_{k'}\hat{b}_{k'}\psi_{k'}(\boldsymbol{r})$$

所以有

$$\hat{H} = \sum_k E_k \hat{b}_k^+ \hat{b}_k, \quad \hat{N} = \sum_k \hat{b}_k^+ \hat{b}_k = \sum_k \hat{N}_k$$

但由于$\hat{b}$、$\hat{b}^+$ 间的反对易关系,第 k 个模态的粒子数算符$\hat{N}_k = \hat{b}_k^+\hat{b}_k$ 的本征值只能取 0 或 1。

证明 由于$\{\hat{b}_k, \hat{b}_{k'}\} = \{\hat{b}_k^+, \hat{b}_{k'}^+\} = 0 \Rightarrow b_k^2 = (b_k^+)^2 = 0$,所以

$$\hat{N}_k^2 = \hat{b}_k^+\hat{b}_k\hat{b}_k^+\hat{b}_k = \hat{b}_k^+(1-\hat{b}_k^+\hat{b}_k)\hat{b}_k = \hat{b}_k^+\hat{b}_k = \hat{N}_k$$

于是$\hat{N}_k$ 只有两个本征值 0、1。这体现了 Pauli 不相容原理。 证毕。

显然,$\{\hat{H}, \hat{N}_k, \forall k\}$构成可对易算符完备组,它们的共同本征态族可作为正交归一完备基矢,

$$|n_1, n_2, \cdots\rangle = (\hat{b}_1^+)^{n_1}(\hat{b}_2^+)^{n_2}\cdots|0\rangle, \quad \forall n_k = 0, 1$$

撑开 Fermion 粒子数表象,线性叠加集合构成 Fermion-Fock 空间。

---

[27] 将全同多体算符转入粒子数表象的较简单的计算可见:张永德,朱长虹. 大学物理,1989(12):17.

[28] 参见:张永德. 量子力学[M]. 4 版. 北京:科学出版社,2016,5.6 节.

综合起来,转入粒子数表象后清楚地看到,无论 Boson 还是 Fermion 情况,该量子场描述一组总数固定的全同 Boson(Fermion)集合。并且,这些 Boson(Fermion)彼此无相互作用(除对称和反称化而来的交换作用之外)——尽管各自都受着外场 V 作用而处于束缚态或非束缚态。如前所述,实际上这是将“$\psi_k(\boldsymbol{r})e^{-iE_k t/\hbar}$认作一个 Bose(Fermi)性准粒子——Bose(Fermi)性量子场的量子,对它们进行产生和湮灭”。但是,根据目前非相对论量子力学 Hamilton 量的构造原则,产生和湮灭过程必定相伴相随,使粒子数守恒。所以,说是“产生”“湮灭”,其实只是粒子状态的跃迁。只不过由于这些场量子是全同的,湮灭前和产生后都要实行对称化(反称化)量子纠缠,成为“你中有我,我中有你”,原则上不可以分辨。

5. 与全同多体量子力学的等价性——非相对论二次量子化是逻辑结论,不“无厘头”

将上述结果转入坐标表象,并分开 Boson 和 Fermion 叙述。

(1) 现在证明:**上面采用对易规则进行二次量子化所得的量子场,其动力学方程即为全同 Boson 多体 Schrödinger 方程。于是,这个二次量子化量子场本质上即为全同 Boson 多体量子力学。**

证明 证明由 4 个命题 A、B、C、D 组成。

[**命题 A**] **$\hat{\boldsymbol{\Psi}}^+(\boldsymbol{r},t)$和$\hat{\boldsymbol{\Psi}}(\boldsymbol{r},t)$分别是在 t 时刻在 $\boldsymbol{r}$ 处产生一个和湮灭一个场量子的算符。**

证明 A 首先注意,由$\hat{\boldsymbol{\Psi}}^+(\boldsymbol{r},t)$的展开式知,它是关于所有模$\hat{a}_k^+$的以特定系数的叠加态。现在表明,它作用到粒子数表象任何态矢得到的新态,其总粒子数比原先多 1。这可以用粒子数算符来检查。假定原先为

$$\hat{N}\mid n_1,\cdots,n_k,\cdots\rangle = N\mid n_1,\cdots,n_k,\cdots\rangle$$

则有

$$\begin{aligned}\hat{N}(\hat{\boldsymbol{\Psi}}^+(\boldsymbol{r},t)\mid n_1,\cdots,n_k,\cdots\rangle) &= \int d\boldsymbol{r}'\,\hat{\boldsymbol{\Psi}}^+(\boldsymbol{r}',t)\,\hat{\boldsymbol{\Psi}}(\boldsymbol{r}',t)\,\hat{\boldsymbol{\Psi}}^+(\boldsymbol{r},t)\mid n_1,\cdots,n_k,\cdots\rangle \\ &= \int d\boldsymbol{r}'\,\hat{\boldsymbol{\Psi}}^+(\boldsymbol{r}',t)(\hat{\boldsymbol{\Psi}}^+(\boldsymbol{r},t)\,\hat{\boldsymbol{\Psi}}(\boldsymbol{r}',t) \\ &\quad + \delta(\boldsymbol{r}-\boldsymbol{r}'))\mid n_1,\cdots,n_k,\cdots\rangle \\ &= (\hat{\boldsymbol{\Psi}}^+(\boldsymbol{r},t)\,\hat{N} + \hat{\boldsymbol{\Psi}}^+(\boldsymbol{r},t))\mid n_1,\cdots,n_k,\cdots\rangle \\ &= (N+1)(\hat{\boldsymbol{\Psi}}^+(\boldsymbol{r},t)\mid n_1,\cdots,n_k,\cdots\rangle)\end{aligned}$$

进一步,可以证明,$\hat{\boldsymbol{\Psi}}^+(\boldsymbol{r},t)$的物理意义是 t 时刻 $\boldsymbol{r}$ 处产生一个场量子的算符。按照定义,有

$$\hat{\boldsymbol{\Psi}}^+(\boldsymbol{r},t) = \sum_k \psi_k^*(\boldsymbol{r})e^{iE_k t/\hbar}\cdot\hat{a}_k^+$$

按此式右边展开,左边$\hat{\boldsymbol{\Psi}}^+(\boldsymbol{r},t)$的含义解释为:以带有叠加系数 $\psi_k^*(\boldsymbol{r})\exp(iE_k t/\hbar)$的方式添加一个$\hat{a}_k^+$ 粒子,并对所有模态求和。但已知$\hat{a}_k^+$ 的作用是产生一个处于 $\psi_k(\boldsymbol{r})$模态的场量子,于是在点 $\boldsymbol{r}'$处找到此新生粒子的概率幅为 $\psi_k(\boldsymbol{r}')\exp(-iE_k t/\hbar)$。所以在点 $\boldsymbol{r}'$处找到由

$\hat{a}_k^+$ 所添加的粒子的总概率幅等于新生概率幅 $\psi_k(\boldsymbol{r}')\mathrm{e}^{-\mathrm{i}E_k t/\hbar}$ 和原有叠加系数 $\psi_k^*(\boldsymbol{r})\mathrm{e}^{\mathrm{i}E_k t/\hbar}$ 的乘积。于是,整个 $\hat{\boldsymbol{\Psi}}^+(\boldsymbol{r},t)$ 的总效果,也即不管什么模态 k',只问 $\boldsymbol{r}'$ 处有无粒子的总概率幅,将是这些乘积对模态 k' 求和:

$$\sum_{k'}\psi_{k'}^*(\boldsymbol{r})\mathrm{e}^{\mathrm{i}E_{k'}t/\hbar}\psi_{k'}(\boldsymbol{r}')\mathrm{e}^{-\mathrm{i}E_{k'}t/\hbar} = \sum_k \psi_k^*(\boldsymbol{r})\psi_k(\boldsymbol{r}') = \delta(\boldsymbol{r}-\boldsymbol{r}')$$

换句话说,只就算符 $\hat{\boldsymbol{\Psi}}^+(\boldsymbol{r},t)$ 本身作用而言(不计后面所乘的任意态矢),它把添加一个粒子的概率幅全都加在 $\boldsymbol{r}$ 点了。这就证明了 $\hat{\boldsymbol{\Psi}}^+(\boldsymbol{r},t)$ 可以作如上解释。对 $\hat{\boldsymbol{\Psi}}(\boldsymbol{r},t)$ 的论证类似。

证毕。

于是,如果说术语 $\hat{a}_k^+$、$\hat{a}_k$ 富于粒子图像的话,术语 $\hat{\boldsymbol{\Psi}}^+(\boldsymbol{r},t)$、$\hat{\boldsymbol{\Psi}}(\boldsymbol{r},t)$ 就富于量子场图像,称它们为场算符是理所当然的。现在,引入定域于某个体积 v 的、含时“**定域粒子数算符**”$\hat{N}_v$[29]:

$$\hat{N}_v \equiv \int_v \mathrm{d}\boldsymbol{r}\,\hat{\boldsymbol{\Psi}}^+(\boldsymbol{r},t)\,\hat{\boldsymbol{\Psi}}(\boldsymbol{r},t)$$

积分限于某体积 v。为了说明此算符的物理意义,有

[命题 B]
$$\begin{cases}\hat{N}_v\hat{\Psi}^+(\boldsymbol{r},t)=\hat{\Psi}^+(\boldsymbol{r},t)(\hat{N}_v+1), & \boldsymbol{r}\in v\\ \hat{N}_v\hat{\Psi}^+(\boldsymbol{r},t)=\hat{\Psi}^+(\boldsymbol{r},t)\hat{N}_v, & \boldsymbol{r}\notin v\end{cases}$$

证明 B

$$[\hat{N}_v,\hat{\Psi}^+(\boldsymbol{r},t)] = \int_v \mathrm{d}\boldsymbol{r}'[\hat{\Psi}^+(\boldsymbol{r}',t)\hat{\Psi}(\boldsymbol{r}',t),\hat{\Psi}^+(\boldsymbol{r},t)]$$

$$= \int_v \mathrm{d}\boldsymbol{r}'\hat{\Psi}^+(\boldsymbol{r}',t)\delta(\boldsymbol{r}-\boldsymbol{r}') = \begin{cases}\hat{\Psi}^+(\boldsymbol{r},t), & \boldsymbol{r}\in v\\ 0, & \boldsymbol{r}\notin v\end{cases}$$

此结果的物理意义很明显:若 $\hat{\boldsymbol{\Psi}}^+(\boldsymbol{r},t)$ 所增加的那个粒子在 v 内,则用 $\hat{N}_v$ 检查时将发现增加一个粒子;若不在 v 内,$\hat{N}_v$ 本征值不变。

[命题 C] N 个全同 Boson 系统坐标表象基矢用场算符构造即为

$$|\boldsymbol{r}_1,\boldsymbol{r}_2,\cdots,\boldsymbol{r}_N,t\rangle = \frac{1}{\sqrt{N!}}\hat{\Psi}^+(\boldsymbol{r}_1,t)\,\hat{\Psi}^+(\boldsymbol{r}_2,t)\cdots\hat{\Psi}^+(\boldsymbol{r}_N,t)\,|0\rangle$$

证明 C 先假定态矢中各 $\boldsymbol{r}_k$ 均不相同。于是可分别构造 $\hat{N}_{v_1},\cdots,\hat{N}_{v_N}$,让每个 v_k 足够小,小到只包含 $\boldsymbol{r}_k$ 在内。分别用每个 $\hat{N}_{v_k}$ 作 N 次检查,每个 $\hat{N}_{v_k}$ 只与对应 $\boldsymbol{r}_k$ 点附近的

---

[29] 将 $\hat{\Psi}^+(\boldsymbol{r},t)$、$\hat{\Psi}(\boldsymbol{r},t)$ 的展开式代入此积分可知,由于 $\int_v \mathrm{d}\boldsymbol{r}\psi_k(\boldsymbol{r})\psi_{k'}^*(\boldsymbol{r}) \neq \delta_{kk'}$,从而因子 $\mathrm{e}^{\mathrm{i}(E_k-E_{k'})t/\hbar}$ 不能消去,于是 $\hat{N}_v$ 一般含 t。其物理意义是明白的:就有限体积 v 而言,$\psi(\boldsymbol{r},t)$ 随 t 演化并叠加的结果造成概率云的变动。

$\hat{\boldsymbol{\Psi}}^{+}(\boldsymbol{r}_k,t)$交换时出一个$\hat{\boldsymbol{\Psi}}^{+}(\boldsymbol{r}_k,t)$；而与其他$\hat{\boldsymbol{\Psi}}^{+}(\boldsymbol{r}_i,t)(\forall i\neq k)$均可交换直至$\hat{N}_{v_k}|0\rangle=0$。这样,用每个$\hat{N}_{v_k}$作用的结果确实可以发现这个态分别是它的本征值为1的本征态。

如果$\boldsymbol{r}_k$中有相重的,例如$\boldsymbol{r}_k=\boldsymbol{r}_l$两个位置相重,则用$\hat{N}_{v_l}$作用时,和其他$\hat{\boldsymbol{\Psi}}^{+}$均可交换,直到这两个$\hat{\boldsymbol{\Psi}}^{+}(\boldsymbol{r}_k,t)$、$\hat{\boldsymbol{\Psi}}^{+}(\boldsymbol{r}_l,t)$之前,与它们的交换分别出现一个$\hat{\boldsymbol{\Psi}}^{+}(\boldsymbol{r}_k,t)$和$\hat{\boldsymbol{\Psi}}^{+}(\boldsymbol{r}_l,t)$,加起来,说明这个态是$\hat{N}_{v_k}$的本征值为2的本征态,等等。 证毕。

最后再证明以下命题。

[命题D] 上述基矢组是正交归一的。

证明D $\langle \boldsymbol{r}_1',\cdots,\boldsymbol{r}_N'|\boldsymbol{r}_1,\cdots,\boldsymbol{r}_N\rangle$

$$
\begin{aligned}
&=\frac{1}{N!}\langle 0|\hat{\boldsymbol{\Psi}}(\boldsymbol{r}_N',t)\cdots\hat{\boldsymbol{\Psi}}(\boldsymbol{r}_1',t)\hat{\boldsymbol{\Psi}}^{+}(\boldsymbol{r}_1,t)\cdots\hat{\boldsymbol{\Psi}}^{+}(\boldsymbol{r}_N,t)|0\rangle\\
&=\frac{1}{N!}\langle 0|\hat{\boldsymbol{\Psi}}(\boldsymbol{r}_N',t)\cdots\hat{\boldsymbol{\Psi}}(\boldsymbol{r}_2',t)\{\delta(\boldsymbol{r}_1'-\boldsymbol{r}_1)\\
&\quad+\hat{\boldsymbol{\Psi}}^{+}(\boldsymbol{r}_1,t)\hat{\boldsymbol{\Psi}}(\boldsymbol{r}_1',t)\}\hat{\boldsymbol{\Psi}}^{+}(\boldsymbol{r}_2,t)\cdots\hat{\boldsymbol{\Psi}}^{+}(\boldsymbol{r}_N,t)|0\rangle\\
&=\frac{1}{N!}\langle 0|\hat{\boldsymbol{\Psi}}(\boldsymbol{r}_{N'}t)\cdots\hat{\boldsymbol{\Psi}}(\boldsymbol{r}_{2'}t)\{\delta(\boldsymbol{r}_{1'}-\boldsymbol{r}_1)\hat{\boldsymbol{\Psi}}^{+}(\boldsymbol{r}_2t)+\delta(\boldsymbol{r}_{1'}-\boldsymbol{r}_2)\hat{\boldsymbol{\Psi}}^{+}(\boldsymbol{r}_1t)\\
&\quad+\hat{\boldsymbol{\Psi}}^{+}(\boldsymbol{r}_1t)\hat{\boldsymbol{\Psi}}^{+}(\boldsymbol{r}_2t)\hat{\boldsymbol{\Psi}}(\boldsymbol{r}_{1'}t)\}\hat{\boldsymbol{\Psi}}^{+}(\boldsymbol{r}_3t)\cdots\hat{\boldsymbol{\Psi}}^{+}(\boldsymbol{r}_Nt)|0\rangle\\
&=\cdots
\end{aligned}
$$

最后即得

$$
\langle \boldsymbol{r}_1',\boldsymbol{r}_2'\cdots,\boldsymbol{r}_N'|\boldsymbol{r}_1,\boldsymbol{r}_2,\cdots,\boldsymbol{r}_N\rangle=\frac{1}{N!}\sum_P P\delta(\boldsymbol{r}_1'-\boldsymbol{r}_{P_1})\delta(\boldsymbol{r}_2'-\boldsymbol{r}_{P_2})\cdots\delta(\boldsymbol{r}_N'-\boldsymbol{r}_{P_N})
$$

这里$P_1,P_2,\cdots,P_N=1,2,\cdots,N$。$P$是对它们全体取值的一种置换,求和对所有可能的$P$进行,共有$N!$项。最后结果对$\{\boldsymbol{r}_k\}$和$\{\boldsymbol{r}_k'\}$都是对称的。这是由于各个$\hat{\boldsymbol{\Psi}}^{+}$之间和各个$\hat{\boldsymbol{\Psi}}$之间对易。对此结果进行积分,即

$$
\int\cdots\int \mathrm{d}\boldsymbol{r}_1'\cdots\boldsymbol{r}_N'\langle \boldsymbol{r}_1',\cdots,\boldsymbol{r}_N',t|\boldsymbol{r}_1,\cdots,\boldsymbol{r}_N,t\rangle=1
$$

这些是单粒子结果$\langle \boldsymbol{r}'|\boldsymbol{r}\rangle=\delta(\boldsymbol{r}-\boldsymbol{r}')$和$\int \mathrm{d}\boldsymbol{r}'\langle \boldsymbol{r}'|\boldsymbol{r}\rangle=1$的简单推广。 证毕。

根据命题A、B、C、D,利用这组坐标表象基矢,很容易将前面粒子数表象结果转入Schrödinger表象,从而更清楚地看出所说的等价性。现在,记粒子数表象基矢的波函数为

$$
\Phi_{n_1,n_2,\cdots}^{(N)}(\boldsymbol{r}_1,\boldsymbol{r}_2,\cdots,\boldsymbol{r}_N,t)\equiv\langle \boldsymbol{r}_1,\boldsymbol{r}_2,\cdots,\boldsymbol{r}_N,t|n_1,n_2,\cdots,n_k\rangle,\left(\sum_{i=1}^{k}n_i=N\right)
$$

它的物理意义是：模平方给出当n_1个粒子处在$\psi_1(\boldsymbol{r})$、$\boldsymbol{n}_2$个粒子处在$\psi_2(\boldsymbol{r})$……时,分别在$\boldsymbol{r}_1,\boldsymbol{r}_2,\cdots,\boldsymbol{r}_N$处找到这$\boldsymbol{N}$个全同粒子的概率。将场算符$\hat{\boldsymbol{\Psi}}(\boldsymbol{r}_1,t)$的Schrödinger方程厄米共轭,得到$\hat{\boldsymbol{\Psi}}^{+}(\boldsymbol{r}_1,t)$的方程：

$$-\mathrm{i}\hbar\frac{\partial\hat{\boldsymbol{\Psi}}^{+}(\boldsymbol{r}_1,t)}{\partial t}=\left(-\frac{\hbar^2}{2\mu}\Delta_1+V(\boldsymbol{r}_1,t)\right)\hat{\boldsymbol{\Psi}}^{+}(\boldsymbol{r}_1,t)$$

乘以$\hat{\boldsymbol{\Psi}}^{+}(\boldsymbol{r}_2,t),\cdots,\hat{\boldsymbol{\Psi}}^{+}(\boldsymbol{r}_N,t)$；对$\hat{\boldsymbol{\Psi}}^{+}(\boldsymbol{r}_2,t)$的 Schrödinger 方程也作类似处理，等等。将所得 N 个方程全加起来，再乘以真空态$|0\rangle$，即得

$$-\mathrm{i}\hbar\frac{\partial|\boldsymbol{r}_1,\boldsymbol{r}_2,\cdots,\boldsymbol{r}_N,t\rangle}{\partial t}=\sum_{k=1}^{N}\left(-\frac{\hbar^2}{2\mu}\Delta_k+V(\boldsymbol{r}_k,t)\right)|\boldsymbol{r}_1,\boldsymbol{r}_2,\cdots,\boldsymbol{r}_N,t\rangle$$

再乘以$\langle n_1,n_2,\cdots|$，取复数共轭，即得

$$\mathrm{i}\hbar\frac{\partial}{\partial t}\Phi_{n_1,n_2,\cdots}^{(N)}(\boldsymbol{r}_1,\boldsymbol{r}_2,\cdots,\boldsymbol{r}_N,t)=\sum_{k=1}^{N}\left(-\frac{\hbar^2}{2\mu}\Delta_k+V(\boldsymbol{r}_k,t)\right)\Phi_{n_1,n_2,\cdots}^{(N)}(\boldsymbol{r}_1,\boldsymbol{r}_2,\cdots,\boldsymbol{r}_N,t)$$

由$\hat{\boldsymbol{\Psi}}^{+}(\boldsymbol{r}_k,t)$的相互对易可以推出$|\boldsymbol{r}_1,\boldsymbol{r}_2,\cdots,\boldsymbol{r}_N,t\rangle$关于 $\boldsymbol{r}_k$ 之间是对称的，从而 $\Phi_{n_1,n_2,\cdots}^{(N)}(\boldsymbol{r}_1,\boldsymbol{r}_2,\boldsymbol{r}_2,\cdots,\boldsymbol{r}_N,t)$对于 $\boldsymbol{r}_k$ 之间也是对称的。

至此就严格证明了："Schrödinger 场"按照对易规则进行第二次量子化，结果就是总粒子数 N 恒定的全同 Boson 多体 Schrödinger 方程。由于原方程只有单体算符，N 个 Boson 之间并无相互作用。

当然，也可以根据 $\Phi_{n_1,n_2,\cdots}^{(N)}(\boldsymbol{r}_1,\boldsymbol{r}_2,\cdots,\boldsymbol{r}_N,t)$的定义求出下式：

$$\Phi_{n_1,n_2,\cdots}^{(N)}(\boldsymbol{r}_1,\boldsymbol{r}_2,\cdots,\boldsymbol{r}_N,t)=\frac{1}{\sqrt{N!n_1!n_2!\cdots}}\sum_{P}P\psi_{P_1}(\boldsymbol{r}_1,t)\psi_{P_2}(\boldsymbol{r}_2,t)\cdots\psi_{P_N}(\boldsymbol{r}_N,t)$$

这里$(P_1,P_2,\cdots,P_N)\in(n_1,n_2,\cdots,n_k)$，从而换个角度证明了这种等价性。

(2) **其次证明：前面采用反对易规则进行二次量子化所得的量子场，其动力学方程即为全同 Fermion 多体 Schrödinger 方程。于是，这个二次量子化的量子场本质上即为全同 Fermion 多体量子力学。**证明也分为 4 部分。但为简明，略证对应于 Boson 的命题 B′。

[命题 A′] 场算符$\hat{\boldsymbol{\Psi}}(\boldsymbol{r},t)$和$\hat{\boldsymbol{\Psi}}^{+}(\boldsymbol{r},t)$的物理意义仍是在 t 时刻向此量子场湮灭和产生一个位于 $\boldsymbol{r}$ 的场量子。

证明 A′ 只要注意反对易，大体照搬 Boson 证明。下面稍微改变形式，用箱归一化叙述。考虑箱中平面波态完备组，归一化波函数为

$$\left\{\psi_{\boldsymbol{P}}(\boldsymbol{r})=\frac{1}{\sqrt{V}}\mathrm{e}^{\mathrm{i}\boldsymbol{P}\cdot\boldsymbol{r}/\hbar}\right\},\quad P_x=\frac{n\pi\hbar}{a},\quad n_x=0,\pm1,\pm2,\cdots,\quad abc=V$$

产生算符 $a_{\boldsymbol{P}S}^{+}$向归一化箱体里增加一个动量为 $\boldsymbol{P}$、自旋指向为 s 的粒子；而 $a_{\boldsymbol{P}S}$则相反，从箱体中移走这样一个粒子。在点 $\boldsymbol{r}'$找到由 $a_{\boldsymbol{P}S}^{+}$所增加的粒子的概率幅为 $\mathrm{e}^{\mathrm{i}\boldsymbol{P}\cdot\boldsymbol{r}'/\hbar}/\sqrt{V}$。现在，$\psi_S^{+}(\boldsymbol{r})\equiv\sum_{\boldsymbol{P}}\mathrm{e}^{-\mathrm{i}\boldsymbol{P}\cdot\boldsymbol{r}/\hbar}a_{\boldsymbol{P}S}^{+}/\sqrt{V}$ 的作用是以叠加系数 $\mathrm{e}^{-\mathrm{i}\boldsymbol{P}\cdot\boldsymbol{r}/\hbar}/\sqrt{V}$向给定动量态成分增加一个粒子。于是在 $\boldsymbol{r}'$点找到由 $\psi_S^{+}(\boldsymbol{r})$所增加的粒子的总概率幅将是叠加系数 $\mathrm{e}^{-\mathrm{i}\boldsymbol{P}\cdot\boldsymbol{r}/\hbar}/\sqrt{V}$与增加粒子在 $\boldsymbol{r}'$点概率幅 $\mathrm{e}^{\mathrm{i}\boldsymbol{P}\cdot\boldsymbol{r}'/\hbar}/\sqrt{V}$的乘积，再求和。最终，总概率幅为

$$\sum_{\boldsymbol{P}}\frac{1}{\sqrt{V}}\mathrm{e}^{-\mathrm{i}\boldsymbol{P}\cdot\boldsymbol{r}/\hbar}\frac{1}{\sqrt{V}}\mathrm{e}^{\mathrm{i}\boldsymbol{P}\cdot\boldsymbol{r}'/\hbar}=\delta(\boldsymbol{r}-\boldsymbol{r}')$$

这就是说,$\psi_S^+(\boldsymbol{r})$把增加一个粒子的概率幅全部加在点 $\boldsymbol{r}$ 处了。因此,$\psi_S^+(\boldsymbol{r})$的物理作用是在点 $\boldsymbol{r}$ 处增加一个自旋指向为 s 的粒子。类似地,

$$\psi_S(\boldsymbol{r}) \equiv \sum_{\boldsymbol{P}} \frac{1}{\sqrt{V}} \mathrm{e}^{\mathrm{i}\boldsymbol{P}\cdot\boldsymbol{r}/\hbar} a_{\boldsymbol{P}S}$$

的物理作用是在点 $\boldsymbol{r}$ 处湮灭一个自旋指向为 s 的粒子。 证毕。

[命题 C′] N 个全同 Fermion 系统的正交归一坐标表象基矢可用场算符构造如下[30]:

$$|\boldsymbol{r}_1,\boldsymbol{r}_2,\cdots,\boldsymbol{r}_N,t\rangle = \frac{1}{\sqrt{N!}} \hat{\boldsymbol{\Psi}}^+(\boldsymbol{r}_1,t)\hat{\boldsymbol{\Psi}}^+(\boldsymbol{r}_2,t)\cdots\hat{\boldsymbol{\Psi}}^+(\boldsymbol{r}_N,t)|0\rangle$$

证明 C′ 由于

$$[\hat{N}_v,\hat{\Psi}^+(\boldsymbol{r},t)] = \int_v \mathrm{d}\boldsymbol{r}'\hat{\Psi}^+(\boldsymbol{r}',t)\{\hat{\Psi}(\boldsymbol{r}',t),\hat{\Psi}^+(\boldsymbol{r},t)\}$$

$$= \int_v \mathrm{d}\boldsymbol{r}'\hat{\Psi}^+(\boldsymbol{r}',t)\delta(\boldsymbol{r}-\boldsymbol{r}') = \begin{cases}\hat{\Psi}^+(\boldsymbol{r},t), & \boldsymbol{r}\in v\\ 0, & \boldsymbol{r}\notin v\end{cases}$$

此结果和 Boson 情况一样,于是用$\hat{N}_v$ 检查的那段叙述可以照搬过来。而且由于态矢对 $\boldsymbol{r}_k$ 为反对称的,不存在相重合的位置。

[命题 D′] 这套基矢是正交归一的。

证明 D′ 和 Boson 情况也相似,只需注意由反对易造成的负号。这只要注意

$$\cdots\hat{\boldsymbol{\Psi}}(\boldsymbol{r}_2',t)\hat{\boldsymbol{\Psi}}(\boldsymbol{r}_1',t)\hat{\boldsymbol{\Psi}}^+(\boldsymbol{r}_1,t)\cdots = \cdots\hat{\boldsymbol{\Psi}}(\boldsymbol{r}_2',t)\{\delta(\boldsymbol{r}_1'-\boldsymbol{r}_1)-\hat{\boldsymbol{\Psi}}^+(\boldsymbol{r}_1,t)\hat{\boldsymbol{\Psi}}(\boldsymbol{r}_1',t)\}\cdots$$

这里与 Boson 情况不同,括号内第二项是负号。于是比如,盯住含 $\delta(\boldsymbol{r}_1'-\boldsymbol{r}_1)$项,由左向右接着以$\hat{\boldsymbol{\Psi}}(\boldsymbol{r}_2',t)$作用,如它和$\hat{\boldsymbol{\Psi}}^+(\boldsymbol{r}_2,t)$直接转为 $\delta(\boldsymbol{r}_2'-\boldsymbol{r}_2)$,则该项不出负号;若$\hat{\boldsymbol{\Psi}}(\boldsymbol{r}_2,t)$反对称交换越过$\hat{\boldsymbol{\Psi}}^+(\boldsymbol{r}_2,t)$和右边$\hat{\boldsymbol{\Psi}}^+(\boldsymbol{r}_3,t)$作用给出 $\delta(\boldsymbol{r}_2'-\boldsymbol{r}_3)$,就出一负号。即(1′1)(2′2)为正,(1′1)(2′3)为负,等等。于是

$$\langle \boldsymbol{r}_1',\boldsymbol{r}_2',\cdots,\boldsymbol{r}_N',t|\boldsymbol{r}_1,\boldsymbol{r}_2,\cdots,\boldsymbol{r}_N,t\rangle = \frac{1}{N!}\langle 0|\hat{\boldsymbol{\Psi}}(\boldsymbol{r}_N',t)\cdots\hat{\boldsymbol{\Psi}}(\boldsymbol{r}_1',t)\hat{\boldsymbol{\Psi}}^+(\boldsymbol{r}_1,t)\cdots\hat{\boldsymbol{\Psi}}^+(\boldsymbol{r}_N,t)|0\rangle$$

$$= \frac{1}{N!}\sum_P(-1)^{[P]}P\delta(\boldsymbol{r}_1'-\boldsymbol{r}_{P_1})\delta(\boldsymbol{r}_2'-\boldsymbol{r}_{P_2})\cdots\delta(\boldsymbol{r}_N'-\boldsymbol{r}_{P_N})$$

$$= \frac{1}{N!}\begin{vmatrix}\delta(\boldsymbol{r}_1'-\boldsymbol{r}_1) & \delta(\boldsymbol{r}_2'-\boldsymbol{r}_1) & \cdots & \delta(\boldsymbol{r}_N'-\boldsymbol{r}_1)\\ \delta(\boldsymbol{r}_1'-\boldsymbol{r}_2) & \delta(\boldsymbol{r}_2'-\boldsymbol{r}_2) & \cdots & \delta(\boldsymbol{r}_N'-\boldsymbol{r}_2)\\ \vdots & \vdots & & \vdots\\ \delta(\boldsymbol{r}_1'-\boldsymbol{r}_N) & \delta(\boldsymbol{r}_2'-\boldsymbol{r}_N) & \cdots & \delta(\boldsymbol{r}_N'-\boldsymbol{r}_N)\end{vmatrix}$$

这里 P 是对 N 个粒子编号的一种置换,$[P]$是此置换参照规定顺序需要对换次数的奇偶性。此矩阵元对于 $\boldsymbol{r}_k$ 或 $\boldsymbol{r}_k'$置换均为反对称的。 证毕。

---

[30] 类似于 Boson 情况,对相对论性场方程,构造这种完全定域化基矢原则上是不可能的。

有了这套基矢,可将粒子数表象的结果引入坐标表象。记概率幅:

$$\boldsymbol{\Psi}^{(N)}_{n_1,n_2,\cdots}(\boldsymbol{r}_1,\boldsymbol{r}_2,\cdots,\boldsymbol{r}_N,t)\equiv\langle\boldsymbol{r}_1,\boldsymbol{r}_2,\cdots,\boldsymbol{r}_N,t\mid n_1,n_2,\cdots,n_k\rangle$$

其物理意义和 Boson 的相似,只是这里 n_k 全都只能取 0 或 1,而 $\hat{\boldsymbol{\Psi}}(\boldsymbol{r},t)$ 相对于 $\boldsymbol{r}_k$ 置换为反称的。

也可以得到 N 个全同 Fermion 多体 Schrödinger 方程,计算和结果形式都与 Boson 情况类同,并且也只含单体算符。就是说,只考虑这些粒子和外场的作用,不考虑它们之间的彼此相互作用。这正是以前量子力学方程都是线性方程的主要物理根源(结合脚注㉛、㉜)。

证毕。

至此,全部完成了对于无相互作用情况下等价性的证明。

11.5 自作用"Schrödinger 场"二次量子化——再次不"无厘头"

1. 自作用"Schrödinger 场"的二次量子化

前面讨论了场量子间无相互作用的情况。在那里的 Lagrange 量密度下,Schrödinger 量子场是"自由"场。现在研究场量子间有相互作用的情况。这时将发生场量子间相互影响和状态跃迁[31]。为书写简单,只限于两体相互作用:

$$V(\boldsymbol{r}_1,\boldsymbol{r}_2,\cdots,\boldsymbol{r}_N)=\frac{1}{2}\sum_{i\neq k}^{N}V_2(\boldsymbol{r}_i,\boldsymbol{r}_k)$$

这意味着这个"经典概率幅场"有自身作用,场方程不再是线性的[32]。此时 Lagrange 量密度 $\mathscr{L}$ 为

$$\mathscr{L}=\mathscr{L}_0+\mathscr{L}'=\left\{\mathrm{i}\,\hbar\,\psi^*(\boldsymbol{r},t)\dot{\psi}(\boldsymbol{r},t)-\frac{\hbar^2}{2\mu}\nabla\psi^*\cdot\nabla\psi-V_1\psi^*\psi\right\}$$
$$-\frac{1}{2}\int\mathrm{d}\boldsymbol{r}'\psi^*(\boldsymbol{r}',t)\psi^*(\boldsymbol{r},t)V_2(\boldsymbol{r},\boldsymbol{r}')\psi(\boldsymbol{r},t)\psi(\boldsymbol{r}',t)$$

注意这里 ψ^* 和 ψ 的顺序,它使得量子化后 ψ^+ 和 ψ 不对易时所得 $\mathscr{L}$、$\mathscr{H}$ 应为厄米的。按 Euler-Lagrange 方程,这个"经典场"的运动方程为

$$\mathrm{i}\,\hbar\frac{\partial\psi(\boldsymbol{r},t)}{\partial t}=-\frac{\hbar^2}{2\mu}\Delta\psi(\boldsymbol{r},t)+V_1(\boldsymbol{r},t)\psi(\boldsymbol{r},t)+\left[\int\mathrm{d}\boldsymbol{r}'\psi^*(\boldsymbol{r}',t)V_2(\boldsymbol{r},\boldsymbol{r}')\psi(\boldsymbol{r}',t)\right]\psi(\boldsymbol{r},t)$$

由前面叙述知道,现在的 $\mathscr{L}$ 以及这个方程对 Boson 和 Fermion 两者都合适。

下面进行二次量子化。先转入正则框架,为此定义正则动量场

$$\pi(\boldsymbol{r},t)=\frac{\partial\mathscr{L}}{\partial\dot{\psi}}=\mathrm{i}\,\hbar\,\psi^*(\boldsymbol{r},t)$$

㉛ 其实,场量子化方法的优点恰恰表现在处理有相互作用情况,特别是处理相互作用导致不同种类粒子之间转化问题。

㉜ 认为"量子力学乃至量子场论是线性理论,需要将其推广到非线性"是一种误解。见第 12 讲。

$$\mathscr{H}=\pi\dot{\psi}-\mathscr{L}=\frac{\hbar^2}{2\mu}\nabla\psi^*\cdot\nabla\psi+V_1\psi^*\psi+\frac{1}{2}\int \mathrm{d}v'\psi^*(\boldsymbol{r}',t)\psi^*(\boldsymbol{r},t)V_2(\boldsymbol{r},\boldsymbol{r}')\psi(\boldsymbol{r},t)\psi(\boldsymbol{r}',t)$$

则

$$H(t)=\int \mathrm{d}\boldsymbol{r}\mathscr{H}=\int \mathrm{d}\boldsymbol{r}\left\{\frac{\hbar^2}{2\mu}\nabla\psi^*\cdot\nabla\psi+V_1\psi^*\psi\right\}$$
$$+\frac{1}{2}\iint \mathrm{d}(\boldsymbol{rr}')\psi^*(\boldsymbol{r}',t)\psi^*(\boldsymbol{r},t)V_2(\boldsymbol{r},\boldsymbol{r}')\psi(\boldsymbol{r},t)\psi(\boldsymbol{r}',t)$$

现在进行二次量子化：$\psi(\boldsymbol{r},t)\rightarrow\hat{\boldsymbol{\Psi}}(\boldsymbol{r},t)$，$\pi(\boldsymbol{r},t)\rightarrow\hat{\Pi}(\boldsymbol{r},t)$，Boson 按对易规则量子化，Fermion 按反对易规则$\{\hat{\boldsymbol{\Psi}}(\boldsymbol{r},t),\hat{\Pi}(\boldsymbol{r}',t)\}=\mathrm{i}\hbar\,\delta(\boldsymbol{r}-\boldsymbol{r}')$量子化。比如，若取反对易规则量子化，有

$$\{\hat{\boldsymbol{\Psi}}(\boldsymbol{x},t),\hat{\boldsymbol{\Psi}}^+(\boldsymbol{x}',t)\}=\delta(\boldsymbol{x}-\boldsymbol{x}')$$
$$\{\boldsymbol{\Psi}(\boldsymbol{x},t),\boldsymbol{\Psi}(\boldsymbol{x}',t)\}=\{\hat{\boldsymbol{\Psi}}^+(\boldsymbol{x},t),\hat{\boldsymbol{\Psi}}^+(\boldsymbol{x}',t)\}=0$$

同时，“经典场”的上述 Hamilton 量成为量子场 Hamilton 量算符：

$$\hat{H}(t)=\int \mathrm{d}\boldsymbol{r}\left\{\hat{\boldsymbol{\Psi}}^+\left(-\frac{\hbar^2}{2\mu}\Delta+V_1\right)\hat{\boldsymbol{\Psi}}\right\}$$
$$+\frac{1}{2}\iint \mathrm{d}(\boldsymbol{rr}')\,\hat{\boldsymbol{\Psi}}^+(\boldsymbol{r}',t)\,\hat{\boldsymbol{\Psi}}^+(\boldsymbol{r},t)V_2(\boldsymbol{r},\boldsymbol{r}')\,\hat{\boldsymbol{\Psi}}(\boldsymbol{r},t)\,\hat{\boldsymbol{\Psi}}(\boldsymbol{r}',t)$$ ㉝

记$\hat{\boldsymbol{\Psi}}(\boldsymbol{r}',t)=\hat{\boldsymbol{\Psi}}'$和$\hat{\boldsymbol{\Psi}}^+(\boldsymbol{r}',t)=\hat{\boldsymbol{\Psi}}'^+$等，场算符的运动方程成为

$$\dot{\hat{\boldsymbol{\Psi}}}=\frac{1}{\mathrm{i}\hbar}[\hat{\boldsymbol{\Psi}},\hat{H}]=\frac{1}{\mathrm{i}\hbar}\int \mathrm{d}\boldsymbol{r}'\Big[\hat{\boldsymbol{\Psi}},\frac{\hbar^2}{2\mu}\nabla'\hat{\Psi}'^+\cdot\nabla'\hat{\Psi}'+\hat{\Psi}'^+V_1\hat{\Psi}'$$
$$+\frac{1}{2}\int \mathrm{d}\boldsymbol{r}''\hat{\Psi}''^+\hat{\Psi}'^+V_2\hat{\Psi}'\hat{\Psi}''\Big]$$
$$=\frac{1}{\mathrm{i}\hbar}\int \mathrm{d}\boldsymbol{r}'\left\{\frac{\hbar^2}{2\mu}\nabla'\delta(\boldsymbol{r}-\boldsymbol{r}')\cdot\nabla'\hat{\boldsymbol{\Psi}}'+\delta(\boldsymbol{r}-\boldsymbol{r}')V_1\hat{\boldsymbol{\Psi}}'\right.$$
$$\left.+\frac{1}{2}\int \mathrm{d}\boldsymbol{r}''(\delta(\boldsymbol{r}-\boldsymbol{r}'')\hat{\boldsymbol{\Psi}}'^+V_2\hat{\boldsymbol{\Psi}}'\hat{\boldsymbol{\Psi}}''-\hat{\boldsymbol{\Psi}}''^+\delta(\boldsymbol{r}-\boldsymbol{r}')V_2\hat{\boldsymbol{\Psi}}'\hat{\boldsymbol{\Psi}}'')\right\}\Rightarrow$$

$$\mathrm{i}\hbar\dot{\hat{\boldsymbol{\Psi}}}=-\frac{\hbar^2}{2\mu}\Delta\hat{\boldsymbol{\Psi}}+V_1\hat{\boldsymbol{\Psi}}+\frac{1}{2}\int \mathrm{d}\boldsymbol{r}'\,\hat{\boldsymbol{\Psi}}'^+V_2\,\hat{\boldsymbol{\Psi}}'\,\hat{\boldsymbol{\Psi}}-\frac{1}{2}\int \mathrm{d}\boldsymbol{r}''\,\hat{\boldsymbol{\Psi}}''^+V_2\,\hat{\boldsymbol{\Psi}}\boldsymbol{\Psi}''$$
$$=-\frac{\hbar^2}{2\mu}\Delta\hat{\boldsymbol{\Psi}}+V_1\hat{\boldsymbol{\Psi}}+\frac{1}{2}\int \mathrm{d}\boldsymbol{r}'\,\hat{\boldsymbol{\Psi}}'^+V_2\,\hat{\boldsymbol{\Psi}}'\,\hat{\boldsymbol{\Psi}}+\frac{1}{2}\int \mathrm{d}\boldsymbol{r}'\,\hat{\boldsymbol{\Psi}}'^+V_2\,\hat{\boldsymbol{\Psi}}'\,\boldsymbol{\Psi}$$

即

$$i\hbar\dot{\hat{\boldsymbol{\Psi}}}=\left(-\frac{\hbar^2}{2\mu}\Delta+V_1+\int \mathrm{d}\boldsymbol{r}'\,\hat{\boldsymbol{\Psi}}'^+V_2\,\hat{\boldsymbol{\Psi}}'\right)\hat{\boldsymbol{\Psi}}$$

㉝ 这里重积分前的 1/2 系数是由于：N 体相互作用被重积分多算了 $N!$ 次。这只要将此积分转入粒子数表象，展开 $\hat{\boldsymbol{\Psi}}(\boldsymbol{r}_i)$ 等，将$(\boldsymbol{r}_1,\boldsymbol{r}_2,\cdots)$编号看成粒子编号。即知：处于$\boldsymbol{r}$(和$\boldsymbol{r}'$)的粒子编号可为全部可能的数值。比如编号为1#、2#、3#三粒子作用：$V_3(\boldsymbol{r},\boldsymbol{r}',\boldsymbol{r}'')\rightarrow V_3(1,2,3)$ 等 6 项，故需除以 6。

这个全同 Fermion 多体系统场算符运动方程和对应的“经典 Schrödinger 方程”形式相同，但波函数已经二次量子化成为场算符。另外，与这种二次量子化过程相应，任意场算符的运动方程为

$$\frac{\mathrm{d}\hat{\Omega}}{\mathrm{d}t}=\frac{\partial\hat{\Omega}}{\partial t}+\frac{1}{\mathrm{i}\hbar}[\hat{\Omega},\hat{H}]$$

2. 转入粒子数表象[34]

(1) **在上述量子场的任何演化中，场量子的总数守恒。**

证明 为此再次利用总粒子数算符 $\hat{N}=\int\mathrm{d}\boldsymbol{r}\,\hat{\boldsymbol{\Psi}}^{+}(\boldsymbol{r},t)\,\hat{\boldsymbol{\Psi}}(\boldsymbol{r},t)$。按所引入的对易(反对易)规则，有

$$[\hat{N},\hat{H}]=\int\mathrm{d}(\boldsymbol{r}\boldsymbol{r}')[\hat{\boldsymbol{\Psi}}^{+}\hat{\boldsymbol{\Psi}},\hat{\boldsymbol{\Psi}}'^{+}(T'+V_1')\,\hat{\boldsymbol{\Psi}}']$$
$$+\frac{1}{2}\int\mathrm{d}(\boldsymbol{r}\boldsymbol{r}'\boldsymbol{r}'')[\hat{\boldsymbol{\Psi}}^{+}\hat{\boldsymbol{\Psi}},\hat{\boldsymbol{\Psi}}'^{+}\hat{\boldsymbol{\Psi}}''^{+}V_2(\boldsymbol{r}',\boldsymbol{r}'')\,\hat{\boldsymbol{\Psi}}''\,\hat{\boldsymbol{\Psi}}']$$

由于不论对 Boson 或 Fermion 均有$[\hat{N},\hat{\boldsymbol{\Psi}}^{+}]_{\pm}=\hat{\boldsymbol{\Psi}}^{+}$，$[\hat{N},\hat{\boldsymbol{\Psi}}]_{\pm}=-\hat{\boldsymbol{\Psi}}$，于是

$$[\hat{N},\hat{H}]=\int\mathrm{d}\boldsymbol{r}'\{\hat{\boldsymbol{\Psi}}'^{+}(T'+V_1')\,\hat{\boldsymbol{\Psi}}'-\hat{\boldsymbol{\Psi}}'^{+}(T'+V_1')\,\hat{\boldsymbol{\Psi}}'\}$$
$$+\frac{1}{2}\int\mathrm{d}(\boldsymbol{r}'\boldsymbol{r}'')\{\hat{\boldsymbol{\Psi}}'^{+}\hat{\boldsymbol{\Psi}}''^{+}V_2\,\hat{\boldsymbol{\Psi}}'\,\hat{\boldsymbol{\Psi}}''+\hat{\boldsymbol{\Psi}}'^{+}\hat{\boldsymbol{\Psi}}''^{+}V_2\,\hat{\boldsymbol{\Psi}}'\,\hat{\boldsymbol{\Psi}}''$$
$$-\hat{\boldsymbol{\Psi}}'^{+}\hat{\boldsymbol{\Psi}}''^{+}V_2\,\hat{\boldsymbol{\Psi}}'\,\hat{\boldsymbol{\Psi}}''-\hat{\boldsymbol{\Psi}}'^{+}\hat{\boldsymbol{\Psi}}''^{+}V_2\,\hat{\boldsymbol{\Psi}}'\,\hat{\boldsymbol{\Psi}}''\}=0$$

说明场量子间的相互作用只造成场量子状态的变化，并不能真正产生或湮灭场量子，不会出现粒子种类的转化，所以场量子总数守恒。原因是现在 Hamilton 量算符的非相对论形式：Hamilton 量算符中每一项，产生和湮灭算符总是配对乘积出现，只表明全同粒子状态跃迁，粒子总数保持不变。

(2) 由于 N 是守恒量，可以只限于研究 N 为固定值的系统。设系统的一般态矢为 $|P_N\rangle$，则按 Schrödinger 图像，此态矢按下面 Schrödinger 方程随 t 演化：

$$\mathrm{i}\hbar\frac{\partial}{\partial t}\,|\,P_N\rangle=\hat{H}\,|\,P_N\rangle$$

注意$\hat{H}$是前面量子场的 Hamilton 量算符，也即是此全同多粒子系统的。选择一组正交归一完备的单粒子波函数族：

$$\{\psi_k(\boldsymbol{r})\mathrm{e}^{-\mathrm{i}E_kt/\hbar}\},\quad (T+V_1)\psi_k(\boldsymbol{r})=E_k\psi_k(\boldsymbol{r})$$

将场算子$\hat{\boldsymbol{\Psi}}(\boldsymbol{r},t)$及$\hat{\boldsymbol{\Psi}}^{+}(\boldsymbol{r},t)$展开为

$$\hat{\boldsymbol{\Psi}}(\boldsymbol{r},t)=\sum_k a(k)\psi_k(\boldsymbol{r})\mathrm{e}^{-\mathrm{i}E_kt/\hbar},\quad \hat{\boldsymbol{\Psi}}^{+}(\boldsymbol{r},t)=\sum_k a^{+}(k)\psi_k^{*}(\boldsymbol{r})\mathrm{e}^{\mathrm{i}E_kt/\hbar}$$

---

[34] 参见脚注[27]。

其中 k 为完备力学量组的本征值集合。由 $\hat{\boldsymbol{\Psi}}$、$\hat{\boldsymbol{\Psi}}^+$ 的对易规则,即可导出量子系数 a、a^+ 的对易规则,按 N 个全同粒子是 Boson,还是 Fermion 而不同。再引入粒子数表象基矢(占有数 n_k 也按 Boson 和 Fermion 而不同):$\{|n_1,\cdots,n_k,\cdots\rangle=|n_1\rangle\cdots|n_k\rangle\cdots|n_\infty\rangle\}$。于是

$$|P\rangle=\sum_{\{n_k\}}C_P(n_1,\cdots,n_k;t)\,|n_1,\cdots,n_k,\cdots\rangle,\quad \sum_k n_k=N$$ [35]

由于基矢与 t 无关,$|P\rangle$ 对时间的依赖包含在叠加系数 C 中。将 $\hat{\boldsymbol{\Psi}}$、$\hat{\boldsymbol{\Psi}}^+$、$|P\rangle$ 三个展开式代入 $|P\rangle$ 的 Schrödinger 方程,注意 $\hat{H}$ 的表达式及 $\int \mathrm{d}v\psi_k^*(\boldsymbol{r})\psi_{k'}(\boldsymbol{r})=\delta_{kk'}$,$\iint \mathrm{d}(vv')\psi_i^*(\boldsymbol{r})\psi_j^*(\boldsymbol{r}')V_2(\boldsymbol{r},\boldsymbol{r}')\psi_l(\boldsymbol{r}')\psi_m(\boldsymbol{r})=\langle ij\mid V_2\mid lm\rangle$,最后即得

$$\mathrm{i}\hbar\frac{\partial}{\partial t}\mid P_N\rangle=\hat{H}\mid P_N\rangle,\quad \hat{H}=\sum_i E_i\,\hat{a}_i^+\hat{a}_i+\frac{1}{2}\sum_{ijlm}\langle ij\mid V_2\mid lm\rangle\,\hat{a}_i^+\hat{a}_j^+\hat{a}_l\hat{a}_m$$

由于这里取的 $\psi_k(\boldsymbol{r})$ 是单粒子算符 $(T+V_1)$ 的本征函数族,故 $\hat{H}$ 的第一项是对角的。否则将为

$$H=\sum_{ij}\langle i\mid T+V_1\mid j\rangle a_i^\dagger a_j+\frac{1}{2}\sum_{ijlm}\langle ij\mid V_2\mid lm\rangle a_i^\dagger a_j^\dagger a_l a_m$$

3. 转入坐标表象

为确定起见,设量子场为 Boson 情况,记 $\hat{\boldsymbol{\Psi}}(\boldsymbol{r}_i t)=\hat{\boldsymbol{\Psi}}_i$,$V^{(1)}(\boldsymbol{r}_i)=V_i^{(1)}$,$V_2(\boldsymbol{r}_i,\boldsymbol{r}')=V^{(2)}(\boldsymbol{r}_i,\boldsymbol{r}')$。于是

$$\mathrm{i}\hbar\dot{\hat{\boldsymbol{\Psi}}}=\left(-\frac{\hbar^2}{2\mu}\Delta_i+V_i^{(1)}+\int \mathrm{d}\boldsymbol{r}'\hat{\Psi}'^+V^{(2)}(\boldsymbol{r}_i,\boldsymbol{r}')\hat{\Psi}'\right)\hat{\boldsymbol{\Psi}}_i$$

对此式左乘以同一时刻 t 的 $\frac{1}{\sqrt{N!}}\langle 0|\hat{\boldsymbol{\Psi}}_1\cdots\hat{\boldsymbol{\Psi}}_{i-1}$,右乘以 $\hat{\boldsymbol{\Psi}}_{i+1}\cdots\hat{\boldsymbol{\Psi}}_N$,并记:

$$\frac{1}{\sqrt{N!}}\langle 0\mid\hat{\boldsymbol{\Psi}}_1\cdots\hat{\boldsymbol{\Psi}}_i\cdots\hat{\boldsymbol{\Psi}}_N\equiv\langle\boldsymbol{r}_1\cdots\boldsymbol{r}_i\cdots\boldsymbol{r}_N,t\mid$$

为区分此处 $\frac{\partial}{\partial t}$ 只对乘积态矢中第 $\boldsymbol{r}_i$ 个态矢 $\langle\boldsymbol{r}_i t|$ 的 t 求偏导,将其写为 $\frac{\partial}{\partial t_i}$,于是有

$$\begin{aligned}\mathrm{i}\hbar\frac{\partial}{\partial t_i}\langle\boldsymbol{r}_1\cdots\boldsymbol{r}_i\cdots\boldsymbol{r}_N,t\mid=&\left(-\frac{\hbar^2}{2\mu}\Delta_i+V_i^{(1)}\right)\langle\boldsymbol{r}_1\cdots\boldsymbol{r}_i\cdots\boldsymbol{r}_N,t\mid\\&+\frac{1}{\sqrt{N!}}\langle 0\mid\int \mathrm{d}\boldsymbol{r}'\,\hat{\boldsymbol{\Psi}}_1\cdots\hat{\boldsymbol{\Psi}}_{i-1}\,\hat{\boldsymbol{\Psi}}'^+\,\hat{\boldsymbol{\Psi}}'\,\hat{\boldsymbol{\Psi}}_i\,\hat{\boldsymbol{\Psi}}_{i+1}\cdots\hat{\boldsymbol{\Psi}}_N V^{(2)}(\boldsymbol{r}_i,\boldsymbol{r}')\end{aligned}$$

将等式右边第二项中 $\hat{\boldsymbol{\Psi}}'^+(\boldsymbol{r}'t)$ 向左逐一对易挪动(以下 $\hat{\boldsymbol{\Psi}}$ 中略写 t),即

$$\frac{1}{\sqrt{N!}}\int \mathrm{d}\boldsymbol{r}'\langle 0\mid\hat{\boldsymbol{\Psi}}_1\cdots\hat{\boldsymbol{\Psi}}_{i-2}(\delta(\boldsymbol{r}_{i-1}-\boldsymbol{r}')+\hat{\boldsymbol{\Psi}}'^+\hat{\boldsymbol{\Psi}}_{i-1})\,\hat{\boldsymbol{\Psi}}'\,\hat{\boldsymbol{\Psi}}_i\cdots\hat{\boldsymbol{\Psi}}_N V^{(2)}(\boldsymbol{r}_i,\boldsymbol{r}')$$

---

[35] 这里是一般形式。当然 $|P\rangle$ 也可以是基矢中的一个,而不是叠加态。

$$=\langle \boldsymbol{r}_1\cdots\boldsymbol{r}_i\cdots\boldsymbol{r}_N,t\mid V^{(2)}(\boldsymbol{r}_i,\boldsymbol{r}_{i-1})$$

$$+\frac{1}{\sqrt{N!}}\int \mathrm{d}\boldsymbol{r}'\langle 0\mid \hat{\boldsymbol{\Psi}}_1\cdots\hat{\boldsymbol{\Psi}}_{i-3}(\delta(\boldsymbol{r}_{i-2}-\boldsymbol{r}')+\hat{\boldsymbol{\Psi}}'^{+}\hat{\boldsymbol{\Psi}}_{i-2})\hat{\boldsymbol{\Psi}}_{i-1}\hat{\boldsymbol{\Psi}}'\hat{\boldsymbol{\Psi}}_i\cdots\hat{\boldsymbol{\Psi}}_N V^{(2)}(\boldsymbol{r}_i,\boldsymbol{r}')$$

$$=\cdots=\langle \boldsymbol{r}_1\cdots\boldsymbol{r}_i\cdots\boldsymbol{r}_N,t\mid V^{(2)}(\boldsymbol{r}_i,\boldsymbol{r}_{i-1})+\langle \boldsymbol{r}_1\cdots\boldsymbol{r}_i\cdots\boldsymbol{r}_N,t\mid V^{(2)}(\boldsymbol{r}_i,\boldsymbol{r}_{i-2})+\cdots$$

$$+\frac{1}{\sqrt{N!}}\int \mathrm{d}\boldsymbol{r}'\langle 0\mid (\delta(\boldsymbol{r}_1-\boldsymbol{r}')+\hat{\boldsymbol{\Psi}}'^{+}\hat{\boldsymbol{\Psi}}_1)\hat{\boldsymbol{\Psi}}_2\cdots\hat{\boldsymbol{\Psi}}_{i-1}\hat{\boldsymbol{\Psi}}'\hat{\boldsymbol{\Psi}}_i\cdots\hat{\boldsymbol{\Psi}}_N V^{(2)}(\boldsymbol{r}_i,\boldsymbol{r}')$$

$$=\sum_{j(<i)}\langle \boldsymbol{r}_1\cdots\boldsymbol{r}_i\cdots\boldsymbol{r}_N,t\mid V^{(2)}(\boldsymbol{r}_i,\boldsymbol{r}_j)$$

代入上式，对脚标 i 求和，将时间导数项合并成一项，略去脚标 i，得

$$\mathrm{i}\hbar\frac{\partial}{\partial t}\langle \boldsymbol{r}_1\cdots\boldsymbol{r}_i\cdots\boldsymbol{r}_N,t\mid=\sum_i\left(-\frac{\hbar^2}{2\mu}\Delta_i+V_i^{(1)}\right)\langle \boldsymbol{r}_1\cdots\boldsymbol{r}_i\cdots\boldsymbol{r}_N,t\mid$$

$$+\sum_{i,j(i>j)}V^{(2)}(\boldsymbol{r}_i,\boldsymbol{r}_j)\langle \boldsymbol{r}_1\cdots\boldsymbol{r}_i\cdots\boldsymbol{r}_N,t\mid$$

用态矢 $|N,k\rangle$ 右乘此左矢方程，并记归一化概率幅：

$$\Phi_k^{(N)}(\boldsymbol{r}_1,\boldsymbol{r}_2,\cdots,\boldsymbol{r}_N,t)=\langle \boldsymbol{r}_1\cdots\boldsymbol{r}_i\cdots\boldsymbol{r}_N,t\mid N,k\rangle$$

这里 $k=(kE\alpha)$ 即完全力学量组本征值集合任一组值，标志全同粒子系统状态，α 为其余量子数。最后即得

$$\mathrm{i}\hbar\frac{\partial}{\partial t}\Phi_k^{(N)}(\boldsymbol{r}_1,\boldsymbol{r}_2,\cdots,\boldsymbol{r}_N,t)=\sum_i\left[-\frac{\hbar^2}{2\mu}\Delta_i+V_i^{(1)}(\boldsymbol{r}_i)\right]\Phi_k^{(N)}(\boldsymbol{r}_1,\boldsymbol{r}_2,\cdots,\boldsymbol{r}_N,t)$$

$$+\frac{1}{2}\sum_{i\neq j}V^{(2)}(\boldsymbol{r}_i,\boldsymbol{r}_j)\Phi_k^{(N)}(\boldsymbol{r}_1,\boldsymbol{r}_2,\cdots,\boldsymbol{r}_N,t)$$

按本节开始设定，这里 $\Phi^{(N)}$ 具有 Boson 波函数的对称性。

4. 非相对论二次量子化方法小结

小结关于 Schrödinger 方程的非相对论“二次量子化方法”的“程式”：将单粒子 Schrödinger 方程看作“经典”的“Schrödinger 场”场方程，保持场方程形式不变，只将方程中普通时空函数的场量替换为满足一定的等时对易规则的、含时空变数的场算符，就得到对应这个“经典场”的非相对论量子场的场方程，构建起“非相对论量子场论”。以上叙述已经严格证明，这个量子场论其实就是全同多体非相对论量子力学，场方程就是该单粒子的全同多体 Schrödinger 方程。由于是对 Schrödinger 方程再次进行非对易算符化，即再次“量子化”，所以“程式”经常称为“二次量子化方法”。因此，**在非相对论量子力学范畴内，这种二次量子化程式并不是假设，而只是导出全同多体 Schrödinger 方程的一种可以证明的简化约定。它也没有使非相对论量子力学增加实质性新内容。**

因为，**即便考虑全同粒子间存在相互作用，非相对论量子场论 Hamilton 量中每项所含静质量 $m\neq 0$ 粒子的产生湮灭算符个数都相等，这个场论仍然保持着初始粒子总数守恒，因此，全部能够发生的过程只涉及粒子状态之间的跃迁，不会出现粒子净产生净湮灭或者转化。这正是非相对论量子力学的普遍特征。此时力学量算符的作用只是系统状态空间向自**

身的映射。这清楚地说明,非相对论量子场论实际上并不是场论,而仍然是个"力学"理论。其中所用场量子概念也并非实质性的新概念,而只是描述状态跃迁的数学语言(虽然粒子数表象本身并不管粒子数守恒与否)。

总之,非相对论二次量子化方法是建立粒子数守恒的全同多粒子系统非相对论量子力学简洁而正确的约定。

然而,考虑到多体 Schrödinger 方程比单体方程复杂得多,所以即便仅仅扩充了全同多体量子力学的数学描述,容许用单粒子波函数构造多粒子波函数,用单体 Schrödinger 方程形式阐述全同多体量子力学问题,也算得是一个很大的理论优点。

但是,下面评论表明,向相对论情况推广的结果,所得的动力学理论将成为原则上丢失了坐标表象的、粒子数可以不守恒的理论——从而不再是传统意义上的"力学",而成为全同多粒子系统的量子场论!虽然这时对场量和场量演化过程的描写仍然不得不披着定域的外衣。

11.6 二次量子化方法评论

将上面的非相对论二次量子化方法推广应用于相对论情况,不管原来的场是经典 Maxwell 场,还是已经量子化的 Dirac "场"、K-G"场",都实行如此的"二次量子化",成为相对论"二次量子化"[36],则是一个实质性的重大推广,但却是一个有理性基础的推广,并且后果极为重大!本节和下节评论集中阐明这两点。

其中,将这种推广应用于 Maxwell 场实际上是(从经典场到量子场的)第一次量子化(也即量子化)。但从量子化手续特征看,那却是标准的"二次量子化"方法,人们有时侧重于方法论,将 Maxwell 场量子化称做二次量子化[37]。

1. 评论(Ⅰ)——相对论二次量子化方法是有理性基础的推广

如果将二次量子化方法只限用于非相对论 Schrödinger 方程,则尚未展现这个方法的最本质的特征。实际上,此方法最本质的特征和最重要的优点在于:它最适于描述(迄今为止也只有它能够描述)粒子间相对论性高能作用所导致的各类粒子产生、湮灭、转化等粒子数不守恒现象!其中也自然包括了(从来都是相对论性的)Maxwell 场与非相对论物质粒子相

---

[36] Maxwell 场二次量子化是由 Dirac(1927)发展的。随后,Wigner 和 Jordan 把它推广到费米子情况(1928)。二次量子化的一般论述参见:① ZIMAN J M. Elemants of Advanced Quantum Theory[M]. (Reprinted 1980) Cambridge: Cambridge Uuiversity Press; ② BAYM G. Lectures on Q-M, P. 411-439(with problems). San Francisco: The Benjamin/Cummings Publishing Company; ③ TRIGG G L. Quantum Mechanics, Chapter 14, Nonrelativistic field(scalar), Dirac field, electromaguetic field or Quantization; New York: Van Nostrand, 1964; ④ RICKAYZEN G. Green's Functions and Condensed Matter, Appendix A., "Summary of the Results of Second Quantization.", P. 341, 1980, New York: Dover Publication。

[37] 有的人将过个"二次"解释成由于"从几何光学到 Maxwell 电磁波理论是一次量子化",这并不合适。2000 年以前并没有量子理论,Maxwell 电磁波理论是经典的。

互作用导致的光子产生、湮灭，初始光子数不守恒情况。实质上，这种推广将量子理论从非相对论性粒子数守恒的力学理论提升到相对论性粒子数不守恒、粒子种类可以转化的量子场论的崭新领域！

的确，这种推广是实质性的。因为，这时场量子的可定域性成了问题。命题 A、A′和命题 C、C′都不复存在，前述等价性证明失去基础。进一步叙述结合下节评论。

但是，这种推广是理性的，能够成功是基于坚实的物理基础。从表观上看，好像并不存在什么先验的限制使二次量子化方法只能局限于低能的 Schrödinger 方程，甚至似乎都不必局限于量子理论。然而，根据物理分析，只当那个场所描述的对象具有波粒二象性和全同性，才可以用这个方法构建起它们全同多粒子动力学理论！显然，波粒二象性和全同性正是这几个方程所描述的微观粒子共同具有的性质。描述对象具有这些性质正是这几个方程能够成功实行二次量子化的物理基础！换个角度说，对于介质温度标量场、流体速度矢量场、弹性介质应力应变张量场等，形式上未尝不可以对它们(按对易规则或反对易规则)实施“二次量子化”。但物理上不可能成功！原因是这些场所描述的对象不具有微观粒子所具有的波粒二象性和全同性。

同时，由于 Lagrange 量密度是相对论性的，基于场方程的相对论性质，场算符中同时含有各种单粒子的产生和湮灭算符，理论一体蕴含着(Lagrange 量密度所包含的以及守恒律所容许的)场量子数目可以不守恒的全部产生、湮灭和转化过程。与此相应，这种相对论性量子场理论也就失去了场量子在位形空间中的坐标本征态！因为，无论按物理逻辑分析或数学逻辑计算，都无法自洽地构建起这些态(参考下面评论(Ⅱ)中计算，以及第 23 讲 23.2 节)。于是尽管理论还是采用定域的描述方式，也存在着通常意义下的动量表象，但已经不存在通常意义下的坐标表象！

当然，相互作用量子场的全部性质，包括是相对论还是非相对论的、对易规则还是反对易规则、初始场量子数必定守恒还是可以不守恒、耦合场方程组、各阶 Green 函数、各种守恒量、粒子间如何转化，等等，全都取决于事先选定的 Lagrange 量密度。

当然，归根结底，做法的正确性最终必须经受、实际上已经长期经受了大量的高能粒子物理实验检验。

2. 评论(Ⅱ)——非相对论 QFT 有坐标表象，相对论 QFT 无坐标表象

命题 A、A′和命题 C、C′显示了一类完全定域化的算符和态矢，正是它们作为基矢撑开着非相对论量子场论的坐标表象，提供着非相对论量子场论定域描述的基础。但下面分析，这只当非相对论情况才如此。这种在位形空间中有完全定域的性质仅限于非相对论情况！对于相对论性波动方程，不但由于相互作用过程可能出现新旧粒子的产生湮灭，粒子总数可能变化，而使这种粒子种类和总数固定的基矢不便于使用；更重要、更实质的是：下面叙述(结合第 23 讲)表明，在相对论情况下，不仅对于质量为零的光子，即便对质量不为零的粒子，二次量子化后也无法逻辑自洽地构造上述完全定域化的基矢！明白地说，相对论量子场论中没有这种基矢，当然也就不存在由它们所撑开的坐标表象！

可以用最简单的实 Klein-Gordon 场为例说明。如前引入非定域的量子算符 $a^{\dagger}(\boldsymbol{k})$、$a(\boldsymbol{k})$，将厄米场量 $\varphi(\boldsymbol{r}t)$ 展开，有($\hbar=c=1$)

$$\varphi(\boldsymbol{r}t)=\int \mathrm{d}^3 k\{a(\boldsymbol{k})f_{\boldsymbol{k}}(\boldsymbol{r}t)+a^{\dagger}(\boldsymbol{k})f_{\boldsymbol{k}}^{*}(\boldsymbol{r}t)\}\equiv\varphi^{(+)}(\boldsymbol{r}t)+\varphi^{(-)}(\boldsymbol{r}t)$$

$$f_{\boldsymbol{k}}(\boldsymbol{r}t)(\equiv f_{\boldsymbol{k}}(x))=((2\pi)^3 2\omega_{\boldsymbol{k}})^{-1/2}\mathrm{e}^{\mathrm{i}\boldsymbol{k}\cdot\boldsymbol{r}-\mathrm{i}\omega_{\boldsymbol{k}}^{t}},\quad \omega_{\boldsymbol{k}}=\sqrt{\boldsymbol{k}^2+m^2}$$

这里展开系数 $f_{\boldsymbol{k}}(x)$ 为何是如此函数，理由见下文。**注意，此处展开式包含产生和湮灭两项之和(不像非相对论情况展开式只有一项)。这预先显示，各场间相互作用给出几个场乘积，乘开后出现各种乘积项，代表着粒子数可以不守恒的各种物理过程。其中可以有净产生、净湮灭、散射、种类转化，等等！**

利用这个展开式，按通常做法容易反解出 $a^{\dagger}(\boldsymbol{k})$、$a(\boldsymbol{k})$ 并证明它们对应 Boson。接着，依据它们建立起粒子数表象的 Fock 空间，可以逻辑自洽地进行各种计算，显示存在通常意义下的动量表象。**注意，这时全部计算虽然是自洽的，但都是非定域的：粒子动量是确定的，但它们的位置是完全不确定的！**

相应地，总粒子数算符定义为

$$N\equiv\int \mathrm{d}^3 k a^{\dagger}(\boldsymbol{k})a(\boldsymbol{k})=-\mathrm{i}\int\{\dot{\varphi}^{(-)}(\boldsymbol{r}t)\varphi^{(+)}(\boldsymbol{r}t)-\varphi^{(-)}(\boldsymbol{r}t)\dot{\varphi}^{(+)}(\boldsymbol{r}t)\}\mathrm{d}\boldsymbol{r}$$

证明

$$\begin{aligned}
&-\mathrm{i}\int \mathrm{d}\boldsymbol{r}\{\dot{\varphi}^{(-)}(\boldsymbol{r}t)\varphi^{(+)}(\boldsymbol{r}t)-\varphi^{(-)}(\boldsymbol{r}t)\dot{\varphi}^{(+)}(\boldsymbol{r}t)\}\\
&=-\mathrm{i}\int \mathrm{d}(\boldsymbol{r}\boldsymbol{k}\boldsymbol{k}')\{\mathrm{i}\omega_{\boldsymbol{k}}a^{\dagger}(\boldsymbol{k})a(\boldsymbol{k}')f_{\boldsymbol{k}}^{*}(\boldsymbol{r}t)f_{\boldsymbol{k}'}(\boldsymbol{r}t)+\mathrm{i}\omega_{\boldsymbol{k}}a^{\dagger}(\boldsymbol{k})a(\boldsymbol{k}')f_{\boldsymbol{k}}^{*}(\boldsymbol{r}t)f_{\boldsymbol{k}'}(\boldsymbol{r}t)\}\\
&=\int \mathrm{d}(\boldsymbol{k}\boldsymbol{k}')(\omega_{\boldsymbol{k}}+\omega_{\boldsymbol{k}'})a^{\dagger}(\boldsymbol{k})a(\boldsymbol{k}')\int \mathrm{d}\boldsymbol{r}f_{\boldsymbol{k}}^{*}(\boldsymbol{r}t)f_{\boldsymbol{k}'}(\boldsymbol{r}t)\\
&=\int\frac{\mathrm{d}(\boldsymbol{k}\boldsymbol{k}')}{2\sqrt{\omega_{\boldsymbol{k}}\omega_{\boldsymbol{k}'}}}(\omega_{\boldsymbol{k}}+\omega_{\boldsymbol{k}'})\delta(\boldsymbol{k}-\boldsymbol{k}')\mathrm{e}^{i(\omega_{\boldsymbol{k}}+\omega_{\boldsymbol{k}'})t}a^{\dagger}(\boldsymbol{k})a(\boldsymbol{k}')\\
&=\int \mathrm{d}\boldsymbol{k}a^{\dagger}(\boldsymbol{k})a(\boldsymbol{k})
\end{aligned}$$

这说明了上面选择展开式系数 $f_{\boldsymbol{k}}(x)$ 为何是那样函数的原因。

接着，为了在位形空间中研究完全定域化的态矢，有必要首先引入并考察体积 v 内的"定域粒子数算符 $\boldsymbol{N}_v(\boldsymbol{t})$"：

$$N_v(t)\equiv\int_v N(\boldsymbol{r}t)\mathrm{d}\boldsymbol{r},\quad N(\boldsymbol{r}t)=-\mathrm{i}\{\dot{\varphi}^{(-)}(\boldsymbol{r}t)\varphi^{(+)}(\boldsymbol{r}t)-\varphi^{(-)}(\boldsymbol{r}t)\dot{\varphi}^{(+)}(\boldsymbol{r}t)\}$$

然而立刻看出，无法逻辑自洽地对 $\boldsymbol{N}_v(\boldsymbol{t})$ 进行有关的计算！实际上，如果计算 $\boldsymbol{N}_v(\boldsymbol{t})$ 的等时对易子，显然有

$$[N_v(t),N_{v'}(t)]\neq 0$$

即便对于类空间隔的不重叠的 $\boldsymbol{v}$、$\boldsymbol{v}'$，也依然如此！ 但与此成对照的是，非相对论情况下粒子数算符总是对易的；即便相对论情况，动量空间中的非定域粒子数算符彼此也是对易的。

由此，无法进一步去构造无穷小体积 v 中 $\boldsymbol{N}_v(t)$ 的本征态，也就不能在位形空间中定义完全定域化的态！当然也就无法进一步对粒子的空间分布作定域的描述。

比如，可以说 $\boldsymbol{\varphi}^{(-)}(\boldsymbol{r}t)$ 产生了一个粒子，但不可以说这个粒子在 t 时刻处于 $\boldsymbol{r}$ 处！因为，假设态 $|0\rangle$ 是粒子数算符 N 的本征值为零的本征态 $N|A\rangle=0|A\rangle=0$，虽然有

$$N(\varphi^{(-)}(\boldsymbol{r}t)\mid 0\rangle)=\int \mathrm{d}^3 k a^{\dagger}(\boldsymbol{k})a(\boldsymbol{k})\int \mathrm{d}^3 k' a^{\dagger}(\boldsymbol{k}')f_{k'}^*(\boldsymbol{r}t)\mid 0\rangle$$

$$=\int \mathrm{d}^3(kk')f_{k'}^*(\boldsymbol{r}t)\{a^{\dagger}(\boldsymbol{k})a^{\dagger}(\boldsymbol{k}')a(\boldsymbol{k})+\delta(\boldsymbol{k}-\boldsymbol{k}')a^{\dagger}(\boldsymbol{k})\}\mid 0\rangle$$

$$=\varphi^{(-)}(\boldsymbol{r}t)\mid 0\rangle$$

这表明，经过总粒子数算符 N 检查，场的量子态 $\varphi^{(-)}(\boldsymbol{r}t)|0\rangle$ 确实是个单粒子态，但这个态并不具有 $\varphi^{(-)}(\boldsymbol{r}t)$ 中所标志的时空坐标 $(\boldsymbol{r}t)$，不可以将它记作位置本征态 $|\boldsymbol{r}t\rangle(\equiv|x\rangle)$！因为，虽然有

$$\langle \boldsymbol{k}'\mid \varphi^{(-)}(\boldsymbol{r}t)\mid 0\rangle = f_{k'}(\boldsymbol{r}t)$$

但这个态不具有位形空间中精确位置的特征，它们相互内积是

$$\langle x'\mid x\rangle=\langle 0\mid \varphi^{(+)}(x')\cdot\varphi^{(-)}(x)\mid 0\rangle=\langle 0\mid [\varphi^{(+)}(x'),\varphi^{(-)}(x)]\mid 0\rangle$$

$$=\mathrm{i}\Delta^{(+)}(x'-x)\neq\delta(x'-x);\quad \Delta^{(+)}(x'-x)=\int\frac{\mathrm{d}^3 k}{(2\pi)^3 2\omega_k}\mathrm{e}^{\mathrm{i}k\cdot(x'-x)}$$

数学上，这直接根源于位形空间定域数算符的等时对易子 $[\boldsymbol{N}(\boldsymbol{r}t),\boldsymbol{N}(\boldsymbol{r}'t)]$ 在 $|\boldsymbol{r}-\boldsymbol{r}'|\to 0$ 处发散，不等于零。只当 $|\boldsymbol{r}-\boldsymbol{r}'|\geqslant\boldsymbol{\lambda}_{\mathrm{Compton}}=1/\boldsymbol{\mu}$ 时随距离增大迅速衰减。就是说，在位形空间里考察定域粒子数算符，无法做到像在动量空间中那样围绕非定域粒子数算符可以进行逻辑自洽的计算！（尽管两者总粒子数算符是贯通的。）由于不能在位形空间中构造完全定域化的粒子数算符的本征态，也就不能在位形空间中建立完全定域化的坐标表象！物理上，这直接根源于在相对论量子场论范畴内，无法将场量子空间定位精确到 Compton 波长范围以内，场量子的可定域性受到"测量产生与被测粒子无法区分的新全同粒子"这种内禀的限制[38]！鉴于粒子可以产生湮灭转化，这类"几何点状的量子态"不仅仅是一个具有无穷大能量的非正规的量子态！更是一团其物理内涵完全不确定的"黑坨坨"！于是，虽然还不得不采用坐标这种定域描述方式来描写场量和它们的动力学过程，但由于物理内容完全不确定和计算不自洽，不可以再谈论粒子在位形空间中"几何点"位置的量子状态！

简要地说，对于非相对论量子力学，尽管从不确定关系角度看，完全定域化的基矢其实是（不能归一化的）非正规量子态，但由于它们概念简单明了，更重要的是上面 5 节描述表明，它们能够保持运算的自洽性，因而理论框架容忍了它们的存在（结合第 7 讲）。但对于相对论量子场论，粒子数不守恒使得这类完全定域化的基矢在物理上和数学上都失去了存在的基础！至于静质量为零的光子 Maxwell 场更是没有普通意义下的坐标波函数和坐标表

㊳ 对 Maxwell 光子场，详见本书第 23 讲。或：卢里 D. 粒子与场[M]：134-137.

象,但同样有普通意义下的动量波函数,其物理解释是状态的可归一的动量分布概率幅[39]。其实,这对于实际计算目的已经足够了[40]。

总而言之,简括地说,相对论性能量的相互作用将会导致微观粒子的产生、湮灭和转化,因此,粒子流密度的连续性方程不再成立。这导致即便对静止质量不为零的微观粒子,它们的波动性,特别是它们之间的产生、湮灭、转化,是两个妨碍对它们作彻底定域描述的物理根源。

由此就能理解,在开始构建相对论性量子场论中论述二次量子化时,不可以继续依照非相对论性量子场论观点,仍然从定域基矢和坐标表象出发。尽管那样叙述直接而且简明,有利于初学者理解。但是那样做物理概念不严谨,数学计算也不自洽。

3. 评论(Ⅲ)——二次量子化中对易规则选择问题

注意,按照本书第18讲的Pauli基本定理,根据相对论性定域因果律和Lorentz变换协变性的要求,所有相对论性波动方程都只能以一种方式进行二次量子化。这与非相对论Schrödinger方程不同。比如,Klein-Gordon场只能用对易规则量子化,Dirac场只能用反对易规则量子化,等等。如果相反,将会违背相对论性定域因果律和Lorentz变换协变性,得不到逻辑自洽的结果。

然而,作为非相对论性的Schrödinger场,场粒子运动速度比光速c小很多,以致可以认为$\beta=v/c\to 0$,不存在相对论性定域因果律的提法,也不必考虑Lorentz变换协变性,所以Schrödinger场既可以用对易规则二次量子化,也可以用反对易规则二次量子化,都能得出逻辑自洽的理论结果,不会出现违背定域因果律的局面。详见第18讲。

[39] Maxwell光子场分析见23.2节。

[40] 见:阿希叶泽尔 А И,等.量子电动力学[M].黄念宁,于敏,译.北京:科学出版社,1964:7-21. DIRAC P A M. 量子力学原理[M].北京:科学出版社,1965:273.

第 12 讲

量子理论是线性的?!

——这是一个很大的误解

12.1 前言

12.2 通常 Schrödinger 方程给人的错觉

12.3 误解之一——量子力学的线性性质具有终极性,不可能建立非线性量子力学

12.4 误解之二——量子理论是线性理论,必须并可以建立非线性量子理论

12.5 误解之三——Schrödinger 方程"线性化""导出"Pauli 方程

12.6 关于 QT 的"渐近自由态空间的量子态叠加原理"

12.7 相互作用必定导致 QT 非线性

12.8 无自旋 Schrödinger 方程经过所谓"线性化"能够"导出"含 $\hbar/2$ 自旋的 Pauli 方程?!

12.9 QT 的困难并不来源于"QT 的线性性质"

※ ※ ※

12.1 前 言

从非相对论量子力学、相对论量子力学、量子散射、量子统计到相对论量子场论,以及这些理论在凝聚态物理、原子分子物理、核与粒子物理、材料科学、信息科学、化学与生物学的各类应用,全部内容构成一个和谐统一、广博浩瀚的量子理论宫殿群落。本讲约定,统称这个宏伟壮观的量子逻辑大家族为"**量子理论(QT)**",以区别于通常的非相对论量子力学(QM),以及 Bohr 的初等量子论。

本质上,**"QT是线性理论还是非线性理论?"**的争论,不同意见尖锐对立,情况相当混乱。下面先简要叙述争论现状,引述争论观点,然后给以简要剖析。

12.2 通常Schrödinger方程给人的错觉

Schrödinger方程的线性形式加上量子态叠加原理,这两点结合起来,使许多人误以为QM甚至整个QT都是线性的,以为至少就QM而言,肯定是线性的。

这一类"认为是线性"的误解又区分为两种截然不同的观点。

第一种观点认为:QM的线性性质是永恒的。QM本来就是、而且永远是线性理论,绝对否定非线性量子力学。持这种观点的人认为,尽管没有先验的理由认为QM本就应当是线性的,但QM确实是线性的,QM的广泛成功说明其线性性质的正确性。并认为,建立非线性QM的工作不但"还远远没有获得成功"[①],而且根本就不可能。持"不可能"观点的例子是Steven Weinberg,在他的《终极理论之梦》[②]一书中主张:**QM的线性性质是不可更改的,QM的线性性质将是终极真理的一部分。**

第二种观点同样认为现在的QM是线性的,但却认为必须也可以推广到非线性理论,建立"非线性QM",甚至建立"非线性QFT"。这样才能解决由于QT线性性质所带来的现存困难。另外,还有不少人将(量子态叠加原理导出的)non-cloning定理说成是QT线性性质的直接结果,等等。

最后,关于QM是否为线性问题还有第三种观点——别树一帜的混乱:**文献[③]提出将"Schrödinger方程线性化"——将方程中动能算符求导次数一次幂化,居然由不含自旋的Schrödinger方程"导出" $\frac{1}{2}$ 自旋的Pauli方程。**

上面三种观点分别引举在12.3~12.5节。对前两种观点的分析见12.6节、12.7节,对第三种观点的分析见12.8节。

12.3 误解之一——量子力学的线性性质具有终极性,不可能建立非线性量子力学

Weinberg在他的书中明确指出:经过研究,我提出了对量子力学修正的微小非线性理论……测量结果发现非线性效应甚至更小。因此,如果说量子力学线性性质只是一种近似

---

① 钱伯初.量子力学[M].北京:高等教育出版社,2006:71.

② WEINBERG S.终极理论之梦(*Dreams of a Final Theory*)[M].李冰,译.长沙:湖南科学技术出版社,2007.1985年Weinberg在英国剑桥大学举行的纪念Dirac逝世一周年报告会上的讲演《物理学的最终定律》。第一推动丛书(第三辑)[M].李培廉,译.长沙:湖南科学技术出版社,2003:40。

③ GREINER W. Quantum Mechanics, An Introduction[M]. 3rd ed. Springer-Verlag, 1994: 323; 4th ed., Printed in Germany, 2001; 世界图书出版公司,2005: 354.

的话,那它毕竟是一种很好的近似。

真正令我感到失望的是:这个非线性的量子力学替代物存在着内在的自洽性困难:一方面,我没办法把这个量子力学的非线性形式推广成一个以狭义相对论为基础的理论;另一方面,在我的论文④发表后,Geneva 的 N. Gisin 和我在 Texas 大学的同事 Joseph Polchinski 都指出,根据 EPR 思辨实验,这一非线性理论可以用来在长距离间瞬时传递信息,但这与狭义相对论相违背⑤。

至少在目前,我已经放弃了我的非线性理论⑥。原因很简单,由于我不知道如何对量子力学作一点小改动而不将其彻底毁掉。不仅仅是对非线性的精确验证的失败,而且是寻找另一种可行的量子力学新理论的失败,使我相信:对量子力学的任何修改都会导致逻辑上荒谬的后果。如果确是这样的话,量子力学将是物理学中永恒的一部分。就是说,量子力学不是深层次理论的一种近似,即不像 Newton 引力理论只是 Einstein 的广义相对论的一个近似那样,而是像终极理论那样具有精确成立的特征。

12.4 误解之二——量子理论是线性理论,必须并可以建立非线性量子理论

有作者著书主张:目前的量子力学是线性的,所以出现许多困难。有必要、也能够建立起非线性 QM,乃至建立起非线性 QFT。正如同线性的“弹性力学”应当发展到非线性的“弹塑性与断裂力学”那样自然。

这种观点是另一种误会。误会来源于两件事实:其一,QM 中常见的基本方程 Schrödinger 方程的确是个线性微分方程;其二,通常简述的“态叠加原理”确实主张线性叠加。于是,线性基本方程和线性叠加量子态,两者结合起来确实能够给人以“量子力学是线性的”错觉,并且还会误信为“必定如此”。

12.5 误解之三——Schrödinger 方程“线性化”“导出”Pauli 方程

第三种观点是别树一帜的另类混乱,来自脚注③文献。它误解微分方程“线性化”的含义,无视相对论与非相对论的包容关系,曲解 Newton 力学的时空观,从而导致一些不正确的结果,包括无中生有地造出个自旋新来源。

---

④ 本书作者注:见 WEINBERG S. Phys. Rev. Lett.,1989,62:485。

⑤ 本书作者注:见 GISIN N. Phys. Lett. A,1990 Vol. 143, 1;POLCHINSKI J. Phys. Rev. Lett.,1991, 66: 397。另外,Peres 指出,非线性量子力学的孤立系熵将减少:PERES A. Phys. Rev. Lett.,1989,63: 1114。

⑥ 本书作者注:见 Weinberg 在这本书中表达的观点以及 WEINBERG S. Phys. Rev. Lett,1989,63: 1115。

下面首先摘录该书第13章第1节部分内容,然后在12.8节给予分析评论。

The Linearization of the Schrödinger Eguation

$$\hat{S}\psi = 0, \quad \hat{S} = \mathrm{i}\,\hbar\frac{\partial}{\partial t} + \frac{\hbar^2}{2m}\Delta \longrightarrow \begin{cases} (\hat{A}\hat{E} + \hat{\boldsymbol{B}}\cdot\hat{\boldsymbol{P}} + \hat{C})\psi = 0 \\ \hat{E} = \mathrm{i}\,\hbar\dfrac{\partial}{\partial t}, \quad \hat{\boldsymbol{P}} = -\mathrm{i}\,\hbar\nabla \end{cases}$$

"We speak of above equation as the linearized Schrödinger equation. To again yield the Schrödinger equation, i. e. ,

$$(\hat{A}'\hat{E} + \hat{\boldsymbol{B}}'\cdot\hat{\boldsymbol{P}} + \hat{C}')(\hat{A}\hat{E} + \hat{\boldsymbol{B}}\cdot\hat{\boldsymbol{P}} + \hat{C})\psi = 0$$

All operators of $\hat{A}, \hat{B}_1, \hat{B}_2, \hat{B}_3$ define an algebra, which is known as Clifford algebra. … Directly enter the Dirac representation of these matrices and decompose ψ into two spinors with two components."

考虑和外电磁场耦合,作者说明:"the lower component χ contains redundant information and is not valid in general…"

于是,作者错误地宣称:

"Thus a completely nonrelativistic linearized theory predicts the correct intrinsic magnetic moment of a spin-1/2 particle.

"In contrast to this, almost all textbooks falsely claim that the anomalous magnetic moment is due to relativistic properties. The existence of spin is therefore not a relativistic effect, as is often asserted, but is a consequence of the linearization of the wave equations."

应当说,从该书前后文(以及作者在别处行文)看,这些叙述是作者多次着力强调的重要观点,并非一时心血来潮之说。但由12.8节的分析评论可知,这种观点只是一个明显误解所导致的明显错误。

12.6 关于QT的"渐近自由态空间的量子态叠加原理"

其实,就整体和本质而言,QT是高度非线性的理论。本节和下节针对12.3节和12.4节的两种线性观点给以详细剖析。

先说"态叠加原理"问题。关于此原理的内容和所主张的线性叠加问题,很需要澄清几点误会。

第一,量子态叠加原理是普适的,适用于从非相对论量子力学到相对论量子场论的整个QT。但要特别强调指出的是,原理的确切全称是"**渐近自由状态空间量子态的线性叠加原理**"。此处"渐近自由"的意思是(所考虑的)相互作用被绝热缓慢地撤除(或者原本不存在)。物理上细究,原理蕴含的主张有两点内容。**其一**,"自由"粒子含义:当粒子之间没有相互作用,彼此关系相互独立,而且所受的外场不强(与静止能量相比较),在这个意义上,粒子被看作是"自由"的(注意,"自由"永远是相对的,实验上观察不到绝对自由的(裸)粒子,至少自身相互作用永远存在,何况可能还有弱外场)。应当说,这些"自由"粒子也常常是实验观察中实际探测到的粒子; **其二**,线性叠加范围: 如此自由演化的每一个粒子的状态空间服从线性叠加规则。

第二,叠加原理根本没有主张处于全相互作用的粒子状态空间也服从线性叠加规则!以相互作用量子场来说,这些量子场的"渐近自由状态空间"虽然服从线性叠加原理,其实它们并不是全相互作用物理场的状态空间! 实际上,对于有相互作用因而不是渐进自由的量子多体系统,其量子态演化十分复杂,难以解析求解。尽管对全相互作用状态空间的性质迄今不很了解,但由下节动力学方程的讨论可以肯定,作为场方程组解的场量决不遵守线性叠加规则。

就具体物理过程散射概率幅 $S_{i\to f}$ 而言,除了散射过程一头一尾的初态 $|i\rangle$ 和末态 $\langle f|$ 是渐近自由的,服从叠加原理之外,中间演变过程的全相互作用状态空间受各阶相互作用彼此影响,来回反馈,物理态的演变是高度非线性的,无法精确描述,难以解析计算(一般只能微扰展开计算,见 12.7 节第四点叙述)。

第三,经常看到误解: 态叠加原理要求态矢方程是线性的。实际上,那仅仅适合已经线性化的 Schrödinger 方程情况,**显然不适合粒子间有相互作用的一般情况**(详见 12.7 节各点)。

第四,注意,QT 的全部可观测数据只有两类——物理量的平均值 $\langle \boldsymbol{A}|\boldsymbol{\Omega}|\boldsymbol{A}\rangle$ 以及所考虑过程的概率 $|\langle \boldsymbol{B}|\boldsymbol{S}|\boldsymbol{A}\rangle|^2$。显然,这两类测量量对态矢的依赖关系都是二次幂形式。于是,虽然渐近自由态矢服从线性叠加,但 QT 的全部实验结果以及(与之对照的)理论计算结果,即便就渐近自由的态矢 $|A\rangle$ 或 $|B\rangle$ 而论,依赖关系也都是非线性的! 简单来说,**渐近自由空间量子态线性叠加原理并不导致全部量子理论和实验观测的线性性质!**

12.7 相互作用必定导致 QT 非线性

第一,当前线性的 QM 只是 QT 经过"非相对论低能近似"转入低能端,特别是经过线性化近似——"外场近似"和"点电荷近似"之后的结果。实际上,倘若认真考虑粒子之间相互作用,即便在 QM 范围内也将是非线性现象!

以氢原子对电子的 Coulomb 散射为例。QM 近似认定(不计与质子作用有关的近似):

$$V(\boldsymbol{r},t)=-\frac{e^2}{r}+e^2\iint\frac{|\psi_{\text{bound}}(\boldsymbol{r}',t)|^2|\psi_{\text{in}}(\boldsymbol{r}'',t)|^2}{|\boldsymbol{r}'-\boldsymbol{r}''|}\mathrm{d}\boldsymbol{r}'\mathrm{d}\boldsymbol{r}''$$

$$\to V'_{\text{mid}}(\boldsymbol{r},t)\approx-\frac{e^2}{r}+e^2\int\frac{|\psi_{\text{bound}}(\boldsymbol{r}',t)|^2}{|\boldsymbol{r}'-\boldsymbol{r}|}\mathrm{d}\boldsymbol{r}'$$

注意,从 $V(\boldsymbol{r},t)\to V'_{\text{mid}}(\boldsymbol{r})$ 时,积分号下对入射电子密度(正是待求波函数的模平方)作了点

电荷近似 $\psi_{\text{in}}(\boldsymbol{r}'',t)\rightarrow\delta(\boldsymbol{r}-\boldsymbol{r}'')$。于是,表面上看,散射方程就这样成为(相对于将入射电子波函数作为未知函数来说)线性的。但求解还是困难,因为束缚电子的波函数也随时间变化着(实际是和入射电子相互影响着)。所以接着设定,氢原子内束缚电子电荷分布在散射全过程中不随时间变形(即,不考虑束缚电子的激发和电离)。这样,束缚电子密度 $|\psi_{\text{bound}}(\boldsymbol{r}',t)|^2\approx|\psi_{100}(\boldsymbol{r}')|^2$ 就成为不随时间变化的已知的函数。就这样,人们构筑了氢原子对入射电子的“**稳定而有效的外场**”——“**外场近似**”:

$$V'_{\text{mid}}(\boldsymbol{r},t)\rightarrow V_{\text{eff}}(\boldsymbol{r})\approx-\frac{e^2}{r}+e^2\int\frac{|\psi_{100}(\boldsymbol{r}')|^2}{|\boldsymbol{r}-\boldsymbol{r}'|}\mathrm{d}\boldsymbol{r}'$$

Hamilton 量中位势 V_{eff} 就近似成为只含 r 的已知函数,散射方程就近似成为线性的、不含时方程,易于近似计算。

显然,这种“外场近似”只对入射电子能量不高、瞄准距离不小时才正确。实际情况是,假如入射电子能量提高、瞄准距离较小时,不再可以将散射中双方相互作用近似地看作仅仅是氢原子对入射电子的单方向的、已知的、固定的外场,而是也必须考虑散射中入射电子对氢原子状态的影响!这种影响将会导致氢原子状态激发甚至电离,于是原先认定的外场会改变、甚至瓦解!高量的多道散射理论已经预先为此拟定了相应的计算框架:承认相互作用导致相互影响,取消“外场近似”概念,将入射电子和氢原子双方三体一并归入渐近自由初态 $|\boldsymbol{k}_{H=(ep)},\boldsymbol{k}_e\rangle$,按照散射终态三种类型,区分为弹性散射 $\langle f_1|=\langle\boldsymbol{k}'_{H=(ep)},\boldsymbol{k}'_e|$、氢原子激发 $\langle f_2|=\langle\boldsymbol{k}'_{H^*},\boldsymbol{k}'_e|$、氢原子电离 $\langle f_3|=\langle\boldsymbol{k}'_p,\boldsymbol{k}'_e,\boldsymbol{k}''_e|$ 等不同过程,计算矩阵元 $\langle f_i|\boldsymbol{S}|\boldsymbol{k}_{H=(ep)},\boldsymbol{k}_e\rangle$。通常是将 S 矩阵按所含相互作用 H_i 的幂次展开,插入满足线性叠加的渐进自由态矢展开,作逐级近似计算。这种计算显然考虑了双方三体的各阶相互影响、相互反馈。正由于散射中存在各个幂次的相互作用,最后的因果关系必定是非线性的!导致弹性散射以及激发、电离等各种非弹性散射结果。具体说,体现相互作用的 S 矩阵展开式将包含所有阶相互作用的非线性项。

$$S=I+\left(\frac{-\mathrm{i}}{\hbar}\right)\int_{-\infty}^{\infty}\mathrm{d}\tau_1 H_I^i(\tau_1)+\left(\frac{-\mathrm{i}}{\hbar}\right)^2\int_{-\infty}^{\infty}\mathrm{d}\tau_1\int_{-\infty}^{\tau_1}\mathrm{d}\tau_2 H_I^i(\tau_1)H_I^i(\tau_2)$$
$$+\left(\frac{-\mathrm{i}}{\hbar}\right)^3\int_{-\infty}^{\infty}\mathrm{d}\tau_1\int_{-\infty}^{\tau_1}\mathrm{d}\tau_2\int_{-\infty}^{\tau_2}\mathrm{d}\tau_3 H_I^i(\tau_1)H_I^i(\tau_2)H_I^i(\tau_3)+\cdots$$

其中 $H_I^i(t)=\mathrm{e}^{\mathrm{i}H^0t/\hbar}V\mathrm{e}^{-\varepsilon|t|}\mathrm{e}^{-\mathrm{i}H^0t/\hbar}$。给定初末态过程,将上式转为矩阵元后即得概率幅 S_{fi} 的量子力学微扰论非线性展开的形式⑦:

$$\langle f\mid S\mid i\rangle=\delta_{fi}-2\pi\mathrm{i}\delta(E_f-E_i)\left\{\langle f\mid V\mid i\rangle+\sum_m\frac{\langle f\mid V\mid m\rangle\langle m\mid V\mid i\rangle}{(E_i-E_m+\mathrm{i}\varepsilon)}\right.$$
$$\left.+\sum_{m,n}\frac{\langle f\mid V\mid m\rangle\langle m\mid V\mid n\rangle\langle n\mid V\mid i\rangle}{(E_i-E_m+\mathrm{i}\varepsilon_1)(E_i-E_n+\mathrm{i}\varepsilon_2)}+\cdots\right\}$$

---

⑦ 张永德.高等量子力学(下册)[M].3版.北京:科学出版社,2015,第8章.

尽管上式各项中间插入各阶完备性条件的基矢都是渐近自由的,服从线性叠加的,但那其实只是利用它们作逐阶近似,去逼近非线性演化的结果而已。仿佛用逐段直线的折线去逼近一条曲线。**总之,不仅粒子种类转化过程,即便是复合粒子重组反应,若认真考虑相互作用,过程都是非线性的!**

换句话说,**本质上是高度非线性的 QT,只当下面两种情况下才简化为线性理论:①略去相互作用,使理论成为自由粒子的平庸理论;②采用“低能近似”,并配以“外场近似”和“点电荷近似”,近似处理粒子间的相互作用**。其中“低能近似”的主要后果是切断正反粒子之间的相互影响,从而维持粒子数守恒,使 QT 成为一个自洽的低能的“力学”理论;而“外场近似”则是将相互作用双方近似处理成为一方在另一方造成的“外场”中运动,使待求波函数不进入相互作用势的表达式。而“点电荷近似”则把本来依赖于待求波函数的电子云分布的 Coulomb 作用代以点电荷作用,借以消除含有待求波函数的非线性。所以,**“外场近似”和“点电荷近似”实质上都是将动力学方程线性化——如同 QM 常做的那样**。其中,“点电荷近似”主要用于多电子相互作用系统 Schrödinger 方程的线性化近似,近似处理多体效应。

第二,QT 的基本运动方程组总是非线性的。例如,最常见的**旋量 QED 的基本方程组**(协变规范$\partial_\mu A_\mu=0$)**就是非线性的**,

$$\begin{cases}\left(\gamma_\mu\partial_\mu+\dfrac{mc}{\hbar}\right)\psi=\dfrac{\mathrm{i}e}{\hbar c}\gamma_\mu\psi A_\mu\\ \Box A_\mu=-\mathrm{i}e\bar{\psi}\gamma_\mu\psi\end{cases}$$

这里,无论是旋量 Dirac 场还是矢量 Maxwell 场,右边源项都是两个场算符的定域乘积。方程组不但是相互耦合的,更是非线性的! 一般地说,只要认真考虑相互作用,动力学演化方程就一定是非线性的!这里叙述结合上一节内容即知,量子态叠加原理不可能制约动力学演化方程组以及全相互作用状态空间成为线性的,更和 QT 是否为线性没有关系!

第三,进一步,作为量子性质根源和基本规则的量子化条件是非齐次二次型,也是非线性的。比如,旋量 QED 对场算符的等时对易规则就是一组非齐次二次型方程组:

$$\begin{cases}\{\psi_\alpha(\boldsymbol{x}t),\psi_\beta^+(\boldsymbol{x}'t)\}=\delta_{\alpha\beta}\delta(\boldsymbol{x}-\boldsymbol{x}'),[A_\mu(\boldsymbol{x}t),\dot{A}_\nu(\boldsymbol{x}'t)]=\mathrm{i}\hbar\,\delta_{\mu\nu}\delta(\boldsymbol{x}-\boldsymbol{x}')\\ \{\psi_\alpha(\boldsymbol{x}t),\psi_\beta(\boldsymbol{x}'t)\}=\{\psi_\alpha^+(\boldsymbol{x}t),\psi_\beta^+(\boldsymbol{x}'t)\}=0\\ [A_\mu(\boldsymbol{x}t),A_\nu(\boldsymbol{x}'t)]=[\dot{A}_\mu(\boldsymbol{x}t),\dot{A}_\nu(\boldsymbol{x}'t)]=0\\ [\psi_\alpha(\boldsymbol{x}t),A_\mu(\boldsymbol{x}'t)]=\cdots=[\psi_\alpha^+(\boldsymbol{x}t),\dot{A}_\mu(\boldsymbol{x}'t)]=0\end{cases}$$

第四,其实,QT 已经一再明确宣示,**任何相互作用过程,特别是新旧粒子转化过程必定都是非线性的。比如,各阶 Feynman 图中每个相互作用顶点至少是三个场算符的定域乘积,体现非线性效应结果。特别是,只有在相互作用过程中才会导致新旧粒子之间的转化!任何线性过程是不可能实现这种转化的!**(甚至,目前人们对这类粒子转化过程的了解也只是唯象性质的,并没有真正弄明白究竟是怎样转化的。)例如,电子偶产生的过程

$$\gamma+\gamma \rightarrow \mathrm{e}+\mathrm{e}^{+}$$

人们无法想象,如何将初态 Maxwell 方程解经过任何线性(!)叠加而能成为终态 Dirac 方程解!高度非线性的粒子转化过程已经完全超出全部经典理论的理论框架,但唯象地近似计算这些非线性过程却正是 QT 的特长!

第五,更不必说,涉及多体问题时,QT 经常构建出各种自洽场近似和等效理论,用以代替简单粗糙的外场近似。这使 QT 甚至 QM 中都和谐地容纳了许多成功的非线性唯象模型。例如 Ginzburg-Landau 方程

$$\frac{1}{2m^{*}}\left(-\mathrm{i}\,\hbar \nabla-\frac{e^{*}}{c}\boldsymbol{A}(\boldsymbol{x})\right)^{2}\psi(\boldsymbol{x})+\alpha\psi(\boldsymbol{x})+\beta\,|\,\psi(\boldsymbol{x})\,|^{2}\psi(\boldsymbol{x})=0$$

以及 Gross-Pitaevski 方程

$$\mathrm{i}\,\hbar\frac{\partial\psi}{\partial t}=-\frac{\hbar^{2}}{2m}\Delta\psi+V(\boldsymbol{x})\psi+\frac{4a\pi\,\hbar^{2}}{m}\,|\,\psi\,|^{2}\psi$$

再例如,在 Bose-Einstein 凝聚体中考虑到存在分子凝聚体组分时,描述这种二元凝聚体动力学,有如下量子场耦合非线性联立方程组:

$$\begin{cases}\mathrm{i}\,\hbar\dot{\hat{\psi}}_{a}=-\dfrac{\hbar^{2}}{2M}\Delta\hat{\psi}_{a}+\lambda_{a}\hat{\psi}_{a}^{+}\hat{\psi}_{a}\hat{\psi}_{a}+\lambda\hat{\psi}_{m}^{+}\hat{\psi}_{m}\hat{\psi}_{a}+\sqrt{2}\,\alpha\hat{\psi}_{m}\hat{\psi}_{a}^{+}\\ \mathrm{i}\,\hbar\dot{\hat{\psi}}_{m}=-\dfrac{\hbar^{2}}{4M}\Delta\hat{\psi}_{m}+\varepsilon\hat{\psi}_{m}+\lambda_{m}\hat{\psi}_{m}^{+}\hat{\psi}_{m}\hat{\psi}_{m}+\lambda\hat{\psi}_{a}^{+}\hat{\psi}_{a}\hat{\psi}_{m}+\dfrac{\alpha}{\sqrt{2}}\hat{\psi}_{a}^{+}\hat{\psi}_{a}^{+}\end{cases}$$

这里,原子和分子两个场算符满足的对易关系为

$$[\hat{\psi}_{i}^{+}(\boldsymbol{r},t),\hat{\psi}_{j}(\boldsymbol{x},t)]=\delta_{i,j}\delta(\boldsymbol{r}-\boldsymbol{x}),[\hat{\psi}_{i}(\boldsymbol{r},t),\hat{\psi}_{j}(\boldsymbol{r},t)]=0,\quad i,j=a,m$$

如此等等。这些方程中的非线性项代表凝聚体物质粒子间的相互作用。

综合以上两节分析,可以认为,**第一和第二两种观点是对 QM 的严重而片面的误解。产生误解的根源,除了对通常的量子态叠加原理有误解之外,在于仅仅从 QM 这个低能端局部角度观察,未能从整个 QT 出发作全面综合考量。**可以理解,虽然通常的 Schrödinger 方程是线性形式,态叠加原理又明确主张量子态遵从线性叠加规则,但这些都不足以判定 QM 是个线性理论,更不足以判定整个 QT 是线性理论。**其实,整个 QT 从来就是高度非线性的理论,根本无须再刻意强调将其发展为非线性的。QT 的困难也并非 QM 线性近似造成的!**

上面两节分析还表明,Weinberg 未能俯视整个 QT 进行全面分析,而是片面和局限地仅仅从低能端近似的 QM 出发,给出十分严重的结论。他的结论显示出无视 QT 的非线性本质,无视 QFT 对相互作用造成的非线性现象已经进行了大量有效的处理,无视 QM 中早已存在的对相互作用的非线性处理,无视早已存在针对多体问题的各种非线性等效理论,无视 QM 只是"可道之道"而将其绝对化,说成是终极真理的一部分!显然,12.4 节观点的两件事实都只是局部的和表面的,依据它们作出 QT 是线性的结论是个很大的误会。这种误会不但无视包含 QFT 在内的 QT 本来就是高度非线性理论的现实,甚至忽视了 QM 的诸多非线性内容和禀性。

12.8 无自旋 Schrödinger 方程经过所谓“线性化”能够“导出”含$\hbar/2$自旋的 Pauli 方程?!

现在分析 12.5 节引述的观点。这种将“Schrödinger 方程线性化”的叙述错误有五点：

第一，曲解了动力学方程的“线性化”。通常的 Schrödinger 方程本来就是线性的，提出再将它线性化难以理解。一般说来，微分方程是否为线性的，是指方程中待求的未知函数是否为一次幂，并非指微分算符构造必须为一次幂(否则就没有二阶和高阶线性微分方程了)；这里 $\boldsymbol{p}^2$ 是线性算符，无须将其所谓“线性化”——一次幂化。

第二，颠倒了相对论与非相对论的包容关系。按照通常的物理逻辑，应当从相对论 Dirac 方程出发，作非相对论一阶近似得到含自旋的 Pauli 方程，如果再粗一点作零阶近似，就只能得到无自旋的 Schrödinger 方程。所以 Schrödinger 方程彻底忽略了 Dirac 方程中的 γ_μ 矩阵旋量结构，原则上完全不包含电子自旋效应。仿佛是“倒洗澡水时已经将小孩倒掉了”(所以后来考虑自旋效应实验事实，不得不以外加形式将自旋请回来，成为 Pauli 方程)。既然 Schrödinger 方程是个“空盆”，怎么可能从空盆中匪夷所思地又变出个“小孩”来?! 多么古怪!

第三，如果 Schrödinger 方程原先描述的是 Boson，照此处理，势必仍然得出$\hbar/2$自旋，这很荒谬。这又仿佛是，这个空盆本来是男孩女孩都能躺的。但该书作者却说“空盆不空，原本就躺了个(倒不掉的?!)‘男孩’(fermion)，而且这个空盆是不能躺‘女孩’(boson)的!”又一个多么古怪!

第四，目前是不能武断地说自旋完全来源于相对论性效应。因为现在并不彻底清楚电子自旋的物理根源。但至少可以说，电子磁矩以及与自旋相关效应(比如旋轨耦合、Zeeman 效应等)，它们的量级是相对论性的。这由 Dirac 方程作非相对论近似所得结果，以及量级估算证实。

第五，最后应当指出，**上述错误的根源是，在一个不合适的地方问了一个不合适的问题：Schrödinger 方程的空间坐标是二阶导数而时间是一阶导数，为什么 Schrödinger 方程的时空坐标不对等**?! 于是，为了设法去“对等”而让 Schrödinger 方程错误地“线性化”，将所谓“非线性”二阶空间导数降为一阶。其实，非相对论方程服从 Galileo 变换不变性，没有任何物理根据(不像相对论方程服从 Lorentz 变换时所要求的那样)要求时空坐标必须处于同等地位!

历史上，Dirac 从 Klein-Gordon 方程出发，以清澈曼妙的方式通过开根运算导出了针对 1/2 自旋粒子的运动方程——Dirac 方程。**但该书作者误读、误用了那个过程，导致现在的错误**。这种错误是物理逻辑和数学概念的双重混乱。

12.9 QT的困难并不来源于“QT的线性性质”

QT确实存在不少根本性的困难。主要表现在以下9个方面：

(1) 或然性的根源是什么？有根源吗？

(2) 各类非定域性意味着什么？

(3) 怎样理解量子测量过程的物理特征？

(4) Feynman公设与相对论性定域因果律是否兼容？

(5) 无穷自由度体系计算中,处理发散的根本出路在哪里？

(6) 真空到底是什么？

(7) 时间究竟是什么？

(8) 如何导出SM模型十多个输入参数,摆脱模型的唯象性质？

(9) 作为终极理论的第一个“道”能为人类所掌握吗？

显然,这些困难中没有哪一个来自“QT的线性性质”,而是基于人们现在还不知道的深邃原因。QT的情况完全不同于经典力学中的弹性力学和弹塑性断裂力学那样简单明了的承继关系。

总之,除了自由粒子平庸理论外,QT是个高度非线性的理论。QT的全相互作用物理状态空间,由于涉及不同粒子间的转化,是高度非线性的状态空间。只是在“非相对论低能近似”“外场近似”“点电荷近似”之下,QT才简化成为通常看到的QM,即Schrödinger方程所描述的线性理论(即便此时,在多体问题中也和谐地包容了许多著名的非线性等效理论)。**尽管QT的渐近自由状态空间,由于不存在粒子间的彼此相互作用,确实遵守叠加原理,是个线性空间。注意,这个空间的线性性质其实并不导致QT计算和实验测量具有线性性质。**

第 13 讲

Schrödinger 方程补充分析

——兼谈 Schrödinger 方程中“人造事物”的奇性

※ ※ ※

13.1 前 言

Schrödinger 方程的性质及求解是非相对论量子力学的基础与中心。但还是存在一些值得提醒或商榷的问题。除多体效应分析，以及本讲涉及的几个问题之外，其他讲中还有涉及。将后者列出如下，作为本讲再考量的补充内容：

中心场自然边条件问题(3.3 节)；

解集合的完备性问题(15.3 节、15.4 节)；

中心场波函数塌缩问题(15.4 节)；

Schrödinger 方程(甚至整个量子理论)线性性质问题(第 12 讲)；

旋量波函数问题(第 8 讲)；

Schrödinger 方程逆演化的存在性问题(第 14 讲)；

散射定态 Lippmann-Schwinger 方程求解计算(17.3 节)[①]。

---

① 参见：张永德. 高等量子力学[M]. 3 版. 北京：科学出版社，2015，附录 D.

13.2 单体定态解补充分析

1. 单体定态解稳定性的理解

按经典电动力学,带电粒子有核模型是不稳定的。因为圆周运动的带电粒子要不断地辐射能量,最后坠落到原点的原子核上,使模型坍缩。但实际上,比如氢原子很稳定。量子力学中常见的说法是,由于是"定态"解,所以是稳定的。其实,这只是笼统而表面的说法[②]。**从物理本质上看,应当归因于电子的波粒二象性,特别是它的波动性:de Broglie 波的自相干涉可以形成驻波,从而构筑起稳定的状态。相应的数学计算便归结为寻求波动方程的定态解。这样就突破了本来针对质点轨道运动的经典电动力学预言。**

不管怎样,总算是稳定了。但却由此进一步引发出一个新问题:**既然稳定了,那么处于激发态的电子就不应当自发地向低能级跃迁。但事实是存在自发跃迁!这一无法用量子力学定态观点解释的新困难,在继续将量子逻辑向前推进到场量子化,发现量子电磁场时时处处存在真空涨落。正是由于存在这类固有的扰动,问题获得了解决[③]。虽然此前,Einstein 以他的睿智已经简单而形式地解决了这个问题[④]。**

2. 中心场定态解球对称性缺失与对波函数的理解

众所周知,地球在太阳系中运动问题的 Hamilton 量具有转动不变性。然而,地球的 Kepler 问题解不具有球对称,出现对称性缺失。这种缺失的根源当然是太阳系形成之时地球所获得的初条件。为了形象地比喻这个初条件,物理学家用调侃的口吻说:这是"左撇子"上帝用"左"手掴了地球一巴掌,地球接受并保持着这个"正"角动量直到现在!(其实,这只是北半球物理学家的观点。南半球的物理学家会说上帝是个"右撇子",用"右"手掴了地球一巴掌,地球接受并保持着这个"负"角动量直到现在!)

类似地,氢原子是电子在 Coulomb 场 $V(r)=-\dfrac{e^2}{r}$ 中的束缚运动,Hamilton 量和地球在太阳引力场中的运动很相似,具有旋转对称性。设 $\psi(r,\theta,\varphi)=NR(r)Y_{lm}(\theta,\varphi)$,径向方程及两个自然边条件分别为[⑤]

$$\begin{cases}\dfrac{\mathrm{d}^2}{\mathrm{d}r^2}(rR)+\left[\dfrac{2\mu}{\hbar^2}\left(E+\dfrac{e^2}{r}\right)-\dfrac{l(l+1)}{r^2}\right](rR)=0\\ R(r)\xrightarrow{r\to\infty}0,\quad rR(r)\xrightarrow{r\to 0}0\end{cases}\tag{13.1a}$$

能量本征值、本征函数和归一化系数分别为

---

② 参见:张永德. 量子力学[M]. 4 版. 北京:科学出版社,2016,第 4 章。

③ 参见脚注①,5.6 节。

④ 参见例如,脚注②,11.5 节。

⑤ 其中 $r=0$ 处的自然边条件为 $rR(r)\xrightarrow{r\to 0}0$。它来源的讨论见脚注②,4.3 节。

$$\psi_{nlm}(r,\theta,\varphi) = N_{nl} r^l \mathrm{e}^{-\frac{1}{n}\frac{r}{\rho_B}} F\left(-n+l+1, 2l+2, \frac{2}{n}\frac{r}{\rho_B}\right) Y_{lm}(\theta,\varphi)$$

$$E_n = -\frac{\mu e^4}{2\hbar^2}\frac{1}{n^2};\quad N_{nl} = \left(\frac{2}{n\rho_B}\right)^l \frac{2}{n^2\rho_B^{3/2}}\frac{1}{(2l+1)!}\sqrt{\frac{(l+n)!}{(n-l-1)!}} \tag{13.1b}$$

其中 Bohr 半径 $\rho_B = \frac{\hbar^2}{\mu e^2} = 0.529 \times 10^{-8}\,\mathrm{cm}$。显然，对应量子数 $l \neq 0, m \neq 0$ 的解并不具有球对称性质。而且，态的平均流密度在 φ 方向的分量 $j_\varphi \neq 0$，表明磁量子数 $m \neq 0$ 时电子云绕所选 z 轴旋转运动着。

看起来这些结果有点古怪：**体系 Hamilton 量具有球对称性，而有些解却不具有。追究其原因，既不来自初条件破坏，也不属于自发对称破缺。**后者是由于氢原子基态解为球对称的，并不简并⑥。而且所用的 z 轴本就可以各随人意选择、并不真正算数，为什么在其中求解出现量子数 (l,m)，特别是磁量子数 m，导致状态出现各向异性？**什么原因使 Hamilton 量具有的对称性在有些解中缺失？这种各向异性的真正物理含义又是什么？**

这些疑问和矛盾向人们昭示，**波函数的物理意义应当作如下理解：实质上，波函数描述的是电子所处力学状态的“具备能力”。一旦给定外部实验环境（比如外磁场），空间不再具有各向同性性质，波函数就从“具备能力”的描述转化为对“实际表现”的预言。所以，这里表面上似乎是球对称性缺失了，但实际上球对称性并未缺失！**一般地说，$|\psi\rangle$ 描述了粒子所处状态 ψ 的“具备能力”，$\langle \boldsymbol{r}|\psi\rangle$、$\langle \boldsymbol{p}|\psi\rangle$ 的模平方是关于它在各种情况下“实际表现”的预言。如果这样理解波函数，就能统一解释上面这些疑问。

对这种“**从具备能力转为实际表现**”的解释有个比喻：可以用一些特性函数曲线全面描述一个人的科学知识、文化素养、体能状况、脾气性格等内外特质。比如对某个人弹跳力强的描述，假如只让他“呆”在图书馆里，那些描述他弹跳能力的特性函数只能说描述了他的能力；而一旦让他走向运动场跳高架前，关于他弹跳力强的描述就转化成对他实际表现的预期。**氢原子定态解球对称性的表观缺失现象提醒人们：应当将波函数理解作（可以转为“实际表现”预言的）“具备能力”的描写。**

3. 两个独立解问题

Schrödinger 方程是个二阶微分方程，通解理论指明应当有两个独立解。吴大猷先生在他书的前言和正文中两次指出⑦：求解时应当将两个真正相互独立的(!)解找到，再按物理要求扔掉不合格的那个。但绝大多数量子力学教材都是找到其实并不独立的两个解，扔掉一个便以为完事。正如他在前言中所强调的：“兹以氢原子径向函数指数方程两个根 $+l$ 与 $-(l+1)$ 为例。五十年来，几乎所有量子力学书辗转抄袭，皆作同一错误。”确实是，径向方

---

⑥ Broken Symmetries, Scientific Background on the Nobel Prize in Physics 2008。Compiled by the Class for Physics of the Royal Swedish Academy of Sciences。7 Oct. 2008.

⑦ 吴大猷. 量子力学(甲)[M]. 北京：科学出版社，1984：7，103-104.

程经变换 $R(r)=r^l e^{-\beta r}W(r)$后，成为合流超几何方程，得到两个解为[⑧]

$$W_1(r)=F(a,b,r),\quad W_2(r)=r^{1-b}F(a-b+1,2-b,r) \tag{13.2}$$

由于这时 $b=2l+2$ 是整数，两个解彼此并不独立。于是应当注意吴先生的提醒，不能将 $W_2(r)$解扔掉就算结束了求解过程。

4. 势垒内部情况分析

当粒子自左入射势垒并隧道穿透时，将出现所谓的"隧道效应佯谬"。佯谬在于，初看起来似乎可以认为，在势垒内部粒子好像处在由负动能(虚动量)表示的某个古怪状态中。实际上，在这种纯粹量子现象中，按指数规律减小的只是随着粒子远离边界的势垒深处出现粒子的概率。**在势垒内部，粒子不但具有真实的动量数值分布，而且其真实的动量和坐标依然遵守不确定性关系**[⑨]。

为证实这一点，取势垒 $V=C$。当势垒较厚即 $L\gg\lambda(\lambda=\hbar/\sqrt{2m(V-E)})$时，势垒内部波函数解 $Ae^{-x/\lambda}+Be^{x/\lambda}$中第二项正指数项可以忽略，波函数将按负指数规律衰减，$\psi_{\mathrm{II}}(x)=Ae^{-x/\lambda}$。然而，负指数可以写为 Fourier 积分：

$$e^{-x/\lambda}=\int_0^\infty \frac{2\lambda^{-1}}{\pi(\lambda^{-2}+k^2)}\cos kx\,dk\equiv\int_0^\infty f(k)\cos kx\,dk \tag{13.3a}$$

此式表明，势垒内部波函数是振幅为 $f(k)$的实数(!)动量 k 的波函数叠加。显然，叠加振幅 $f(k)$主要集中在 k 的数值不很大，其量级为 λ^{-1} 范围。这样，动量不确定性的量级等于 $\Delta p\approx\hbar\lambda^{-1}$。注意按波动力学，在势垒内部的微观粒子，其位置确定只能到势垒宽度的量级 $\Delta x\approx L$。于是得到

$$\Delta p\Delta x\approx\hbar\lambda^{-1}L \tag{13.3b}$$

由于计算只对 $\lambda^{-1}L\gg1$ 情况适合，于是，确定势垒内部粒子动量和位置的精确度仍然遵守不确定性关系。总之，正如 Landau[⑩](和本书7.2节中所述的 Pauli)所说的，如果某一测量过程把粒子定域于空间某一固定点，那么这一测量的结果将使该粒子的态发生改变，使得这个粒子根本不再具有任何确定的动量和动能。

按式(13.3a)表达的 Fourier 积分展开思想可知，**就这个局域的负动能区域而言，波函数也是由正动能波函数分量按一定振幅分布相干叠加而成**。如果测量此区域内粒子功能，将使该积分展开式向其中一个成分投影塌缩，得到相应正动能值。当然，结合第二讲可知，如果势垒越厚，此处说法物理上越准确。

⑧ 见脚注②，4.5节。

⑨ 索科洛夫 A A，等. 量子力学原理及其应用[M]. 王祖望，译. 上海：上海科学出版社，1983：126.

⑩ 朗道，栗弗席茨. 量子力学(非相对论理论)(上册)[M]. 北京：高等教育出版社，1980：18节.

13.3 Schrödinger 方程奇性再考察

除了第 2 讲的无限深方阱问题，以及上面前言中所列的前三个补充问题之外，下面再举几个例子说明方程的奇性问题。

1. δ 函数势[⑪]与概率流守恒及波函数导数连续

布洛欣采夫在其《量子力学原理》中，曾经根据概率流密度的连续性导出波函数导数的连续性[⑫]。近年有人批评他的论证。

先看该书是怎样论证的，再分析批评他的意见。在该书“附录 8，对波函数的要求”中，由连续性方程得

$$\frac{\mathrm{d}}{\mathrm{d}t}\int \psi^* \psi \mathrm{d}v = -\int \nabla \cdot \boldsymbol{J} \mathrm{d}v = -\int J_N \mathrm{d}s = 0$$

研究沿 x 方向一维情况，设在 $x=x_1$ 点位势 $V(x)$ 有一个间断跳跃，考虑这个点后，沿整个 x 轴积分得

$$J_x(+\infty) - J_x(x_1+0) + J_x(x_1-0) - J_x(-\infty) = 0$$

假设无穷远处无净流，即得

$$J_x(x_1+0) = J_x(x_1-0)$$

由此，按流密度表达式，由波函数连续即得波函数导数连续，

$$\left.\begin{aligned} (\psi)_{x_1+0} &= (\psi)_{x_1-0} \\ J_x(x_1+0) &= J_x(x_1-0) \end{aligned}\right\} \Rightarrow \left(\frac{\mathrm{d}\psi}{\mathrm{d}x}\right)_{x_1+0} = \left(\frac{\mathrm{d}\psi}{\mathrm{d}x}\right)_{x_1-0}$$

显然，从数学上看，布洛欣采夫作积分时只涉及势函数是正规的或是有限间断点的情况。

另一方面，批评意见认为，对 δ 函数势 $V(x) = -C\delta(x-x_1)$，定态 Schrödinger 方程积分结果中，波函数导数可以不连续，

$$\left(\frac{\mathrm{d}\psi}{\mathrm{d}x}\right)_{x_1+0} = \left(\frac{\mathrm{d}\psi}{\mathrm{d}x}\right)_{x_1-0} - \frac{2mC}{\hbar^2}\psi(x_1)$$

对此公式讨论四点。第一，由 δ 函数势模型和 δ 函数积分而来的此公式蕴含两条先天

---

⑪ 附带指出，作为线性泛函的 δ 函数，其乘积函数 $f(x)$ 在 δ 函数奇点处必须连续。有时见到下面推广的 δ 函数定义：

$$\int_a^b \mathrm{d}x f(x)\delta(x) = \begin{cases} 0, & ab > 0 \\ (1/2)f(0), & ab = 0 \\ f(0) & ab < 0 \end{cases}$$

这种定义以及表达式 $\int_a^b \mathrm{d}x f(x) = (f(0^-) + f(0^+))/2, \theta(x)\delta(x) = \delta(x)/2$ 都是有问题的。详见 DUTRA S M. Cavity Quantum Electrodynamics[M]. New York: John Wiley & Sons ,Inc. Appendix F. P. 333. δ 函数的线性泛函数解释见本书第 3.4 节。

⑫ БЛОХИНЦЕВ Д И. *Основы Квантовой Механики*. ГИТТЛ, 1949, Дополнения Ⅷ, СТР. 574。

性的约束：①δ函数定义要求波函数在奇点$x=x_1$处连续，不能有奇性（这才可以写$\psi(x_1^{\pm})=\psi(x_1)$）；②$\delta$函数势本身不吸收(不放出)粒子。无论理论模型和计算自洽性都要求这两条，并且彼此关联。比如，依据此式和波函数连续，计算自δ势透出向右出射的$j(x_1^+)$，可得

$$\begin{aligned}j(x_1^+)&=\frac{\hbar}{2mi}[\psi^*(x_1^+)\psi'(x_1^+)-\psi(x_1^+)\psi^{*\prime}(x_1^+)]\\&=\frac{\hbar}{2mi}\left[\psi^*(x_1)\left(\psi'(x_1^-)-\frac{2m\gamma}{\hbar^2}\psi(x_1)\right)-\psi(x_1)\left(\psi'^*(x_1^-)-\frac{2m\gamma}{\hbar^2}\psi^*(x_1)\right)\right]\\&=j(x_1^-)+\frac{\hbar}{2mi}\left[-\frac{2m\gamma}{\hbar^2}\psi^*(x_1)\psi(x_1)+\frac{2m\gamma}{\hbar^2}\psi(x_1)\psi^*(x_1)\right]=j(x_1^-)\end{aligned}$$

按概率流观点，这表明δ函数势本身不吸收也不放出粒子。

第二，显然，这个一维定态问题是物质薄层定态问题当宽度减薄势阱(垒)增强而来的化简。这里必须区分三种情况：①(能归一的)一维束缚定态问题——一维驻波定态解；②(不能归一的)一维无吸收散射定态问题；③(不能归一的)一维有吸收散射定态问题。

第三，若是一维束缚定态问题，此时无简并束缚定态波函数可取为实函数$\psi(x)=\psi^*(x)$，是驻波解。包括$x=x_1$两侧流密度处处为零，没有任何粒子穿过δ函数势。但$x=x_1$可以不是波函数$\psi(x_1)$的节点，相应于两侧导数不相等。当然，所有这些都和δ函数势不吸收(不放出)粒子前提相协调。如果是一维无吸收散射定态问题，这时存在反射波叠加，波函数一般为复值函数，流密度不为零。但由于设定δ函数势不吸收(不放出)粒子，仍可以用δ函数势模型和上面公式描述，与概率流守恒等式并无矛盾。

第四，但如果是有吸收的一维散射定态，问题就不再能用简单而形式的δ函数势模型和上面公式描述。这时出现两侧波函数不连续、入射流与吸收平衡、共振现象等问题，超出δ函数势的两条约束，应当返回用有限吸收薄势阱(垒)模型按定态行进问题计算。

总之，不要用$\boldsymbol{\delta}$函数势去笼统地“论证”物理问题。一般来说，作为思想方法，不要从数学模型出发推导含物理意义的边界条件，而只能从物理分析出发拟定数学边界条件。

2. 中心场负幂次势$V(r)=-\beta/r^n\ (r\to0)$奇性分析，波函数塌缩问题

(1) **Coulomb场$\boldsymbol{V(r)=-\beta/r}$求解无奇性**。对束缚定态解，要遵守两个自然边条件的约束$R(r)\xrightarrow{r\to\infty}0$，$rR(r)\xrightarrow{r\to0}0$，其中后者用于排除由球坐标下Laplace算符的奇性所带来的多余解(见第3.2节)。简单说就是，**不存在Coulomb塌缩**。

(2) **中心场为负2次幂势，$\boldsymbol{V(r)=-\beta/r^2}$**。对于$n=2$，有时简单地论断为“$n=2$时不论$\beta$数值如何都不可”，稍嫌粗略。其实，这时要求负2次幂吸引势场不能太强，β数值不大即可。若β数值较大，将出现波函数向中心原点的塌缩，得不到稳定的局域解。**鉴于波函数向中心原点的塌缩与系统能量的可观测性有关，而系统能量的可观测性又与系统Hamilton量本征函数族完备性等价，于是，可以根据完备性分析求得波函数不向中心原点塌缩的条件**

（见第 15 讲式(15.11)）⑬

$$V(r)=-\beta/r^2,\quad \beta<\frac{\hbar^2}{8\mu}(2l+1)^2$$

超过这个条件的位势（由于 $r\to 0$ 附近求解的奇性而）原则上不能使用。何况，此外还有 $r\to 0$ 自然边条件的约束，这种（来自中心场求解时自洽性要求）约束也归结为对中心场奇性的约束（见 3.1 节、3.2 节、3.4 节）。

(3) 中心场为高阶负幂次势，$V(r)=-\beta/r^n$，$n>2$。比如 $n=3$ 径向 Schrödinger 方程为

$$\frac{\mathrm{d}^2}{\mathrm{d}r^2}(rR)+\left[\frac{2\mu}{\hbar^2}\left(E+\frac{\beta e^2}{r^3}\right)-\frac{l(l+1)}{r^2}\right](rR)=0$$

若要求束缚定态解还需加上两个自然边条件。注意，由于存在 r^{-3} 项，此微分方程在 $r=0$ 处的奇点已不是正则奇点。鉴于此方程最高阶导数是 2 阶，方程在 $r=0$ 点邻域已不存在广义幂级数解。就是说，如果设定 $r=0$ 点邻域解的形式为 $rR(r)=r^\delta\sum_{n=0}^{\infty}c_nr^n$（$c_0\neq 0$，$\delta$ 为待定实数），代入方程后，由于方程最高阶导数是 2，根据待定级数中最低阶幂次系数和等于零，即得 $c_0=0$。然后从级数中抽出 r 一次幂，再按上面办法，又得到 $c_1=0$，等等。这等于说，由于方程奇性过高，$r=0$ 点邻域不存在广义幂级数形式的解。于是，就 $r\to 0$ 邻域而论，负能定态解问题的物理分析应当止步。

补充指出两点，其一，如同 r^{-3} 情况一样，r^{-6} 形式的 van der Waals 力只是长距离的渐进形式，不能用于 $r\to 0$ 邻域。其二，有文献基于探讨 $r\to\infty$ 处渐进散射问题，针对正能量情况，特别是在散射阈值附近，求解了高阶负幂次中心场问题，并讨论了向经典过渡⑭，那些讨论与此处分析无关。向经典过渡讨论见本书第 16.2 节，详细可见文献⑮。

3. 连续谱中束缚态问题

von Neumann 和 E. Wigner 在一篇文章中提出⑯，**对于特定位势，在正能连续谱区里可以包含束缚态解**。对此 Landau 指出⑰，**虽然对于特殊数学形状位势是有束缚态解，但这些解不具有物理意义**。

从物理上看，Landau 的意见应当是对的。因为，这些正能束缚态解的能级上下边都不存在哪怕是非常小的能隙禁区，实验上根本制备不出来。任何实验都不可能将能量数值掌控到绝对的几何点的精度——不存在没有误差的实验！退一步说，即便制备出来，也不可能哪怕是非常短暂地存活下去。不存在绝对没有干扰的环境——至少永恒存在的真空涨落要

---

⑬ 也见脚注①，附录 C。

⑭ 例如，先前有朗道《量子力学》，§18，§35；后来 GAO B，PRA，(1998) Vol. 58，1728；GAO B，PRL，(1998) Vol. 58，4222；GAO B，PRA，Vol. 59，2778(1999)。以及关于对应原理的 GAO B，PRL，(1999) 83，4225；ELTSCHKA C，et al.，PRL(2001)，86，2693；BOISSEAU C，et al，PRL，(2001) 86，2694。

⑮ 脚注①，附录 A。

⑯ NEUMANN V WIGNER E，Z. Phys.，(1929) 304：65.

⑰ 朗道，栗弗席茨. 量子力学(非相对论理论)(上册)[M]. 北京：高等教育出版社，1980：66(脚注).

扰动它,使该束缚态波函数舒展成为下面(上面)某个正能量的延展态。而且也难于看出它们在什么场合有理论意义。应当说,**这类研究的思想是将"几何点"的数学概念当成了物理的真实**。

4. 平面波散射的发散问题

与此同时,QT中由于物理描述的需要,态矢空间$\mathscr{H}$中吸纳了各种不能模平方归一的矢量。比如,无头无尾巴的平面波、位置本征态、动量本征态,等等。这都是一些非正规矢量(improper vector),不能按通常内积办法来度量模长。所以,实际上QT的渐近自由状态空间$\mathscr{H}$大于数学的$L^2(R^3)$空间,是一种扩大的Hilbert空间。所包含的非正规矢量计有:

(1) 常见的连续基$\{|\boldsymbol{r}\rangle, \forall \boldsymbol{r}\}$,$\{|\boldsymbol{p}\rangle, \forall \boldsymbol{p}\}$;

(2) 散射态(各类渐近条件问题);

(3) 周期结构中的Bloch波,各类延展态。

这种现象根源于一些物理量算符有连续谱(诸如$\boldsymbol{r}, \boldsymbol{p}, H_0=\boldsymbol{p}^2/2m$等),于是全然没有正规的本征矢量。由此,Dirac通过引入非正规矢量,把可观察量或自共轭算符处理成好像它们的本征矢量就是$\mathscr{H}$的基⑱。比如说,即使位置算符$\boldsymbol{r}$没有正规的本征矢量,但通过引入非正规的本征矢量$|\boldsymbol{r}\rangle$,满足本征方程$\hat{\boldsymbol{r}}|\boldsymbol{r}'\rangle=\boldsymbol{r}'|\boldsymbol{r}'\rangle$。这时归一化条件为

$$\langle \boldsymbol{r}' \mid \boldsymbol{r}\rangle = \delta(\boldsymbol{r}'-\boldsymbol{r})$$

这里δ函数按自变数知是三维的。于是任意正规态矢$|\psi\rangle$可以展开为

$$|\psi\rangle = \int d^3 x \psi(\boldsymbol{r}) \mid \boldsymbol{r}\rangle$$

按照现在的归一化条件,展开系数$\psi(\boldsymbol{r})$正是空间波函数。它们现在表示为$\psi(\boldsymbol{r})=\langle \boldsymbol{r}|\psi\rangle$,意义是$|\psi\rangle$在$\mathscr{H}$中的一个连续的特殊表象(坐标表象)的坐标。同样可以说明动量表象中Dirac的非正规矢量办法。

总之,QT的创立者们重视物理的需要,对数学也不十分拘泥,引入了不少人造的概念,还有这个扩大的Hilbert空间(为简明人们仍称它为Hilbert空间)。

在散射理论中,人们为了处理简明,对入射波经常使用不能归一化的非正规态矢的平面波。从而将本来是波包型状态在有限时空中完成的散射过程,人为地延展到无限的全时空之中。这就带来了数学发散问题。**这种人造的困难只能用人为的办法消除**。这就是散射理论中为什么需要人为添加绝热近似——相互作用渐进的加入,或者反过来说是渐进的消除。

就是说,**在散射理论中必须注意区别正规态矢和非正规态矢。那里有几个结果,对物理的正规矢量是对的,而对非物理的非正规矢量却不成立**。例如,可以认为,描述碰撞过程的演化矢量在碰撞发生之前和之后很久,其行为应如同自由粒子态矢。当将此结果应用于非

⑱ 并非必须如此描述。von Neumann就曾表明,对QM来说,用"谱分解"(spectral decomposition)办法可以提供一个适当推广的本征矢量基,并进一步表明:每一个自共轭算符(自共轭算符与厄米算符的关系见脚注①文献的附录B)总有一个谱分解。于是,QM总是应当假设可观察量对应于自共轭算符,而不是厄米算符。但是,Neumann等人发展的谱分解体系在物理学家中没有得到广泛的使用。

正规的散射本征态时,结果是不对的。可设正规矢量$|\varphi\rangle$有渐进条件:

$$U(t)\mid\varphi+\rangle\xrightarrow{t\to-\infty}U^0(t)\mid\varphi\rangle$$

但非正规矢量$|\boldsymbol{p}+\rangle$、$|\boldsymbol{p}\rangle$之间不满足此渐进条件(虽然它们分别是各自演化算符的稳定状态$U(t)|\boldsymbol{p}+\rangle=\mathrm{e}^{-\mathrm{i}E_pt}|\boldsymbol{p}+\rangle$,$U^0(t)|\boldsymbol{p}\rangle=\mathrm{e}^{-\mathrm{i}E_pt}|\boldsymbol{p}\rangle$)。只当将它们积分叠加$\int\mathrm{d}^3p\mid\varphi(\boldsymbol{p})\rangle$构成了正规矢量,有了物理意义,此渐进条件才成立。原因是无限维空间态矢收敛有强弱之分,渐近条件不可以像用于正规态矢那样直接用于非正规态矢[19]。

13.4 为什么力学运动的基本微分方程都是二阶的

考察广义相对论时有人会问,为什么自然界基本的力学规律都是二阶微分方程?或许可以回答如下:一般地说,自然科学理论的情况并不总是如此,其实并没有理由断定上帝偏好将动力学规律订作二阶微分方程。但事实是,只要在不涉及内禀动力学变数(比如自旋)的力学运动范围内,无论相对论或非相对论能量,也无论经典运动或量子运动,的确如此。

事情的物理根源在于:基本动力学方程取决于怎样能够完备地描述对象的运动状态。就质点动力学运动而言,为了完备地描述它们的动力学状态,只需要位置和动量(比如,此时量子力学的力学量算符完备组必需也只需位置算符和动量算符)。由给定初值求解微分方程可以知道,这就决定了基本动力学微分方程的最高阶数不会超过二阶。这就是为什么 Newton 力学、相对论力学以及无自旋的非相对论和相对论量子力学的基本方程都是二阶微分方程的缘故。

但是,如果空间运动还受内禀(比如自旋、同位旋等)动力学变数的影响,则基本动力学方程就不再是二阶微分的。例如,含自旋的(体现为γ_μ旋量结构)4 分量 Dirac 方程组,用代入消去法将其转化为单个分量的方程,微分阶数就升为 4 阶了。即便将此 4 维旋量结构对空间运动的影响经非相对论近似引入关于自旋的新变数,用扩大 Hilbert 空间的方式将运动方程降阶成为二阶 Pauli 方程,其实也并没有改变事情的实质。

⑲ 参见脚注①附录 B 量子力学算符简论。

第14讲

能谱无界性与演化因果不可逆性的关联

——时间反演分析

※　※　※

本讲分析时间反演变换所导致的几个进一步问题，分别是：Hamilton 量算符能谱上界和下界所引发的问题；Hamilton 量算符变号后的 $-H$ 是否可以当作 Hamilton 量算符问题；体系时间反演对称性与含时演化过程因果可逆性有无联系的问题；时间反演算符的反线性性质显露出 Dirac 符号局限性问题。

14.1　时间反演变换与时间反演对称性

1. 定义，反幺正变换

首先定义反线性算符。设 φ、ψ 为任意波函数，α、β 为任一复常数。一个反线性算符 Ω 满足

$$\Omega(\alpha\varphi+\beta\psi)=\alpha^{*}\Omega\varphi+\beta^{*}\Omega\psi \tag{14.1}$$

就是说，如将某一常数抽出算符作用之外，需要对它取复数共轭。这是它与线性算符唯一的然而是极本质的差别。

接着给出时间反演算符 T 的定义。借鉴经典力学中对时间反演变换性质的理解，QT 中时间反演算符 T 可以用其对量子体系完备力学量组 $(\boldsymbol{r},\boldsymbol{p},\boldsymbol{s})$ 的如下作用来定义：

$$\begin{cases} T\boldsymbol{r}T^{-1} = \boldsymbol{r} \\ T\boldsymbol{p}T^{-1} = -\boldsymbol{p} \\ T\boldsymbol{s}T^{-1} = -\boldsymbol{s} \end{cases} \tag{14.2a}$$

于是有

$$T\{[x_i, p_j] = \delta_{ij}\mathrm{i}\hbar\}T^{-1} \Rightarrow -[x_i, p_j] = T\delta_{ij}\mathrm{i}\hbar T^{-1} \Rightarrow -\mathrm{i} = T\mathrm{i}T^{-1} \tag{14.2b}$$

因此,算符 T 的合理而逻辑自洽的定义必定含有复数共轭操作,是个反线性算符。

时间反演变换是量子力学中唯一一个反线性的幺正变换,简称反幺正变换[①]。一般来说,反线性算符不存在通常定义下的厄米共轭算符:

$$(\varphi, \Omega\psi) \neq (\Omega^{+}\varphi, \psi) \tag{14.3a}$$

因为按照内积相对于 Bra 和 ket 分别为反线性和线性的检查方法(设想从内积的 φ 或 ψ 中抽出一个复数常系数),即可明白,此式左边关于 ψ 是反线性的,而右边关于 ψ 则是线性的,不论算符 Ω^{+} 取(线性或反线性)何种形式都无法使这个等式成立。所以,反线性算符 Ω 的厄米共轭算符 Ω^{+} 的定义应当是

$$(\varphi, \Omega\psi) = (\Omega^{+}\varphi, \psi)^{*} = (\psi, \Omega^{+}\varphi) \tag{14.3b}$$

为了使定义逻辑自洽,中间内积上的复数共轭是必需的。

由此,**反线性算符Ω 的厄米共轭算符Ω^{+} 和逆算符Ω^{-1} 必须也是反线性算符。对于反幺正算符Ω ,其Ω^{+} 和Ω^{-1}的定义只能是**

$$(\varphi, \hat{\Omega}\psi) = (\hat{\Omega}^{+}\varphi, \psi)^{*} = (\psi, \hat{\Omega}^{+}\varphi) = (\psi, \hat{\Omega}^{-1}\varphi) \tag{14.3c}$$

于是,对于反幺正算符也有 $\hat{\Omega}^{-} = \hat{\Omega}^{-1}$,导致 $\hat{\Omega}\hat{\Omega}^{+} = \hat{\Omega}^{+}\hat{\Omega} = I$,和幺正算符情况相同。

2. 时间反演对称性与 Schrödinger 方程的时间反演变换

体系时间反演对称性问题。假设量子体系 Hamilton 量 H 具有时间反演对称性,将有

$$[H, T] = 0 \tag{14.4a}$$

这时,若 $|\psi(\boldsymbol{r},t)| \Rightarrow \langle \boldsymbol{r}|\psi(\boldsymbol{r},t)\rangle = \psi(\boldsymbol{r},t)$ 是解,

$$\mathrm{i}\hbar\frac{\partial\psi(\boldsymbol{r},t)}{\partial t} = H(t)\psi(\boldsymbol{r},t), \quad T\exp\left\{\frac{-\mathrm{i}}{\hbar}\int_0^t H(\tau)\mathrm{d}\tau\right\}|\psi(\boldsymbol{r},0)\rangle = |\psi(\boldsymbol{r},t)\rangle \tag{14.4b}$$

经时间反演后,量子态和时间演化算符成为

$$T|\psi(\boldsymbol{r},t)\rangle \Rightarrow \langle \boldsymbol{r}|T|\psi(\boldsymbol{r},t)\rangle\rangle = \psi^{*}(\boldsymbol{r},-t)$$

仍然是同一 Schrödinger 方程的解:

$$\mathrm{i}\hbar\frac{\partial\psi^{*}(\boldsymbol{r},-t)}{\partial t} = H(t)\psi^{*}(\boldsymbol{r},-t),$$

$$T\exp\left\{\frac{-\mathrm{i}}{\hbar}\int_0^t H(\tau)\mathrm{d}\tau\right\}|\psi(\boldsymbol{r},0)\rangle^{*} = |\psi(\boldsymbol{r},t)\rangle^{*} \tag{14.4c}$$

---

① 时间反演算符详见:张永德.量子力学[M].4 版.北京:科学出版社,2016,附录七。关于反线性算符的部分应用和进一步叙述见本书第 141 页脚注①,2.2 节以及附录 B。

因此,如果给定的初条件是实函数 $\psi(\boldsymbol{r},0)=\psi^{*}(\boldsymbol{r},0)$(如有边界条件,设定相同),则两个解相同,$\psi(\boldsymbol{r},t)=\psi^{*}(\boldsymbol{r},-t)$。这导致波函数的振幅是时间 t 的偶函数;如果给定的初条件是复数函数,则由于初条件不同,两个解可能不相同,$\psi(\boldsymbol{r},t)\neq\psi^{*}(\boldsymbol{r},-t)$。例如,作为应用,散射理论由此导出各类初末态过程的倒易关系(见下面式(14.8))。

14.2 量子体系能谱必须有下界

1. 量子体系稳定性要求 Hamilton 量本征值有下界

众所周知,经典理论中,$(q_{\alpha},\dot{q}_{\beta},t)$ 的任意实函数组合并不都能作为体系的 Lagrange 量②。QT 中,更不是算符 $(\boldsymbol{p},\boldsymbol{r},\boldsymbol{S})$ 的任意厄米组合都可以作为量子体系的 Hamilton 量!注意到,QT 理论框架中存在状态跃迁,特别是存在自发跃迁。于是,负无穷能级的存在将导致量子体系不断地辐射,使体系能级不断向下跃迁,最终放出无穷大能量而招致塌缩。**所以,由于存在量子跃迁,特别是存在自发量子跃迁,建立任何逻辑自洽和稳定的 QT 理论的一个基本物理要求是:量子体系 Hamilton 量算符的本征值必须有下界(通常对应体系基态)**。例如,相对论量子力学方程表面上看确实存在负无穷能级解,但其实它们只是反粒子的正能解!由于实验证实了反粒子的存在,这就消除了负无穷能级问题,QT 的稳定性也就得到了坚实的实验保证。整个 QT,包括相对论量子场论,都恪守如此。与此形成鲜明对照,经典相对论力学理论可以包容负无穷能级的存在:由于不存在量子跃迁概念,特别是不存在自发跃迁,能量守恒律总是保证体系在相空间中相应的等能面上运动,即便取出部分能量,体系依然在下一个相应的等能面上运动。于是,经典力学理论可以对体系 Hamilton 量的负无穷能级"视而不见"!就是说,经典力学理论 Hamilton 量存在负无穷能级原则上不影响理论的稳定性。

总之,QT 自洽性和稳定性要求量子体系必须有基态。这是全部 QT 的共同要求,也是 QT 全部 Hamilton 量的共同特征!③

2. 物理演化只能由体系 Hamilton 量所生成,$H\to -H$ 变换

按照量子力学状态演化公设,体系状态演化必须遵从 Schrödinger 方程,因此,时间演化幺正变换的生成元必须是体系的 Hamilton 量!

关于 $H\to -H$ 变换问题。值得提醒,有时会见到对体系 Hamilton 量实施如下变换:

$$H=\left(\frac{\boldsymbol{P}^{2}}{2m}+V\right)\Rightarrow -H=-\left(\frac{\boldsymbol{P}^{2}}{2m}+V\right)$$

于是另一方面,**如果 Hamilton 量能谱无上界,则算符 $-H$ 一般不再能够看作 Hamilton 量算**

---

② 比如 $L=q$ 就不能作为 Lagrange 量,因为它不能给出自洽的运动方程。$L=\dot{q}$ 也是,因为用它不能列出 E-L 方程。也见 GITMAN D M, et al. Quantization of Fields with Constraints[M]. Springer-Verlag, 1990: 6。

③ 这导致许多重要结论。比如,不稳定体系衰变率偏离负指数规律。见上页脚注①《量子力学》,第 11 章。

符，而仅仅是一个规定状态映射的纯数学算符！

比如，动能算符 $T=\dfrac{\boldsymbol{P}^2}{2m}$，其能谱不但是正定的（它没有负本征值，甚至没有零本征值——因为不确定性关系排斥静止粒子概念），更没有上限！于是算符 $-T$ 不能作为 Hamilton 量！何况，假如自由粒子为 $E=-\dfrac{p^2}{2m}$，则波包的群速度

$$E=-\frac{p^2}{2m}\rightarrow v_{\text{group}}=\frac{\mathrm{d}\omega}{\mathrm{d}k}=\frac{\mathrm{d}E}{\mathrm{d}p}=-v_{\text{particle}}$$

和粒子运动方向相反，这不合情理。即便解释作为反粒子，其动能数值也总应当是正的！

再比如，氢原子 Hamilton 量 $H=\dfrac{\boldsymbol{P}^2}{2m}-\dfrac{e^2}{r}$ 有鲜明的物理图像，但按此方法构造出的新算符 $-H=-\dfrac{\boldsymbol{P}^2}{2m}+\dfrac{e^2}{r}$ 虽然也有定态解（原来定态方程解的复数共轭），但根本不存在任何合理的物理图像，不能视作量子体系的 Hamilton 量：无法想象如何在排斥势下依靠负动能维持一个束缚态，也无法想象无限远处自由粒子运动的动能仍为负值。

还比如，量子谐振子 Hamilton 量，如果将其添以符号，尽管有定态方程解（原来解），但由于向负无穷的塌缩，不具有任何合理的物理解释。

总之，上面论述导致一个标准：**不可以用不能视作 Hamilton 量的算符作为生成元来构造时间演化算符！** 例如，由于算符 $-\dfrac{\hat{\boldsymbol{P}}^2}{2m}$ 没有下限，不是 Hamilton 量，因此 $\exp\left\{\dfrac{-\mathrm{i}}{\hbar}\left(\dfrac{-\hat{\boldsymbol{P}}^2}{2m}\right)t\right\}$ 就不可以看作是时间演化算符！相对论性能量情况见下节第 2 条。

3. 附注：外磁场中有限能级情况

当然，对于 Hamilton 量能谱有上界的有限能级体系，算符 $-H$ 可以视作某个物理体系的 Hamilton 量。

比如，外磁场中自旋运动等有限能级情况，通常是略去了 Hamilton 量中动能项，分离掉空间波函数，才转成只对自旋运动进行局部性考察的有限能级体系。这时（其实是对 Hamilton 量中的附加能项）变号变换等价于磁场变向 $\Omega=-\boldsymbol{\mu}\cdot\boldsymbol{B}\rightarrow-\Omega=-\boldsymbol{\mu}\cdot(-\boldsymbol{B})$，是物理的。但对于包括动能项在内的整个 Hamilton 量，有无穷能级存在，不能将变号后所得算符看作是某个量子体系的 Hamilton 量。

14.3 能谱无上界量子体系含时演化不存在因果颠倒的逆演化

1. 含时演化过程中量子态的因果以及因果颠倒的含义

关于演化过程因果可逆性问题。首先，简单解释一下"因"和"果"。注意，自然界存在的（也即，物理的）任何演化，其时间流逝总是单方向进行的——定义作为正向进行，不能逆向

或反复流逝! 也即,任何物理演化中总应当假定 $dt>0$! 于是,就 H 不含时的某个演化 $|\psi(\boldsymbol{r},t)\rangle$ 过程而言,如果定义态 $|\psi(\boldsymbol{r},t)\rangle$ 是"因",则其后时刻的态 $|\psi(\boldsymbol{r},t+dt)\rangle$ 是"果",算符 $\exp\left\{\frac{-i}{\hbar}Hdt\right\}$ 将这个"因态 $|\psi(\boldsymbol{r},t)\rangle$" 正向演化为其"果态 $|\psi(\boldsymbol{r},t+dt)\rangle$, $dt>0$":

$$\exp\left\{\frac{-i}{\hbar}Hdt\right\}|\psi(\boldsymbol{r},t)\rangle=|\psi(\boldsymbol{r},t+dt)\rangle,\quad dt>0 \tag{14.5}$$

其次,体系时间反演对称性和演化过程因果可逆性的含义。简单解释一下"因"和"果"的颠倒问题。按照因果律,"因"必须在前,"果"必定在后。说某个物理演化过程对应存在有"因""果"颠倒的另一个物理演化过程,就意味着:对此物理演化过程,存在某个物理体系的某个演化过程。按照该物理体系观察者看是正向流逝的该物理演化过程,但按照原先体系观察者看,该体系此演化"因"和"果"两个状态本身分别相同,但却是原先这两个状态在先后时序上的颠倒。

2. 能谱无上界体系含时演化不存在因果颠倒的演化

[定理] **即便量子体系 Hamilton 量具有时间反演变换对称性,但如果 H 的能谱无上界,则对于体系的任何含时演化过程,其因果颠倒变化的过程都是实验观察不到的非物理过程!**

证明 用反证法。由原先体系演化方程可知,这个逆方向的等式是

$$|\psi(\boldsymbol{r},t)\rangle=\exp\left\{\frac{i}{\hbar}Hdt\right\}|\psi(\boldsymbol{r},t+dt)\rangle,\quad dt>0 \tag{14.6}$$

也只有这个算符 $\exp\left\{\frac{i}{\hbar}Hdt\right\}$ 才能构成此等式,它将原先作为"果" 的量子态 $|\psi(\boldsymbol{r},t+dt)\rangle$ 逆向映射(注意这里是映射,不是演化!)为原先作为"因"的量子态 $|\psi(\boldsymbol{r},t)\rangle$。假定确实存在与原先体系此物理过程因果颠倒的另一新体系的另一物理演化过程,就应当也能够为实验所观察,得到相应的量子态动力学演化方程。但事实上,由此算符求得的含时微分方程不是动力学演化方程!因为,既然设定新体系的物理演化过程存在,可以认为两个物理体系之间的时空变数变换 $(\boldsymbol{r},t)\to(\boldsymbol{\rho},\tau)$ 是物理的、非奇异的。**然而,不论新旧时间($t\to\boldsymbol{\tau}$)如何关联,就两个体系本身观察者观察而言,时间流逝各自都是单方向(定义为正向)的,新时间也应当有 $\mathbf{d}\boldsymbol{\tau}>\mathbf{0}$,随新时间正向流逝的算符 $\exp\left\{\frac{i}{\hbar}H(r\to\boldsymbol{\rho},t\to\boldsymbol{\tau})d\boldsymbol{\tau}\right\}$ 就应当是新体系的状态演化算符,理应将新体系的"因 $|\boldsymbol{\varphi}(\boldsymbol{\rho},\boldsymbol{\tau})\rangle$"(实际是原体系的"果" $|\boldsymbol{\psi}(\boldsymbol{r},t+dt)\rangle$)演化为新体系的"果 $|\boldsymbol{\varphi}(\boldsymbol{\rho},\boldsymbol{\tau}+d\boldsymbol{\tau})\rangle$ ($d\boldsymbol{\tau}>0$) "(实际是原体系的"因" $|\boldsymbol{\psi}(\boldsymbol{r},t)\rangle$)。就是说,应当有**

$$|\varphi(\boldsymbol{\rho},\tau+d\tau)\rangle=\exp\left\{\frac{i}{\hbar}H(\boldsymbol{r}\to\boldsymbol{\rho},t\to\tau)d\tau\right\}|\varphi(\boldsymbol{\rho},\tau)\rangle,\quad d\tau>0$$

但是,由此得到描述状态变化的微分方程是

$$i\hbar\frac{\partial|\varphi(\boldsymbol{\rho},\tau)\rangle}{\partial\tau}=-H|\varphi(\boldsymbol{\rho},\tau)\rangle \tag{14.7}$$

这不是 Schrödinger 方程!因为算符 $-H$ 无下界,不能作为量子力学的 Hamilton 量!于是,

算符 $\exp\left\{\frac{\mathrm{i}}{\hbar}H\mathrm{d}\tau\right\}$($\mathrm{d}\tau>0$)并不是此体系的状态演化算符,式(14.7)不描述量子态随时间的动力学演化。 证毕。

所以,**虽然量子体系具有时间反演不变性,虽然$\psi(r,t)$是系统解则$\psi^*(r,-t)$也是此体系的解**(它们分别来源于初条件$\psi(r,0)$和$\psi^*(r,0)$,对于高于一维的量子体系,可以有复值波函数,两个解可以不相等),**逆算符 $\exp\left\{\frac{\mathrm{i}}{\hbar}H\mathrm{d}t\right\}$($\mathrm{d}t>0$)绝非动力学演化算符!它只表示状态之间的一种纯数学映射$|\psi(t+\mathrm{d}t)\rangle\rightarrow|\psi(t)\rangle$,将物理状态"果$|\psi(t+\mathrm{d}t)\rangle$"逆向映射为物理状态"因$|\psi(t)\rangle$"的普通数学算符,与物理的、可观察的、动力学演化无关!**

总之,由于时间不能倒流,除非是有限能级体系的不完整的计算,任何能谱无上界的量子体系,它们任意含时演化过程都没有真正意义上的量子态时序颠倒的逆过程,即便体系具有时间反演对称性以及幺正演化过程也如此!

[定理附注] **其一**,定理当然包括一维实波函数情况,下节波包自由演化过程就以实例验证了定理的论断。**其二**,按量子力学公设,$\psi(\boldsymbol{r},t)$是微观粒子运动状态的完备描述。所以,一般而言,即便$\psi(\boldsymbol{r},t)$是描述物理状态的解,也不可以将$\psi^*(\boldsymbol{r},t)$视作描述同一状态的解。因为它们的流密度方向相反。只对流密度为零的驻波定态,没有含时运动,可以如此看待。**其三**,对于定态,不存在因果颠倒演化可逆性问题,于是 Kramers 定理论断的半整数自旋体系定态简并问题与此处论述无关。**其四**,如上所述,上述论证不包括自旋在外磁场中运动等有限能级体系情况,因为这时问题分析计算都是不完整的。**其五**,由此可知,**即便具有时间反演对称性的量子体系,一般而言,其演化过程仍然是不可逆的。因此不存在"时间反演对称性"和"演化过程可逆性"两者等价的结论!** 不过这里要注意,散射理论中的确存在精细平衡原理[4](又称倒易定理、微观可逆性原理、细致平衡原理)。但此原理只是表明:**如果体系具有时间反演不变性,散射中任一状态跃迁过程与其时间反演态(!)相应颠倒跃迁过程的散射振幅相等,即**

$$\langle\psi|S|\varphi\rangle=\langle\varphi^{(T)}|S|\psi^{(T)}\rangle \tag{14.8a}$$

也即

$$\psi_i\xrightarrow{s}\psi_f\quad\Leftrightarrow\quad\psi_f^{(T)}\xrightarrow{S(T)}\psi_i^{(T)} \tag{14.8b}$$

注意,这里从对方观察各自都不是(量子态没有任何变化,仅仅只是)对方时序的颠倒!并不存在违反因果律的演化可逆性!

必须强调,经典力学情况与上面情况类似:当力学状态由($\boldsymbol{r}(t)$,$\boldsymbol{p}(t)$)完全描述(或简洁地说,由$\boldsymbol{r}(t)$完全描述)时,"时间反演对称性"并不导致"演化过程可逆性"。比如,地球绕太阳的轨道运行:由于体系动力学具有时间反演不变性,地球正向和逆向运行的两根轨道解(在 $\boldsymbol{r}$-ct 图上未来光锥和过去光锥中两根相似曲线$\boldsymbol{r}(t)$和$\boldsymbol{r}(-t)$)同时存在。只是由于太阳

---

④ 张永德.高等量子力学(下册)[M].3 版,9.3.3 节.北京:科学出版社,2015.

系形成的初条件选择了地球处于现在这根$\boldsymbol{r}(t)$轨道。以前常常认为,在本身参考系中各自观察,两种运动的时间流逝都是正向的,$\mathrm{d}t>0$!但观察对方,都误以为对方是自己因果颠倒的逆向运动。**其实不然!两个解在轨道相应点的动量方向相反!力学状态的完整描述应当是$(\boldsymbol{r},\boldsymbol{p})$,现在只是时间反演态$(\boldsymbol{r},-\boldsymbol{p})$在正向(按原来观察系看为逆向)运动着,并不是原来力学状态"因""果"时序的颠倒!**即,呈现为(和量子散射式(14.8b)相对应的)经典倒易关系

$$\{\boldsymbol{r}(t),\boldsymbol{p}(t)\}\rightarrow\{\boldsymbol{r}(t+\mathrm{d}t),\boldsymbol{p}(t+\mathrm{d}t)\}\Leftrightarrow$$
$$\{\boldsymbol{r}(-t-\mathrm{d}t),-\boldsymbol{p}(-t-\mathrm{d}t)\}\rightarrow\{\boldsymbol{r}(-t),-\boldsymbol{p}(-t)\},\quad \mathrm{d}t>0 \tag{14.8b}$$

实际上并不存在原来状态的逆向演化!只对平庸的静止情况是时序的颠倒,这时类似于QM中流密度为零的驻波情况。

最后指出,迄今论述是针对非相对论量子力学的。这时能量远低于出现正反粒子间交互影响的阈值,正反粒子截然分开,分别考虑,互不影响。对相对论量子力学情况,虽然Hamilton量出现负无穷能级,但引入反粒子后,正反粒子分开考虑,能谱依然没有负无穷!Klein-Gordon方程虽然是时间二阶导数,有解$\varphi(\boldsymbol{r},t)$,也必定有解$\varphi(\boldsymbol{r},-t)$。似乎后者在$(t=-\infty)\rightarrow(t=0)$区间中的正向流逝过程是前者的因果颠倒过程。其实后者在能量和时间都反号之后,成为正能量反粒子的仍然是正时间流向(!)的正向因果演化过程。这时,与非相对论量子力学有所不同的,只是现在可以在这段时区里对反粒子进行观测了(和下节Gauss波包弥散情况相互印证)。总之,对相对论量子力学,本节论述的时间反演对称性和因果可逆性并无关联的结论保持不变。

由上面分析可知,**演化不可逆性密切关联于时空的无限性!有限时空结构必定导致其中所有体系的一切演化都是可逆的!**这只要结合下节一维自由粒子波包弥散不可逆过程的讨论即可理解。

14.4 举例:自由运动和中心场运动的因果可逆性分析

1. 微观体系的自由运动

众所周知,质点的Newton力学,其自由运动只有惯性运动一种形态。但在量子力学中,微观粒子自由运动种类繁多,共有三种定义,或称三种形态。其中,**自由粒子波包弥散的含时演化过程是自由平动运动,是幺正演化、具有时间反演不变性、有逆映射算符、相干叠加纯态、von Neumann熵恒为零的过程。但通常未予充分注意的是:自由粒子波包弥散的含时演化过程同时又是一个不可逆过程!**下面将这两方面事实联系起来分析。

[定义1] "动量算符的本征态":

$$-\mathrm{i}\,\hbar\frac{\mathrm{d}\psi(\boldsymbol{r})}{\mathrm{d}\boldsymbol{r}}=\boldsymbol{p}\psi(\boldsymbol{r})\rightarrow\psi(\boldsymbol{r})=\frac{1}{(2\pi\,\hbar)^{3/2}}\mathrm{e}^{-\mathrm{i}\boldsymbol{p}\cdot\boldsymbol{r}/\hbar} \tag{14.9a}$$

扩大一些,成为

［定义 2］“de Broglie 波包的自由平动态”。这是定义 1 的叠加态运动，此定义又可以等价表述为“Hamilton 量为 $H=\frac{\hat{\boldsymbol{P}}^2}{2m}$的自由 Schrödinger 方程在任意初始条件下直角坐标解”；再扩大一些，有

［定义 3］“$V=0$ 的 Schrödinger 方程演化，

$$\mathrm{i}\,\hbar\frac{\mathrm{d}\psi(\boldsymbol{r})}{\mathrm{d}\boldsymbol{r}}=H\psi(\boldsymbol{r}),\quad H=\frac{\hat{\boldsymbol{P}}^2}{2m}\text{或}H=\frac{1}{2}\left(\frac{J_x^2}{I_x}+\frac{J_y^2}{I_y}+\frac{J_z^2}{I_z}\right)\text{”}\tag{14.9b}$$

前两种定义都属于自由 Schrödinger 方程直角坐标解，两者的差别仅在于初始条件不同。第三种定义不但包含了 $H=\frac{\hat{\boldsymbol{P}}^2}{2m}$在各种曲线上的坐标解，就是说除平动解外，还包括自由球面波、自由柱面波解；并且还包含了自由转子 $H=\frac{1}{2}\left(\frac{J_x^2}{I_x}+\frac{J_y^2}{I_y}+\frac{J_z^2}{I_z}\right)$的各种曲线坐标解，分别与自由转动和进动相对应。显然，3 种定义一个比一个宽松，内容差别很大。

2. 一维自由粒子波包弥散过程没有逆过程

下面只分析一维平动的“**自由粒子波包弥散的可逆性问题**”。一般来说，平动状态是由不同频率 de Broglie 平面波以不同振幅相干叠加而成的波包，按自由 Schrödinger 方程演化。其中 $p=p_x$ 和 E 满足经典自由粒子质能关系，即

$$\psi(x,t)=\int\varphi(p)\mathrm{e}^{\frac{\mathrm{i}}{\hbar}(p_\cdot x-Et)}\mathrm{d}p,\quad E=\frac{p^2}{2m}$$

最简单的例子就是一维非单色 Gauss 波包自由演化。初始波包为

$$\psi(x,0)=\frac{1}{\sqrt[4]{2\pi\sigma_0^2}}\exp\left\{-\frac{(x-x_0)^2}{4\sigma_0^2}\right\}\tag{14.10a}$$

到 t 时刻，此 Gauss 波包弥散成为

$$\begin{cases}\psi(x,t)=\dfrac{1}{\sqrt[4]{2\pi\sigma(t)^2}}\exp\left\{-\dfrac{(x-x_0)^2}{4\sigma(t)^2}+\mathrm{i}\,\dfrac{\hbar\,t(x-x_0)^2}{8m\sigma_0^2\sigma(t)^2}-\dfrac{\mathrm{i}}{2}\arctan\left(\dfrac{\hbar\,t}{2m\sigma_0^2}\right)\right\}\\ \sigma(t)\equiv\sigma_0\sqrt{\left(1+\dfrac{\hbar^2t^2}{4m^2\sigma_0^4}\right)}\end{cases}\tag{14.10b}$$

于是 $t=0$ 时刻峰高 $(2\pi)^{-1/4}\sigma_0^{-1/2}$、峰宽 σ_0 的 Gauss 波包，自由演化到 t 时刻成为峰高 $(2\pi)^{-1/4}\sigma(t)^{-1/2}$、峰宽 $\sigma(t)$的 Gauss 波包。式(14.10b)表明：自由演化中 Gauss 波包高度逐渐变矮，宽度逐渐加大。这就是常说的“**波包弥散**”。**这一现象的物理根源是 de Broglie 波内禀的色散性质**[⑤]**：即便在真空中自由传播，按 de Broglie 关系，波的传播速度也与频率有关**。这和光波波包在真空中自由传播没有色散呈鲜明对照。

现在分析这个波包弥散过程的可逆性问题。值得强调指出：上节定理当然包括现在一

⑤ 见：张永德. 量子力学[M]. 4 版. 北京：科学出版社，2016，第 3 章.

维实波函数情况，波包自由演化过程以实例验证了定理的论断。由于体系 Hamilton 量 $H=\frac{\hat{P}^2}{2m}$具有时间反演不变性和一维波函数可以取成实函数，解中含时振幅对时间变数是偶函数。**虽然在区间 $t=-\infty\to 0$ 中有时间正向流逝的自由波包收聚的数学公式，但实验中观察不到时间正向流逝的自由波包收缩过程！只能观察到时间正向流逝的仍然是自由波包弥散过程！即便包括时间负半轴($t=-\infty$)→($t=0$)，这个“波包弥散”过程都没有逆过程——谁也没见过真空中粒子自由运动时波包收窄变高的物理演化过程！尽管体系显然具有时间反演不变性，并且这个演化完全是纯态幺正演化、保持相干性、von Neumann 熵恒等于零的过程！**

到此，值得思考玩味的是，**一方面，经典物理学论断：不可逆过程通常是“耗散的、非幺正演化的、熵增加的过程，体系不具有时间反演不变性”；另一方面，量子力学论断：自由粒子波包弥散不可逆过程是“幺正演化的、保持相干性的、von Neumann 熵恒等于零，体系具有时间反演不变性”。两者对照十分鲜明！**

虽然知道物理上自由粒子波包弥散没有逆过程，但同时显然存在着取逆的运算：

$$|\psi(t)\rangle = U^{-1}|\psi(t+\mathrm{d}t)\rangle = \exp\left\{\frac{\mathrm{i}}{\hbar}\frac{\hat{P}^2}{2m}\mathrm{d}t\right\}|\psi(t+\mathrm{d}t)\rangle \tag{14.11}$$

这里算符 U^{-1} 的作用就是将“果”$|\psi(t+\mathrm{d}t)\rangle$($\mathrm{d}t>0$)逆向映射为“因”$|\psi(t)\rangle$。表面上看，存在 U^{-1} 算符似乎表明，自由粒子波包收缩逆演化过程是存在的?! 这也被许多量子力学教材看成是 QT 微观可逆性的证据。**但前面已经说明：算符$\left(-\frac{\hat{P}^2}{2m}\right)$能谱无下限，不是任何量子体系的 Hamilton 量，根据时间演化算符的无穷小算符必须是体系的 Hamilton 量，所以算符 $\exp\left\{\frac{\mathrm{i}}{\hbar}\frac{\hat{P}^2}{2m}t\right\}$($t>0$)不是时间演化算符，不表征物理的演化，而只是一个决定状态之间映射的纯粹数学操作。**这是合理的，既然没有自由粒子波包收缩增高的物理过程，当然也就不存在相应的时间演化算符！

再次，波包自由弥散没有逆过程这个现象和时空的无限性紧密关联！可以举个例子作为理想论证：一大群人长跑，如果沿着无穷长直线跑道一直跑下去，这就是上面说的不可逆无限制弥散情况；但如果沿运动场有限封闭跑道，将肯定出现周期性重复聚拢！重复聚拢的周期是每个人绕运动场一周的周期全体最小公倍数⑥。所以，动力学演化不可逆性密切关联于时空的无限性。有限时空结构必定导致其中所有体系的一切演化都是可逆的(但逆命题不成立，因为无限时空中存在周期运动)！**既然演化不可逆性和无穷能级相关联，而“无穷”概念只是纯粹人造的“可道”之“道”，那么“演化不可逆性”是否也具有人造的“可道”之**

⑥ 如果有无理数的周期，按照不存在没有误差的实验的观点，截断为有理数。何况按本书第 30 讲中 Kronecker 的说法，上帝那里本来就没有无理数和无穷大。

“道”的禀性?!

这可以理解为：**由于上帝那里没有“无穷大”，也没有“无理数”，上帝为人类设计的时空归根到底是有限的。所以，上帝设计的过程都是可逆的。不可逆过程的存在纯粹是人为“可道”之“道”的虚像！**

3. 三维谐振子与中心场运动的因果可逆性分析

三维谐振子运动的因果可逆性分析。对高于一维的量子体系，波函数及其初条件可以是复数，但三维谐振子问题可以有实的(在直角坐标系中)本征态波函数 $\psi_n^*(\boldsymbol{r})=\psi_n(\boldsymbol{r})$，对于初条件为实的函数，两个解 $\psi(\boldsymbol{r},t)$ 和 $\psi^*(\boldsymbol{r},-t)$ 可以相同，因此对它的含时问题可以仔细分析一下。对于初条件 $\psi(\boldsymbol{r},0)=\sum\limits_{n=0}^{\infty}\alpha_n\psi_n(\boldsymbol{r})$，有

$$H\psi_n(\boldsymbol{r})\mathrm{e}^{-\mathrm{i}E_nt/\hbar}=E_n\psi_n(\boldsymbol{r})\mathrm{e}^{-\mathrm{i}E_nt/\hbar}\Rightarrow\begin{cases}\psi(\boldsymbol{r},t)=\sum\limits_{n=0}^{\infty}\alpha_n\psi_n(\boldsymbol{r})\mathrm{e}^{-\mathrm{i}E_nt/\hbar}\\ \psi(\boldsymbol{r},-t)=\sum\limits_{n=0}^{\infty}\alpha_n\psi_n(\boldsymbol{r})\mathrm{e}^{+\mathrm{i}E_nt/\hbar}\\ \psi^*(\boldsymbol{r},-t)=\sum\limits_{n=0}^{\infty}\alpha_n^*\psi_n(\boldsymbol{r})\mathrm{e}^{-\mathrm{i}E_nt/\hbar}\end{cases}$$

$$\Rightarrow\begin{cases}\mathrm{i}\,\hbar\dfrac{\partial\psi(\boldsymbol{r},t)}{\partial t}=H\psi(\boldsymbol{r},t) & \textit{is Sch. eq.}\\ \mathrm{i}\,\hbar\dfrac{\partial\psi(\boldsymbol{r},-t)}{\partial t}=-H\psi(\boldsymbol{r},-t) & \textit{is not Sch. eq.}\\ \mathrm{i}\,\hbar\dfrac{\partial\psi^*(\boldsymbol{r},-t)}{\partial t}=H\psi^*(\boldsymbol{r},-t) & \textit{is Sch. eq.}\end{cases}$$

其中算符 $\exp\left\{\dfrac{\mathrm{i}}{\hbar}H\mathrm{d}t\right\}(\mathrm{d}t>0)$ 不是状态演化算符，因为这时由 $-H$ 得不出任何有物理意义的解。当初条件为复函数时，时间反演态与原来解并不相同，不存在相比之下为因果颠倒的问题。若初条件是实函数，含时解中时间变量是偶次幂，存在类似一维波包弥散的描述，不再复述。

14.5 反幺正变换与 Dirac 符号的局限性

Dirac 符号矩阵元 $\langle \boldsymbol{A}|\hat{\boldsymbol{\Omega}}|\boldsymbol{B}\rangle$ 表示，对其意义的理解有含混，可以有两种不同的理解：

$$\langle A\mid\{\hat{\Omega}\mid B\rangle\}\quad 或\quad\{\langle A\mid\hat{\Omega}\}\mid B\rangle\tag{14.12}$$

这里左矢 $\{\langle A|\hat{\Omega}\}$ 理解为右矢 $\{\hat{\Omega}^{+}|A\rangle\}$ 的厄米共轭。对于 $\hat{\Omega}$ 是厄米和幺正这两类算符(更一般地说只要 $\hat{\Omega}$ 是线性的)，两种理解结果相同，这种含糊不会引起问题。因为不论 $\hat{\Omega}$ 是厄米还是幺正，都有

$$\begin{aligned}\langle A\mid\cdot\{\hat{\Omega}\mid B\rangle\}&=\langle A\mid\hat{\Omega}B\rangle=\langle\hat{\Omega}^{+}A\mid B\rangle=\{\langle B\mid\hat{\Omega}^{+}A\rangle\}^{+}\\&=\{\langle B\mid(\hat{\Omega}^{+}\mid A\rangle)\}^{+}=\{\langle A\mid\hat{\Omega}\}\cdot\mid B\rangle\end{aligned}\tag{14.13a}$$

从内积的两种表示相等$(A,\hat{\Omega}B)=(\hat{\Omega}^{+}A,B)$[⑦]也可以看出这一点。**但是,当$\hat{\Omega}$为反线性算符时,两种理解将导致完全不同的结果:**

$$\langle A\mid\{\hat{\Omega}\mid B\rangle\}\neq\{\langle A\mid\hat{\Omega}\}\mid B\rangle\tag{14.13b}$$

因为,设想从(A或B)中抽出复常数的办法就可以明白:左边内积关于A、B为反线性的;而右边内积关于A、B均为线性的!显然,两边任何时候都无法相等。由此可知,**对于反线性算符情形,必须注意区分两种情况:**

$$\langle A\mid\{\hat{\Omega}\mid B\rangle\}\quad 和\quad\{\langle A\mid\hat{\Omega}\}\mid B\rangle\tag{14.14a}$$

或者返回到更精密的记号:

$$\begin{cases}\langle A\mid\{\hat{\Omega}\mid B\rangle\}=\langle A\mid,\hat{\Omega}\mid B\rangle\equiv\langle A\mid\hat{\Omega}B\rangle\equiv\langle A,\hat{\Omega}B\rangle\\\{\langle A\mid\hat{\Omega}\}\mid B\rangle=\langle A\mid\hat{\Omega},\mid B\rangle=\langle\hat{\Omega}^{+}A\mid B\rangle\equiv\langle\hat{\Omega}^{+}A,B\rangle\end{cases}\tag{14.14b}$$

总之,反线性的时间反演算符$\hat{T}$暴露了Dirac符号的含糊性,使简洁美丽的Dirac符号成为有缺陷的美。这时最好返回数学家拟定的有逗号的更精密记法:将并非必要的中间两竖换成一个必要的(在算符左下脚或右下脚)的逗号,

$$\langle A,\Omega B\rangle\quad 或\quad\langle A\Omega,B\rangle\equiv\langle\Omega^{+}A,B\rangle$$

⑦ 注意$\{\langle A|\hat{\Omega}\}=\langle\hat{\Omega}^{+}A|$。因为$\langle A|\hat{\Omega}=(\hat{\Omega}^{+}|A\rangle)^{+}=(|\hat{\Omega}^{+}A\rangle)^{+}=\langle\hat{\Omega}^{+}A|$。

第15讲

可观测性、完备性与中心场塌缩

——三者的含义与关联

※ ※ ※

15.1 力学量的可观测性与其算符本征函数族的完备性

1. 物理实验的“可观测性”和数学的“完备性”

(1) “可观测性”——物理量的实验可观测性

单个或多个物理量组成的函数并不总是可以直接观测的。反过来类似，能够直接测量的东西并不总是物理的动力学量（“时间”就不是动力学量，它只是连续变化的经典的参变量）。

这里的“可观测性”是指（描述物体动力学性状的）某个物理量在物理实验中的可观察性和可量度性。就是说，能够设计测量这个量的仪器，使得对于任意(!)输入物理态，总可以对其进行关于这个量的测量。它们既不是孙悟空的体重——不可观测的，也不是“糊里又糊涂”的爱情——不可度量的。显然，“可观测性”密切联系于人类的全部感知能力。

这里强调指出，说某个物理量在实验上具有可观察性和可量度性，并不意味着它在任何量子态中客观上都具有单值的确定性。不论是单粒子体系或多粒子体系，态叠加原理都反对这种简单化的联想。

(2)“完备性”——力学量算符本征函数完备性

如果说可观测性纯粹是一个物理实验概念的话,那么这里的“完备性”就是一个地道的数学分析概念:这个“完备性”总是指物理量算符本征函数族的“完备性”。就是说,只要这个物理量算符的本征函数族能够对任意物理态(数学要求明确的一类函数)作展开分解(在无限均方逼近意义下),就说这组本征函数族是完备的。

这要求算符是有界全连续自共轭的。这类算符的本征函数族可以有资格作为体系状态空间中的一套基矢。当然,单独使用某一套,有可能“分辨率”不够,即出现简并情况。

(3)有关问题的4点讨论:①量子理论用作描述体系状态空间的无限维复线性赋范空间比数学传统的Hilbert空间(HS)要扩大一些。但在量子理论中,习惯上仍然称它为HS。这也许算是物理学家对数学的不够“虔诚”,而不应误会是他们数学概念的“粗疏”(详细内容参见后面叙述)。②关于力学量算符应当选“自伴算符”还是“厄米算符”的问题。由于有界全连续厄米算符——“自伴算符”的本征态是完备的,而数学界使用的“厄米算符”不保证这条。依据测量公设,测量要求力学量算符本征函数族是完备的。因此从数学严密性看当然选前者为妥。由此,在量子力学算符公设中,原则上应要求与力学量对应的算符具有自伴性,而不仅是厄米性。③但正如HS问题一样,物理学家常有自己的考虑。对力学量算符的提法仍然称厄米性而不是自伴性。原因是,其一,厄米性名词与有限维矩阵代数联系简明,而算符的自伴性经常难以证明。其二,由于物理简化描述的需要扩大了态空间,人为引入了大量非平方可积函数,这使自伴性证明复杂化和更困难。这种情况下还强调非自伴性莫属,只会使量子力学物理内容被烦琐甚至未解决的数学问题所淹没。其三,实际物理问题中,常用算符和波函数常常具有正规的数学性质。实际计算中,两者之间的差异经常会化解于无形。④应当指出,算符问题本身的复杂性,加上态空间扩大,出现有关数学严密性问题。对此量子理论奠基者们是知道的。比如,Dirac在《量子力学原理》中说:对于一般体系的Hamilton量,证明其本征函数的完备性是超出能力的。这就是说,一般Hamilton量算符的自伴性是难以证明的。李政道也注意到此问题(见脚注⑫第13页)。他根据Corant-Hilbert书中证明的结论,说明一定范围内Hamilton量算符的自伴性。但实际中许多复杂物理体系不少Hamilton量算符的完备性问题并未解决。这时忆及上面③中的第三点是重要的。

实际情况更为复杂。一般地说,量子理论中应当限于使用有界全连续算符。这类算符中的厄米算符是自伴的。但理论却经常使用非有界的算符。常用的产生和湮灭算符、粒子数算符a^+、a、$N=a^+a$等都不是有界算符(见15.2节第3部分)。计算需要根据具体问题的具体情况适当放宽。或许是看到这类问题,Landau说:“我们不追求论证的严格性,因为这种追求在理论物理中往往是自欺欺人。”①

当然不仅限于解决这里的问题,量子理论中引入“可观察”物理量概念,将所有可能物理

① 朗道,栗弗席茨.量子力学(非相对论理论)[M].北京:高等教育出版社,1980,英文第一版序言.

量区分为“可观察”与“不可观察”两类。就这里情况而言，这是个巧妙的弥补问题的物理手段。

2. 为什么说“**一个力学量的实验可观测性等价于它相应算符本征函数族的完备性**”？

为什么两者在物理上是等价的？按测量公设，将某个体系任意态送入测量某个力学量的测量仪器时，便产生输入态按被测力学量算符的本征态分解，并由于体系和测量仪器的相互作用，而与测量仪器的可区分态纠缠。测量过程的这个第一阶段称为“分解纠缠”。

如果某力学量是可观测的，必定能经历测量过程的这第一阶段。这等于要求，对于任意物理态输入，都能用这个力学量算符的本征函数族将它们展开(与此同时和仪器相互作用而产生纠缠)。就是说，如果力学量是可观测的，其对应算符的本征函数族就必须是完备的。反之也如此。所以这两个不同领域的概念，其实物理上是彼此等价的。

问题的意义：由于力学量算符的完备性紧密关联于该力学量是否可以观测，**而能否观测问题是西方近代科学的基本要素之一**，因此在量子力学中经常考查力学量算符，特别是各种量子系统 Hamilton 量算符的本征态是否完备是必要的。因为这不仅涉及该系统的能量原则上是否可观测，而且涉及可否对给定态作展开——换句话说，能否承认该系统是物理的、展开手续是否合法的问题。

不过话又说回来，搞物理的人对数学虽然也重视和守规矩，但总只把它们当工具使用，和数学家把数学当“饭碗”相比，对数学的态度欠缺一点“虔诚”。何况物理直觉很容易让人相信，任何物理系统的能量都应当是可观测的，这使人们容易忽视许多系统 Hamilton 量算符本征态是否完备的问题——该系统是否有“资格”作为可观测物理系统的问题。其实，对许多假设的复杂 Lagrange 量，问题未必有明晰的物理答案，更不用说有数学答案了。

15.2 几个相关问题的分析

1. 量子态空间是扩大的 HS 问题

因物理的考虑和计算简化的需要，在量子状态空间中有意接纳了如平面波、球面波、各类散射态、Bloch 波和各种延展态等不属于平方可积的态函数。吸收这些态进入态空间，不但是物理上的需要，而且对简化描述极有帮助。但也因此对算符完备性的论证带来了极大的困难，出现一些数学上不够严密的问题。

对应办法有三：首先将这些态还原到取极限(成为现在这个样子)之前的波包形式，进行相关计算后再取极限化简。这里需要证明，极限后结果与所取波包形状无关。其次是先算着再说，反正结果还要经受实验检验。第三，面对无穷多种算符，疲于研究完备性数学问题。这是引入可观察物理量这种物理解决办法的原因之一。

2. 氢原子定态方程解的完备性问题

这个问题有两点需要强调：其一，氢原子定态方程是个二阶微分方程，应当找到两个真正独立的解，按微分方程求解手续认真求解 (见 13.2 节)。其二，现有氢原子定态解集合全体是否为完备的。就是说,它们全体集合能否展开任何物理的波函数。下面C-H定理回答了这个问题。

3. 无界算符及算符奇性问题处理的原则

这里先证明:**产生、湮灭算符和粒子数算符 a^+、a、$N=a^+a$ 都不是有界算符**。然后再谈解决此类问题的办法。

证明 按有界算符的定义,它们应当属于一类HS到HS的自身映射。然而,对于下面能够归一的,应当属于HS的态,

$$|f\rangle=\frac{1}{\sqrt{N}}\sum_{n=1}^{\infty}\frac{1}{n}|n\rangle\subset \mathrm{HS},\quad \sum_{n=1}^{\infty}\frac{1}{n^2}=\frac{\pi^2}{6}=N$$

被这三个算符作用之后,都不再能归一。就是说,这三个算符把一些本来属于HS的态映射出了HS。因此,按定义这三个算符都不是有界算符。若一定要限于使用有界算符,Fock-Space中这些常用算符就都被排除了,于是这个常用空间中的全部运算都得停止。

面对如此难堪的局面,通常采用下面两条原则办法来解决。

第一,引入"**半有界算符**"概念。

这些算符是这样一些非有界算符,它们虽然将上面这种类型的态作用出了态空间,但它们对Fock-Space的全部基矢$\{|n\rangle,n=0,1,2,\cdots\}$的作用还是正规的。

按此定义,前面产生、湮灭和粒子数算符 a^+、a、$N=a^+a$ 就都是半有界算符。除上面这类$|f\rangle$态之外,这些算符在运算中还是正规的、无奇性的。

第二,就具体问题而言,一般由于能量(或其他量子数的)限制,不会涉及全体态空间。这时,如果所用算符虽有奇性,或具有无界性,但只要它在问题所涉及的子空间中不出奇性就可以使用。随便举例,算符 $\Omega=1/(N-5)$,只要问题中涉及的粒子数态不会等于5,此奇性算符就可以使用。一般地说,按第19讲式(19.1),只要确保算符 Ω 应用在与其核空间 $\ker\Omega$ 正交的子空间里,计算就是无奇性的,也可以说是有逆算符的。这从算符的谱表示也很容易理解。

4. 人类探测系统的完备性问题

人们通常认为,凡是客观存在于自然界的事物,归根结底人类总是可以观测、可以认识的。但这只是一个信念,是建立在人类全部探测能力(包括将来构造的全部探测仪器所增加的探测能力)是完备的这一前提下的信念。其实,这个前提是无法求证的。因为,人们无法提供任何可靠证据可以证明:人类眼耳鼻舌身以及将来所有能够构造出的全部探测系统肯定构成了完备的探测系统。

至少,原则上不能排除人类全部认知能力有局限性的可能。这意味着,自然界中有可能客观存在着人类所无法感知和想象的东西。就像大海中海豚族类,它们不知道也无从想象(假如它们能有想象)陆地的大草原、珠穆朗玛峰和人类陆地文明一样。然而,一代代海豚们活得很"自在",甚至活得很"完备"——假如人类不去干扰它们的话。**因此,对人类来说,客观存在性、完备性和可观测性是否真正等价,归根结底是说不清楚的**。

但是,人们可以定义(!):原则上不能为人类感知的东西,人类"有权""认定"它们在自然界中不存在。于是,至少在近代科学范畴内,按人类看来,存在性、完备性、可观测性就是等价的了。

其实,人类真的不能盲目自信。如果这些未知的东西与人类已知的东西从来没有任何作用,那不理会它们存在的确是没什么问题。问题是这些东西可能以间接的、十分微弱的或是以人们难于知晓的方式与人类已知自然界存在交互作用。例如,当前流传着一种看法,根据推测,迄今为止人们只知道自然界总能量中的很小部分,实际自然界中还存在着更多的暗物质,甚至还有更大部分的暗能量。由于暗物质、暗能量和人们所有已知物质的作用很弱,迄今人类完全或几乎不能发现它们,所以称它们是"暗"的。当前这种局面对盲目相信完备性的人是一个提醒。

总括起来,按照附录 A 中所说,**全体近代科学有 5 个共同要素:因果性、逻辑自洽性、完备性、可观测性、可量度性。在上帝那里(在宇宙和自然界中),只存在原本的前三条。就是说,宇宙和自然是和谐、自洽、完备并服从因果律的,只是人类在制造那些"可道之道"的近代科学过程中,为了逻辑和描述的需要,人为添加了后面两条。**

15.3 力学量算符本征函数族完备性的几个定理[②]

本节叙述 4 个不同层次的算符本征函数族的完备性定理。

1. 有限维 L_2 空间中算符完备性讨论

[有限维完备性定理] [③]一个线性算符 A 如能满足某一有限最低阶代数方程

$$A^n + c_1 A^{n-1} + c_2 A^{n-2} + \cdots + c_n = 0 \tag{15.1}$$

这里 $\{c_1, c_2, \cdots, c_n\}$ 为常系数,则 A 的本征函数族必是完备的。这里最低阶的意思是已除去了重根。

讨论:①注意此处 A 不限于厄米矩阵,甚至可以是正规矩阵;②由此,投影、宇称、自旋等算符具有完备性;③对于有完备组的算符可得它的唯一谱表示为 $A = \sum_i |\alpha_i\rangle \alpha_i \langle \alpha_i|$。

2. 无限维 L_2 空间分立谱 H 完备性(Ⅰ)——Courant-Hilbert 定理

[Courant-Hilbert 定理] 如果一个分立谱厄密算符 H 有下限而无上限,则它的本征函数族 $\{|\psi_n(x)\rangle\}$ 就 L_2 态空间 $\mathcal{H}$ 而言是完备的。意即对此空间中任意可归一化物理态 $|A\rangle \in \mathscr{H}$ ($\langle A|A\rangle = 1$),下面展开式在均方逼近的意义上成立:

$$|A\rangle = \sum_{n=0}^{\infty} \alpha_n |\psi_n\rangle, \quad \alpha_m = \langle \psi_m | A\rangle, \quad \sum_{n=0}^{\infty} |\alpha_n|^2 = 1 \tag{15.2}$$

此定理很重要也很实用。证明及详细解释见文献④中变分方法。应用讨论见后文。

---

② 张永德. 高等量子力学[M]. 3 版. 北京:科学出版社,2015,附录 C.

③ DIRAC, P A M. 量子力学原理[M]. 北京:科学出版社,1965:31.

3. 无限维 L_2 空间混合谱 Hamilton 量完备性(Ⅱ)——Kato 定理

[**定义**] 动量表象中绝对平方可积以及乘 $\boldsymbol{p}^4$ 后仍绝对平方可积:

$$\int |F(\boldsymbol{p})|^2 \mathrm{d}\boldsymbol{p} < +\infty, \quad \int \boldsymbol{p}^4 |F(\boldsymbol{p})|^2 \mathrm{d}\boldsymbol{p} < +\infty \tag{15.3}$$

动量波函数 $F(\boldsymbol{p})$ 全部集合(以及对应坐标波函数集合)称为区域 D_T。注意前页脚注②文献附录B关于对称算符(数学的厄米算符)的定义。

[**Kato 定理(1951)**] **"设多体 Hamilton 量算符 $H=T+V$ 在 L_2 中为对称算符,并且其中势能算符 $V=V(\boldsymbol{r}_1,\boldsymbol{r}_2,\cdots,\boldsymbol{r}_s)$ 对所有下述类型的函数**

$$\varphi(\boldsymbol{r}) \equiv f(\boldsymbol{r}_1,\boldsymbol{r}_2,\cdots,\boldsymbol{r}_s)\exp\{-(1/2)(\boldsymbol{r}_1^2+\boldsymbol{r}_2^2+\cdots+\boldsymbol{r}_s^2)\} \tag{15.4}$$

作用后仍属于 L_2(即 $V\boldsymbol{\varphi}(\boldsymbol{r}) \in L_2$),则 H 在定义域 D_T 上是自伴的,本征函数族是完备的。也即,对任意可归一物理态 $|\boldsymbol{\Phi}\rangle$($\langle\boldsymbol{\Phi}|\boldsymbol{\Phi}\rangle=1$; $|\boldsymbol{\Phi}\rangle \in D_T$),在均方逼近意义下有如下展开式成立:

$$|\Phi\rangle = \sum_{n=0}^{\infty} c_n |\psi_n\rangle + \int c(\alpha)|\psi(\alpha)\rangle \mathrm{d}\alpha, \quad c_m = \langle\psi_m|\Phi\rangle, c(\alpha) = \langle\psi(\alpha)|\Phi\rangle \tag{15.5}$$

证明 见文献⑤,此处略。

Kato 定理讨论:

(1) 注意 Kato 定理也只适用于通常的 HS——平方可积函数空间 L_2,不适用于 QT 的扩大的 HS。但 Kato 定理不要求能谱上限一定为无穷;能谱可以分立或连续;势函数可以有一定限度的奇性。

(2) **Kato 定理最简单的应用是表明了氢原子全部分立谱束缚态是 L_2 空间的一个完备族,可用来展开任意平方可积物理波函数。**但在证明 H 是本质自伴(essentially self-adjoint)算符中用到它的闭包(closure)算符是自伴的。所以严格说,这个函数族若算完备族还应包括其分立谱的聚点 $E=0$ 处的解。不过目前此解在空间任何有限区域内数值均可忽略,因此包含此聚点解进来一般并无实际作用。

(3) 对一类普遍的多体势,只要存在两个非负常数 C、R,使得

$$\begin{aligned} &V(\boldsymbol{r}_1,\boldsymbol{r}_2,\cdots,\boldsymbol{r}_n) = V'(\boldsymbol{r}_1,\boldsymbol{r}_2,\cdots,\boldsymbol{r}_n) + \sum_{i=1}^{n} V_{0i}(\boldsymbol{r}_i) + \sum_{i<j}^{n} V_{ij}(\boldsymbol{r}_i - \boldsymbol{r}_j) \\ &|V'(\boldsymbol{r}_1,\boldsymbol{r}_2,\cdots,\boldsymbol{r}_n)| \leqslant C(V\text{ 中不可分离部分}) \\ &\int_{r\leqslant R} |V_{ij}(x,y,z)|^2 \mathrm{d}x\mathrm{d}y\mathrm{d}z \leqslant C^2 \\ &|V_{ij}(x,y,z)| \leqslant C, \quad r > R \end{aligned} \tag{15.6}$$

则 Kato 定理一定成立。容易看出,多电子库仑势情况是满足这些条件的⑥。于是多电子

④ 张永德.高等量子力学[M].3版.北京:科学出版社,2015,10.

⑤ KATO T. Fundamental Properties of Hamiltonian Operators of Schrödinger Type[J]. Transactions of the American Mathematical Society,1951,72(2):195-211; HORMANDER L. Linear Functional Analysis,lectures fall term 1988,University of Lund,Theorem3.2.12,p.94.

原子全体束缚态解对 L_2 空间也是完备的。甚至对势 $r^{-m}(m<3/2)$也如此。

4. 扩大的 L_2 空间混合谱 Hamilton 量完备性(Ⅲ)——Faddeev-Hepp **定理**

众所周知,一个算符的完备性不仅和算符本身构造有关,还密切依赖于它作用对象的范围——定义域。对于通常 HS 的 L_2 函数类,最保守的是紧致(完全连续)的自伴算符,它们的本征函数族是完备的,谱是闭集合的纯点谱⑦。上面第 2、4 这两条都只适用于 H 的定义域为 L_2 的。但是,一方面,QT 实际使用的多数 Hamilton 量并非紧致自伴算符,实际上使用的算符在拓宽;另一方面,QT 中由于物理描述需要而扩大了 HS,加进了大量非平方可积函数。态空间的扩大,也即算符 H 定义域扩大,必将包含各种非正规态矢⑧。比如对 e-p 系统,负能区只包含可归一的束缚态,若计及正能区,扩大的态空间将包括不可归一的各种非局域态。使用算符和定义域两个方面的扩大,不但要求完备性概念需要扩充,更是给本就困难的算符完备性证明带来难以逾越的困难。此时问题在数学上不可能获得比较普遍的解决,目前甚至未能得到针对常见具体问题的 H 的充要条件。

由无穷远处粒子能量分析可知,H 分立谱束缚态和连续谱散射态的分界点为 $E=0$⑨。由 Kato 定理可知,在一定条件下能够将负能束缚态完备性问题排除,只需研究对全体入(出)射的渐近自由态而言,全体散射态是否完备的问题。

[多道散射渐近自由态定义] n 个粒子系统在多道散射中渐近入(出)态定义为:当 $t\to\mp\infty$时,全相互作用系统 H 正能量实际态$|\psi\rangle$所渐近趋近的自由态为

$$\begin{cases} e^{-iHt/\hbar}\ |\psi\rangle \xrightarrow{t\to-\infty} e^{-iH^0t/\hbar}\ |\psi_{in}^0\rangle + e^{-iH^1t/\hbar}\ |\psi_{in}^1\rangle + \cdots + e^{-iH^nt/\hbar}\ |\psi_{in}^n\rangle \\ e^{-iHt/\hbar}\ |\psi\rangle \xrightarrow{t\to+\infty} e^{-iH^0t/\hbar}\ |\psi_{out}^0\rangle + e^{-iH^1t/\hbar}\ |\psi_{out}^1\rangle + \cdots + e^{-iH^nt/\hbar}\ |\psi_{out}^n\rangle \end{cases} \tag{15.7}$$

算符 $H^\alpha(H^\beta)$为 α 入(β 出)射道的道 Hamilton 量,$|\psi_{in}^\alpha\rangle(|\psi_{out}^\beta\rangle)$分别为 α 入(β 出)射道的渐近自由态。

[多道散射态空间定义] 由(向)第 $\alpha(\beta)$入(出)射道全体渐近自由态演化而来(去)的全相互作用系统的状态空间称为 $R_+^\alpha(R_-^\beta)$,全体子空间 $R_+^\alpha(R_-^\beta)$的直和空间 $R_+=R_+^0\oplus\cdots\oplus R_+^n(R_-=R_-^0\oplus\cdots\oplus R_-^n)$称为由(向)入(出)射态演化而来(去)的散射态空间。注意单个入射道和出射道之间并不一一对应(甚至 R_+ 和 R_- 也不一定相等)。系统 H 的全体束缚态空间则记为 B。

[渐近完备性定义] 如果全相互作用系统 H 的散射态空间 R_- 等于散射态空间 R_-(这时定义它们为同一个散射态空间),并且 R 包容了系统 H 的所有垂直于空间 B 的态,也

---

⑥ REED M and SIMON B. Methods of Modern Mathematical Physics[M]. Singapore: Elsevier, Vol. I: Functional Analysis P. 304; Vol. II: Fourier Analysis, Self-Adjointness P. 167.

⑦ 斯米尔诺夫 B И. 高等数学教程[M]. 北京:人民教育出版社,1979:442,461.

⑧ DIRAC P A. 量子力学原理[M]. 北京:科学出版社,1965:38,47.

⑨ 朗道,栗弗席茨. 量子力学(非相对论理论)[M]. 北京:高等教育出版社,1980:18.

即,$R\oplus B$ 能撑开系统 H 的全部态空间,写出来就是

$$\begin{cases} R = R_+^0 \oplus \cdots \oplus R_+^n = R_-^0 \oplus \cdots \oplus R_-^n \\ H = B \oplus R \end{cases} \tag{15.8}$$

就称这个散射理论是渐近完备的。

[Faddeev-Hepp 定理(1965—1969)] 如果系统 Hamilton 量 $H=T+V$ 中,球对称的势函数满足

(1) $r\to\infty$:$V(r)=O(r^{-3-\varepsilon})$

(2) $r\to 0$:$V(r)=O(r^{-3/2+\varepsilon})$,$\varepsilon>0$

(3) $0<r<\infty$:$V(r)$除有限个有限阶跃间断点外,连续,则可证明这个多道散射理论是渐近完备的。

证明 见文献⑩,或引证文献⑪。

Faddeev-Hepp **定理讨论**:

(1) 注意定理条件是充分的。其中第一条保证势在无穷限处可积;第二条保证势在奇点附近平方可积,它和式(15.6)中 V_{ij} 的类似。显然,库仑势满足此条件。因此 e-p 系统全体散射态组成扩大 HS 的一组渐近完备基。不过,即便简单如库仑势,散射态严格波函数表达式也较复杂,不便用作基矢。所以此处 e-p 系统全体散射态渐近完备性的结论只有纯理论意义。

(2) 对于解形式比较简明的各种一、二、三维有限无限深势阱散射问题,它们既有阱中粒子束缚态分立谱,也有能量高于阱深的入射粒子散射态连续谱,此时 C-H 定理、Kato 定理和 Faddeev-Hepp 定理相结合有着明显的实用价值。但要注意两点:其一,后者和前两者的完备性含义是有差异的,后者有散射态并都对应于各类渐近自由态的问题;第二,对有限深势阱情况,注意其 H 未必对所有物理波函数满足对称算符条件,不能对这些束缚态单独使用 Kato 定理,认为这些有限数目束缚态是完备的。但只要势阱函数满足 Faddeev-Hepp 定理条件,就可以对这些束缚态加上全部散射态使用 Faddeev-Hepp 定理。

15.4 C-H 定理的应用

1. 应用之一——中心场径向波函数的完备性问题

(1) 下限问题。**C-H 定理解决了一类分立谱 Hamilton 量本征函数族的完备性问题。**当然,这个完备性只相对于可归一化态空间而言。量子系统总是要有基态的(否则由于扰

⑩ IKEBE T, RATION A. Mech. Anal., 1960. 5: 1; FADDEEV L D. Mathematical Aspects of the Three-Body Problem in Quantum Scattering Theory[M]. Israel Program for Scientific Translations, Jerusalem, 1965.

⑪ TAYLOR J R. Scattering Theory: The Quantum Theory on Nonrelativistic Collisions[M]. John Wiley & Sons, 1972: 33.

动、特别是真空涨落的自发扰动，将会不断向下跃迁，系统不稳定，最终会塌缩掉)，**一般不必担心下限问题。只要能谱分立且无上限，就可以引用这个定理。**

(2) **C-H 定理的直接应用**。C-H 定理表明了量子谐振子全体解集合是完备的(对 $x=(-\infty,+\infty)$ 上全体 L_2 函数)；另外，轨道角动量全体解集合也是完备集合(在单位球面上，即球谐函数展开)；无限深方阱中波函数全体也是完备的——能够展开只定义在阱内、两端点及阱外为零、在阱内可微的任意 L_2 函数；等等。

(3) **一维 C-H 定理**。李政道在为类似定理讨论举例时，对一维情况要求 $V(x)$ 有下限[12]。但实际上，只要应用此处的 C-H 定理，该条件可放宽为：**函数 $V(x)$ 虽无下界但它的平均值有下界**。即，存在如下推理[13]：

[一维 C-H 定理] 设一维 Hamilton 量 $H=p^2/2m+V(x)$ 中，$V(x)$ 在任意态中平均值有下界，即对任意单值、连续、可微(除有限个孤立点外)的平方可积函数 $\psi(x)$ 存在一个不依赖于 $\psi(x)$ 的常数 C，使得

$$\langle V\rangle=\int\psi^*(x)V(x)\psi(x)\mathrm{d}x\geqslant C \tag{15.9}$$

则此 Hamilton 量的本征函数族是完备的。

证明 只需证明此系统的 Hamilton 量 H 有下界、无上界，然后应用前面 Courant-Hilbert 定理即可。事实上，H 有下界。因为按定理条件，有

$$\langle H\rangle=\langle T\rangle+\langle V\rangle\geqslant\langle V\rangle\geqslant C$$

此式对任意态均成立。同时，H 是无上界的。因为，如果取 $\psi(x)=\exp(-x^2/\lambda^2)$，显然它满足定理中所设的条件，并且

$$\langle T\rangle=\frac{\int_{-\infty}^{+\infty}\mathrm{e}^{-x^2/\lambda^2}\left(-\frac{\hbar^2}{2m}\frac{\mathrm{d}^2}{\mathrm{d}x^2}\right)\mathrm{e}^{-x^2/\lambda^2}\mathrm{d}x}{\int_{-\infty}^{+\infty}\mathrm{e}^{-2x^2/\lambda^2}\mathrm{d}x}=\frac{\hbar^2}{2m\lambda^2}$$

由于 $\langle T\rangle\xrightarrow{\lambda\to0}+\infty$，不论 $\langle V\rangle$ 有无上界，$\langle H\rangle$ 均无上界。 证毕。

这个放宽显然重要，因为这就概括了常用的 Coulomb 势情况。

(4) **中心场径向波函数的完备性问题**

一维 C-H 定理有一个平庸的特例就是 $V(x)$ 有下限 $V_{\min}$[14]。这显然能导致 H 有下界无上界的结论。但是，更重要的是研究 Coulomb 势和其他奇性中心势情况。中心场 $rR(r)=\chi(r)$ 的径向方程就像是在原先 $V(r)$ 上添加了正的 r^{-2} 离心势的一维定态 Schrödinger 方程。此时 $r=0$ 处势有奇点，需要另行考虑，现在用一维 C-H 定理就很方便。注意，中心场

---

⑫ 李政道. 粒子物理与场论[M]. 济南. 山东科学技术出版社，1996：10.

⑬ 张永德. 量子力学[M]. 4 版. 北京：科学出版社，2016，第 3 章，定理 1.

⑭ 这就是李政道在《场论与粒子物理学》(上册，P. 13 例 1)中的论断。现在它是此定理的一个特例。

下任意径向波函数在原点处必须满足自然边条件 $\chi(r)\xrightarrow{r\to 0}0$[15]。**于是,只要求 $V(r)$ 加上离心势,再结合这个自然边条件规定的波函数在零点处性质,综合之后能够保证积分数值有下限,**

$$\int\left(V(r)+\frac{l(l+1)\hbar^2}{2\mu r^2}\right)|\chi(r)|^2\mathrm{d}r > C \tag{15.10}$$

则此中心场问题全部解集合的完备性就能保证。

举例说明,将此处分析用于负一次幂的 Coulomb 势。由于存在自然边条件 $\chi(r)=rR(r)\xrightarrow{r\to 0}0$,不论吸引 Coulomb 势的电荷多强,积分在下限处都会收敛。**于是,不存在 Coulomb 塌缩,库仑势波函数族(一般还应当包括正能区的散射态)是完备的。**

再举一个例子,一维 C-H 定理应用的最简单例子是自由运动 $V(r)=0$。这时 $\chi(r)\xrightarrow{r\to 0}cr^{l+1}$,即使对 $l=0$ 的 S 波,积分值也有下限。集合 $\{\psi_{Elm}(r,\theta,\varphi)=N_{El}j_l(kr)Y_{lm}(\theta,\varphi),\ \forall Elm\}$ 所代表的自由粒子球面波解是完备的。当然,此结论是众所周知的。

2. 应用之二——中心场径向波函数塌缩问题

当中心吸引势的奇性强烈到一定程度,可能发生波函数几乎全部集中于中心原点,粒子最终落入力心,形不成定态。这就是中心场塌缩——**中心场波函数的 Landau 坠落问题**[16]。下面根据一维 C-H 定理以很简明的方式导出 **Landau 的不塌缩条件**。

前节说过,按照一维 C-H 定理,只要中心场 $V(r)$ 和由它所决定的 $\chi(r)$ 能够保证式(15.10)的积分值有下限,则这些类型的中心场解的集合就是完备的。

但需要进一步强调指出,**与解集合具有完备性的同时,也就不会发生定态解塌缩、物理波函数不能被展开的奇性现象!** 作为这个观点的说明,下面研究什么样的中心场不满足这个完备性条件,从而出现塌缩并给出 Landau 坠落条件。显然,正数值离心势只会有利于下限的存在,可以不必理会它(但注意,即便 $l=0$ 时离心势不存在,仍有中心场原点自然边条件的要求:$\chi(r)=rR(r)\xrightarrow{r\to 0}0$)。

显然,径向解 $rR(r)=\chi(r)$ 的具体形状依赖于势 $V(r)$ 的形状。从式(15.10)的积分看出,只当 $V(r)$ 是负二次幂的吸引势 $V(r)=-\beta/r^2$,并且 β 足够大,在小 r 值处超过离心势的影响,才会产生塌缩。由 $V(r)=-\beta/r^2$ 和离心势共同决定的中心场径向 $\chi(r)$ 方程为

$$\chi''+\left\{\frac{2\mu E}{\hbar^2}+\left(\frac{2\mu\beta}{\hbar^2}-l(l+1)\right)\frac{1}{r^2}\right\}\chi=0$$

由此微分方程的指标方程($\delta(\delta-1)+p_{-1}\delta+q_{-2}=0$)[17]求出 δ,即

---

⑮ 张永德. 量子力学[M]. 4版. 北京: 科学出版社, 2016, 第4章, 中心场束缚态问题.

⑯ 朗道, 栗弗席茨. 量子力学(非相对论理论)[M]. 严肃译, 喀兴林校. §35, P. 140-143.

⑰ 在二阶线性微分方程的正则奇点处,可用广义幂级数展开求解。这时用到指标方程。参见脚注⑬,第4章。

$$\delta^2-\delta+\left(\frac{2\mu\beta}{\hbar^2}-l(l+1)\right)=0 \quad\Rightarrow\quad \delta=\frac{1}{2}\left\{1\pm\sqrt{(2l+1)^2-\frac{8\mu\beta}{\hbar^2}}\right\}$$

δ 决定零点附近 $\chi(r)$ 的行为(见脚注⑬第 4 章),即有 $\chi(r)\xrightarrow{r\to 0}Ar^{\delta}$。于是,式(15.10)积分号下被积函数在积分下限处的行为是

$$|A|^2\left(\frac{-\beta}{r^2}+\frac{l(l+1)\hbar^2}{2\mu r^2}\right)|r^{\delta}|^2=|A|^2\frac{\hbar^2}{2\mu}\left[l(l+1)-\frac{2\mu}{\hbar^2}\beta\right]r^{2\mathrm{Re}\delta-2}$$

由此可知,要想积分(15.10)在下限 $r=0$ 处收敛,在此邻域被积函数的幂次应当大于 -1,即有 $2\mathrm{Re}\delta>1$。代入 δ 表达式就得到不塌缩条件:

$$(2l+1)^2-\frac{8\mu\beta}{\hbar^2}>0 \quad\Rightarrow\quad \beta<\frac{\hbar^2}{8\mu}(2l+1)^2 \tag{15.11}$$

由 $l=0$ 可得临界场条件——粒子开始落入力心的场强。式(15.11)就是 Landau 给出的中心场波函数塌缩条件。注意,不塌缩条件($2\mathrm{Re}\delta>1$)比中心场原点自然边条件($\delta>0$,即 $\mathrm{Re}\,\delta>0$)更为苛刻。

15.5 小结:可观测性、完备性、波函数塌缩的关联分析

量子系统能量的可观测性、Hamilton 量算符本征函数族的完备性、波函数塌缩三个论题看似彼此无关,其实联系紧密。简要说来就是,从物理上看,可观测性和完备性彼此等价;不发生波函数塌缩是保证前两者的必要条件。于是,对中心场这一类特殊情况,波函数的塌缩条件就可以直接从完备性条件导出。正像上面做的那样。

无视塌缩条件去进一步讨论奇性中心势(比如,大 β 值的负二次幂、负三次幂等)⑱,(除了在 $r\to\infty$ 渐进区的研究另当别论之外)按附录 B 叙述可知,这违背了近代科学的基本要素——完备性与可观测性。因为,不能提供完备基的奇性势是不可观测的。并且,相关的讨论还肯定违背中心场的自然边条件,导致 QM 理论不能自洽⑲,于是又违背近代科学的另一基本要素——逻辑自洽性。至少,对明显如此的过于奇性的势可以这样判断并直接予以排除。

即便设想能够排除 Descartes 坐标和连续统观念等人造的可道之道的干扰,对过于奇性的势,由于它们违背完备性、可观测性、自洽性,依据第 30 讲"自然无奇性公设",归根结底在自然界中并不存在——上帝不容许它们存在,并不是人们由于无法观测处理而认定其不存在——人类定义它们不存在。注意,这里所讲的奇性是指自然界规律性的事物,并非第 13 讲中强调的纯由人造事物产生的奇性。

---

⑱ 例如,这些讨论可见于脚注⑯文献,P. 142-143。

⑲ 脚注⑬文献,第 4 章,中心场自然边条件讨论。也见本书 3.3 节。

第16讲

宏观量子现象与传统对应原理[①]改进

——量子多体效应考量

※　※　※

16.1　序　言

宇宙本质是量子的。而且显然，人们所处的宏观世界是建立在微观世界基础上的。因此，不言而喻，人们应当能够找到正确而普适的方式，以包容的方式从微观世界动力学过渡到宏观世界动力学。然而，就是这样一个总体观念十分清晰的问题，物理学历史演变表明还走了不少弯路，并部分地沿袭到现在。从下面简单叙述中可以得到方法论的借鉴。

16.2　宏观量子现象对传统对应原理的否定——量子多体效应分析(Ⅰ)

1. 传统对应原理的提法

提法上，传统对应原理只是一个大体的概念范围。各人意思虽然都是在说"宏观世界是建立在微观世界基础上"，但由于各人持有角度及针对场合不同，在过渡标准和侧重上有同

① 此问题涉及量子力学与经典力学的过渡，详见：张永德. 高等量子力学[M]. 3版. 北京：科学出版社，2015，附录A.

有异，对原理提法也有所不同，并无明确统一的提法。下面只列出最早的几位 QM 奠基人的叙述。

首先，Bohr 表述[②]：大量子数极限下，量子力学体系行为渐近趋同于经典力学体系行为。比如，谐振子、重力场中粒子，当 $n\to\infty$ 并抹平震荡细节，概率描述便过渡向对应的宏观体系。

其次，Ehrenfest 表述[③]：从 Schrödinger 方程出发，微观粒子在平均意义上遵从 Newton 第二定律(这只限于力场满足 $\langle \boldsymbol{F}(\boldsymbol{r}t)\rangle = \boldsymbol{F}(\langle\langle(\boldsymbol{r}t)\rangle\rangle)$ 条件。

再次，Planck-Landau 表述[④]：$\hbar\to 0$ 时[⑤]，波函数振幅和位相只计及 $\hbar$ 一次方项，略去 $\hbar^2$ 项，它们均服从经典力学规律。Schrödinger 方程将过渡到经典 Hamilton-Jacobi 方程，量子力学将返回经典力学。其推导不长，抄录如下，以便于分析。

证明 量子效应总离不开 Planck 常数 $\hbar$，当一个物理过程中 $\hbar$ 的量级可以忽略时，过程中的量子效应便可以忽略。于是，对于接近经典的量子系统，如果令(a 和 S 均为实函数)

$$\psi(\boldsymbol{r},t) = a(\boldsymbol{r},t)\exp\left\{\mathrm{i}\,\frac{S(\boldsymbol{r},t)}{\hbar}\right\} \tag{16.1}$$

可以预计，当 $\hbar\to 0$ 时 S 将服从 Newton 力学规律而成为经典粒子的作用量。为表明这点，将此表达式代入 Schrödinger 方程，得

$$a\frac{\partial S}{\partial t} - \mathrm{i}\,\hbar\frac{\partial a}{\partial t} + \frac{a}{2m}(\nabla S)^2 - \frac{\mathrm{i}\,\hbar}{2m}a\Delta S - \frac{\mathrm{i}\,\hbar}{m}\nabla S\cdot\nabla a - \frac{\hbar^2}{2m}\Delta a + Va = 0$$

分开实项和虚项，可得两个方程

$$\begin{cases}\dfrac{\partial S}{\partial t} + \dfrac{1}{2m}(\nabla S)^2 + V - \dfrac{\hbar^2}{2ma}\Delta a = 0\\[2mm] \dfrac{\partial a}{\partial t} + \dfrac{a}{2m}\Delta S + \dfrac{1}{m}\nabla S\cdot\nabla a = 0\end{cases}$$

从第一个方程中略去 $\hbar^2$ 项，并将第二个方程乘以 $2a$，得

$$\begin{cases}\dfrac{\partial S}{\partial t} + \dfrac{1}{2m}(\nabla S)^2 + V = 0\\[2mm] \dfrac{\partial(a^2)}{\partial t} + \mathrm{div}\left(a^2\,\dfrac{\nabla S}{m}\right) = 0\end{cases} \tag{16.2}$$

这里，第一个方程就是单粒子作用量 S 的经典 Hamilton-Jacobi 方程[⑥]。由于 ∇S = 粒子动量 $\boldsymbol{p}$，因此 $a^2\,\dfrac{\nabla S}{m}$ 便是粒子的流密度。于是第二个方程可以看成连续性方程。如果不把 a^2

---

② N. Bohr Collected Works[C]. 论文集. Vol. 3, ed. by J. Nielsen, Amsterdam: North-Holland Publishing Lompany, 1976.

③ Ehrenfest 定理见：张永德. 量子力学[M]. 4 版. 北京：科学出版社，2016，2 章.

④ 朗道，栗弗席茨. 量子力学(非相对论理论)[M]. 严肃，译，喀兴林，校. 北京：高等教育出版社，1980：36. 也见：GOTTFRIED K. Quantum Mechanics, Vol. 1, P. 70 (1965)。

⑤ 含义解释及推导见脚注①。

⑥ 例如参见：吴大猷. 古典动力学[M]. 北京：科学出版社，1983：251. Hamilton-Jacobi 方程为

$$H\left(x_i,\frac{\partial S}{\partial x_i}\right) + \frac{\partial S}{\partial t} = 0$$

这里 $\dfrac{\partial S}{\partial x_i} = p_i$。

看成粒子的概率密度,而就当作粒子密度,则此方程完全是个经典力学方程。说明当$\hbar \to 0$时,若在波函数的振幅和位相中只计及到$\hbar$的一次方项,它们均服从经典力学规律。

显然,这个推导过程简单、思路严谨、结果清晰。简单来说,如果认为 Schrödinger 方程中$\hbar \to 0$,略去$\hbar^2$项便得到经典力学的规律。

2. 宏观量子现象对传统对应原理提法的否定

然而事实是,物理学发展史并没有完全遵从上面这些论证。自量子力学建立迄今,出现了许多宏观量子现象! 诸如,Josephson 结与量子干涉器件、超导电性、超流动性、Bose-Einstein 凝聚、整数和分数量子 Hall 效应、Nano 结构,以及天体上的中子星、白矮星,等等。虽然可以认为它们都属于$\hbar \to 0$的大量子数、大粒子数、宏观尺寸场合,但它们的行为却并未遵守对应原理过渡到经典体系,而表现出异于经典体系的"**宏观量子效应**",甚至构成"**宏观量子力学**"[⑦]。

面对上述大量宏观量子现象的事实,人们不难接受:**实际上,对应原理上述传统提法并不普遍成立**。但是,暂且不论定性的 Bohr 思想以及局限性明显的 Ehrenfest 定理证明,人们会有疑惑:Planck、Landau 的推导论证怎么会有时不成立的?

3. **论证失效的原因**

问题不出在数学推导上,而是在物理论述中存在不足和错误:既忽视了自旋效应,又忽视了量子多体效应。

其一,推导论证中显然没有考虑电子自旋和自旋耦合造成的量子纠缠和空间关联效应。现在知道,这会酿造出大量宏观量子效应。但鉴于历史原因,对此不应苛求。

其二,即便不论电子自旋,重要错误还在于,**他们将过渡标准简单地取作$\hbar \to 0$,与此同时,推导只限于单粒子 Schrödinger 方程范围!** 就是说,**两人计算的主要局限性在于只研究单体 Schrödinger 方程过渡,没有考虑多体量子效应,于是出现本质上是量子多体效应的宏观量子现象。**

下面只选择两个主要问题稍作分析:**①未能考虑超低温$T \to 0$下粒子波动性增强所导致的多体量子效应;②未能考虑超高密度导致的多体量子效应**。这两点既是两人推导论证失效的原因,也是出现他们未曾预料的宏观量子现象的原因。

16.3 超冷全同雾状原子 Bose-Einstein 凝聚 ——量子多体效应分析(Ⅱ)

1. Bose-Einstein 凝聚相变简单定性分析

简单提及一下超冷全同雾状碱金属原子的 Bose-Einstein 凝聚。

---

⑦ LEGGETT A J. Quantum Mechanics at Macroscopic Level[A]. Elsevier Science Publisher B. V. ,1987.

电子 de Broglie 波长λ_{de}与电子动量成反比，超低温下电子λ_{de}将增大到等于甚至大于电子间的平均距离 l。这时，碱金属不同原子价电子的 de Broglie 波相互交叠，出现空间相干性，从而产生 Bose-Einstein 凝聚的宏观量子行为。

具体些说[⑧]，对于相互作用很强但力程很短的稀薄超冷气体，因为散射长度远大于粒子间距，再远大于原子间相互作用力程，构成弱相互作用气体。超冷全同雾状碱金属原子的 Bose-Einstein 凝聚现象就是这时出现的、与相互作用势的细节无关、只与原子 de Broglie 波波动性有关、带有一定普适形式的相变，使超低温气体从近独立自由分散状态转向凝聚状态。

注意 Fermi 气体有几个特征长度：Fermi 波数 k_F、低能散射长度 a、气体中自由程 l、热 de Broglie 波波长 $\lambda_T=\sqrt{\dfrac{2\pi\hbar^2}{mkT}}$（推导见下文）、粒子间相互作用力程 L。考虑到低温下气体相变是由于出现空间相干性，于是相变将和这几个特征长度有关。比如，全同 Fermion 气体的静态参数 Fermi 波数 $k_F\propto\rho^{1/3}\sim l^{-1}$（$k_F$ 与密度的关系见后面脚注⑪），以及动态参数 λ_T^{-1}，再注意到，由低能散射时 Ramsauer 效应，散射过程完全由单一参数，即散射长度 a 所表征。于是，对于相互作用很强但力程很短的稀薄超冷气体，当 $k_F a\geqslant 1$ 时，即散射长度大于粒子间的间距 l，并依次大于原子间相互作用力程 L，

$$a\gg l\gg L \tag{16.3}$$

它们构成超冷全同雾状碱金属原子 Bose-Einstein 凝聚现象的物理基础。这时将会出现与相互作用势细节无关、只与原子 de Broglie 波波动性有关、具有一定普适性的相变。实验和理论都表明，这种气体是足够稳定的[⑨]。

［定义］ 转变温度（又称凝聚温度）T_C 为开始出现 Bose-Einstein 凝聚体的最高温度。

2. 凝聚温度 T_C 估算之一[⑩]

按照基本物理量的量纲分析方法，对 T_C 量级估计如下。对于自由粒子的均匀气体，相关物理量只有三个基本量：粒子质量 m，粒子数密度 ρ 和 Planck 常数 $h=2\pi\hbar$。由 m、ρ、$\hbar$ 构造出能量的唯一方式是$\hbar^2\rho^{2/3}/m$。于是，除以 Boltzmann 常数 k，就得到凝聚温度的量级为

$$T_C=C\frac{\hbar^2\rho^{2/3}}{mk} \tag{16.4}$$

---

⑧ TIMMERMANS E, et al. Feshbach resonances in atomic Bose-Einstein condensates[J]. Physics Reports, 1999 (315): 199-230. BLUCH I, et al. Many-body physics with ultracold gases[J]. Rev. Mod. Phys., 2008(80) 885-964. DUINWE R A, et al. Atom—molecule coherence in Bose Gases[J]. Physics Reports, 2004(396) 115-195. GIORGIN S, et al. Theory of ultracold atomic Fermi gases[J]. Rev. Mod. Phys., 2008(80) 1215-1274.

⑨ 但是，在临界温度以下，超流性是显示在结成 Cooper 对的 BCS 区域里，还是显示在整体 BEC 的区域里呢？对于 BCS-BEC 转型的多体问题研究，目前还没有精确的解析理论。常用方法是标准的平均场近似。参见脚注①的文献④ P. 1227-1228。

⑩ PETHICK C J, et al. B-E Condensation in Dilute Gases[M]. Cambrige: Cambrige Univ. Press, 2002: 4.

C 为常系数,近似为3.3(脚注⑩文献,P.22)。例如,对于适当密度的饱和蒸气压下的液^{4}He,由此公式估出的转变温度为3.13K。

3. 凝聚温度 T_C 估算之二

(1) **热 de Broglie 波波长 λ_T 与 T_C 计算**。设体积 V 中含 N 个全同粒子,$E=p^2/2m$,有

$$\mathrm{d}N=\frac{\mathrm{d}V\mathrm{d}^3p}{h^3}\Rightarrow\frac{\mathrm{d}N}{\mathrm{d}V}=\frac{\mathrm{d}^3p}{h^3}=\frac{4\pi p^2\mathrm{d}p}{h^3}=\frac{2\pi(2m)^{3/2}\sqrt{E}\mathrm{d}E}{h^3},\quad p\mathrm{d}p=m\mathrm{d}E$$

代入 Bose-Einstein 分布并作积分,得到下面等式(μ 为化学势):

$$N_{\mathrm{ex}}=\int_0^\infty\frac{\mathrm{d}N}{\mathrm{e}^{(E-\mu)/kT}-1}=\frac{V}{h^3}\left[2\pi(2m)^{3/2}\right]\int_0^\infty\frac{\sqrt{E}\mathrm{d}E}{\mathrm{e}^{(E-\mu)/kT}-1}\tag{16.5}$$

这里已将能量零点取为单粒子最低能级,所以积分只计入处于激发态的原子数。也即,有凝聚时下限处排除了处于基态的原子数 $N_{\mathrm{ex}}=N-N_0$。如果在某个温度 T 下,全部粒子都不参与B-E凝聚,处于基态的原子数为零。注意化学势 μ 为负值函数(若取正值,则对一些低能级,其概率份额会是负值)。当 $T>T_C$ 未出现凝聚时,$\mu(T)$ 随温度的变化须始终保证积分值等于原子总数 N。

寻找 T_C 和 ρ 的关联。对于已出现凝聚体的极低温度,处于激发态的原子数 N_{ex} 与温度 T 有关。当 T 下降至转变温度 $T\to T_C$ 时,$\mu(T)\to\mu(T_C)$ 由负值趋于零⑪。引入无量纲变数 $E/kT_C=x$,用粒子总数 N 等式,

$$\frac{V}{h^3}\left[2\pi(2mkT_C)^{3/2}\right]\int_0^\infty\frac{\sqrt{x}\,\mathrm{d}x}{\mathrm{e}^x-1}=N\tag{16.6}$$

此处积分是下面一般积分公式的特例:

$$\int_0^\infty\mathrm{d}x\frac{x^{\alpha-1}}{\mathrm{e}^x-1}=\Gamma(\alpha)\zeta(\alpha),\quad\zeta(\alpha)=\sum_{n=1}^\infty n^{-\alpha}\text{——Riemann's Zeta Function}$$

利用 $\int_0^\infty\frac{\sqrt{x}\,\mathrm{d}x}{\mathrm{e}^x-1}=2.612\frac{\sqrt{\pi}}{2}$,得到在凝聚温度 T_C 处,T_C 和 ρ 的关系:

$$\rho=\frac{N}{V}=2.612\frac{(2\pi mkT_C)^{3/2}}{h^3}=2.612\left(\frac{mkT_C}{2\pi\hbar^2}\right)^{3/2}\equiv\frac{2.612}{\lambda(T_C)^3}\tag{16.7}$$

对低于 T_C 的附近温度 T,可以按照此处表示引入热 de Broglie 波长 $\lambda_T=\sqrt{\frac{2\pi\hbar^2}{mkT}}$,于是有

---

⑪ 对全同 Fermion 体系,"$T=0$ 时化学势 μ 等于 Fermi 能"。这导致,对理想 Fermion 气体(设每个态上只许占据一个粒子;若为电子,因为容许两个态,下面括号内系数应为 $3\pi^2$):

$$k_{\mathrm{F,free}}=(6\pi^2\rho_\sigma)^{\frac{1}{3}},\quad E_{\mathrm{F,free}}=\frac{\hbar^2k_{\mathrm{F,free}}^2}{2m}=\frac{\hbar^2}{2m}(6\pi^2\rho_\sigma)^{\frac{2}{3}}=k_BT_{\mathrm{F,free}}$$

对于三维谐振子势阱中全同 Fermion 气体,"$T=0$ 时化学势 μ 等于 Fermi 能"导致:

$$N_\sigma=\int_0^\infty\frac{[E^2/2(\hbar\omega_{\mathrm{geo}})^3]\mathrm{d}E}{\exp[\beta(E-\mu)]+1}\to E(0)=\int_0^\infty\frac{E[E^2/2(\hbar\omega_{\mathrm{geo}})^3]\mathrm{d}E}{\exp(\beta E)+1}=\frac{3}{4}E_{\mathrm{F,ha}}N_\sigma$$

$$E_{\mathrm{F,ha}}=k_BT_{\mathrm{F,ha}}=(6N_\sigma)^{\frac{1}{3}}\hbar\omega_{\mathrm{geo}},\quad\omega_{\mathrm{geo}}=(\omega_x\omega_y\omega_z)^{1/3}$$

$$\rho(T)\lambda_T^3 = 2.612, \quad \lambda_T = \sqrt{\frac{2\pi\hbar^2}{mkT}} \tag{16.8}$$

由此得知：**理想气体中，只当温度如此之低，以致热 de Broglie 波长$\boldsymbol{\lambda_T}$不小于粒子间平均间距$\boldsymbol{\rho^{-1/3}\approx l}$，即$\boldsymbol{\lambda_T > l}$时，才会发生 Bose-Einstein 凝聚。这是一个将转变温度$\boldsymbol{T_C}$和粒子密度$\boldsymbol{\rho}$关联起来的简明概念。**

对碱金属原子，对应以前 $10^{13}/\mathrm{cm}^3$ 到最近 $(10^{14}-10^{15})/\mathrm{cm}^3$ 的密度，转变温度从 100nK 到 μK 量级。对于氢原子，因质量较轻，转变温度较高。显然，高温下 λ_T 很小，气体的行为是经典的。

(2) 凝聚体份额。利用上面 Zeta 函数表达式，激发态粒子数和总数分别为($T\leqslant T_C$)

$$N_{\mathrm{ex}} = C_\alpha\int_0^\infty \mathrm{d}E\,\frac{E^{\alpha-1}}{\mathrm{e}^{E/kT}-1} = C_\alpha\Gamma(\alpha)\zeta(\alpha)(kT)^\alpha, \quad N = C_\alpha\Gamma(\alpha)\zeta(\alpha)(kT_C)^\alpha$$

由此可得

$$N_{\mathrm{ex}} = N(T/T_C)^\alpha, \quad \rho_{\mathrm{ex}} = \frac{2.612}{\lambda(T_C)^3} \tag{16.9}$$

于是，处于基态而形成凝聚体的原子份额为(T_C 与 α 有关)

$$N_0 = N[1-(T/T_C)^\alpha] \tag{16.10}$$

对于三维箱归一的粒子，$\alpha=3/2$；对于三维谐振子势中的粒子，$\alpha=3$。当然，此时 T_C 表达式用相应的 α 值[12]。

4. 凝聚相变的物理根源

粒子热运动动量随温度降低而减少，相应 de Broglie 波波长增长，波动性增强，相邻粒子波函数的相干叠加逐渐增强。正是这种增强着的波动性，加强着“空间相干性”，产生了粒子间的“量子纠缠”，并改变着“纠缠模式”。量子纠缠正是导致物态各种相变的基本原因。空间相干性质不同(如何短程相干或怎样长程相干)，对应的相态将会不同。**在超低温$\boldsymbol{T\to 0}$下，电子热运动动量极大降低，电子 de Broglie 波长λ_{de}与速度成反比从而极大增长，波动性随之极大增强。当$\boldsymbol{\lambda_{\mathrm{de}}}$增大到大于等于电子间平均距离$\boldsymbol{l}$，相邻电子波函数的相干叠加和量子纠缠增强，空间相干性增强。这种增强着的量子纠缠和纠缠模式是导致物态各种相变的根本原因，出现量子多体效应。**这时即便按量子数、系统粒子数或有效空间尺度衡量可以认为$\hbar\to 0$，但其实比值$\frac{\lambda_{\mathrm{de}}}{l}$并不很小。实际上，在 B-E 凝聚相变

$$\frac{\lambda_T^3}{l^3} = \rho(T)\lambda_T^3 = 2.612 \to \frac{\lambda_T}{l} = 1.377 \tag{16.11}$$

这时，碱金属不同原子的价电子 de Broglie 波波包发生交叠纠缠，产生 Bose-Einstein 凝聚相变。或者说，**超低温下极大增强的波动性，通过多体量子纠缠，是造成宏观量子效应的根本原因。**

---

⑫ 脚注⑩文献，P. 20-24。

16.4 超高密度介质简单估算——量子多体效应分析(Ⅲ)

对应原理的传统提法未能考虑超高密度导致的多体量子效应,不适用于天体引力塌缩导致的粒子超高密度的量子效应。例如,在中子星内部,引力塌缩使星体密度增大到核密度的程度,使粒子间距 $l(\sim 10^{-14}\,\mathrm{cm})$ 十分小:

$$(l \to 0) \quad \Rightarrow \quad \frac{\lambda_{\mathrm{de}}}{l} = \frac{h}{mvl} \geqslant \frac{h}{mcl} \geqslant 13 \tag{16.12}$$

面对如此情况,尽管中子星粒子数和尺度是宏观的,但基于中子的波动性和全同性,在它们空间波函数深度纠缠、相干叠加之下(且不谈自旋波函数的量子纠缠),还能指望它们遵从经典粒子统计性质,具有宏观体系行为吗?!

总之,超高密度下,全同粒子波函数发生交叠,出现与 de Broglie 波波动性相关的量子纠缠,产生空间相干性,导致宏观量子现象。

16.5 对应原理的正确提法

于是,即便按量子数、系统粒子数以及有效空间尺寸衡量可以认为 $\hbar \to 0$,但这时还有超低温、超高密度两类情况,**比值 $\frac{\lambda_{\mathrm{de}}}{l}$ 并不很小**,此时波动性能够通过多体量子纠缠造成宏观量子效应。对于这两类情况,尽管总体上具有大粒子数和宏观尺度,但基于组分粒子的波动性和全同性,在它们空间波函数如此高度交叠纠缠之下(且不谈自旋波函数的量子纠缠),根本不能指望它们遵从经典粒子统计性质,具有宏观体系行为!

上面说过,**对应原理的传统提法一般是采用 $\hbar \to 0$ 下的单体 Schrödinger 方程过渡。所以它们都不确切,有时能成功,有时会失效。考虑到宏观量子多体效应,应当予以修正。**注意到粒子 de Broglie 波波长趋于零,也即粒子能量趋于高能,这时量子理论将无可避免地出现粒子产生湮灭和转化等粒子数不守恒,从而超出力学理论范畴的情况。**于是,对应原理的正确提法,即准确的判别标准应当是:在不计粒子产生湮灭转化前提下,考虑到量子多体效应消失,取无量纲相对 de Broglie 波波长"极短波长近似"条件,**

$$\frac{\lambda_{\mathrm{de}}}{l} = \frac{\hbar}{mvl} \to 0 \tag{16.13}$$

如果此条件被满足,体系中所有微观粒子的波动性和彼此纠缠相干性就可以忽略。此时量子体系将过渡成为只具有粒子性的经典粒子集合,描述此体系的多体量子力学过渡到宏观体系的 Newton 力学。

简单地说,关于量子力学与经典力学的关系,有一个粗略的经典类比:Maxwell 电磁波理论与几何光学的关系——在电磁波极短波长近似下,Maxwell 电磁波理论将简化成为几何光学。**在不考虑粒子产生湮灭和转化，从而只限于力学运动范畴的前提下，取相对 de Broglie 波的极短波长近似，排除波动性和相干叠加性之后，量子力学便简化成为经典力学。**

附带指出，由上面叙述可知，单纯基于$\hbar \to 0$假定的 WKB 准经典近似对于超低温、超高密度等情况是不适用的。

第17讲

超冷全同原子 Bose-Einstein 凝聚体的 Feshbach 共振

——可爱的自由度

※ ※ ※

17.1 序 言

本讲主要论述稀薄超冷原子 Bose-Einstein 凝聚态系统的 Feshbach 共振现象。内容只涉及基本理论和物理解释①,不涉及问题的历史及各种应用。

按照定义,Feshbach 共振涉及两体准束缚的中间态,所以又称做闭道碰撞。这些中间态之所以称做准束缚态,是由于它们和(比如,入射粒子-靶系统的)其他散射道连续态相互作用,只能存活有限寿命。比如,电子-原子和电子-离子散射中,中间态会发射所俘获的电子而衰变掉。这些态被称做自动电离态。

现在的原子-原子散射 Feshbach 共振,中间态是双原子分子态,这种分子态是每个原子内部超精细作用重排了两个碰撞原子的总自旋而形成的准稳态。散射道连续态就是原子-原子单道散射的散射态。

稀薄超冷原子 Bose-Einstein 凝聚的特点是对散射长度数值极为敏感,尤其是在

① TIMMERMANS E, et al. Feshbach resonances in atomic Bose-Einstein condensates[J]. Physics Reports, 1999 (315)199-230. BLOCH I, et al. Many-body physics with ultracold gases[J]. Rev. Mod. Phys., 2008(80): 885-964. DUINWE A, et al. Atom—molecule coherence in Bose Gases[J]. Physics Reports, 2004(396): 115-195. GIORGINI S, et al. Theory of ultracold atomic Fermi gases[J]. Rev. Mod. Phys., 2008(80): 1215-1274.

Feshbach 共振情况下。重要的是，这种冷原子系统粒子间有效相互作用强度可以通过外磁场灵敏地调控。在多体研究中，这种可以灵敏调控的自由度是可爱的。所以超冷原子 Feshbach 共振十分重要，在多体研究中成为有高度兴趣的课题，是很有前途的实验手段。

17.2 低能共振散射

下面叙述中所用的 Lippmann-Schwinger 方程见脚注③文献第 9 章。

1. 低能势散射

设有两个全同玻色原子碰撞，相互作用为 $V(r)$。分波法展开给出

$$\begin{cases}\psi(r,\theta)=\sum\limits_{l=0}c_l P_l(\cos\theta)R_{kl}(r), \quad \chi_{kl}(r)=rR_{kl}(r)\\ \dfrac{\mathrm{d}^2\chi_{kl}}{\mathrm{d}r^2}+\left[k^2-\dfrac{l(l+1)}{r^2}-\dfrac{2M}{\hbar^2}V(r)\right]\chi_{kl}(r)=0\end{cases} \tag{17.1}$$

轨道角动量产生一个离心势垒。如设 L 为原子间相互作用力程，则势垒高度量级为 $\sim\dfrac{l(l+1)\hbar^2}{ML^2}$，在力程范围内随量子数 l 增加而增加。所以它的物理作用，就定态而言是离心作用，使原点成为零点；就散射而言是阻止原子间大动量交换的直接碰撞，和大角动量交换的各向异性散射。低能散射下，平动能量很低，碰撞粒子能量不足以克服轨道角动量造成的离心势垒，各向异性的高阶分波散射全部消失，只剩下各向同性的 s 分波散射。设 $L\sim 10a_\mathrm{B}$，此势垒为 $\sim(10\sim100)\mathrm{mK}$。于是在温度低于 1mK 的冷原子样品中，玻色性原子经受纯 s 波散射(作为对照，Bose-Einstein 凝聚温度的量级为 $1\mu\mathrm{K}$)。

下面只求解径向 s 波的渐近波函数：

$$u_N(r)\xrightarrow{kr\to\infty}\sin(kr+\delta_0)/kr=[\exp(\mathrm{i}kr+\mathrm{i}\delta_0)-\exp(-\mathrm{i}kr-\mathrm{i}\delta_0)]/2\mathrm{i}kr \tag{17.2}$$

式中，δ_0 为 s 分波相移。出射态波函数为(f 为散射振幅)

$$\varphi_k(r,\theta)\xrightarrow{kr\to\infty}\exp(\mathrm{i}kz)+f\exp(\mathrm{i}kr)/r, \quad f=(s_0-1)/2\mathrm{i}k \tag{17.3}$$

这里 $s_0=\exp(2\mathrm{i}\delta_0)$。在波函数 $\varphi_k(r,\theta)$ 的分波展开中，s 分波成分为②：

$$\varphi_k(r,\theta)|_s\xrightarrow{kr\to\infty}\exp(\mathrm{i}\delta_0)u_N(r) \tag{17.4}$$

下面考虑的是入射和出射球面波的叠加，由式(17.2)可得

$$\varphi_0^{(+)}(r)=\frac{\exp(-\mathrm{i}kr)}{r}-s_0\frac{\exp(\mathrm{i}kr)}{r}=-2\mathrm{i}k\exp(\mathrm{i}\delta_0)u_N(r), \quad r\to\infty \tag{17.5}$$

在原子阱凝聚体中，两个一价碱金属原子通过相互作用(可称做分子势)结成束缚态。

② 式(17.4)见：张永德. 量子力学[M]. 4 版. 北京：科学出版社，2016，10.2 节. ψ 渐进展开式中 $l=0$ 项。

按照 Levinson 定理[③]，$u_N(r)$在原子间相互作用区域内存在节点，节点个数等于相应位势中束缚态数目。进一步，超冷碰撞时，de Broglie 波长 $2\pi/k$ 大大超过原子间相互作用区域尺度L。于是，当核间距离r处于下面区域内时，

$$L < r < k^{-1}, \quad \delta_0 = -ka$$

渐近解和碰撞能量无关，只由单参数散射长度a决定：

$$u_N(r) \approx (kr + \delta_0)/kr \approx 1 - a/r, \quad L < r < k^{-1} \tag{17.6}$$

对吸引力$\delta_0 > 0$，a是负的；对排斥力$\delta_0 < 0$，a是正的。

2. 低能共振散射

在整个散射实验范围里，最显著的现象大概就是共振散射了。它最简单的形式就是(作为能量函数的)总截面出现尖锐峰。在原子物理、核物理、粒子物理中都可以观察到这种共振散射现象。对这种现象有许多不同的理论研究，但全都认为，**当入射粒子具有某些能量E_k时，入射粒子被靶粒子所俘获，整个散射系统组成亚稳定的准束缚态。准束缚态的存在是导致散射总截面突然增大的直接原因。**下面具体讨论。

按分波法，散射振幅[④]

$$\begin{aligned} f(\theta) &= \frac{1}{2k\mathrm{i}} \sum_{l=0}^{\infty} (2l+1)(s_l - 1) P_l(\cos\theta) \\ &= \frac{1}{k} \sum_{l=0}^{\infty} (2l+1) \mathrm{e}^{\mathrm{i}\delta_l(E)} \sin\delta_l(E) P_l(\cos\theta) \end{aligned} \tag{17.7}$$

$\delta_l(E)$和$s_l(E) = \mathrm{e}^{2\mathrm{i}\delta_l(E)}$分别为$l$分波相移和$S$矩阵元。由相移$\delta_l(E)$共振推得：$\delta_l(E)$随散射能量变化经过$\pi/2$时，分波振幅将达到最大，散射发生共振，

$$\mathrm{e}^{\mathrm{i}\delta_l(E)} \sin\delta_l(E) \to \mathrm{i} \tag{17.8}$$

相应能量$E = E_R$。此式提示，共振能量附近分波振幅有参数化表达式

$$\mathrm{e}^{\mathrm{i}\delta_l(E)} \sin\delta_l(E) = \frac{\Gamma/2}{(E - E_R) - \mathrm{i}\Gamma/2} \tag{17.9}$$

显然，共振峰附近，仅仅$\delta_l(E) \to \pi/2$的l分波重要。于是

$$f(\theta) = \frac{1}{k}(2l+1) \frac{\Gamma/2}{(E - E_R) - \mathrm{i}\Gamma/2} P_l(\cos\theta) \tag{17.10}$$

用光学定理$\sigma_{\text{tot}} = 4\pi \mathrm{Im} f(0)/k$给出共振峰附近总截面 Breit-Wigner 公式

$$\sigma_{\text{tot}}(E) = \frac{4\pi}{k^2}(2l+1) \frac{(\Gamma/2)^2}{(E - E_R)^2 + (\Gamma/2)^2} \tag{17.11}$$

共振峰处最大截面为$\sigma_{\text{tot}}^{\max} = \dfrac{4\pi}{k^2}(2l+1)$，测量$\sigma_{\text{tot}}^{\max}$就能给出共振峰的角动量。实际上，低能散射共振区内粒子 de Broglie 波波长远大于散射系统尺寸，只有s分波($l=0$)散射——δ_0的

③ 张永德. 高等量子力学(下册)[M]. 3版. 北京：科学出版社，2015，9.5节.

④ 脚注②文献，10.2节。

计算是重要的。

共振态的时间滞后。对于吸引势，出射分波位相被拉回朝向散射中心 $\delta_0>0$。但它们随入射能量增加而减少。于是，对共振情况下的 s 散射分波，其滞后时间的量级为

$$\tau_{\text{reson}} \approx \frac{1}{v_0}\left|\frac{\mathrm{d}\delta_0}{\mathrm{d}k}\right| = \frac{a}{v_0} \tag{17.12}$$

与此同时，设靶尺寸为 b，则势散射时间延迟为 $\tau_{\text{poten}}\approx b/v_0$。于是，显然应当要求，(导致共振散射的)准束缚态存活时间应当大于散射经过时间，即

$$\tau_{\text{reson}} \geqslant \tau_{\text{poten}} \tag{17.13}$$

这应当是准束缚态存在的又一个必要证据。

17.3 超冷全同原子凝聚体 Feshbach 共振(Ⅰ)——基本理论

1. 低能 Feshbach 共振理论⑤⑥

［**定义**］ 入射原子和靶原子的连续入射道——P 道，双原子分子准束缚态的封闭道——M 道。为了分辨它们，引入投影算符：P 是由 Hilbert 空间向入射道子空间投影；M 是由 Hilbert 空间向封闭道子空间投影，

$$P^2 = P,\quad M^2 = M,\quad MP = PM = 0,\quad P + M = I \tag{17.14}$$

利用算符 P、M，将此双原子系统 Schrödinger 方程全部散射定态解

$$(E - H)\mid\psi\rangle = 0 \tag{17.15}$$

拆开为(记 $H_{PM}=PHM, H_{MP}=MHP, H_{PP}=PHP, H_{MM}=MHM$)：

$$\begin{cases} P(E-H)(P+M)(P+M)\mid\psi\rangle = 0 \Rightarrow (E - H_{PP} - H_{PM})(P\mid\psi\rangle + M\mid\psi\rangle) = 0 \\ M(E-H)(P+M)(P+M)\mid\psi\rangle = 0 \Rightarrow (E - H_{MM} - H_{MP})(M\mid\psi\rangle + P\mid\psi\rangle) = 0 \end{cases}$$

于是得到两个相互耦合的方程：

$$(E - H_{PP})P\mid\psi\rangle = H_{PM}M\mid\psi\rangle,\quad (E - H_{MM})M\mid\psi\rangle = H_{MP}P\mid\psi\rangle \tag{17.16}$$

从第一个方程出发，引入出射波传播子(Green 函数算符)$G_p^{(+)}(E)$：

$$G_p^{(+)}(E) = (E - H_{PP} + \mathrm{i}\eta)^{-1} \tag{17.17}$$

记齐次方程的解为 $(E-H_{PP})P\mid\varphi_P^{(+)}\rangle=0$，则 Lippmann-Schwinger 方程为

$$P\mid\psi\rangle = \mid\varphi_p^{(+)}\rangle + G_p^{(+)}(E)H_{PM}M\mid\psi\rangle \tag{17.18}$$

这里，散射态渐近边条件 $\mid\varphi_p^{(+)}\rangle$ 选作入射 P 道和出射球面波的叠加态，

$$\lim_{r\to\infty}\langle r\mid\varphi_P^{(+)}\rangle = \exp(-\mathrm{i}kr)/r - s_0\exp(\mathrm{i}kr)/r \tag{17.19}$$

此处按式(17.5)最低阶 $s_0=\exp(2\mathrm{i}\delta_0)$。将式(17.18)代入第二个方程，得

---

⑤ 最初是在核物理的中子散射研究里提出的：FESHBACH H. Ann. Phys, 1962, 287(19)。

⑥ TIMMERMANS E, et al. Feshbach resonances in atomic Bose-Einstein condensates[J]. Physics Reports, 1999(315): 199-230.

$$(E-H_{MM})M\mid\psi\rangle=H_{MP}\mid\varphi_p^{(+)}\rangle+H_{MP}G_p^{(+)}(E)H_{PM}M\mid\psi\rangle \tag{17.20}$$

由此方程得出 $M|\psi\rangle$ 的形式解

$$M\mid\psi\rangle=\frac{1}{E-H_{MM}-H_{MP}G_p^{(+)}(E)H_{PM}}H_{MP}\mid\varphi_p^{(+)}\rangle \tag{17.21}$$

再将此式代入 $P|\psi\rangle$ 的 Lippmann-Schwinger 方程(17.18),得到

$$P\mid\psi\rangle=\mid\varphi_p^{(+)}\rangle+G_p^{(+)}(E)H_{PM}\frac{1}{E-H_{MM}-H_{MP}G_p^{(+)}(E)H_{PM}}H_{MP}\mid\varphi_p^{(+)}\rangle \tag{17.22}$$

这里 $P|\psi\rangle$ 对核间距离 r 的渐近依赖为低能碰撞提供了 Feshbach 共振。下面两条继续求解在 Feshbach 共振下的 Lippmann-Schwinger 方程。

2. Feshbach 共振宽度

实验观察到,低能 Feshbach 共振是很窄的,各个峰的能量位置彼此很好地分开。靠近某个峰 m 处(对应转-振动量子数的中间分子态为 $|\varphi_m\rangle$),可以简化上面表达式:算符的谱表示展开式中只保留相应的第 m 项,

$$\frac{1}{E-H_{MM}-H_{MP}G_p^{(+)}(E)H_{PM}}\Rightarrow\mid\varphi_m\rangle\frac{1}{E-E_m+\mathrm{i}\Gamma_m/2}\langle\varphi_m\mid \tag{17.23}$$

注意,一般来说,算符 $H_{MP}G_p^{(+)}(E)H_{PM}$ 不厄米,所以虚部不为零。显然,

$$\begin{cases}E_m=\mathrm{Re}\langle\varphi_m\mid H_{MM}+H_{MP}G_p^{(+)}(E)H_{PM}\mid\varphi_m\rangle\\ \Gamma_m/2=-\mathrm{Im}\langle\varphi_m\mid H_{MP}G_p^{(+)}(E)H_{PM}\mid\varphi_m\rangle\end{cases} \tag{17.24}$$

此外,由于这些共振峰的连续态和分子态之间耦合足够弱,使得可以根据微扰论按分子势的本征态来计算 $|\varphi_m\rangle$,而 E_m 则近似是其本征值。

特别地,就实验观察而言,**一个很重要的关系是 Feshbach 共振峰的宽度正比于共振能量的开根**。下面导出此结论⑦。在式(17.24)的 $\Gamma_m/2$ 表达式中,插入连续的渐近散射态 $\{|\boldsymbol{k}\rangle,\forall\boldsymbol{k}\}$,将其展开(注意与脚注③文献 P.362-363 中所用平面波态不同)。再利用公式

$$\frac{1}{2}\left\{\frac{f(\boldsymbol{k},m)}{E-E_m+\mathrm{i}\eta}-\frac{f(\boldsymbol{k},m)}{E-E_m-\mathrm{i}\eta}\right\}=\frac{1}{2}\frac{-2\mathrm{i}\eta f(\boldsymbol{k},m)}{(E-E_m)^2+\eta^2},\quad\delta(x)=\lim_{\eta\to0}\frac{\eta}{\pi(x^2+\eta^2)}$$

于是得到

$$\begin{aligned}\Gamma_m&=-2\mathrm{Im}\int\frac{\mathrm{d}\boldsymbol{k}}{(2\pi)^3}\langle\varphi_m\mid H_{MP}\mid\boldsymbol{k}\rangle\frac{2m}{\hbar^2}\frac{1}{k^2-k_E^2+\mathrm{i}\eta}\langle\boldsymbol{k}\mid H_{PM}\mid\varphi_m\rangle\\&=\frac{4\pi m}{\hbar^2}\int\frac{\mathrm{d}\boldsymbol{k}}{(2\pi)^3}|\langle\varphi_m\mid H_{MP}\mid\boldsymbol{k}\rangle|^2\delta(k^2-k_E^2)\\&=\frac{4\pi m}{\hbar^2}|\langle\varphi_m\mid H_{MP}\mid\boldsymbol{k}_E\rangle|^2\frac{4\pi}{(2\pi)^3}\frac{k_E}{2}=\frac{M}{2\pi\hbar^2}|\langle\varphi_m\mid H_{MP}\mid\boldsymbol{k}_E\rangle|^2k_E\end{aligned} \tag{17.25}$$

这里已将折合质量 m 换回成单原子质量 $M=2m$。下面计算其中所含的矩阵元。在分子相互作用区内,在所感兴趣的超低温能量下,矩阵元 $\langle\varphi_m|H_{MP}|\boldsymbol{k}_E\rangle$ 主要涉及连续态 $|\boldsymbol{k}_E\rangle$ 中的 s

⑦ 脚注⑥文献此段计算混合使用两种归一,计算较繁。现只用连续谱归一计算。结合脚注⑧。

波成分。由式(17.4),$|\boldsymbol{k}_E\rangle$波函数的 s 分波为

$$\langle r \mid \boldsymbol{k}_E\rangle = \psi_k(r) \xrightarrow[s\text{-wave}]{k_E r \to \infty} \exp(\mathrm{i}\delta_0)u_N(r) \tag{17.26}$$

这表明低能 s 波 $u_N(r)$基本不依赖于入射能量,使得$\langle\varphi_m|H_{MP}|\boldsymbol{k}_E\rangle$非但不依赖于 $\boldsymbol{k}_E$ 的方向,而且也不依赖于它的数值。于是

$$\begin{aligned}\langle\varphi_m \mid H_{MP} \mid \boldsymbol{k}_E\rangle &= \int \mathrm{d}^3 r\langle\varphi_m \mid H_{MP} \mid \boldsymbol{r}\rangle\langle\boldsymbol{r} \mid \boldsymbol{k}_E\rangle \\ &\approx \exp(\mathrm{i}\delta_0)\int \mathrm{d}^3 r\varphi_m(r)H_{MP}u_N(r) = \exp(\mathrm{i}\delta_0)\alpha\end{aligned} \tag{17.27}$$

这里实数矩阵元 $\alpha = \int \mathrm{d}^3 r\varphi_m(r)H_{MP}u_N(r)$ 的物理含义是:H_{MP} 扰动下 P 道连续态跃迁到 M 道准束缚态的概率幅。积分变数 r 是原子核间的相对距离。于是有

$$\Gamma_m(E) = \alpha^2\left(\frac{M}{2\pi\hbar^2}\right)k_E \quad 或 \quad \Gamma_m(E) = 2\gamma k_E,\ \gamma = \alpha^2\left(\frac{M}{4\pi\hbar^2}\right) \tag{17.28}$$

γ 与 k_E 无关,称为**约化宽度**。由此得到:**Feshbach 共振峰宽度 $\boldsymbol{\Gamma_m(E)}$ 通过相空间因子依赖于碰撞粒子的波矢,也即能量 $\boldsymbol{E=\frac{\hbar^2 k_E^2}{2M}}$ 的开根**[⑧]。**这是超冷原子系统 Feshbach 共振的十分重要的特征**。现在,虽然相互作用耦合常数 α 保持不变,但原子相对速度消失($k_E\to 0$)会导致**共振峰宽度 $\boldsymbol{\Gamma_m(E)\to 0}$。相应地,相移也线性地随 $\boldsymbol{k_E}$ 消失**。但下面看到,有效散射长度将趋向于确定的有限数值。

3. Feshbach 共振的散射矩阵

现在计算连续散射态 $P|\psi\rangle$波函数的渐近形式,$P|\psi\rangle$为

$$P \mid \psi\rangle = \mid \varphi_P^{(+)}\rangle + G_P^{(+)}(E)H_{PM} \mid \varphi_m\rangle \frac{1}{E - E_m + \mathrm{i}\Gamma_m/2}\langle\varphi_m \mid H_{MP} \mid \varphi_P^{(+)}\rangle \tag{17.29}$$

下面计算上式中两个成分。首先是其中态矢 $G_P^{(+)}(E)H_{PM}|\varphi_m\rangle$的波函数,

$$\begin{aligned}\langle\boldsymbol{r} \mid G_P^{(+)}(E)H_{PM} \mid \varphi_m\rangle &= \int \mathrm{d}^3 r' \frac{\mathrm{d}^3 k'}{(2\pi)^3}\langle\boldsymbol{r} \mid (E - H_{PP} + \mathrm{i}\eta)^{-1} \mid \boldsymbol{k}'\rangle\langle\boldsymbol{k}' \mid \boldsymbol{r}'\rangle\langle\boldsymbol{r}' \mid H_{PM} \mid \varphi_m\rangle \\ &= \int \mathrm{d}^3 r'\left\{\frac{M}{\hbar^2}\int_0^\infty \frac{4\pi k'^2\mathrm{d}k'}{(2\pi)^3}\frac{\langle\boldsymbol{r} \mid \boldsymbol{k}'\rangle\langle\boldsymbol{k}' \mid \boldsymbol{r}'\rangle}{k^2 - k'^2 + \mathrm{i}\eta}\right\}\langle\boldsymbol{r}' \mid H_{PM} \mid \varphi_m\rangle \\ &= \int \mathrm{d}^3 r'\left\{\frac{M}{2\hbar^2}\int_{-\infty}^\infty \frac{4\pi k'^2\mathrm{d}k'}{(2\pi)^3}\frac{\langle\boldsymbol{r} \mid \boldsymbol{k}'\rangle\langle\boldsymbol{k}' \mid \boldsymbol{r}'\rangle}{k^2 - k'^2 + \mathrm{i}\eta}\right\}\langle\boldsymbol{r}' \mid H_{PM} \mid \varphi_m\rangle\end{aligned} \tag{17.30}$$

---

⑧ 由式(17.25)知,若不计因子 α^2,该式积分值$(Mk_E/2\pi\hbar^2)$提供一个相空间因子。因为

$$\frac{4\pi m}{\hbar^2}\int\frac{\mathrm{d}\boldsymbol{k}}{(2\pi)^3}|\langle\varphi_m \mid H_{MP} \mid \boldsymbol{k}\rangle|^2\delta(k^2 - k_E^2) = 2\pi\alpha^2\int\frac{\mathrm{d}\boldsymbol{k}}{(2\pi)^3}\delta(E - E_k) \equiv \frac{2\pi\alpha^2}{V}\sum_k\delta(E - E_k)$$

后面恒等号是转为箱归一。于是,共振峰宽度式(17.28)又可以理解为,宽度通过相空间因子积分(求和)而正比于波数 k_E。

超低温下只需考虑 $\boldsymbol{k}'$ 积分中 s 分波成分 $\langle \boldsymbol{r}|\boldsymbol{k}'\rangle_0$,$\langle \boldsymbol{k}'|\boldsymbol{r}'\rangle_0$。注意在 r 的渐进区里 $r>r'$,完成这个回路积分(脚注③文献第362页),接着等下去,

$$\xrightarrow{l=0,s\text{-wave}} \int \mathrm{d}^3 r' \left\{ \frac{M}{2\hbar^2} \frac{4\pi}{(2\pi)^3} k^2 \cdot 2\pi \mathrm{i} \frac{h_0(kr+\delta_0)\cdot j_0(kr'+\delta_0)}{-2k} \right\} \cdot \langle \boldsymbol{r}' \mid H_{PM} \mid \varphi_m \rangle$$

注意,如式(17.24)之后所述,中间连续态 $|\boldsymbol{k}\rangle$ 是渐近散射态,所以 s 分波自变数中多了个相移 δ_0(平面波的 s 分波无此相移)。由于

$$h_0(kr+\delta_0) \xrightarrow{kr\to\infty} \frac{-\mathrm{i}}{kr} \mathrm{e}^{\mathrm{i}kr+\mathrm{i}\delta_0}, \quad j_0(kr'+\delta_0) \xrightarrow{kr'\to\infty} u_N(r')$$

代入上式,得

$$\xrightarrow{kr\to\infty} -\frac{M}{4\pi\hbar^2} \frac{\exp(\mathrm{i}kr)}{r} \exp(\mathrm{i}\delta_0) \int \mathrm{d}^3 r' u_N(r') H_{PM}(\boldsymbol{r}') \varphi_m(\boldsymbol{r}')$$

注意 $u_N(r)$、$\varphi_m(r)$ 为实函数,由式(17.27) $\int \mathrm{d}^3 r u_N(r) H_{PM} \varphi_m(r) = \alpha$,于是得到

$$\langle \boldsymbol{r} \mid G_P^{(+)}(E) H_{PM} \mid \varphi_m \rangle = -\frac{M}{4\pi\hbar^2} \frac{\exp(\mathrm{i}kr)}{r} \exp(\mathrm{i}\delta_0)\alpha \tag{17.31}$$

接着,注意超低温下 $\varphi_P^{(+)}(r) \approx \varphi_0^{(+)}(r) = -2\mathrm{i}k\exp(\mathrm{i}\delta_0) u_N(r)$,于是有

$$\langle \varphi_m \mid H_{MP} \mid \varphi_P^{(+)} \rangle \approx -2\mathrm{i}k\exp(\mathrm{i}\delta_0) \int \mathrm{d}^3 r \varphi_m(r) H_{PM} u_N(r) = -2\mathrm{i}k\exp(\mathrm{i}\delta_0)\alpha$$

因此

$$\langle \boldsymbol{r} \mid G_P^{(+)}(E) H_{PM} \mid \varphi_m \rangle \langle \varphi_m \mid H_{MP} \mid \varphi_P^{(+)} \rangle = \mathrm{i}\exp(2\mathrm{i}\delta_0)\Gamma_m(E) \frac{\exp(\mathrm{i}kr)}{r} \tag{17.32}$$

于是将 $P|\psi\rangle$ 方程(17.29)向 $\langle r|$ 投影后,得到散射态径向波函数的渐近形式:

$$\langle r \mid P \mid \psi \rangle \approx \frac{\exp(-\mathrm{i}kr)}{r} - \left[1 - \frac{\mathrm{i}\Gamma_m(E)}{E - E_m + \mathrm{i}\Gamma_m(E)/2} \right] \exp(2\mathrm{i}\delta_0) \frac{\exp(\mathrm{i}kr)}{r} \tag{17.33}$$

参照式(17.5)看出方括号量与 S 矩阵的关联,最后得到($\delta_0 = -ka$)

$$S = \exp(-2\mathrm{i}ka) \left[1 - \mathrm{i} \frac{\Gamma_m(E)}{E - E_m + \mathrm{i}\Gamma_m(E)/2} \right] \tag{17.34}$$

注意,由于不存在有损失的散射道,S 矩阵是厄米的,$|S|=1$,结果可用有效散射长度 $S=\exp(-2\mathrm{i}a_{\mathrm{eff}}k)$,$a_{\mathrm{eff}} = a + a'$ 来表示。即有

$$\exp(-2\mathrm{i}ka') \equiv 1 - \mathrm{i} \frac{\Gamma_m(E)}{E - E_m + \mathrm{i}\Gamma_m(E)/2} = \frac{E - E_m - \mathrm{i}\Gamma_m(E)/2}{E - E_m + \mathrm{i}\Gamma_m(E)/2} \tag{17.35}$$

$$a_{\mathrm{eff}} = a + \frac{1}{k} \arctan \frac{\Gamma_m/2}{E - E_m} \tag{17.36}$$

在凝聚体的合适超低温极限下,$\boldsymbol{E}$ 和 $\boldsymbol{E_m \to 0}$,$\boldsymbol{E - E_m \to -\varepsilon}$。其中 $\boldsymbol{\varepsilon}$ 是分子束缚态能量对 $\boldsymbol{P}$ 道连续态能量之差,是 Feshbach 共振的失谐度(detuning),数值可正可负。这时可将上式按 k 值的最低阶展开,注意 $\Gamma_m = 2\gamma k$,得

$$\lim_{E\to 0} a_{\mathrm{eff}}(E) = a + \frac{1}{2k} \frac{\Gamma_m}{E - E_m} = a - \frac{\gamma}{\varepsilon} \tag{17.37}$$

对于相互作用比较弱的多体系统，用散射长度 a 描述，不如用相互作用强度描述方便。假如粒子间散射能够用 Born 近似，则“散射振幅 $f(\theta,\varphi)$ 将正比于粒子间相互作用势 $V_{hf}(\boldsymbol{r},\boldsymbol{s}_1,\boldsymbol{s}_2)$ 中相应的 Fourier 分量”。引入参数 λ，它表示 $V_{hf}(\boldsymbol{r},\boldsymbol{s}_1,\boldsymbol{s}_2)$ 的 Fourier 变换中零动量成分。于是有

$$f(\theta,\varphi)_{fi}=-\frac{M}{4\pi\hbar^2}\int \mathrm{e}^{-\mathrm{i}\boldsymbol{q}\cdot\boldsymbol{r}'}\langle\omega_f\mid V(\boldsymbol{r}',\boldsymbol{s}_1,\boldsymbol{s}_2)\mid\omega_i\rangle\mathrm{d}\boldsymbol{r}'\Rightarrow$$

$$\boldsymbol{q}=\boldsymbol{0}:\quad a=\frac{M}{4\pi\hbar^2}\left|\int\langle\omega_f\mid V(\boldsymbol{r}',\boldsymbol{s}_1,\boldsymbol{s}_2)\mid\omega_i\rangle\mathrm{d}\boldsymbol{r}'\right|\equiv\frac{M}{4\pi\hbar^2}\lambda$$

即，标志相互作用强度参数 λ（量纲是能量乘体积）和散射长度 a 的关系式是

$$\lambda=(4\pi\hbar^2/M)a \tag{17.38}$$

然而，Born 近似不能用来描述低能双原子碰撞。这时，相互作用强度仍旧正比于散射长度，虽然后者必须更精确地由整个势散射问题来确定。同样地，根据式(17.37)所述等效散射长度 $a_{\mathrm{eff}}=(a-\gamma/\varepsilon)$，可以引入等效强度 λ_{eff} 来描述低能双原子碰撞（代入约化宽度表达式 $\gamma=\alpha^2(M/4\pi\hbar^2)$），得

$$\lambda_{\mathrm{eff}}=(4\pi\hbar^2/M)a_{\mathrm{eff}}=\lambda-(\alpha^2/\varepsilon) \tag{17.39}$$

4. 磁可控，超精细诱导 Feshbach 共振

上面只是形式地研究了低能散射共振的有关计算，并没有阐述“低能 Feshbach 共振”的内容和机制。现在予以物理解释。

开始时，双原子碰撞体系处在连续、价电子自旋平行三重态的 $\boldsymbol{P}$ 道（开道）上，这时两个价电子空间波函数反对称，这使它们的空间行为像是两个不可区分的 Fermion，“彼此刻意回避”。于是一般说降低了电子间的 Coulomb 斥力。

导致双原子散射出现共振现象是由于超精细相互作用。超精细作用翻转了两个碰撞原子之一的电子-原子核的自旋。从而将两个价电子自旋平行的双原子碰撞体系从连续的 $\boldsymbol{P}$ 道转入价电子自旋反平行单态的 $\boldsymbol{M}$ 道（闭道，原因见下）。详细些说，由 $P\to M$ 的诱因在于双原子超精细作用，

$$V_{hf}=(a_{hf}/\hbar^2)[\boldsymbol{s}_1\cdot\boldsymbol{i}_1+\boldsymbol{s}_2\cdot\boldsymbol{i}_2] \tag{17.40}$$

此项与总自旋 $\boldsymbol{S}^2=(\boldsymbol{s}_1+\boldsymbol{s}_2)^2$ 不对易。这可以将其用总电子自旋（$\boldsymbol{S}=\boldsymbol{s}_1+\boldsymbol{s}_2$）和总核自旋和（$\boldsymbol{I}=\boldsymbol{i}_1+\boldsymbol{i}_2$）与差来表示：

$$\boldsymbol{s}_1\cdot\boldsymbol{i}_1+\boldsymbol{s}_2\cdot\boldsymbol{i}_2=[(\boldsymbol{s}_1+\boldsymbol{s}_2)\cdot(\boldsymbol{i}_1+\boldsymbol{i}_2)+(\boldsymbol{s}_1-\boldsymbol{s}_2)\cdot(\boldsymbol{i}_1-\boldsymbol{i}_2)]/2=[\boldsymbol{S}\cdot\boldsymbol{I}+\boldsymbol{S}_d\cdot\boldsymbol{I}_d]/2$$

这里 $\boldsymbol{S}_d$、$\boldsymbol{I}_d$ 分别表示反对称的“差算符”，交换脚标时反号，它们只将量子数 I、S 相差为 1 的量子态（三重态—单重态）耦合起来。**于是 $\boldsymbol{V}_{hf}$ 翻转了价电子的总自旋，成为自旋单态。在核间距离大的情况下，这个单态相应于两个原子中一个自旋翻转的双原子体系。然而，$\boldsymbol{M}$ 道是闭道。原因是这时体系构成了准束缚分子态：两个自旋反平行的价电子，它们的空间波函数对称性使价电子的空间行为“彼此不回避”，这使它们的静电排斥势能提高（所需能量由 $\boldsymbol{P}$ 道磁场取向能转化而来）。和三重态位势相比，增强了的 Coulomb 斥力会整个抬高两**

个原子(剩余 Coulomb 作用)的 van de Waals 势曲线——包括势阱部分和势垒部分。因此，分子的连续谱比 P 道时高(注意是谱高，不是体系具有的总能量增高。超精细作用是内部作用，不改变体系总能量)。也就是说，按 M 道观察，由于 P 道存在外磁场取向能，若要 $M\to P$ 转换，需要增加附加能 $\Delta=B(2\mu_e+\mu_N)$(μ_e 是电子磁矩，μ_N 是核磁矩。注意 μ_N 项没有因子 2，因为此双原子碰撞体系的两个核自旋，平行反平行各占一半)。因此，处于单态 M 道的两个原子所看到的连续谱要比处于 P 道时看到的连续谱线高出 Δ，出现势垒。按照设定，入射能量小于势垒，不能直接彼此分离，所以 M 道对散射而言是封闭的，原子彼此囚禁。如果这时散射能量接近共振条件，也就是附近正好存在一个(可能有一个小能级差 ε)由自旋单态位势支持着的分子态能级，双原子将暂时组成一个准稳态 $\varphi_m(\boldsymbol{r})|S_{j'}\rangle$。这是一个能量为 E_m、电子和核总自旋态为 $|S_{j'}\rangle$ 的准束缚分子态，称做共振体(resonate)。于是发生共振，反应概率迅速增加。就这样，等到超精细相互作用所诱导的内部演化，再次使这对原子自旋平行。自旋平行的双原子体系看到的是势阱变浅，势垒消失。于是准分子解体，双原子体系再次返回到 P 道，实现 $M\to P$。

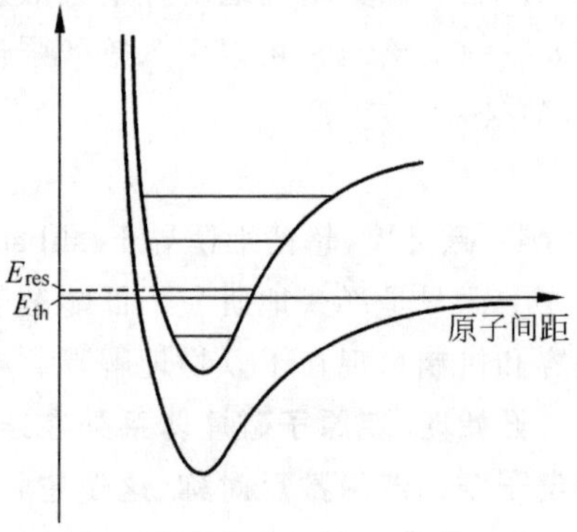

图 17.1

假如 $\varepsilon=0$，即中间准束缚分子的能量等于 P 道的连续能级，上面所描述的碰撞过程处于共振中。这时，改变外磁场也就改变了 M 分子的和 P 道双原子的能量差，能使共振调谐或失谐。准分子的寿命，也就是原子在势阱中所处的时间，等于自旋两次相继翻转的时间间隔。显然，它应当远大于两个碰撞原子直接穿过彼此势场的时间，参见图 17.1。此图是为了说明 Feshbach 共振所涉及的两个不同散射道势能曲线图。$E_{\rm th}$ 是进入道阈能，

$$H_0=\left(\frac{p^2}{2m_r}+H_{\rm inter}(1)+H_{\rm inter}(2)\right)\geqslant E_{\rm th}(\alpha'\beta')=\varepsilon_{\alpha'}+\varepsilon_{\beta'}$$

而 $E_{\rm res}$ 是一个(准束缚的)闭道态能量[⑨]。

总之，在 Hamilton 量 H 中两项 $H_{PM}+H_{MP}$ 之和的演化下，共振散射全过程 $P\to M\to P$ 就是双原子-分子耦合转换过程。P、M 道间耦合由双原子超精细相互作用 V_{hf} 所提供。实验中，表征共振散射的是道间耦合强度参数 α。它是自旋矩阵元和正规三重态波函数与分子单态波函数交叠内积的乘积，

$$\alpha=\langle S_{f'}\mid V_{hf}\mid S_{\rm in}\rangle\times\int {\rm d}^3r\varphi_m(\boldsymbol{r})\mu_{\rm N}(\boldsymbol{r}) \tag{17.41}$$

注意，和自旋相关的单原子 Hamilton 量为[⑩]

---

⑨ PETHICK C J, et al. B-E Condensation in Dilute Gases[M]. Cambridge: Cambridge Univ. Press, 2002: 133.

⑩ 脚注⑥文献，P. 210-212。

$$H_{\mathrm{spin}(1)} = \frac{a_{hf}}{\hbar^2}\boldsymbol{s}_1 \cdot \boldsymbol{i}_1 + \boldsymbol{B} \cdot \frac{(2\mu_{\mathrm{e}}\boldsymbol{s}_1 - \mu_{\mathrm{N}}\boldsymbol{i}_1)}{\hbar} \tag{17.42}$$

右边第一项是单原子超精细相互作用，由系数 a_{hf} 度量，这个能量依赖于同位素（比如，对 $^{23}\mathrm{Na}$ 有 $a_{hf}=42.5\mathrm{mK}$）。在零磁场（$\boldsymbol{B}=\boldsymbol{0}$）下，对角化产生超精细态，好量子数是 f（单原子总自旋 $f=s+i$）。在高磁场（$B \gg a_{hf}/\mu_{\mathrm{e}}\,\hbar$）下，超精细相互作用可以按最低阶微扰论处理，电子和核自旋都处于 m_i、m_s 为好量子数的态。实际上，观察到的共振是在中等磁场强度，而并非强磁场，所以实验中单个原子的自旋态并不是 m_i、m_s 为好量子数的态，而是线性叠加态 $c_{-1/2}\left|m_i=m+\frac{1}{2}, m_s=\frac{-1}{2}\right\rangle + c_{1/2}\left|m_i=m-\frac{1}{2}, m_s=\frac{1}{2}\right\rangle$，系数可将 $H_{\mathrm{spin}(1)}$ 对角化。于是，当每个碱金属原子都处于这个特定自旋态时，两个碱金属原子系统一般处于单态和三重态的线性叠加态上。采用投影向总电子自旋 S 为好量子数的态的投影算符 $\hat{\Pi}_S$ 将原子间相互作用 V 表示成双原子 Hamilton 量

$$V = \sum_S V_S(r)\hat{\Pi}_S \tag{17.43}$$

综合 V_{hf}、V、$H_{\mathrm{spin}(1+2)}$ 结果，碰撞中双原子体系的自旋相关 Hamilton 量为

$$\begin{aligned} H_{\mathrm{spin}(1,2)} &= \frac{a_{hf}}{2\hbar^2}\boldsymbol{S} \cdot \boldsymbol{I} + \boldsymbol{B} \cdot \frac{2\mu_{\mathrm{e}}\boldsymbol{S} - \mu_{\mathrm{N}}\boldsymbol{I}}{\hbar} + \sum_S V_S\hat{\Pi}_S + \frac{a_{hf}}{2\hbar^2}\boldsymbol{S}_d \cdot \boldsymbol{I}_d \\ &= H^{(0)}_{\mathrm{spin}(1,2)} + \sum_S V_S\hat{\Pi}_S + \frac{a_{hf}}{2\hbar^2}\boldsymbol{S}_d \cdot \boldsymbol{I}_d \end{aligned} \tag{17.44}$$

此方程提示，碰撞道按如下划分很方便：将双原子/自旋系统划分成为（由态 $|I,S;M_I,M_S\rangle$ 适当叠加而成的）好量子数 I、S 的，能将算符 $H^{(0)}_{\mathrm{spin}(1,2)}$ 对角化的子空间 j。相应的本征值决定 j 道的连续能级。原子-原子相互作用位势 $\hat{V}$ 对这些道是对角化的，但 $\boldsymbol{S}_d \cdot \boldsymbol{I}_d$ 项是非对角项。在描述碰撞中，将入射双原子系统的自旋态 $|S_{\mathrm{in}}\rangle$ 投影到碰撞道 j：$|S_{\mathrm{in}}\rangle = \sum_j |S_{\mathrm{in}};j\rangle$。相互作用 $\boldsymbol{S}_d \cdot \boldsymbol{I}_d$ 将 j 道跃向另一个自旋翻转的双原子自旋态 $|S_{f'}\rangle$，如果这个自旋翻转道的相互作用位势能够约束一个束缚态 $\varphi_m(\boldsymbol{r})|S_{f'}\rangle$，且其能量 E_m 靠近入射道的连续能量，就会发生 Feshbach 共振。相应的参数 α 从式(17.41)转写成

$$\alpha_{j,j',m} = \frac{a_{hf}}{2\hbar^2}\langle S_{f'} \mid \boldsymbol{S}_d \cdot \boldsymbol{I}_d \mid S_{\mathrm{in}};j\rangle \cdot \int \mathrm{d}^3 r \varphi_m(\boldsymbol{r})\mu_{\mathrm{N},j}(r) \tag{17.45}$$

这里，磁场强度控制着实验的共振调谐。失谐参数 $\boldsymbol{\varepsilon}$ 是准束缚态能量 $\boldsymbol{E}_{\mathrm{m}}$ 与入射原子连续能量之差。令束缚道（闭道）势阱 $V_{\mathrm{clch}}(r)$ 与散射道（开道）势阱 $V_{\mathrm{opch}}(r)$ 在 $r\to\infty$ 时之差为 Δ：

$$\Delta = [E_{\text{closed channel}}(r) - E_{\text{open channel}}(r)]|_{r=\infty} = E_m + \varepsilon \tag{17.46}$$

这里 E_m 为准束缚态的束缚能。当 $B=B_m$ 取共振值时，从入射道看，准束缚分子能量在入射原子连续能级线上，以致 Δ 等于束缚态的束缚能，$\Delta=E_m$。靠近共振处，失谐参数 ε 为

$$\varepsilon = \Delta - E_m \approx (\partial\Delta/\partial B)[B - B_m] \tag{17.47}$$

最终,靠近共振处的等效散射长度式(17.37)成为(γ恒正,吸引势 $a<0$)⑪

$$a_{\text{eff}} = a - \frac{\gamma}{\varepsilon} = a\left(1 - \frac{\delta B}{B - B_m}\right), \quad \delta B = \frac{\gamma}{a(\partial\Delta/\partial B)} \tag{17.48}$$

表明它随磁场强度变化是"断续而发散的"。同样,等效相互作用强度为

$$\lambda_{\text{eff}} = (4\pi\hbar^2/M)a_{\text{eff}} = \lambda\left(1 - \frac{\delta B}{B - B_m}\right) \tag{17.49}$$

在 Feshbach 共振点附近,散射长度对外磁场改变异常灵敏,从而很便于用外磁场来调控⑫。比如,可以从大磁场下很小的负 a 值出发,将磁场减小,以便增加 a 的绝对数值,达到共振点,同时散射长度发散。再考察共振的另一边,那里 a 变成正值,并且最终变得很小。参见图 17.2。

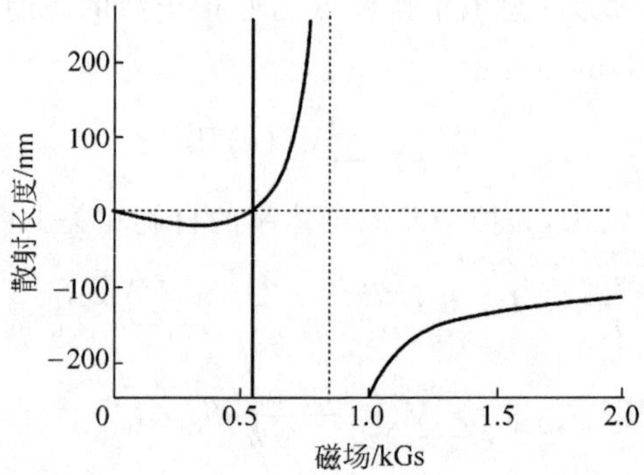

图 17.2 ^{6}Li散射长度对外磁场的一个宽 Feshbach 共振,间断点是共振点 $B_0=843$G(Bourdel, et al., 2003)⑬

5. Feshbach 共振的双态模型计算

可以构造一个简单的双道模型,以体现低能 Feshbach 共振的主要特征。考虑以折合质量 m 相碰撞的两个原子。开始制备在开道上,其位势 $V_{\text{op}}(r)$ 导致本底散射长度 a_{bg}。选取能量的零点使得 $V_{\text{op}}(\infty)=0$。在开道入射碰撞过程中,经过矩阵元 $W(r)$ 发生和具有位势 $V_{\text{cl}}(r)$($V_{\text{cl}}(\infty)>0$)的闭道相耦合。$W(r)$ 的区间为原子尺度 r_c 的量级。为简单起见,只考虑一个闭道,这和考虑孤立共振峰相对应。于是 Hamilton 量为

$$H = \begin{bmatrix} -\frac{\hbar^2}{2m}\Delta + V_{\text{op}}(r) & W(r) \\ W(r) & -\frac{\hbar^2}{2m}\Delta + V_{\text{cl}}(r) \end{bmatrix} \tag{17.50}$$

---

⑪ 于是,磁场越是强过 B_m,分子 Hamilton 量中磁场取向能越高,E_m 值越高,ε 越正,$a_{\text{eff}}<0$。

⑫ GIORGINI S, et al. Theory of ultracold atomic Fermi gases[J]. Rev. Mod. Phys., 2008(80)1222.

⑬ 同上,P. 1226.

再假定 a_{bg} 的量级为 van der Waals 长度。当闭道有一个能量接近于零的束缚态时，散射共振就发生了。

注意，由上面计算可知，磁场取向能与磁矩即自旋有关。于是开道和闭道的能级差依赖于磁场。假定碰撞态的开道和闭道的磁矩不同，将磁矩差记作为 μ。通过改变磁场 δB，就能相对于开道移动闭道的能量 $\mu\delta B$，也即相对于开道调谐闭道的位置。

6. Li 原子例子

碱金属基态电子构形为：

	Z	电子自旋	电子构形
H	1	1/2	$1s$
Li	3	1/2	$1s^2 2s^1$
Na	11	1/2	$1s^2 2s^2 2p^6 3s^1$
K	19	1/2	$1s^2 2s^2 2p^6 3s^2 3p^6 4s^1$
Rb	37	1/2	$(\mathrm{Ar}) 3d^{10} 4s^2 4p^6 5s^1$
Cs	55	1/2	$(\mathrm{Kr}) 4d^{10} 5s^2 5p^6 6s^1$

其中，$(\mathrm{Ar}) = 1s^2 2s^2 2p^6 3s^2 3p^6$，$(\mathrm{Kr}) = 1s^2 2s^2 2p^6 3s^2 3p^6 3d^{10} 4s^2 4p^6$。

Li 原子的例子⑭。Li 原子核自旋为 1。考虑 a、b 两个 Li 原子碰撞，分别制备在状态 $m_f = \pm 1/2$ 上，即 $|a\rangle = |m_s = -1/2, m_i = 1\rangle$（混有少量 $|m_s = 1/2, m_i = 0\rangle$）和 $|b\rangle = |m_s = -1/2, m_i = 0\rangle$（混有少量 $|m_s = 1/2, m_i = -1\rangle$）。于是，分别处在初态（两个价电子 $m_s = -1/2$ 相同，但两个原子 m_f 彼此相反）$|a, b\rangle$ 上的两个原子间散射，主要是朝向它们的三重态 $m_f = 0$。可以很普遍地设定，碰撞相互作用能够写作如下求和形式⑮：

$$V(r) = \frac{1}{4}[3V_t(r) + V_s(r)] + [V_t(r) - V_s(r)]\boldsymbol{S}_1 \cdot \boldsymbol{S}_2 \tag{17.51}$$

式中，$\boldsymbol{S}_i$ 是每个原子的价电子自旋；V_t 和 V_s 分别是三重态和单态的分子位势。在大距离上，位势 V_s 和 V_t 有着 van der Waals 吸引势的同样行为，但在短距离的行为相当不同：它们虽然都有很深的吸引势深阱，但 V_s 的阱深比 V_t 的阱深更深一些，或者说，相对拉开距离而言，V_s 的势垒更高一些。现在强磁场下，初态 $|a,b\rangle$ 并不是纯粹的三重态。由于 $V(r)$ 的张量性质，即 $V(r)$ 第二项在基 $|a,b\rangle$ 中并不是对角的，自旋初态 $|a,b\rangle$ 在碰撞期间要发生演化。它将耦合到其他散射道 $|c,d\rangle$，只要保持总自旋的 z 分量守恒（$m_{fa} + m_{fb} = m_{fc} + m_{fd} = 0$）即可。当两个原子彼此离开时，$|c,d\rangle$ 的 Zeeman 效应加上精细能量超过制备在 $|a,b\rangle$ 态的这对原子的初始动能。超过量为精细结构能量的量级。由于热能远小于超冷碰撞的动能，道 $|c,d\rangle$ 很靠近，并且经碰撞后原子总是在开道态 $|a,b\rangle$ 出现。然而，由于 $|a,b\rangle$ 通过 $V(r)$ 第二项（它典型的量级是 eV）和 $|c,d\rangle$ 的强耦合，于是开道的有效散射振幅将会显著改变。

⑭ BLOCH I et al. Many-body physics with ultracold gases[J]. Rev. Mod. Phys, 2008, (80) 885，及脚注⑨文献。

⑮ 此式是如此构造的：平行耦合三重态时 $V(\boldsymbol{r}) = V_t(\boldsymbol{r})$；反平行耦合单态时 $V(\boldsymbol{r}) = V_s(\boldsymbol{r})$。

17.4 超冷全同原子凝聚体 Feshbach 共振(Ⅱ)——多体效应

1. 全同原子多体系统中的 Feshbach 共振相互作用

目前,对于整个 BCS-BEC 转型过程还没有一个精确的解析解。为了描述全同粒子组成的多体系统的物理性质,采用二次量子化方法很恰当。对现在情况,选用箱归一的单粒子平面波作为准粒子基,进行产生和湮灭的描述很方便。将"场"按这组基展开为[16]

$$\hat{\psi}(\boldsymbol{r},t)=\frac{1}{\sqrt{V}}\sum_{\boldsymbol{k}}\hat{c}_{\boldsymbol{k}}(t)\exp(\mathrm{i}\boldsymbol{k}\cdot\boldsymbol{r})$$

二次量子化的 Hamilton 量密度和 Hamilton 量为[17]

$$\begin{cases}\hat{\mathscr{H}}(\boldsymbol{r})=\hat{\psi}^{+}(\boldsymbol{r})\left[\dfrac{-\hbar^{2}}{2m}\Delta+V_{\text{ext}}(\boldsymbol{r})\right]\hat{\psi}(\boldsymbol{r})+\dfrac{\lambda}{2}\hat{\psi}^{+}(\boldsymbol{r})\hat{\psi}^{+}(\boldsymbol{r})\hat{\psi}(\boldsymbol{r})\hat{\psi}(\boldsymbol{r})\\ \hat{H}=\displaystyle\int\mathrm{d}^{3}r\,\hat{\mathscr{H}}(\boldsymbol{r})\end{cases}\tag{17.52}$$

超稀薄原子阱系统的密度 $n\approx(10^{13}\sim10^{15})/\text{cm}^3$,于是有 $na^3\approx10^{-8}\sim10^{-4}$。因此,粒子间的相互作用本质上是双原子体系的。特别是,原子一原子相互作用可以描述成双原子碰撞,部分理由是碰撞复合体生存时间如此短促,以至于碰撞复合体和其他粒子的相互作用可以忽略。这个假设是个重要依据,使得按多体方式处理原子-原子相互作用时,能够作为"阶梯近似",重新引入双原子散射长度。处理结果就是前面的 $\lambda=(4\pi\hbar^2/M)a$。由于气体密度较低,允许采用方程(17.49)中双原子碰撞有效相互作用强度 λ_{eff} 代替 λ 来描述 Feshbach 共振效应。

然而,当 $\varepsilon\to0$ 时,这种 λ_{eff} 描述方法就有问题了。理由之一是,在这种描述里 $na_{\text{eff}}^3\to\infty$,结果是系统并不保留在稀薄状态[18]。为了更清楚地看出这种描述方法的局限性,换一种办法估计两个原子碰撞的延迟:

$$\tau_D=\hbar\frac{\delta\delta_0}{\delta E}=\hbar\frac{\delta\delta_0}{\delta k}\left(\frac{\delta E}{\delta k}\right)^{-1}=\frac{1}{v}\frac{\delta\delta_0}{\delta k}=\frac{1}{v}\frac{\delta(ka_{\text{eff}})}{\delta k}=\frac{a_{\text{eff}}(E)}{v}\xrightarrow{E\to0}\frac{1}{v}\left(a-\frac{\gamma}{\varepsilon}\right)$$

这里用了公式(17.48)。于是很自然地将 τ_D 划分为原子耗费在阱中时间 $\tau_{D,p}=a/v$ 和原子耗费在中间分子态内时间 $\tau_{D,m}=|\gamma/\varepsilon v|$ $(k\to0)$。注意 $\lim\limits_{\varepsilon\to0}|\tau_{D,m}/\tau_{D,p}|=\infty$,这意味着,在共振附近,原子相对耗费很长时间在分子中间态内。这时将相互作用看作两个原子一对一碰撞近似的合法性就不再是明显的了。

为避免任何先验假设,下面采用多体方法拟定有复合粒子存在的 Feshbach 共振理论。这种多体理论包含准分子中间态和自旋翻转(导致准分子态的)相互作用。这时,相互作用

---

⑯ 脚注③文献,3.3.3节。

⑰ 脚注⑦文献,P.212-216。

⑱ 脚注⑦文献强调指出,对于静态在共振凝聚体的多体行为,λ_{eff}描述会导致非物理的预言。

由下面全同粒子系统的齐次多体 Hamilton 量$\hat{H}_{MP}$来描述：

$$\hat{H}_{MP}=\sum_{\boldsymbol{K},\boldsymbol{k}',\boldsymbol{k}}\left\{\frac{1}{\sqrt{2}}\langle\boldsymbol{K},m\mid V_{hf}\mid\boldsymbol{k},\boldsymbol{k}',a\rangle\,\hat{c}^{+}_{m,K}\,\hat{c}_{a,k}\,\hat{c}_{a,k'}\right\}\tag{17.53}$$

这里矩阵元积分是在两粒子的非对称波函数上进行的，它们是质心动量为 $\boldsymbol{K}$ 的 m 分子态 $|\boldsymbol{K},m\rangle$和动量为 $\boldsymbol{k},\boldsymbol{k}'$的双原子连续态$|\boldsymbol{k},\boldsymbol{k}',a\rangle$。因子 $1/\sqrt{2}$ 确保一次和二次量子化的矩阵元相等，如同下面$\hat{H}_{MP}$在单分子 bra 态和双原子 ket 态间的矩阵元例子所示。同样地，分子被超精细诱导分裂由（$\hat{H}_{MP}$的厄米共轭）$\hat{H}_{PM}$所描述。令

$$\langle\boldsymbol{K},m\mid V_{hf}\mid\boldsymbol{k},\boldsymbol{k}';a\rangle=\frac{1}{\sqrt{V}}\alpha\Bigg|_{\boldsymbol{K}=\boldsymbol{k}+\boldsymbol{k}'}\tag{17.54}$$

按通常从分立转连续的办法，二次量子化后 Feshbach 共振相互作用为[19]：

$$\hat{\boldsymbol{H}}_{MP}=\frac{1}{\sqrt{V}}\sum_{\boldsymbol{k}',\boldsymbol{k}}\left\{\frac{\alpha}{\sqrt{2}}\,\hat{c}^{+}_{m,\boldsymbol{k}+\boldsymbol{k}'}\,\hat{c}_{a,\boldsymbol{k}}\,\hat{c}_{a,\boldsymbol{k}'}\right\}=\frac{\alpha}{\sqrt{2}}\int\mathrm{d}^3r\,\hat{\psi}^{+}_{m}(\boldsymbol{r})\hat{\psi}_{a}(\boldsymbol{r})\hat{\psi}_{a}(\boldsymbol{r})\tag{17.55}$$

类似于原子间的“弹性”相互作用，低能条件意味着对分子道的耦合强度与传递的动量无关。所以，Feshbach 共振相互作用也只需要用单参数（原子-分子耦合强度）α 来表征。

按照这些结果，可将多体系统 Hamilton 量密度式（17.52）推广用于描述多原子/分子的复合系统：

$$\begin{aligned}\mathscr{H}(\boldsymbol{r})=&\hat{\psi}^{+}_{a}(\boldsymbol{r})\left[\frac{-\hbar^2}{2M}\Delta+\frac{\lambda_a}{2}\hat{\psi}^{+}_{a}(\boldsymbol{r})\hat{\psi}_{a}(\boldsymbol{r})\right]\hat{\psi}_{a}(\boldsymbol{r})\\&+\hat{\psi}^{+}_{m}(\boldsymbol{r})\left[\frac{-\hbar^2}{4M}\Delta+\varepsilon+\frac{\lambda_m}{2}\hat{\psi}^{+}_{m}(\boldsymbol{r})\hat{\psi}_{m}(\boldsymbol{r})\right]\hat{\psi}_{m}(\boldsymbol{r})\\&+\lambda\hat{\psi}^{+}_{a}(\boldsymbol{r})\hat{\psi}_{a}(\boldsymbol{r})\hat{\psi}^{+}_{m}(\boldsymbol{r})\hat{\psi}_{m}(\boldsymbol{r})\\&+\frac{\alpha}{\sqrt{2}}\left[\hat{\psi}^{+}_{m}(\boldsymbol{r})\hat{\psi}_{a}(\boldsymbol{r})\hat{\psi}_{a}(\boldsymbol{r})+\hat{\psi}_{m}(\boldsymbol{r})\hat{\psi}^{+}_{a}(\boldsymbol{r})\hat{\psi}^{+}_{a}(\boldsymbol{r})\right]\end{aligned}\tag{17.56}$$

这里，λ_a、λ_m、λ 分别表示原子-原子、分子-分子、原子-分子相互作用的强度。此处已经假设未受外势作用。注意，此 Hamilton 量也可以用于正确描述双原子系统的 Feshbach 共振行为。

2. 凝聚体混合动力学

在多体物理中发现了一个新现象：从多体动力学中可以发现分子凝聚体的组分。为了描述这个复合系统的动力学，很方便的出发点是为原子和分子场设定多分量场的场算符及其运动方程（$i,j=a,m$），

---

⑲ 为检验此式，可将右边展开，利用脚注③文献 5.2.3 节，及相应的从连续 $\boldsymbol{k}$ 到分立 $\boldsymbol{k}$ 过渡的脚注。

$$\begin{cases} \mathrm{i}\hbar\,\dot{\hat{\psi}}_i(\boldsymbol{x},t)=[\hat{H},\hat{\psi}_i(\boldsymbol{x},t)] \\ [\hat{\psi}_i^+(\boldsymbol{r},t),\hat{\psi}_j(\boldsymbol{x},t)]=\delta_{i,j}\delta(\boldsymbol{r}-\boldsymbol{x}),[\hat{\psi}_i(\boldsymbol{r},t),\hat{\psi}_j(\boldsymbol{r},t)]=0 \end{cases} \tag{17.57}$$

对易出来即是两个场算符的如下非线性耦合方程组：

$$\begin{cases} \mathrm{i}\hbar\,\dot{\hat{\psi}}_a=-\dfrac{\hbar^2}{2M}\Delta\hat{\psi}_a+\lambda_a\hat{\psi}_a^+\hat{\psi}_a\hat{\psi}_a+\lambda\hat{\psi}_m^+\hat{\psi}_m\hat{\psi}_a+\sqrt{2}\,\alpha\hat{\psi}_m\hat{\psi}_a^+ \\ \mathrm{i}\hbar\,\dot{\hat{\psi}}_m=-\dfrac{\hbar^2}{4M}\Delta\hat{\psi}_m+\varepsilon\hat{\psi}_m+\lambda_m\hat{\psi}_m^+\hat{\psi}_m\hat{\psi}_m+\lambda\hat{\psi}_a^+\hat{\psi}_a\hat{\psi}_m+\dfrac{\alpha}{\sqrt{2}}\hat{\psi}_a^+\hat{\psi}_a^+ \end{cases} \tag{17.58}$$

这里非线性联立场算符方程组虽然为许多问题提供了精确的描述，但一般很难求解。然而，对于稀薄凝聚体，通过对上面方程组取期望值，并假定乘积的期望值等于期望值的乘积，比如说有$\langle\hat{\psi}_a\hat{\psi}_a\rangle\approx\varphi_a^2$等，可以得到凝聚体场$\varphi_a(\boldsymbol{r})=\langle\hat{\psi}_a(\boldsymbol{r})\rangle$，$\varphi_m(\boldsymbol{r})=\langle\hat{\psi}_m(\boldsymbol{r})\rangle$概率幅的一个封闭的方程组。即

$$\begin{cases} \mathrm{i}\hbar\,\dot{\varphi}_a=\left[-\dfrac{\hbar^2}{2M}\Delta+\lambda_a|\varphi_a|^2+\lambda|\varphi_m|^2\right]\varphi_a+\sqrt{2}\,\alpha\varphi_m\varphi_a^* \\ \mathrm{i}\hbar\,\dot{\varphi}_m=\left[-\dfrac{\hbar^2}{4M}\Delta+\varepsilon+\lambda_m|\varphi_m|^2+\lambda|\varphi_a|^2\right]\varphi_m+\dfrac{\alpha}{\sqrt{2}}\varphi_a^2 \end{cases} \tag{17.59}$$

这组非线性耦合方程替代了通常描述稀薄单一凝聚体系统的 Gross-Pitaevskii 方程：

$$\mathrm{i}\hbar\frac{\partial\varphi}{\partial t}=-\frac{\hbar^2}{2m}\Delta\varphi+V(\boldsymbol{x})\varphi+\frac{4a\pi\hbar^2}{m}|\varphi|^2\varphi \tag{17.60}$$

注意，式(17.59)的φ_m方程中有一个源项$\propto\varphi_a^2$，它使得分子场场算符的期望值φ_m在$\varphi_a\neq0$时取不为零的有限值：就是说，在原子凝聚体中，原子-分子耦合创造了分子凝聚体的成分。

Gauss 试探波函数导致如下经典的有效 Hamilton 量密度：

$$\begin{aligned}\mathscr{H}_{\text{eff}}=&\varphi_a^*\left[-\frac{\hbar^2}{2M}\Delta+\frac{\lambda_a}{2}|\varphi_a|^2\right]\varphi_a+\varphi_m^*\left[-\frac{\hbar^2}{4M}\Delta+\varepsilon+\frac{\lambda_m}{2}|\varphi_m|^2\right]\varphi_m \\ &+\lambda|\varphi_a|^2|\varphi_m|^2+\frac{\alpha}{\sqrt{2}}[\varphi_m^*\varphi_a^2+\varphi_m\varphi_a^{*2}]\end{aligned} \tag{17.61}$$

将此式代入 Hamilton 框架，会给出与式(17.59)相同的运动方程。

3. 粒子损失效应

准束缚态分子 m 的实验寿命不仅由超精细相互作用诱导自旋翻转决定，而且也由和其他原子或分子碰撞决定。这种三体碰撞很重要，最近实验特别称它为高振动量子数分子态 m 的(比如 MIT 实验的 $\nu=14$)"共振体"。准束缚分子很容易破碎，它和第三个粒子(原子或分子)的一次碰撞就可能引起分子衰减到低振动量子数态上。这也是粒子损失的最可能原因。在 MIT 实验中，这种粒子损失为探测 Feshbach 共振提供了信号。

对于原子阱中的粒子损失，通常用十分简单的速率方程就能足够精确地描述($n_i=|\varphi_i|^2$，$i=a,m$。假定全部粒子都为 Bose 凝聚)：

$$\dot{n}_a=n_a(-c_{aa}n_a-c_{am}n_m),\quad \dot{n}_m=n_m(-c_{ma}n_a-c_{mm}n_m) \tag{17.62}$$

对碱金属原子，典型数值是 $c_{aa} \approx 10^{-13} \sim 10^{-14}\,\mathrm{cm}^3/\mathrm{s}$。松散束缚的碱金属两体系统的易碎性由原子-分子和分子-分子态的变化率来表达。这些变化率快得超过原子-原子变化率的几个量级：$10^{-9} \sim 10^{-11}\,\mathrm{cm}^3/\mathrm{s}$。于是密度为 $10^{14}\,\mathrm{cm}^{-3}$ 的这种二元体的"纯"分子凝聚，其存在时间的期望值不会超过 $10^{-3}\,\mathrm{s}$。尽管如此，这个时间尺度实际上仍然足够用于研究分子凝聚体的物理学。

关于分子凝聚体和 Feshbach 共振的静力学，详细讨论见文献(Physics Reports，315(1999)199-230)。

第18讲

量子统计基础的一些考量

——量子统计只有一个公设吗？

※ ※ ※

18.1 前　　言

众所周知，植根于微观粒子波粒二象性、全同粒子不可区分性以及相干平均基础上的量子统计，和植根于可区分质点及概率平均基础上的经典统计有重大差异。更何况，考虑到量子纠缠的空间非定域关联，有时更会显得特别。尽管从统计学的基本公设——概率均等基本原则看，两者其实是贯通的。

像物理学其他分支一样，量子统计也有作为前提的公设和基本点。**它们是两条公设外加一个定理：第一公设——排除约束作用后体系处于所有可能实现态的概率均等（这条各态等概率出现公设经常被说成是平衡态统计力学的唯一基本公设①）；第二公设——不同能级态位相差是无规的；第三，Pauli 基本定理——整数和半整数自旋与统计性质的关联。**两条公设和这个定理逻辑地决定了量子统计的全部特性：统计与能量关联，统计与自旋关联，统计权重分配原则，统计与量子纠缠关联，等等。

下面逐条分析量子统计的这三个基本点。

① 例如，见：李政道．统计力学[M]．上海：上海科学技术出版社，2007：2．

18.2 近独立全同粒子平衡态系综统计理论的基本公设

1. 第一公设——“所有可实现态等权处理”公设

其实，无论经典统计或量子统计，它们最基本的第一公设所体现的物理思想是相通的[②]：**排除掉体系某些被限制的状态，所有没有理由被排除的状态都会在系综中出现，并以等权统计。简单说就是：体系处在所有可能实现态上的概率均等**。这条公设很基本、很重要，其实也很简单、很自然。细分起来，它包含两点内容：**“可实现态都应出现”**[③]和**“出现概率均等”**。照此思想推论，同一能级的所有简并态，如果没有守恒律或量子数约束，应当受到等权对待。

原则上，所说的态不必是能量本征态，任何能够撑起表象的态矢集合都可以。但考虑到存在第二公设，使用能量表象比较方便。而且，即便存在对状态的某种制约 Ω，(向全体满足约束的态投影的)全部投影算符的等权叠加就可以视作此时的单位算符。以单粒子为例：

$$I=\int_{r\in\Omega_r}|\boldsymbol{r}\rangle\mathrm{d}\boldsymbol{r}\langle\boldsymbol{r}|,\quad I=\int_{p\in\Omega_p}|\boldsymbol{p}\rangle\mathrm{d}\boldsymbol{p}\langle\boldsymbol{p}|,\quad I=\sum_{(nlm)\in\Omega}|nlm\rangle\langle nlm|,\quad I=\cdots \tag{18.1}$$

就是说，如果发现有什么限制因素，那就计入这个因素，进行修正后，继续按照这条公设考虑。比如掷骰子，如果没有发现异常，就假设 6 个面都会出现，并且出现概率都是 1/6。如果发现这颗骰子被人做了手脚，不均匀，那就作适当修改[④]以排除不均匀性影响，再继续按公设对待这颗骰子(假如不能简单地用好骰子来替换的话)。

2. 第二公设——“不同能级态位相差是无规的”公设

实际上，平衡态量子统计力学并不只有各态等概率出现这条基本公设，还经常用到另一条有时不明确表示的公设：“不同能级定态之间不存在干涉”，又说成：**“不同能级状态之间位相差是随机的”。结果是测量平均之后，统计计算之时，不同能级之间非相干叠加，不存在显示相干性的交叉项**。关于这条公设成立与失效的分析见下节第 3 点。

18.3 两个公设的初步分析

1. **公设推论之一：统计与能量的关系——B-E 分布、F-D 分布、M-B 分布**

根据两个基本公设，针对全同 Boson、全同 Fermion、经典粒子三种情况，可以导出粒子

② 博戈留波夫 H H. 量子统计学[M]. 北京：科学出版社，1959：10；DIRAC P A M. 量子力学原理[M]. 北京：科学出版社，1965：136.

③ 注意，这里“各态出现公调”不是以前演化中的“各态历经假设”！后者是指，只要时间足够长，系统演化将会经历(或接按)任何设定的态。对孤立系已证明这是不正确的。

④ 依据“实验加逻辑推理”的科学精神进行修改，见本书附录 A。

数按能量分布规律。设体系 Hamilton 量为

$$H=\sum_{k}\frac{\boldsymbol{p}_k^2}{2m}+\sum_{k>l}u_{kl}(\boldsymbol{r}_{kl}),\quad H\psi_i=\varepsilon_i\psi_i \tag{18.2}$$

设想有 $N(\gg 1)$ 个这样的体系(下面称此体系为“粒子”),构成一个系综。设这些粒子彼此近似独立⑤(注意,独立只能是近似的。必须存在哪怕是很小的能量交换,只要时间足够长,整个系综总能达到平衡状态。否则只是由初始状态决定的一团“散沙”),处于温度平衡状态。这种处于热平衡状态的近独立粒子的集合称为正则系综。于是,系综总 Hamilton 量为粒子 H 之和,总本征态则是各个粒子本征态 ψ_i 之积:

$$\mathscr{H}\equiv\sum H,\quad \Psi=\prod\psi \tag{18.3a}$$

假设系综总能量为 $\mathscr{E}$,总粒子数为 N,每个粒子的能级和简并度分别为 $\{\varepsilon_i,d_i\}$,每个能级 ε_i 上占有的粒子数为 n_i。于是有结束条件:

$$\mathscr{E}\equiv\sum_{i=1}n_i\varepsilon_i,\quad N=\sum_{i=1}n_i \tag{18.3b}$$

现在问:这 N 个粒子按能级 ε_i 占有数分布 $\{n_i\}$ 如何?从两条基本公设出发,再考虑系综中粒子全同性性质,可以分别导出三种分布⑥。

全同 Boson 的 B-E 分布

$$\langle n_i\rangle=\frac{d_i}{\exp[(\varepsilon_i-\mu)/k_{\mathrm{B}}T]-1} \tag{18.4a}$$

常数 μ 称做粒子化学势(或称 Gibbs 热力学势),与占有数总和等于 N 的条件等式有关。μ 应当低于所有能级 ε_i,否则相应的占有数成为负值。显然,最低能级 ε_0 占有数 n_0 最大,呈现超低温下粒子凝聚现象。

全同 Fermion 的 F-D 分布

$$\langle n_i\rangle=\frac{d_i}{\exp[(\varepsilon_i-\mu)/k_{\mathrm{B}}T]+1} \tag{18.4b}$$

当 $T\to 0$ 时,$\varepsilon_i>\mu, n_i=0$;$\varepsilon_i<\mu, n_i=d_i$。表明超低温下粒子遵守 Pauli 不相容原理的由基态起始的按态填充。

经典粒子的 M-B 分布

$$\langle n_i\rangle=d_i\exp[-(\varepsilon_i-\mu)/k_{\mathrm{B}}T] \tag{18.4c}$$

这就是 Boltzmann 分布,它处于经典统计力学基本原理的位置。

2. **公设推论之二:部分求迹、路径积分、有效 Lagrange 量 $\mathscr{L}_{\mathrm{eff}}$**

第一公设的处理思想经常被应用在各种场合。首先是部分求迹的等权叠加:设有 A、B

⑤ 强关联会导致非线性效应和多体效应,后者比如参见 17.4 节。

⑥ 详细推导见:张永德.高等量子力学[M].3版.北京:科学出版社,2015,附录 A 中 A.3 节.对三种分布应用的详细讨论见:李政道.统计力学[M].上海:上海科技出版社,2000,第1章.

两个子体系,如果要统计地排除其中 B 的影响,通常是对 B 的全体可能状态进行部分求迹,$\mathrm{tr}^{(B)}\rho_{AB}=\rho_A$。做法正是基于对 B 体系的相应假设。**其次是路径积分思想**:对全体可能路径(各自分别提供一个作用量相因子)作等权叠加处理。**最后是等效 Lagrange 量$\mathscr{L}_{eff}$ 方法**。对不打算考虑的那部分自由度预先进行路径等权平均。

3. 第二公设成立与失效分析

设有大量粒子 a 组成一个带有先验概率分布的混态量子系综$\mathcal{E}_A=\{|\psi_i\rangle_a,p_i\}$,它又常用密度矩阵 $\rho_A=\sum_{i=1}^{n}p_i|\psi_i\rangle_{aa}\langle\psi_i|$ 表示[⑦]。这和全体粒子都处于相应纯态 $|\psi\rangle_A=\sum_{i=1}^{n}\sqrt{p_i}\cdot|\psi_i\rangle_a$ 不同。算符 Ω_a 的期望值分别为

$$\begin{cases}\mathrm{tr}(\Omega_a\rho_A)=\sum_{i=1}^{n}p_{i\,a}\langle\psi_i|\Omega_a|\psi_i\rangle_a\\ {}_A\langle\Psi|\Omega_a|\Psi\rangle_A=\sum_{i=1}^{n}p_{ia}\langle\psi_i|\Omega_a|\psi_i\rangle_a+\sum_{i,j,i\neq j}^{n}\sqrt{p_ip_j}\,{}_a\langle\psi_i|\Omega_a|\psi_j\rangle_a\end{cases}\tag{18.5a}$$

上式第一行是当 A 处于量子系综时,按混态密度矩阵 ρ_A 统计平均计算。它包含两个层次的平均操作:对所有纯态进行量子力学平均${}_a\langle\psi_i|\Omega_a|\psi_i\rangle_a$,得到一系列期望值;再对全部期望值按设定的权重分布$\{p_i\}$进行经典平均。相应的计算结果被解释成对量子系综进行大量重复测量平均值的预言。上式第二行是当 A 处于纯态$|\psi\rangle_A$,这时只有量子平均。两种表达式的差别在于有无非对角元交叉项:纯态有,混态没有。

换个角度讨论。如果系综与外界有相互作用,通过把有关的外界包括进来组成大体系的办法,总可以将大体系看作孤立系,处于纯态。总波函数将依赖于系综变量 x 和外界变量 q。对系综的 Ω 作测量,有

$$\Phi(x,q,t)_{\text{total}}=\sum_n C_n(q,t)\varphi_n(x,t)$$

$$\Rightarrow\overline{(\Phi,\Omega\Phi)_{x,t}}=\sum_{n,m}C_n^*(qt)C_m(qt)\overline{\int\mathrm{d}x\varphi_n^*(xt)\Omega\varphi_m(xt)}\text{(量子平均)}$$

$$\Rightarrow\langle\Omega\rangle=\overline{\overline{(\Phi,\Omega\Phi)_{xt,qt}}}=\sum_m\overline{C_m^*(q,t)C_m(q,t)}\cdot\overline{\langle\Omega\rangle_{mm}}\quad\text{(经典平均)}\tag{18.5b}$$

这里的量子平均一般而言应是含时平均。利用第二条基本公设[⑧]:不同能级无规相差公设,排除不同能级概率幅之间的干涉。于是有

$$\overline{\int\mathrm{d}x\varphi_n^*(xt)\Omega\varphi_m(xt)}=\overline{\langle\Omega\rangle}_{nm}\delta_{nm}\Rightarrow\langle\Omega\rangle=\sum_n|C_n|^2\,\overline{\langle\Omega\rangle}_n,\quad\sum_n|C_n|^2=1\tag{18.6}$$

现在对"无规相差"公设检讨如下:注意每个定态后面还有一个时间相因子 $\mathrm{e}^{-\mathrm{i}Et/\hbar}$,因此不同能级间有一个时间相关的位相差:$\mathrm{e}^{-\mathrm{i}(E_m-E_n)t/\hbar}$。只要记住$\hbar=6.582\times10^{-16}\,\mathrm{eV\cdot s}$

---

⑦ ε_A、ρ_A 两者含义有差别,见:张永德.高等量子力学[M].3 版.北京:科学出版社,2015,第 1 章.

⑧ 这里展开已取能量表象,基矢不一定是 Ω 的本征态。

很小,就能理解,对于通常的能级间距(即便小到$\sim 0.001\text{eV}$)乘以测量持续时间τ(即便短到$\tau \approx 1\text{ns} = 10^{-9}\text{s}$)来说,$\hbar$也足够小,使得$(\tau \Delta E/\hbar) \gg 2\pi$。就是说,**由于测量需要持续很多个振荡周期,这个相因子的快速正负交变振荡将所测结果抹平成为零。用数学思想来简明表示就是**

$$e^{i\beta(x-y)} \xrightarrow{\beta \to \infty} \delta_{xy} \tag{18.7}$$

于是,不同能级概率幅的交叠是非相干叠加的,这就是此公设的由来。但是,值得注意的是,如果测量持续时间τ很小,两个能级的间距又很小,以至于$(\tau \Delta E/\hbar) \leqslant 2\pi$,那就要放弃这个不同能级无规相差假设。鉴于目前时间精密测量已经能够达到10^{-16}s,能级间距又经常涉及$\leqslant 0.001\text{eV}$,实验和理论计算早就应当考虑此公设失效的效应了。

18.4 Pauli基本定理——证明与分析

1. 统计与自旋关系的Pauli基本定理和证明

[**Pauli基本定理**] **描述整数自旋粒子的场量遵守对易规则,组成的全同粒子体系总波函数对于粒子间置换是对称的,体系应根据Bose-Einstein统计量子化,称做Boson;描述半整数自旋粒子的场量遵守反对易规则,组成的全同粒子体系总波函数对于粒子间置换是反对称的,体系应根据Fermi-Dirac统计量子化,称做Fermion。**

几乎所有相对论量子场论书中都叙述此定理,但大多不详细列举证明,个别书给出证明却又十分繁复。文献情况简要列举在脚注中[⑨]。下面简洁证明定理成立的充分条件。证明参照阿希叶泽尔的叙述,但补充了该书欠缺的Fermion反对易子量子化证明,并避免了利用“电子海”概念[⑩]。

证明之前,简略提及Lorentz群的群表示。众所周知,Lorentz群的每个不可约表示可以用两个数(j,k)表示。依照$2j$和$2k$是否有相同的奇偶性来决定表示的性质[⑪]:

第一,如果$2j$和$2k$的奇偶性相同,表示是单值的,转动2π后不出负号,称做张量表示。按张量表示变换的量称做张量。其中又区分为:(j,k)中两个数都是整数为$+1$类,偶秩张量属于$+1$类;(j,k)均为半整数为-1类,奇秩张量属于-1类,特别是矢量属于这一类。

第二,如果$2j$和$2k$的奇偶性不同,表示是双值的,空间转动2π时出一个负号,称做旋量表示。按旋量表示变换的量称做旋量。其中又区分为:(整数j,半整数k的)$+\varepsilon$类;(半

---

⑨ 定理最初由Pauli提出:PAULI W. Phys. Rev., 1940(58):716;一个现代处理见STREATER R F and WIGHTMAN A S. PCT, Spin and Statistics, and All That[M], § 4-4,出版者Benjamin, New York, 1964;WEINBERG S. The Quantum Theory of Fields Vol. I[M]. Cambridge University Press, 1995:233-238。证明完整但较繁杂。A. И. 阿希叶泽尔等的《量子电动力学》证明不算繁杂,但对Fermion情况的证明其实并未进行。详见正文叙述。

⑩ 阿希叶泽尔 A И,等. 量子电动力学[M]. 黄念宁,于敏,译. 北京:科学出版社,1964:166-170,181-187.

⑪ 例如,按(0,0)变换为标量;按(1/2,1/2)变换为矢量;(1,1)为零迹二秩对称张量;(1,0)和(0,1)为二秩反称张量;(1/2,0)和(0,1/2)为Dirac双旋量,等等。

整数 j,整数 k 的)$-\varepsilon$ 类。Dirac 双旋量便按照(1/2,0)和(0,1/2)变换。

属于不同表示类的量相乘时,乘积量归属于哪类,有个乘法表。规则等同于通常乘法表(例如$(-1)(-1)=+1$,$(-1)\cdot\varepsilon=-\varepsilon$,$-\varepsilon\cdot\varepsilon=-1$,等等),只需注意一个例外:$\varepsilon\cdot\varepsilon=(-\varepsilon)\cdot(-\varepsilon)=+1$。另外,如果某个量 ψ 按表示(j,k)变换,并属于$+1$(或-1),则它的复数共轭的量 ψ^* 也按表示(j,k)变换,并属于同一类;但如果 ψ 属于$+\varepsilon$类($-\varepsilon$类)。那么 ψ^* 就属于$-\varepsilon$类($+\varepsilon$类)。

证明 相对论性定域因果律主张,由于粒子运动和作用传播的速度不会大于光速,因此,如果波动场内任意两点,$(\boldsymbol{r}t)$和$(\boldsymbol{r}'t')$彼此以类空间隔相隔开,$l^2=(\boldsymbol{r}-\boldsymbol{r}')^2-c^2(t-t')^2>0$,局域化定义在两点上的任何物理量或物理操作,肯定不存在相互影响。这一结果可以表述为:**定域在类空间隔两点上的任何两个物理量算符$\hat{\boldsymbol{A}}(\boldsymbol{x})$,$\hat{\boldsymbol{B}}(\boldsymbol{x}')$应当相互对易。比如,对 Hamilton 量密度$\mathscr{H}(\boldsymbol{x})$,有**

$$[\mathscr{H}(x),\mathscr{H}(x')]=0,\quad (x-x')^2>0 \tag{18.8}$$

这就是相对论性定域因果律,又称做微观因果性原理。

对于 Boson 情况,场量本身(一次量)就可以有物理意义。采用等时对易子为零(注意是类空间隔)进行量子化是满足相对论性定域因果律的;但对 Fermion 情况,旋量波函数或旋量场场量 $\psi(x)$本身没有直接的物理意义。因为它们在转动 2π 时出负号,本身宇称是不确定的。有物理意义的只是那些对于 $\psi(x)$是二次幂的量。如果它们是空间定域化的,原理就要求它们在类空间隔分开两点上的量必须对易。由于有分解公式

$$[A,BC]=[A,B]_\pm C\mp B[A,C]_\pm$$

于是用二次幂构成的物理量既可以转化为场量对易子运算,也可以转化为场量反对易子运算。所以,采用等时对易子或等时反对易子为零进行量子化,都能保证满足上述相对论性定域因果律。

现在,假设场量 $\psi_r(x_1)$和 $\psi_s(x_2)$的对易子或反对易子是某个 c 数函数,它在类空间隔下为零。由于时空均匀性,这个 c 数函数只能依赖于时空坐标的差值,即

$$[\psi_r(x_1),\psi_s^+(x_2)]_\pm=F_{rs}(x_1-x_2) \tag{18.9}$$

作为量子"游戏"的基本规则,此等式应当是 Lorentz 变换不变的,右边只能是张量(或含常数矩阵的张量和)形式。于是定理要求证明:对整数自旋,等式左边只能用对易子;对半整数自旋则只能用反对易子。

为确定起见,假设每个算符 ψ_r 只属于上面 4 类($+1$,-1,$+\varepsilon$,$-\varepsilon$)中某一类。整数自旋的量属于$+1$和-1类的量,复数共轭使$+1$和-1类的量仍然留在原来类中。但半整数自旋的量将属于$+\varepsilon$类和$-\varepsilon$类的量,复数共轭将把$+\varepsilon$类和$-\varepsilon$类的量互换。由此可知:对整数自旋,$\psi_r\psi_r^+$ 属于$+1$类量;对半整数自旋,$\psi_r\psi_r^+$ 属于-1类量。于是得到结论:作为一般对易子计算结果的右边张量 $F_{rs}(x)$,在整数自旋下是偶秩的,在半整数自旋下是奇秩的。这与场怎样量子化无关,即与函数 $F_{rs}(x)$等式左侧是对易子还是反对易子无关。

下面尽量确定这些奇偶张量的一般性质。为论述简明,设定整数和半整数自旋粒子的

质量 m 相同。比如对 K-G 场和其开根 Dirac 场为

$$E^2 = \boldsymbol{P}^2c^2 + m^2c^4 \to \begin{cases}(\Box - \lambda_C^{-2})\varphi = 0 \\ (\gamma \cdot \partial - \lambda_C^{-1})\psi = 0\end{cases}$$

式中,λ_C 为粒子 Compton 波长。于是,现在问题只涉及一个不变标量函数 $\Delta(x)$ 及其导数:

$$\Delta(x) = \int \frac{\mathrm{d}^3k}{(2\pi)^3}\frac{\sin\omega_k t}{\omega_k}\mathrm{e}^{\mathrm{i}\boldsymbol{k}\cdot\boldsymbol{x}}, \quad \hbar\,\omega_k = \sqrt{\hbar^2\boldsymbol{k}^2 + m^2c^4} \tag{18.10}$$

显然,标量函数 $\Delta(x)$ 有三个特点:①Lorentz 变换不变的;②空间坐标的偶函数;③时间变数的奇函数。因此,对 $t=0$,或一般说,对所有类空间隔它为零。因此,对 $\Delta(x)$ 坐标一次微分便得到矢量,二次微分便得到二秩张量,等等。因此,无论是对易子或反对易子,所产生张量的一般形式应当为

$$F_{rs}(x) = f_{rs}^{(n)}(\partial_\mu^{(x)})\Delta(x) \tag{18.11}$$

这里 c 数函数 $f_{rs}^{(n)}(\partial_\mu^{(x)})$ 是算符 ∂_μ 的常系数多项式,最高幂次为 n,即为张量 $F_{rs}(x)$ 的秩。注意,$f^{(n)}(\partial_\mu^{(x)})$ 系数中可能含有非对易常数矩阵(诸如 γ_μ 等)。根据上面奇偶性分析,可以将对角项 $r=s$ 分别写为

$$[\psi_r(x_1), \psi_r^+(x_2)]_\pm = \begin{cases}F_{rr}^{(2n)}(\partial_\mu^{(1)})\Delta(x_1 - x_2), & 2(j+k) = 2N \\ F_{rr}^{(2n+1)}(\partial_\mu^{(1)})\Delta(x_1 - x_2), & 2(j+k) = 2N+1\end{cases} \tag{18.12}$$

上面一行张量等式针对整数自旋情况,$F_{rr}^{(2n)}(\partial_\mu^{(1)})$ 只含偶数阶导数项;下行张量等式针对半整数自旋情况,$F_{rr}^{(2n+1)}(\partial_\mu^{(1)})$ 只含奇数阶导数项。

首先,对整数自旋的 Boson 情况,构造如下函数:

$$K(x_1 - x_2) = [\psi_r(x_1), \psi_r^+(x_2)]_\pm + [\psi_r(x_2), \psi_r^+(x_1)]_\pm \tag{18.13}$$

显然,不论由对易子或反对易子组成,$K(x_1 - x_2)$ 对时空坐标 x_1、x_2 的替换 $1\leftrightarrow 2$ 均是对称的。所以 $K(x_1 - x_2)$ 应当只包含对 $\Delta(x_1 - x_2)$ 的偶数次空间导数和奇数次时间导数。即时空求导次数总加起来是奇数。利用式(18.12)中对整数自旋的张量等式,可知左边无论取对易子或反对易子都不可能,除非 $F_{rr}^{(2n)}(\partial_\mu^{(1)})$ 为零。于是,对整数自旋情况得到

$$[\psi_r(x_1), \psi_r^+(x_2)]_\pm + [\psi_r(x_2), \psi_r^+(x_1)]_\pm = 0, 2(j+k) = 2N$$

再进一步,左方取反对易子是不可能的,因为那实际上当 $x_1 = x_2$ 时是正的。因此左方只能取对易子。注意此式左边两项对空间坐标差都是偶的,只对时间差是奇的。然而前面说过,由于对易子的 Lorentz 变换不变性,等时对易子为零即是类空间隔下为零,于是类空间隔下两项分别为零。到此就证明了对 Boson 情况有结论:

$$[\psi_r(x_1), \psi_s^+(x_2)]_- = F_{rs}^{(2n)}(\partial_\mu^{(1)})\Delta(x_1 - x_2), \quad 2(j+k) = 2N \tag{18.14}$$

其次,对半整数自旋的 Fermion 情况,构造函数 $L(x_1 - x_2)$:

$$L(x_1 - x_2) = [\psi_r(x_1), \psi_r(x_2)]_+ + [\psi_r(x_2), \psi_r(x_1)]_+ = 2[\psi_r(x_1), \psi_r(x_2)]_+ \tag{18.15}$$

函数对 $1\leftrightarrow 2$ 替换为对称。可以证明,至少在等时情况下它为零:若 $\boldsymbol{r}_1 \neq \boldsymbol{r}_2$,取 $\boldsymbol{r}_2$ 作转轴,令

$\boldsymbol{r}_1$ 绕 $\boldsymbol{r}_2$ 一周,x_1 回到原位。但旋量场 $\psi_r(x_1)$ 转 2π 后出一个负号,于是$[\psi_r(x_1),\psi_r(x_2)]_+=-[\psi_r(x_1),\psi_r(x_2)]_+$。这导致

$$[\psi_r(x_1),\psi_r(x_2)]_+=0,\quad 2(j+k)=2N+1 \tag{18.16}$$

这时对易子不会同时也为零。因为那样将直接导致场量为零。按 Lorentz 不变性,可以推广至类空间隔$(x-x')^2>0$下反对易子为零。

同理(或直接对上式取厄米共轭)可得,类空间隔下还有

$$[\psi_r^+(x_1),\psi_r^+(x_2)]_+=0,\quad 2(j+k)=2N+1 \tag{18.17}$$

最后,再构造如下 1↔2 替换仍为对称的函数:

$$M(x_1-x_2)=[\psi_r(x_1),\psi_r^+(x_2)\psi_r(x_2)]_-+[\psi_r(x_2),\psi_r^+(x_1)\psi_r(x_1)]_- \tag{18.18a}$$

与前相同,令 $\boldsymbol{r}_1$ 绕 $\boldsymbol{r}_2$ 一周,旋量场 $\psi_r(x_1)$ 和 $\psi_r^+(x_1)$ 均出负号,于是有

$$M(x_1-x_2)=-[\psi_r(x_1),\psi_r^+(x_2)\psi_r(x_2)]_-+[\psi_r(x_2),\psi_r^+(x_1)\psi_r(x_1)]_- \tag{18.18b}$$

两式相减,即得

$$\begin{aligned}0&=[\psi_r(x_1),\psi_r^+(x_2)\psi_r(x_2)]_-\\&=[\psi_r(x_1),\psi_r^+(x_2)]_+\psi_r(x_2)-\psi_r^+(x_2)[\psi_r(x_1),\psi_r(x_2)]_+\end{aligned}$$

按上面已证结果,第二项反对易子为零,所以第一项应为零。但 $\psi_r(x_2)\neq0$,最后就得到(注意在类空间隔 $l^2>0$ 下,即等时且 $\boldsymbol{r}_1\neq\boldsymbol{r}_2$)

$$[\psi_r(x_1),\psi_r^+(x_2)]_+\big|_{t_1=t_2}=0,\quad \boldsymbol{r}_1\neq\boldsymbol{r}_2$$

返回半整数自旋张量等式,可知应该取其中反对易子进行量子化[⑫]:

$$[\psi_r(x_1),\psi_r^+(x_2)]_+=F_{rr}^{(2n+1)}(\partial_\mu^{(1)})\Delta(x_1-x_2),\quad 2(j+k)=2N+1 \tag{18.19}$$

证毕。

2. 证明分析

(1) 上述证明表明,**Pauli 定理的直接根据是“Lorentz 变换不变性原理”和“相对论性定域因果律”[⑬],定理的主要贡献是将自旋(整数半整数)与统计性质关联起来**。定理论断,所有相对论性方程,按它们在空间转动下内禀自旋是整数还是半整数,相应地实施对易或反对易的量子化规则。如果采用不遵守定理的相反的量子化规则将构建不出逻辑自洽的多体量子动力学理论。**Pauli 定理是相对论性定域因果场论的重要成就**。

(2) 一般说,相对论力学包容着非相对论力学。粗看起来,既然 Pauli 定理对相对论情况成立,可以预期定理对非相对论情况也一定成立。其实,仔细推敲可以发现存在误解,有必要作一个剖析。因为,**其一**,非相对论近似后,证明的两条物理根据都已不复存在。Schrödinger 场不是 Lorentz 变换不变的,上面证明中右边不是张量形式。而且非相对论粒子速度 $\beta=v/c\to0$,相对论性定域因果律的提法也消失(因果律当然还存在)。上面全部证

---

⑫ 附带指出,在上面证明 Fermion 时,“令 $\boldsymbol{r}_1$ 绕 $\boldsymbol{r}_2$ 一周出负号”办法不能直接(!)用于第二行张量 $F_{rs}^{(2n+1)}$ 等式。因为右边张量含有与旋量场有关的与此种空间转动非对易的常数矩阵。

⑬ 当然,定理还有一条数学来源,那就是基于开平方根的运算。参见后面定理分析部分。

明失去依据。**其二**,非相对论情况下,无论是动力学方程或是两种量子化规则方案都出现了简并现象——Boson 和 Fermion 都简并为用同一个 Schrödinger 场来描述,而 Schrödinger 场无论用对易或反对易规则量子化,都能构建自洽的量子统计理论[⑭]。可是另一方面,定理(关于自旋与统计关联)的论断依然成立!这显得有些蹊跷和诡异。但只要注意如下事实,就立即可以理解:**非相对论近似是在粒子位形空间里进行的(与力、速度或加速度有关的)动力学近似,而定理的论断只涉及粒子内禀自旋空间,并不涉及粒子位形空间。其实,物理上这是说,定理论断与实行非相对论近似无关。**

(3) 虽然 Dirac 方程 4 分量旋量在低能区简化为两分量的简单旋量,转 2π 仍会出负号!所以上面 Fermion 证明中部分内容仍可以直接用于低能区,得到不同空间点 $\boldsymbol{r}_1\neq\boldsymbol{r}_2$ 的等时反对易子为零。这启示,1/2 自旋情况下,Pauli 基本定理与 2 维开根运算 $\sqrt{\begin{pmatrix}1&0\\0&1\end{pmatrix}}=\pm\sigma_i$,$i=0,x,y,z$,$\sqrt{\mathrm{e}^{\mathrm{i}2\pi}}=\pm\mathrm{e}^{\mathrm{i}\pi}$ 密切相关[⑮]。可以联想一个比喻:**定义在普通环面上的矢量场,通过开根运算,映射为定义在 Mobius 带环面上的旋量场(见第 8 讲)。**

(4) 直接计算表明:**复 K-G 场不能用反对易规则量子化。**

证明 复 Klein-Gordon 场的展开式为($\omega_k=c\sqrt{k^2+\lambda_C^{-2}}$)

$$\hat{\Phi}(x)=\int\frac{\mathrm{d}^3k}{\sqrt{2\omega_k(2\pi)^3}}(a(\boldsymbol{k})\mathrm{e}^{\mathrm{i}kx}+b^+(\boldsymbol{k})\mathrm{e}^{-\mathrm{i}kx})$$

这里,$\lambda_C=\hbar/\mu c$ 是粒子 Compton 波长,$(a(\boldsymbol{k}),a^+(\boldsymbol{k}'))$ 和 $(b(\boldsymbol{k}),b^+(\boldsymbol{k}'))$ 为正反粒子对。如果设定产生湮灭算符遵从反对易规则:

$$\{a(\boldsymbol{k}),a^+(\boldsymbol{k}')\}=\delta(\boldsymbol{k}-\boldsymbol{k}'),\{a(\boldsymbol{k}),a(\boldsymbol{k}')\}=\{a^+(\boldsymbol{k}),a^+(\boldsymbol{k}')\}=0,\cdots$$

则不等时反对易子为

$$\begin{aligned}\{\hat{\Phi}(x),\hat{\Phi}(x')\}&=\int\frac{\mathrm{d}^3(kk')}{2(2\pi)^3\sqrt{\omega_k\omega'_{k'}}}[a(\boldsymbol{k})\mathrm{e}^{\mathrm{i}kx}+b^+(\boldsymbol{k})\mathrm{e}^{-\mathrm{i}kx},b(\boldsymbol{k}')\mathrm{e}^{\mathrm{i}k'x'}+a^+(\boldsymbol{k}')\mathrm{e}^{-\mathrm{i}k'x'}]\\&=\int\frac{\mathrm{d}^3(kk')}{2(2\pi)^3\sqrt{\omega_k\omega'_{k'}}}\{[a(\boldsymbol{k}),a^+(\boldsymbol{k}')]\mathrm{e}^{\mathrm{i}kx-\mathrm{i}k'x'}+[b^+(\boldsymbol{k}),b(\boldsymbol{k}')]\mathrm{e}^{-\mathrm{i}kx+\mathrm{i}k'x'}\}\\&=\int\frac{\mathrm{d}^3(kk')}{2(2\pi)^3\sqrt{\omega_k\omega'_{k'}}}\{[a(\boldsymbol{k}),a^+(\boldsymbol{k}')]\mathrm{e}^{\mathrm{i}kx-\mathrm{i}k'x'}+[b^+(\boldsymbol{k}),b(\boldsymbol{k}')]\mathrm{e}^{-\mathrm{i}kx+\mathrm{i}k'x'}\}\\&=\int\frac{\mathrm{d}^3k}{2(2\pi)^3\omega_k}(\mathrm{e}^{\mathrm{i}k(x-x')}+\mathrm{e}^{-\mathrm{i}k(x-x')})=\int\frac{\mathrm{d}^3k}{(2\pi)^3\omega_k}\mathrm{e}^{\mathrm{i}\boldsymbol{k}\cdot(\boldsymbol{r}-\boldsymbol{r}')}\cos\omega_k(t-t')\\&=\Delta_1(x-x')\end{aligned}$$

于是等时情况成为:$t=t'$ 下类空间隔为 $(x-x')^2=(\boldsymbol{r}-\boldsymbol{r}')^2\equiv l^2>0$,有

---

⑭ 由此也知道,不能从 Schrödinger 方程必然地导出 1/2 自旋。此问题分析见 12.8 节。

⑮ 也可参考 R. Feynman 在纪念 Dirac 学术会上的报告:存在反粒子的理由。收入丛书《从反粒子到最终定律》(李培廉译.长沙:湖南科学技术出版社,2003)。

$$\Delta_1(x-x')\big|_{t=t'} = \frac{1}{(2\pi)^3}\int \frac{\mathrm{d}^3 k}{\sqrt{k^2+\lambda_C^{-2}}}\mathrm{e}^{\mathrm{i}\boldsymbol{k}\cdot(\boldsymbol{r}-\boldsymbol{r}')} = \frac{1}{(2\pi)^2}\int_0^\infty \frac{k^2\,\mathrm{d}k}{\sqrt{k^2+\lambda_C^{-2}}}\int_0^\pi \mathrm{e}^{\mathrm{i}kl\cos\theta}\sin\theta\mathrm{d}\theta$$

$$= \frac{2}{(2\pi)^2 l}\int_0^\infty \frac{k\sin(kl)\,\mathrm{d}k}{\sqrt{k^2+\lambda_C^{-2}}} = \frac{1}{2\pi^2\lambda_C l}K_1\left(\frac{l}{\lambda_C}\right)\neq 0^{⑯}$$

注意 $\Delta_1(x)$是 Lorentz 不变函数,于是所得结果最后推广为,在类空间隔下场算符的反对易子不为零。反过来,如果令类空间隔下场算符的反对易子为零,则显然不能保证产生湮灭算符的反对易规则。总之,对复 Klein-Gordon 场,产生湮灭算符的反对易量子化规则和场算符的反对易量子化规则相互不协调,特别是在类空间隔下和相对论性定域因果律矛盾,构造不出定域因果场论!因为,标量场无须二次幂就能构成可观测量,类空间隔两点的场量应当彼此对易。

(5) 直接计算表明:**Dirac 场不能用对易规则量子化。**

证明 Dirac 场展开式为

$$\begin{cases}\psi(x) = \displaystyle\int \mathrm{d}^3 k\sqrt{\frac{mc^2}{E_k}}\sum_{\sigma=1}^{2}\left[a_\sigma(\boldsymbol{k})u_\sigma(\boldsymbol{k})\frac{\mathrm{e}^{\mathrm{i}kx}}{(2\pi)^{3/2}} + b_\sigma^+(\boldsymbol{k})v_\sigma(\boldsymbol{k})\frac{\mathrm{e}^{-\mathrm{i}kx}}{(2\pi)^{3/2}}\right] \\ \quad\equiv \psi^{(+)}(x)+\psi^{(-)}(x) \\ \bar{\psi}(x) = \displaystyle\int \mathrm{d}^3 k\sqrt{\frac{mc^2}{E_k}}\sum_{\sigma=1}^{2}\left[a_\sigma^+(\boldsymbol{k})\bar{u}_\sigma(\boldsymbol{k})\frac{\mathrm{e}^{-\mathrm{i}kx}}{(2\pi)^{3/2}} + b_\sigma(\boldsymbol{k})\bar{v}_\sigma(\boldsymbol{k})\frac{\mathrm{e}^{\mathrm{i}kx}}{(2\pi)^{3/2}}\right] \\ \quad\equiv \bar{\psi}^{(-)}(x)+\bar{\psi}^{(+)}(x)\end{cases}$$

式中,$E_k=\sqrt{\hbar^2\boldsymbol{k}^2+m^2c^4}$。如果对 Dirac 场采用对易规则量子化,则从二次型量的对易子 $[\Omega(x),\Omega(x')]=0$ 中必定分解出场量的因子

$$\begin{aligned}[\psi_\alpha(x),\bar{\psi}_\beta(x')] &= [\psi_\alpha^{(+)}(x),\bar{\psi}_\beta^{(-)}(x')] + [\psi_\alpha^{(-)}(x),\bar{\psi}_\beta^{(+)}(x')] \\ &= \int\frac{\mathrm{d}^3 k}{(2\pi)^3}\sum_\sigma\frac{m}{E_k}u_\sigma(\boldsymbol{k})_\alpha\bar{u}_\sigma(\boldsymbol{k})_\beta\mathrm{e}^{\mathrm{i}k(x-x')} \\ &\quad -\int\frac{\mathrm{d}^3 k}{(2\pi)^3}\sum_\sigma\frac{m}{E_k}v_\sigma(\boldsymbol{k})_\alpha\bar{v}_\sigma(\boldsymbol{k})_\beta\mathrm{e}^{-\mathrm{i}k(x-x')} \\ &= \int\frac{\mathrm{d}^3 k}{(2\pi)^3}\frac{1}{2\mathrm{i}E_k}[(\hat{k}+\mathrm{i}m)_{\alpha\beta}\mathrm{e}^{\mathrm{i}k(x-x')} - (\hat{k}-\mathrm{i}m)_{\alpha\beta}\mathrm{e}^{-\mathrm{i}k(x-x')}] \\ &= -\mathrm{i}(\boldsymbol{\gamma}\cdot\partial - m)_{\alpha\beta}[\Delta^{(+)}(x-x') - \Delta^{(-)}(x-x')] \\ &= -(\boldsymbol{\gamma}\cdot\partial - m)_{\alpha\beta}\Delta_1(x-x') \\ &= -S_1(x-x')_{\alpha\beta}\end{aligned}$$

在等时情况下,

---

⑯ $\displaystyle\int_0^\infty \frac{k\sin kx\,\mathrm{d}k}{\sqrt{k^2+\alpha^2}} = \alpha K_1(\alpha x)$ 见:ABRAMOWITZ M. STEGUN I A. Handbook of Mathematical Functions[M]. New York: Dover Publications Inc.,1965:376. 对那里的 K_0 表达式微商即得。

$$
\begin{aligned}
S_1(x-x')\big|_{t=t'} &= (\boldsymbol{\gamma}\cdot\partial - m)\Delta_1(x-x')\big|_{t=t'} \\
&= \mathrm{i}(\boldsymbol{\gamma}\cdot\partial - m)\int\frac{\mathrm{d}^3 k}{(2\pi)^4}\int_C \mathrm{d}k_4\,\frac{\mathrm{e}^{\mathrm{i}k(x-x')}}{k^2+m^2}\bigg|_{t=t'} \\
&= \mathrm{i}\int\frac{\mathrm{d}^3 k}{(2\pi)^3 E_k}(\boldsymbol{\gamma}\cdot\boldsymbol{k}+\mathrm{i}m)\mathrm{e}^{\mathrm{i}\boldsymbol{k}\cdot(\boldsymbol{x}-\boldsymbol{x}')} \neq 0
\end{aligned}
$$

由于 S_1 是不变函数,等时不为零就导致任意类空间隔 $(x-x')^2>0$ 下不为零。这和相对论性定域因果律相违背。

(6) **最后再补充一个 Fermion 必须用反对易子量子化的理由**。对旋量场,不论用对易子或反对易子将场平均能量表达式转到粒子数表象时,Hamilton 量总是得到下面形式 $(E_k=\hbar\,\omega_k=\sqrt{\hbar^2\boldsymbol{k}^2+m^2c^4})$:

$$
H=\int\mathrm{d}\boldsymbol{r}\psi^+(\boldsymbol{r}t)\mathrm{i}\,\hbar\,\partial_t\psi^+(\boldsymbol{r}t)=\int\mathrm{d}\boldsymbol{k}E_k\sum_{\sigma=1}^{2}\{a_\sigma^+(\boldsymbol{k})a_\sigma(\boldsymbol{k})-b_\sigma(\boldsymbol{k})b_\sigma^+(\boldsymbol{k})\}
$$

虽然,这里只能采用反对易子量子化。如此第二项就化为

$$
-b_\sigma(\boldsymbol{k})b_\sigma^+(\boldsymbol{k})=b_\sigma^+(\boldsymbol{k})b_\sigma(\boldsymbol{k})-[b_\sigma(\boldsymbol{k}),b_\sigma^+(\boldsymbol{k})]_+
$$

其中 $b_\sigma^+(\boldsymbol{k})b_\sigma(\boldsymbol{k})=N_\sigma$ 是反粒子数算符。再按重整化思想减除反对易子积分无穷大常数,也就是保证所有量子系统都必须有自己的基态。一般地说,无任何粒子的真空态,其能量应当能够定义为零,也就是常说的,应当使自由粒子的能量是正定的。但如果对结果采用对易子量子化,第二项将成为

$$
-b_\sigma(\boldsymbol{k})b_\sigma^+(\boldsymbol{k})=-b_\sigma^+(\boldsymbol{k})b_\sigma(\boldsymbol{k})-[b_\sigma(\boldsymbol{k}),b_\sigma^+(\boldsymbol{k})]_+
$$

这里 $b_\sigma^+(\boldsymbol{k})b_\sigma(\boldsymbol{k})=N_\sigma$ 是反粒子数算符。于是,随着反粒子数无限增多,系统总能量原则上没有下限!即便减除对易子积分的无穷大常数,真空态也不能成为系统的基态。这个结果是量子理论所不能容忍的(参见第 14 讲)。

第19讲

位相算符与位相差算符

——取决于“算符指数”!

※　※　※

19.1　算符指数与Atiyah-Singer定理

1. 算符的核空间和算符指数(index)

［定义］　**算符Ω的核空间ker(Ω)是全体零本征值态矢组成的子空间，**

$$\ker(\Omega)=\{|\Psi\rangle,\ \Omega|\Psi\rangle=0\} \tag{19.1}$$

核空间ker(Ω)的维数记作dimker(Ω)。例如，玻色子湮灭算符b的核空间$\ker(b)=\{|0\rangle;b|0\rangle=0\}$是一维的。而玻色子产生算符$b^+$的核空间是零维的；费米子湮灭算符$f$的核空间$\ker(f)=\{|0\rangle;f|0\rangle=0\}$，费米子产生算符$f^+$的核空间$\ker(f^+)=\{|1\rangle;f^+|1\rangle=0\}$；等等。

［定义］　**算符Ω的指数定义为**[①]

$$\mathrm{index}\Omega=\mathrm{dimker}(\Omega)-\mathrm{dimker}(\Omega^+) \tag{19.2}$$

由于$\ker(\Omega)=\ker(\Omega^+\Omega)$，$\ker(\Omega^+)=\ker(\Omega\Omega^+)$，于是又得到

$$\mathrm{index}\Omega=\mathrm{dimker}(\Omega^+\Omega)-\mathrm{dimker}(\Omega\Omega^+) \tag{19.3}$$

例如，玻色子湮灭算符b的指数为1；而产生算符b^+的指数为−1；费米子湮灭、产生算符的指数均为零；等等。

---

① ATIYAH M F and SINGER I M. Ann. Math.,1968(87):484.也参见：陈省身.陈省身文集[M].上海：华东师范大学出版社,2002:242.

2. 定理

算符的指数具有宽广的拓扑不变性。这由下面定理说明：

[算符指数定理] 对于任意两个可逆算符 P 和 Q，算符 Ω 的指数在它们的夹乘变换下保持不变：

$$\text{index}(P\Omega Q)=\text{index}(\Omega) \tag{19.4}$$

证明 记 $P\Omega Q\equiv\Omega'$，并记 Ω 的核空间为 $\{|\psi\rangle;\Omega|\psi\rangle=0\}$。于是令 $Q^{-1}|\psi\rangle\equiv|\alpha\rangle$，则得到 Ω' 的核空间为 $\{|\alpha\rangle;\Omega'|\alpha\rangle=0\}$。对共轭算符 $(\Omega')^{+}=Q^{+}\Omega^{+}P^{+}$ 结果类似：若 Ω^{+} 的核空间为 $\{|\varphi\rangle;\Omega^{+}|\varphi\rangle=0\}$，则令 $(P^{+})^{-1}|\varphi\rangle\equiv|\beta\rangle$，于是 $(\Omega')^{+}$ 的核空间就是 $\{|\beta\rangle;(\Omega')^{+}|\beta\rangle=0\}$。由于满秩变换作用下核空间维数不变，故在 Q^{-1} 作用下 $\dim\{|\alpha\rangle\}=\dim\{|\psi\rangle\}$；同样，在满秩变换 $(P^{+})^{-1}$ 作用下 $\dim\{|\beta\rangle\}=\dim\{|\varphi\rangle\}$。所以有

$$\text{index}\Omega'=\text{dimker}\Omega'-\text{dimker}(\Omega')^{+}=\text{dimker}\Omega-\text{dimker}\Omega^{+}=\text{index}\Omega$$

证毕。

如果 $\ker(\Omega)$ 和 $\ker(\Omega^{+})$ 的维数相同，则 Ω 的指数为零，即 $\text{index}\Omega=0$。当 $\ker(\Omega)$ 和 $\ker(\Omega^{+})$ 的维数均为可数无穷，即认为 $\text{index}\Omega=0$。应当指出，算符指数是一个十分重要的数学概念。

[习题] 显然 Λ 的核空间必是 $\Lambda^{+}\Lambda$ 的核空间。往证 $\Lambda^{+}\Lambda$ 的核空间必是 Λ 的核空间。

反证法 若有矢量 $|\varphi\rangle$，是算符 $\Lambda^{+}\Lambda$ 核空间的态矢，但却不是算符 Λ 核空间的态矢，则必出现矛盾。因为有

$$\begin{cases}\Lambda^{+}\Lambda|\varphi\rangle=0\\ \Lambda|\varphi\rangle\neq0\end{cases}$$

将 $|\varphi\rangle$ 取厄米，作用到第一式上，得

$$\langle\varphi|\Lambda^{+}\Lambda|\varphi\rangle=\|\Lambda|\varphi\rangle\|^{2}=0\rightarrow\Lambda|\varphi\rangle=0$$

这和第二式相矛盾。由此可得 $\ker(\Lambda)=\ker(\Lambda^{+}\Lambda)$。 证毕。

于是，关于任一算符的指数又有另一定义：

$$\text{index}\Lambda=\text{dimker}(\Lambda^{+}\Lambda)-\text{dimker}(\Lambda\Lambda^{+})$$

[习题] 证明：当 P^{-1} 和 Q^{-1} 存在时，有 $\text{dimker}(P\Lambda Q)=\text{dimker}\Lambda$。所以当然有 $\text{index}(P\Lambda Q)=\text{index}\Lambda$。

证明 若 $|\varphi_i\rangle$ 是 Λ 核空间中任一矢量，即 $\Lambda|\varphi_i\rangle=0$，可令

$$Q^{-1}|\varphi_i\rangle\equiv|\varphi_i'\rangle\quad\text{或}\quad Q|\varphi_i'\rangle=|\varphi_i\rangle$$

则 $|\varphi_i'\rangle$ 必是算符 $\Lambda'\equiv P\Lambda Q$ 的核空间中的矢量，

$$\Lambda'|\varphi_i'\rangle=0$$

另一方面，若 $|\varphi_i'\rangle$ 是 Λ' 核空间中任一矢量，即 $\Lambda'|\varphi_i'\rangle=0$，则有

$$0=\Lambda'|\varphi_i'\rangle=P\Lambda Q|\varphi_i'\rangle\rightarrow\Lambda Q|\varphi_i'\rangle=0\rightarrow Q|\varphi_i'\rangle\in\Lambda\text{kerspace}$$

即是 Λ 算符核空间中的矢量。总之，两个核空间矢量之间关系是一个满秩的、可逆的、单一

对应的变换：$|\varphi_i\rangle=Q|\varphi_i'\rangle$或$|\varphi_i'\rangle=Q^{-1}|\varphi_i\rangle$。所以两者核空间的维数相同。接下去的简单论证便得到所要的结果。

19.2 算符幺正分解与引入位相算符的可行性

1. 算符极化分解和指数定理

［定义］ **如果算符$\boldsymbol{\Omega}$可以写成某个幺正算符$\boldsymbol{\varepsilon}$和某个厄米算符 $\boldsymbol{A}$ 直积的形式，就说算符$\boldsymbol{\Omega}$ 存在极化分解：**

$$\Omega = \varepsilon A \quad (\text{或 } A\varepsilon) \tag{19.5}$$

这里$\varepsilon^{+}=\varepsilon^{-1}$是幺正的，而$A=A^{+}$是厄米的。

［算符极化分解定理］ **算符$\boldsymbol{\Omega}$存在极化分解$\boldsymbol{\Omega}=\boldsymbol{\varepsilon A}$ 的充要条件是其指数为零。这时幺正算符$\boldsymbol{\varepsilon}$和厄米算符 $\boldsymbol{A}$ 的表达式为**

$$\begin{cases} A = \sqrt{\Omega^{+}\Omega}, \quad \varepsilon = E + Y \\ E = \Omega A^{-1}(1 - P_{\Omega}) \\ Y = \sum_{i} U \mid \psi_i\rangle\langle\varphi_i \mid \end{cases} \tag{19.6}$$

式中，$\{|\varphi_i\rangle\}$、$\{|\psi_i\rangle\}$分别是 Ω 和 Ω^{+} 核空间的正交归一完备基，由于 Ω 的指数为零，两个核空间的维数相同，这两套基的数目相等。U 是 Ω^{+} 核空间中任意幺正算符，因此，Y 是 $\ker(\Omega)$和 $\ker(\Omega^{+})$两套基矢间一对一映射算符。P_{Ω} 是向 $\ker(\Omega)$的投影算符。

证明 原先，文献②中已证明了条件的必要性：若 $\Omega=\varepsilon A$，则必有

$$\begin{aligned} \text{index}(\Omega) &= \dim\ker(\Omega^{+}\Omega) - \dim\ker(\Omega\Omega^{+}) \\ &= \dim\ker(A^{2}) - \dim\ker(\varepsilon A^{2}\varepsilon^{+}) = 0 \end{aligned}$$

现在证明条件的充分性。首先，注意到下面事实：

(1) 若 $H=H^{+}$，又任意态$|\lambda\rangle$正交于 $\ker(H)$，则 $f(H)|\lambda\rangle$也正交于 $\ker(H)$。因为将 $\ker(H)$中的任一 bra 向 $f(H)|\lambda\rangle$作内积也必为零。

(2) 对任意态$|\psi\rangle$，$\Omega^{+}|\psi\rangle$必正交于 $\ker(\Omega)$。因此由 E 的定义 $E=\Omega A^{-1}(1-P_{\Omega})$和 $E^{+}=(1-P_{\Omega})A^{-1}\Omega^{+}$，可得

$$E^{+}E = (1 - P_{\Omega})\frac{1}{\sqrt{\Omega^{+}\Omega}}\Omega^{+}\Omega\frac{1}{\sqrt{\Omega^{+}\Omega}}(1 - P_{\Omega}) = 1 - P_{\Omega}$$

$$EE^{+} = \Omega\frac{1}{\sqrt{\Omega^{+}\Omega}}(1 - P_{\Omega})\frac{1}{\sqrt{\Omega^{+}\Omega}}\Omega^{+}$$

利用(1)和(2)，并注意到 $\ker(\sqrt{\Omega^{+}\Omega})=\ker(\Omega)$，容易得到：对于任意态$|\psi\rangle$，有

② FUJIKAWA K. Phys. Rev., 1995(A52): 3299.

$P_\Omega \frac{1}{\sqrt{\Omega^+\Omega}}\Omega^+|\psi\rangle=0$，也就是 $P_\Omega \frac{1}{\sqrt{\Omega^+\Omega}}\Omega^+=0$。因此有 $EE^+=\Omega\frac{1}{\Omega^+\Omega}\Omega^+$。注意此时不要轻易取逆，从而等于单位算符。因为 Ω、Ω^+ 可以各自存在同维数核空间，即零本征值空间。这时

$$\begin{cases} EE^+\Omega = \Omega\frac{1}{\Omega^+\Omega}\Omega^+\Omega = \Omega \\ \Omega^+ EE^+ = \Omega^+\Omega\frac{1}{\Omega^+\Omega}\Omega^+ = \Omega^+ \end{cases}$$

从这两个方程，根据 $\Omega^+P_{\Omega^+}=0$ 和 $(\Omega^+P_{\Omega^+})^+=P_{\Omega^+}\Omega=0$，即得 $EE^+=1-P_{\Omega^+}$。

从定义可得

$$\begin{cases} YA = \sum_i U\,|\,\psi_i\rangle\langle\varphi_i\,|\,\sqrt{\Omega^+\Omega} = 0 \\ EA = \Omega A^{-1}(1-P_\Omega)A \end{cases}$$

再利用(1)，即得 $P_\Omega A=0$。具体地说，A 向右作用到任一 ket 上均将其投影到与 $\ker(\Omega)$ 相垂直的子空间，再乘 P_Ω 即为零。因此 $EA=\Omega$，然后令 $\Omega=(E+Y)A\equiv\varepsilon A$。这就是说，$\Omega$ 能分解成 $\Omega=\varepsilon A$ 的形式。

接着，需要证明算符 ε 的幺正性。有

$$\varepsilon\varepsilon^+=(E+Y)(E^++Y^+)=1-P_{\Omega^+}+YE^++EY^++YY^+$$
$$YE^+=EY^+=0$$

因为 $\text{index}\Omega=0$，得到 $YY^+=P_{\Omega^+}$，因此 $\varepsilon\varepsilon^+=1$；类似可得 $\varepsilon^+\varepsilon=1$。总之，算符 Ω 有极化分解：$\Omega=\varepsilon A$，ε 是幺正的，A 是厄米的。 证毕。

2. 讨论

(1) $\sqrt{\Omega^+\Omega}$ 的厄米性问题。按前面所说，$\Omega^+\Omega$ 是正算符，因此总能选择 $\sqrt{\Omega^+\Omega}$ 具有厄米性。比如，在正算符 $\Omega^+\Omega$ 谱表示为 $\Omega^+\Omega=\sum_n|\,\omega_n\rangle\omega_n\langle\omega_n\,|$，$(\omega_n\geqslant 0)$ 时，作为 $\sqrt{\Omega^+\Omega}$ 的谱表示，可以选择 $\sqrt{\Omega^+\Omega}=\sum_n|\,\omega_n\rangle\sqrt{\omega_n}\langle\omega_n\,|$，其中 $\sqrt{\omega_n}$ 规定取正根(如果计入正负号选取，则算符开根一般会有无穷多个解)。

(2) A^{-1} 的奇异性问题。在上面所有含 A^{-1} 的计算过程中，在 A^{-1} 的左边总伴乘有 $(1-P_\Omega)$ 或是 Ω，右边总伴乘着 $(1-P_\Omega)$ 或 Ω^+，从而预先除去了态矢在 Ω 核空间中那部分。因此 A^{-1} 无论向 bra 或向 ket 作用，它的奇性不会表现出来。这正是前面逆算符叙述时所强调的，一个在全空间无逆算符的算符，在某个子空间却可能有逆算符。

(3) 分解的唯一性问题。如果不计较算符开根 $\sqrt{\Omega^+\Omega}$ 的多解性质(或如上约定它的谱表示)，以及算符 U 的任意性——不计及算符 Ω^+ 核空间基矢选取的任意性，则这种分解形式是唯一的。

(4) 寻找位相算符问题。任意复数 C 都有极化分解：$C=e^{i\theta}r$。然而，只有零指数的算

符才有极化分解。指数定理说明了，为什么人们一直没有得到令人满意的普适位相算符的原因——因为远不是每个算符的指数都等于零。现在，只要该算符的指数为零，由分解出的幺正算符 ε，就可以合法地定义适当的位相算符 P：

$$\varepsilon = e^{iP} \quad 或 \quad P = -i\ln\varepsilon \tag{19.7}$$

例如，过去人们一直尝试寻找单模 Bose 场位相算符，想从 Boson 湮灭算符的极化分解中得到这个位相算符，但从未得到满意的结果。现在，根据文献③用指数定理解释了其中原因——因为 Boson 湮灭算符的指数不为零，不能在全态矢空间作这种极化分解：

$$\text{index}(a) = \dim\ker(a) - \dim\ker(a^+) = 1$$

（5）条件$[\Omega\Omega^+,\Omega^+\Omega]=0$的必要性问题。算符 Ω 存在极化分解的条件除了 Ω 有零指数外，还要求$[\Omega\Omega^+,\Omega^+\Omega]=0$。现在从上面推导可以看出，这个条件并不必要。举个例子也可以看出来。例如考虑算符

$$\Omega = (1+f)f^+/\sqrt{2} \tag{19.8a}$$

这里，f 和 f^+ 分别是 Fermion 的湮灭和产生算符。

$$\ker\Omega = \{|1\rangle\}, \quad \ker\Omega^+ = \{(|0\rangle - |1\rangle)/\sqrt{2}\} \tag{19.8b}$$

因此得到 $\text{index}\Omega=0$。按上面定理，算符 Ω 可以有极化分解。但另一方面，却有$[\Omega\Omega^+,\Omega^+\Omega]=\frac{1}{2}(f^+-f)\neq 0$。实际上，用上述步骤很容易得到④

$$\begin{cases} A = A^+ = \sqrt{\Omega^+\Omega} = ff^+ \\ E = \Omega A^{-1}(1-P_\Omega) = (1+f)f^+/\sqrt{2} \\ Y = (1-f^+)f/\sqrt{2} \\ \varepsilon = E + Y = \exp\left\{i\dfrac{\pi}{2}\left[-1+\dfrac{1}{\sqrt{2}}(1-2f^+f+f+f^+)\right]\right\} \\ \Omega = (1+f)f^+/\sqrt{2} = \varepsilon A \end{cases} \tag{19.8c}$$

19.3 Boson 与 Fermion 算符的位相算符和位相差算符

1. 单模 Fermion 的位相算符

单模 Fermion 指数为零，存在极化分解。利用定理容易得到

$$f = \varepsilon A, \quad A = f^+f, \quad \varepsilon = f + e^{2i\alpha}f^+ \tag{19.9a}$$

位相算符由下式给出：

$$P = -i\ln\varepsilon = \alpha + \frac{\pi}{2} - \frac{\pi}{2}(e^{i\alpha}f^+ + e^{-i\alpha}f) \tag{19.9b}$$

---

③ YU S X and ZHANG Y D. J. Math. Phys., 1998(39): 5260.

④ 见：张永德. 高等量子力学[M]. 3 版. 北京：科学出版社，2015，附录 B.

P 的本征值是$\{\alpha,\alpha-\pi\}$,相应的本征态为

$$|\alpha\rangle=\frac{1}{\sqrt{2}}(\mathrm{e}^{\mathrm{i}\alpha}|1\rangle+|0\rangle),\quad |\alpha+\pi\rangle=\frac{1}{\sqrt{2}}(\mathrm{e}^{\mathrm{i}\alpha}|1\rangle-|0\rangle) \tag{19.9c}$$

2. **两模 Boson 的位相差算符**

上面已经说过,不能得到单模 Boson 位相算符。所以现在研究两个 Boson 的位相差算符。

首先考虑算符 $\Omega=b_1^+b_2$。这里

$$\Omega=b_1^+b_2:\begin{cases}\ker(b_1^+b_2)=\{|n,0\rangle,n=0,1,\cdots\}\\ \ker(b_2^+b_1)=\{|0,n\rangle,n=0,1,\cdots\}\end{cases} \tag{19.10a}$$

由于 $\mathrm{index}(b_1^+b_2)=0$,$b_1^+b_2$ 存在极化分解。用定理中的步骤,易得

$$\begin{cases}A=\sqrt{\Omega^+\Omega}=\sqrt{N_2(N_1+1)}\\ E=\Omega A^{-1}(1-P_\Omega)=b_1^+b_2\dfrac{1}{\sqrt{N_2(N_1+1)}}(1-|0\rangle_{22}\langle 0|)=b_1^+\dfrac{1}{\sqrt{(N_1+1)(N_2+1)}}b_2\\ Y=\sum\limits_{n=0}^{\infty}\mathrm{e}^{\mathrm{i}\varphi_{12}(n)}|0\rangle_{11}\langle n|\otimes|n\rangle_{22}\langle 0|,\quad \varepsilon=E+Y\end{cases} \tag{19.10b}$$

$\varphi_{12}(n)$是定义在非负整数集合上的任意实函数。Y 要选取适当使得ε 与数算符 $N=N_1+N_2$ 是对易的。

[**定义**] 位相差算符 P_{12} 为

$$\varepsilon=\exp(\mathrm{i}P_{12}) \tag{19.11}$$

应用 Hilbelt 空间 H_{2b}的超级量子坐标变换,得到位相差算符 P_{12}的本征值和本征态[⑤]:

$$\begin{cases}\theta_{mn}=\dfrac{\varphi(n)+2m\pi}{n+1}\\ |\theta_{mn}\rangle=\dfrac{1}{\sqrt{N+1}}\sum\limits_{k=0}^{n}\mathrm{e}^{\mathrm{i}k\theta_{mn}}|n-k,k\rangle,n=0,1,\cdots;\ m=0,1,\cdots,n\end{cases} \tag{19.12}$$

$$\begin{aligned}P_{12}&=\sum_{n=0}^{\infty}\sum_{m=0}^{n}\theta_{mn}|\theta_{mn}\rangle\langle\theta_{mn}|\\&=\frac{\varphi(N)+N\pi}{N+1}+\frac{2\pi}{N+1}\sum_{j=1}^{\infty}\left[\frac{\left(b_2^+\dfrac{1}{\sqrt{(N_1+1)(N_2+1)}}b_1\exp\left(\mathrm{i}\dfrac{\varphi(N)}{N+1}\right)\right)^j}{\exp\left(\mathrm{i}\dfrac{2\mathrm{j}\pi}{N+1}\right)-1}+\mathrm{H.C.}\right]\end{aligned} \tag{19.13}$$

⑤ YU S X. Phys. Rev. Lett.,1997(79):780.

3．**两模 Fermion 的位相差算符**

在双模 Fermion 情况，可以有两种不同方法去构造位相差算符。第一种是按照定理直接去分解算符 $f_1^+ f_2$：

$$f_1^+ f_2 = \varepsilon A = \mathrm{e}^{\mathrm{i}P_{12}} A, \quad \begin{cases} A = (1 - N_1) N_2 \\ \varepsilon = f_1^+ f_2 + U_{12}(f_1 f_2 + f_2^+) \end{cases} \tag{19.14}$$

这里 U_{12}是定义在核空间 $\ker(f_2^+ f_1)$中的任意幺正算符。假如选择去分解另一个算符，可以由量子减法规则定义：

$$\begin{aligned} P_{12} &= P_1 \dot{-} P_2 \equiv P_1 \dot{+} (-P_2) = -\mathrm{i}\ln\{\mathrm{e}^{\mathrm{i}P_1}\mathrm{e}^{-\mathrm{i}P_2}\} \\ &= -\mathrm{i}\ln\{(f_1 + \mathrm{e}^{2\mathrm{i}\alpha_1} f_1^+)(f_2^+ + \mathrm{e}^{-2\mathrm{i}\alpha_2} f_2)\} \\ &= -\mathrm{i}\ln\{\mathrm{e}^{\mathrm{i}(\alpha_1 - \alpha_2)} A_1 A_2\} = \alpha_1 - \alpha_2 - \mathrm{i}\frac{\pi}{2} A_1 A_2 \end{aligned} \tag{19.15}$$

4．**Boson 和 Fermion 混合的位相差算符**

同样，算符 $b^+ f$ 指数为零，存在极化分解，可以得到位相差算符：

$$\Omega = b^+ f: \begin{cases} P_{bf} = \varphi(\Delta) + \dfrac{\pi}{2}(1 - \mathrm{e}^{-\mathrm{i}\varphi(\Delta)} \varepsilon_{bf}) \\ \varepsilon_{bf} = b^+ \dfrac{1}{\sqrt{b^+ b + 1}} f + \mathrm{e}^{2\mathrm{i}\varphi(\Delta)} \left(P_0 f + \dfrac{1}{\sqrt{b^+ b + 1}} b \right) f^+ \end{cases} \tag{19.16}$$

这里 $\Delta = b^+ b + f^+ f$，φ 是任意实函数，P_0 是 Bose 真空态投影算符。

第 20 讲

量子理论内在逻辑自洽性分析

——又一个常被忽视的基本问题

※ ※ ※

20.1 前言

迄今,近代量子理论已经发展成为一个庞大的理论群体。它们再结合各学科发展起来的应用量子理论更是五花八门。若以内在的量子逻辑划分,近代量子理论可以大致分为三个层次[①]:非相对论量子力学(NRQM)、相对论量子力学(RQM)和相对论量子场论(QFT)。

众所周知,NRQM 的理论基础是 5 个公设。其中,波函数公设、测量公设和全同性原理公设以不变或大体不变的形式进入 RQM 和 QFT,成为它们三者的共同特征。而算符公设只原封不动地进入了 RQM,使它呈现出和 NRQM 有相似特征的单粒子的量子力学理论。与此同时,算符公设只以量子逻辑的基本原则(正则量子化方案)的形式进入 QFT。这是由

① 对于建立在量子力学上的量子统计。按这里所论公设,可将其按基本方程归入非相对论量子力学或相对论量子力学层次。

于,无论是 NRQM 或 RQM,均是单自由度(或有限自由度)的量子系统,而 QFT 则是无穷自由度的量子系统。从前者过渡到后者时,粒子坐标已从力学量转变为描述参量——自由度的编号。关于运动方程公设,NRQM 为 Schrödinger 方程,而 RQM 和 QFT 的基本方程虽然同是 Dirac 方程和 Klein-Gordon 方程等,但本质上相差一个二次量子化的层次(二次量子化分析详见第 11 讲)。

上面是各个公设在这三个层次之间转换的简单归纳。至于单就三个层次之间的同异而言,NRQM 和 RQM 之间只涉及粒子能量的差别,以及运动方程的差别,但两者的共同点是保持粒子数守恒,就是说只研究粒子受作用后在时空中的运动,并不涉及粒子间的转化,所以都是"力学"理论。而 QFT 则与两者不同,它是多粒子理论,考虑了粒子真正的产生、湮灭,以及粒子间的转化,所以它突破了力学理论范畴。然而,三者的共同点是:其一,理论研究的对象都服从波粒二象性和全同性;其二,理论描述的方式都采用精确到时空点的定域描述。

有了这个简单粗糙的归纳,接着就可以提出关于近代量子理论的内在逻辑自洽性问题了。下面按三个层次分析它们的内在逻辑自洽性。

20.2 NRQM 内在逻辑自洽性分析②

1. NRQM **的前提中含有"4 条逻辑要素"**

分析起来,作为 NRQM 前提的逻辑要素共计 4 条:

(1) **非相对论性的"低能量"**——粒子运动涉及的势能和动能远低于粒子静止能量;

(2) **传统的"力学"理论范畴**——只考虑粒子在力(势场)作用下的时空运动,不考虑粒子真正产生、湮灭以及不同种类粒子间的转化;

(3) **运动中保持"粒子数守恒"**——除非系统和外界有粒子交换;

(4) **"定域描述"方式**——这意味着理论上可以容忍将粒子定位到几何点精度的概念。

2. NRQM 内在逻辑结构是相当自洽的

抛开 NRQM 在多大范围内和多精确程度上与实验符合问题不谈,单纯就其内在逻辑自洽性而言,不难看出,这 4 条逻辑要素彼此关系是相容相洽的③,④。

NRQM 的基本方程——Schrödinger 方程,除一些特殊情况(波函数塌缩过程——见下节,或者涉及吸收边条件,或者考虑粒子吸收的各种唯象模型)外,**在任何势场 $V(\boldsymbol{r},t)$ 下均自动蕴含粒子数守恒。这表明,NRQM 一般只限于研究非相对论性微观粒子在各种势场作用下的时空运动,不考虑不同种类粒子之间的转化**。由于粒子运动涉及的能量远不足以按 $E=m_0c^2$ 计算发生新旧粒子间的转化,因而这与单粒子描述以及粒子数守恒的假设相互融洽。所以,**NRQM 虽然不是经典理论,却符合"力学理论"的传统概念**。

---

② 张永德. 量子天龙八部——谈量子理论诸般性质[G]//王文正,柯善哲,刘全慧. 量子力学朝花夕拾 I. 北京:科学出版社,2005. 张永德. 高等量子力学[M]. 3 版. 北京:科学出版社,2015,12.

③ FESHBACH H and VILLARS F. Rev . Mod. Phys. ,1958(30):24.

④ 见脚注②文献。

同时,这也与它所采用的定域描述方式在逻辑上不矛盾。因为,既然不必考虑粒子的产生和湮灭,原则上就应当能够准确测定粒子的位置,一直到可以令 $\Delta x\to 0$(虽然付出的代价是 $\Delta p\to\infty$,成为非正规的态矢!详细见下)。于是定域描述方式原则上是容许的。再比如,由于不考虑新粒子产生,并认定光速无穷大使 Compton 波长 $\lambda_C=\frac{\hbar}{mc}$ 为零,这些都使定域描述成为合法,在认定 $\Delta x\to 0$ 中,保持相互融洽。所以,非相对论量子力学尽管考虑了微观粒子的波动性,但作为粒子数守恒的力学理论,还是可以拥有完全定域的、能够进行自洽运算的坐标表象。

何况,NRQM 内在逻辑自洽性问题在 Einstein 与 Bohr 之间长达几十年的争论,经受了严格理论思辨的考量,已经一再表明其内在逻辑结构是自洽的。

3. NRQM 的思辨性矛盾

其实,就前提的逻辑自洽性而论,NRQM 也并非"白璧无瑕"。因为,**完全定域的几何"点"位置描述自然涉及位置本征态 $|\boldsymbol{r}\rangle$ 和坐标表象 $\{|\boldsymbol{r}\rangle,\forall\boldsymbol{r}\}$ 概念,但按不确定关系,这类态($\Delta \boldsymbol{p}\to\infty$)的能量为无穷大!所以说 $|\boldsymbol{r}\rangle$ 不是正规的物理态!这时即便人为限定于**(不考虑新旧粒子产生湮灭的)低能"**力学**"**理论范围内,也会使所考虑的能量越出事先规定的低能范围。(其实,认真说,定域描述方式不适合于整个 QT!)**

但是,由于 NRQM 能量范围上限(很小于所考虑粒子的静止能量)**已经事先规定,这一矛盾只限于理论思辨,并不引起实际问题。因为,NRQM 可以"认定":定域描述中,粒子位置"点"描述的精度将不使 $\Delta \boldsymbol{p}$ 超出非相对论能量范围!这种认定当然损及 NRQM 理论的精度(包括理解"点"的精度),但却无损于理论的内在逻辑自洽性**⑤。**更实际的理由是,环绕位置本征态 $|\boldsymbol{r}\rangle$ 的计算,只要引入非正规 $\boldsymbol{\delta}$ 函数,可以做到逻辑自洽。因此 NRQM 理论中仍然采用这类直观和方便的描述。**

即便如此,NRQM 理论中还是存在一个局部技术性的不自洽问题,**需要人为附加一个自然边界条件给以弥补**。这就是本书第3讲3.2节所说的,**解集合的自洽性要求拟定中心场的自然边条件**(此问题涉及解集合完备性问题,以及中心场波函数塌缩问题——见15.3节、15.4节)。

20.3 RQM 内在逻辑自洽性分析(Ⅰ)——Klein-Gordon 方程作为单粒子量子力学方程的缺陷⑥

1. Klein-Gordon 方程及其正负平面波解

20世纪20年代,按照 Lorentz 变换⑦协变的"一次量子化"程式,构建起了 RQM。

---

⑤ 张永德. 高等量子力学[M]. 3版. 北京:科学出版社,2015,第12章. 卢里 D. 粒子与场[M]. 董明德,等译. 北京:科学出版社,1981:127,134-137.

⑥ 见上注张永德《高等量子力学(第3版)》,6.2节。

⑦ 若取规范,则为"Lorenz 规范"。见 JACKSON J D, et al. Rev. Mod. Phys., 2001(73):663.

Klein-Gordon 方程和 Dirac 方程就是那时沿此思路所得的两个产物。

1926 年首先提出相对论性单粒子方程——Klein-Gordon 方程[⑧]。说“单粒子”方程，有两层含义：①它是通过一次量子化办法，模拟经典单粒子能-动量关系而建立的关于波函数的方程；②给出的波函数的模平方具有概率密度解释。

记$((x_\lambda)=(\boldsymbol{x},x_4=\mathrm{i}ct),(p_\lambda)=(\boldsymbol{p},\mathrm{i}E/c))$，按“一次量子化”程式(详见第 11 讲)$p_\lambda\to-\mathrm{i}\hbar\partial_\lambda$，代入相对论性自由质点的质-能关系$p_\lambda^2+m_0^2c^2=0$，将所得算符等式作用到状态波函数$\varphi(\boldsymbol{r},t)$上就得到相对论性自由粒子 Klein-Gordon 方程

$$(\Box-k_{\mathrm{C}}^2)\varphi(\boldsymbol{r},t)=0,\quad k_{\mathrm{C}}=m_0c/\hbar \tag{20.1}$$

式中，$\Box\equiv\partial_\lambda\partial_\lambda\equiv\Delta-\frac{1}{c^2}\partial_t^2$为 d'Alembert 算符，$k_{\mathrm{C}}^{-1}=\lambda_{\mathrm{C}}$是此粒子的 Compton 波长。算符$\partial_\lambda\partial_\lambda$是标量算符，方程形式是 Lorentz 变换不变的。上式最简单的 de Broglie 平面波解和“色散关系”分别为

$$\begin{cases}\varphi(\boldsymbol{r},t)=\exp\{\mathrm{i}(\boldsymbol{p}\cdot\boldsymbol{r}-Et)/\hbar\}\\ E=\pm\sqrt{\boldsymbol{p}^2c^2+m_0^2c^4}\to\omega^2=c^2(\boldsymbol{k}^2+k_{\mathrm{C}}^2)\end{cases} \tag{20.2}$$

式中$|E|=\hbar\omega,\boldsymbol{p}=\hbar\boldsymbol{k}$。于是，对任何给定矢量$\boldsymbol{p}$，有正负两个能量$E$解。如果暂不理会负能量解[⑨]，K-G 方程的正能量平面波解就正确表达了相对论性自由粒子的能量-动量关系，正确表达了波矢$\boldsymbol{k}$与频率ω之间的相对论性关系。

由 K-G 方程容易得出其连续性方程。令$j_\lambda=(\boldsymbol{j},\mathrm{i}c\rho)$，得

$$\begin{cases}\dfrac{\partial\rho}{\partial t}+\mathrm{div}\boldsymbol{j}=0\\ \boldsymbol{j}=\dfrac{-\mathrm{i}\hbar}{2m_0}(\varphi^*\nabla\varphi-\varphi\nabla\varphi^*)\\ \rho=\dfrac{\mathrm{i}\hbar}{2m_0c^2}\left(\varphi^*\dfrac{\partial\varphi}{\partial t}-\varphi\dfrac{\partial\varphi^*}{\partial t}\right)\equiv\dfrac{\mathrm{i}\hbar}{2m_0c^2}\varphi^*\overleftrightarrow{\partial_t}\varphi\end{cases} \tag{20.3}$$

这里情况和非相对论的不同：K-G 方程是一个对时间的二阶微分方程，含有φ对t的二阶导数。求解时，φ和$\partial\varphi/\partial t$的初值可以独立设定，$\rho$因此可能出现负值，对实场也可以为零。比如，用平面波解代入即得$\rho=E\varphi\varphi^*/m_0c^2$，按照$E$的符号$\rho$竟然可正可负。因此$\rho$丧失了作为概率密度的物理解释。但式(20.3)表明$\int_V\rho(x)\mathrm{d}\boldsymbol{r}$守恒。这其实是在提示：$\rho$为正反粒子密度的代数和。

K-G 方程自由波包解。K-G 方程是时间二阶导数实系数方程，凡有一复数解，必有其

⑧ KLEIN O. Zeits. f. Physik，1926(37)，895；FOCK V A，同上，1926(38)，242：1926(39)：226；GORDON W，同上，1926(40)：117.

⑨ 其实，任何经典和量子的相对论性方程解都有正负能量解。但经典理论由于不存在状态跃迁，不会向负无穷能级塌缩，而不存在理论的稳定性问题。详细讨论见下文。

共轭解。于是,实初边条件 K-G 方程一般解,按箱归一的 Fourier 级数展开式为

$$\varphi(\boldsymbol{r},t)=\frac{1}{\sqrt{V}}\sum_{k}\sqrt{\frac{m_0c^2}{2\hbar\omega}}\left(a_k\mathrm{e}^{\mathrm{i}(\boldsymbol{k}\cdot\boldsymbol{r}-\omega t)}+a_k^*\mathrm{e}^{-\mathrm{i}(\boldsymbol{k}\cdot\boldsymbol{r}-\omega t)}\right) \tag{20.4}$$

根号内分母的因子 2 是因为现在是两项互为共轭平面波之和。

任意形状的空间波包,对其作频谱展开时,一般需要正负能量两种解。**波包的空间展布越窄,宽度越接近粒子 Compton 波长,展开式中负能解成分越不能忽略**。特例是波包 $\delta(x-x_0)$,展开它需要同等成分全部正负能量解。这说明简单地忽视负能解有时是行不通的(详见下节 4. 中内容)。

2. 外电磁场中的 K-G 方程

将自由 K-G 方程向有外电磁场情况推广。按"一次量子化"程式(e 为代数电荷)[⑩],有

$$p_\lambda\to-\mathrm{i}\hbar\partial_\lambda\to-\mathrm{i}\hbar D_\lambda\equiv-\mathrm{i}\hbar\left(\partial_\lambda-\frac{\mathrm{i}e}{\hbar c}A_\lambda\right) \tag{20.5}$$

将它们代入自由粒子 K-G 方程$(\partial_i\partial_i+\partial_4\partial_4)\varphi=k_C^2\varphi$ 中,选 Lorenz 规范 $\mathrm{div}\boldsymbol{A}+\dfrac{1}{c}\dfrac{\partial V}{\partial t}=0$,即得外电磁场中的 K-G 方程

$$\left\{\Box-k_C^2-\mathrm{i}\frac{2e}{\hbar c}\boldsymbol{A}\cdot\nabla-\frac{e^2}{\hbar^2c^2}\boldsymbol{A}^2+\frac{e^2}{\hbar^2c^2}V^2-\mathrm{i}\frac{2e}{\hbar c^2}V\frac{\partial}{\partial t}\right\}\varphi(\boldsymbol{r},t)=0 \tag{20.6}$$

作为一个例算,将方程用于介子原子的 Coulomb 场定态问题[⑪]。令 $\varphi(\boldsymbol{r},t)=\varphi(\boldsymbol{r})\mathrm{e}^{-\mathrm{i}Et/\hbar}$,得

$$\Delta\varphi+\frac{1}{c^2\hbar^2}\left[\left(E+\frac{e^2}{r}\right)^2-m_0^2c^4\right]\varphi=0$$

这里 $E=E_{\mathrm{nr}}+m_0c^2$,E_{nr} 为非相对论介子能量。可类比 Schrödinger 方程用分离变数求解。但若将 K-G 方程用于氢原子精细结构计算,比如说,计算氢原子 Balmer 线系中双线分裂时,结果与 Bohr-Sommerfeld 公式相差 8/3 因子。分裂明显偏高于和实验吻合的 B-S 结果。于是,采用考虑到相对论效应的方程,反而计算结果不如 Sommerfeld 用旧量子理论半经典的结果。现在知道,这是由于原子核外电子有$\hbar/2$ 自旋,并不严格遵从描述零自旋粒子的 K-G 方程。

最后,给出电磁场中 K-G 方程的带电粒子流和相应的连续性方程。同样,在自由 K-G 方程的连续性方程中作替换$\partial_\lambda\to D_\lambda$,得

$$D_\lambda j_\lambda(x)=0,\quad j_\lambda=-\frac{\mathrm{i}\hbar}{2m_0}\{\varphi^*(D_\lambda\varphi)-(D_\lambda\varphi^*)\varphi\} \tag{20.7}$$

或

---

⑩ 结果也同于按最小电磁耦合原理所得。参见下面电磁场中 Dirac 方程叙述。

⑪ 索科洛夫 A A. 量子电动力学导论[M]. 北京:人民教育出版社,1962:590. HOLSTEIN B R. Topics in Advanced Quantum Mechanics[M]. Boston:Addison-Wesley Publishing Company,1992:272.

$$\begin{cases}\dfrac{\partial\rho}{\partial t}+\mathrm{div}\boldsymbol{j}=0\\ \boldsymbol{j}=\dfrac{-\mathrm{i}\hbar}{2m_0}[\varphi^*(\boldsymbol{D}\varphi)-(\boldsymbol{D}\varphi)^*\varphi]=\dfrac{-\mathrm{i}\hbar}{2m_0}[\varphi^*(\nabla\varphi)-(\nabla\varphi^*)\varphi]-\dfrac{e}{m_0c}\varphi^*\boldsymbol{A}\varphi\\ \rho=\dfrac{-\mathrm{i}\hbar}{2m_0c}[\varphi^*(D_4\varphi)-(D_4\varphi)^*\varphi]=\dfrac{\mathrm{i}\hbar}{2m_0c^2}\varphi^*\overleftrightarrow{\partial}_t\varphi-\dfrac{eV}{m_0c^2}\varphi^*\varphi\end{cases}\tag{20.8}$$

3. 阶跃势垒散射，Klein 佯谬[12]

Klein 首先指出，RQM 方程，作为单粒子波函数方程求解时，会出现粒子流密度不守恒的现象。这一类型现象常称为“Klein 佯谬”。

设一维势垒为 $V(x)=eV_0\theta(x)$，$\theta(x)$为单位阶跃函数。设负半轴势为零，是第Ⅰ区；正半轴是正值常数势，第Ⅱ区。K-G 方程为

$$\begin{cases}\left(\dfrac{\partial^2}{\partial x^2}-\dfrac{1}{c^2}\dfrac{\partial^2}{\partial t^2}-\dfrac{m_0^2c^2}{\hbar^2}\right)\varphi_{\mathrm{I}}(x,t)=0, & x<0\\ \left(\dfrac{\partial^2}{\partial x^2}-\dfrac{1}{c^2}\dfrac{\partial^2}{\partial t^2}-\dfrac{m_0^2c^2}{\hbar^2}+\dfrac{e^2V_0^2}{\hbar^2c^2}-\mathrm{i}\dfrac{2eV_0}{\hbar c^2}\dfrac{\partial}{\partial t}\right)\varphi_{\mathrm{II}}(x,t)=0, & x>0\end{cases}\tag{20.9}$$

自左方入射平面波 $\mathrm{e}^{\mathrm{i}kx-\mathrm{i}Et/\hbar}$（入射流 $j_0=\hbar k/m_0$），能量为 E 的定态解为

$$\varphi(x,t)=\begin{cases}\varphi_{\mathrm{I}}(x,t)=\mathrm{e}^{\mathrm{i}kx-\mathrm{i}Et/\hbar}+\beta\mathrm{e}^{-\mathrm{i}kx-\mathrm{i}Et/\hbar}, & k=\sqrt{(E^2-m_0^2c^4)}/\hbar c>0\\ \varphi_{\mathrm{II}}(x,t)=\gamma\mathrm{e}^{\mathrm{i}k'x-\mathrm{i}Et/\hbar}, & k'=\sqrt{(E-eV_0)^2-m_0^2c^4}/\hbar c\end{cases}\tag{20.10}$$

这里 k,k'-E 关系是将式(20.10)代入式(20.9)得到的。其中已令入射波前系数 $\alpha=1$。按概率流守恒要求，用边界条件连接两个表达式：

$$\varphi_{\mathrm{I}}(0^-)=\varphi_{\mathrm{II}}(0^+)\to 1+\beta=\gamma,\quad \varphi'_{\mathrm{I}}(0^-)=\varphi'_{\mathrm{II}}(0^+)\to \mathrm{i}k(1-\beta)=\mathrm{i}k'\gamma\tag{20.11}$$

于是 $\gamma=2k/(k+k')$，$\beta=(k-k')/(k+k')$。概率流密度为

$$j=\frac{-\mathrm{i}\hbar}{2m_0}\left[\varphi^*\frac{\mathrm{d}\varphi}{\mathrm{d}x}-\frac{\mathrm{d}\varphi^*}{\mathrm{d}x}\varphi\right]=\begin{cases}j_{\mathrm{inc}}\big|_{x=0^-}=\dfrac{\hbar k}{m_0}(1-|\beta|^2)\\ j_{\mathrm{tra}}\big|_{x=0^+}=\dfrac{\hbar k'}{m_0}|\gamma|^2\end{cases}\tag{20.12a}$$

由此得透射系数 $T=(j_{\mathrm{tra}}|_{x=0^+})/j_0$ 和反射系数 $R=(j_0-j_{\mathrm{inc}}|_{x=0^-})/j_0$ 为

$$T=\frac{k'}{k}|\gamma|^2=\frac{4kk'}{|k+k'|^2},\quad R=|\beta|^2=\left|\frac{k-k'}{k+k'}\right|^2\tag{20.12b}$$

k 取正根（亦为正值，体现向右传播）；但 k' 的正负依赖 E、V_0 数值而定。

现在讨论部分情况：

（1）势垒稍强，$m_0c^2>(eV_0-E)>0$。这时 k' 是虚数。Ⅱ区解呈负指数衰减。但此时将

---

[12] 张永德. 高等量子力学[M]. 3 版. 北京：科学出版社，2015，6.2 节和 6.8 节. 以下推导也见脚注⑨中 Holstein，P. 270。佯谬的实验检验在石墨烯上完成了：KATSNELSON M I，NOVOSELOV K S，and GEIM A K. Chiral tunnelling and the Klein paradox in graphene[J]. Nature Phys，2006，2：620-625.

式(20.10)的解代入式(20.8)得

$$\begin{cases}\rho_{\mathrm{I}}\,\big|_{x=0^-}=\dfrac{\mathrm{i}\hbar}{2m_0c^2}\varphi_{\mathrm{I}}^*\overleftrightarrow{\partial}_t\varphi_{\mathrm{I}}\Big|_{x=0^-}=\dfrac{E}{m_0c^2}(1-|\beta|^2)\\ \rho_{\mathrm{II}}\,\big|_{x=0^+}=\dfrac{\mathrm{i}\hbar}{2m_0c^2}\varphi_{\mathrm{II}}^*\overleftrightarrow{\partial}_t\varphi_{\mathrm{II}}\Big|_{x=0^+}-\dfrac{eV}{m_0c^2}\varphi_{\mathrm{II}}^*\varphi_{\mathrm{II}}\Big|_{x=0^+}=\left(\dfrac{E-eV}{m_0c^2}\right)|\gamma|^2\end{cases}\tag{20.12c}$$

表明第Ⅱ区的概率密度是负的；

(2) 势垒很强，$(eV_0-E)^2>m_0^2c^4$。由式(20.10)，这时 k' 又成为实数，而且 $k'<0$[13]。于是按式(20.12a)、(20.12b)，反射流强度大于入射流强度，透射流强度为负值。相应地，Ⅱ区波函数沿 $+x$ 轴振荡不衰减。如果限于单粒子理论范畴考察，这些现象显然是不可理解的。

4. Klein-Gordon 方程作为单粒子量子力学方程的缺陷

因为 K-G 方程存在许多难以解释的困难，不适合作为单粒子波函数方程。这导致它被提出不久就被放弃了。概括起来，作为单粒子波函数方程，它有如下缺陷。

(1) **在单粒子波函数方程解释下，存在负无穷能级解难以合理解释**。经典力学不存在量子跃迁特别是自发跃迁，于是尽管有负能级存在，但能量守恒律维持系统始终在相空间的等能面上运动，保证系统运动无塌缩之忧。但在单粒子的量子力学理论中，从逻辑自洽性角度看，存在负无穷能级解是个不可忽视的重大理论缺陷[14]。因为相互作用将导致向负能级跃迁，特别是存在源于真空涨落的自发跃迁。这时，负无穷能级存在会导致该量子系统不断向下跃迁、不断发出能量，最终使系统塌缩掉，从而影响正能解的稳定性，给诸如电子为什么是稳定的理论解释带来难以克服的困难。而且，一般负能解的存在还无时无刻不影响着粒子的运动：正负能解的干涉使粒子在运动时围绕平均值呈现出一种快速无规的“相对论性颤动”。

(2) **一般情况下 K-G 方程概率密度不正定**。与非相对论情况不同，K-G 方程包含 t 的二阶导数，ρ 表达式包含$\dfrac{\partial\varphi}{\partial t}$和$\dfrac{\partial\varphi^*}{\partial t}$。由于求解二阶微分方程时，初条件 $\varphi|_0$、$\dfrac{\partial\varphi}{\partial t}\Big|_0$ 可以彼此独立给定，ρ 不被保证总是正定的。这样 ρ 就失去了作为概率密度解释的资格。

(3) **作为普遍求解条件，K-G 方程的一阶导数初条件$\dfrac{\partial\varphi}{\partial t}\Big|_{t=0}$难以理解**。数学上这个初条件是需要的，但实验观察并不需要，也没有相应的物理解释。

(4) **在非能量本征态(叠加态)情况下，总概率难以守恒**。就是说，一般情况下态矢难以归一化。

---

⑬ 此处开根：$\hbar k'=\sqrt{(E-eV_0)^2-m_0^2c^4}=(E-eV_0)\sqrt{1-m_0^2c^4/(E-eV_0)^2}<0$。原则上，正负交变函数 $F(x)$ 平方开根 $\sqrt{F(x)^2}$ 时，对每个 x 值处均可以取正负两个根，所以函数开根的结果得到无穷多个间断或连续取值的分布函数。现在开根所选符号相当于取其中主根，即函数本身 $F(x)$。这样一来，如果 k' 根号内正值是由 E 值较高所致，k' 应取正值，以表现向右传播。这和前面 k 取正根相一致。

⑭ DIRAC P A M. 量子力学原理[M]. 北京：科学出版社，1965：279-281，299-300；比约肯 J D，德雷尔 S D. 相对论量子力学[M]. 纪哲锐，等译. 北京：科学出版社，1984：42-46.

$$\frac{\partial}{\partial t}\langle\varphi\mid\varphi\rangle=\frac{\partial}{\partial t}\int\varphi^{*}\varphi\mathrm{d}\boldsymbol{r}=\int\left(\frac{\partial\varphi^{*}}{\partial t}\varphi+\varphi^{*}\frac{\partial\varphi}{\partial t}\right)\mathrm{d}\boldsymbol{r}\neq0 \tag{20.13}$$

这个(类比于 NRQM 总概率)量不守恒,这从单粒子理论角度来看是不可理解的。式(20.13)最后一步可以反证:现在已经有

$$\frac{\partial}{\partial t}\int\rho\mathrm{d}\boldsymbol{r}=0,\quad 也即\quad \frac{\partial}{\partial t}\int\left(\varphi^{*}\frac{\partial\varphi}{\partial t}-\varphi\frac{\partial\varphi^{*}}{\partial t}\right)\mathrm{d}\boldsymbol{r}=0$$

说明时间导数后面积分为虚值常数。如果再要求态矢模长不随时间变化,即要求式(20.13)为零。这进一步要求积分两项中任一项 $\int\varphi^{*}\frac{\partial\varphi}{\partial t}\mathrm{d}\boldsymbol{r}=-\int\varphi\frac{\partial\varphi^{*}}{\partial t}\mathrm{d}\boldsymbol{r}=$ 纯虚常数。这只当 φ 解为能量本征态时才成立。对于一般的非定态,由于负能解存在,态矢模长会随时间变化。

(5) **求解有位势的 K-G 方程时,在位势变化剧烈处会出现"Klein 佯谬"现象。**出现这种现象的物理根源是,当用势阱(垒)将粒子定域化于 Compton 波长 λ_C 范围内时,按不确定性原理,动量变化所对应的能量已足以产生粒子。原先被搁置于不顾的负能解将显得突出,单粒子的 QT 理论的物理图像不再适用[15]。**Klein 佯谬现象充分昭示了:QT 理论本质上是个粒子数不守恒的多体理论——只要能量(以及相应守恒律)允许,其多粒子的本性便会以很自然的方式显露出来。这正是相对论量子力学之所以不稳定、不自洽和经常出现佯谬的根本原因。除非能量不够产生新粒子,或者是自由运动粒子这种平庸情况。**

以上缺陷和佯谬说明,K-G 方程不宜作为相对论性单粒子的状态波函数方程。但早期 QED 工作就已经知道[16],将 K-G 方程二次量子化成为量子场方程,就能正确描述这个场的量子——零自旋粒子在时空中的产生、湮灭和转化动力学。**这时人们突破了单粒子力学理论的认识局限,将负能量解看作反粒子的正能量解:粒子解有正反,解能量无正负,按守恒律粒子可以成对产生或湮灭。于是,方程描述便从单粒子理论图像转向了多粒子理论图像。与此同时,正负能量解结合起来具有了完备性。就这样,K-G 方程在量子场论多体理论框架内复活,占有了应得的重要地位。**

20.4 RQM 内在逻辑自洽性分析(Ⅱ)——Dirac 方程作为单粒子量子力学方程的缺陷

1. 自由粒子 Dirac 方程及其正负能态解

1928 年 Dirac 为了克服 Klein-Gordon 方程的缺陷,得到对氢原子精细结构的正确的 RQM 解释,提出一个自由单粒子方程——Dirac 方程[17]。**方程以很自然的方式导出电子 1/2 自旋,中心场的解也给出了氢原子光谱精细结构的正确答案。特别是,方程还预言了带正电**

---

⑮ 见脚注⑥文献第 6 章,或见下面式(20.20),以及后面关于佯谬的详细分析。

⑯ PAULI W and WEISSKOPF V, Helv. Phys., Acta(1934)7, 709.

⑰ DIRAC P A M, Proc. Roy. Soc., A117, 610(1928); A118, 341(1928).

荷的反粒子——正电子存在,并得到了实验证实。此外,方程还避免了概率密度不正定的困难以及对时间二阶导数问题。

首先,引出自由粒子相对论性波函数方程[18]。为此,与 *K-G* 方程的平方不同,*Dirac* 将平方算符开根出来[19]。如此能量就是一阶的,所得运动方程的时间导数也是一阶的。如果暂不理会开根所导致的负能量问题,可令

$$\sqrt{\sum_{i=1}^{3}\hat{p}_i^2+m_0^2c^2}\equiv\sum_{i=1}^{3}\alpha_i\hat{p}_i+\beta m_0c \tag{20.14}$$

这里 α_i、β 是一些无量纲的、非对易的抽象代数元素组,它们的代数性质按整个式子的开方和平方运算来决定。找出满足这些对易关系的 α_i、β,开根就被实现了,*Hamilton* 量也就被表达出了。再实施一次量子化成为量子状态的动力学方程,就得到自由粒子 *Dirac* 方程:

$$\mathrm{i}\hbar\frac{\partial\psi}{\partial t}=(c\boldsymbol{\alpha}\cdot\hat{\boldsymbol{p}}+\beta m_0c^2)\psi \tag{20.15a}$$

这个相对论性微观粒子动力学方程对时空变数均为一阶导数。由下面叙述可知,实际上,*Dirac* 方程借助于将 *Hilbert* 态矢空间行数目加倍的方法,将二阶时间微商降低为一阶时间微商。

根据 *Hamilton* 量 $\hat{\mathrm{H}}$ 厄米性要求,再注意 α_i、$\hat{p}_j$ 之间对易,表明 α_i、β 应当都是自逆、厄米、零迹、彼此反对易的。如果令 $\psi(\boldsymbol{rt})=\begin{pmatrix}\varphi(\boldsymbol{rt})\\ \chi(\boldsymbol{rt})\end{pmatrix}$,并假定 $\alpha_i=\begin{pmatrix}0 & \sigma_i\\ \sigma_i & 0\end{pmatrix}$,$\beta=\begin{pmatrix}I & 0\\ 0 & -I\end{pmatrix}$(即"Dirac 表象"),Dirac 方程可分拆成两个简单旋量 φ、χ 的一次齐次方程组。得

$$\begin{pmatrix}\partial_4+k_C & -\mathrm{i}\boldsymbol{\sigma}\cdot\nabla\\ \mathrm{i}\boldsymbol{\sigma}\cdot\nabla & -\partial_4+k_C\end{pmatrix}\begin{pmatrix}\varphi(\boldsymbol{rt})\\ \chi(\boldsymbol{rt})\end{pmatrix}=0 \tag{20.15b}$$

这里 σ_i 为三个 Pauli 矩阵。

Dirac 方程还可以表示成更为常见和对称的形式。以 $\beta/\hbar c$ 乘方程两边,并定义下面4个新的厄米的常数算符:

$$\begin{cases}\gamma_j\equiv-\mathrm{i}\beta\alpha_j, & j=1,2,3,\quad \alpha_j=\mathrm{i}\beta\gamma_j\\ \gamma_4\equiv\beta\end{cases} \tag{20.16}$$

就得到常见的时空坐标形式对称的"Dirac 方程":

$$(\gamma_\lambda\partial_\lambda+k_C)\psi(\boldsymbol{rt})=0 \tag{20.15c}$$

自由粒子 Dirac 方程正负能态解。自由 Dirac 方程运动是个定态运动,本征态解具有单

---

⑱ 有不同方法导出 Dirac 方程。参见 SCADRON M D. Advanced Quantum Theory, P. 64-69.

阿希叶泽尔 A И. 量子电动力学[M]. 北京:科学出版社,1959:150. 本质上,Dirac 方程应视作一个公设。所以这些"导出"不能看作是逻辑论证,只是便于理解而已。

⑲ DIRAC P A M. 量子力学原理[M]. 北京:科学出版社,1965. DIRAC P A M, Proc. Roy. Soc., A(1928)117:610;118:341。其实,Dirac 在书中 P. 120 已经直接用带根号的相对论性 Hamilton 量直接计算。

色平面波因子，分离出时空因子 $e^{i(\boldsymbol{k}\cdot\boldsymbol{r}-\omega t)}$，即令

$$\psi(\boldsymbol{r}t)=\begin{pmatrix}\varphi(\boldsymbol{k},E)\\ \chi(\boldsymbol{k},E)\end{pmatrix}\cdot e^{i(\boldsymbol{k}\cdot\boldsymbol{r}-Et/\hbar)} \tag{20.17}$$

代入式(20.15b)联立方程组，注意 $E=\hbar\omega,\hat{\boldsymbol{p}}\to\hbar\boldsymbol{k}$，得

$$\begin{pmatrix}(m_0c^2-E) & \hbar c\boldsymbol{\sigma}\cdot\boldsymbol{k}\\ -\hbar c\boldsymbol{\sigma}\cdot\boldsymbol{k} & (m_0c^2+E)\end{pmatrix}\begin{pmatrix}\varphi(\boldsymbol{k},E)\\ \chi(\boldsymbol{k},E)\end{pmatrix}=0 \tag{20.18}$$

方程组有非零解的条件是系数行列式为零，注意 $(\boldsymbol{\sigma}\cdot\boldsymbol{k})^2=\boldsymbol{k}^2$，即得

$$E=\hbar\omega=\pm\sqrt{(m_0c^2)^2+c^2\boldsymbol{k}^2\hbar^2} \tag{20.19}$$

由于 $\boldsymbol{p}^2=\hbar^2\boldsymbol{k}^2$，说明相对论自由粒子 de Broglie 波色散关系 ω-$|\boldsymbol{k}|$ 满足 de Broglie 假设的相对论力学的能-动量关系式。这是相对论性自由粒子运动方程的两个标志之一：自由粒子波动解的能-动量关系式、Lorentz 变换的协变性。但注意，这里出现了无穷多个负能量解。

往求方程(20.18)的正能旋量平面波解($E>0$)。由于行列式为零，式(20.18)两个联立方程线性相关，任取其中一个，比如由第二个即可解出 $\chi(\boldsymbol{k},E)$（由于存在色散关系(20.19)，下面解中略写能量 E，并将自变量改写为脚标）

$$\chi_{(+),\boldsymbol{k}\alpha}=\frac{\hbar c\boldsymbol{\sigma}\cdot\boldsymbol{k}}{E+m_0c^2}\varphi_{(+),\boldsymbol{k}\alpha},\quad \alpha=\pm1 \tag{20.20a}$$

至此，按方程(20.18)本来仍然不能完全决定 φ。为了明确，此处已经附加了条件——φ 是 σ_3 的本征值为 $\alpha=\pm1$ 的本征态：$\sigma_3\xi_\alpha=\alpha\xi_\alpha,\xi_{+1}=\begin{pmatrix}1\\0\end{pmatrix},\xi_{-1}=\begin{pmatrix}0\\1\end{pmatrix}$，将其代入式(20.20a)，最后得到正能旋量平面波解为

$$u_{\boldsymbol{k}\alpha}=\sqrt{\frac{E+m_0c^2}{2m_0c^2}}\begin{pmatrix}\xi_\alpha\\ \dfrac{\hbar c\boldsymbol{\sigma}\cdot\boldsymbol{k}}{E+m_0c^2}\xi_\alpha\end{pmatrix},\quad \alpha=\pm1 \tag{20.20b}$$

再求负能旋量平面波解($E<0$)。这时情况正好相反。比如，由第一个方程得

$$\varphi_{(-),\boldsymbol{k}\alpha}=\frac{-\hbar c\boldsymbol{\sigma}\cdot\boldsymbol{k}}{|E|+m_0c^2}\chi_{(-),\boldsymbol{k}\alpha} \tag{20.21a}$$

于是负能旋量平面波解为

$$v_{\boldsymbol{k}\alpha}=\sqrt{\frac{|E|+m_0c^2}{2m_0c^2}}\begin{pmatrix}\dfrac{\hbar c\boldsymbol{\sigma}\cdot\boldsymbol{k}}{|E|+m_0c^2}\xi_{\bar{\alpha}}(\boldsymbol{k})\\ \xi_{\bar{\alpha}}(\boldsymbol{k})\end{pmatrix},\quad \bar{\alpha}=-\alpha=\pm1 \tag{20.21b}$$

为了以后理解方便，解中已作了取代 $-\boldsymbol{k}\to\boldsymbol{k}$，$-\alpha\to\alpha$。将来就将此(负能、$-\boldsymbol{k}$、$\bar{\alpha}$)解作为反粒子的(正能、$\boldsymbol{k}$、$\alpha$)的解。

为了将这两个解归一化，引入 Dirac 共轭操作(Dirac adjoint operation)，又称"杠操作"(bar operation)：对 ψ 取厄米后再右乘 γ_4。$\bar{\psi}\equiv\psi^+\gamma_4$，于是，归一化是对"杠操作"而言的($\gamma_4=\sigma_3\otimes\sigma_0$)：

$$\bar{u}_{k\alpha} u_{k\alpha'} = u_{k\alpha}^+ \gamma_4 u_{k\alpha'} = \frac{E + m_0 c^2}{2 m_0 c^2} \left(\xi_\alpha^+, \quad \xi_\alpha^+ \frac{\hbar c \boldsymbol{\sigma} \cdot \boldsymbol{k}}{E + m_0 c^2} \right) \gamma_4 \begin{bmatrix} \xi_{\alpha'} \\ \dfrac{\hbar c \boldsymbol{\sigma} \cdot \boldsymbol{k} \xi_{\alpha'}}{E + m_0 c^2} \end{bmatrix} = \delta_{\alpha\alpha'} \quad (20.22\text{a})$$

负能解归一化计算类似，但结果为

$$\bar{v}_{k\alpha} v_{k\alpha'} = -\delta_{\alpha\alpha'} \tag{20.22b}$$

利用 Dirac 共轭操作，可以得到自由粒子 Dirac 方程的共轭方程。自由粒子 Dirac 共轭方程为

$$\partial_\lambda \bar{\psi} \gamma_\lambda - k_C \bar{\psi} = 0, \quad \text{或} \quad \bar{\psi}(\gamma_\lambda \boldsymbol{\partial}_\lambda - k_C) = 0 \tag{20.23}$$

依据波函数在体积 V 内箱归一条件 $1 = \int_V \psi_{(\pm),k,\alpha}^+ (\boldsymbol{r}, t) \psi_{(\pm),k,\alpha}(\boldsymbol{r}, t) \mathrm{d}\boldsymbol{r}$，以及

$$\begin{cases} u_{k\alpha}^+ u_{k\alpha'} = \dfrac{E}{m_0 c^2} \delta_{\alpha\alpha'} \\ v_{k\alpha}^+ v_{k\alpha'} = \dfrac{|E|}{m_0 c^2} \delta_{\alpha\alpha'} \end{cases}, \quad \text{也即} \quad \begin{cases} u_{k\alpha}^+ u_{k\alpha'} = \dfrac{E}{m_0 c^2} \bar{u}_{k\alpha} u_{k\alpha'} \\ v_{k\alpha}^+ v_{k\alpha'} = -\dfrac{|E|}{m_0 c^2} \bar{v}_{k\alpha} v_{k\alpha'} \end{cases} \tag{20.22c}$$

最后即得自由 Dirac 方程的平面波解序列：

$$\begin{cases} \psi_{(+),k\alpha}(\boldsymbol{r}, t) = \dfrac{1}{\sqrt{V}} \sqrt{\dfrac{m_0 c^2}{E}} u_{k\alpha} \mathrm{e}^{\mathrm{i}(\boldsymbol{k} \cdot \boldsymbol{r} - Et/\hbar)} \equiv u_{(+),k\alpha} \mathrm{e}^{\mathrm{i}(\boldsymbol{k} \cdot \boldsymbol{r} - Et/\hbar)}, & \alpha = \pm 1 \\ \psi_{(-),k\alpha}(\boldsymbol{r}, t) = \dfrac{1}{\sqrt{V}} \sqrt{\dfrac{m_0 c^2}{|E|}} v_{k\alpha} \mathrm{e}^{-\mathrm{i}(\boldsymbol{k} \cdot \boldsymbol{r} - |E|t/\hbar)} \equiv v_{(-),k\alpha} \mathrm{e}^{-\mathrm{i}(\boldsymbol{k} \cdot \boldsymbol{r} - |E|t/\hbar)}, & \alpha = \pm 1 \end{cases} \tag{20.24}$$

它们是自由 Dirac 方程波函数的完备集。任意波包是这两个正负频解完备集的 Fourier 积分展开，$u_{k\alpha}$、$v_{k\alpha}$ 分别由式 (20.20b) 和式 (20.21b) 表示。

其实，存在正负能量（也即正负频率 ω）两类解是所有相对论性动力学方程（即便是经典理论）的共有特性。此性质将引发重大问题。详细讨论见后面正电子理论，目前暂放一下。于是，Dirac 方程的任意波包通解可表示为

$$\psi(\boldsymbol{r}t) = \psi_+(\boldsymbol{r}t) + \psi_-(\boldsymbol{r}t) = \int c_+(\boldsymbol{k}) u_{+,k\alpha} \mathrm{e}^{\mathrm{i}(\boldsymbol{k} \cdot \boldsymbol{r} - \omega t)} \mathrm{d}\boldsymbol{k} + \int d_-(\boldsymbol{k}) u_{-,k\alpha} \mathrm{e}^{-\mathrm{i}(\boldsymbol{k} \cdot \boldsymbol{r} - \omega t)} \mathrm{d}\boldsymbol{k}$$

正能解 $u_{k\alpha} \mathrm{e}^{\mathrm{i}(\boldsymbol{p} \cdot \boldsymbol{r} - E_p t)/\hbar}$ 和 $(\boldsymbol{p}, E, \alpha)$ 描绘自由粒子；负能解为 $v_{k\alpha} \mathrm{e}^{-\mathrm{i}(\boldsymbol{p} \cdot \boldsymbol{r} - |E|t)/\hbar}$ 和 $(-\boldsymbol{p}, -|E|, -\alpha)$——后来弄清楚了，这其实是自由反粒子 $(\boldsymbol{p}, |E|, \alpha)$ 的本征态。**总之，开始情况是粒子无正反，能量有正负；后来知道，应当是粒子有正反，能量只有正。**由于正负能量解分属厄米算符 H 不同本征值，波函数相互正交，

$$\int \psi_+^+ \psi_- \mathrm{d}\boldsymbol{r} = 0 \tag{20.25}$$

电磁场下的方程及共轭方程。像 K-G 方程那样，进行替换 $\partial_\lambda \rightarrow D_\lambda = \partial_\lambda - \dfrac{\mathrm{i}e}{\hbar c} A_\lambda$。于是在势为 A_λ 的电磁场中 Dirac 粒子动力学方程及其 Dirac 共轭方程为

$$\left[\gamma_\lambda \left(\boldsymbol{\partial}_\lambda - \frac{\mathrm{i}e}{\hbar c} A_\lambda \right) + k_C \right] \psi = 0, \quad \bar{\psi} \left[\gamma_\lambda \left(\boldsymbol{\partial}_\lambda + \frac{\mathrm{i}e}{\hbar c} A_\lambda \right) - k_C \right] = 0 \tag{20.26}$$

量子场论中经常把小括号中第二项作为 Dirac 场的源头项（与 Maxwell 场相互作用导致正

负电子对产生)移到等式右边。比如

$$(\gamma_{\lambda}\partial_{\lambda}+k_{C})\psi=\frac{ie}{\hbar c}\gamma_{\lambda}A_{\lambda}\psi \tag{20.27}$$

注意,和自由粒子取共轭的情况不同,现在共轭方程(与未共轭方程相比)中电荷符号变号了。即使人们不知道 Dirac 场二次量子化得出电子、正电子的概念,也可以从现在这种现象里初步领会到：如果 ψ 和电子相联系,$\bar{\psi}$ 将和带相反电荷的粒子相联系。

2. 相对论性自由运动的“Zitterbewegung **现象**”

RQM 中,即便自由运动,也会出现一种无规高频“颤动”(德文 Zitterbewegung)。解释如下：由 $H_0=c\boldsymbol{\alpha}\cdot\boldsymbol{p}+\beta m_0c^2$,粒子速度算符为

$$\boldsymbol{v}=\frac{1}{\mathrm{i}\hbar}[\boldsymbol{r},H_0]=c\boldsymbol{\alpha} \tag{20.28}$$

因为 $\alpha_{x,y,z}^2=1$,相对论瞬时速度算符的本征值为 $\pm c$。这个看似古怪的结论不过是表明：**一如非相对论量子力学,在相对论量子力学中,不确定性关系也与瞬时速度概念不兼容**。实际上,就平均意义来说,此式按式(20.24)作平均为 $V\psi_{(+)}^{+}(\boldsymbol{r}t)c\boldsymbol{\alpha}\psi_{(+)}(\boldsymbol{r}t)=c^2\boldsymbol{p}/E=\boldsymbol{v}$。

为进一步深入研究,下面计算粒子位置。注意 H_0,$\boldsymbol{p}$ 守恒,只要按算符运算移向设定本征态面前,即可令它们取设定的本征值。于是

$$\begin{aligned}\frac{\mathrm{d}\boldsymbol{\alpha}}{\mathrm{d}t}&=\frac{1}{\mathrm{i}\hbar}[\boldsymbol{\alpha},H_0]=\frac{2}{\mathrm{i}\hbar}(c\boldsymbol{p}-H_0\boldsymbol{\alpha})\rightarrow\boldsymbol{v}(t)=c\boldsymbol{\alpha}(t)\\&=c^2\boldsymbol{p}H_0^{-1}+\mathrm{e}^{2\mathrm{i}H_0t/\hbar}(c\boldsymbol{\alpha}(0)-c^2\boldsymbol{p}H_0^{-1})\end{aligned} \tag{20.29}$$

其中 $\boldsymbol{\alpha}(0)=\langle\psi(0)|\boldsymbol{\alpha}|\psi(0)\rangle$。式(20.29)可用求导还原检查。注意,按导数算符定义,$\mathrm{d}\boldsymbol{\alpha}/\mathrm{d}t\neq0$ 并非谬误,只表示算符 $\boldsymbol{\alpha}$ 在含时态矢 $|\psi(t)\rangle$ 中的平均值随时间会变化。(注意这时维持 $\alpha_{x,y,z}^2=1$ 要求必导致 $cp_x/H_0\rightarrow1$,即速度为无穷大,始终否定瞬时速度概念。)再次积分,即得含时的粒子位置矢量[20]：

$$\boldsymbol{r}(t)=\boldsymbol{r}(0)+c^2\boldsymbol{p}H_0^{-1}t-\frac{\mathrm{i}}{2}\hbar cH_0^{-1}(\mathrm{e}^{2\mathrm{i}H_0t/\hbar}-1)(\boldsymbol{\alpha}(0)-c\boldsymbol{p}H_0^{-1}) \tag{20.30}$$

前两项为自由运动,第三项称 Zitterbewegung 项,是加载在自由运动上的频率为 $\omega\approx2m_0c^2/\hbar$ 的高频“颤动”。于是,通常的自由运动图像只是一种抹平量子涨落后的平均图像。如果只取正能解或负能解来构造波包,此项的态平均消失,说明 Zitterbewegung 现象根源于正负能解间的干涉。

值得提醒,由于体现 Dirac 方程旋量结构的矩阵 $\boldsymbol{\alpha}$ 蕴含粒子自旋效应,空间运动中自旋和轨道两个角动量时时刻刻存在内禀耦合。这使自旋不再独立守恒,$\boldsymbol{\alpha}$ 随时间变化。但非相对论理论在忽略自旋的同时,也就忽略了这种内禀耦合。Pauli 算符 $\boldsymbol{\sigma}$ 通常只在外场中才有 $\mathrm{d}\boldsymbol{\sigma}/\mathrm{d}t\neq0$,表示极化矢量在外场中的运动。

---

⑳ HOLSTEIN B R. Topics in：Advanced Quantum Mechanics[M]. Boston：Addison-Wesley Publishing Company,1992：325. 该书公式与此处公式相差并不重要的对厄米算符的厄米共轭。

3. 阶跃势垒散射,Klein佯谬[21]

继续K-G方程佯谬的讨论。现在从Dirac方程出发,仍在单电子力学理论范围内求解正势垒$V(z)=V_0\theta(z)$散射。

设z轴负正半轴为区域Ⅰ、Ⅱ。只研究势垒高度超过$V_0\geqslant E+m_0c^2$的情况。按式(20.19b)和式(20.23),正能E的入射波和反射波分别为

$$\begin{cases}\psi_{\text{in}}^{\text{I}}=\sqrt{\dfrac{E+m_0c^2}{2E}}\begin{pmatrix}a\xi_{+1}\\ \dfrac{a\hbar ck}{E+m_0c^2}\xi_{+1}\end{pmatrix}\mathrm{e}^{ikz-\mathrm{i}Et/\hbar},\quad \hbar ck=\sqrt{E^2-m_0^2c^4}\\ \psi_{\text{re}}^{\text{I}}=\sqrt{\dfrac{E+m_0c^2}{2E}}\begin{pmatrix}b\xi_{+1}+b'\xi_{-1}\\ \dfrac{-\hbar ckb\xi_{+1}+\hbar ckb'\xi_{-1}}{E+m_0c^2}\end{pmatrix}\mathrm{e}^{-ikz-\mathrm{i}Et/\hbar}\end{cases}\tag{20.31a}$$

这里对反射波$-\boldsymbol{\sigma}\cdot\boldsymbol{k}\xi_\alpha=-k\sigma_3\xi_\alpha=-\alpha k\xi_\alpha$。Ⅱ区透射波解只需对现在负能旋量解作替换$|E|\to(E-V_0)$。由于不承认反粒子概念,解中自旋脚标符号不作替换。注意,按前面脚注13,交变函数开根取主根,有

$$\begin{cases}\hbar ck'=\sqrt{(E-V_0)^2-m_0^2c^4}=(E-V_0)\sqrt{1-m_0^2c^4/(E-V_0)^2}<0\\ \psi_{\text{trans}}^{\text{II}}=\sqrt{\dfrac{V_0-E+m_0c^2}{2(V_0-E)}}\begin{pmatrix}\dfrac{\hbar ck'd\xi_{+1}-\hbar ck'd'\xi_{-1}}{V_0-E+m_0c^2}\\ d\xi_{+1}+d'\xi_{-1}\end{pmatrix}\mathrm{e}^{-(ik'z+Et/\hbar)}\end{cases}\tag{20.31b}$$

式中,a、b、b'、d和d'是5个叠加系数。现在通过界面时自旋没有反转,$b'=d'=0$。注意三个波函数时间因子$\exp(-\mathrm{i}Et/\hbar)$相同。由$x=0$处连续性条件可得

$$a+b=\frac{k'}{k}\sqrt{\frac{E}{V_0-E}}\frac{d}{r},\quad a-b=rd\sqrt{\frac{E}{V_0-E}},\quad r\equiv\frac{\sqrt{(E+m_0c^2)(V_0-E+m_0c^2)}}{\hbar ck}\tag{20.32}$$

讨论:原以为势垒高度超过$V_0\geqslant E+m_0c^2$会加强对粒子的阻挡,但和式(20.12)进行相似论证可知此时$k'<0$。于是透射波不再阻尼衰减,而成了非阻尼的振荡。由式(20.32)可得

$$a=\frac{d}{2}\sqrt{\frac{E}{V_0-E}}\frac{k'+kr^2}{kr},\quad b=\frac{d}{2}\sqrt{\frac{E}{V_0-E}}\frac{k'-kr^2}{kr}$$

由此给出沿z轴的入射流、透射流和逆z轴的反射流为

$$\begin{cases}j_{\text{in}}=\mathrm{i}c\bar{\psi}_{\text{in}}^{\text{I}}\gamma_3\psi_{\text{in}}^{\text{I}}=\mathrm{i}c(\psi_{\text{in}}^{\text{I}})^+\gamma_4\gamma_3\psi_{\text{in}}^{I}=|a|^2\dfrac{\hbar k}{E/c^2}\\ j_{\text{re}}=\mathrm{i}c\bar{\psi}_{\text{re}}^{\text{I}}\gamma_3\psi_{\text{re}}^{\text{I}}=-|b|^2\dfrac{\hbar k}{E/c^2}\\ j_{\text{tran}}=\mathrm{i}c\bar{\psi}_{\text{tran}}^{\text{II}}\gamma_3\psi_{\text{tran}}^{\text{II}}=|d|^2\dfrac{\hbar k'}{(V_0-E)/c^2}\end{cases}$$

㉑ 见脚注⑥文献,第6章。

于是得到

$$\frac{j_{\text{trans}}}{j_{\text{inc}}}=\frac{4kk'r^2}{(k'+r^2k)^2},\quad \frac{|j_{\text{ref}}|}{j_{\text{inc}}}=\frac{(k'-r^2k)^2}{(k'+r^2k)^2}=1-\frac{j_{\text{trans}}}{j_{\text{inc}}} \tag{20.33}$$

此时流密度联立等式出现佯谬：反射流强度超过入射流强度，而透射流强度则是负的。

4. Klein 佯谬物理分析

无论是自由或有外场的 K-G 方程和 Dirac 方程都有正负能量两套解。其实，负能解和反粒子概念是相对论性理论的必然结论，甚至可以在经典理论范畴内讨论[22]。但前面已经说过，量子理论无法像经典理论那样简单地对负能解予以忽略。

Klein 佯谬现象的物理根源在于：当用势阱（垒）将粒子局限在 Compton 波长λ_C范围内时，按不确定性关系，动量变化相应的能量已经足够产生新粒子。原先被忽略的负能解将显得突出，QT 的单粒子物理图像不再适用。其实，此处 Dirac 方程佯谬和前面 K-G 方程佯谬都不是真正的谬误，它们只是提醒负能解在起着不可忽略的作用。足够高并足够快的跳变势垒固然能对正粒子有快速阻遏作用，但同时也激发出负能解。换种说法，入射电子流从左向右敲击势垒，在强场处的真空中产生正负电子对（而不是从本已含有无穷电子的"Dirac 电子海"中"敲出"电子对！K-G 粒子就没有这个"海"！详见下节讨论）。新创生电子对中的电子跟随反射电子向左运动，而新创生的正电子则在势垒中向右运动。于是三个流的代数和不变，却令反射流大于入射流，透射流呈负值。

即便自由的相对论性运动，正负能量解之间的干涉也会产生这时特有的"相对论性颤动"，何况外部势场变化剧烈的强场区域。由式(20.20b)可知，进入正能旋量解中的χ是经受求导作用（或乘以边界处与势场有关的波数）的（对负能解将φ和χ的地位反过来，情况类似）。一般地说，只要势场变化剧烈（在λ_C尺度上有明显变化），负能解就必然出现（即使原先给定的初条件中并不存在！），其影响不可忽略。简言之，强场作用使单粒子的物理图像失效，使理论超出力学理论的范畴。人为规定不考虑负能解，对于平缓变化的弱场，若不计上述相对论性颤动，还勉强可行。但对于剧烈变化的外场（或粒子间相互碰撞）情况，这种人为忽视绝无可能——否则理论将是平庸的力学理论，无法描述正反粒子对的产生和湮灭、粒子之间转化等大量精彩现象！

所以，Klein 佯谬充分昭示了：QT 本质上是个粒子数不守恒的多体理论。除非能量不够，外场较弱或变化不剧烈，以及平庸的自由粒子运动等情况，否则忽略同时客观存在的反粒子解是不可能的。一旦不是这些情况，理论的多粒子本性便会以很自然的（以及相应守恒律允许的）方式显露出来。这正是相对论量子力学之所以不稳定、不自洽和经常出现佯谬的根本原因！

Klein 佯谬也直接指明了 RQM 的适用范围：①相对于粒子静止能量 m_0c^2 来说，势场 V

---

[22] FEYNMAN R P. Phys. Rev., 1948(74): 939-946; COSTELLA J P, et al. Classical antiparticles, Amer. Journal of Physics, 1997(65): 835-841.

很弱；②相对于 λ_C 来说，势场的空间变化平缓。只在这个范围内(而且忽略相对论性颤动效应)，才可以指望单粒子相对论量子力学方程是有效的[23]。

5. 相对论单粒子量子力学方程内在逻辑不自洽与缺陷分析(Ⅰ)——"Dirac **电子海" 评述**

Dirac 方程存在负无穷能级解，这与电子稳定有矛盾。为了解决这个矛盾，Dirac 于 1930 年提出了"空穴理论"和"Dirac 电子海"概念。

"Dirac 电子海"概念的主要内容是：①假定自然界的基态(真空态)是这样一种状态：空间所有各点，全部负能级都被电子占据，而全部正能级都为空缺。这个"背景真空"后人称之为"Dirac 电子海"。根据 Pauli 不相容原理，无论电子经受什么样的相互作用，正能量的电子都不会坠入任何负能态中。这样，正能量电子运动的稳定性就得到了保证。②如果在某过程中以某种形式(如 γ 射线)交给"真空"以不小于 $2m_0c^2$ 的能量，就有可能从电子海中提升一个负能态上的电子到正能态，"新生"出一个电子。与此同时，"海"中则留下一个"空穴"。这个空穴具有与电子相同的质量但电荷相反，其行为完全像个正电荷的电子，称为正电子。于是实验上就表现出：以能量耗损不小于 $2m_0c^2$ 为代价从真空中同时产生出一对正负电子对。当然也存在逆过程——正负电子对的湮灭，并以辐射形式释放出能量。

鉴于真空的每个空间点处都充满着无穷多的负能电子，为此 Dirac 设定：由于电荷密度分布均匀，电场没有优先方向，使均匀分布本身对电磁场没有贡献，仍有 $\mathrm{div}\boldsymbol{E}=0$，如同真空通常表现出的那样。只有对均匀分布的偏离，才对电荷密度有贡献——占据一个正能态有 $-e$；空出一个负能态有 $+e$。

"Dirac 电子海"假设导致关于"真空"的一个十分诡异的图像：明明到处充满无限多电子和无穷大电荷密度，但最终却表现为是一个"一无所有"的"真空"！按现代的观点，对 Dirac 方程和"Dirac 电子海"的评价是一分为二的：肯定的一面是，Dirac 方程的电荷共轭变换表明，正粒子方程的负能解描述反粒子的正能态运动。也即，Dirac 方程使人们确信，带电粒子应当存在电荷反号的反粒子，即，应当存在正电子。所得这个结论是很深刻的，并已为实验所证实。同时，Dirac 方程也以最自然、最优美的方式给出了电子自旋和电矩，这也是方程的辉煌成就(尽管电矩还不够精确)。但应当扬弃的一面是，为了解释电子稳定所引入的"Dirac 电子海"概念则是不必要的。真空背景是负电荷密度处处无限大，而平均电磁场效应却为零，终究不自然。更何况概念无法推广：基于 Pauli 不相容原理的 fermion"海"概念，无法应用到 boson 情况！从根本上说，人们不能无限层次地要求相互作用中新生粒子必定作为组分粒子，事先包含在真空中或是参与碰撞的粒子内部。归根结底，人们应当接受如下观念：**新生粒子可以是在对称性和守恒律约束下，在相互作用过程中"临时创生"出来的。**由于清楚了二次量子化的物理根源，从单粒子 QT 的此岸转向多粒子 QT 的彼岸已经不必游渡这个古怪好玩的"Dirac 海"了。**所以说，这个图像是一个尚未脱离单粒子观念束**

[23] 比约肯 J D，德雷尔 S D. 相对论量子力学[M]. 纪哲锐，等译：北京：科学出版社，1984：42-46.

缚的结果，既不普适，又不自然，也没必要。正如 Weinberg 引述 Schwinger 所说：现在最好将这个图像当作一件历史珍玩，忘掉它[24]。

6. 相对论单粒子量子力学方程内在逻辑不自洽与缺陷分析（Ⅱ）——单粒子 Dirac 方程的局限性

除了以上缺陷之外，单粒子 Dirac 方程还存在以下三点局限性。

其一，方程只描述参加电磁作用的自旋 1/2 粒子。即便对于电子，由方程所得回磁比之比 $g=g_S/g_L=2$ 也稍小于实测值，多出的部分称为电子的反常磁矩。此矛盾以及氢原子精细结构辐射修正都说明，虽然 Dirac 方程比 Schrödinger 方程前进了一大步，但作为单电子波函数方程，只限于计及与外部电磁场的作用，并没有考虑电子自身的电磁作用，仍然是个近似方程。为了更精确地描写电子行为，需要考虑自身作用，将单电子 Dirac 方程转换为多体理论的电子量子场方程。对量子场方程作微扰展开，直到 8 阶近似，电子反常磁矩计算与实验符合十分出色[25]。

其二，前面 Dirac 的理论推导仅仅使用了 QM 及相对论一般原理，就得到了电子的自旋为 $\hbar/2$。如此做法推广应用于质子和中子是可以的，但却不能推广应用于光子。情况为什么是这样，原因必须从 Dirac 理论推导中隐藏着的假设去寻找。Dirac 在推理中使用了一个隐藏的假设：在相对论量子“力学”范畴内，“粒子的位置是可观察量”。但对光子，此假设不成立。理论中引入描述光子位置的力学变量(x_1,x_2,x_3)并不是可观察量（见 23.2 节，11.6 节）。于是理论推导不成立，当然光子的自旋也就不是 $\hbar/2$ 了。无法对光子作定位描述（至少在自由空间中如此），光子没有通常意义上的坐标表象。尽管有时对光子强行引入包含力学变量(x_1,x_2,x_3)的准波函数描述，其实它们并不具有波函数通常的物理解释——模平方是空间概率密度。然而，光子可以有动量表象描述，这对于实际目的已经足够了[26]。

其三，虽然所有 1/2 自旋粒子都能被 Dirac 方程描述，但对电磁场中的质子和中子，由于它们同时参与强相互作用，并不完全由电磁场下的 Dirac 方程所描述。比如，质子反常磁矩计算就比电子情况糟糕得多，更不用说中子反常磁矩完全不能由它来说明。

7. 相对论单粒子量子力学方程内在逻辑不自洽与缺陷分析（Ⅲ）——RQM 内在基本矛盾分析

现在人们深切理解到，在粒子数守恒的力学理论范畴内，不可能建立稳定而自洽的 RQM 理论。唯一出路是脱出力学理论束缚，直面正反粒子同时存在，将正粒子的负能级解

---

[24] WEINBERG S, The Quantum Theory of Fields(Vol. I)[M]. Cambridge:Cambridge University Press,1995: 14.

[25] KINOSHITA T. Phys. Rev. Lett.,(1981)47-1573; 实验有 R. S. Van Dyck,Jr.,etat.,Phys. Rev. Lett. (1987) 5926.

[26] 光子没有通常意义上的坐标波函数。见本书 23.2 节。也见：阿希叶泽尔 A И. 量子电动力学[M]. 北京：科学出版社，1959：7. DIRAC P A M. 量子力学原理[M]. 北京：科学出版社，1965：273. 但局部情况也可以用能量密度替代概率密度，甚至可以得出相应的不确定性关系。见 BIRULA I B,Phys. Rev. Lett.,2012,108:140401.

诠释成反粒子的正能级解[27]**,转换为多粒子系统的量子场方程,构建出不保证粒子数守恒的相对论性量子场论。**以自由粒子为例来说,以前是粒子无正反,能级有正负;现在则是粒子有正反、电荷有正负,能级全为正。按各种守恒律的容许,粒子可以成对产生和湮灭,数目并不固定。这就消除了负无穷能级的困惑,保证了物质粒子的稳定性。

RQM的内在逻辑自洽情况与NRQM的很不相同。简要说来,RQM基本方程,如果作为单粒子波动方程,将其解$\psi(x)$或$\varphi(x)$解释为单粒子波函数(如同Schrödinger方程那样),将会显示RQM基本方程内禀地蕴含着重大逻辑矛盾[28]**,集中表现在以下两个方面。**

其一,相对论性能量假设与作为(量子的、单粒子的)单粒子力学理论(即,不考虑粒子产生、湮灭和转化)的前提有矛盾。它所研究的粒子的能量已接近或超过新粒子产生或粒子间转化的能量,但它作为单粒子力学(!)理论,前提却仍然硬性规定不考虑这些肯定会发生的物理过程,企图只考虑粒子数守恒情况,打算仅仅研究粒子在时空中的运动!

其二,相对论性的高能量(导致产生新的全同粒子)与定域描述方法的矛盾。定域的描述方式使人们有权利去说在某几何点找到粒子的概率等。然而,当测量Δx足够小时,由测量引入的能量将足够大,加之粒子本身能量也已经很高,于是便会以各类(守恒律允许的)方式产生出全同的新粒子。**新生全同粒子位置在Compton波长λ_C范围内和旧粒子的位置不可分辨。这在原则上为精确确定粒子位置设置了下限——粒子Compton波长λ_C(详见11.6节和第23讲),宣告了定域描述的不合法!**

由于存在这两方面的内禀矛盾,特别是第一个矛盾,RQM的两个基本方程作为单粒子的力学运动方程都存在一些根本性困难。认真说,只有继续贯彻量子逻辑,将它们纳入多粒子理论的量子场论框架,作为全同粒子量子场方程,矛盾才会少一些,比较自洽一些。

所以说,除少数特殊情况外,不必像对待Schrödinger方程那样,重视求解各种位势下相对论方程的单粒子波函数,特别是当位势变化剧烈的时候。正如同1985年S. Weinberg在英国剑桥大学纪念Dirac逝世一周年报告会上所说的那样[29]:“在我们所要求的对称性中有一个似乎差不多与量子力学不能相容。这个对称性叫做Lorentz不变性。”又说:“除非是在QFT的范围内,我们不可能将量子力学与相对论调和起来。”还说:“Dirac在电子论上的伟大作品就是想通过将Schrödinger波动方程作相对论性推广而把量子力学与狭义相对论统一起来。我看当今已普遍放弃了这个观点。**目前大多数的人都认为,我们不能将相对论与量子力学统一起来,而只能与量子场论统一起来。但是他的美丽的方程却成了每一位物理学家武库的一部分;它保存下来了,而且会永远保存下去。**”

---

[27] STUCKELBERG E C G, Helvetica Physica Acta,(1942)15, 23-37; FEYNMAN R P, Phys. Rev., 76, 749-759(1949); FEYNMAN P R, In Nobel Lectures: Physics 1963-1970, P. 155-178. World Scientific, Singapore, 1998. Online at http://www.nobel.se.

[28] 见脚注⑥文献,第6章,第12章;以及前面所列的比约肯和卢里的书。

[29] S. Weinberg于1985年在英国剑桥大学举行的纪念Dirac逝世一周年报告会上的讲演“物理学的最终定律”。第一推动丛书,第三辑,李培廉译,长沙:湖南科学技术出版社,2003:40.

20.5 QFT 内在逻辑自洽性分析

1. QFT 内在逻辑仍然不自洽

注意，就包括 QFT 在内整个 QT 全局返回头观察，其实 QT 的本性就是一个可以描述(在 Lagrange 量容许前提下)粒子产生湮灭和转化的、粒子数不守恒的多粒子场论理论。现在通过将 RQM 升回到 QFT 层次，考虑 QT 的多粒子本性，解除粒子数守恒约束，破除力学理论框架，当然就消除了 RQM 的第一个矛盾——RQM 是粒子数守恒约束下的力学理论与高能量下 QT 多粒子理论本性之间的矛盾，即通常说的，单粒子力学理论向多粒子场论的发展。**但是，目前的 QFT 仍然袭用着定域描述方法，使得第二个矛盾 ——定域描述方式和 QT 的容许粒子之间转化的多粒子场论之间的矛盾依然存在，甚至由于高能量而更趋激化！**正如上面 Klein 佯谬中谈过的，从观念上看，按照微观粒子波粒二象性的本性，特别是微观粒子的波动性，人们本就无权超越 Compton 波长的精度，以位于空间某个"几何点"的方式谈论粒子的空间定位。**微观粒子波动性，具体说是 Compton 波长 λ_C 的存在，对位置描述内禀地引入一个下限。人们不可能逾越这个下限去谈论粒子的准确定位，原则上就不能引入对粒子的定域描述。更何况，解除粒子数守恒的限制，使 QFT 理论容纳了对粒子产生湮灭和转化的描述，这样一来即便对静止质量不为零的物质粒子，理论也不再拥有可以进行自洽运算的完全定域化的坐标本征态和坐标表象**[30]。

2. 表现出来的重大问题[31]

显然，这个逻辑矛盾在 QFT 范畴内更为突出！从观念上看，鉴于微观粒子的波性，人们不能以精确到"几何点"的方式谈论场量子和场量的定位。而定域描述却主张有权这样做。现在，情况更糟糕的是，量子场论涉及的能量既高又允许粒子产生和转化，按上面不确定性关系估算，为了如此精确定位，投入的测量能量已足够产生无法区分的全同的新粒子[32]。于是在 QFT 中，定域描述方法和粒子产生湮灭与转化的逻辑冲突更加激烈。再加之，由于 QT 本质上是个空间非定域理论，即便一般性地解除粒子数守恒的约束，进入场论范畴，多粒子本性也将暴露出定域描述方法的局限性。**由于微观粒子的波动本性，更是由于它们产生湮灭和转化，导致对定域描述方法的强烈抵制。这种抵制不但直接排斥了 QFT 中的坐标表象，而且经常引起 QFT 内各种类型的发散！**虽然大多数发散可以在重整化名义下予以吸收，但重整化理论毕竟不能令人十分满意，何况有的理论并不能重整[33]。虽然现在趋于认

---

[30] 详见 11.6 节以及 23.2 节。

[31] 参见第 25、23、11 诸讲。

[32] 见脚注[23]；卢里 D. 粒子与场[M]. 董明德，等译. 北京：科学出版社，1981：127，134-137.

[33] 较早可见：DIRAC P A M. 量子力学原理[M]. 北京：科学出版社，1965：318-319.

为：一个正确的场论并不一定非要可重整的[34]，但至少早已一致公认，**这些发散的根源来自现在所采用的定域描述方法**。事实上，如何舍弃目前的定域描述方式，也即如何解决 QFT 中内在的逻辑矛盾，虽有大量工作在尝试，迄今还未能取得满意的进展。

20.6 总　　结

本质上，QT 是个多粒子的、空间非定域的、或然的理论。其一，说它本质上是个多粒子理论，因为只要能量(以及相应守恒律)允许，其多粒子本性便会以自然的方式显露出来。只在低能情况下，这个理论才能简化为一个逻辑比较自洽的单粒子力学理论。这正是相对论量子力学之所以不稳定、不自洽和出现佯谬的根本原因。**其二，说它本质上是个空间非定域的理论**(第24、25、23讲)，因为一旦解除粒子数守恒约束，进入相对论量子场论范畴，这一性质会更激烈地显现定域描述方法的局限性。它不但排斥了定域描述的坐标表象(见第11、23讲)，更产生出众多发散困难。**其三，说它本质上是或然的**，这是实验现象的概括，无须什么理论论证。只是它的根源和性质需要探讨。但迄今为止，仍然不能断定是有隐变数的或然——因而只是"**表观性或然**"；还是无隐变数的或然——"实质性或然"(见第24、25、26讲)。

总之，检查理论前提各个假设的逻辑自洽性十分重要，但人们往往疏忽去做。实际情况是，不论在 QT 哪个层次上，内在逻辑矛盾带来的后果都使理论具有某些根本性的困难。只有在非相对论近似下的 NRQM，其内在逻辑可算比较自洽。确实，考量一个理论，倘若从其前提、公设、出发点入手，也许会意外地得到对现有理论的框架性突破，获得"跳出三界外，不在五行中"的那种"近乎超然的自在"(参见后记的"抬杠学")！

[34] WEINBERG S. The Quantum Theory of Fields (Vol. 1) [M]. Cambridge: Cambridge University Press, 1995: 518.

第 21 讲

Berry 相位争论分析

——可积与不可积、动力学与几何

※　※　※

21.1　前　　言

1984 年 Berry 提醒人们注意在准稳态含时体系演化中存在一类拓扑相位。它源自体系含时 Hamilton 量参数空间的非平凡拓扑性质。它们其实是弯曲空间中矢量平移的和乐(Holonomy)相位。

21.2　关于 Berry 相位的争论

1. Berry 之前人们的看法——以 Schiff 为代表

设 Hamilton 量通过含时参量 $\boldsymbol{R}(t)$ 依赖于时间，即 $H(t)=H(\boldsymbol{R}(t))$，Schrödinger 方程为

$$\mathrm{i}\,\hbar\frac{\partial\mid\psi(t)\rangle}{\partial t}=H(\boldsymbol{R}(t))\mid\psi(t)\rangle,\qquad \mid\psi(t)\rangle\mid_{t=0}=\mid\varphi_n(\boldsymbol{R}(0))\rangle \tag{21.1}$$

假设此含时过程是个绝热演化过程，即，时刻都有准定态方程成立：

$$\begin{cases} H(\boldsymbol{R}(t))\mid\varphi_n(\boldsymbol{R}(t))\rangle = E_n(\boldsymbol{R}(t))\mid\varphi_n(\boldsymbol{R}(t))\rangle \\ \langle\varphi_n(\boldsymbol{R}(t))\mid\varphi_{n'}(\boldsymbol{R}(t))\rangle = \delta_{nn'} \end{cases} \tag{21.2}$$

注意,虽然 Hamilton 量 $H(\boldsymbol{R}(t))$变化足够缓慢(标准是不致引起相关量子数改变的状态跃迁),但经历长时间演化,其变化量可以很大。按准定态方程,可以合理地假设抽出("扣除")动力学相位 $e^{i\alpha_n(t)}=\exp\left\{-\frac{i}{\hbar}\int_{\tau=0}^{t}E_n(\boldsymbol{R}(\tau))d\tau\right\}$。于是,假设满足初条件的含时解为

$$|\psi(t)\rangle = \exp\left\{-\frac{i}{\hbar}\int_{\tau=0}^{t}E_n(\boldsymbol{R}(\tau))d\tau\right\}\exp\{i\gamma_n(t)\}\mid\varphi_n(\boldsymbol{R}(t))\rangle \tag{21.3}$$

其中 $\gamma_n(t)$为待定相位,由含时 Schrödinger 方程决定,简单计算得

$$\begin{aligned} i\hbar\frac{\partial\mid\psi(t)\rangle}{\partial t} &= E_n(\boldsymbol{R}(t))\Big|\psi(t)\rangle - \hbar\frac{d\gamma_n(t)}{dt}\Big|\psi(t)\rangle \\ &\quad + i\hbar\exp\left\{-\frac{i}{\hbar}\int_{\tau=0}^{t}E_n(\boldsymbol{R}(\tau))d\tau\right\}\exp\{i\gamma_n(t)\}\frac{\partial\mid\varphi_n(\boldsymbol{R}(t))\rangle}{\partial t} \\ &= H(\boldsymbol{R}(t))\mid\psi(t)\rangle - \hbar\frac{d\gamma_n(t)}{dt}\mid\psi(t)\rangle \\ &\quad + i\hbar\exp\left\{-\frac{i}{\hbar}\int_{\tau=0}^{t}E_n(\boldsymbol{R}(\tau))d\tau\right\}\exp\{i\gamma_n(t)\}\frac{\partial\mid\varphi_n(\boldsymbol{R}(t))\rangle}{\partial t} \end{aligned}$$

即

$$\dot{\gamma}_n(t) = i\langle\varphi_n(\boldsymbol{R}(t))\left|\frac{\partial}{\partial t}\right|\varphi_n(\boldsymbol{R}(t))\rangle = i\langle\varphi_n(\boldsymbol{R}(t))\mid\nabla_{\boldsymbol{R}}\varphi_n(\boldsymbol{R}(t))\rangle\cdot\dot{\boldsymbol{R}}(t)$$

对时间积分后,得到

$$\gamma_n(t) = i\int_{\tau=0}^{\tau=t}\langle\varphi_n(\boldsymbol{R}(\tau))\left|\frac{\partial}{\partial\tau}\right|\varphi_n(\boldsymbol{R}(\tau))\rangle d\tau = i\int_{\boldsymbol{R}(0)}^{\boldsymbol{R}(t)}\langle\varphi_n(\boldsymbol{R})\mid\nabla_{\boldsymbol{R}}\varphi_n(\boldsymbol{R})\rangle\cdot d\boldsymbol{R} \tag{21.4}$$

由 Schiff[①] 叙述可知,Berry 之前的人们是知道上面这段简单推导的。但他们认为:由于此过程每个时刻都有准定态方程(21.2)成立,因此,在 t 时刻瞬时定态解$|\varphi_n(\boldsymbol{R}(t))\rangle$前面可以添加任意相位 $e^{i\delta(t)}$ 而不影响定态解成立。并且,对不同时刻这个相位可以选定不同的数值。这样一来事情就成为,整个含时过程可以有一个任意时间函数的相位,而不影响准定态方程成立。这就是说,**第一,在绝热近似——即时时刻刻都有准定态方程成立的假设下,从应当逻辑自洽考量,对这类过程不应当再计较任何含时相位。第二,Berry 之前人们并不知道这类过程里面会有个不可积相位问题。基于这两点,Berry 之前人们有意地忽略了上面这个$\boldsymbol{\gamma}_n(t)$表达式及其简单推导,对其"知而不谈"。**

2. Berry、Simon 的推导论证

Berry 显然知道这些背景,也认为公式(21.4)本身并无独立意义,所以在他的原始论

① SCHIFF L I. 量子力学[M]. 北京:人民教育出版社,1982:332-334.

文[②]中，不仅没有列出公式(21.4)的推导过程，甚至干脆没有写出公式(21.4)。他只是在文中强调指出：在这类参量含时绝热演化过程中，提请注意存在一类不可积的、不能写成 $\boldsymbol{R}(t)$ 解析函数的含时相位。特别是，连续循环一周 C 之后，$\gamma_n(t)$ 是非单值的，$\gamma_n(T)\neq\gamma_n(0)$。这时将得到连续循环一周 C 后动力学方程解和 $\gamma_n(t)$：

$$\begin{cases}|\psi(T)\rangle=\exp\left\{-\dfrac{\mathrm{i}}{\hbar}\displaystyle\int_{\tau=0}^{T}E_n(\boldsymbol{R}(\tau))\mathrm{d}\tau\right\}\exp\{\mathrm{i}\gamma_n(C)\}|\psi(0)\rangle \\ \gamma_n(C)=\mathrm{i}\displaystyle\oint_C\langle\varphi_n(\boldsymbol{R})|\nabla_{\boldsymbol{R}}\varphi(R)\rangle\cdot\mathrm{d}\boldsymbol{R}\end{cases} \tag{21.5}$$

这里，他强调的只是圈积分公式(21.5)，并直接写出了公式(21.5)。

根据 Berry 这一开创性工作，人们将体系循环一周 C 返回后，由参数空间拓扑不平庸所导致的不为零圈积分相位 $\gamma_n(C)$ 称做 Berry 相位。“Berry 相位”名称首先由 Berry 的朋友、数学家 Simon 当时在他所写的文章[③]中提出。Simon 的论文对此相因子的数学背景有更深刻的剖析，指出：**它们就是弯曲空间中矢量平移时的和乐(Holonomy)相位。后来 Berry 相位被推广到非准稳定、非闭合的情况。**本讲只限于讨论当时的闭合积分 Berry 相位。

有关 Berry 相位的根源、性质和表示问题在国内曾经引起过激烈的争论。本讲只限于正面考量有关争论的学术内容，不打算引征相关的文献。请读者理解。

3. 不同看法之一——Berry 相位是动力学相位？

有一种做法：对上述含时体系设定如下含时展开：

$$|\psi(t)\rangle=\sum_n \mathrm{e}^{\mathrm{i}\gamma_n(t)}\mathrm{e}^{-(\mathrm{i}/\hbar)\int_0^t\mathrm{d}\tau E_n(\boldsymbol{R}(\tau))}|\varphi_n(\boldsymbol{R}(t))\rangle$$

并继以绝热近似之后，经过前面简单计算给出 $\gamma_n(t)$ 的式(21.4)。然后就将式(21.4)当作了 Berry 相位。接着进一步强调：上述推导显示，Berry 绝热相 γ_n 的出现，是由于要求量子态随时间的演化必须满足 Schrödinger 动力学方程。因此，从根本上讲，无论 $\alpha_n(t)$ 或者 $\gamma_n(t)$，其根源都来自动力学的要求。

这一观点，细分内容有三：其一，Berry 相位既然来源于动力学方程，所以本质上是动力学的；其二，Berry 相位来源于含时 Schrödinger 方程；其三，Berry 相位属于绝热过程，是绝热相。

应当说这是一些误会。产生误会的原因也许是：没有注意到 Berry 之前人们对这类过程中含时因子 $\gamma_n(t)$ 表达式及其推导有意“视而不见”的原因；再就是，没有注意 Berry 原文前面有一段关于不可积相位的叙述。

下面 21.4 节将更详细地分析 Berry 相位的根源与性质。

4. 不同看法之二——只能从含时 Schrödinger 方程导出 Berry 相位？

其实，Berry 相位——圈积分公式(21.5)也可以从特定的定态 Schrödinger 方程导出。

---

② BERRY M V, F. R. S., Quantum phase factors accompanying adiabatic changes, Proc. R. Soc. Lond. (1984), 392: 45-57.

③ SIMON B, Holonomy, the Quantum Adiabatic Theorem, and Berry's Phase, Phys. Rev. Lett. (1983)51: 2167. 由于 Berry 的稿子被审稿人遗失而耽误，Simon 的文章发表反而在 Berry 文章之前。

比如,带AB效应的Young氏双缝实验④:在电子双缝实验的缝屏后面两缝之间放置一个细螺线管。通电后管内 $\boldsymbol{B}\neq\boldsymbol{0}$;但管外 $\boldsymbol{B}=\boldsymbol{0}$,矢势 $\boldsymbol{A}\neq\boldsymbol{0}$。这个细螺线管产生一细束磁力线束,称为磁弦。下面理论分析表明,相对于未通电的情况来说,通电后,接收屏上干涉花样在包络(图中虚线所示轮廓线)曲线不变情况下,所有极值位置都发生了移动;若电流变化,则峰值位置跟随变化;电流反向,峰值位置移动也反向。下面对此作一简要分析。

由于电子Young氏双缝实验装置应当保证两缝 a_1、a_2 处入射电子波函数相干分解,所以在两缝处波函数相位差必为固定。不失一般性,假设两处的相位相等,于是通电之前的定态方程为

$$\begin{cases}\dfrac{\boldsymbol{p}^2}{2\mu}\varphi_0(\boldsymbol{r}) = E\varphi_0(\boldsymbol{r}) \\ \varphi_0(\boldsymbol{r}t) = \varphi_0(\boldsymbol{r})\mathrm{e}^{-\mathrm{i}Et/\hbar}\end{cases} \tag{21.6a}$$

求解时考虑带有双缝的几何边界条件(参见第1讲)。C 点合振幅为 $f_C^{(0)} = f_1^{(0)}(C) + f_2^{(0)}(C)$。

通电之后,$\boldsymbol{p}\to\boldsymbol{p}-\frac{e}{c}\boldsymbol{A}$。有

$$\begin{cases}\dfrac{1}{2\mu}\left(\boldsymbol{p}-\dfrac{e}{c}\boldsymbol{A}\right)^2\varphi(\boldsymbol{r}) = E\varphi(\boldsymbol{r}) \\ \varphi(\boldsymbol{r}t) = \varphi(\boldsymbol{r})\mathrm{e}^{-\mathrm{i}Et/\hbar}\end{cases} \tag{21.6b}$$

直接验算即知,在上面解的基础上,此方程的解可以写作

$$\varphi(\boldsymbol{r}) = \exp\left(\frac{\mathrm{i}e}{\hbar c}\int_a^r \boldsymbol{A}(\boldsymbol{r}')\cdot\mathrm{d}\boldsymbol{r}'\right)\varphi_0(\boldsymbol{r}) \tag{21.7}$$

结合下面式(21.9)叙述表明,在 $\boldsymbol{B}\neq\boldsymbol{0}$ 区域此处相位积分不仅与两端点有关,并且与路径有关,而电子行进的路径又没有明确的轨道,因而这个相位是“不可积的”!只在 $\boldsymbol{B}=\boldsymbol{0}$ 的区域它与路径无关,才是可积的(这也正说明,磁场毕竟是一种物理实在,不能通过数学变换将其无条件地完全转化为含义确定的普通相位)。这个相位存在表明,即使粒子路径限制在电磁场场强为零的区域,粒子不受定域力的作用,但电磁势(沿粒子路径的积分)仍会影响粒子运动的相位。

于是,在通电情况下,C 点的合振幅成为

$$\begin{aligned}f_C &= \exp\left(\frac{\mathrm{i}e}{\hbar c}\int_{a,1}^C \boldsymbol{A}\cdot\mathrm{d}\boldsymbol{l}\right)f_1^{(0)}(C) + \exp\left(\frac{\mathrm{i}e}{\hbar c}\int_{a,2}^C \boldsymbol{A}\cdot\mathrm{d}\boldsymbol{l}\right)f_2^{(0)}(C) \\ &= \exp\left(\frac{\mathrm{i}e}{\hbar c}\int_{a,1}^C \boldsymbol{A}\cdot\mathrm{d}\boldsymbol{l}\right)\left\{f_1^{(0)}(C) + \mathrm{e}^{\frac{\mathrm{i}e}{\hbar c}\oint\boldsymbol{A}\cdot\mathrm{d}\boldsymbol{l}}f_2^{(0)}(C)\right\}\end{aligned} \tag{21.8}$$

这里,指数上线积分的脚标1和2分别表示积分沿路径1和2进行。大括号外相因子是新增加的“外部相位”,没有可观测的物理效应,可以略去;但大括号内 $f_2^{(0)}(C)$ 前的相位为新增加的内部相位,它改变了两束电子在 C 点的相对相位差,从而改变了双缝干涉花样的极

④ 张永德.量子力学[M].4版.北京:科学出版社,2016,9.4节.

值位置。这个内部相位可以改写为

$$\exp\left(\frac{\mathrm{i}e}{\hbar c}\oint \boldsymbol{A}\cdot \mathrm{d}\boldsymbol{l}\right)=\exp\left(\frac{\mathrm{i}e}{\hbar c}\iint(\nabla\times\boldsymbol{A})\cdot \mathrm{d}\boldsymbol{s}\right)=\exp\left(\frac{\mathrm{i}e}{\hbar c}\Phi\right) \tag{21.9}$$

这里 Φ 是由路径 1 和 2 所包围面积内的磁通。由于这个相位并不改变单缝衍射的强度分布,所以在条纹移动时,诸条纹极值的包络曲线形状不变。这些结论已直接或间接地为众多实验所证实⑤。

上面磁 AB 效应应当扩充成为包括电 AB 效应在内的 Lorentz 变换协变的形式。这时,由于$(A_\mu)=(\boldsymbol{A},\mathrm{i}\varphi)$和$(x_\mu)=(\boldsymbol{x},\mathrm{i}ct)$,相位的路径积分应当扩充为

$$\oint \boldsymbol{A}\cdot \mathrm{d}\boldsymbol{l}\to\oint A_\mu \mathrm{d}x_\mu=\oint(\boldsymbol{A}\cdot \mathrm{d}\boldsymbol{x}-c\varphi \mathrm{d}t)$$

于是,这个不可积相位——Berry 相位就成为如下形式:

$$\exp\left\{\frac{\mathrm{i}e}{\hbar c}\oint A_\mu \mathrm{d}x_\mu\right\} \tag{21.10}$$

注意,由于 $A_\mu \mathrm{d}x_\mu$ 在 Lorentz 变换下是个标量,总的电磁 AB 效应是 Lorentz 变换不变的,同时又是规范变换不变的。因为,对于任一可微函数 $f(\boldsymbol{x},t)$引导出的规范变换

$$A_\mu(x)\to A'_\mu(x)=A_\mu(x)+\partial_\mu f(x)$$

上面闭曲线积分相应为

$$\oint A'_\mu \mathrm{d}x_\mu=\oint(A_\mu+\partial_\mu f)\mathrm{d}x_\mu=\oint A_\mu \mathrm{d}x_\mu$$

事实是,**屏后空间的拓扑性质已经是非平庸的了:由于存在磁弦,空间由曲面单联通转变为曲面多联通**(参考 21.3 节)。关于场强和势谁更根本、整体和局域性质等更进一步讨论可见脚注④文献。

5. 不同看法之三——能量本征态叠加出 Berry 相位?

还有一种做法:将 Berry 相位问题推广到两个不同能级定态叠加的含时分析。对一些有限能级情况这是可以的,但最好不要普遍推广。比如,有如下做法:对一维谐振子 $H=p^2/2m+m\omega^2x^2/2$,取初态为叠加态$|\psi(0)\rangle=\cos(\theta/2)|+\rangle+\sin(\theta/2)|-\rangle$。继而演化为含时叠加态,

$$|\psi(t)\rangle=\cos(\theta/2)\mathrm{e}^{-\mathrm{i}t\Delta/\hbar}|+\rangle+\sin(\theta/2)\mathrm{e}^{\mathrm{i}t\Delta/\hbar}|-\rangle \tag{21.11}$$

对它进行 Berry 相位的分析:当时间变化时,说$|\psi(t)\rangle$也可以划出一个立体角,出来 Berry 相位等(其实,现在是高频振荡,完全说不上是缓变的准定态过程)。例如,取演化的一个循环周期 $\tau=\pi\hbar/\Delta$ 之后,$|\psi(\tau)\rangle=-|\psi(0)\rangle$。可得总相位 π。按 $\gamma(t)$公式(21.4)计算得

$$\gamma(\tau)-\gamma(0)=-\pi(1-\cos\theta)$$

当 $\theta=0,\pi$ 时 $\gamma(\tau)-\gamma(0)=0$;当 $\theta=\pi/2$ 时 $\gamma(\tau)-\gamma(0)=\pi$。就这样,将这个相位称做了 Berry 相位。

---

⑤ 最初有 CHAMBER R G, Phys. Rev. Lett.,(1960)5, 3.

一般而言，这又是一个误解。这种做法从表面形式上看并没有什么问题，但在物理和数学概念上都值得推敲。

首先，这个体系的 Hamilton 量并不含时，没有随时间变化的参数空间，是拓扑平庸的，谈不上参数空间和乐相位计算。这种叠加是在 Hilbert 空间中进行的。此问题之所以是个时间相关问题，完全是由于初条件——初始处于叠加态。位势本身没有拓扑非平庸的数学背景，并不是所关注的准稳态时变问题。

退一步说，即便算出这个(属于 Hilbert 空间，不属于参数空间的)相因子不为零，或是在有些情况下(自旋在磁场中进动)能够观测，也只说明此时和乐相位有另一种来源——不同能级态叠加形成二维球面拓扑性质，并不来源于 Hamilton 量参数空间的拓扑性质。

其次，更重要的是，除磁场中自旋进动等有限能级情况外，**很难进行一般性的实验观测。**比如，上面叠加态的内部相位就很难用实验来检测。现在看看用此态作任意力学量算符的平均，有

$$\begin{aligned}\langle\psi(t)\mid\Omega\mid\psi(t)\rangle=&\cos^2(\theta/2)\langle+|\,\Omega\,|+\rangle+\sin^2(\theta/2)\langle-|\,\Omega\,|-\rangle\\&+2\mathrm{Re}\{\cos(\theta/2)\sin(\theta/2)\mathrm{e}^{-2\mathrm{i}\Delta t/\hbar}\langle-|\,\Omega\,|+\rangle\}\end{aligned}$$

注意定态有时间相因子 $\mathrm{e}^{-\mathrm{i}Et/\hbar}$，不同能级间相位差为 $\mathrm{e}^{-\mathrm{i}(E_m-E_n)t/\hbar}$，此相因子振荡频率非常高！而测量持续时间经常需要经历很多个这样的振荡周期，于是干涉项的测量结果将会被抹平为零。用数学思想简明表示就是 $\mathrm{e}^{\mathrm{i}\beta(x-y)}\xrightarrow{\beta\to\infty}\delta_{xy}$[⑥]。**这既抽除了上述计算的实验基础，也排除了不同能级概率幅之间的干涉。后者为量子统计中的“无规相差假设”提供了实验解释**[⑦]。

21.3 “Berry 相位本质”争论的澄清

1. 一个反例：**一维准定态矢量平移总是拓扑平庸的**

下面详细论证：①什么是 Berry 相位；②它的本质是动力学的还是几何的。在此之前，先用一维例子说明上节“式(21.4)$\gamma(t)$是 Berry 相位”的说法为什么不正确。

[定理] 一维准定态时空演化过程，由于其时间演化的拓扑平庸性质，经循环一周的相位 $\gamma(t)$式(21.4)恒为零。

证明 因为含时态是归一化的，有

$$\begin{aligned}0&=\frac{\partial}{\partial t}\langle\varphi_n(\boldsymbol{R}(t))\mid\varphi_n(\boldsymbol{R}(t))\rangle\\&=\left\{\frac{\partial}{\partial t}\langle\varphi_n(\boldsymbol{R}(t))\mid\right\}\mid\varphi_n(\boldsymbol{R}(t))\rangle+\left\langle\varphi_n(\boldsymbol{R}(t))\left|\frac{\partial}{\partial t}\right|\varphi_n(\boldsymbol{R}(t))\right\rangle\end{aligned}$$

---

⑥ 见18.3节。

⑦ 同上。

利用“一维定态波函数总可以取成实函数”这一事实，进一步有

$$\left\{\frac{\partial}{\partial t}\langle \varphi_n(\boldsymbol{R}(t)) \mid\right\} \mid \varphi_n(\boldsymbol{R}(t))\rangle = \left\langle \varphi_n(\boldsymbol{R}(t)) \left| \frac{\partial}{\partial t} \right| \varphi_n(\boldsymbol{R}(t)) \right\rangle$$

于是有

$$\left\langle \varphi_n(\boldsymbol{R}(t)) \left| \frac{\partial}{\partial t} \right| \varphi_n(\boldsymbol{R}(t)) \right\rangle = 0$$

这导致 $\gamma_n(t)$的被积函数恒为零，即 $\gamma_n(t)=0$。 证毕。

具体例子就是一维量子活塞——活动墙的准定态一维无限深方阱问题。这时，无论怎样绝热地移动两面墙——保持阱内粒子状态的无量纲量子数不变的任意含时准稳态演化过程中，不仅在两面墙移动一周还原时 $\gamma(C)=0$，而且在过程中时时刻刻都有 $\gamma(t)=0$。

2. 正确的认识：**式(21.4)是一盆有小孩的洗澡水**

前面已经说过，Berry 之前的人们早就知道上面 $\gamma(t)$的表达式(21.4)。只是“有意忽视”。**Berry 的贡献在于指出：此处洗澡水中有小孩，不应当全部倒掉。小孩的名字就是人们现在称做的 Berry 相位$\boldsymbol{\gamma}(\boldsymbol{C})$。**

现在，一方面，既不可以像 Berry 以前的人们笼统地将$\boldsymbol{\gamma}(t)$当洗澡水全部倒掉；另一方面，参考 Berry 以前人们的理由并结合上面反例可知，也不可以笼统地将$\boldsymbol{\gamma}(t)$当作小孩(Berry 相位)全部捡回来，而且还进一步对小孩作了新的定义，并探讨了小孩的来源——来自动力学，而不是来自参数空间非平庸的几何性质。

总之，由 Berry 的原文，结合一维定态一般例子，正确认识是：

一般对准定态过程而言，这个$\boldsymbol{\gamma}(t)$的表达式通常是不应当计较的，何况它还存在等于零的平庸情况。所以不能将这个表达式笼统地称做 Berry 相位。只当这个相因子是不可积的、循环一周后不为零的情况下，才是 Berry 相位。这时体系的内禀空间必定是拓扑不平庸的。

21.4 Berry 相位几何本质的再澄清

1. 二维流形上矢量平移及协变导数计算

先给出单位球面上活动标架的微分表示式。取球面上活动标架$(\boldsymbol{e}_r,\boldsymbol{e}_\theta,\boldsymbol{e}_\varphi)$，容易得到此活动标架在固定的直角坐标中的表示：

$$\begin{cases}\boldsymbol{e}_r = \{\sin\theta\cos\varphi, \sin\theta\sin\varphi, \cos\theta\} \\ \boldsymbol{e}_\theta = \{\cos\theta\cos\varphi, \cos\theta\sin\varphi, -\sin\theta\} \\ \boldsymbol{e}_\varphi = \{-\sin\varphi, \cos\varphi, 0\}\end{cases} \tag{21.12}$$

可以证明[⑧]：一般说来，活动标架的导数构成一组封闭关系。比如，由式(21.12)就能得到，

⑧ 华罗庚. 高等数学引论：第一卷，第二分册[M]. 北京：科学出版社，1979：139.

对球坐标活动标架的微分表示式为

$$\begin{cases} \mathrm{d}\boldsymbol{e}_r = \boldsymbol{e}_\theta \mathrm{d}\theta + \boldsymbol{e}_\varphi \sin\theta \mathrm{d}\varphi \\ \mathrm{d}\boldsymbol{e}_\theta = -\boldsymbol{e}_r \mathrm{d}\theta + \boldsymbol{e}_\varphi \cos\theta \mathrm{d}\varphi \\ \mathrm{d}\boldsymbol{e}_\varphi = -\boldsymbol{e}_r \sin\theta \mathrm{d}\varphi - \boldsymbol{e}_\theta \cos\theta \mathrm{d}\varphi \end{cases} \tag{21.13}$$

再引入广义平行移动概念。平面上两根不相交的直线称为平行线。但在球面上,这种平行线的概念是不存在的。因为球面所有的"直线"即大圆均相交。但可以引入对球面上矢量作平行移动的概念。令 $\boldsymbol{A}=A(\boldsymbol{e}_\theta\cos\gamma+\boldsymbol{e}_\varphi\sin\gamma)\equiv A\boldsymbol{e}$ 为球面某点 P_1 的切平面内一个矢量,并称它为"属于曲面(P_1 点)的矢量"。众所周知,三维欧氏空间中,矢量 $\boldsymbol{A}$ 平行移动时,$\boldsymbol{A}$ 对移动参数的全微分恒为零。表现为沿此空间直线(平直空间最短程线)平移时,$\boldsymbol{A}$ 在此直线随动坐标系中坐标不变:

$$\mathrm{d}\boldsymbol{A} = \boldsymbol{0} \tag{21.14}$$

现在在球面上,设沿一小弧线段 P_1P_2,按普通意义的平行移动,将其平移到邻近的 P_2 点。由于 P_2 点切平面与 P_1 点切平面有不同的法线方向,矢量 $\boldsymbol{A}$ 将不再处于 P_2 点的切平面内,也即不再属于曲面(P_2 点)的矢量。一般来说,属于曲面的矢量,它的全微分为零和它沿曲面(某条曲线)平行移动的概念不再一致。所以需要扩充矢量平移的概念,使矢量移动时保持仍属于曲面(在各点都处于该点切平面内)。

[定义1] 属于曲面某点的矢量 $\boldsymbol{A}$,当它沿曲面移动时,其微分矢量向此点切平面的投影,称为此矢量在此点的绝对微分(或协变微分),即

$$\mathrm{D}\boldsymbol{A} = \mathrm{d}\boldsymbol{A}\ \textbf{向切平面的投影矢量} \tag{21.15}$$

于是,将上面矢量平行移动是"全微分为零"的条件(21.14),替换为较弱的"绝对微分为零"的条件(21.15)。就是说,矢量在曲面上平行移动时,矢量向曲面上沿移动曲线各点切平面内的投影一直保持不变。依照各点所在切平面内观察者的观察,仿佛此矢量一直没有变化。于是将三维平直欧氏空间中矢量平行移动概念发展为:

[定义2] 矢量沿曲面平行移动的定义是绝对微分为零[⑨]:

$$\mathrm{D}\boldsymbol{A} = 0 \tag{21.16}$$

此式当然也是三维超曲面上矢量沿曲面上某一曲线平移的定义。更一般地说,式(21.16)是当黎曼空间 V_m 作为浸入 R_n 空间的曲面时,从包容空间 R_n 来看[⑩],"**$\boldsymbol{V_m}$ 上矢量 $\boldsymbol{\xi}$ 的平行移动要使 $\mathbf{d}\boldsymbol{\xi}$ 的切分量永远为零**",就是要使矢量的微分变化量 $\mathrm{d}\xi$ 与 V_m 处处正交,即"**$\mathbf{d}\boldsymbol{\xi}$ 总是垂直于 $\boldsymbol{V_m}$ 的切仿射空间 $\boldsymbol{A_m}$**"。

这些概念可以结合球面来具体说明。设球面某点切平面内矢量为

---

⑨ НОРДЕН А П. 微分几何学[M]. 陈庆益,译. 北京:商务印书馆,1957. 威斯顿霍尔兹 C V. 数学物理中的微分形式[M]. 叶以同,译. 北京:北京大学出版社,1990. РАШЕВСКИЙ П К. 黎曼几何与张量解析(下册)[M]. 俞玉森,译. 北京:高等教育出版社,1956:116.

⑩ 威斯顿霍尔兹 C V. 数学物理中的微分形式[M]. 叶以同,译. 北京:北京大学出版社,1990.

$$\boldsymbol{A} = A(\boldsymbol{e}_\theta \cos\gamma + \boldsymbol{e}_\varphi \sin\gamma) \equiv A\boldsymbol{e}$$

它在移动时，变化的微分量为

$$\mathrm{d}\boldsymbol{A} = (\boldsymbol{e}_\theta \cos\gamma + \boldsymbol{e}_\varphi \sin\gamma)\mathrm{d}A + A(-\boldsymbol{e}_\theta \sin\gamma \mathrm{d}\gamma + \cos\gamma \mathrm{d}\boldsymbol{e}_\theta + \boldsymbol{e}_\varphi \cos\gamma \mathrm{d}\gamma + \sin\gamma \mathrm{d}\boldsymbol{e}_\varphi)$$

将活动标架的微分表示式(21.13)代入此处，得

$$\begin{aligned}\mathrm{d}\boldsymbol{A} &= (\boldsymbol{e}_\theta \cos\gamma + \boldsymbol{e}_\varphi \sin\gamma)\mathrm{d}A + A\{(\mathrm{d}\gamma + \cos\theta \mathrm{d}\varphi)\cdot(-\boldsymbol{e}_\theta \sin\gamma + \boldsymbol{e}_\varphi \cos\gamma) \\ &\quad + (-\cos\gamma \mathrm{d}\theta - \sin\gamma \sin\theta \mathrm{d}\varphi)\boldsymbol{e}_r\} \\ &= (\boldsymbol{e}_\theta \cos\gamma + \boldsymbol{e}_\varphi \sin\gamma)\mathrm{d}A + A\{(\mathrm{d}\gamma + \cos\theta \mathrm{d}\varphi)\cdot \boldsymbol{e}_r \times \boldsymbol{e} + \lambda \boldsymbol{e}_r\}\end{aligned}$$

其中 $\lambda = -(\cos\gamma \mathrm{d}\theta + \sin\gamma \sin\theta \mathrm{d}\varphi)$。显然，矢量 $\boldsymbol{e}_r \times \boldsymbol{e}$ 与 $\boldsymbol{e}_r$ 垂直，所以处在此点切平面内，并且在切平面内与 $\boldsymbol{e}$ 相垂直的方向。

在球面上移动矢量 $\boldsymbol{A}$ 不存在模长改变的问题，即 $\mathrm{d}A = 0$。得

$$\mathrm{d}\boldsymbol{A} = A\{(\mathrm{d}\gamma + \cos\theta \mathrm{d}\varphi)\boldsymbol{e}_r \times \boldsymbol{e} + \lambda \boldsymbol{e}_r\} \tag{21.17}$$

于是，矢量 $\boldsymbol{A}$ 沿球面任意曲线进行绝对微分的表达式为

$$\mathrm{D}\boldsymbol{e} = (\mathrm{d}\gamma + \cos\theta \mathrm{d}\varphi)\boldsymbol{e}_r \times \boldsymbol{e} \tag{21.18}$$

式(21.18)是对 $\boldsymbol{A}$ 的方向矢量 $\boldsymbol{e}$ 的绝对(协变)微分。此时尚未涉及 $\boldsymbol{A}$ 沿球面某条曲线的平移。

由此可知以下两点：

(1) 当矢量沿球面任一曲线平移，即 $\mathrm{D}\boldsymbol{A} = \boldsymbol{0}$ 时，矢量的全微分变化量为

$$\mathrm{d}\boldsymbol{A} = A\lambda \boldsymbol{e}_r \tag{21.19}$$

于是，由三维欧氏空间来看，矢量的全微分变化量中不存在绕法线 $\boldsymbol{e}_r$ 方向转动的成分。因为，此时微分变化量总是沿此点球面的法线 $\boldsymbol{e}_r$ 方向。微分变化量中不存在垂直于法线(在切平面内)的成分，当然也就不存在绕法线方向转动的成分(如有绕法线转动这种改变，此改变量必处于切平面内)。显然反过来也可以说，矢量的微分变化量中不存在绕法线 $\boldsymbol{e}_r$ 方向转动(也即当 $\boldsymbol{e}$ 因移动而变化时，$\boldsymbol{e}-\boldsymbol{e}_r$ 面不绕 $\boldsymbol{e}_r$ 轴转动)，可以作为对矢量沿球面上任一曲线作平移的充要条件。这正是上面由包容空间 R_3 所看到的在球面 V_2 上的平行移动[⑪]。

(2) 矢量如果沿球面大圆作平移，它在切平面内活动标架 $\boldsymbol{e}_\theta - \boldsymbol{e}_\varphi$ 中的坐标保持不变。这正是欧氏空间中矢量沿直线作平行移动时坐标保持不变的推广。比如，若矢量 $\boldsymbol{A} = A\boldsymbol{e} = A(\boldsymbol{e}_\theta \cos\gamma + \boldsymbol{e}_\varphi \sin\gamma)$沿球面上某条曲线作平行移动，

$$\boldsymbol{0} = \mathrm{D}\boldsymbol{A} = A(\mathrm{d}\gamma + \cos\theta \mathrm{d}\varphi)\boldsymbol{e}_r \times \boldsymbol{e}$$

这导致

$$\mathrm{d}\gamma + \cos\theta \mathrm{d}\varphi = 0 \tag{21.20}$$

由于现在是沿经线移动，有 $\mathrm{d}\varphi = 0$。所以 $\gamma = \mathrm{const}$。按 γ 的定义，它是移动矢量 $\boldsymbol{A}$ 与 $\boldsymbol{e}_\theta$ 之间的夹角，说明此矢量沿球面的经线大圆平行移动时，它在活动标架的 $\boldsymbol{e}_\theta - \boldsymbol{e}_\varphi$ 中的坐标一直

---

⑪ 威斯顿霍尔兹 C V. 数学物理中的微分形式[M]. 叶以同，译. 北京：北京大学出版社，1990.

保持不变。类似地,若矢量 $\boldsymbol{A}$ 沿球面的赤道线作平行移动,由于 $\cos\dfrac{\pi}{2}=0$,$\mathrm{d}\gamma=0$,即 $\gamma=$ const,表明此矢量在赤道线活动标架 $\boldsymbol{e}_\theta-\boldsymbol{e}_\varphi$ 中坐标保持不变。

沿倾斜大圆的情况,可将球坐标的极点变换到这个大圆上,即为刚才所说沿经线平移的情况。所以第(2)条可以推广为:矢量沿任意曲面最短程线作平移时,该矢量在沿线各个切平面的活动标架中坐标保持不变。其实,这正是欧氏空间中"矢量沿直线平移坐标保持不变"结论向流形上矢量平行移动的推广。式(21.20)是球面上矢量平移的基本方程。

式(21.20)表示的矢量平移时分量的变化,也可以采用通常的方法,用联络系数表达式来得到。详见下文。

2. 二维球面和乐(Holonomy)相位计算

下面在球面上以初等方式实现和乐计算。

如图21.1所示,考虑第Ⅰ象限由两条大圆弧 AB'、$C'A$,再加上一段纬度 θ 的 $B'C'$ 弧段(注意一般不沿赤道 BC 弧段)围成的部分球面。设球面 z 轴 A 点有一矢量 $\boldsymbol{P}$,它切 A 点处 x-z 面内大圆弧,即初始时 $\gamma=0$。由 A 点出发,$\boldsymbol{P}$ 沿 x-z 面大圆弧平行移动,直至 B' 点。由于此段 AB' 大圆弧是球面最短程线,平行移动时 $\boldsymbol{P}$ 继续保持与此段圆弧相切。在 B' 点经 $B'C'$ 弧段平移直到 C' 点。自 C' 点它又成为 y-z 面经线的切线保持如此直到返回 A 点。与出发时相比,平移转一圈后 $\boldsymbol{P}$ 转过了 $\Omega(S)$ 角度。

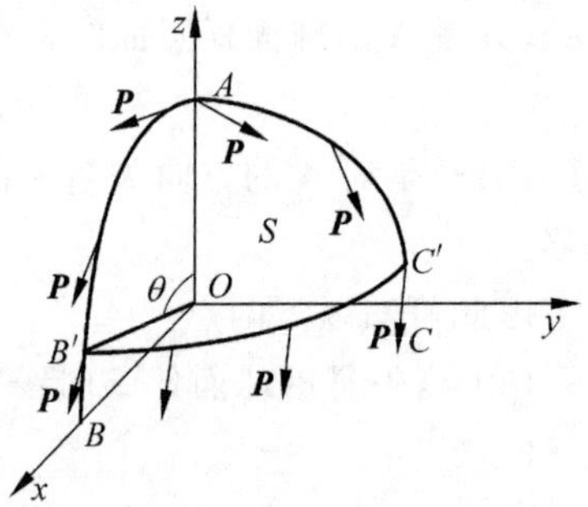

图 21.1

由于 $B'C'$ 弧段并不是球面最短程线,矢量沿它平移时,在切平面活动标架中坐标发生变化。$\boldsymbol{P}$ 沿大圆弧自 A 点平移到 B' 点,所以 $\boldsymbol{P}$ 与 B' 点局部标架 $\boldsymbol{e}_\theta$ 的夹角 γ 仍为零,$\gamma(\theta,\varphi)|_{\varphi=0}=0$,接着 $\boldsymbol{P}$ 再沿不是大圆弧的 $B'C'$ 弧段平移到 C' 点,此段中 γ 会增加

$$\int_{\varphi=0}^{\varphi=\pi/2}\mathrm{d}\gamma=-\int_{\varphi=0}^{\varphi=\pi/2}\cos\theta\mathrm{d}\varphi=-\frac{\pi}{2}\cos\theta \tag{21.21}$$

说明在 C' 点处矢量 $\boldsymbol{P}$ 与 $\boldsymbol{e}_\theta$ 的夹角成为

$$\gamma_{C'}=-\frac{\pi}{2}\cos\theta \tag{21.22}$$

接着沿 $C'A$ 弧段平行移动并返回 A 点的途中,γ 角不再变化。但弧段 $C'A$ 本身在 A 点与弧段 AB' 有一夹角 $\dfrac{\pi}{2}$。所以 $\boldsymbol{P}$ 平移一圈后总共转过角度为

$$\Delta\gamma=\frac{\pi}{2}(1-\cos\theta) \tag{21.23}$$

可证,这个转角恰等于 $AB'C'A$ 圈内部分球面积 S 对球心所张立体角:

$$\Delta\gamma(C) = \frac{\pi}{2}(1-\cos\theta) = \Omega(S) \tag{21.24}$$

这是因为

$$\Omega(S) = \frac{S}{R^2} = \int_0^\theta \sin\theta \mathrm{d}\theta \int_0^{\pi/2} \mathrm{d}\varphi = \frac{\pi}{2}(1-\cos\theta)$$

下面定理表明，结论(21.24)是普遍的，与球面闭曲线形状无关。

［定理］ 矢量沿球面上任意闭曲线平行移动一圈后，矢量转过的角度等于闭曲线所围面积对球心所张的立体角，转角对应的相因子称为和乐相位。显然，全体和乐相位集合构成球面上 $U(1)$ 和乐群。

证明 证明分为两部分[12]。

第一部分，以大圆弧段为边界的球面 n 边多角形的面积为

$$S = \left(2\pi - \sum_{i=1}^{n}\varphi_i\right)R^2 \tag{21.25}$$

注意两个大圆必相交于球面上相对的两个点(可称为这两个大圆的南北两极)，于是整个球面积被分为：①这个多边形面积；②与此多边形关于球心对称的另一多边形面积；③n 个两角形的面积，它们的内角 φ_i 等于原多角形的外角。于是有

$$2S + \sum_{i=1}^{n}\frac{\varphi_i}{2\pi}\cdot 4\pi R^2 = 4\pi R^2$$

这就得到上述 S 的公式(见图 21.2)。

第二部分是求证 $\Delta\gamma(C)=\Omega(S_C)$：依正向，即逆时针方向沿此多角形平行移动矢量 $\boldsymbol{P}$。设初始时刻 $\boldsymbol{P}$ 位于顶点 A_1，属于球面并沿大圆弧 A_nA_1 方向。在沿 A_1A_2 平行移动中，因弧段 A_1A_2 是大圆，移动中 $\boldsymbol{P}$ 与 A_1A_2 的夹角保持不变。按逆时针转动计算角度，即从 A_1A_2 转到矢量 $\boldsymbol{P}$ 计算转动角度，于是在顶点 A_1 转过的角度为

$$2\pi - \varphi_1$$

其中 φ_1 为多角形在顶点 A_1 的外角。移动至点 A_2 后，$\boldsymbol{P}$ 与边 A_2A_3 的夹角为 $2\pi-\varphi_1-\varphi_2$。此值一直保持到点 A_3(见图 21.3)。类似讨论下去，最后可以确定当 $\boldsymbol{P}$ 移至点 A_n，将与 A_nA_1 构成夹角[13]

$$2\pi - \sum_{i=1}^{n}\varphi_i$$

这个角即为矢量 $\boldsymbol{P}$ 回转多角形一圈之后的转角 $\Delta\gamma$。结合式(21.25)，即知有

$$\Delta\gamma = \frac{S}{R^2} = \Omega(S) \tag{21.26}$$

---

⑫ НОРДЕН А П. 微分几何学[M]. 陈庆益，译. 北京：商务印书馆，1957.

⑬ 对于平面，多角形内角和为$(n-2)\pi$，外角和为 2π，于是得 $2\pi - \sum_{i=1}^{n}\varphi_i = 0$。

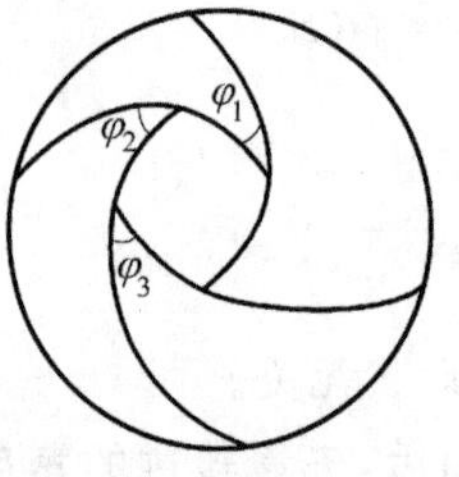

图 21.2

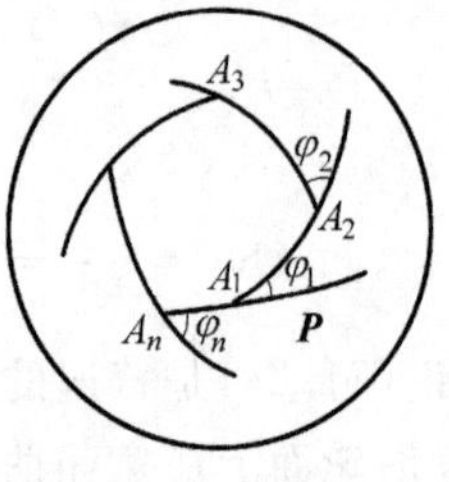

图 21.3

显然,球面任何闭曲线均可以由这种大圆线段多角形近似到任意程度,所以公式(21.26)对矢量沿球面任何闭曲线平行移动均成立。 证毕。

以上结果也可直接计算得到[14]。

3. 流形上的协变计算

(1) 流形的概念是欧氏空间的推广。粗略地说,流形就是"流动变化着的形状",它在每一点的近旁和欧氏空间的一个开集是同胚的。因此在每一点的近旁可以引进局部坐标系。流形正是一块块"欧氏空间"粘起来的结果。做法的理论根据是:

[H. Whitney 定理][15] 任意一个 m 维光滑流形总能嵌入到 $2m+1$ 维欧氏空间中作为子流形。

这说明尽管流形的概念较为抽象,其实它正是欧氏空间的推广,并最终仍可作为欧氏空间的嵌入子流形来实现。也就是说,可以取较高维数的欧氏空间作为它的包容空间。这给人们一个几何直观的方法来认识黎曼空间(引入了度量张量的可微流形)。特例是,三维欧氏空间内的曲面论就是这样一类例子。曲面可以看作二维黎曼空间。准确些说是,任一个二维黎曼空间可以局部地实现为三维欧氏空间中的某一曲面。这样所产生的几何称为曲面的内蕴几何。这种几何在曲面扭曲贴合(没有伸缩的扭曲变形重合)中是不变的[16]。上面对球面的讨论,正是给定了联络系数分布的二维黎曼空间的一种表现。式(21.13)、式(21.20)便包含了球面的这些联络系数。具体推导见下文。

(2) 球面度规与联络系数,矢量平移计算。下面换个角度继续按微分几何常见方法进行相关计算,以便更清楚地阐述争议问题。

在曲线坐标(θ,φ)中,单位球面一小线段的长度为

$$dl^2 = r^2 d\theta^2 + r^2 \sin^2\theta d\varphi^2 = d\theta^2 + \sin^2\theta d\varphi^2 \tag{21.27}$$

于是,球面上切平面二维仿射空间中,协变及抗变度规分别为($\mu,\nu=1,2$)

---

⑭ 见:张永德.高等量子力学[M].3版.北京:科学出版社,2015,附录H.

⑮ 陈省身,陈维恒.微分几何讲义[M].北京:北京大学出版社,1983:25,314-320.

⑯ НОРДЕН А П.微分几何学[M].陈庆益,译.北京:商务印书馆,1957;威斯顿霍尔兹 C V.数学物理中的微分形式[M].叶以同,译.北京:北京大学出版社,1990;РАШЕВСКИЙ П К.黎曼几何与张量解析(下册)[M].俞玉森,译.北京:高等教育出版社,1956:116.

$$(g_{\mu\nu}) = \begin{pmatrix} 1 & 0 \\ 0 & \sin^2\theta \end{pmatrix}, \quad (g^{\mu\nu}) = \begin{pmatrix} 1 & 0 \\ 0 & \dfrac{1}{\sin^2\theta} \end{pmatrix} \tag{21.28}$$

注意这里度规是对参数(θ,φ)直接写出的。$\mathrm{d}x^1=\mathrm{d}\theta,\mathrm{d}x^2=\mathrm{d}\varphi$ 则是单位球面的两个抗变线段元,它们的协变线段元为

$$\begin{cases} \mathrm{d}x_1 = g_{11}\mathrm{d}x^1 + g_{12}\mathrm{d}x^2 = g_{11}\mathrm{d}x^1 = \mathrm{d}\theta \\ \mathrm{d}x_2 = g_{21}\mathrm{d}x^1 + g_{22}\mathrm{d}x^2 = g_{22}\mathrm{d}x^2 = \sin^2\theta\mathrm{d}\varphi \end{cases} \tag{21.29}$$

按照联络系数和度规间的关系[17]:

$$\begin{cases} \Gamma_{l,mk} = \dfrac{1}{2}\left(\dfrac{\partial g_{lk}}{\partial x^m} + \dfrac{\partial g_{lm}}{\partial x^k} - \dfrac{\partial g_{mk}}{\partial x^l}\right) \\ \Gamma^k_{ij} = g^{kl}\Gamma_{l,ij} \end{cases} \tag{21.30}$$

由此可得球面的联络系数:

$$\begin{cases} \Gamma^2_{12} = \Gamma^2_{21} = g^{21}\Gamma_{1,21} + g^{22}\Gamma_{2,21} = g^{22}\Gamma_{2,21} = \dfrac{\cos\theta}{\sin\theta} \\ \Gamma^1_{22} = g^{11}\Gamma_{1,22} = -\cos\theta\sin\theta \end{cases} \tag{21.31}$$

其余联络系数为零。利用这些联络系数和度规,就可以用一种正规普适的方法将前面平移矢量的分量变化再次写出来。这时所用公式是矢量平移中分量变化的下述表达式:

$$\mathrm{d}\xi^k = -\Gamma^k_{ji}\xi^i\mathrm{d}x^j \tag{21.32}$$

矢量 ξ 的两个抗变分量分别为 $\xi^1=\cos\gamma,\xi^2=\dfrac{\sin\gamma}{\sin\theta}$。这里 ξ^2 的表达式是由于要求矢量 ξ 归一化,即 $g_{\mu\nu}\xi^\mu\xi^\nu=1$, 也即$(\xi^1)^2+(\xi^2)^2\sin^2\theta=1$。代入式(21.32),有

$$\begin{cases} \mathrm{d}\cos\gamma = \mathrm{d}\xi^1 = -\Gamma^1_{22}\xi^2\mathrm{d}x^2 = \sin\theta\cos\theta\dfrac{\sin\gamma}{\sin\theta}\mathrm{d}\varphi = \cos\theta\sin\gamma\mathrm{d}\varphi \\ \mathrm{d}\dfrac{\sin\gamma}{\sin\theta} = \mathrm{d}\xi^2 = -\Gamma^2_{12}\xi^2\mathrm{d}x^1 - \Gamma^2_{21}\xi^1\mathrm{d}x^2 = -\dfrac{\cos\theta}{\sin\theta}\left(\dfrac{\sin\gamma}{\sin\theta}\mathrm{d}\theta + \cos\gamma\mathrm{d}\varphi\right) \end{cases} \tag{21.33}$$

显然,式(21.33)中第一式即为前面的式(21.20)。第二式不独立,实际上也是第一式。这只要将第二式左边微分出来,对 θ 的微分项将消去右边的第一项,再次得到 $\mathrm{d}\gamma=-\cos\theta\mathrm{d}\varphi$。

证毕。

(3) 例如,带 AB 效应的杨氏双缝实验中(在缝屏后面放置一根细磁弦),缝屏后面的波函数便带着一个不可积的相位(当积分路径扫过或穿过磁场强度不为零的区域时,是与积分路径有关的,而不仅只和积分的上下限有关;只在磁场强度为零的区域,积分与路径无关,仅与积分上下限有关):

$$\exp\left(\frac{\mathrm{i}e}{\hbar c}\int_a^x \boldsymbol{A}\cdot\mathrm{d}\boldsymbol{l}\right) \tag{21.34}$$

---

⑰ РАШЕВСКИЙ П К. 黎曼几何与张量解析[M]. 北京:高等教育出版社,1956.

这就是电磁现象中不可积相位。**注意,在此空间中的波函数将不是简单的复值函数,而是数学家所称的截面,物理学家所称的波截面**(见脚注⑱文献)。它不仅带有这个不可积的相位,还带有如下不定幂次的相位(数学家称为转换函数、转换因子、转换条件——现在它们仅仅构成最简单的$U(1)$群):

$$\exp\left\{n\,\frac{\mathrm{i}e}{\hbar c}\Phi\right\},\quad n=0,\pm1,\pm2,\cdots \tag{21.35}$$

被称做 Berry 相位的这些相因子不可以丢弃(不像通常的外部-整体相位),**因为它们都有实验观测效应。因此,这时缝屏后面空间波函数并不是通常意义下的波函数,而是多分支的波截面。之所以这样是由于屏后空间的拓扑非平庸性质:由于磁弦的存在,空间区域已由曲面单联通转变为曲面多联通。**

杨振宁先生在讲磁单极子问题时说[⑱]:“**不同的波截面**(比如说,属于不同的能量)**显然满足同样的转换条件,因为有同样的 *eg*。**”[⑲]这里他是在强调,**这个相位与粒子所处的动力学状态没有关系,而只取决于作为参数的磁单极子强度 g**(或磁通 Φ)。正是量 $g(\Phi)$凸显着球面拓扑性质,产生曲面单连通到曲面多连通的拓扑性质改变。从别种情况 Berry **相位计算来看,结果相似:Berry 相位表达式不依赖于粒子所处的动力学状态。更一般地说,它不直接依赖于系统的动力学性质,而只依赖于系统 Hamilton 量中所含参数空间的几何性质。**

21.5 小　　结

概括起来,在 Berry 相位问题上,有一些应当消除的误解:

(1) **$\boldsymbol{\gamma_n(t)}$不是常说的 Berry 相位**。在 Berry 之前,人们早已知道$\gamma_n(t)$的导出过程。不过,当时人们基于两点理由而“故意忽略”了它。Berry 显然知道这些背景,所以在他的原文里并不重视$\gamma_n(t)$的推导,甚至连$\gamma_n(t)$本身都没写出来。Berry 强调的只是圈积分$\gamma_n(C)$。当系统经历一个周期还原时,倘若圈积分仍不为零的$\gamma_n(C)$才是人们通常约定的 Berry 相位。**Berry 的贡献在于:在大量人们以为没有意义而被忽略的$\boldsymbol{\gamma_n(t)}$堆里,指出蕴藏有物理的东西——它就是可以观测的、现在称做 Berry 相位的$\boldsymbol{\gamma(C)}$。现在,既不可以像 Berry 以前人们那样笼统地将所有$\boldsymbol{\gamma_n(t)}$都当洗澡水倒掉,也不可以笼统地将$\boldsymbol{\gamma_n(t)}$都当小孩全部捡回来。具体由 Hamilton 量参数空间的拓扑性质决定。**

(2) **不要因为$\boldsymbol{\gamma_n(C)}$看似来源于含时 Schrödinger 方程,就主张 Berry 相位“根源于动力学”或“来自动力学的要求”,说它本质上是动力学的**。在最初的文章中,Berry 就是以“满足 Schrödinger 方程”为条件导出$\gamma_n(C)$的表达式的。可是 Berry 仍然强调这个相因子$\gamma_n(C)$

---

⑱ 杨振宁.杨振宁演讲集[M].天津:南开大学出版社,1989:307-321,323-326,347-354,390-391,406-409,525-526.

⑲ 同上,P.311。

的性质是几何的，并没有强调它“根源于动力学”。更不必说数学家 Simon 文章对这个相因子的分析。它的确时常通过 Hamilton 量出现在动力学演化过程中。但实际上，Berry 相位的物理根源并不直接就是 Hamilton 量本身，不由 Hamilton 量决定[20]，与 Hamilton 量中相互作用势没有内在因果关系。**Berry 相位正是说明了：来自 Schrödinger 方程的东西不一定就是动力学的，虽然动力学的东西一定来自 Schrödinger 方程。**

(3) **Berry 相位表达式并非“只能”从“满足含时 Schrödinger 方程定出”。**事实上，对某些过程由定态方程导出 Berry 相位更直接简便。由于这时已经是定态和不可积相位的圈积分，不必采用绝热定理就能分离出 Berry 相位。也就是说，虽然 Berry 最初提出 Berry 相位采用了绝热近似，但 Berry 相位并非只存在于绝热过程中。何况有不少工作将其推广到非绝热和非闭合情况。

(4) **不宜将 Berry 相位随便推广到拓扑平庸且不含时 Hamilton 量体系的不同能量本征态的叠加上，以至于将此叠加态的时间相因子的相位差看作 Berry 相位。其实，按照量子统计的“不同能级非相干叠加假设”，这种相位差（至少在当前实验条件下）被认为是随机的、不可观测的（参见第 18 讲）。**

(5) 基于 **Berry 相位的拓扑性质，Berry 相位的存在并不局限于电磁相互作用，甚至也不局限于量子力学。**尽管 Berry 最初提出 Berry 相位只涉及量子力学和电磁相互作用。

总之，就原来意义上的 Berry 相位来说，只要体系 Hamilton 量参数空间拓扑非平庸，在体系某些（含时甚至定态）演化过程中就会出现 Berry 相位。鉴于它具有深刻的几何学含义，对它本质的普遍提法是几何的或拓扑的。其实，几何的或拓扑的提法不仅在 Berry 相位性质描述上更准确，而且也更深刻和普适：它甚至和基本相互作用的种类无关。唯其如此，Berry 相位才具有很强的抵抗动力学干扰的性能。这使得它在量子通信和量子计算中受到广泛的重视。

[20] 文小刚. 量子多体理论[M]. 北京：高等教育出版社，2004：34.

第22讲

传统量子绝热理论的不足与解决
——“后 Berry”量子绝热理论

※ ※ ※

22.1 前 言

绝热过程是物理系统的一个重要过程,有着广泛应用。绝热近似和绝热理论在经典物理学中早就有过深入的研究。至于量子绝热近似和量子绝热定理,最早出现于 1927—1928 年[①]。当时,Born、Oppenheimer 和 Fock 将绝热近似概念和绝热不变量思想运用到原子分子运动,以及对 Schrödinger 方程的绝热解。这些开创性的工作导致量子绝热近似和量子绝热定理的出现。量子力学建立之后,在量子场论建立过程中,绝热近似思想又得到了广泛应用和发展[②]。不少量子力学教材有详尽介绍[③]。近些年来,材料物理、人造微结构、量子调

---

① EHRENFEST P. Ann. Phys. (Berlin) (1916)51, 327; BORN M, OPPENHEIMER J R. Ann. Phys. (Paris), (1927)4,84,57; BORN M and FOCK V, Z. Phys. (1928)51,165.

② LANDAU L D, Phys. Z. Sowjetunion,(1932)2, 46; ZENER C. Proc. R. Soc. ,(London) (1932) A 137, 696; SCHWINGER J. Phys. Rev. ,(1937)51, 648; KATO T. J. Phys. Soc. Jpn. ,(1950)5, 435; GELL-MANN M, LOW F. Phys. Rev. ,(1951)84, 350. OREG J, et al. Phys. Rev. A, 1984, 29, 690; SCHIEMANN S, et al. , Phys. Rev. Lett, (1993)71, 3637; PILLET P, et al. Phys. Rev. A, 1993, 48, 845; FARHI E. et al. quant-ph/0001106; CHILDS A M, et al. Phys. Rev. A, 2002, 65, 012322.

③ 比如:BOHM D. 量子理论[M]. 北京:商务印书馆,1982,第 20 章. SCHIFF I I. Quantum Mechanics[M]. 3rd ed. McGraw Hill N. Y. 1968。中文版,人民教育出版社,1982,第八章;MESSIA A. Quantum Mechanics[M]. North-Holland, Amsterdam, 1962。

控、量子信息等蓬勃发展，经常涉及可控微观或介观系统，更激起人们对含时量子体系的量子绝热定理和绝热近似的兴趣。

然而新近发现，**一般教科书和文献中列出的量子绝热近似条件，其充分性存在问题：所列条件其实不是充分的，它成立并不保证量子绝热定理一定成立**。就是说，即使现有传统条件被满足，有时仍然不能得到自洽的、好的近似结果④。

面对这种局面，现在任务是构建新的量子绝热理论，并在新理论的基础上搞清楚，到底在什么样条件下体系的演化才能认为是绝热的。下面首先摘要叙述传统的绝热理论结论，然后叙述一个新的蕴含量子几何势的量子绝热理论。

22.2 传统量子绝热理论及存在的问题

1. 传统绝热理论摘要

注意，绝热近似并不是通常的微扰近似。它是针对变化速率的限制，而不是对变化量的限制。于是，绝热近似下，只要经过足够长的时间，体系 Hamilton 量的改变可以很大。设 $|m(0)\rangle$、$E_m(0)$分别为体系初态和初态能量。下面依据 $E_m(0)$作无量纲化：引入无量纲时间 $\tau=E_m(0)t/\hbar$，和无量纲 Hamilton 量 $h(\tau)=H(\tau)/E_m(0)$。

传统绝热近似条件表示为⑤

$$\frac{|\langle e_m(\tau)\mid \dot{h}(\tau)\mid e_n(\tau)\rangle|}{|e_m(\tau)-e_n(\tau)|^2}\ll 1,\quad \forall n(\neq m),\quad \tau\in[0,\tau_T] \tag{22.1a}$$

或等价地

$$\frac{|\langle e_m(\tau)\mid \dot{e}_n(\tau)\rangle|}{|e_m(\tau)-e_n(\tau)|}\ll 1,\quad \forall n(\neq m),\quad \tau\in[0,\tau_T] \tag{22.1b}$$

式中 $e_n(\tau)$、$|e_n(\tau)\rangle$分别是 $h(\tau)$的分立无简并的瞬时本征值和瞬时本征态。当式(22.1a)成立时，将有准定态方程成立：

$$h(\tau)\mid e_m(\tau)\rangle = e_m(\tau)\mid e_m(\tau)\rangle \tag{22.2}$$

若绝热近似条件被满足，应当可以预期，在时间演化过程中体系无量纲量子数保持不变。

［传统绝热定理］ **一个无简并的、分立的、含时的量子体系 $h(\tau)$，在τ_0 时刻将其制备在 $h(\tau)$的某个瞬时本征态$|e_m(\tau_0)\rangle$上。只要 $h(\tau)$变化足够缓慢，使得绝热近似条件(1)成立，体系演化过程就可以当作绝热演化过程。由此，在τ_0 之后任一时刻 τ，体系仍将以足够好的近似保持在当时 $h(\tau)$的瞬时本征态$|e_m(\tau)\rangle$上。已取确定值的无量纲量子数都是绝热不变量，在演化中保持不变。**

---

④ MARZLIN K P, SANDERS B C. Inconsistency in the Application of the Adiabatic Theorem[J]. quant-ph/0405052; Phys. Rev. Lett.,(2004)1,93,60408.

⑤ BOHM D. Quantum Theory[M]. New York: Prentice Hall Inc.,1957.

用公式表述就是：当所涉及的 $h(\tau)$ 的能谱分立无简并时，只要

$$|\langle e_n(\tau)|\dot{e}_m(\tau)\rangle|\ll|e_n(\tau)-e_m(\tau)|,\quad \forall n(\neq m) \tag{22.3a}$$

便有

$$|\psi_m(\tau)\rangle\approx|\psi_m^{\text{adi}}(\tau)\rangle\equiv\exp\left\{-\mathrm{i}\int_{\tau_0}^{\tau}e_m(\eta)\mathrm{d}\eta+\mathrm{i}\int_{\tau_0}^{\tau}\langle e_m(\eta)|\dot{e}_m(\eta)\rangle\mathrm{d}\eta\right\}|e_m(\tau)\rangle \tag{22.3b}$$

显然，在略去跃迁($m\rightarrow\forall n(\neq m)$)近似下，$|\psi_m^{\text{adi}}(\tau)\rangle$ 同时满足含时和准定态 Schrödinger 方程。**实质上，绝热定理主张：绝热演化中，瞬时定态无量纲量子数都将保持不变。就是说，它们都是绝热不变量。**

2. 新近的质疑

针对这个传统理论，最近脚注④文献指出，**实际上，目前常用的量子绝热近似条件式(22.1)并不是绝热近似成立的充分条件**。就是说，满足这个常用的、标准的量子绝热条件，并不保证量子绝热近似一定成立，并不意味着按绝热定理就能够得到正确的结果。相反，有时会导致不自洽和不正确的结果。

后来有人指出 Marzlin 和 Sanders 的文章推导有误。但事实是，该文关于“传统量子绝热近似条件是不充分的”结论并不受其推导有误的牵连[⑥]。的确，通常量子力学教科书上的量子绝热近似条件不是绝热近似成立的充分条件。然而，后者论述仍然不十分明晰。有关问题引发了一些争论，并且出现一些新的绝热近似条件[⑦]。但这些新条件要么失之苛刻，偏于局限；要么与体系演化时间相关或是形式复杂，不便应用。本讲根据文献[⑧]，**首先引入绝热 $U(1)$ 变换不变基，接着用这套不变基作变系数展开，构建出一个新的蕴含量子几何势的量子绝热理论。结果是给出一个新的自洽的绝热近似条件，并且探讨了量子几何势和 Berry 相位的关联**。于是对此争议问题给出了与 Berry 相位有关联的比较明晰的解决。

22.3 后 Berry 的绝热理论(Ⅰ)——绝热不变基

1. 绝热 $U(1)$ 不变基

设定含时体系 $H(t)$ 的初态为 $|m(0)\rangle$。m 是初态的无量纲量子数组，$E_m(0)$ 为初态能量。于是有

---

⑥ TONG D M, et al, quant-ph/0406163; Quantitative Conditions Do Not Guarantee the Validity of the Adiabatic Approximation[J]. Phys. Rev. Lett.,(2005)1,95,10407.

⑦ WU Z,et al, quant-ph/0410118,quant-ph/0411212; YE M Y,et al, quant-ph/0509083; DUKI S,et al, quant-ph/0510131; MACKENZIE R,et al, quant-ph/0510024, Phys. Rev. A (2006)73, 042104; VERTESI T,ENGLMAN R, quant-ph/0411141, Phys. Lett. A (2006)353, 11;D. Comparat,quant-ph/0607118; TONG D M,et al, Phys. Rev. Lett.,(2007)98, 150402; PATI A K,RAJAGOPAL A K,quant-ph/0405129;SARANDY M S, et al, Quant. Info. Proc.,(2004)3,331.

⑧ WU J D,ZHAO M S,CHEN J L, ZHANG Y D, Phys. Rev. A,2008,77, 062114. 这里叙述对此文稍有改动。

$$\begin{cases} \mathrm{i}\dfrac{\partial \mid \Phi_m(\tau)\rangle}{\partial \tau} = h(\tau) \mid \Phi_m(\tau)\rangle, \mid \Phi_m(\tau)\rangle \mid_{\tau=0} = \mid m(0)\rangle \\ \mid \Phi_m(\tau)\rangle = T\mathrm{e}^{-\mathrm{i}\int_0^\tau h(\eta)\mathrm{d}\eta} \mid m(0)\rangle \end{cases} \tag{22.4}$$

式中，T 为时序算符。下面称此严格解$|\Phi_m(\tau)\rangle$为体系的“动力学演化轨道”。这里为了描述形象而借用了“轨道”一词。

显然，不论 $h(\tau)$如何变化以及初态如何给定，只要将 τ 看成是某种固定的参数，总可以一般性求解准定态方程(22.2)：

$$h(\tau) \mid n(\tau)\rangle = e_n(\tau) \mid n(\tau)\rangle, \quad \forall n,\tau$$

得到“绝热准定态解集合$\{e_n(\tau)=E_n(\tau)/E_m(0), |n(\tau)\rangle, \forall n,\tau\}$”。由 $h(\tau)$厄米性，集合全体在每个时刻都是正交归一完备的，构成体系 $h(\tau)$的绝热完备基(至少对有限维体系可以保证)，又称瞬时正交归一完备基。

当然，$|n(\tau)\rangle$不一定满足含时 Schrödinger 方程。于是，即使初条件$|n(0)\rangle$相同，$|n(\tau)\rangle$也不一定是真实的动力学演化轨道$|\Phi_n(\tau)\rangle$。

按逻辑自洽而论，准定态方程式(22.2)容许一个任意常数相因子的不确定性。于是，不同时刻就有不同相因子的不确定性。因此，在准定态过程$[0,T]$中，绝热准定态解应当不必计较任意含时相因子的不确定性⑨。记矩阵元 $\mathrm{i}\langle n(\eta)|\dot{k}(\eta)\rangle \equiv \lambda_{nk}(\eta)$，显然它的对角元为实数。

［定义］ 体系“绝热 $U(1)$不变基”(简称“绝热不变基”)为

$$\begin{cases} h(\tau) \mid \Phi_m^{\mathrm{adi}}(\tau)\rangle = e_m(\tau) \mid \Phi_m^{\mathrm{adi}}(\tau)\rangle, \forall m \\ \mid \Phi_m^{\mathrm{adi}}(\tau)\rangle = \mathrm{e}^{-\mathrm{i}\int_0^\tau e_m(\eta)\mathrm{d}\eta + \mathrm{i}\int_0^\tau \lambda_{mm}(\eta)\mathrm{d}\eta} \mid m(\tau)\rangle \end{cases} \tag{22.5}$$

2. 绝热不变基特点分析

这组解$\{|\Phi_m^{\mathrm{adi}}(\tau)\rangle, \forall m\}$具有以下三个特点：

其一，如同$\{|m(\tau)\rangle, \forall m\}$，$\{|\Phi_m^{\mathrm{adi}}(\tau)\rangle, \forall m\}$全体集合每个时刻都是完备的，具有“瞬时完备性”。它们只是 $h(\tau)$的绝热准定态解，一般不满足式(22.4)，不是此含时体系的严格的演化解$|\Phi_m(\tau)\rangle$。

其二，设 $f(\tau)$是初值为零($f(0)=0$)⑩的任意可微函数。当$|m(\tau)\rangle$经受如下 $U(1)$含时相位变换$|m(\tau)\rangle \to \mathrm{e}^{\mathrm{i}f(\tau)}|m(\tau)\rangle$时，$|\Phi_m^{\mathrm{adi}}(\tau)\rangle$的形式保持不变。

证明 设$|m(\tau)\rangle$经受变换$|m'(\tau)\rangle = \mathrm{e}^{\mathrm{i}f(\tau)}|m(\tau)\rangle$。略去$|\Phi_m^{\mathrm{adi}}(\tau)\rangle$中与此 $U(1)$变换无关的动力学相因子，只需保留$|\Phi_m^{\mathrm{adi}}(\tau)\rangle$中与$|m(\tau)\rangle$有关的相因子。只要证明 $\mathrm{e}^{\mathrm{i}\int_0^\tau \lambda_{mm}\mathrm{d}\eta} \mid m(\tau)\rangle$ 在此变换下不变即可。有

---

⑨ 正因为如此，Berry 以前的人们不重视绝热过程中所有这类含时相因子。直到 Berry 才发现其中蕴涵有拓扑不变的具有物理效应的 Berry 相位。现在，因为给定了初始态$|m(0)\rangle$(也就给定了它的相因子)，这就等于已经设定这类含时相因子的初始值为零。关于 Berry 相位问题，22.6 节中还将说明。

⑩ 注意，此处问题的初态$|m(0)\rangle$是给定的，所以为自洽起见，规定函数 $f(\tau)$初值为零。

$$\exp\left[\mathrm{i}\int_0^\tau \lambda'_{mm}(\eta)\mathrm{d}\eta\right] | m'(\tau)\rangle = \exp\left[-\mathrm{i}\int_0^\tau \dot{f}(\eta)\mathrm{d}\eta + \mathrm{i}\int_0^\tau \lambda_{mm}(\eta)\mathrm{d}\eta\right]\exp(\mathrm{i}f(\tau)) \mid m(\tau)\rangle$$

$$= \exp\left[\mathrm{i}\int_0^\tau \lambda_{mm}(\eta)\mathrm{d}\eta\right] | m(\tau)\rangle$$

证毕。

这个$U(1)$变换不变性是个优美的性质。它不仅消除了以前认为的绝热准定态方程解有任意时间相因子的不确定性,而且下面表明,由它可以自然地引导出重要的量子几何势。

其三,假如准定态方程(22.2)某个解$|m(\tau)\rangle$的变化$|\dot{m}(\tau)\rangle \propto |m(\tau)\rangle$,也即

$$| m(\tau)\rangle = \mathrm{e}^{-\mathrm{i}\int_0^\tau \lambda_{mm}(\eta)\mathrm{d}\eta - \mathrm{i}\beta(\tau)} \mid m(0)\rangle \tag{22.6a}$$

函数$\beta(\tau)$与$h(\tau)$和$|m(0)\rangle$有关,则相应的绝热不变基(乘以含时相因子)$\mathrm{e}^{\mathrm{i}\beta(\tau)} \mid \Phi_m^{\mathrm{adi}}(\tau)\rangle$将是体系动力学演化的严格解。

证明 将$\mathrm{e}^{\mathrm{i}\beta(\tau)} \mid \Phi_m^{\mathrm{adi}}(\tau)\rangle$代入含时Schrödinger方程,整理后即得态矢等式

$$| \dot{m}(\tau)\rangle = - i(\lambda_{mm}(\tau) + \dot{\beta}(\tau)) \mid m(\tau)\rangle \tag{22.6b}$$

积分得式(22.6a)。只有在这种情况下,体系的演化过程才是严格意义上的绝热过程,$\mathrm{e}^{\mathrm{i}\beta(\tau)} \mid \Phi_m^{\mathrm{adia}}(\tau)\rangle$ 就是体系的"**绝热演化轨道**",演化中无量纲量子数m严格不变。 证毕。

事实上,式(22.6b)要求$|\dot{m}(\tau)\rangle \propto |m(\tau)\rangle$,说明准定态$|m(\tau)\rangle$总是沿着自己的方向变化。也即,时刻垂直于其他所有准定态,$\langle n(\tau)|\dot{m}(\tau)\rangle=0$, $\forall n\neq m$。所以,式(22.6)是态矢$|\Phi_m^{\mathrm{adi}}(\tau)\rangle$在由$\{|n(t)\rangle, \forall n\}$支撑的Hilbert空间作平行移动的条件——每个时刻态矢的变化量只在该时刻态矢本身方向(由于归一化,变化量只是个相因子),变化量向垂直态矢子空间的投影为零。这也正是体系作严格意义下的绝热演化的充要条件。显然,演化中从不出现不同能级间跃迁的这种要求,只当演化持续时间区段内无能级交叉,或者,$h(\tau)$中对τ的依赖关系可以作为因子分离的情况才有可能。对于磁场中自旋演化的Hamilton量,分离掉空间部分之后,即为后者。除此之外,严格保持无量纲量子数不变的绝热演化似乎不多。下面通常称$\{|\Phi_m^{\mathrm{adi}}(\tau)\rangle\}$为"**绝热近似轨道**"。

22.4 后Berry的绝热理论(Ⅱ)——绝热不变基的变系数展开

1. 绝热不变基的变系数展开

现在,将含时演化解按绝热不变基作变系数展开,从而在绝热不变基的基础上建立一个新的绝热理论。详细地说,由初态$|m(0)\rangle$出发的某个演化态在态空间中将描绘出一条动力学演化轨道$|\Phi_m(\tau)\rangle$,此演化轨道可能有时远离、有时接近、有时相交于绝热不变基集合$\{|\Phi_n^{\mathrm{adi}}(\tau)\rangle, \forall n\}$中的某些轨道,表现出体系在不同绝热近似轨道之间的跃迁或振荡。与此相应,演化过程中可能出现体系一些量子数随时间变化或振荡。总之,在初条件$c_m(0)=1$, $c_n(0)=0, \forall n\neq m$下,一般含时解是绝热近似解集合的变系数展开,为

$$\begin{cases} |\Phi_m(\tau)\rangle = \sum_n c_n(\tau) \mid \Phi_n^{\text{adi}}(\tau)\rangle = \sum_n c_n(\tau) \mathrm{e}^{-\mathrm{i}\int_0^\tau e_n(\eta)\mathrm{d}\eta - \int_0^\tau \langle n(\eta)|\dot{n}(\eta)\rangle \mathrm{d}\eta} \mid n(\tau)\rangle \\ |\Phi_m(\tau)\rangle\,|_{\tau=0} = |m(0)\rangle, c_n(\tau) = \langle \Phi_n^{\text{adi}}(\tau) \mid \Phi_m(\tau)\rangle \end{cases} \tag{22.7}$$

将式(22.7)代入 Schrödinger 方程,有

$$0 = \left\langle \Phi_n^{\text{adi}}(\tau) \left| \left(\mathrm{i}\frac{\partial}{\partial \tau} - h\right) \right| \Phi_m(\tau) \right\rangle = \sum_k \left\langle \Phi_n^{\text{adi}}(\tau) \left| \left(\mathrm{i}\frac{\partial}{\partial \tau} - h\right) c_k(\tau) \right| \Phi_k^{\text{adi}}(\tau) \right\rangle$$

给出系数方程组为

$$\dot{c}_n(\tau) = \mathrm{i}\sum_{k\neq n} M(\tau)_{nk} c_k(\tau), \quad \forall n \tag{22.8}$$

这里,(无对角矩阵元的)矩阵 $M(\tau)$ 由其非对角矩阵元所定义:

$$\begin{cases} M(\tau)_{nk} \equiv \left(\left\langle \Phi_n^{\text{adi}}(\tau) \left| \mathrm{i}\frac{\partial}{\partial \tau} \right| \Phi_k^{\text{adi}}(\tau) \right\rangle\right) = \lambda_{nk}(\tau) \exp\left\{\mathrm{i}\int_0^\tau [\omega_n(\eta) - \omega_k(\eta)]\mathrm{d}\eta\right\}, & \forall n \neq k \\ \omega_l(\eta) \equiv e_l(\eta) - \lambda_{ll}(\eta), & l = n, k \end{cases} \tag{22.9}$$

或者,将动力学相因子分离出来,记为

$$\begin{cases} M(\tau)_{nk} = |\lambda_{nk}(\tau)| \exp\left\{\mathrm{i}\int_0^\tau [e_n(\eta) - e_k(\eta)]\mathrm{d}\eta + \mathrm{i}\Delta_{nk}(\tau)\right\}, & \forall n \neq k \\ \Delta_{nk}(\tau) \equiv \int_0^\tau \delta_{nk}(\eta)\mathrm{d}\eta, \quad \delta_{nk}(\eta) = \dfrac{\mathrm{d}\arg\lambda_{nk}(\eta)}{\mathrm{d}\eta} - [\lambda_{nn}(\eta) - \lambda_{kk}(\eta)] \end{cases} \tag{22.10}$$

求积此联立微分方程组,并记作矩阵形式,得

$$\boldsymbol{C}(\tau) = T\exp\left[\mathrm{i}\int_0^\tau \mathrm{d}\eta M(\eta)\right]\boldsymbol{C}(0) \tag{22.11}$$

T 为时序算符。代入初条件 $c_m(0)=1, c_k(0)=0, \forall k\neq m$,相应于初始列矢量的转置为 $\boldsymbol{C}(0)^T=(1\quad 0\quad \cdots\quad 0)$,最后求得展开系数为

$$c_k(\tau) = \left(T\exp\left[i\int_0^\tau \mathrm{d}\eta M(\eta)\right]\right)_{km} \tag{22.12}$$

由式(22.11),根据矩阵 $M(\eta)$ 的厄米性,可知演化中概率守恒:

$$|c_m(\tau)|^2 + \sum_{k,\neq m} |c_k(\tau)|^2 = 1$$

这表明现在考虑的含时体系并不是耗散系统。附带指出,式(22.9)及式(22.10)也再次表明,若式(22.6)满足,则相应的动力学过程是一个绝热过程。

2. 新的绝热近似条件

通常感兴趣的是,当式(22.6)不成立时,究竟在什么情况下可以将该动力学演化过程近似地认作绝热演化过程。下面给出一个具体标准,也即普适的绝热条件。一般而言,对体系的一个动力学演化过程进行绝热近似,即将其认作保持在绝热近似轨道 $|\Phi_m^{\text{adi}}(\tau)\rangle$ 上的一个绝热过程,其标准可用绝热保持概率 P_m 来度量:

$$P_m(\tau) = 1 - \sum_{n,\neq m} |\langle \Phi_n^{\text{adi}}(\tau) \mid \Phi_m(\tau)\rangle|^2 \tag{22.13}$$

也即

$$P_m(\tau)=|c_m(\tau)|^2=\left|\left(T\exp\left[\mathrm{i}\int_0^\tau \mathrm{d}\eta M(\eta)\right]\right)_{mm}\right|^2 \tag{22.14}$$

物理上是说,动力学演化轨道,除了向相同初条件的一根绝热近似轨道($|\boldsymbol{\Phi}_m^{\mathrm{adi}}(\boldsymbol{\tau})\rangle$)跃迁之外,向其他绝热近似轨道跃迁的总概率可以忽略。就是说,绝热近似成立充要条件的定性表述是

$$\boldsymbol{P_m(\tau)\to 1} \tag{22.15}$$

数学上,表现为式(22.14)总和矩阵的对角元$()_{mm}$模长足够接近于1。

还可以用系数比值方法再次求解 $P_l(\tau)$ 。方法是将式(22.8)两边除以 $c_n(\tau)$并进行积分,求得隐函数的表示形式

$$c_n(\tau)=\prod_{k\neq n}\exp\left\{\mathrm{i}\int_0^\tau \mathrm{d}\eta M(\eta)_{nk}\frac{c_k(\eta)}{c_n(\eta)}\right\},\quad \forall n \tag{22.16}$$

此方程组便于用迭代法求解。令 $n=m$ 并将式(22.14)代入,即得体系保持在绝热轨道$|\Phi_m^{\mathrm{adia}}(\tau)\rangle$的概率为

$$P_m(\tau)=\prod_{k\neq m}\left|\exp\left\{\mathrm{i}\int_0^\tau \mathrm{d}\eta\frac{\left(T\exp\left[\mathrm{i}\int_0^\eta \mathrm{d}\eta' M(\eta')\right]\right)_{km}}{\left(T\exp\left[\mathrm{i}\int_0^\eta \mathrm{d}\eta' M(\eta')\right]\right)_{mm}}M_{mk}(\eta)\right\}\right|^2 \tag{22.17}$$

由此又得到**绝热演化充要判别条件的另一种定性表述:指数和的实部足够小。**即

$$\mathrm{Re}\left\{\mathrm{i}\sum_{k\neq m}\int_0^\tau \mathrm{d}\eta\frac{\left(T\exp\left[\mathrm{i}\int_0^\eta \mathrm{d}\eta' M(\eta')\right]\right)_{km}}{\left(T\exp\left[\mathrm{i}\int_0^\eta \mathrm{d}\eta' M(\eta')\right]\right)_{mm}}M_{mk}(\eta)\right\}\to 0 \tag{22.18}$$

注意,此处系数比值方法对于含有量子态反转过程(在某些时刻 $\boldsymbol{c_m=0}$)不适用,因为量子态反转过程不可以视作绝热过程。

导出新绝热条件的具体形式。重写系数 $c_m(\tau)$表达式(22.8):

$$\begin{cases}\dot{c}_m(\tau)=\mathrm{i}\sum_{n\neq m}|\lambda_{mn}(\tau)|\exp(\mathrm{i}\theta_{mn}(\tau))c_n(\tau)\\ \theta_{mn}(\tau)=\int_0^\tau(e_m(\eta)-e_n(\eta))\mathrm{d}\eta+\Delta_{mn}(\tau)\end{cases} \tag{22.19}$$

自此以下的估值计算和所得结果类似于 Bohm 所做(脚注③文献),只需要明确补上所忽略的与 $\lambda_{nk}(\tau)$有关的相因子(它可能含有 Berry 相位)即可。当绝热的准能级不简并(即 $e_m\neq e_n$)时,可以有

$$\begin{aligned}\langle m(\tau)\mid\dot{n}(\tau)\rangle&=\langle m(\tau)\left|\frac{\partial}{\partial\tau}\frac{h(\tau)}{e_n(\tau)}\right|n(\tau)\rangle\\&=e_n(\tau)\langle m(\tau)\left|\frac{\dot{h}(\tau)-\dot{e}_n(\tau)}{(e_n(\tau))^2}\right|n(\tau)\rangle+\frac{e_m(\tau)}{e_n(\tau)}\langle m(\tau)\mid\dot{n}(\tau)\rangle\end{aligned}$$

得到(下式对两条准能级为简并或有交叉的情况不成立)

$$\langle m(\tau) \mid \dot{n}(\tau)\rangle = \frac{\langle m(\tau) \mid \dot{h}(\tau) \mid n(\tau)\rangle}{e_n(\tau) - e_m(\tau)} \tag{22.20}$$

于是有

$$\dot{c}_m(\tau) = \mathrm{i}\sum_{n \neq m} \left| \frac{\langle m(\tau) \mid \dot{h}(\tau) \mid n(\tau)\rangle}{e_n(\tau) - e_m(\tau)} \right| \exp[\mathrm{i}\theta_{mn}(\tau)] c_n(\tau)$$

按设定，体系从初态($c_m(0)=1, c_n(0)=0, \forall n \neq m$)出发作绝热变化，对演化时间积分。**绝热保持的充要条件是在绝热过程中$|c_m(\tau)| \to 1$。由于概率守恒，这要求所有时刻其他态的系数都很小，$|c_n(\tau)| \ll 1, \forall n \neq m$。**即有

$$\left| \int_0^{\tau} \left| \frac{\langle m(\eta) \mid \dot{h}(\eta) \mid n(\eta)\rangle}{e_n(\eta) - e_m(\eta)} \right| \mathrm{e}^{\mathrm{i}\theta_{mn}(\eta)} \mathrm{d}\eta \right| \ll 1, \quad \forall n \neq m$$

注意，绝热变化当然也要求体系 Hamilton 量是 τ 的足够缓慢变化的函数，即$|\dot{h}(\tau)| \to 0$。对上式分部积分，略去再微分后更小的第二项，得到

$$\begin{aligned}
&\left| \int_{\eta=0}^{T} \left| \frac{\langle m(\eta) \mid \dot{h}(\eta) \mid n(\eta)\rangle}{e_n(\eta) - e_m(\eta)} \right| \left(\frac{1}{\dot{\theta}_{mn}(\eta)} \right) \mathrm{d}\mathrm{e}^{\mathrm{i}\theta_{mn}(\eta)} \right| \\
&= \left| \left| \frac{\langle m(\eta) \mid \dot{h}(\eta) \mid n(\eta)\rangle}{e_n(\eta) - e_m(\eta)} \right| \left(\frac{\mathrm{e}^{\mathrm{i}\theta_{mn}(\eta)}}{\dot{\theta}_{mn}(\eta)} \right) \right|_{\eta=0}^{\eta=T} - \int_{\eta=0}^{\eta=T} \mathrm{e}^{\mathrm{i}\theta_{mn}} \mathrm{d}\left[\frac{1}{\dot{\theta}_{mn}} \left| \frac{\langle m(\eta) \mid \dot{h}(\eta) \mid n(\eta)\rangle}{e_n(\eta) - e_m(\eta)} \right| \right] \Bigg| \\
&\cong \left| \left(\left| \frac{\langle m(T) \mid \dot{h}(T) \mid n(T)\rangle}{e_n(T) - e_m(T)} \right| \right) \frac{\mathrm{e}^{\mathrm{i}\theta_{mn}(T)}}{\dot{\theta}_{mn}(T)} - \left(\left| \frac{\langle m(0) \mid \dot{h}(0) \mid n(0)\rangle}{e_n(0) - e_m(0)} \right| \right) \frac{\mathrm{e}^{\mathrm{i}\theta_{mn}(0)}}{\dot{\theta}_{mn}(0)} \right| \\
&\leqslant 2 \left| \left(\left| \frac{\langle m(\eta') \mid \dot{h}(\eta') \mid n(\eta')\rangle}{e_n(\eta') - e_m(\eta')} \right| \right) \frac{1}{\dot{\theta}_{mn}(\eta')} \right| \ll 1
\end{aligned}$$

这里 η' 是演化区间内某一适当时刻，它令此函数值最大。将分子分母中的 $m \leftrightarrow n$ 对调并去掉所出负号，即得**新的绝热条件**：

$$\left| \frac{\langle n(\tau) \mid \dot{h}(\tau) \mid m(\tau)\rangle}{(e_n(\tau) - e_m(\tau))[(e_n(\tau) - e_m(\tau)) + \delta_{nm}(\tau)]} \right| \ll 1, \quad \forall n \neq m \tag{22.21a}$$

其中$\delta_{nm}(\tau)$称为量子几何势差，表达式为式(22.10)。式(22.21a)又记为

$$\left| \frac{\langle n(\tau) \mid \dot{m}(\tau)\rangle}{(e_n(\tau) - e_m(\tau)) + \delta_{nm}(\tau)} \right| \ll 1, \quad \forall n \neq m \tag{22.21b}$$

与传统绝热条件式(22.1b)相比，此处分母中多出$\delta_{mn}(\tau)$项。下面分析表明，$\delta_{nm}(\tau)$项有着丰富的物理和几何内涵。显然，如果在式(22.21)基础上添以适当的更严格的限制，将给出关于绝热过程的充分判据，或者说，判断绝热过程的充分条件。

3. 新绝热近似条件及量子几何势差分析

(1) **量子几何势差$\delta_{nm}(\tau)$是$U(1)$规范变换不变量。**即，在任意含时相位变换$|n(\tau)\rangle \to |n'(\tau)\rangle = \mathrm{e}^{\mathrm{i}f_n(\tau)} |n(\tau)\rangle$下，有

$$\frac{\mathrm{d\,arg}\lambda'_{nm}(\tau)}{\mathrm{d}\tau}+(\lambda'_{mm}(\tau)-\lambda'_{nn}(\tau))=\frac{\mathrm{d\,arg}\lambda_{nm}(\tau)}{\mathrm{d}\tau}+(\lambda_{mm}(\tau)-\lambda_{nn}(\tau)) \quad (22.22)$$

证明
$$\frac{\mathrm{d\,arg}(\langle n'|\dot{m}'\rangle)}{\mathrm{d}\tau}+\mathrm{i}(\langle m'|\dot{m}'\rangle-\langle n'|\dot{n}'\rangle)$$

$$=\frac{\mathrm{d\,arg}(\langle n|\mathrm{e}^{-\mathrm{i}f_n(\tau)}\mathrm{e}^{\mathrm{i}f_m(\tau)}|\dot{m}\rangle)}{\mathrm{d}\tau}+\mathrm{i}(\langle m|\dot{m}\rangle-\langle n|\dot{n}\rangle)+\mathrm{i}(\mathrm{i}\,\dot{f}_m-\mathrm{i}\,\dot{f}_n)$$

$$=\frac{\mathrm{d}(\mathrm{arg}\langle n|\dot{m}\rangle)}{\mathrm{d}\tau}+\dot{f}_m-\dot{f}_n+\mathrm{i}(\langle m|\dot{m}\rangle-\langle n|\dot{n}\rangle)-(\dot{f}_m-\dot{f}_n)$$

$$=\frac{\mathrm{d}(\mathrm{arg}\langle n|\dot{m}\rangle)}{\mathrm{d}\tau}+\mathrm{i}(\langle m|\dot{m}\rangle-\langle n|\dot{n}\rangle) \qquad \text{证毕。}$$

这表明 $\delta_{nm}(\tau)$ 并不是一个随意的、不确定的外部相因子。

(2) 进一步分析新条件。为此将条件略加变形,令

$$z\equiv|\langle k(\tau)|\dot{m}(\tau)\rangle|\,\mathrm{e}^{\mathrm{i}\theta_{km}}$$

则有 $\mathrm{e}^{2\mathrm{i}\theta_{km}}=z/z^*$, $2\mathrm{i}\theta_{km}=\ln z-\ln z^*$。于是

$$2\mathrm{i}\frac{\mathrm{d}\theta_{km}}{\mathrm{d}\tau}=\frac{1}{z}\frac{\mathrm{d}z}{\mathrm{d}\tau}-\frac{1}{z^*}\frac{\mathrm{d}z^*}{\mathrm{d}\tau}\rightarrow\frac{\mathrm{d}\theta_{km}}{\mathrm{d}\tau}=\frac{1}{2\mathrm{i}|z|^2}\left(z^*\frac{\mathrm{d}z}{\mathrm{d}\tau}-z\frac{\mathrm{d}z^*}{\mathrm{d}\tau}\right)=\frac{1}{a^2+b^2}\begin{vmatrix}a&b\\\dfrac{\mathrm{d}a}{\mathrm{d}\tau}&\dfrac{\mathrm{d}b}{\mathrm{d}\tau}\end{vmatrix}$$

式中,$z\equiv a+\mathrm{i}b$,$\theta_{km}=\int_0^\tau(e_k(\eta)-e_m(\eta))\mathrm{d}\eta-\int_0^\tau(\lambda_{kk}-\lambda_{mm})\mathrm{d}\eta$。于是,新条件式(22.21b)可以表述为

$$\frac{1}{|z|}\left|\frac{\mathrm{d}\theta_{km}}{\mathrm{d}\tau}\right|\gg1\rightarrow\frac{1}{(a^2+b^2)^{3/2}}\begin{vmatrix}a&b\\\dfrac{\mathrm{d}a}{\mathrm{d}\tau}&\dfrac{\mathrm{d}b}{\mathrm{d}\tau}\end{vmatrix}\equiv\frac{1}{\rho}\gg1 \quad (22.23a)$$

不等式左方是个类似于曲率的量[①],可类比引入无量纲曲率半径 ρ,有

$$\left|\frac{\mathrm{d}\theta_{km}}{\mathrm{d}\tau}\right|=\left|e_k-e_m+\left(\frac{\mathrm{d\,arg}(\langle k|\dot{m}\rangle)}{\mathrm{d}\tau}-\mathrm{i}(\langle k|\dot{k}\rangle-\langle m|\dot{m}\rangle)\right)\right|$$

$$=\left|\frac{1}{a^2+b^2}\begin{vmatrix}a&b\\\dfrac{\mathrm{d}a}{\mathrm{d}\tau}&\dfrac{\mathrm{d}b}{\mathrm{d}\tau}\end{vmatrix}\right|\gg|\lambda_{km}| \quad (22.23b)$$

变形后的条件表明:(含量子几何势差的)新绝热条件要求"曲率 ρ^{-1}"足够大。这应当理解为,在绝热过程中,从一个准定态跃迁到另一准定态需要克服"曲率"的阻碍,"曲率"由两个准定态的能级差与量子几何势差的代数和所决定。这个代数和数值越高,"曲率"越大,跃迁概率越小。

(3) 由前面叙述可知,不能对相因子 $\mathrm{e}^{\mathrm{i}\int_0^\tau\lambda_{mm}(\eta)\mathrm{d}\eta}$ "视而不见",规定为零,更不用说它在闭合回路积分后还可能产生 Berry 相位(见第 21 讲)。因此,一个态在演化中必须带上这个相

---

① 华罗庚. 高等数学引论(第一卷,第二分册)[M]. 北京:科学出版社,1979:125.

因子，才能确保载有体系的全部物理信息。下面继续上条之后，进一步分析新条件中分子 $\lambda_{mk}(\tau)=\mathrm{i}\langle m(\tau)|\dot{k}(\tau)\rangle$ 的几何意义。由标题 1 中所述，对于绝热演化，可令

$$U(\tau)\mid k(0)\rangle=\mathrm{e}^{-\mathrm{i}\int_0^\tau\omega_k(\eta)\mathrm{d}\eta}\mid k(\tau)\rangle,\quad \omega_k(\eta)=e_k(\eta)-\gamma_{kk}(\eta)\tag{22.24}$$

利用 $\{|k(\tau)\rangle,\forall k,\tau\}$ 的等时完备性[12]，可得

$$\begin{cases}U(\tau)=\sum\limits_k\mathrm{e}^{-\mathrm{i}\int_0^\tau\omega_k(\eta)\mathrm{d}\eta}\mid k(\tau)\rangle\langle k(0)\mid,U^\dagger(\tau)=\sum\limits_k\mathrm{e}^{\mathrm{i}\int_0^\tau\omega_k(\eta)\mathrm{d}\eta}\mid k(0)\rangle\langle k(\tau)\mid\\ \dot{U}(\tau)=-\mathrm{i}\sum\limits_k\omega_k\mathrm{e}^{-\mathrm{i}\int_0^\tau\omega_k(\eta)\mathrm{d}\eta}\mid k(\tau)\rangle\langle k(0)\mid+\sum\limits_k\mathrm{e}^{-\mathrm{i}\int_0^\tau\omega_k(\eta)\mathrm{d}\eta}\mid \dot{k}(\tau)\rangle\langle k(0)\mid\end{cases}\tag{22.25}$$

注意到，此处 $U(\tau)$ 是把 $|k(0)\rangle$ 态绝热演化到 $|k(\tau)\rangle$ 态，由此得到可称为**“等效绝热 Hamilton 量”**$h_{\mathrm{adi}}(\tau)$。由 $U(\tau)$ 的时序指数乘积的形式可得 $h_{\mathrm{adi}}(\tau)=\mathrm{i}\dot{U}(\tau)U^\dagger(\tau)$（注意时间和能量均无量纲，见前文）。继续有

$$\begin{aligned}h_{\mathrm{adi}}=\mathrm{i}\dot{U}U^\dagger&=\sum_k[e_k(\tau)-\mathrm{i}\langle k(\tau)\mid\dot{k}(\tau)\rangle]\mid k(\tau)\rangle\langle k(\tau)\mid\\&+\mathrm{i}\sum_k\mid\dot{k}(\tau)\rangle\langle k(\tau)\mid\end{aligned}\tag{22.26}$$

注意 $h_{\mathrm{adi}}(\tau)$ 是厄米的。因此得到一个厄米算符

$$\Gamma(\tau)\equiv h_{\mathrm{adi}}(\tau)-h(\tau)=\sum_{k,m(m\neq k)}\lambda_{mk}(\tau)\mid m(\tau)\rangle\langle k(\tau)\mid\tag{22.27a}$$

这表明，**其实是体系 Hamilton 量 $\boldsymbol{h(\tau)}$ 与等效绝热 Hamilton 量 $\boldsymbol{h_{\mathrm{adi}}(\tau)}$ 的差值 $\boldsymbol{\Gamma(\tau)}$ 启动着从 $\boldsymbol{|k(\tau)\rangle\to|m(\tau)\rangle}$ 的绝热轨道间的跃迁，相应的跃迁概率幅正是 $\boldsymbol{\lambda_{mk}(\tau)}$**，即

$$\lambda_{mk}(\tau)=\langle m(\tau)\mid\Gamma(\tau)\mid k(\tau)\rangle\tag{22.27b}$$

(4) **值得指出的是，脚注④、⑥文献中所提的变换不保证这里新绝热条件(22.21b)。于是他们质疑旧绝热近似条件不充分的问题对新条件不会出现。**具体说，按文献 4、6 提出从 a 体系→b 体系的变换[13]，

$$H^b(\tau)=-U^{a\dagger}(\tau)H^a(\tau)U^a(\tau)$$

式中，$U^a(\tau)$ 是 a 体系的时间演化算符。有

$$\mid E_n^b(\tau)\rangle=U^{a\dagger}(\tau)\mid E_n^a(\tau)\rangle,\quad E_n^b(\tau)=-E_n^a(\tau)$$

于是

$$\begin{aligned}\langle E_m^b(\tau)\mid\dot{E}_n^b(\tau)\rangle&=\langle E_m^a(\tau)\mid U^a(\tau)\dot{U}^{a\dagger}(\tau)\mid E_n^a(\tau)\rangle+\langle E_m^a(\tau)\mid U^a(\tau)U^{a\dagger}(\tau)\mid\dot{E}_n^a(\tau)\rangle\\&=\mathrm{i}\langle E_m^a(\tau)\mid H^a(\tau)\mid E_n^a(\tau)\rangle+\langle E_m^a(\tau)\mid\dot{E}_n^a(\tau)\rangle\\&=\mathrm{i}E_m^a(\tau)\delta_{mn}+\langle E_m^a(\tau)\mid\dot{E}_n^a(\tau)\rangle\end{aligned}$$

---

⑫ 注意，现在推导过程中完备性是有保证的。因为，对于大多数绝热过程，相应系统都属于有限维分立能谱系统。同理，下面 $a\to b$ 变换也必须如此。理由见 14.1 节。

⑬ 注意，$H\to-H$ 变换只对分离掉空间变数的有限能级子系统成立。一般而言，此变换只是一种纯数学映射，是非物理的，有时会出问题。详见第 14 讲。

在新绝热条件下,若对 a 体系有

$$\frac{|\langle m^a(\tau)\mid \dot{k}^a(\tau)\rangle|}{\left|E_k^a(\tau)-E_m^a(\tau)-\left[\dfrac{\mathrm{darg}(\langle m^a(\tau)\mid \dot{k}^a(\tau)\rangle)}{\mathrm{d}\tau}+\mathrm{i}(\langle k^a\mid \dot{k}^a\rangle-\langle m^a\mid \dot{m}^a\rangle)\right]\right|}\ll 1,\quad m\neq k$$

对 b 体系将有

$$\begin{aligned}&\frac{|\langle m^b(\tau)\mid \dot{k}^b(\tau)\rangle|}{\left|E_k^b(\tau)-E_m^b(\tau)-\left[\dfrac{\mathrm{darg}(\langle m^b(\tau)\mid \dot{k}^b(\tau)\rangle)}{\mathrm{d}\tau}+\mathrm{i}(\langle k^b\mid \dot{k}^b\rangle-\langle m^b\mid \dot{m}^b\rangle)\right]\right|}\\
&=\frac{|\langle m^a\mid \dot{k}^a\rangle|}{\left|E_m^a-E_k^a-\left[\dfrac{\mathrm{darg}(\langle m^a\mid \dot{k}^a\rangle)}{\mathrm{d}\tau}-\mathrm{i}(\mathrm{i}E_k^a+\langle k^a\mid \dot{k}^a\rangle-\mathrm{i}E_m^a-\langle m^a\mid \dot{m}^a\rangle)\right]\right|}\\
&=\frac{|\langle m^a\mid \dot{k}^a\rangle|}{\left|\dfrac{\mathrm{darg}(\langle m^a\mid \dot{k}^a\rangle)}{\mathrm{d}\tau}+\mathrm{i}(\langle k^a\mid \dot{k}^a\rangle-\langle m^a\mid \dot{m}^a\rangle)\right|}\end{aligned}$$

此式与原来 a 体系所满足之绝热条件相比,分母少了 E_k-E_m,因此在经过上述变换之后,一般情况下并不保证 b 体系能够满足现在新的绝热条件。

22.5 后 Berry 的绝热理论(Ⅲ)——例算与分析

1. 例算

现在举例说明传统绝热条件的不足以及量子几何势的作用。设体系 Hamilton 量为[14]

$$h(\tau)=\omega_0\sigma_z+\omega_1[\sigma_x\cos(2\omega_2\tau)+\sigma_y\sin(2\omega_2\tau)]\tag{22.28a}$$

其中 ω_0、ω_1、ω_2 都是常数,两个能级为 $E_\pm=\sqrt{\omega_0^2+\omega_1^2}$。适当选择相位后,两条绝热轨道为

$$\begin{cases}|\varphi_+(\tau)\rangle=\cos\left(\dfrac{\theta}{2}\right)|0\rangle+\mathrm{e}^{2\mathrm{i}\omega_2\tau}\sin\left(\dfrac{\theta}{2}\right)|1\rangle\\|\varphi_-(\tau)\rangle=\sin\left(\dfrac{\theta}{2}\right)|0\rangle-\mathrm{e}^{2\mathrm{i}\omega_2\tau}\cos\left(\dfrac{\theta}{2}\right)|1\rangle\end{cases}\tag{22.28b}$$

其中 $\cos\theta=\omega_0/\sqrt{\omega_0^2+\omega_1^2}$。假定初态为 $|+,0\rangle$,体系的动力学演化轨道为

$$|\psi(\tau,0)\rangle=\mathrm{e}^{-\mathrm{i}\omega_2\sigma_z\tau}\mathrm{e}^{-\mathrm{i}[(\omega_0-\omega_2)\sigma_z+\omega_1\sigma_x]\tau}|+,0\rangle\equiv U(\tau,0)|+,0\rangle\tag{22.29}$$

简单计算可得,体系保持作为绝热过程的概率将是时间的函数,为

$$\begin{cases}P_+(\tau)=|\langle +,\tau\mid U(\tau,0)|+,0\rangle|^2=\cos^2(A\tau)+\sin^2(A\tau)\cos^2(\varphi-\theta)\\P_-(\tau)=|\langle -,\tau\mid U(\tau,0)|+,0\rangle|^2=\sin^2(A\tau)-\sin^2(A\tau)\cos^2(\varphi-\theta)\end{cases}\tag{22.30}$$

---

⑭ 注意,此处不能计入动能算符。参见前面脚注⑫、⑬。

其中 $\cos\varphi=(\omega_0-\omega_2)/A, A=\sqrt{(\omega_0-\omega_2)^2+\omega_1^2}$。

现在来考察绝热轨道 $|\varphi_+(\tau)\rangle$。注意 $\langle\varphi_-|\dot{\varphi}_+\rangle=-\mathrm{i}\omega_2\sin\theta$ 的相位不随时间变化，而量子几何势差为 $\delta_{+-}=2\omega_2\cos\theta$。于是新的绝热条件写为

$$|\omega_0^2+\omega_1^2-\omega_0\omega_2|\gg\omega_1\omega_2 \tag{22.31}$$

为便于下面分析，列出 τ 时刻动力学演化轨道和绝热轨道之间的保真度：

$$F(\tau)=\sqrt{P_+(\tau)}=\sqrt{1-\sin^2(A\tau)\sin^2(\varphi-\theta)} \tag{22.32}$$

2. 分析

如果选择 $\omega_0\gg\omega_1$ 且 $\omega_2\simeq\omega_0$，则式(22.1)的传统绝热近似条件 $\left|\dfrac{\langle\varphi_-|\dot{\varphi}_+\rangle}{E_+-E_-}\right|=\left|\dfrac{(1-2\mathrm{i}\omega_2)\sin\dfrac{\theta}{2}}{4\sqrt{\omega_0^2+\omega_1^2}}\right|\ll 1$ 显然被满足。但这种选择不保证现在新条件式(22.31)成立。值得注意的是，此时如果演化时间 τ 不短，则保真度 $F(\tau)\to\sqrt{1-\sin^2(A\tau)}$ 并不趋于 1。所以，即便传统条件满足，原以为系统是缓变的，但由于量子几何势的作用，绝热近似不一定是对体系的好的描述。另一方面，如果选择 $\omega_2\gg\omega_0\gg\omega_1$，则传统绝热近似条件不被满足，但此时量子几何势差远大于瞬时能量本征值差，这保证了现在新条件成立。而同时体系保真度为 $F(\tau)\to\sqrt{1-\sin^2\theta\sin^2(A\tau)}\approx 1$。**此处例子不但明显暴露出传统绝热条件的不足，更进一步表明，即使体系瞬时能量差很小，以致传统绝热近似条件不被满足时，量子几何势差在一定情况下也可以保证体系绝热近似的有效性。**

22.6 后 Berry 的绝热理论(Ⅳ)——与 Berry 相位的关联

本节分析量子几何势差与 Berry 相位的关联。应当强调指出，上面新绝热理论引入了 $\mathrm{e}^{\mathrm{i}\int_0^\tau\lambda_{kn}(\eta)\mathrm{d}\eta}(\forall k,n)$ 相因子。与此成为对照，传统绝热条件推导中将所有 $\mathrm{e}^{\mathrm{i}\int_0^\tau\lambda_{kn}(\eta)\mathrm{d}\eta}(\forall k,n)$ 这类相因子取定为零[⑮]。新理论表明，这类相因子在量子绝热近似理论中不可忽略。因为，渐变能级间跃迁所相应的非对角相因子差 $\delta_{nm}(\tau)$，其结构是一个 $U(1)$ 规范变换不变量，在量子绝热理论的自洽性分析中有重要作用。

至于每个渐变能级本身所相应的对角相因子，它们直接引导 Berry 相位的出现。因为，按前面记号，

$$\gamma_{nk}(\tau)=\int_0^\tau\lambda_{nk}(\eta)\mathrm{d}\eta,\quad \lambda_{nk}(\eta)\equiv\mathrm{i}\langle n(\eta)|\dot{k}(\eta)\rangle \tag{22.33}$$

由此，根据第 21 讲(Berry 相位问题)，**那里的 $\gamma_n(\tau)$ 正对应现在 $\gamma_{mn}(\tau)$ 脚标取对角的情况，即**

⑮ 比如见：席夫 L I. 量子力学[M]. 李淑娴，陈崇光，译；方励之，校. 北京：人民教育出版社，1982：333.

$$\gamma_n(\tau) = \mathrm{i}\int_0^\tau \langle n(\boldsymbol{R}(\eta)) \left| \frac{\partial}{\partial \eta} \right| n(\boldsymbol{R}(\eta)) \rangle \mathrm{d}\eta = \int_0^\tau \lambda_{nn}(\eta)\mathrm{d}\eta = \gamma_{nn}(\tau)$$

于是前面量子几何势差 $\delta_{nk}(\tau)$ 的时间积分 $\Delta_{nk}(\tau)$ 为

$$\begin{aligned} \Delta_{nk}(\tau) &= \arg\lambda_{nk}(\tau) - \int_0^\tau \mathrm{d}\eta(\lambda_{nn}(\eta) - \lambda_{kk}(\eta)) \\ &= \arg\lambda_{nk}(\tau) - [\gamma_n(\tau) - \gamma_k(\tau)] \end{aligned} \tag{22.34}$$

如果 Hamilton 量参数空间拓扑非平庸，$\int_0^\tau \lambda_{nn}(\eta)\mathrm{d}\eta$ 为不可积积分，循环一周所得不为零[16]，

$$\gamma_n(C) = \int_0^T \lambda_{nn}(\eta)\mathrm{d}\eta = \gamma_{nn}(C) \tag{22.35}$$

这个不为零的对角相因子圈积分，也是一个 $U(1)$ 规范变换不变量，就是常称的 Berry 相位。所以，上述新绝热理论以引入 $\mathrm{e}^{\mathrm{i}\int_0^\tau \lambda_{kn}(\eta)\mathrm{d}\eta}$ $(\forall\, k,n)$ 相因子的方式，计入了可能出现 Berry 相位的影响。

总之，规定这类相因子为零带来的损失不仅是可能存在的 Berry 相位，而且有关绝热近似的物理信息，表现出来就是传统绝热条件的不足，并使传统绝热理论有时不自洽。新条件式(22.21)保留了它们的贡献。并且，$\delta_{nm}(\tau)$ 结构使新条件没有相位变化的不确定性。

⑯ BERRY M V. Quantum Phase Factors Accompanying Adiabatic Change[J]. Proc. Roy. Soc., A, 1984, 392, 45. SIMON B. Phys. Rev. Lett., 1983, 51: 2167.

第 23 讲

光子描述

——光子有“坐标波函数”吗?

※ ※ ※

23.1 前 言

鉴于第 11 讲已经讨论过 Maxwell 场规范选择和对易规则选择问题,本讲对光子的描述只涉及单光子运动和光子场集体运动的时空特征。

迄今为止,除了定域描述方法外,物理学中仍然不存在全面普适的非定域的描述方法。定域性描述很自然地促使人们联想到位置本征态和坐标表象。然而,**波动是振动在时空中的延展,波动性内禀地具有空间延展性质。在光子时空定域描述中,光子波粒二象性,特别是其波动性,阻碍光子有几何点位置的概念,内禀地限制了将光子完全彻底看作质点以及相应的完全定域化的描述**。表观上,光子相互作用是由电磁场场强 $\boldsymbol{E}(\boldsymbol{r},t)$,$\boldsymbol{B}(\boldsymbol{r},t)$所描述,而它们是电磁势的一些微分量,由电磁势局域性质所决定。其实这是局限的、表面的,只是体现了电磁互相作用定域性质的一面。实际上,AB 效应和进一步分析都表明,**电磁势是由全空间中电荷电流分布决定,甚至依赖于初条件和边条件,具有很强的非定域性**。

归根结底,光子的电磁作用总是场的作用,是非定域的,尤其当光子产生湮灭的时候。尽管对这个场的描述总是在选定坐标系之下,披着定域描述的外衣。

23.2 光子有动量波函数

1. **波函数的传统含义**

按量子力学波函数公设,波函数是完备描述微观粒子状态的一个复值函数,模平方诠释为相应物理量取值分布的概率密度;其中坐标波函数是位形空间的复值函数,模平方诠释为微观粒子空间概率密度分布。

2. **光子有动量本征态**

首先,Coulomb 规范下量子光场的一对独立共轭场量是横向矢势和共轭量($\hat{\boldsymbol{A}}^t(x)$, $\hat{\boldsymbol{\pi}}^t(x)=\dot{\hat{\boldsymbol{A}}}^t(x)=-\hat{\boldsymbol{E}}^t(x)$)。势场 Hamilton 量为($\hbar=c=1$)

$$\hat{H}=\frac{1}{2}\int \mathrm{d}^3x(\hat{\boldsymbol{E}}^2+\hat{\boldsymbol{B}}^2)=\frac{1}{2}\sum_{i=1}^{3}\int \mathrm{d}^3x(\hat{E}_i^t\hat{E}_i^t+\nabla\hat{A}_i^t\cdot\nabla\hat{A}_i^t) \tag{23.1}$$

量子化条件为

$$[\hat{A}_i^t(x),-\hat{E}_j^t(x)]_{t=t'}=\mathrm{i}\delta_{ij}^{\perp}(\boldsymbol{r}-\boldsymbol{r}') \tag{23.2}$$

其中 $kx=(\boldsymbol{k}\cdot\boldsymbol{r}-|\boldsymbol{k}|t)$,$k^2=\boldsymbol{k}^2-|\boldsymbol{k}|^2=\boldsymbol{k}^2-\omega^2=0$,$\delta_{ij}^{\perp}(\boldsymbol{r}-\boldsymbol{r}')$为横向 δ 函数,

$$\delta_{ij}^{\perp}(\boldsymbol{r})=\left(\delta_{ij}-\frac{\partial_i\partial_j}{\Delta}\right)\delta(\boldsymbol{r})=\frac{2}{3}\delta_{ij}\delta(\boldsymbol{r})-\frac{1}{4\pi r^3}\left(\delta_{ij}-\frac{3x_ix_j}{r^2}\right),\quad \partial_i\delta_{ij}^{\perp}(\boldsymbol{r})=0$$

显然存在如下偏振极化的单色平面波的完备集:

$$\{N(|\boldsymbol{k}|)\boldsymbol{\varepsilon}_\lambda(\boldsymbol{k})\mathrm{e}^{\pm ikx},\boldsymbol{\varepsilon}_\lambda(\boldsymbol{k})\cdot\boldsymbol{k}=0,\lambda=1,2,\forall\boldsymbol{k}\} \tag{23.3}$$

其中,$\boldsymbol{\varepsilon}_\lambda(\boldsymbol{k})$是两个与运动方向 $\boldsymbol{k}$ 相垂直的横向光子的极化矢量,$N(|\boldsymbol{k}|)$称做归一化系数。这个单色波解集合可以合理地认作为光子动量波函数,用它们在动量空间中对量子光场($\hat{\boldsymbol{A}}^t(x)$,$-\hat{\boldsymbol{E}}^t(x)$)作展开:

$$\begin{cases}\hat{\boldsymbol{A}}^t(x)=\displaystyle\int N(|\boldsymbol{k}|)\sum_{\lambda=1}^{2}(a_\lambda(\boldsymbol{k})\mathrm{e}^{ikx}+a_\lambda^\dagger(\boldsymbol{k})\mathrm{e}^{-ikx})\boldsymbol{\varepsilon}_\lambda(\boldsymbol{k})\mathrm{d}^3k\\ \hat{\boldsymbol{E}}^t(x)=\mathrm{i}\displaystyle\int|\boldsymbol{k}|N(|\boldsymbol{k}|)\sum_{\lambda=1}^{2}(a_\lambda(\boldsymbol{k})\mathrm{e}^{ikx}-a_\lambda^\dagger(\boldsymbol{k})\mathrm{e}^{-ikx})\boldsymbol{\varepsilon}_\lambda(\boldsymbol{k})\mathrm{d}^3k\end{cases} \tag{23.4}$$

这里场量 $\boldsymbol{A}^t(x)$ 的展开系数 $N(|\boldsymbol{k}|)=\sqrt{1/2(2\pi)^3|\boldsymbol{k}|}$,其函数形式依据能够导出式(23.6~23.7)合理定义来选定。注意式(23.3)已将单色平面波归一化系数取作为场量 $\boldsymbol{A}^t(x)$的展开系数,也有文献将 $\boldsymbol{E}^t(x)$展开系数指定作为单色平面波的归一化系数①。单色平面波归一化系数的不同定义不影响式(23.9~23.10)的物理结论。**这里需要注意,无论是场量算符$\hat{\boldsymbol{A}}^t(x)$还是场强算符$\hat{\boldsymbol{E}}^t(x)$,它们展开系数都依赖于频率 $\sqrt{|\boldsymbol{k}|}=\sqrt{\boldsymbol{\omega}_k}$!**

---

① 阿希叶泽尔 A И,等.量子电动力学[M].北京:科学出版社,1964:2-9.

3. 光子的动量表象描述

由式(23.4)利用式(23.2)反解出量子系数($a_{k\lambda}$,$a^{\dagger}_{k'\lambda}$)(见 11.3 节)

$$\begin{cases} a_{\lambda}(\boldsymbol{k}) = \int \mathrm{d}^3 x \mathrm{e}^{-\mathrm{i}kx} N(|\boldsymbol{k}|)(|\boldsymbol{k}|\hat{\boldsymbol{A}}^t(x) - \mathrm{i}\,\hat{\boldsymbol{E}}^t(x)) \cdot \boldsymbol{\varepsilon}_{\lambda}(\boldsymbol{k}) \\ a^{\dagger}_{\lambda}(\boldsymbol{k}) = \int \mathrm{d}^3 x \mathrm{e}^{\mathrm{i}kx} N(|\boldsymbol{k}|)(|\boldsymbol{k}|\hat{\boldsymbol{A}}^t(x) + \mathrm{i}\,\hat{\boldsymbol{E}}^t(x)) \cdot \boldsymbol{\varepsilon}_{\lambda}(\boldsymbol{k}) \end{cases} \tag{23.5}$$

由此式求出所含量子系数的对易规则,表明它们构成两对 Boson,

$$[a_{\lambda}(\boldsymbol{k}), a^{\dagger}_{\lambda'}(\boldsymbol{k}')] = \delta_{\lambda\lambda'}\delta(\boldsymbol{k}-\boldsymbol{k}') \tag{23.6}$$

并得到量子光场的 Hamilton 量、动量、光子总数算符表达式,分别为

$$\begin{cases} \hat{H} = \sum_{\lambda=1}^{2} \int \mathrm{d}^3 k\, |\boldsymbol{k}|\, (a^{\dagger}_{\lambda}(\boldsymbol{k}) a_{\lambda}(\boldsymbol{k})) \\ \hat{P} = \sum_{\lambda=1}^{2} \int \mathrm{d}^3 k \boldsymbol{k}\, (a^{\dagger}_{\lambda}(\boldsymbol{k}) a_{\lambda}(\boldsymbol{k})) \\ \hat{N} \equiv \sum_{\lambda=1}^{2} \int \mathrm{d}^3 k (a^{\dagger}_{\lambda}(\boldsymbol{k}) a_{\lambda}(\boldsymbol{k})) \end{cases} \tag{23.7}$$

式(23.6)和式(23.7)表明:**前面所选展开系数 $\boldsymbol{N}(|\boldsymbol{k}|)$ 的函数形式是合理的。因为由它出发,各物理量在动量表象中的本征值及平均值都能得到合理的表述。就是说,在动量空间中量子光场全部计算都是合理而自洽的。**但要注意两点:**其一**,这时全部定义和计算都是非定域的,完全没有空间区域观念。就是说,光子能量、动量、数目固然都是明确的,但它们空间位置和空间密度分布则是完全不明确的。**其二**,由于$\hat{\boldsymbol{E}}^t(x)$和$\hat{\boldsymbol{A}}^t(x)$的展开系数依赖于$\sqrt{|\boldsymbol{k}|}$,与频率相关,下节表明这妨碍了位形空间中的定域描述。

23.3 光子没有坐标波函数

1. 光子没有坐标波函数

QT 对此问题的结论是:**光子,作为量子 Maxwell 场的场量子(基本的状态模式),不存在传统意义上的坐标波函数。虽然存在电磁势和电磁场强空间分布概念,但不存在光子数的空间密度分布(概率分布)概念。**不论低能或高能量子光场都如此。换句话说,**光子原则上不存在精确到几何点的空间定位!**它们只是一些静质量为零、自旋为 1、反粒子是本身、内禀宇称为负、传递相对论性电磁作用的中性的“东西”(参见下面脚注④前后相关叙述)!

下面分析表明,**如果主张光子具有位置本征态和坐标波函数以至坐标表象,肯定导致理论计算和物理观念的不自洽!**

2. **分析之一——不能进行自洽的理论计算**

不自洽现象集中概括为 4 点:

(1) 无法以自洽方式引入体积 $\boldsymbol{V}$ 中的光子数定域密度算符$\hat{\boldsymbol{N}}(\boldsymbol{V})$。如果想在量子光场

光子数问题上引入定域描述观念，必须首先引入光子数空间区域分布概念，才能进一步考虑光子数的空间密度描述。但是，事实不像非相对论量子场论情况。现在的情况是，**在上面总光子数算符$\hat{\boldsymbol{N}}$基础上，无法经过表象转换引入算符$\hat{\boldsymbol{N}}(\boldsymbol{V})$，它不存在！**因为，将式(23.5)代入式(23.7)中$\hat{N}$式，得

$$\hat{N}=\sum_{\lambda=1}^{2}\int \mathrm{d}(\boldsymbol{krr}')N(|\boldsymbol{k}|)^2(|\boldsymbol{k}|\hat{A}_i^t(\boldsymbol{rt})+\mathrm{i}\,\hat{E}_i^t(\boldsymbol{rt}))(|\boldsymbol{k}|\hat{A}_j^t(\boldsymbol{r}'t)-\mathrm{i}\,\hat{E}_j^t(\boldsymbol{r}'t))\mathrm{e}^{\mathrm{i}\boldsymbol{k}\cdot(\boldsymbol{r}-\boldsymbol{r}')}\varepsilon_{\lambda i}\varepsilon_{\lambda j}$$
$$=\int\frac{\mathrm{d}(\boldsymbol{krr}')}{2(2\pi)^3}\left[|\boldsymbol{k}|\hat{A}_i^t\hat{A}_j^{t'}+\frac{1}{|\boldsymbol{k}|}\hat{E}_i^t\hat{E}_j^{t'}-\delta_{ij}^{\perp}(\boldsymbol{r}-\boldsymbol{r}')\right]\mathrm{e}^{\mathrm{i}\boldsymbol{k}\cdot(\boldsymbol{r}-\boldsymbol{r}')}\left(\delta_{ij}-\frac{k_ik_j}{\boldsymbol{k}^2}\right)$$

积分号内出现了相当于算符$\sqrt{\Delta}$、∂_i的$|\boldsymbol{k}|=\omega$、k_i，表明积分已经密切地、非定域地依赖Maxwell方程的解和导数(包括依赖边界条件选择)！无法一般性完成对$\boldsymbol{k},\boldsymbol{r}'$积分！就是**说，无法将总光子数算符$\hat{\boldsymbol{N}}$(注意它是存在的!)表达成位形空间中对$\boldsymbol{r}$积分的形式！于是也就无法进一步针对部分空间区域$\boldsymbol{V}$定义所谓"定域光子数算符$\hat{\boldsymbol{N}}(\boldsymbol{V})$"！**

其实，实际情况更严重：即便对有静止质量粒子的情况，此时相对论性QFT中虽然有算符$\hat{\boldsymbol{N}}(\boldsymbol{V})$存在，但会发现[②]

$$[\hat{N}(V_1),\hat{N}(V_2)]\neq 0 \tag{23.8}$$

甚至对于完全不重叠因而是等时类空隔的两个区域$\boldsymbol{V}_1\neq\boldsymbol{V}_2$，依然如此！从定域观点看，这显然是不自洽、不合理的。附带指出，与此形成鲜明对照，动量空间中全部相应计算都是自洽的、合理的。

(2) **无法以自洽方式构造光子的位置本征态。由于体积$\boldsymbol{V}$的定域数算符$\hat{\boldsymbol{N}}(\boldsymbol{V})$不存在，当然也不存在，"光子数空间密度算符"！也就无法构造无穷小体积中的粒子数本征态。这从根本上否定了企图引入完全定域化态矢，以便对光子实行定域描述的可能性！**

比如，记$|0\rangle$为量子光场的真空态($\hat{N}|0\rangle=0$)，可以合理地选定如下单色波态矢作为此量子光场的单光子态：

$$|\text{单光子}\rangle=\varphi(\boldsymbol{r},\boldsymbol{\varepsilon}_\lambda(\boldsymbol{k}),t)|0\rangle=N(|\boldsymbol{k}|)\boldsymbol{\varepsilon}_\lambda(\boldsymbol{k})\mathrm{e}^{-\mathrm{i}(\boldsymbol{k}\cdot\boldsymbol{r}-\omega t)}a_\lambda^\dagger(\boldsymbol{k})|0\rangle \tag{23.9}$$

按照非定域的观点：这是光场的动量与极化分别为$\boldsymbol{k\lambda}$的单光子态。用总光子数算符$\hat{N}$检查会正常地发现它确实是个单光子态(注意这种检查完全不涉及光子的定域性)，

$$\hat{N}|\text{单光子}\rangle=|\text{单光子}\rangle$$

前面的振幅则是在式(23.6)、式(23.7)归一化意义上的动量波函数。

但是，这个单光子态并不具有它本身所含时空变数($\boldsymbol{rt}$)标示的定域性，不可以看作单光子的位置本征态$|\boldsymbol{rt}\rangle(\equiv|\boldsymbol{x}\rangle)$！因为不存在内积关系式

---

② 见11.6节。

$$\langle \text{单光子}(\boldsymbol{r}t) \mid \text{单光子}(\boldsymbol{r}'t) \rangle \propto \delta(\boldsymbol{r}-\boldsymbol{r}') \tag{23.10}$$

实际上，左边等于

$$\left\langle 0 \left| \int \mathrm{d}^3(kk') N(|\boldsymbol{k}|) N(|\boldsymbol{k}'|) \sum_\lambda \boldsymbol{\varepsilon}_\lambda(\boldsymbol{k}') \boldsymbol{\varepsilon}_\lambda(\boldsymbol{k}) \mathrm{e}^{\mathrm{i}k'x'-\mathrm{i}kx} a_\lambda(\boldsymbol{k}') a_\lambda^\dagger(\boldsymbol{k}) \right| 0 \right\rangle$$

$$= \left\langle 0 \left| \int \mathrm{d}^3(kk') N(|\boldsymbol{k}|) N(|\boldsymbol{k}'|) \sum_\lambda \boldsymbol{\varepsilon}_\lambda(\boldsymbol{k}') \boldsymbol{\varepsilon}_\lambda(\boldsymbol{k}) \mathrm{e}^{\mathrm{i}k'x'-\mathrm{i}kx} [a_\lambda(\boldsymbol{k}'), a_\lambda^\dagger(\boldsymbol{k})] \right| 0 \right\rangle$$

$$= \int \mathrm{d}^3(kk') N(|\boldsymbol{k}|) N(|\boldsymbol{k}'|) \sum_\lambda \boldsymbol{\varepsilon}_\lambda(\boldsymbol{k}') \boldsymbol{\varepsilon}_\lambda(\boldsymbol{k}) \mathrm{e}^{\mathrm{i}k'x'-\mathrm{i}kx} \delta(\boldsymbol{k}'-\boldsymbol{k})$$

$$= \int \frac{\mathrm{d}^3 k}{(2\pi)^3 |\boldsymbol{k}|} \mathrm{e}^{\mathrm{i}k(x'-x)} = \frac{-\mathrm{i}}{\sqrt{\Delta}} \delta(\boldsymbol{x}'-\boldsymbol{x})$$

这里强调指出，式(23.4)展开系数 $N(|\boldsymbol{k}|)$ 的表达式是由合理推导所确定的，不能改变，否则会出现有关式(23.6)及式(23.7)诸式不自洽问题！虽然基矢选取以及相应归一化系数定义可以有不同，但并不能避免这类非定域性的结果。其实，这种现象根源于前面所说，**$\hat{\boldsymbol{E}}^t(\boldsymbol{x})$ 和 $\hat{\boldsymbol{A}}^t(\boldsymbol{x})$ 的展开系数都与 $|\boldsymbol{k}|=\boldsymbol{\omega}$ 有关。**

(3) 一般说，对任一空间连续分布的场量 $\Omega(\boldsymbol{r},t)$，总可以写出其相应密度的平衡方程：单位时间内，场中某处场量的源强密度等于场量密度增加率与自此单位体积中流出率的代数和。即有

$$s_\Omega = \frac{\partial \rho_\Omega}{\partial t} - \nabla \cdot \boldsymbol{j}_\Omega$$

如果此方程描述的是粒子空间运动，左边的源项表示粒子产生或湮灭。就非相对论量子力学而言，不论位势形状如何，Schrödinger 方程自动蕴含粒子数守恒的连续性方程，也即这项恒为零。如果此方程是描述量子电磁场和带电粒子相互作用情况，由 Maxwell 方程容易导出这种形式的能量守恒等式

$$\boldsymbol{j} \cdot \boldsymbol{E} = -\frac{\partial u}{\partial t} - \nabla \cdot \boldsymbol{S}, \quad \boldsymbol{j} = \rho \boldsymbol{v}, u = \frac{1}{8\pi}(\boldsymbol{E}^2 + \boldsymbol{B}^2), \quad \boldsymbol{S} = \frac{1}{4\pi} \boldsymbol{E} \times \boldsymbol{B} \tag{23.11}$$

左边是单位时间内电磁场对带电粒子传递的能量。如果不考虑这项，在电磁场能量密度 u 和能流密度 $\boldsymbol{S}$ 之间还是存在表征场本身能量守恒的连续性方程。要是从量子光场角度来理解，似乎能够将能量密度解读成光子数密度，能流密度解读成光子流密度，为量子光场的定域描述提供依据。但实际上，左边这项的存在提醒人们：**①在量子光场与带电物质粒子相互作用过程中(也只在这种过程中)，必定出现光子的产生或湮灭，光子数不守恒！因此，只要场中存在运动的带电粒子，光子数密度和光子流密度之间就不会存在(表征光子数守恒的)连续性方程！于是也就无法采用原本不存在的连续性方程描写光子的定域时空运动！②光子产生和湮灭一定是电磁场场强和带电粒子定域作用的结果。就是说，这时光子的位置是通过电磁场场强和带电粒子的位置来决定的。于是，光子只当其产生和湮灭时刻才会有位置概念！即便此时，由于场强是对电磁势的微分量，所以位置的准确度充其量也只能到**

波长的精度!

(4) 也许以为,将光子动量波函数式(23.9)进行三维空间Fourier积分变换即得光子坐标波函数。但此时所得结果是

$$\int \frac{d^3 k}{(2\pi)^{3/2}} \varphi(\boldsymbol{k}) e^{-i\boldsymbol{k}\cdot\boldsymbol{r}} = \int \frac{d^3 k}{(2\pi)^{3/2}} \sqrt{\frac{1}{(2\pi)^3 2|\boldsymbol{k}|}} e^{-i\boldsymbol{k}\cdot\boldsymbol{r}} = \frac{1}{\sqrt{2|\nabla|}} \delta(\boldsymbol{r}) \qquad (23.12)$$

显然,此结果不具备坐标波函数作为概率幅的要求。**数学原因在于动量波函数的归一化系数与$|\boldsymbol{k}|$有关!**

3. 分析之二——物理观念不自洽

物理上,光子相互作用由电磁场强度$\boldsymbol{E}(\boldsymbol{r},t)$、$\boldsymbol{B}(\boldsymbol{r},t)$描述,而$\boldsymbol{E}(\boldsymbol{r},t)$、$\boldsymbol{B}(\boldsymbol{r},t)$是电磁势的一些微分量,具有局域的性质。但电磁势则由全空间中电荷电流分布的时空积分所决定,是一些非定域的物理量。所以归根结底,光子相互作用是非定域的,是场的作用(尽管这个场总是披着定域描述的外衣)。这限制了将光子视作粒子的定域描述。其实简单一点说,**光子的波粒二象性,特别是其波动性,在一个波长范围之内,本就无法进一步确定其几何点位置。**

但是,更重要的根源在于,如11.6节所指出的,即便对于物质粒子,在相对论情况下,伴随粒子数守恒约束的解除,出现粒子产生湮灭和转化。如果对微观粒子位置的实验观测精确到Compton波长尺度时,按不确定性关系,测量所投入的能量已经足够产生新的全同粒子。新生全同粒子和老粒子不可区分!这意味着,无法将场量子的空间定位精确到Compton波长范围以下,等价于微观粒子位置概念本身在Compton波长尺度以下失去意义!于是,场量子的可定域性受到"测量产生与被测粒子无法区分的新全同粒子"的内禀限制!因此,与非相对论情况不同,在相对论情况下,尽管对各个场量及其动力学演化过程仍然不得不采用坐标定域描述方式,但其实已经不再可以谈论粒子"几何点"位置的概念(对量子力学情况参见第7、11两讲)。**完全定域化的基矢已经没有存在的物理基础!这就是相对论性量子场论不存在坐标本征态和坐标表象的最重要的物理根源!**

认真分析起来,**"位置本征态"概念本身一直存在问题。**对低能情况,建立在几何点概念上的位置本征态,按不确定性关系,动量不确定度已是无穷大。按Fourier分析观点,它等权包含所有动量,包括无穷大动量成分。显然,这类位置本征态已经属于不可观测的非物理的态。所以Dirac说这一类态是"非正规态",波函数$\delta(\boldsymbol{r}-\boldsymbol{r}')$是"非正规函数"③。不过,只要引入相应的运算规则,全部计算数学上还可以做到逻辑自洽。从实践角度看这也足够了。所以,作为粒子数守恒的力学理论,非相对论量子力学和相对论量子力学都还能够容忍它们。但对于高能的相对论性量子场论,这些本征态不但能量为无穷大,更糟糕的是(由于产

③ 然而,按线性泛函观点看,δ函数还是正规的。详见3.4节,也见:张永德.量子力学[M].4版.北京:科学出版社,2016,附录四.

生湮灭转化)其物理内涵完全模糊不定,是一个原则上就说不清道不明的“东西”![4] 更何况无法在位形空间中进行逻辑自洽计算!

回到光子情况。总之,虽然光子有通常意义下的动量表象,但没有坐标表象!由于光子波动性,特别是光子的零质量,以及和带电物质粒子相互作用导致光子数不守恒,是三个排斥光子精确定位描述的物理根源!即便量子光场依然不得不采用空间坐标(x,y,z)描述,其实并不表明光子的空间位置是可以自洽精确观测的可观察物理量!

23.4 光子角动量问题分析

1. 光子总角动量及分解

带电粒子和辐射光子场组成耦合系统,可以看作孤立系。在空间转动下,**耦合系统表现出总角动量和第 3 分量守恒。但子系统各自角动量可能改变,带电粒子角动量改变转化成为辐射的角动量。其中,带电粒子角动量状态改变容易从它们的状态量子数变化来计算。**

子系统量子光场的角动量可以分为自旋角动量和轨道角动量两个部分。量子光场的总角动量算符为[5]

$$\hat{M}_{ij}=\int \mathrm{d}^3x:\left\{\sum_{m=1}^{3}\dot{\hat{A}}_m(x_i\partial_j-x_j\partial_i)\hat{A}_m+(\dot{\hat{A}}_i\hat{A}_j-\dot{\hat{A}}_j\hat{A}_i)\right\}: \tag{23.13}$$

这里,考虑到场的真空态总角动量应当为零,取了正规乘积。此式第 1 项是场的轨道角动量,第 2 项是自旋项。当然也可以将$\hat{M}_{ij}$写入动量空间,只需将$\dot{\hat{A}}_i(x)$、$\hat{A}_j(x)$的动量展开式代入积掉空间变数即得。

按照辐射研究的通常考虑,设电流电荷运动区域的尺度为 d,辐射场波长的尺度为 λ,辐射观察点离辐射源距离的尺度为 R。**在辐射场分析中,经常设定满足如下远场条件:**

$$d\ll\lambda\ll R \tag{23.14}$$

然而请记住,将光子角动量分解为自旋和轨道两部分是有局限性的。因为,其一,没有静止光子,也就不能定义静止态的自旋角动量。其二,自旋角动量和轨道角动量均有确定值的态,一般并不遵守横向条件。因此只有这些态的某些叠加形式才具有物理意义。然而,在形式上将光子角动量分解为两项之和是有用的,这便于从这些基本态及其分解式出发,分析光子态的角动量和波函数,甚至便于研究光子传输过程中的诸多旋-轨耦合作用。

2. 光子自旋角动量描述

根源于矢势$\hat{\mathbf{A}}$的矢量性质,光子的自旋为 1。横向约束去掉一个自由度,于是自旋角动

---

④ 不确定的物件常称做“东西”,Shopping 称做“买东西”,都不叫“南北”。作者猜想是基于中国古代五行学说:东方属木,意味生命健康;西方属金,意味财富;北方属水;南方属火。所以,说“东西”是好物件的统称;水火无情,避之犹恐不及,说“买南北”不吉利。这种猜想也许不致谬误,但未考证最早的出处。

⑤ 比约肯 J D,等. 相对论量子场[M]. 纪哲锐,苏大春,译. 北京:科学出版社,1984:79. 或:卢里 D. 粒子和场[M]. 董明德,等,译. 北京:科学出版社,1984:88.

量沿着传播方向的投影不可能为零,而只能是±1。也可以证明如下:用场的角动量算符第3分量$\hat{M}_{12}=\hat{M}_3$作用到单光子态上,

$$\hat{M}_3 a_\lambda^\dagger(\boldsymbol{k})\mid 0\rangle=[\hat{M}_{12},a_\lambda^\dagger(\boldsymbol{k})]\mid 0\rangle$$

$\hat{M}_{12}$中第1项是轨道角动量沿着运动方向$\boldsymbol{k}$的投影,这时为零,只剩下第2项自旋角动量沿$\boldsymbol{k}$的投影。于是继续计算下去:

$$\hat{M}_3 a_\lambda^\dagger(\boldsymbol{k})\mid 0\rangle=[\hat{M}_{12},a_\lambda^\dagger(\boldsymbol{k})]\mid 0\rangle\rightarrow$$

$$[\hat{S}_{12},a_\lambda^\dagger(\boldsymbol{k})]\mid 0\rangle=-\int \mathrm{d}^3x[:(\dot{\hat{A}}_1(x)\hat{A}_2(x)-\dot{\hat{A}}_2(x)\hat{A}_1(x)):,a_\lambda^\dagger(\boldsymbol{k})]\mid 0\rangle$$

为了抽出两个$\dot{\hat{A}}_i(x)$的波矢模长,交换第二项中自变数$\boldsymbol{k}'\leftrightarrow\boldsymbol{k}''$,于是

$$\text{上式}=\mathrm{i}\int\frac{\sqrt{|\boldsymbol{k}'|}\,\mathrm{d}^3(xk'k'')}{2(2\pi)^3\sqrt{|\boldsymbol{k}''|}}\sum_{\lambda'\lambda''}[:(a_{\lambda'}(\boldsymbol{k}')\mathrm{e}^{\mathrm{i}k'x}-a_{\lambda'}^+(\boldsymbol{k}')\mathrm{e}^{-\mathrm{i}k'x})(a_{\lambda''}(\boldsymbol{k}'')\mathrm{e}^{\mathrm{i}k''x}+a_{\lambda''}^+(\boldsymbol{k}'')\mathrm{e}^{-\mathrm{i}k''x}):,$$
$$a_\lambda^+(\boldsymbol{k})]\mid 0\rangle(\varepsilon_{\lambda'}(\boldsymbol{k}')_1\varepsilon_{\lambda''}(\boldsymbol{k}'')_2-\varepsilon_{\lambda'}(\boldsymbol{k}')_2\varepsilon_{\lambda''}(\boldsymbol{k}'')_1)$$

计算对易子时,考虑正规乘积顺序及其对真空态的作用,只剩下两项,则

$$\begin{aligned}\text{上式}=&\frac{\mathrm{i}}{2(2\pi)^3}\int\mathrm{d}^3(xk'k'')\sqrt{\frac{|\boldsymbol{k}'|}{|\boldsymbol{k}''|}}\sum_{\lambda'\lambda''}[-a_{\lambda'}^+(\boldsymbol{k}')\delta_{\lambda\lambda''}\delta(\boldsymbol{k}-\boldsymbol{k}'')\mathrm{e}^{-\mathrm{i}k'x+\mathrm{i}k''x}\\&+a_{\lambda''}^+(\boldsymbol{k}'')\delta_{\lambda\lambda'}\delta(\boldsymbol{k}-\boldsymbol{k}')\mathrm{e}^{\mathrm{i}k'x-\mathrm{i}k''x}]\mid 0\rangle(\varepsilon_{\lambda'}(\boldsymbol{k}')_1\varepsilon_{\lambda''}(\boldsymbol{k}'')_2-\varepsilon_{\lambda'}(\boldsymbol{k}')_2\varepsilon_{\lambda''}(\boldsymbol{k}'')_1)\\=&\mathrm{i}(a_2^+(\boldsymbol{k})\varepsilon_\lambda(\boldsymbol{k})_1-a_1^+(\boldsymbol{k})\varepsilon_\lambda(\boldsymbol{k})_2)\mid 0\rangle\end{aligned}$$

这正是螺度算符及其两个横向本征态$\boldsymbol{\varepsilon}_1(\boldsymbol{k})$、$\boldsymbol{\varepsilon}_2(\boldsymbol{k})$($\boldsymbol{\varepsilon}_3(\boldsymbol{k})$本征值为零),

$$\frac{\hat{\boldsymbol{S}}\cdot\boldsymbol{k}}{|\boldsymbol{k}|}=\hat{S}_3\rightarrow\begin{pmatrix}0&-\mathrm{i}&0\\\mathrm{i}&0&0\\0&0&0\end{pmatrix}\rightarrow\left\{\boldsymbol{\varepsilon}_1(\boldsymbol{k})=\frac{1}{\sqrt{2}}\begin{pmatrix}1\\\mathrm{i}\\0\end{pmatrix},\quad\boldsymbol{\varepsilon}_2(\boldsymbol{k})=\frac{1}{\sqrt{2}}\begin{pmatrix}1\\-\mathrm{i}\\0\end{pmatrix}\right\}$$

由此可知

$$\begin{cases}[\hat{M}_3,a_{L,+1}^\dagger(\boldsymbol{k})]=+a_{L,+1}^\dagger(\boldsymbol{k})\\[\hat{M}_3,a_{R,-1}^\dagger(\boldsymbol{k})]=-a_{R,-1}^\dagger(\boldsymbol{k})\end{cases}\tag{23.15}$$

这两套基矢之间的关系既可以用坐标形式(上分量x,下分量y)也可以用算符形式描写:

$$\begin{cases}\left\{|H\rangle=\begin{pmatrix}1\\0\end{pmatrix},|V\rangle=\begin{pmatrix}0\\1\end{pmatrix}\right\}\Rightarrow\left\{|R\rangle=\frac{1}{\sqrt{2}}\begin{pmatrix}1\\\mathrm{i}\end{pmatrix}=\boldsymbol{\varepsilon}_1(\boldsymbol{k}),|L\rangle=\frac{1}{\sqrt{2}}\begin{pmatrix}1\\-\mathrm{i}\end{pmatrix}=\boldsymbol{\varepsilon}_2(\boldsymbol{k})\right\}\\\{|H\rangle\equiv a_1^\dagger\mid 0\rangle,|V\rangle\equiv a_2^\dagger\mid 0\rangle\}\Rightarrow\left\{a_{R,-1}^\dagger=\frac{1}{\sqrt{2}}(a_1^\dagger+\mathrm{i}a_2^\dagger),a_{L,+1}^\dagger=\frac{1}{\sqrt{2}}(a_1^\dagger-\mathrm{i}a_2^\dagger)\right\}\end{cases}\tag{23.16}$$

于是,与动量表象横波表示相对应,光子的自旋状态(极化偏振),垂直于Poynting矢量而言,有两种描述:①水平线偏振与垂直线偏振;②右旋光左手螺旋(负螺度)与左旋光右手螺旋(正螺度)。

下面以受激原子量子跃迁为例进行说明。在式(23.14)的远场近似下,电磁场可视作经典场,对此耦合体系只需使用半量子理论即可。这时,原子中电子受外部经典电磁场强迫振动。电子状态跃迁伴随着光子吸收与发射,辐射的光子称为**电偶极辐射**。**此耦合体系的总角动量$\hat{L}^2$ 和总$\hat{L}_z$ 守恒**。按周期微扰,吸收辐射的**跃迁速率为**[⑥]

$$p_{f\leftarrow i} \propto |\hat{\boldsymbol{D}}_{fi}|^2 \rho(\omega_{fi}) \tag{23.17}$$

这里 $\rho(\omega)$为连续频谱电磁场在 ω 附近单位频率间隔内的平均能量密度。下面仅就自旋角动量问题作一些讨论。

(1) 推导电偶极扰动下分立态之间跃迁选择定则。因为

$$\langle n'l'm' \mid \hat{\boldsymbol{r}} \mid nlm \rangle = \int r^2 \mathrm{d}r\mathrm{d}\Omega R_{n'l'}(r) Y^*_{l'm'}(\theta,\varphi) \cdot \left\{ \frac{r}{2}\sin\theta(\mathrm{e}^{\mathrm{i}\varphi}+\mathrm{e}^{-\mathrm{i}\varphi}), \frac{r}{2\mathrm{i}}\sin\theta(\mathrm{e}^{\mathrm{i}\varphi}-\mathrm{e}^{-\mathrm{i}\varphi}), r\cos\theta \right\} R_{nl}(r) Y_{lm}(\theta,\varphi) \tag{23.18}$$

注意到

$$\begin{cases} \mathrm{e}^{\pm\mathrm{i}\varphi}\sin\theta Y_{lm}(\theta,\varphi) = \mp\sqrt{\dfrac{(l\pm m+1)(l\pm m+2)}{(2l+1)(2l+3)}} Y_{l+1,m\pm1}(\theta,\varphi) \\ \qquad\qquad \pm\sqrt{\dfrac{(l\mp m)(l\mp m-1)}{(2l-1)(2l+1)}} Y_{l-1,m\pm1}(\theta,\varphi) \\ \cos\theta Y_{lm}(\theta,\varphi) = \sqrt{\dfrac{(l+1)^2-m^2}{(2l+1)(2l+3)}} Y_{l+1,m}(\theta,\varphi) + \sqrt{\dfrac{l^2-m^2}{(2l-1)(2l+1)}} Y_{l-1,m}(\theta,\varphi) \end{cases}$$

由此可得三个分量不全为零的条件——**电偶极跃迁选择定则**:

$$\Delta l = l' - l = \pm 1, \quad \Delta m = m' - m = 0, \pm 1 \tag{23.19}$$

(2) **角动量守恒和辐射光子极化状态分析。区分为三种情况**:

① **原子沿 z 轴方向发出一个角动量为 $+\hbar$ 的光子**。由于原子-电磁场体系总角动量守恒,总$\hat{L}_z$ 也守恒。此时电子自$|\mathrm{i}\rangle$态→$|f\rangle$态跃迁时,电子$\hat{L}_z$ 减少的$\hbar$($m'=m-1$,$\Delta m=-1$)由发射光子带走。实际上由表达式可知:$\hat{\boldsymbol{D}}_{fi}$的 z 分量为零,x 和 y 分量中含 $\mathrm{e}^{-\mathrm{i}\varphi}$的项的矩阵元不为零,后两者之间有如下关系:

$$\langle \hat{D}_y \rangle_{fi} = \mathrm{i}\langle \hat{D}_x \rangle_{fi} \tag{23.20a}$$

于是,电子$\hat{\boldsymbol{D}}_{fi}$运动中,$x$ 分量位相为零时,y 分量位相已为 $\pi/2$。这说明电子电偶极矩矩阵元$\hat{\boldsymbol{D}}_{fi}$的运动是绕 z 轴左手旋转。也即,电子在跃迁中$\hat{L}_z$ 损失$\hbar$。这和沿 z 方向出射光子为左旋光(右手螺旋即正螺度)相对应。在 x-y 面内观察为垂直 z 轴的线偏光 σ。

如果另附有 z 方向磁场的 Zeeman 效应场合,原子将向 z 轴取向(与此相应,推导中无

---

⑥ 张永德.量子力学[M].4 版.北京:科学出版社,2016,11.5 节.

规取向平均应取消),电子能级发生分裂,$\Delta m=-1$ 的跃迁对应于比正常谱线频率略高的分裂谱线。

② **原子沿 z 轴方向发出一个角动量为 $-\hbar$ 的光子**。电子自 $|\mathrm{i}\rangle$ 态 $\to |f\rangle$ 态跃迁,电子 $\hat{L}_z$ 增加一个 $\hbar$($m'=m+1$,$\Delta m=+1$)而发射光子带走一个 $-\hbar$。这时,电子 $\hat{\boldsymbol{D}}_{fi}$ 运动的 z 分量为零,x 和 y 分量中只有含 $\mathrm{e}^{\mathrm{i}\varphi}$ 的项不为零,两者间的关系为

$$\langle \hat{D}_y \rangle_{fi} = -\mathrm{i}\langle \hat{D}_x \rangle_{fi} \tag{23.20b}$$

电子 $\hat{\boldsymbol{D}}_{fi}$ 运动中,x 分量位相已到 $\pi/2$ 时,y 分量位相才到零,右手旋转。说明电子跃迁时矩阵元 $\hat{\boldsymbol{D}}_{fi}$ 为绕 z 轴右手螺旋,电子在跃迁中 $\hat{L}_z$ 增加 $\hbar$。与此对应,沿 z 方向发射的光子为右旋光(负螺度即左手螺旋)。如在 x-y 面内观察为垂直 z 轴的线偏光 σ。

如果在 Zeeman 效应的场合,$\Delta m=+1$ 的跃迁相应于频率略低于正常谱线的分裂谱线。

③ **$\Delta m=0$ 的发射光子**。这时只有 $\langle \hat{D}_z \rangle_{fi}$ 不为零。由辐射远场的横向性质,沿 z 轴方向观察不到这种辐射,而在 x-y 平面内观察光子将沿 z 轴作线偏振。这个光子不带走角动量。因为自 $|\mathrm{i}\rangle$ 态向 $|f\rangle$ 态跃迁时,电子角动量3个分量的期望值均未改变(前两者仍为零,后者仍为 $m\hbar$)。显然这对应于 Zeeman 效应中 $\Delta m=0$ 的线偏振光谱线。

3. 光子轨道角动量描述[⑦,⑧]

荷电粒子状态改变的同时可能辐射的光子流,其轨道角动量可以看做作用在一个巨大的、完全吸收的球上的转矩。球心位于构成辐射源的电荷-电流分布处。记光子流的能量通量为 $\boldsymbol{J}$,则光子流的能量密度为 $\boldsymbol{J}/c$,而动量密度为 $\boldsymbol{J}/c^2$。因此,单位时间内作用在垂直于 $\boldsymbol{r}$ 的完全吸收的微分面元 $\mathrm{d}A$ 上的转矩是 $c\,\mathrm{d}A\boldsymbol{r}\times\boldsymbol{J}/c^2=(\boldsymbol{r}\times\boldsymbol{J})\mathrm{d}A/c$。在半径为 r 的球面上对这个量积分就给出单位时间内辐射出来的角动量。这里显然只涉及 $\boldsymbol{J}$ 中与 $\boldsymbol{r}$ 相垂直的在球面切平面内的分量,就沿 z 轴观察而论,只涉及 J_x、J_y。

在激光物理和应用中,常常涉及近轴光束的传输。其经典理论的基本框架是在式(23.14)远场近似的无源前提下,求解近轴光束下的 Helmholtz 方程。数学上,主要利用 Hermite-Gauss 或 Laguerre-Gauss 模对光场进行分解,通常用两个整数对这些光场运动模进行标记分类。由于远场电磁振动的横向性质,加之这些角动量(无论自旋和轨道)来自场的角动量密度和角动量通量,所以标记它们的量子数都可以有正有负。**其中,轨道角动量应当区分内禀的和外部的两类:前者是微观的属于单个光涡旋的、局域态的;后者是宏观的属于整个传输光场的、非局域态的**。

---

⑦ ANDREWS D L,BABIKER M. The Angular Momentum of Light[M]. Cambridge: Cambridge University Press, 2013.

⑧ LEADER E,LORCE C. The Angular Momentum Contraversy: What's it all about and does it matter[J]. Physics Reports, 2014(541): 163-248.

本来，轴对称光束在自由空间传播中，$\theta\to 0$ 时光场的自旋-轨道相互作用并不存在。但近来人们注意到，即便对 $\theta\ll 1$，有时也出现自旋-轨道相互作用，并显示出相似于 Hall 效应、Berry 位相等现象。详细叙述见脚注⑦中第 8 章以及脚注⑨中的文献。

23.5 光子自由度问题

最后，从量子光场角度，如何理解，尤其是如何引入光子的新自由度？其实，光子可以荷载无穷多自由度，它们可以划分为狭义和广义两类；换个角度说，可以划分为单光子自由度和光子集体自由度两类。

首先，按照量子光场的理解，单光子的狭义自由度只是特指光子的动量矢量和极化矢量。而单光子的广义自由度可以基于量子光场的固有相干性和纠缠性人为地制造出来。这完全依赖于观察分析的角度，即依赖于理论分析和实验安排。比如，最简单的方案就是：单光子入射到半透片，出来之后就处于反射与透射两种概率幅相干叠加的状态。半透片的两个空间出口模彼此相距宏观尺度，波场不交叠，这两个模就相互正交而成为两个正交基，构成一个新的二维空间。此时广义好量子数是反射出口模 a 和透射出口模 b，

$$|\text{单光子}\rangle\Rightarrow\frac{1}{\sqrt{2}}(|a\rangle+|b\rangle) \tag{23.21}$$

这里遵循 qubit 的量子逻辑：“既是 a 又是 b；既不是 a 也不是 b；一经测量，不是 a 便是 b。”仿佛是一个广义 Young 氏双缝实验。这个新二维空间和原有极化状态二维空间，经过量子纠缠直积而成为四维空间。继续如此，或者推而广之，这类设想可以很多。

其次，按照量子光场的理解，光子集体自由度是指一束光子的集体运动特征、整体运动模式。所以光子集体自由度也就是光场的自由度，描述着光场的局部性（如光涡旋、介质边界或交界处）或全局性的特征。当然，这些运动模式和范围取决于光场的强度、边界制约和光场运动的性质。对单色 ω 光场，设其能量通量为 J，则光子数密度为 $J/\hbar\omega c$。光子的集体运动模式仿佛类似于鱼群（鸟群）的集体运动模式。但要注意，量子光场光量子的集体运动模式远比鱼群或鸟群的集体运动模式相干性强、类型丰富、结构精致！因为，鱼群或鸟群的集体运动模式仅仅是一些只具有宏观粒子性的、彼此不发生叠加干涉的、大量个体的集体协调运动；而量子光场的每个光量子个体都具有波粒二象性，特别是波动性。这令它们处于完全相干状态，作为个体彼此可以相干叠加而成为另一类个体的另一种整体运动形态。仿佛本来是鳕鱼群的某种集体游动模式，但鳕鱼群个体彼此相干叠加，结果成为带鱼群的另一类集体游动模式！只要能够实验设计出观察某种集体运动模式的探测器和探测方法，便可以研究相应的集体运动模式。也正因为如此，这些集体运动模式才可以视作量子光场态空

⑨ BLIOKH K Y, et al. Spin-orbit interactions of light[J]. Nature photonics, 2015, 9: 796-808.

间的一种广义自由度,导致相干叠加、量子纠缠并产生各种可观察效应。

就实验认证而言,对常见的近轴光束,这些集体运动模式体现为光束断面径向和转角的强度分布以及电矢量的振荡分布。例如,电多极、磁多极、轨道角动量、自旋-轨道耦合,等等。详见脚注⑦中的文献第174页。总之,有关光场角动量的理论计算、实验制备和实验认证、量子纠缠和在量子通讯中的应用等内容十分丰富。部分见脚注⑦～⑩中的文献。后面工作是在多光子实验中引进轨道角动量,成功地进行了多自由度的量子 Teleportation 实验。

⑩ 陆朝阳,刘乃乐,潘建伟,等. *Nature* 杂志 2015 年 2 月 27 日封面,论文链接: http://www.nature.com/nature/journal/v518/n7540/full/nature14246.html.

第 24 讲

量子态叠加和纠缠与"定域物理实在论"的矛盾

——论 Einstein"定域实在论"

※ ※ ※

QT 与 Einstein"定域物理实在论"的矛盾,更广泛些说,QT 与经典物理学观念之间的矛盾,几乎自 QT 诞生时刻起就相伴而行,争论涉及方方面面。下面自本讲开始用三讲篇幅做一个简略的分析和小结。

24.1 Einstein"定域物理实在论"

1. EPR 佯谬、Einstein"定域物理实在论"

关于 QT 描述是否完备的问题,Einstein 与 Bohr 有过多年的争论,并于 1935 年和 Podolsky 及 Rosen 共同发表了一篇重要文章[①],提出现在称之为"**EPR 佯谬**"的"**定域物理实在论**"。他们得到的基本结论是:借助理想实验的逻辑论证方法可以表明,*QT* 不能给出对于微观体系的完备的描述。**该文章的基本思想为,一个完备的物理理论应当满足下列两个条件:其一,物理实在的每一个要素在一个完备的理论中都应当有其对应物;其二,如果不以任何方式干扰体系,而能肯定预言一个物理量的数值,那就意味着存在一个与此物理量**

① EINSTEIN A, PODOLSKY B, ROSEN N. "Can Quantum Mechanics description of physical reality be considered complete?"[J]. Phys. Rev. ,1935(47): 777.

对应的实在要素。

整理一下,他们的全部论证建立在两个观点(要素)上:“**物理实在论**”和“**相对论性定域因果律**”。**所以常被人们称做“(相对论性)定域物理实在论”(分析见文献**[②])。

(1) **物理实在要素的观点**。任一可观测的物理量,作为物理实在的一个要素,客观上它必定以确定的方式存在着。于是,一个完备的物理理论应当是:一个体系在没有受到扰动时,它的任何可观测物理量客观上应当具有确定的数值。

(2) **相对论性定域因果律观点**。如果两次测量(一般地,两个事件)之间的四维时空间隔是类空的,两个事件之间将不存在因果性关系。

由这两个主张得出,对 A、B 两个子体系的两次可观测量测量,如是类空间隔的,则测量值彼此无关,并且数值是确定的。就是说,如果量子理论是完备的物理理论的话,这时对 A 的测量必须不影响(类空间隔下)对 B 的观测。反之亦然。

以上就是 EPR 佯谬的核心思想:定域物理实在论。EPR 佯谬思想以及他们与量子力学之间的争论引起广泛持久的讨论,直到现在还没有结束。争论的基本内容可以分解为三个方面,下面分三讲详细评述。

2. Bohm 分析

Bohm 不怀疑“定域因果律”,但怀疑其中的“物理实在论 ”。他认为 EPR 判据暗含了两个假定:其一,世界能正确分解成一个个独立存在的“实在要素”;其二,每个要素在一个完备理论中都应当对应有一个精确确定的数学量。

现在分析后来 1951 年由 Bohm 提议提出的更容易实现的 Bohm 方案[③]——EPR 佯谬的翻版(原先 EPR 方案参见所引文献):考虑总自旋为零的 $\hbar/2$ 粒子对,比如成对产生的正负电子 A 和 B,处于自旋关联态 $|\psi\rangle_{AB}$,

$$|\psi\rangle_{AB}=\frac{1}{\sqrt{2}}(|\uparrow\rangle_A|\downarrow\rangle_B-|\downarrow\rangle_A|\uparrow\rangle_B) \tag{24.1}$$

假定它们反向飞行已使得彼此空间距离拉开得足够大,并且对它们分别作独立测量的两个时刻又足够接近,则这两个测量所构成的两个事件将是类空间隔。依据狭义相对论的定域因果律得知,对电子 A 的测量应当不会对正电子 B 造成任何影响。

首先,考虑可观测量$\boldsymbol{\sigma}_z$。若对 A 测得 $\sigma_z^A=+1$,可以肯定地推断 B 处于 $\sigma_z^B=-1$;反之若测得 $\sigma_z^A=-1$,则知 $\sigma_z^B=+1$。总之,一旦对 A 作了 σ_z 的测量,则 B 的 σ_z 值便在客观上是确定的。现在,测量时间与距离所构成的间隔是类空的,所以对 A 的测量将不影响 B 的状态。按定域实在论的观点,σ_z^B 应当是一个物理实在的要素。就是说,不论人们是否对 B 作测量,σ_z^B 的数值在客观上将是确定地存在着。

---

② 张永德.高等量子力学[M].3版.北京:科学出版社,2015,12.

③ BOHM D.量子理论[M].侯德彭,译.北京:商务印书馆,1982.

其次，考虑可观测量$\boldsymbol{\sigma}_x$。若对 A 测得 $\sigma_x^A=+1$，应可推知 $\sigma_x^A=-1$。因为这时

$$ {}_A\langle\sigma_x=+1\mid\psi\rangle_{AB}=\frac{1}{\sqrt{2}}({}_A\langle\uparrow\mid+{}_A\langle\downarrow\mid)\mid\psi\rangle_{AB}=\frac{1}{2}(\mid\downarrow\rangle_B-\mid\uparrow\rangle_B)=\frac{1}{\sqrt{2}}\mid\sigma_x=-1\rangle_B \tag{24.2}$$

同样，若测得 $\sigma_x^A=-1$，则知 $\sigma_x^B=+1$。总之，对 A 作了 σ_x 测量，便能肯定地知道 σ_x^B 的数值而又不会扰动 B 粒子的状态。

再次，关于$\boldsymbol{\sigma}_y$ 的情况也类似。即 σ_y^B 也是一个物理实在的要素，客观上确定地存在着。

总之，σ_x^B、σ_y^B、σ_z^B都是物理实在要素，它们在（对 B 粒子）测量之前客观上都同时具有确定值。然而，按照 QT 的观点，由于三个算符彼此不对易，它们在客观上就不能同时具有确定值。QT 甚至认为，两个粒子自旋指向本身全都是不确定的，每个粒子自旋指向都依赖于对方的取向而取向，处于一种纠缠状态。这就是 EPR 佯谬。Einstein 说，这个佯谬表明：①要么 QT 中波函数的描述方式是不完备的；②要么，两个子体系即便处于类空间隔，它们的实际状态也可以是不独立的。根据定域实在论观点，Einstein 对第二条持绝对的否定态度。于是他认为，这个理想实验表明了：纠缠态在测量中表现的不确定性，或者说，QT 对单次测量结果只能作统计性预言，这和抛掷钱币时人们对字（花）的结果只能作统计性预言情况相似，表明 QT 波函数描述不完备，表明人们对量子测量过程认识和描述不完备。这导致后来许多人猜测 QT 之外有隐变数存在。

总括起来，EPR 的观点是：其一，QT 中的或然性到底是隐变数所导致的或然，因此仅仅是表观上的或然——即所谓“人在玩掷骰子”，还是无隐变数的或然，从而是本质性的或然——即所谓“上帝玩掷骰子”？他们不相信是后者，所以 Einstein 用幽默的语言归结为“上帝是不玩掷骰子的”。其二，主张“定域物理实在理论”——包含衡量测量影响是否存在的必要条件的定域性，以及可观测物理量的客观确定性两方面内容。显然，EPR 的这两个观点相互协调，思想统一。

3. QT 的或然性——与决定论描述的矛盾

QT 中有两种基本过程[④]：

***U* 过程** ——幺正演化过程：可逆、保持相干、决定论的。

***R* 过程**——量子测量过程：不可逆、斩断相干、概率的。

目前公认，QT 是反对决定论描述的。理由有以下 4 条：

(1) **有 *R* 过程存在；**

(2) **波粒二象性所导致的不确定关系；**

(3) **波函数的概率性质**——尽管不知道这种或然性的本源，以及它到底是否与经典或然性本质上不同；

(4) **多粒子量子纠缠造成的各种不确定性（见下文）。**

关于或然性的论述可见 26.6 节。

---

④ 见脚注②文献，第 12 章。

24.2 量子态叠加原理与“物理实在论”的矛盾

1. 态叠加原理造成不确定性

量子态叠加原理表明,即便是单粒子,即便是孤立的,其量子态仍然可以处于含时的叠加态。这时测量某些可观测量将会表现出不确定性。这正是:本身不确定,何关测不准[⑤]。

下面举例说明。

例 24.1 一个电子入射到一个氢原子上,发生非弹性散射。如果入射电子交给束缚电子的能量不足以使束缚电子跳到第一激发态,则氢原子将处于基态和第一激发态的某种叠加态上。比如是

$$|\psi_{100}\rangle e^{-iE_{100}t/\hbar} \to (\alpha|\psi_{100}\rangle e^{-iE_{100}t/\hbar} + \beta e^{-iE_{200}t/\hbar}\rangle\psi_{200}\rangle)$$

入射电子飞走后,剩下受激发的氢原子,便可认为它处于孤立状态。其概率云密度分布为

$$|\psi(\boldsymbol{r}t)|^2 = |\alpha|^2|\psi_{100}(\boldsymbol{r})|^2 + |\beta|^2|\psi_{200}(\boldsymbol{r})|^2 + 2\mathrm{Re}\{\alpha^*\beta\psi_{100}^*(\boldsymbol{r})\psi_{200}(\boldsymbol{r})e^{-i(E_{200}-E_{100})t/\hbar}\}$$

显然在不停地抖动着。假设制备了许多如此的激发氢原子,并重复测量它的能量。每个单次测量所得数值是事先无法预测的(表现为 qubit 的逻辑:既是 Yes 又是 No,既不是 Yes 也不是 No,每次测量不是 Yes 就是 No);而统计测量的结果将是:

$$\text{以}\ |\alpha|^2\ \text{的概率得到}\ E_{100},\qquad \text{以}\ |\beta|^2\ \text{的概率得到}\ E_{200}$$

这就是量子力学的结果。但是,按照 EPR 观点,这时这些氢原子已经处于孤立状态,而且能量又是个可观测量,于是观测到的能量应当是确定的,不应当如此随机!

例 24.2 假设电子处于下面自旋态:

$$|+x\rangle = \frac{1}{\sqrt{2}}(|+z\rangle + |-z\rangle)$$

现在,对大量如此状态电子作重复测量。如果沿 $\boldsymbol{e}_x$ 方向对电子自旋测量,每次所得结果肯定都沿 $+\boldsymbol{e}_x$ 方向;但如果沿 $\boldsymbol{e}_z$ 方向测量,每次测量所得结果将是随机的、不确定的(既可能沿 $+\boldsymbol{e}_z$,也可能沿 $-\boldsymbol{e}_z$,概率各占一半)——尽管每次测量时都没有任何因素干扰。

将此考量推广开来,这类矛盾很多,都可以归结为标题所说:**量子态叠加原理与“物理实在论”观点的矛盾。**

2. QT 理论描述不完备?

由于 Einstein 等人认为:**全部经典物理学事实已经表明,随机性之所以存在,要么是由于自由度太多人们难于处理,要么是由于人们不感兴趣,有意粗化处理,退而求其次作统计概率计算。实际上,归根结底它们全都是必然的。按照经典物理学的观点,自然界中从不存在真正偶然的现象!于是,Einstein 将 QT 的概率描述归结为 QT 理论描述不完备。**但是,假如存在某种人们尚未知晓的“**隐变量**”,就可以解释 QT 理论中叠加态测量塌缩时的随机

⑤ 参考 29.2 节不确定性关系叙述。

性。就是说，如果真的存在“隐变量”，那么 QT 的随机性将仍然是人在玩掷骰子！隐变量问题详见下一讲。

24.3 量子纠缠与“物理实在论”的矛盾

1. 量子纠缠造成不确定性

与前节态叠加原理对单粒子态造成测量结果不确定性不同，对于多粒子体系，还会出现量子纠缠导致的不确定性。实际上，多粒子体系状态绝大部分都是纠缠态。**量子纠缠同样也会使状态所具有的物理量数值客观上不确定，造成测量结果的不确定性**。

应当指出，即便在宏观世界，也存在因为宏观纠缠而造成的不确定性。可以作个比喻："富翁财产继承案"。首先，财产应当是可以观测的“物理的实在”，因为它由人民币(或等价折算)这个可以精确确定的数学量来确定。其次，假设一个富翁有 1 亿元财产，他有两个穷儿子继承这份财产。如果富翁还没有立下遗嘱，两个儿子各自的财产状况就一定会处于一种因纠缠而不确定的状态，各自都依赖对方确定而确定(但总和是确定的)。

总之，由上节态叠加原理和本节量子纠缠叙述，人们能够体会到：**客观实在性并不等价于客观单值确定性！更不等价于测量的单值性！**

2. 量子态可分离性与空间定域性的关联

(1) 量子态的可分离性

［**定义**］ 设体系由子体系 A、B 组成，其任意可分离量子态定义为

$$\rho_{AB} = \sum_C p_C \rho_A^C \otimes \rho_B^C, \quad \sum_C p_C = 1 \tag{24.3}$$

这里 C 是与两个子体系都相关的某个物理量或事件。此定义可以理解为：两体量子态的可分离性等价于两体间不存在位相关联(只存在按 C 分解的经典关联)，这时在(按 C 分解的)任一体上添加任意相因子不会改变这个态。

(2) **关联测量意义下的“空间定域性”**。互不相关的两个子系统 A 和 B，各自发生的事件是相互独立的。这时所做的关联测量必将呈现为空间定域的性质。这个性质可以用“以乘积形式表示条件概率的独立性”的方式来表达。

［**定义**］ 多体量子态的空间定域性定义为：各自发生的任何事件都相互独立。于是，条件概率的独立性导致它们可以作乘积分解，

$$P(AB \mid C) = P(A \mid C) \cdot P(B \mid C) \tag{24.4}$$

其中 $P(A|C)$、$P(B|C)$分别为出现事件 C(与两个子系统都相关的某事件，是 A 粒子的事件 A 及 B 粒子的事件 B 的共同的“因”)的条件下事件 A 或 B 发生的概率，而 $P(AB|C)$则为事件 C 条件下 A 和 B 同时发生的概率。于是，设 $\hat{\Omega}_A$ 和 $\hat{\Omega}_B$ 表示两个子体系 A、B 的两个任意算符，那么它们的期望值将满足下面的关系：

$$E(\hat{\Omega}_A\hat{\Omega}_B \mid C) = E(\hat{\Omega}_A \mid C)\cdot E(\hat{\Omega}_B \mid C) \tag{24.5}$$

这里 $E(\hat{\Omega}_A|C)$ 为在 C 条件下 $\hat{\Omega}_A$ 的期望值,等等。此时任意期望值即为

$$\begin{cases} E(\hat{\Omega}_A\otimes\hat{\Omega}_B)\equiv \mathrm{tr}_{AB}(\rho_{AB}\hat{\Omega}_A\otimes\hat{\Omega}_B) \\ E(\hat{\Omega}_A\otimes\hat{\Omega}_B \mid C) = E(\hat{\Omega}_A \mid C)\cdot E(\hat{\Omega}_B \mid C) \end{cases} \tag{24.6}$$

简言之,条件概率的独立性意味着关联测量的空间定域性(即空间非定域度为零,见25.7节)。

(3)[**定理**] **两体量子态的可分离性与关联测量意义下的空间定域性等价。**

证明 根据关联测量的空间定域性,$\hat{\Omega}_A\otimes\hat{\Omega}_B$ 的期望值为

$$\begin{aligned} E(\hat{\Omega}_A\otimes\hat{\Omega}_B) &= \sum_C p_C E(\hat{\Omega}_A\otimes\hat{\Omega}_B \mid C) = \sum_C p_C E(\hat{\Omega}_A \mid C)\cdot E(\hat{\Omega}_B \mid C) \\ &= \sum_C p_C \mathrm{tr}_A(\rho_A^C\hat{\Omega}_A)\cdot \mathrm{tr}_B(\rho_B^C\hat{\Omega}_B) = \sum_C p_C \mathrm{tr}_{AB}[(\rho_A^C\otimes\rho_B^C)(\hat{\Omega}_A\otimes\hat{\Omega}_B)] \\ &= \mathrm{tr}_{AB}\left[\left(\sum_C p_C\rho_A^C\otimes\rho_B^C\right)\hat{\Omega}_A\otimes\hat{\Omega}_B\right] \end{aligned}$$

由于 $E(\hat{\Omega}_A\hat{\Omega}_B)=\mathrm{tr}_{AB}(\rho_{AB}\hat{\Omega}_A\hat{\Omega}_B)$,考虑到算符 $\hat{\Omega}_A$ 和 $\hat{\Omega}_B$ 的任意性,即得

$$\rho_{AB} = \sum_C p_C\rho_A^C\otimes\rho_B^C$$

这正是两体体系量子态为可分离态的定义。这就是说,**两体体系关联测量的空间定域性(含义见上文)蕴含了该量子态的可分离性。反之亦然,所以两者等价**。注意,此处论证涉及的是不存在量子纠缠所导致的空间定域性,因此与关联测量的间隔是类空还是类时无关。这里的论证方法对多体情况同样适用。

3. 量子纠缠的本质和精髓

(1) 从量子信息论角度,纠缠的本质是关联中的量子信息。

(2) 从实验观测角度,纠缠的本质是关联塌缩(见第26讲)。

(3) 从理论分析角度,纠缠的精髓是和关联型非定域性的等价性(见25.7节)。

(4) 从隐变数角度,两体体系存在量子纠缠的充要条件是:两粒子间不容许插入任意位相差而不改变体系的状态。换一种等价提法:两体体系的某个状态,如能存在一种表示,在这种表示下,在两粒子间引入任意相对位相差而不会改变这个状态,此状态必定是可分离的。显然,可分离态必定能够容忍定域性的隐变数。

(5) 换一种等价提法:两体体系状态,如能对其中单体实施局域幺正变换而不改变此状态,则此状态必定是可分离态。

(6) 关于纠缠与Bell非定域性关系可见25.7节。

24.4 EPR"物理实在论"与 QT 矛盾小结

鉴于第 25 讲才涉及 QT 的空间非定域性质，这里仅就 EPR 的"物理实在论"与 QT 矛盾作一局部小结。迄今为止所有实验都表明：

（1）**QT 态叠加原理的预言是正确的：量子纠缠能够造成可观测量**（**当不受干扰时**）**客观上的不确定性**。

（2）**实验一再明确支持：整个 QT 在纠缠叠加中的或然性，以及塌缩与关联塌缩中的空间非定域性**（后者参见第 25 讲和第 27 讲）。

但迄今实验既没有显示，也未能明确否定隐变数存在。目前为止还不能肯定 QT 的描述是否完备。就是说，还不清楚纠缠叠加中所包含的，以及单次测量塌缩中所表现的或然性的本质。

再加上，现在理论上可以证明：含隐变量的非定域理论能够全部概括量子理论！所以，现在还不可以说："QT 的或然性"本质上不同于"经典的或然性"。也就是说，还不能肯定 Einstein 是不正确的，即，迄今还不能肯定"上帝是玩、还是不玩掷骰子！"。

根据到目前为止的全部实验结果，以及不少新近的研究结果⑥，可以替 QT 拟定的正确回答是：

其一，QT 是否完备，即在它之外的隐变数存在与否尚未定论；

其二，所有实验都明显支持 QT 状态叠加、纠缠与测量所造成的或然性和空间非定域性。

考虑到隐变数存在与否未定，**EPR 佯谬中，成问题的只是在相对论性定域因果律笼罩之下的定域物理实在论**（见第 26 讲）。或者谨慎地提为：**迄今实验一直否定定域形式下的实在论观点**。QT 认为，虽然两个测量事件是类空间隔，但作为子体系的 B 粒子本身已不独立，它的自旋 $\sigma^B_{x,y,z}$ 取值和 A 的自旋 $\sigma^A_{x,y,z}$ 取值紧密关联，形成统一体系的一个统一状态。因此对 A 的测量将影响（而不是"不会影响"——如 Einstein 所认为的）B 的取值。对 A 的三组测量将分别对 B 自旋取值造成不同的影响。量子力学还主张，可能的结果依赖于怎样的测量，不同的测量将带给态不同的塌缩，将会得到不同的测量结果。而且，这里 B 的 $\sigma^B_{x,y,z}$ 三者同时具有物理实在性的观点也和 QT 原理相违背，是一种客观上不成立的主观推断。

EPR 的"定域物理实在论"与 QT 的根本分歧在于 Einstein 等人未能理解 QT 的下面两点。

第一，自旋态构造（**以及塌缩与关联塌缩**）**是非定域的**。这种非定域性已经将两个子体系联结成为一个不可分割的统一体系（详细见下讲）。事实上，测量前两个子体系的自旋相

⑥ 比如：CHEN Z B, PAN J W, ZHANG Y D, BRUKNER C, and ZEILINGER A. Phys. Rev. Lett., 2003(90), 160408; CHEN Z B, PAN J W, HOU G, and ZHANG Y D. Phys. Rev. Lett., 2002(88), 040406.

互依赖对方而处于客观上就是不确定的状态。

第二,即便对同一个态,如果进行不同的测量,将会造成不同的塌缩,会得到不同的结果。

于是,EPR 定域物理实在论的错误有以下四个方面:

其一,要求微观粒子在任何状态下,它的可观测物理量都必须客观上是定域地确定的。他们不承认量子态的相干叠加会造成测量结果的不确定性。

其二,他们不承认多体量子纠缠造成测量结果的不确定性。

其三,不理解同一量子态经受不同种类测量会有不同样的分解塌缩,给出不同的测量结果,显现出不同的面貌。

其四,对量子测量塌缩持定域的观念。不理解多体量子纠缠在测量的塌缩—关联塌缩中的空间非定域性(此条详见下讲)。

总之,现在看来,EPR 主张的定域物理实在论是一种经典思维模式,企图通过引入定域的物理实在信念,将量子力学纳入经典统计理论的思维模式。于是,EPR 的后来接替者们更明确地将 QT 中的或然性以某种未知隐变数来解释——这都是标准的经典物理的思维模式。

第25讲

Bell-CHSH-GHZ-Hardy-Cabello 空间关联非定域性研究路线述评

——二论 Einstein“定域实在论”

※　※　※

25.1　QT 的空间非定域性

1. 空间非定域性的含义

如果一个物理量的数值，或是一种相互作用的进行过程，不仅依赖于时空变数，而且只和当时当地的时空变数（至多包含该点的无限小邻域）有关，就称它为定域的量，或是定域的相互作用过程。这表明它们是体现局域性质的定域物理量，或是体现局域作用的定域过程。例如：和经典 Lorentz 力相仿，量子 Lorentz 力也是定域的（只是多了一项对称化项）。因为，它只决定于当时当地的粒子速度和当时当地的磁场强度。

与此相对照，某个物理量，或某种相互作用，如果它们的数值或进行过程不仅依赖于当

时当地的一些物理量,而且还以一定方式依赖于别时别地的这些物理量,就说该物理量具有非定域的性质,或是非定域的相互作用。表明它们体现着某种非局域性质,或带有整体性的相互作用过程。例如,非定域的AB效应相因子、纠缠态测量的塌缩与关联塌缩、等效Lagrange量、主方程推导,等等。

2. 空间定域描述方法

采用时空变数$\boldsymbol{x}=(\boldsymbol{r},t)$所作的描述,称为定域描述。比如,电磁波包在时空中的传播就是一个定域的物理过程,对它在时空传播过程的描述就是定域描述。再比如,按场论观点,两个粒子a与b的相互作用,可以是正比于和粒子相联系的场$A(x)$和$B(x)$(或其导数)的乘积。这样一来,在时空点x的相互作用就只依赖于该点处的场量$A(x)$和$B(x)$及其导数(涉及x点的无限小邻域),而与其他时空点x'的场量$A(x')$与$B(x')$无关。这就是一个定域相互作用过程。相应的描述也是一种定域描述。这也包括,将粒子a的量子场写为$A(x)$,使得有资格说"粒子a在x点处的场量$A(x)$"等,这本身也是定域描述。

在物理学包括QT中几乎都是定域描述。那么,有没有非定域描述呢?有。通常对某种性质的非定域描述,区分为三层含义。

其一,不违背定域因果律的定域弥散性描述。对过程的描述还是借助时空变数进行,只是此时描述具有某种弥散性(比如带某种积分核的时空积分),使得任一点处的相互作用及其结果也以一定方式依赖于别处场量;特别是,这种弥散积分只局限于满足相对论性定域因果律的光锥内部和锥面。这是一类定域理论,或是披着定域描述外衣的遵守相对论性定域因果律的非定域描述。后者比如电磁推迟势积分的描述。

其二,违背定域因果律的定域弥散性描述。过程描述还是借助某种弥散的时空变数进行,只是实施这种弥散的积分不限于光锥内部和锥面,还扩及不满足定域因果律的锥外部分。这是一类披着定域描述外衣的违反相对论性定域因果律的非定域理论。应当说这是真正的非定域理论。例如,Feynman路径积分公设中对Lagrange量密度的4维壳外积分。

其三,拓扑性描述。在势场中,粒子所受的力常常以势场的各类微分量来表示,微分量计算总是在局域范围内进行,只涉及场的局域性质;但有些势场也许还有非平庸的整体性质,一类难以用定域描述方式表达的整体拓扑性质。例如双缝干涉实验中,若缝屏后面放置一根细磁弦,其作用是改变屏后空间矢势场的整体拓扑性质:矢势场性质从曲面单连通区域变成曲面多连通区域(见Young氏双缝的AB效应)。这将出现不可积相因子,它只依赖于从磁弦上方还是下方绕过,而不依赖于上方或下方的具体路径及其变形。因为在磁场强度为零的区域,路径可以连续变形而不影响相位。还比如,粒子自旋态。它只依赖于联立演化方程的旋量结构,并不直接依赖于时空变数,是一种非定域的性质,某种未知的拓扑性质,可以简单直接地说是某种超空间的性质。再比如,人们所处空间可能具有的非平凡拓扑性质,等等。

3. 自旋态及其塌缩的非定域性质

构成自旋EPR对的两个反向飞行粒子,经过足够长时间之后,它们的空间波包肯定已不再交叠，但它们的自旋态依然彼此关联：**各自的自旋取向都处于不确定状态，依赖于对方确定而确定**。这种关联是一种时空变数之外的、独立的自旋变数所描述的关联，因而表现出一种非定域的关联。**一旦对其中一个粒子作自旋取向测量，使其产生塌缩，则另一粒子虽然处于遥远未知的地方，也将瞬间同时发生自旋态的关联塌缩。注意，这里不存在什么“自旋态塌缩波”的“空间传播”，而是发生一种瞬间的、不受相对论性定域因果律约束的、不受中间阻断的非定域的塌缩与关联塌缩**（参见第 27 讲）。这表明自旋态是该粒子量子场的一种整体拓扑性质，是不能通过时空变数以定域方式加以描写和理解的。

4. 空间波函数塌缩的非定域性质

如果说自旋态及其塌缩的空间非定域性质早已为人们所注意的话，那么，空间波函数塌缩的非定域性质并未引起人们足够的重视。事实是，当人们对一个粒子的空间波函数进行某种测量时，测量塌缩将导致其空间波函数改变。比如

$$\varphi(x) \rightarrow \psi(x) \tag{25.1}$$

显然，这是涉及整个空间分布的改变，而不是局域的变化和局域变化在空间中的传播。不存在局域发生的空间波函数的“塌缩波”的空间传播，而是一种全空间的、瞬间的、不可阻断的突变。这也是一种不受相对论性定域因果律支配的、超空间的突变。从空间定域描述的观点来看，塌缩时就好像空间的广延性不存在了。总之可以说：

空间波函数的塌缩同样具有非定域的性质。

以上两方面描述都在第 27 讲量子 Teleportation & Swapping 出色实验中得到清楚的实验证实。对于近来不断出现的实验证实，**QT 给出的通常解释为：塌缩与关联塌缩之间性质上不是因果的关系，而只是处于纠缠态的同一系统，经历测量塌缩这件事的两个相互依存的内容。这显然是一种试图回避（与相对论性定域因果律正面冲突）的说法。**

5. 各类 which way 实验的非定域性

所有单粒子或复合粒子的杨氏双缝、中子干涉量度学、光学半波片、各种 which way、各类 Schrödinger cat，它们本质都是类似的，都是各种类型的（Yes-No）双态系统的相干叠加、测量中的随机塌缩。可统称之为**“广义杨氏双缝实验”**。自由度多了、退相干快了，就成了猫态。

对于一类彼此空间上相距为宏观距离的“Yes-No”双态，这种相干叠加以及随后测量中的随机塌缩就更加明显地表现出空间非定域性：瞬间实现了全空间状态分布的更迭。这时并没有“塌缩波”及其在空间中的传播。**所以说这种更迭是一种非定域的、超空间的过程。**

6. QT 是定域描述外衣下的非定域理论——QT 反对定域性

（1）此问题上文已有所叙述，现将它详细完整地归纳。尽管和经典理论一样，QT（从非相对论量子力学到相对论量子场论）仍然采用了定域描述方法，**但 QT 最重要的特征之一是：全面表现出了各种奇妙的空间非定域性质，并且经受住了越来越多的实验检验。就本**

质而论，无论非相对论量子力学或相对论量子场论，都是在定域描述外衣下的空间非定域理论①。具体体现在QT的以下几个方面：

第一，Feynman公设思想：概率幅＝相因子 $e^{iS/\hbar}$ 对全空间所有路径等权叠加。泛函积分指数上对Lagrangian密度的4重壳外积分。

第二，量子测量所导致的状态"塌缩"都是非定域的。无论是(单粒子)空间波函数或是自旋波函数的塌缩都如此。例如，which Way、广义杨氏双缝中向相干叠加的两个不同态(两条缝、两种态、两条路径、两种极化、透射反射)之一的塌缩都如此。

第三，多粒子体系空间或自旋波函数的"塌缩与关联塌缩"。多粒子体系的量子纠缠→关联测量→各类Bell型空间非定域性(见下文)。

第四，s_z 是独立于 x、y、z 之外的自由度，它决定的自旋态内禀性质是空间非定域的。

第五，物理量本征值、平均值的决定方式依赖于全空间，性质是非定域的。

第六，本质上，微观粒子波粒二象性的内禀性质就和空间定域描述方式不相容。这表现在：不确定性关系、全同性原理——全对称或全反对称的量子纠缠、不可能精确定位($\Delta x \geqslant \lambda_{\text{compton}}$)，等等。这处处说明，就本质而言，QT是空间非定域的。

第七，从反面来看，相对论量子场论的发散正是凸显出QT空间非定域性质与所采用的定域描述方法之间的矛盾。

第八，上面除第四条外，表明问题的物理根源主要来自微观粒子的内禀性质——波粒二象性(详见第29讲)。

(2) QT空间非定域性的根源与类型。不可否认，这些空间非定域性质有着不同的根源。有的来自基本相互作用的内禀性质(即非定域型相互作用，比如，某时空点的相互作用并不只和该点上各场量或它们的导数有关)；有的来自微观粒子的内禀性质——波粒二象性；有的又来自具体Lagrange量密度中参数空间的拓扑性质；有的则来自人们所处空间可能具有的整体拓扑性质。由于根源不相同，它们所显示的现象以及出现的范畴也不尽相同。有些非定域性质体现在局部空间无法察觉的、只依赖于空间整体拓扑性质的现象上(比如各种拓扑相因子)；有的则在塌缩——关联塌缩之间显示出一种超空间的关联现象；有的仍然遵守相对论性定域因果律，有的则表现出令人困惑的似乎与这个基本规律的不相容性(详

---

① PAN J W, CHEN Z B, HOU G, YU S X and ZHANG Y D. Maximal violation of Bell's inequalities for continuous variable systems[J]. Phys. Rev. Lett.,(2002)88, 040406; BELL J S, Speakable and unspeakable in quantum mechanics[M]. Cambridge: Cambridge University Press. 1987: 55,100; CHEN Z B, HOU G, and ZHANG Y D. Quantum nonlocality and applications in quantum-information processing of hybrid entangled states[J]. Phys. Rev., A (2002)65, 032317; CHEN Z B,ZHANG Y D,Greenberger-Horne-Zeilinger nonlocality for continuous quantum variables [J]. Phys. Rev. A,(2002)65, 044102; YU S X, PAN J W, CHEN Z B, and ZHANG Y D. Comprehensive Test of Entanglement for Two-Level Systems via the Indeterminacy Relationship[J]. Phys. Rev. Lett.,(2003)91, 217903; YU S X, CHEN Z B, PAN J W, and ZHANG Y D. Classifying *N*-qubit Entanglement via Bell Inequalities[J]. Phys. Rev. Lett.,(2003)90, 080401; CHEN Z B, PAN J W, ZHANG Y D, BRUKNER C, and ZEILINGER A. All-Versus-Nothing Violation of Local Realism for Two Entangled Photons[J]. Phys. Rev. Lett.,(2003)90, 160408.

见下讲)；等等。总之，各种空间非定域性由于来源不同，于是种类不同，因而物理表现也会不同。

25.2 EPR 佯谬引起的 Bell 不等式路线

由 Einstein、Podolsky 及 Rosen 三人引起的关于 QT 描述是否完备的争论持续进行着②。其后，1964 年，Bell 从 Einstein 定域物理实在论和存在隐变数这两点出发，导出一个不等式③。**该不等式指出，基于隐变数和定域物理实在论的任何理论都会遵守这个不等式，而 QT 的有些预言却可以破坏这个不等式**。由此开辟了一条本讲集中论述的，关于 QT 完备性与隐变数是否存在的研究路线。

1. Bell 不等式及其破坏

Bell 想法的关键是考虑 A 和 B 两处测量之间的关联。假定有某个隐变数理论，在这个理论中，测量结果将是决定论的，只是由于某些隐藏的自由度而表现出随机性质。比如，对于 QT 中一个自旋朝向 z 轴的纯态 $|\uparrow_z\rangle$，一个“更深层次的隐变数理论”认为它应当为 $|\uparrow_z,\lambda\rangle$。这里 λ 是一个目前不能为现时实验技术所查验的隐变数。不失一般性，可以假设 $0\leqslant\lambda\leqslant1$ 并按照人们未知的概率分布 $\rho(\lambda)$ 在$[0,1]$中取值。

考虑 A、B 两个粒子的自旋纠缠态

$$|\psi\rangle=\frac{1}{\sqrt{2}}(|\uparrow\rangle_A|\downarrow\rangle_B-|\downarrow\rangle_A|\uparrow\rangle_B) \tag{25.2}$$

现在，Alice 沿 $\boldsymbol{a}$ 方向测量她手中 A 粒子的自旋，而在类空间隔上 Bob 沿 $\boldsymbol{b}$ 方向测量他手中 B 粒子的自旋。设各自测量结果分别为 $A(\boldsymbol{a},\lambda)$(数值为$+1$ 或-1)和 $B(\boldsymbol{b},\lambda)$($+1$ 或-1)。将测量结果对应相乘。由于$|\psi\rangle$中 A、B 自旋反向关联的特性，当 $\boldsymbol{a}=\boldsymbol{b}$ 时，应当有

$$A(\boldsymbol{a},\lambda)B(\boldsymbol{a},\lambda)=-1 \tag{25.3}$$

对多个样品进行重复测量，所得平均结果应当是对随机变化隐变量 λ 的积分平均。于是，在 A、B 两个方向测量结果的关联函数为

$$P(\boldsymbol{a},\boldsymbol{b})=\int \mathrm{d}\lambda\rho(\lambda)A(\boldsymbol{a},\lambda)B(\boldsymbol{b},\lambda) \tag{25.4}$$

同样地，如果沿 $\boldsymbol{a}$、$\boldsymbol{c}$ 两个方向进行第二组实验，以及沿 $\boldsymbol{b}$、$\boldsymbol{c}$ 进行第三组实验，将分别得到 $P(\boldsymbol{a},\boldsymbol{c})$和 $P(\boldsymbol{b},\boldsymbol{c})$。于是

$$|P(\boldsymbol{a},\boldsymbol{b})-P(\boldsymbol{a},\boldsymbol{c})|=\left|\int \mathrm{d}\lambda\rho(\lambda)[A(\boldsymbol{a},\lambda)B(\boldsymbol{b},\lambda)-A(\boldsymbol{a},\lambda)B(\boldsymbol{c},\lambda)]\right|$$

---

② EINSTEIN A, PODOLSKY B, ROSEN N. Can Quantum Mechanics description of physical reality be considered complete[J]. Phys. Rev., (1935) 47, 777; BOHM D. 量子理论[M]. 侯德彭，译. 北京：商务印书馆，1982; HALVORSON H. The Einstein-Podolsky-Rosen State Maximally Violates Bell's Inequalities. quant-ph/0009007.

③ BELL J S. Physics, (1964) 1, 195.

$$\leqslant \int d\lambda \rho(\lambda) \mid A(\boldsymbol{a},\lambda)B(\boldsymbol{b},\lambda) - A(\boldsymbol{a},\lambda)B(\boldsymbol{c},\lambda) \mid$$

由于 $A(\boldsymbol{b},\lambda)B(\boldsymbol{b},\lambda)=-1$ 和 $A(\boldsymbol{b},\lambda)^2=1$,可得 $B(\boldsymbol{b},\lambda)=-A(\boldsymbol{b},\lambda)$,代入上式右边,得

$$\text{上式右边} = \int d\lambda \rho(\lambda) \mid A(\boldsymbol{a},\lambda)A(\boldsymbol{b},\lambda)[-1-A(\boldsymbol{b},\lambda)B(\boldsymbol{c},\lambda)] \mid$$

$$= \int d\lambda \rho(\lambda) \mid A(\boldsymbol{a},\lambda)A(\boldsymbol{b},\lambda) \mid \cdot \mid 1+A(\boldsymbol{b},\lambda)B(\boldsymbol{c},\lambda) \mid$$

所以

$$\mid P(\boldsymbol{a},\boldsymbol{b}) - P(\boldsymbol{a},\boldsymbol{c}) \mid \leqslant \int d\lambda \rho(\lambda) \cdot \mid 1+A(\boldsymbol{b},\lambda)B(\boldsymbol{c},\lambda) \mid$$

$$= \int d\lambda \rho(\lambda)(1+A(\boldsymbol{b},\lambda)B(\boldsymbol{c},\lambda))$$

这里已利用 $|A(\boldsymbol{a},\lambda)A(\boldsymbol{b},\lambda)|=1$,并考虑到 $|A(\boldsymbol{b},\lambda)B(\boldsymbol{c},\lambda)|\leqslant 1$ 而省去了绝对值符号。最后得到 Bell 不等式:

$$\mid P(\boldsymbol{a},\boldsymbol{b}) - P(\boldsymbol{a},\boldsymbol{c}) \mid \leqslant 1 + P(\boldsymbol{b},\boldsymbol{c}) \tag{25.5}$$

这说明,对于任何定域实在论的隐变数理论,在三组($(\boldsymbol{a},\boldsymbol{b})$、$(\boldsymbol{a},\boldsymbol{c})$ 和 $(\boldsymbol{b},\boldsymbol{c})$)实验统计平均数据($P(\boldsymbol{a},\boldsymbol{b})$、$P(\boldsymbol{a},\boldsymbol{c})$ 和 $P(\boldsymbol{b},\boldsymbol{c})$)之间,应当满足上面不等式。

但是,按照 QT,A、B 两个粒子组成一个统一的纠缠态,对 A 粒子沿 $\boldsymbol{a}$ 方向和 B 粒子沿 $\boldsymbol{b}$ 方向的测量所得的平均值为

$$P(\boldsymbol{a},\boldsymbol{b}) = \langle \psi \mid (\boldsymbol{\sigma}_A \cdot \boldsymbol{a})(\boldsymbol{\sigma}_B \cdot \boldsymbol{b}) \mid \psi \rangle = -\cos(\widehat{\boldsymbol{a},\boldsymbol{b}}) \tag{25.6}$$

将这些 QT 结果代入 Bell 不等式(25.5),不等式就成为

$$\mid \cos(\widehat{\boldsymbol{a},\boldsymbol{b}}) - \cos(\widehat{\boldsymbol{a},\boldsymbol{c}}) \mid \leqslant 1 - \cos(\widehat{\boldsymbol{b},\boldsymbol{c}}) \tag{25.7}$$

这很容易被破坏。比如,取三矢量共面,夹角为 $\angle(\widehat{\boldsymbol{a},\boldsymbol{b}})=\angle(\widehat{\boldsymbol{b},\boldsymbol{c}})=\frac{\pi}{3}$,$\angle(\widehat{\boldsymbol{a},\boldsymbol{c}})=\frac{2\pi}{3}$,于是按量子力学计算,不等式(25.7)成了 $1<\frac{1}{2}$。实际上,可以证明,EPR 态是对 Bell 不等式造成最大破坏的态(见脚注④)。

现在,很容易用实验来检验谁是谁非了。迄今为止所做的十多个实验都明显地破坏 Bell 不等式。也即,都反对基于定域因果律和物理实在论上的定域物理实在论。这就是说,**迄今为止的实验表明,EPR 佯谬是不正确的,QT 描述是符合实验测量结果的,并且明确地支持着 QT 所表现出的(而经典理论难以理解的)非定域的性质。**

2. Bell 不等式意义分析

深入分析上面推导可以发现,Bell 结论实际上并不依赖于隐变数的解释,随机隐变数 λ 仅是一种数学表述的形式上的东西。**其实,应当强调指出,只有当主张隐变数的人能够说出隐变数的物理根源和某种可观测性质时,隐变数理论才是值得认真对待的。**

因此,就实质概念而言,Bell 结论只需要定域实在论(Einstein 用以反对 QT 非定域性的)就够了。其实可以证明:**任意两体纯态,只要存在量子纠缠,总能找到一组可观测量,它**

们的关联函数可以使某种 Bell 型不等式(Bell 以及下面各种 Bell 类型的不等式)遭到破坏。

本节最后指出两点：其一，Bell 不等式的划分并不彻底清楚。破坏不等式只是存在量子纠缠的充分条件，不是必要条件。因为的确存在部分纠缠混态，它们有纠缠但却遵守 Bell 不等式。只有对于纯态，Bell 不等式才是充要的。其二，EPR 佯谬和 Bell 不等式的意义在于，开辟了一条考证和检验 QT 空间非定域性以及或然性本质的研究途径，这就是 Bell-CHSH-GHZ-Hardy-Cabello 路线。特别是，通过一系列相关的实验检验，已经证实了 QT 的非定域性质(但仍未能否定隐变数的存在——也即尚未判明 QT 或然性的本质)。

25.3 CHSH 不等式及其最大破坏

1. CHSH 不等式

Bell 不等式有多种著名的推广。其中最初一个是 CHSH 不等式④。CHSH 不等式在推广时考虑到这类关联测量实验中的一些失误或误差因素。比如对 $A(B)$ 测量中仪器设备有时可能失效，这时按实验规定，仪器装置给出对 $A(B)$ 的测量值为零；再比如，制备出的 EPR 对可能不纯，因此同时沿同一方向测量 A 和 B 的自旋关联并不严格，等等。这样，便只能得知

$$-1 \leqslant A(\boldsymbol{a},\lambda)B(\boldsymbol{b},\lambda) \leqslant 1 \quad (\text{对任意 } \boldsymbol{a}、\boldsymbol{b}) \tag{25.8}$$

于是关联函数

$$P(\boldsymbol{a},\boldsymbol{b}) = \int \mathrm{d}\lambda\rho(\lambda)A(\boldsymbol{a},\lambda)B(\boldsymbol{b},\lambda) \tag{25.9}$$

这里只规定$|A|,|B|\leqslant 1$。设 $\boldsymbol{a}$、$\boldsymbol{d}$ 和 $\boldsymbol{b}$、$\boldsymbol{c}$ 分别是 A 和 B 的两个任选的测量方向，于是

$$\begin{aligned}
P(\boldsymbol{a},\boldsymbol{b}) - P(\boldsymbol{a},\boldsymbol{c}) &= \int \mathrm{d}\lambda\rho(\lambda)[A(\boldsymbol{a},\lambda)B(\boldsymbol{b},\lambda) - A(\boldsymbol{a},\lambda)B(\boldsymbol{c},\lambda)] \\
&= \int \mathrm{d}\lambda\rho(\lambda)[A(\boldsymbol{a},\lambda)B(\boldsymbol{b},\lambda)][1 \pm A(\boldsymbol{d},\lambda)B(\boldsymbol{c},\lambda)] \\
&\quad - \int \mathrm{d}\lambda\rho(\lambda)[A(\boldsymbol{a},\lambda)B(\boldsymbol{c},\lambda)][1 \pm A(\boldsymbol{d},\lambda)B(\boldsymbol{b},\lambda)]
\end{aligned}$$

$$\begin{aligned}
|P(\boldsymbol{a},\boldsymbol{b}) - P(\boldsymbol{a},\boldsymbol{c})| &\leqslant \int \mathrm{d}\lambda\rho(\lambda)\,|A(\boldsymbol{a},\lambda)B(\boldsymbol{b},\lambda)|\cdot|1 \pm A(\boldsymbol{d},\lambda)B(\boldsymbol{c},\lambda)| \\
&\quad + \int \mathrm{d}\lambda\rho(\lambda)\,|A(\boldsymbol{a},\lambda)B(\boldsymbol{c},\lambda)|\cdot|1 \pm A(\boldsymbol{d},\lambda)B(\boldsymbol{b},\lambda)| \\
&\leqslant \int \mathrm{d}\lambda\rho(\lambda)\,|1 \pm A(\boldsymbol{d},\lambda)B(\boldsymbol{c},\lambda)| + \int \mathrm{d}\lambda\rho(\lambda)\,|1 \pm A(\boldsymbol{d},\lambda)B(\boldsymbol{b},\lambda)| \\
&= 2 \pm [P(\boldsymbol{d},\boldsymbol{c}) + P(\boldsymbol{d},\boldsymbol{b})]
\end{aligned}$$

写成稍为对称的形式(CHSH 不等式)：

$$|P(\boldsymbol{a},\boldsymbol{b}) - P(\boldsymbol{a},\boldsymbol{c})| + |P(\boldsymbol{d},\boldsymbol{c}) + P(\boldsymbol{d},\boldsymbol{b})| \leqslant 2 \tag{25.10}$$

---

④ CLAUSER J F, HORNE M A, SHIMONY A, HOLT R A. Phys. Rev. Lett., (1969)23, 880.

这里并未假设体系的总自旋为零。**如果体系总自旋为零,即理想的反向关联 $P(c,c)=-1$,并且选取特殊情况 $d=c$,就化简为 Bell 不等式**。和 Bell 不等式相似,CHSH 不等式在量子力学中也极易受到破坏。比如,取4个矢量共面,并且$\angle(\boldsymbol{a},\boldsymbol{b})=\angle(\boldsymbol{b},\boldsymbol{d})=\angle(\boldsymbol{d},\boldsymbol{c})=\frac{\pi}{4}$,于是$\angle(\boldsymbol{a},\boldsymbol{c})=\frac{3\pi}{4}$,将量子力学结果代入,即得

$$P(\boldsymbol{a},\boldsymbol{b})=P(\boldsymbol{b},\boldsymbol{d})=P(\boldsymbol{d},\boldsymbol{b})=P(\boldsymbol{d},\boldsymbol{c})=-\frac{1}{\sqrt{2}},\quad P(\boldsymbol{a},\boldsymbol{c})=\frac{1}{\sqrt{2}}$$

代入式(25.10)成为 $2\sqrt{2}\leqslant 2$。

2. CHSH 不等式的最大破坏

现在给出 CHSH 不等式的最大破坏。按照量子力学,CHSH 不等式的破坏有一上限:$2\sqrt{2}$。这是由于

$$\begin{cases}(\boldsymbol{\sigma}_A\cdot\boldsymbol{a})^2=(\boldsymbol{\sigma}_B\cdot\boldsymbol{b})^2=(\boldsymbol{\sigma}_A\cdot\boldsymbol{d})^2=(\boldsymbol{\sigma}_B\cdot\boldsymbol{c})^2=I\\ [\boldsymbol{\sigma}_A\cdot\boldsymbol{a},\boldsymbol{\sigma}_B\cdot\boldsymbol{b}]=[\boldsymbol{\sigma}_A\cdot\boldsymbol{a},\boldsymbol{\sigma}_B\cdot\boldsymbol{c}]=[\boldsymbol{\sigma}_A\cdot\boldsymbol{d},\boldsymbol{\sigma}_B\cdot\boldsymbol{c}]=[\boldsymbol{\sigma}_A\cdot\boldsymbol{d},\boldsymbol{\sigma}_B\cdot\boldsymbol{b}]=0\end{cases}$$

令 $\Omega=(\boldsymbol{\sigma}_A\cdot\boldsymbol{a})(\boldsymbol{\sigma}_B\cdot\boldsymbol{b})+(\boldsymbol{\sigma}_A\cdot\boldsymbol{d})(\boldsymbol{\sigma}_B\cdot\boldsymbol{b})+(\boldsymbol{\sigma}_A\cdot\boldsymbol{d})(\boldsymbol{\sigma}_B\cdot\boldsymbol{c})-(\boldsymbol{\sigma}_A\cdot\boldsymbol{a})(\boldsymbol{\sigma}_B\cdot\boldsymbol{c})$,可得

$$\Omega^2=4+[(\boldsymbol{\sigma}_A\cdot\boldsymbol{a}),(\boldsymbol{\sigma}_A\cdot\boldsymbol{d})][(\boldsymbol{\sigma}_B\cdot\boldsymbol{b}),(\boldsymbol{\sigma}_B\cdot\boldsymbol{c})]=4-4[(\boldsymbol{a}\times\boldsymbol{d})\cdot\boldsymbol{\sigma}_A][(\boldsymbol{b}\times\boldsymbol{c})\cdot\boldsymbol{\sigma}_B]$$

因此有

$$\langle\psi\mid\Omega^2\mid\psi\rangle=4-4\sin(\boldsymbol{a},\boldsymbol{d})\sin(\boldsymbol{b},\boldsymbol{c})P(\boldsymbol{a}\times\boldsymbol{d},\boldsymbol{b}\times\boldsymbol{c})\leqslant 4+4=8$$

这里,$P(\boldsymbol{a}\times\boldsymbol{d},\boldsymbol{b}\times\boldsymbol{c})$是 A 和 B 分别在 $\boldsymbol{a}\times\boldsymbol{d}$ 及 $\boldsymbol{b}\times\boldsymbol{c}$ 方向测量的关联函数,模值不超过1。考虑到$\{\langle\psi|\Omega|\psi\rangle\}^2\leqslant\langle\psi|\Omega^2|\psi\rangle$,最后得到

$$\langle\psi\mid\Omega\mid\psi\rangle\leqslant 2\sqrt{2}\tag{25.11}$$

这里$|\psi\rangle$为任意态。数值 $2\sqrt{2}$是在 CHSH 关联测量中所能达到的上限。

25.4 GHZ 定理

上面两节都是借助对各种不等式的破坏来揭示量子态的一种空间非定域性质——以后称它们为“**关联非定域性**”。由于实验中测量的关联函数均为态中的平均值,因此,关于破坏与否的论断都是以统计方式作出的。**事实上,也可以找到无不等式的 Bell 定理,使得人们可以用一种确定的、非统计的方式来揭示量子态的这种非定域性**。下面几节介绍一系列重要的无不等式的 Bell 定理。

[GHZ 定理] 对于三粒子 GHZ 态,存在一组相互对易的可观测量,对于这组力学量的测量,量子力学将以确定的、非统计的方式给出与经典定域实在论不相容的结果。⑤

⑤ PAN J W. Quantum Teleportation and Multi-photon Entanglement[D]. Institute for Experimental Physics, University of Vienna, 1998.

证明 三个$\frac{1}{2}$自旋粒子的 GHZ 态为

$$|\Psi\rangle_{ABC}=\frac{1}{\sqrt{2}}(|0\rangle_A|0\rangle_B|0\rangle_C-|1\rangle_A|1\rangle_B|1\rangle_C) \tag{25.12}$$

按照量子力学，注意 $\sigma_x^A|0\rangle_A=|1\rangle_A$ 等公式，容易得知，下面四组互相对易的力学量所相应的本征方程分别为

$$\begin{cases}\sigma_x^A\sigma_y^B\sigma_y^C|\Psi\rangle_{ABC}=|\Psi\rangle_{ABC}, & \sigma_y^A\sigma_x^B\sigma_y^C|\Psi\rangle_{ABC}=|\Psi\rangle_{ABC}\\ \sigma_y^A\sigma_y^B\sigma_x^C|\Psi\rangle_{ABC}=|\Psi\rangle_{ABC}, & \sigma_x^A\sigma_x^B\sigma_x^C|\Psi\rangle_{ABC}=-|\Psi\rangle_{ABC}\end{cases} \tag{25.13}$$

这时，试用定域实在论的观点来理解：首先，考虑可观测量 σ_x^A。由态 $|\Psi\rangle_{ABC}$ 知道，如果对 B、C 测量得到 $\sigma_y^B\sigma_y^C=+1$，那么就可以肯定地推断 A 处于 $\sigma_x^A=+1$ 的状态；反之，如果测量得出 $\sigma_y^B\sigma_y^C=-1$，就知道 $\sigma_x^A=-1$。因此，不管对 B、C 测量结果如何，只要对它们作了 $\sigma_y^B\sigma_y^C$ 测量，那么 A 的 σ_x^A 值就是客观确定了的。考虑三个粒子彼此以类空间隔分开，由相对论性定域因果律得知，对 B、C 粒子作测量不会干扰 A 粒子的 σ_x^A，按照定域实在论的观点，σ_x^A 就应该是一个客观存在的物理实在元素，客观上它应当有一个确定值，为 m_x^A（$+1$ 或者 -1）；接着，对其他如 σ_y^B 等，论证类似。于是按定域实在论观点，在客观上应当存在一组数能使方程组(25.13)成立：

$$\begin{cases}m_x^Am_y^Bm_y^C=1, & m_y^Am_x^Bm_y^C=1\\ m_y^Am_y^Bm_x^C=1, & m_x^Am_x^Bm_x^C=-1\end{cases} \tag{25.14}$$

但是，按定域物理实在论的理解，这里所得方程组(25.14)是相互矛盾的，无法同时成立。比如，将前三个方程相乘便得到

$$m_x^Am_x^Bm_x^C=1 \tag{25.15}$$

这和第 4 个方程矛盾。 证毕。

定理的意义：该定理及其证明过程说明，量子力学方程组(25.13)是无法用经典的定域实在论观点来理解的。值得注意这个定理的意义。**这是第一个无不等式的 Bell 定理，通过本征值的实验测量，它以等式的形式，以一种确定的方式、非统计性的方式暴露出量子力学与定域实在论之间的不相容性。**

GHZ 定理的首次实验检验已经由潘建伟等人用三光子极化纠缠 GHZ 态予以实现⑥。

25.5 Hardy 论证

上面 GHZ 定理揭示了三个$\frac{1}{2}$自旋粒子组成的 GHZ 态的一种量子纠缠性质——涉及三个观察者、含有两个独立时空间隔的一类空间非定域性。但未涉及两个粒子纠缠，此时是

---

⑥ PAN J W, et. al. Nature,(2000)403, 515.

两个观察者、一个独立时空间隔的情况。1993年Hardy针对两粒子纠缠态提出了另一种无不等式但却是概率的Bell型定理。他的工作之后，各种版本的Hardy定理陆续出现。这里只介绍后来Goldstein⑦提出的更简洁的版本。

[Hardy定理]　对两体正交归一基($|\boldsymbol{\alpha}\rangle_i, |\boldsymbol{\beta}\rangle_{i,i}\langle\boldsymbol{\alpha}|\boldsymbol{\beta}\rangle_i=0, i=1,2$)，可以构造Hardy态$|\boldsymbol{\Psi}\rangle_{12}=a|\boldsymbol{\alpha}\rangle_1|\boldsymbol{\alpha}\rangle_2+b|\boldsymbol{\beta}\rangle_1|\boldsymbol{\alpha}\rangle_2+c|\boldsymbol{\alpha}\rangle_1|\boldsymbol{\beta}\rangle_2$，$abc\neq0$。对于这个态，存在一组力学量，通过对这组力学量的测量，按无不等式形式，以非零概率给出(量子力学与经典定域实在论)互不相容的结果。

简要地说，此定理的意思是：这组力学量共有4个，分别为

$$U_i=|\beta\rangle_{ii}\langle\beta|, \hat{W}_i=|\omega\rangle_{ii}\langle\omega|, |\omega\rangle_i=\frac{(a|\alpha\rangle_i+d_i|\beta\rangle_i)}{\sqrt{|a|^2+|d_i|^2}}, \quad i=1,2 \tag{25.16}$$

式中，$d_1=b, d_2=c$。对1和2同时测量这4个厄米算符所代表的力学量。量子力学给出：若$abc\neq0$，则

$$\text{同时测量 } W_1 \text{ 和 } W_2\text{，同为零的概率不为零} \tag{25.17a}$$

但是，按经典的定域实在论来理解，

$$\text{同时测量 } W_1 \text{ 和 } W_2\text{，不能同时为零} \tag{25.17b}$$

于是，此定理以“无不等式但却是(非零)概率的方式”，暴露出量子力学与定域实在论之间的矛盾。

证明　按量子力学计算，对$|\Psi\rangle_{12}$态测量以下4个力学量时，有

$$\begin{cases} U_1U_2=0 \\ U_1=0\rightarrow W_2=1 \\ U_2=0\rightarrow W_1=1 \\ P(W_1=W_2=0)\neq0, \quad abc\neq0 \end{cases} \tag{25.17c}$$

这里，不论被测态$|\Psi\rangle_{12}$中系数a、b、c如何，第1式恒成立。出现第2式的情况是当系数$b=0$时。出现第3式时态中系数$c=0$。特别是，最后第4式的意思是，如果$abc\neq0$，对$|\Psi\rangle_{12}$态同时测量W_1和W_2数值(它们彼此无关可对易，能同时测量)，出现两者结果均为零的概率将不等于零。因为W_1和W_2均是投影算符，各自有两个本征值1和0，各自相应于下面两个态：

$$\begin{cases} |\omega\rangle_1=(a|\alpha\rangle_1+b|\beta\rangle_1)/(|a|^2+|b|^2), |\omega^\perp\rangle_1=(b^*|\alpha\rangle_1-a^*|\beta\rangle_1)/(|a|^2+|b|^2) \\ |\omega\rangle_2=(a|\alpha\rangle_2+c|\beta\rangle_2)/(|a|^2+|c|^2), |\omega^\perp\rangle_2=(c^*|\alpha\rangle_2-a^*|\beta\rangle_2)/(|a|^2+|c|^2) \end{cases} \tag{25.17d}$$

当对$|\Psi\rangle_{12}$作W_1测量时，$|\Psi\rangle_{12}$将有非零概率塌缩到$|\omega^\perp\rangle_1$态上，相应得到W_1的零本征值。测量后第2个粒子将因关联塌缩而处于${}_1\langle\omega^\perp|\Psi\rangle_{12}\propto|\varphi\rangle_2\propto bc|\beta\rangle_2$上。这时再对这个$|\varphi\rangle_2$

⑦ GOLDSTEIN S. Phys. Rev. Lett., (1994)72, 1951.

态作 W_2 测量，并将其投影到 $|\omega^{\perp}\rangle_2$ 态上（即测得 W_2 值也为零）的概率显然正比于 $|_2\langle\omega^{\perp}|\varphi\rangle_2|^2\propto|abc|^2\neq 0$。

但是，按定域实在论，根据前 3 个式子，第 4 式的同时为零的结果不可能出现。就是说，对态 $|\Psi\rangle_{12}$ 测量 W_1 和 W_2，定域实在论认为不可能同时为零。

值得指出，注意 $|\Psi\rangle_{12}$ 表达式中只缺少 $|\beta\rangle_1|\beta\rangle_2$ 项，可以说如此形式的 $|\Psi\rangle_{12}$ 涵盖了两体双态系统的大部分状态，有较好的普遍性。

25.6 Cabello 论证

在 GHZ 定理和 Hardy 定理二者的基础上，Cabello 提出了一个更为理想的无不等式的 Bell 定理——Cabello 定理。它兼具两者的优点：在 Cabello 方案中使用的是两个 Bell 基，观测者只有两个（这与 Hardy 定理相同）；而在实验中又以确定的方式暴露出量子力学与定域实在论之间的矛盾（这和 GHZ 定理相同）。

[Cabello 定理]⑧　对于由两个 Bell 基构成的最大纠缠态，存在一组力学量，对这组力学量的测量，量子力学将以确定的方式给出与经典定域实在论不相容的结果。

证明　考虑 Alice 处有粒子 1 和 3，Bob 处有粒子 2 和 4。它们之间构成类空间隔。整个 4 粒子系统处于直积态：

$$|\Psi\rangle_{1234}=|\Psi^-\rangle_{12}\otimes|\Psi^-\rangle_{34}\tag{25.18}$$

其中 $|\Psi^-\rangle_{ij}=\dfrac{1}{\sqrt{2}}(|01\rangle_{ij}-|10\rangle_{ij})$。记 Alice 的 $A_i=\sigma_z^i, a_i=\sigma_x^i, i=1,3$；Bob 的 $B_j=\sigma_z^j, b_j=\sigma_x^j, j=2,4$。这些算符取值为 ±1。

量子力学表明，$|\Psi\rangle_{1234}$ 满足如下性质：

$$\begin{cases}P_\Psi(A_1=B_2)=0,\quad P_\Psi(a_1=b_2)=0\\ P_\Psi(A_3=B_4)=0,\quad P_\Psi(a_3=b_4)=0\end{cases}\tag{25.19a}$$

$$\begin{cases}P_\Psi(B_2=B_4\mid A_1A_3=1)=1,\quad P_\Psi(b_2=b_4\mid a_1a_3=1)=1\\ P_\Psi(A_1=a_3\mid B_2b_4=1)=1,\quad P_\Psi(a_1=-A_3\mid b_2B_4=-1)=1\end{cases}\tag{25.19b}$$

$$P_\Psi(A_1A_3=1, a_1a_3=1, B_2b_4=1, b_2B_4=-1)=1/8\tag{25.19c}$$

其中 $P_\Psi(A_1=B_2)$ 表示对态 $|\Psi\rangle$ 测量算符 A_1 和 B_2 得到相同结果的概率，而 $P_\Psi(B_2=B_4\mid A_1A_3=1)$ 表示在 $A_1A_3=1$ 的条件下对 B_2 和 B_4 测量得到相同结果的概率。

下面用定域物理实在论观点来看待上面这几个式子。由式(25.19a)的第一式，按定域实在论观点，当 Alice 对粒子 1 测量 A_1 时，可以肯定地推断出 Bob 手中粒子 2 的 B_2 值。例如，若 $A_1=1$ 就可推断 $B_2=-1$，由于粒子 1 和 2 是以类空间隔分开的，因此对 A_1 的测量就

⑧ CABELLO A. Phys. Rev. Lett.,(2001)87, 010403.

决不会影响到 B_2 的结果。就是说,不论是否对 B_2 作测量,B_2 是客观存在的,即有相应于 B_2 的实在元素 $U(B_2)$。对于 A_2,同样有相应的实在元素 $U(A_2)$,等等。这样,按定域实在论观点,从式(25.19a)可得以下结果:

$$\begin{cases} U(A_1)=-U(B_2), \quad U(a_1)=-U(b_2) \\ U(A_3)=-U(B_4), \quad U(a_3)=-U(b_4) \end{cases} \tag{25.20}$$

再由式(25.19b)的第一式,若 Alice 测得 $A_1A_3=1$,则可推断出,如 Bob 测量 B_2 和 B_4,他知道他能得到 $B_2=B_4$。按定域实在论,Alice 对粒子 1 和 3 的测量不会影响 B_2 和 B_4,因为它们是客观存在的。对于其他三个等式有相同的理解。又由于 $\sigma_z^1\sigma_z^3$、$\sigma_x^1\sigma_x^3$、$\sigma_z^2\sigma_x^4$、$\sigma_x^2\sigma_z^4$ 相互对易,所以由式(25.19c)知,在式(25.19b)的后三式中出现的条件($A_1A_3=1$,$a_1a_3=1$,$B_2b_4=1$,$b_2B_4=-1$)可同时发生。因此,在 Alice 测得 $A_1A_3=1$,$a_1a_3=1$,Bob 测得 $B_2b_4=1$,$b_2B_4=-1$ 的条件下,由式(25.19b),定域实在论可得出以下结果:

$$\begin{cases} U(B_2)=U(B_4), \quad U(b_2)=U(b_4) \\ U(A_1)=U(a_3), \quad U(a_1)=-U(A_3) \end{cases} \tag{25.21}$$

然而,立刻可以发现,这几个式子不能同时满足。因为它们导致了矛盾的结果:

$$U(B_2)U(b_2)U(A_3)U(a_3)=-U(B_2)U(b_2)U(A_3)U(a_3) \tag{25.22}$$

所以式(25.19a)~式(25.19c)是不可能用定域实在论来解释的。 证毕。

相应的实验验证见脚注⑨中的文献。实验结论支持量子力学。

25.7 Bell-CHSH-GHZ-Hardy-Cabello 路线评述(Ⅰ)——Bell 型空间非定域性本质

1. Bell 型非定域性——关联型非定域性及其局限性

在 QT 诸多奇妙的空间非定域性质中,有一类与多粒子量子纠缠现象密切相关的空间非定域性,它们就是下面的"**Bell 型非定域性**"。

这条关于空间非定域性的研究路线自 EPR 佯谬和 Bell 不等式开始,历经 CHSH 不等式、GHZ 定理、Hardy 定理、Cabello 定理,迄今尚未结束。总体来说,沿这条路线的大量研究工作提出了一系列不等式(和等式)形式的 Bell 型算符,以及与之配套的多体纠缠态的关联测量方案,给出各种纠缠态下空间非定域性结果。可以总称它们为"Bell 型非定域性",简称"Bell 非定域性"。**这条研究路线的主要特征是,针对处于不同空间点的多粒子体系纠缠态,进行类空间隔下的关联测量,以彰显量子力学中多体量子态的一类空间非定域性质。**

与此同时,由于总不外乎是各色各样具体的 Bell 型算符、具体配套的态和关联测量方案,难免带有各自的局限性和片面性。只能显示各种具体的"Bell 型非定域性",难以完整体

⑨ CHEN Z B, PAN J W, ZHANG Y D, BRUKNER C, and ZEILINGER A. Phys. Rev. Lett., 2003, 90, 160408.

现量子力学的这种非定域性，甚至未必能显示所用量子态的全部纠缠性质。

这就出现了某个 Bell 非定域性和量子纠缠这两种度量之间的不一致。虽然没有纠缠就不会出现关联测量中的相关性——非定域度为零对应于态可分离，即两者下限相同(见 24.3 节)。**但两者上限时有不同：存在使不等式破坏最大的态——使 Bell 非定域性最显著，但该态纠缠度不是最大。**比如，两体 4 能级系统量子态 $|\psi\rangle=\frac{1}{2}\{|00\rangle+|11\rangle+|22\rangle+|33\rangle\}$ 和 $|\varphi\rangle=\frac{1}{\sqrt{2}}\{|00\rangle+|11\rangle\}$，可以验证，它们对 Bell 不等式都构成最大破坏，但其中 $|\varphi\rangle$ 态纠缠度未达最大[⑩]。

2. 关联型空间非定域性与量子纠缠的等价性

上面叙述表明，具体的 Bell 型算符(结合配套的态和关联测量)给出的“Bell 型非定域性”都是具体的，不一定能完备地表达出一个给定态在关联测量意义下的空间非定域性质。**只有在给定多体量子态下的全体可能 Bell 型方案的集合才能完整体现这种因纠缠而产生的空间非定域性——在类空间隔下多粒子关联测量中表现的量子态的超空间关联。由“Bell 型非定域性”集合所体现的空间非定域性就称做“关联型非定域性”。**这类非定域性本源来自微观粒子内禀性质——波粒二象性；在具体实验测量中表现为塌缩与关联塌缩之间各色各样奇妙的超空间关联(见第 27 讲)。

由 24.3 节可知，有量子纠缠的多体态，不会对任何关联测量全都能够作条件概率乘积分解。否则就是只有经典关联的可分离态。

［定义］ 多体量子态在任何相应的“Bell 型算符 + 关联测量(即便取类空间隔的关联测量)”中所表现出的空间非定域性，统称为(关联测量意义下的)“关联型非定域性”。

［定理］ 多体量子系统关联型非定域性与量子纠缠性等价[⑪]。

证明 由 24.3 节中定理：两体量子态的可分离性与关联测量意义下的空间定域性等价。注意该处推导逆否过来也对。现在此提法是具有充要性的该定理的逆否定理，当然成立。所以，量子纠缠和关联型非定域性本质上是一回事。 证毕。

由此定理可知，实际上，Bell 路线所研究的空间非定域性与多体量子态的量子纠缠性是相互等价的，并且仅只涉及了(本质是空间非定域的)QT 的多种类型空间非定域性质中一种特定的类型——关联型非定域性，也可称做纠缠非定域性。

3. 量子纠缠与 Bell 型非定域性关系小结

(1) 任一 Bell 非定域性均有局限性。这种局限性来源于具体的 Bell 算符、关联测量方案和所选的态。

(2) Bell 非定域性和量子纠缠一般来说并不完全等价。这表现为：两体可分离态没有

---

⑩ 详细可见：侯广. 量子纠缠与非定域性及二者之间的联系[D]. 合肥：中国科学技术大学，2003，5.4 节.

⑪ 见脚注⑩文献；YU S X, CHEN Z B, PAN J W, and ZHANG Y D. Phys. Rev. Lett.，2003. 90，080401. 进一步叙述见 CHEN Z B, et al. quant-ph/0308102。

Bell非定域性——两者下限相符;但Bell型非定域性破坏最大的态不一定是最大纠缠态——两者上限不同。

(3) 多体系统只要存在一种分解,在这种分解中可以添加任意相对相位而不改变状态,则系统必定是可分离态,就是说不存在量子纠缠;反之也可以说,多体系统若恒不允许添加任意相对相位而不改变状态,则系统必定存在量子纠缠,不是一个可分离态。

(4) 量子纠缠等价于"关联型空间非定域性"。反之亦是:多体可分离态等价于"关联型空间定域性"。此处必须澄清一个如下误会:最近有文献提出"无纠缠的非局域性"。这种提法中说到,可举例表明一组乘积态不能用LOCC来局域区分。这实际只是揭示了LOCC操作的局限性——这对量子信息论是有意义的,但并不是这里所讨论的物理学意义上的空间非定域性。

(5) **单粒子态不存在纠缠,但(测量塌缩中表现出)仍然有空间非定域性。实际上,整个QT就是披着定域描述外衣的空间非定域理论。显然,QT空间非定域性问题已经超出了"关联型空间非定域性"这一特殊类型的范围,有着更深刻、更多样、更普遍的含义。**

总之,近40年来,Bell型理论和实验都有不小的进展。不但提出了各式各样的判别准则,用于判断量子力学描述是否完备,它们中最主要的几个已在前面作了系统阐述,而且实验检验工作也有了众多的成果,现在已经很少有人怀疑在QT与定域实在论之间实验支持谁的问题了;目前文献中的工作更进一步,正在利用各种Bell型不等式作为实验检验量子纠缠存在与否的判别准则,或者说,将它们作为多粒子量子态纠缠分析的数学物理工具。

最后指出,最近有一篇文章⑫,是对此问题的综述评论,有些不同的看法和补充,建议读者参阅。

25.8 Bell-CHSH-GHZ-Hardy-Cabello 路线评述(Ⅱ)——理论路线简略评论

尽管40余年来,Bell型理论和实验有众多进展,但仔细分析还是可以发现,沿这条研究路线(这类判别办法)所做的工作都存在一些共同的局限性。下面仅限于指明,不再展开论述。

其一,对于检验区分纠缠态与可分离态而言,这些不等式(或等式)都不是充要的;

其二,它们都只限于研究"关联型非定域性"(即"纠缠非定域性")这一特定类型的空间非定域性;

其三,迄今未能对这种"纠缠非定域性"的程度给出普适、定量、完善的刻画方法;

其四,迄今仍未能提出并检验能够彻底判明隐变数存在与否的充要判据;

其五,所有工作都回避了"量子纠缠非定域性与相对论性定域因果律之间究竟是否协调"这个具有根本性质的疑问。

---

⑫ BRUNNER N, et al. Bell nonlocality, Rev. Mod. Phys., 2014, 86: 419.

第 26 讲

量子理论与相对论性定域因果律相互融洽吗

——三论 Einstein“定域实在论”

※ ※ ※

空即是色色即空空空色色庄严妙相呈因果
果必有因因必果果果因因大千世界归色空[①]

26.1 前 言

近些年来,量子理论(QT)不但深入应用于物理学许多分支,而且迅速广泛地应用到了化学、生物学、材料科学、信息科学等领域,极大地促进了这些学科的发展,改变了它们的面貌,形成众多的科学研究热点。与此同时,QT 本身也得到了极大的丰富和发展。然而,在物理理论统一性的基础问题上,QT 与广义及狭义相对论(RT)之间的不融洽状态并无改善的迹象。产生这种鸿沟的物理根源是什么,对此众说纷纭,莫衷一是。但应当指出,**迄今全部 QT 的理论框架通常假定是浸泡在一个刚性的、服从 Lorentz 不变性的时空背景中,并力**

① 摘自安庆迎江寺楹联。惜此联已毁,现不复存在。

求遵守不超过光速的定域的因果律——相对论性定域因果律。

本讲在解释 QT 的因果律和定域因果律之后，着重分析了 QT 与 RT 之间的深刻矛盾及其根源。**两者之间的主要矛盾是：作为 QT 内禀性质的空间非定域性与作为 RT 理论基础的相对论性定域因果律互不兼容！不兼容现象集中表现在(测量和纠缠造成的)塌缩与关联塌缩问题以及(计算传播子和生成泛函的)Feynman 公设问题上。**

26.2 因果律与相对论性定域因果律

1. 因果律

什么是因和果？比如，弹一个琴键→发出一个乐音，等等，这就是因和果。

因果律的基本内容是：凡原因必有其结果，凡结果必有其原因。原因与结果遵守正确时序，结果不能在原因之前。

因果律是西方近代科学五个要素之首(因果性、普适性、自洽性、可检验性和可量度性，详见附录 A)。**因果律是物理学第一基本规律。**与因果性相关的问题都是很基本的问题。

将"空"理解为各类量子场的"基态"，"色"是它们各种各样的"激发准粒子态"。则开始所引迎江寺楹联的佛家思想就是量子场论理论的一个抽象而完整的概括。这个居首要素所含"基因"就是因果律！

2. 相对论性定域因果律

张继的诗句"姑苏城外寒山寺，夜半钟声到客船"以明确的方式表达了"声速下的定域因果律"。**相对论性定域因果律的基本内容是：因果律+空间广延性+不大于光速传播。**

[**定义**] 两个时空事件 $1^{\#}(\boldsymbol{r}_1 t_1)$ 和 $2^{\#}(\boldsymbol{r}_2 t_2)$ 间隔的平方定义为 $s^2 \equiv (\boldsymbol{r}_1 - \boldsymbol{r}_2)^2 - c^2(t_1 - t_2)^2$；其中 $s^2 < 0$ 为类时间隔，$s^2 > 0$ 为类空间隔。

[相对论性定域因果律]两个时空事件之间存在物理因果关联的必要条件是间隔是类时的。在 Lorentz 变换下，类时间隔的两个事件，由于可以设想它们之间存在因果关联而先后时序必须保持；但类空间隔的两个事件，因为肯定不存在因果关联而先后时序不必保持。

QT 中到处都有相对论性定域因果律的影子。比如推迟势、色散关系等。例如，散射光波传播过程中，定域因果性的物理要求是

$$A(\boldsymbol{x},t) = 0, \quad |\boldsymbol{x}| > ct$$

相对论量子场论服从相对论性定域因果律[②]。这体现为以下要求：**在量子场中类空间隔两点处所进行的实验测量相互不会影响。这导致两处可观察物理量的算符应当对易：**

$$[A(x_1), B(x_2)] = 0, \quad (x_1 - x_2)^2 > 0$$

② 比约肯 J D，德雷尔 S D. 相对论量子场[M]. 纪哲锐，苏大春，译. 北京：科学出版社，1984：238，特别是 P. 292. 依捷克森 C，祖柏尔 J-B. 量子场论(上)[M]. 杜东生，等译. 北京：科学出版社：331. WEINBERG S. The Quantum Theory of Fields. (Vol. 1)[M]. Cambridge：Cambridge University Press，1995：198.

于是，两点处的(玻色)场算符对易，(费米)场算符反对易：

$$[\psi(x_1),\psi(x_2)]_{\pm}=0,\quad (x_1-x_2)^2>0$$

这些条件强行制约了传播子的解析性质，但却保证了量子场论遵从相对论性定域因果律。所以现在的场论常称为“相对论性定域因果场论”。

但是，鉴于当代物理学正经受着大量困惑，如果说因果律无可置辩的话，建立在光速不变基础上的相对论性定域因果律，甚至是狭义相对论，就不一定也是不可商榷的[③]。

26.3 与相对论性定域因果律矛盾的 QT 禀性——QT 因果性分析(Ⅰ)

1. QT 各种内禀性质与两个因果律的关系

阐述微观粒子物理规律的 QT，除了具有波粒二象性、不确定性、全同性这“老三性”，以及本讲谈论的“因果性”之外，还有许多基本特性，如：力学量的可观测性、力学量算符的完备性、量子理论的非线性、量子测量的不可逆性、理论内在逻辑自洽性、量子纠缠性、空间非定域性、或然性、理论本质的多粒子性等。

这些性质全部遵守因果律的约束，但其中有一些却与相对论性定域因果律有矛盾。矛盾表现明显的有：QT 的空间非定域性、纠缠性、不可逆性、或然性，特别是波粒二象性。下面简单列举两条为例。

其一，QT 的空间非定域性。前面有关的讲已经说过，就理论本质而言，从 NRQM 到 RQF，全部 QT 都是在定域描述外衣包裹下的空间非定域理论。这必将涉及不同空间点测量时，产生测量塌缩以及塌缩—关联塌缩现象与相对论性定域因果律的关系，影响怎样理解测量塌缩过程，以及塌缩—关联塌缩过程(详见下面叙述，并参考上讲叙述)。

其二，QT 或然性本质与决定论的因果观明显矛盾。第 24 讲中讲过，QT 中有两个基本过程：U 过程和 R 过程。由量子测量引入的 R 过程表现出实质性的或然，它从根本上反对决定论式的描述。QT 这种实质性或然的禀性必定和经典物理学决定论式因果观产生无法调和的矛盾。

2. 小结

虽然矛盾表现很不相同，**但从本质上看，矛盾的总根源都来自微观粒子具有波粒二象性，特别是波动性。**这种禀性与决定论因果观及相对论性定域因果观发生根本性冲突。**这些矛盾可以形象地集中归纳为下面三个佯谬：**

(1) **Einstein 光子球佯谬：**光子源发射光子，气泡膨胀，波包球面，被球面某点探测器测到，气泡破灭，同一球面上其他探测器处波函数怎么知道这时自己应当破灭？这里涉及量子

---

③ 例如，修正 Einstein 狭义相对论的双狭义相对论(DSR)。简介见：斯莫林 L. 物理学的困惑[M]. 长沙：湖南科学技术出版社，2008：221.

测量中,波包塌缩状态突变过程中,相对论性定域因果律是否依然成立。这里要注意,每次测量都是状态的投影过程。测量之前的波函数和之后的波函数虽然各自都遵守不确定性关系,但测量过程尚未(甚至是否能够)归结为动力学演化过程,并无"塌缩波"的传播。于是谈不上塌缩波传播是否遵守相对论性定域因果律,也谈不上塌缩波的Fourier变换,因而就不存在塌缩波与其Fourier变换之间的不确定性关系。

这条佯谬也明显表现在"**广义杨氏双缝**"——which way的二择一塌缩实验。如果量子状态是宏观意义分开的两条路径的相干叠加态,这时进行which way实验,如果在一条路径上探测到粒子,则在另一条路径上将不再能够探测到该粒子。这是在单个粒子上实现的概率幅在测量时塌缩(或分解)的现象。

(2) **EPR——Bell佯谬**:通过对多体纠缠态进行关联测量,显示波包塌缩与关联塌缩中的非定域关联,体现出多体量子纠缠态的空间非定域性。这就是各种形式的Bell's佯谬。上讲结果中说过:**迄今实验一直支持量子力学,不同意各式各样含隐变数的定域理论。但迄今尚未敲定或然性的"本质"以及"有无根源"**。详细分析见下文。

(3) **Feynman路径积分佯谬**:在Feynman路径积分及其以后发展的泛函积分的壳外积分中,两个无限小时间间隔内,空间变数竟然是各自取值,独立变化。如此所形成的依照时序前进的大量路径都会破坏相对论性定域因果律。详细分析见下文。

26.4 塌缩—关联塌缩是因果关联吗——QT因果性分析(Ⅱ)

1. 塌缩的性质[④]

(1) **塌缩总是非定域的**。不仅两个粒子自旋态EPR对塌缩表现出空间非定域性,而且,空间波函数塌缩过程

$$\psi(x) \to \varphi(x)$$

是两个空间分布间的突然更替,并不见有塌缩波的空间传播,以致在空间范围内后者逐步代替前者。至少,QT目前没有就此问题给出满意的回答。依目前看法,过程的性质应当是空间非定域的。

(2) **塌缩总是随机的**。塌缩中表现出的这种随机性,其性质很费思量。它也涉及怎样估量人们建立测量模型的努力。人们可以构建解释塌缩的各种测量模型,这些模型的主要任务是以逻辑自洽方式将塌缩过程"改造"成为各种退相干的物理过程,并解释测量前后粒子状态所发生的改变。本来,将测量过程的一部分解释作为适当的退相干物理过程,这无可厚非。**但值得指出的是,模型中几乎都引入了宏观统计的随机性,这类随机性总是有"隐变数"的。甚至有的测量模型还企图将塌缩的随机性解释作为(或者说成根源于)宏观统计的随机性,通过建立一种测量模型,实质上企图以U过程取代R过程,以"人玩掷骰子"替代**

④ 也参见:张永德.高等量子力学[M].3版.北京:科学出版社,2015:466.

“上帝玩掷骰子”(见下文)！至少就目前情况看，QT 中的 R 过程没有那么容易被取代，这种设想可能是主观的。

总之，测量模型可以用于解释退相干现象，但原则上不能用于解释量子测量中塌缩的随机性的性质。归根结底，任何测量模型都没能真正解释(或导出?)塌缩的随机性，也无法提供这种随机性的物理根源(假如有根源的话)。

(3) **塌缩总是斩断相干性的。在不同塌缩结果之间，即不同选择(Feynman 说的 alternative)之间，不存在相干性。**

(4) **塌缩总是不可逆的。**测量塌缩是一种特殊的投影操作，是不可逆的，是 QT 中唯一的时间箭头(见 26.6 节)。

(5) **态的塌缩实质是时空的塌缩。**这个结论可以从 Zeno effect 的分析得到[⑤]。此效应易于论证却难以理解。近来它在量子信息保存上得到关注，是人们已经面对的事实。

2. 纠缠态测量产生的塌缩与关联塌缩

多体量子体系的许多古怪性质也起因于量子纠缠。对多体纠缠态进行关联测量，便产生塌缩与关联塌缩。比如，两体 Bell 基

$$|\psi^+\rangle = \frac{1}{\sqrt{2}}(|\uparrow\rangle_1|\downarrow\rangle_2 + |\downarrow\rangle_1|\uparrow\rangle_2)$$

粒子 1 在北京，粒子 2 在广州，相互纠缠(量子关联)。对 1 测量使 1 状态塌缩，同时又使 2 状态发生关联塌缩。这是两个粒子概率幅在测量时实现的塌缩(或分解)现象(实验详见 27 讲)。

3. 实验结果肯定了塌缩—关联塌缩的瞬时性和无因果关联

实验测量了从塌缩到关联塌缩的时延。结果是[⑥]

$$v_{\text{collapse}} \geqslant 10^7 c$$

这就是说，**实验证实了：塌缩—关联塌缩是同时的。**另一实验采用两个探测器，探测 Bell 型双光子纠缠态的关联。实验的关键是使它们如此相对运动，以致在每个探测器的随动系中看，都是自己这个探测器首先有结果输出。看看这时关联是否消失。**实验结果是：这时关联性依然存在！**实验否定了多重同时性，肯定了塌缩与关联塌缩无因果关系[⑦]：**量子关联不能归结为因果关联！**所有检验 Bell 不等式的实验也都证明了这一点。**所以，目前 QT 对“塌缩—关联塌缩”物理性质的看法是：塌缩与关联塌缩是同时发生的，它们是同一体系的同一实验现象，它们之间不存在谁因谁果的关系。**

但是，从 Lorentz 变换看，这个“同时性”是有问题的：是绝对的？还是相对的？不论是哪一种都有问题。塌缩与关联塌缩真的不存在谁因谁果的关系吗？这同样也有疑问。详细分析见 26.6 节。

---

⑤ 论证详见本书第 9 讲。也见：张永德. 量子力学[M]. 4 版. 北京：科学出版社，2016，11.1.5 节.

⑥ ZBINDEN H，BRENDEL J，GISIN N，and TITTEL W，Phys. Rev. A，(2001)63，022111.

⑦ STEFANOV A，ZBINDEN H，GISIN N，Quantum Correlations with Spacelike Separated Beam Splitters in Motion：Experimental Test of Multisimultaneity[J]. Phys. Rev. Lett.，2002，88，120404.

4. 关联塌缩是不是物理的(事物)?

有人说:关联塌缩是非物理的。于是前面的部分讨论也就是非物理的了。**他们这样论述的理由是:信息是物理的,不荷载信息就不是物理的!而Bell基关联塌缩本身并没有传递信息**——如果Bob不知道Alice广播的经典信息,他就不知道自己手中粒子的状态,也无法在不破坏手中粒子状态的情况下了解自己手中粒子的状态,甚至他对Alice做过测量没有都无法判断。如此论证似乎有道理。甚至还可以证明:对空间分离的两个子系统A和B的纠缠态,设有对A作局域测量的仪器E,测量中演化持续时间为τ。在τ时刻对A取测量数据(从而产生塌缩)之前的瞬间,B的状态是

$$\begin{aligned}\rho_B(\tau) &= \mathrm{tr}_{AE}\rho_{ABE}(\tau) = \mathrm{tr}_{AE}\{U_{AE}(\tau)\rho_{AB}(0)\otimes\rho_E(0)U_{AE}^+(\tau)\}\\ &= \mathrm{tr}_{AE}\{\rho_{AB}(0)\otimes\rho_E(0)U_{AE}^+(\tau)U_{AE}(\tau)\} = \mathrm{tr}_{AE}\{\rho_{AB}(0)\otimes\rho_E(0)\} = \rho_B(0)\end{aligned}$$

于是有$\rho_B(\tau)=\rho_B(0)$,并且ρ_B与τ无关。在τ时刻对A取测量数据并产生塌缩之后的瞬间,按von Neumann模型,B关联塌缩成为

$$\begin{aligned}\rho_B^{\text{Measur}}(\tau) &= \mathrm{tr}_{AE}\left\{\sum_n E_n^{(A)}U_{AE}(\tau)\rho_{AB}(0)\otimes\rho_E(0)U_{AE}^+(\tau)E_n^{(A)}\right\}\\ &= \mathrm{tr}_{AE}\left\{U_{AE}(\tau)\rho_{AB}(0)\otimes\rho_E(0)U_{AE}^+(\tau)\sum_n E_n^{(A)}E_n^{(A)}\right\}\\ &= \mathrm{tr}_{AE}\left\{U_{AE}(\tau)\rho_{AB}(0)\otimes\rho_E(0)U_{AE}^+(\tau)\sum_n E_n^{(A)}\right\}\\ &= \mathrm{tr}_{AE}\{U_{AE}(\tau)\rho_{AB}(0)\otimes\rho_E(0)U_{AE}^+(\tau)\} = \rho_B(0)\end{aligned}$$

注意$E_n^{(A)}E_n^{(A)}=E_n^{(A)}$,$\sum\limits_n E_n^{(A)}=1$。此处即便用POVM的$\sqrt{F_i}\left(\sum\limits_i F_i=1\right)$取代正交投影测量$E_n$,$B$态仍然不变,即仍有$\rho_B^{\text{measur}}(\tau)=\rho_B(0)$。

作为特例说明,取teleportation过程:$|\psi^-\rangle_{12}\otimes|\varphi\rangle_3$。设在Alice测量之前,$B$对粒子2作如下任意测量:

$$\Omega^{(2)} = c_0 + c_1\sigma_1^{(2)} + c_2\sigma_2^{(2)} + c_3\sigma_3^{(2)}$$

可得

$$\begin{aligned}\overline{\Omega^{(2)}} &= \mathrm{tr}^{(2)}\{\Omega^{(2)}\cdot\mathrm{tr}^{(1)}[|\psi^-\rangle_{1212}\langle\psi^-|]\} = \frac{1}{2}\mathrm{tr}^{(2)}\{\Omega^{(2)}\cdot[|0\rangle_{22}\langle 0|+|1\rangle_{22}\langle 1|]\}\\ &= \frac{1}{2}\{{}_2\langle 0|\Omega^{(2)}|0\rangle_2 + {}_2\langle 1|\Omega^{(2)}|1\rangle_2\} = c_0\end{aligned}$$

而在Alice测量后、广播前,Bob粒子2关联塌缩为4种态等概率混合。不计整体相因子,它们为:$\sigma_0^{(2)}|\varphi\rangle_2,\sigma_1^{(2)}|\varphi\rangle_2,\sigma_2^{(2)}|\varphi\rangle_2,\sigma_3^{(2)}|\varphi\rangle_2$。这时$B$若对粒子2作同样测量,总有

$$\overline{\Omega^{(2)}} = \frac{1}{4}\mathrm{tr}\left\{\Omega^{(2)}\left[\sum_{i=0}^{3}\sigma_i^{(2)}|\alpha\rangle_{22}\langle\alpha|\sigma_i^{(2)}\right]\right\} = \frac{1}{4}\left\{{}_2\langle\alpha|\sum_{i=0}^{3}\sigma_i\Omega^{(2)}\sigma_i|\alpha\rangle_2\right\} = c_0$$

于是,按统计测量结果看,B得不到任何信息,甚至连A作了测量与否B都不能判断!从这里可知Bob听到Alice广播的重要和必要。

上面证明表明:**第一**,A方所作测量的过程对B方粒子状态没有影响;**第二**,在A、B

双方协商已确定测量方案的基础上，A 方做了测量与否，对 B 方粒子状态没有影响。一句话，**B 单凭自己一方测量，无法判断 A 方做了测量没有，更不用说判断 A 方测量结果如何。** 总结以上分析，可得如下结论：

总之，依上所述，量子系综的统计测量中，物理信息必定遵守相对论性定域因果律，不存在瞬间传递的可能。

但是，尽管经典如此，量子统计平均也如此，而就单次测量来说，A 实施怎样的测量方案对 B 状态是有影响的！因为，如何对 A 测量，毕竟关联到 B 向怎样一类正交末态投影（虽然这不影响 B 的密度矩阵，也即统计而言对 B 状态没有影响）！**这里重要的是：在量子涨落过程中情况并非如此！如同下面分析 Feynman 公设中所体现的那样，量子涨落可以破坏定域因果律，在单次测量中，利用非定域的联合测量（而不是上面的定域的局域测量），瞬间传递某种意义的信息还是可以办到的。**

比如，在 Alice 和 Bob 之间，事先建立的量子通道是 n 个粒子的 GHZ 态，A 有 1 个、B 有 $n-1$ 个：

$$|\,\mathrm{GHZ}\rangle_{1\cdots n}=\frac{1}{\sqrt{2}}(|\,0\rangle_1\otimes\cdots\otimes|\,0\rangle_n-|\,1\rangle_1\otimes\cdots\otimes|\,1\rangle_n)$$

A 和 B 约定：A 测量 $1^{\#}$ 粒子自旋。结果是自旋随机塌缩朝上或朝下。在 A 测量后类空间隔的时间内，B（此时他手中 $n-1$ 个粒子已发生关联塌缩）取手中 $n-1$ 个粒子的任一个进行测量，便得知其余 $n-2$ 个粒子的关联塌缩状态。由此可知，特殊情况下，B 并不需要 A 广播，甚至也不需要直接测量破坏这 $n-2$ 个粒子的目前状态，在类空间隔内 B 就能知道 A 测量塌缩的"因"，和自己手中粒子关联塌缩的"果"！将此段分析和下讲 Teleportation 情况对照比较是引人思索的。

一般而言，应当理解，**关联塌缩本身毕竟是客观存在的物理变化！总不能因为 B 不知道（但 A 知道！）其内容，就否定它的客观实在性！**

总之，上面有关讨论未见得就是非物理的议论。

26.5 Feynman 公设路径分析——QT 因果性分析（Ⅲ）

首先必须强调指出：**Feynman 公设的全部路径应当区分为两类：**

第Ⅰ类：**遵守相对论性定域因果律的。**

第Ⅱ类：**不遵守相对论性定域因果律的。**

注意，遵守相对论性定域因果律的经典路径（及其近邻路径）的测度几乎为零，表征量子涨落的第二类路径是稠密的。就是说，Feynman 公设中包含着大量第二类路径，它们与相对论性定域因果律有着深刻的矛盾。

1. 非相对论量子力学情况

对任意初态 $\psi(\boldsymbol{r}_0,t_0)$，利用传播子 $U(\boldsymbol{r},t;\ \boldsymbol{r}_0,t_0)$，可将其后类时间隔 $(\boldsymbol{r}t)$ 处的波函数表

示为⑧

$$\psi(\boldsymbol{r},t)=\int U(\boldsymbol{r},t;\ \boldsymbol{r}_0,t_0)\psi(\boldsymbol{r}_0,t_0)\mathrm{d}\boldsymbol{r}_0$$

这里$U(\boldsymbol{r},t;\ \boldsymbol{r}_0,t_0)$等于全部连接$(\boldsymbol{r}_0t_0)$—$(\boldsymbol{r}t)$路径$(t>t_0)$的相因子等权求和：

$$U(\boldsymbol{r},t;\ \boldsymbol{r}_0,t_0)=\lim_{\substack{\varepsilon=t_{i+1}-t_i\\ n\to\infty}}\frac{1}{A^3}\int\cdots\int\exp\left\{\frac{\mathrm{i}\varepsilon}{\hbar}\sum_{i=0}^{n-1}L\left(\frac{\boldsymbol{r}_{i+1}-\boldsymbol{r}_i}{\varepsilon},\frac{\boldsymbol{r}_{i+1}+\boldsymbol{r}_i}{2},\frac{t_{i+1}+t_i}{2}\right)\right\}\frac{\mathrm{d}\boldsymbol{r}_1}{A^3}\cdots\frac{\mathrm{d}\boldsymbol{r}_{n-1}}{A^3}$$

$$=\int\exp\left\{\frac{i}{\hbar}\int_{t_0}^{t}L(\dot{\boldsymbol{r}}(\tau),\boldsymbol{r}(\tau),\tau)\mathrm{d}\tau\right\}\mathrm{D}\boldsymbol{r}(\tau)$$

由于相邻两重积分时间间隔$\varepsilon\to0$,而在每重积分内空间变数在全空间范围独立取值,所以,**除一条经典路径(以及不论邻近与否变化较平缓的路径)之外,几乎所有量子涨落路径都违背相对论性定域因果律。但叠加之后总体结果却遵守该定律——系综平均结果是正常的!**

2. 相对论量子场论情况——生成泛函路径分析

也许有人会质疑,上面分析只适用于非相对论情况——此时可以设定相互作用为瞬间传递,因此不存在违背定域因果律的第二类路径。但众所周知,Feynman 公设从来不回避高速相对论性情况。它已经广泛用于近代量子场论的表述。处于相对论量子场论理论中心地位的生成泛函虽然是对场量的泛函积分。然而,泛函积分内指数上 Lagrange 量密度对时空变数的积分却是4重壳外积分。以最简单的旋量 QED 为例：此耦合体系的 Green 函数生成泛函为

$$Z[\bar{\eta},\eta,J]=\frac{1}{N}\int\mathrm{D}\bar{\psi}\mathrm{D}\psi\prod_{\mu}\mathrm{D}A_{\mu}\exp\{\mathrm{i}\int\mathrm{d}^4x(l_{\text{eff}}+\bar{\eta}\psi+\bar{\psi}\eta+J_{\mu}A_{\mu})\}$$

$$l_{\text{eff}}=-\bar{\psi}(\gamma_{\mu}\partial_{\mu}+m)\psi-\frac{1}{4}(F_{\mu\nu})^2-\frac{1}{2\xi}(\partial_{\mu}A_{\mu})^2+\mathrm{i}e\bar{\psi}\gamma_{\mu}\psi A_{\mu}$$

此处l_{eff}为体系有效 Lagrange 量密度,任意可微函数$J_{\mu}(x)$、$\eta(x)$分别是 Bose 性矢量外源和 Fermi 性外源。l_{eff}中含ξ的项是由协变规范约束δ泛函转换而来。此时泛函积分变数虽然是场量而不是时空变数,**但其中提供生成泛函量子涨落的指数积分相因子却是4重壳外积分。如果用路径积分观点看待这个4重壳外积分,将积分求和各项分解并连接成一条条随时间前进的折线路径,就可以再次证实上面分析**。这里值得提醒的是,无论是对$m\neq0$粒子或是光子情况,通常在被积函数中只限于引入各类规范约束泛函,**但从未看见这一类"泛函约束条件",其作用是排除所有历经光锥外类空区域的违反定域因果律的路径!**

Bjorken 和 Drell 说⑨：**"存在平移不变性、存在唯一的基态——真空态和很好定义了的**

---

⑧ FEYNMAN R P, HIBBS A R. Quantum mechanics and Path Integrals[M]. New York: McGraw-Hill Book Company, 1965: 35, 38-39, 102-103, 139, 262-265.

⑨ 比约肯 J D,德雷尔 S D. 相对论量子场[M]. 纪哲锐,苏大春,译. 北京：科学出版社,1984：238,292.

入态和出态的完全谱，假定理论是定域的，具有微观因果性原理，……所有这些都是很基本的概念，不到最后不得已我们是不愿意放弃它们的。”其实这是在含蓄地表示，人们已经在开始思考，是否应当放弃定域因果性原理了。

3. Feynman 传播子的光锥分析

在光锥外的类空间隔区域，传播子有渐近表示

$$\Delta_F(x) \to \text{const} \cdot |x^2| \cdot \exp\left(-\frac{\sqrt{|x^2|}}{\lambda_C}\right), \quad x^2 \to +\infty$$

它按负指数衰减到零。衰减的空间尺度是粒子的 Compton 波长 $\lambda_C = \frac{\hbar}{mc}$。可以认为，这是由于要将粒子局域在 Compton 波长范围内时，无可避免会出现的、基于量子涨落的 QT 隧穿现象。**尽管在类空间隔区域量子涨落结果快速衰减，但毕竟不为零！这造成对定域因果律的明显破坏**。只当 $m\to\infty$，或 $\hbar\to 0$（更准确地说应当是 $\lambda_C\to 0$，见 14.4 节）向经典极限过渡才消失。

26.6 QT 的因果观——QT 因果性分析(Ⅳ)

概括起来，*QT* 的因果观有如下三点实质性内容：与定域因果律的不兼容性；QT 的或然性；只属于不可逆过程。下面详细说明。

1. QT 因果观之Ⅰ——与相对论性定域因果律不兼容

关联塌缩与 RT 定域因果律矛盾分析：

(1) QT 认为，塌缩与关联塌缩是同一体系的同一事件，无所谓相对论的“间隔”问题。**但事实上它们毕竟处在不同的空间点上，理应将塌缩与关联塌缩认作类空间隔，这更自然、更有说服力**。

(2) QT 认为，塌缩与关联塌缩不存在因果关系。它们之间真的不存在谁因谁果的关系吗？**事实是应当有**。**因为，状态因测量而塌缩的粒子的所在处必有这种测量仪器，而状态是关联塌缩的粒子的所在处没有这种测量仪器——这件事是绝对的，与观察系无关**。

(3) **如果这种同时性是绝对的→与 RT 矛盾**：RT 认为同时性总是相对的。现在如果认定塌缩与关联塌缩的同时性是绝对的，那么，塌缩与关联塌缩便可用作绝对时钟。

(4) **如果这种同时性是相对的→也与 RT 矛盾**：按 RT，两个类空间隔事件先后时序并不固定，所以总会存在这样一类 Lorentz 参考系，在其中观察，关联塌缩在前，测量塌缩在后。但按此时因果判定，有仪器在旁的粒子，其测量塌缩应当是因；无仪器在旁的粒子，其关联塌缩应当是果。它们因果时序的颠倒难以接受。

(5) 1985年S. Weinberg曾说过[⑩]:**“在我们所要求的对称性中有一个似乎差不多与量子力学不能相容。这个对称性叫做Lorentz不变性。”**实际上更确切些,这句话应当改为:**与量子力学不相容的是Lorentz变换不变性的理论基础——相对论性定域因果律。这就是QT因果观的第一个要点。**

2. **QT因果观之Ⅱ——只属于不可逆过程**

(1) QT中时间不可逆问题。**Hawking主张存在三种时间箭头:心理学箭头、热力学箭头、宇宙学箭头。现在应当再加上QT提供的第4个时间箭头:“测量塌缩箭头”。**

这是QT中唯一体现时间箭头的地方,是QT的时间箭头。顺便说,按热力学,不可逆过程是熵增加过程。那么,量子测量过程中,熵是增加的吗?一般认为是增加的。从对量子系综进行统计测量角度看,引入测量熵概念进行统计描述无可厚非。但按整体分析,这个问题依观察角度而定:从对一个系综作多次重复测量来看,的确如此;**但从对单个体系的单次测量看,测量一个纯态,随机塌缩的结果仍然是一个纯态,根本不存在“单个量子体系熵增加”问题。**否则,微观世界早就热寂了。这说明,目前的描述方法有缺点——未能全面地反映测量作用。

但无论如何,即便从单次测量角度看,量子测量过程也是一类不可逆的、深邃的、无隐变数而又或然的物理过程,不可能将量子测量过程解释成某种演化过程——可逆过程,甚至也不可能将量子测量的全部过程解释作为某种退相干过程(如前面所说)。测量过程的不可逆性不但表观上显现为宏观统计性,实质是揭示了其根源在于单粒子测量中塌缩的“实质性或然”。

(2)“因”和“果”表达两件事物的一种物理关联。应当区分以下三种情况。

其一,如果体系Hamilton量不具有时间反演不变性,这时因果关联是绝对的。因是果的绝对的因;果是因的绝对的果。时序必为固定。例如父与子,种子与发芽,敲击与声音。好莱坞怪诞片制造怪诞的诀窍正在于颠倒绝对的因与果。

其二,体系Hamilton量具有时间反演不变性,但是能谱无上限,则体系任何含时演化过程都是不可逆的,因果时序是不可颠倒的,因果地位是绝对的。详见第14讲。

其三,体系Hamilton量具有时间反演不变性,但能谱有上限,则体系可以有因果颠倒的互逆过程存在(这常常是分离变数之后的不完整描述),因果关联是相对的。这时尽管时间有先后,逻辑关系有传承,由于过程可逆,就只表示相对的因果关系,并不表示绝对的因果关系。如果论述角度改变,因果位置可以互换。这其实是下面说的“庄周梦蝴蝶”。

最后再次提请注意,除有限能级体系的不完整描述可以有(就时序颠倒意义上的)真正可逆性之外,**通常由时间反演不变性导致的“可逆性”仅仅是指:如果态$\psi(r,t)$是解,其时间反演态$\psi^*(r,-t)$也是同一Schrödinger方程的解**(集中体现为S矩阵元的“细致平衡原理”),**并非一般性主张量子态演化中时序颠倒的可逆性!对于能谱无上限体系,即便**

⑩ S. Weinberg于1985年在英国剑桥大学举行的纪念Dirac逝世一周年报告会上的讲演“物理学的最终定律”。第一推动丛书,第三辑,李培廉,译,长沙:湖南科学技术出版社,2003:40.

Hamilton 量具有时间反演不变性，体系任何演化过程都不具有真正意义上的可逆性，不存在因果时序颠倒的演化。最简单的例证是自由粒子波包弥散过程。其时序颠倒的逆演化——波包收缩过程根本不存在！[11]

(3) Lorentz 变换下类空间隔时序可变、有限能级体系的可逆演化、一组公设与另一组（等价）公设的互推等，这些都说明：对于可逆过程，其实只存在平等的关联，并无真正的因果继承。只是表象不同而已。可以调侃地比喻为“庄周梦蝴蝶”——不知周之梦为蝴蝶欤，蝴蝶之梦为周欤?！所以，**QT 因果观的第二个要点是，因果关系与不可逆过程紧密相联。严格来说，因果概念和因果律只应当用于不可逆过程。**

3. **QT 因果观之Ⅲ——QT 的或然性**

(1) 迄今所有 Bell 型实验确实表明：支持 QT 反对“局域实在论”。但最近工作表明[12]：迄今实验未能证明局域实在论两条全都错了——实际上只反对其中的局域论，只证实 QT 是非定域理论。

(2) QT 或然性的本质。虽然 QT 体现出含有决定论性的因果关系，但单次测量结果表现出或然性，系综测量结果表现为统计性。总体上，QT 表现出了明确的或然性。现在问题是，归根到底，这种或然性，是根源于隐变数随机取值的影响，只是实验表观上呈现为或然，实质上还是经典的或然？还是说没有任何原因的实质性的或然？后者从宏观统计观点看是难以理解的。最近工作也表明：含隐变数的非定域实在论——含隐变数从而是决定论的、非定域的因果关联符合所有实验，于是一体包容着“QT 的全部结果”。众所周知，**人掷骰子总是“表观性或然”；但上帝掷骰子则是“实质性或然”。于是，虽然迄今全部实验都支持 QT，但仍不能鉴别 QT 中的或然性是否来源于隐变数的作用；仍不能鉴别 QT 中的或然性是“实质性或然”还是“表观性或然”；仍不能断定“上帝玩还是不玩掷骰子”。简言之，迄今实验未能揭示 QT 或然性的本质。**

应当指出，文献[13]论述却正相反，该书提出：“测量前后体系状态之间不存在严格的因果关系(其意指不存在决定论式因果律——本书作者注)。”众所周知，测量过程是 R 过程。于是，其结论自然就是：因果律只存在于 U 过程，R 过程中不存在因果律。就这样，该书粗糙地推翻了测量中的因果关联，导致对测量作用的否定，而且混淆了能谱有无上限体系因果关联的相对性与绝对性。

---

⑪ 显示 de Broglie 波固有色散性质的“自由波包弥散”过程是一个物理上不可逆的过程！但却是一个幺正的、有逆映射算符的、相干叠加纯态、von Neumann 熵为零、具有时间反演对称性的过程！详见 14.3 节。

⑫ YU S X, CHEN Z B, PAN J W, and ZHANG Y D. Classifying N－qubit Entanglement via Bell Inequalities[J]. Phys. Rev. Lett., 2003: 90, 080401(1-4); YU S X, PAN J X, CHEN Z B, and ZHANG Y D. Comprehensive Test of Entanglement for Two-Level Systems via the Indeterminacy Relationship[J]. Phys. Rev. Lett., 2003: 91, 217903; CHEN Z B, PAN J W, ZHANG Y D, BRUKNER C, and ZEILINGER A. All-Versus-Nothing Violation of Local Realism for Two Entangled Photons[J]. Phys. Rev. Lett., 2003: 90, 160408.

⑬ 梅西亚 A. 量子力学[M]. 北京：科学出版社，1986: 164.

这是一种经典决定论叙述中容易流传的误解：将因果律狭隘机械地理解成为微分方程初条件和解的关系——错误之一，即便过程可逆，仍视为因为果的绝对差异；错误之二，面对测量塌缩的随机性，统计关联不能算严格的因果关系——因为因果律必须是 Laplace 决定论式的。事情要是果真如此，那还要量子测量做什么？！**其实，自然界中，除了存在决定论式因果关系外，大量的必然经常蕴含在偶然之中。量子测量中表现的规律正是偶然中所蕴含的必然。**

于是 QT 因果观的第三个要点是：因果关系蕴含在"实质性或然"之中。尽管到目前为止，QT 的广泛实验仍然未能完全排除隐变数决定论的"表观性或然"。不过，主张隐变数决定论的人很难提供"隐变数"的性质、来源的任何信息。应当说，如果说不清隐变数为何物、来自何处，或是不能揭示 QT 实验检验的不足，则隐变数理论就不能算是具有独立价值的物理理论，就算不上是对 QT 实质性或然观的真正挑战。

综上所述：QT 是遵守因果律的，但看来 QT 与相对论性定域因果律原则上不相容[⑭]**。至少在量子涨落过程和测量塌缩过程中表现出有可能性。绝对的因果关系存在于能谱无上界的系统，以及量子测量的 *R* 过程，并具有实质性的或然。QT 表明，不可逆过程也可以是幺正演化过程、具有时间反演不变性、熵不增加。**

这里最重要的是，QT 与作为 RT 理论基础的相对论性定域因果律原则上不相容。这或许正是为什么长期以来 QT 与引力理论不能顺利统一的物理根源。

但话又说回来，诚如脚注⑨文献所说：

RT 定域因果律是"很基本的概念，不到最后不得已，我们是不愿意放弃的"少数几个物理学原则之一。

⑭ 也参见：BELL J S. Speakable and unspeakable in quantum mechanics[M]. Cambridge：Cambridge University Press，1987：55，100.

第 27 讲

量子态 Teleportation 实验的历程与评论

——首次实验、评论、五代 Teleportation

※ ※ ※

27.1 Quantum Teleportation[①] (量子态的超空间传送)方案——第一代量子态超空间传送

1. 实验前状况

设甲乙分别在两地。甲有粒子 1、2；乙有粒子 3。粒子 1 处于信息态：

---

① 六人方案：BENNETT C H, BRASSARD G, CREPEAU C, JOZSA R, PERES A, and WOOTTERS W. Teleporting an unknown quantum state via dual classical and EPR channels[J]. Phys. Rev. Lett., 1993, 70, 1895.

$$|\varphi\rangle_1=\alpha|0\rangle_1+\beta|1\rangle_1$$

其中α、β为两个任意的、未知的复系数($|\alpha|^2+|\beta|^2=1$)——需要传送的信息。粒子2与粒子3构成Bell基,是一个完全纠缠态。正是它预先构建了在甲—乙之间的**“量子通道”**(Quantum-channel):

$$|\psi^-\rangle_{23}=(|0\rangle_2|1\rangle_3-|1\rangle_2|0\rangle_3)/\sqrt{2}$$

于是,这三个粒子所组成的体系的总状态为

$$|\psi\rangle_{123}=\frac{1}{\sqrt{2}}\{\alpha(|0\rangle_1|0\rangle_2|1\rangle_3-|0\rangle_1|1\rangle_2|0\rangle_3)+\beta(|1\rangle_1|0\rangle_2|1\rangle_3-|1\rangle_1|1\rangle_2|0\rangle_3)\}$$

考虑到粒子1和2的四个Bell基为

$$|\psi^\pm\rangle_{12}=\frac{1}{\sqrt{2}}(|0\rangle_1|1\rangle_2\pm|1\rangle_1|0\rangle_2),\quad |\varphi^\pm\rangle_{12}=\frac{1}{\sqrt{2}}(|0\rangle_1|0\rangle_2\pm|1\rangle_1|1\rangle_2)$$

现在用它们对粒子1和粒子2的状态$|\psi\rangle_{123}$进行展开,预先将其表示为如下的等价形式:

$$|\psi\rangle_{123}=\frac{1}{\sqrt{2}}[|\psi^-\rangle_{12}(-\alpha|0\rangle_3-\beta|1\rangle_3)+|\psi^+\rangle_{12}(-\alpha|0\rangle_3+\beta|1\rangle_3)]$$
$$+\frac{1}{\sqrt{2}}[|\varphi^-\rangle_{12}(\alpha|1\rangle_3+\beta|0\rangle_3)+|\varphi^+\rangle_{12}(\alpha|1\rangle_3-\beta|0\rangle_3)]$$

2. 实验任务

甲将手中粒子1的$|\varphi\rangle_1$信息态(实际即复系数α、β)传送给乙手中的粒子3,使之成为$|\varphi\rangle_3$。于是,作为信息的系数α、β便从粒子1传送给了粒子3。

3. 原则性操作

(1) 甲对粒子1和2作Bell基测量(相应一组力学量测量);

(2) 甲用经典办法广播所得的测量结果;

(3) 根据甲的广播,乙决定对粒子3应作的变换,以实现

$$|\varphi\rangle_1\Rightarrow|\varphi\rangle_3$$

4. 具体操作

(1) 若甲宣布测得$|\psi^-\rangle_{12}$($|\psi\rangle_{123}$塌缩到展开式第一项),与此相应,乙手上粒子3的态将相应塌缩成$|\varphi\rangle_3=\alpha|0\rangle_3+\beta|1\rangle_3$,乙不必作任何操作即可获得(甲手上粒子1原先所处的)信息态。

(2) 若甲宣布测得$|\psi^+\rangle_{12}$($|\psi\rangle_{123}$塌缩到展开式第二项),粒子3态为$|\varphi\rangle_3=-\alpha|0\rangle_3+\beta|1\rangle_3$,这时乙只要对粒子3施以$\sigma_z$变换即得信息态

$$\sigma_z(-\alpha|0\rangle_3+\beta|1\rangle_3)=\begin{pmatrix}1&0\\0&-1\end{pmatrix}\begin{pmatrix}\beta\\-\alpha\end{pmatrix}=\alpha|0\rangle_3+\beta|1\rangle_3$$

(3) 若甲测得$|\varphi^-\rangle_{12}$(即$|\psi\rangle_{123}$塌缩到展开式第三项),粒子3态$|\varphi\rangle_3=\alpha|1\rangle_3+\beta|0\rangle_3$,这时乙对粒子3施以$\sigma_x$变换即得信息态

$$\sigma_x(\alpha\mid 1\rangle_3+\beta\mid 0\rangle_3)=\begin{pmatrix}0&1\\1&0\end{pmatrix}\begin{pmatrix}\alpha\\\beta\end{pmatrix}=\alpha\mid 0\rangle_3+\beta\mid 1\rangle_3$$

(4) 若甲测得 $|\varphi^+\rangle_{12}$ ($|\psi\rangle_{123}$ 塌缩到展开式第四项)，粒子 3 态为 $|\varphi\rangle_3=(\alpha\,|1\rangle_3-\beta\,|0\rangle_3)$，这时乙对粒子 3 施以 σ_y 变换即得信息态

$$\sigma_y(\alpha\mid 1\rangle_3-\beta\mid 0\rangle_3)=\begin{pmatrix}0&-\mathrm{i}\\\mathrm{i}&0\end{pmatrix}\begin{pmatrix}\alpha\\-\beta\end{pmatrix}=\mathrm{i}(\alpha\mid 0\rangle_3+\beta\mid 1\rangle_3)$$

Anton Zeilinger 小组(University of Innsbruck, Austria)于 1997 年 9 月首次实验成功(见图 27.1)，并于同年 12 月初在 Nature 上发表②。

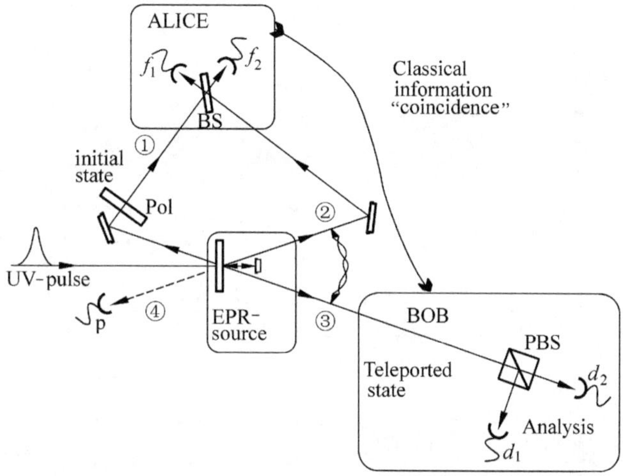

图 27.1

1999 年在 *Nature* 增刊 *a Celebration of Physics* 上，这篇工作被 Nature 列举为创刊百年以来物理学里程碑性的 21 篇经典文献中最近的一篇工作(见图 27.2)。

5. 几点分析

(1) 半透片有两个不同极化光子入射，如图 27.3 所示。两个光子的输入态为

$$|\psi_i\rangle_{12}=|\leftrightarrow\rangle_1\cdot|a\rangle_1\otimes|\updownarrow\rangle_2\cdot|b\rangle_2$$

水平和垂直箭头分别表示光子两种极化方向，两种极化状态彼此正交。**经分束器之后，反射束应附加 $\frac{\pi}{2}$ 位相跃变而透射束则无位相跃变**③。同时，分束器不改变入射光子的极化状态，所以出射态应为

② BOUWMEESTER D, PAN J W, DANIELL M, WEINFURTER H and ZEILINGER. Nature, 1997: 390, 575. 并收入 A Celebration of Physics, Nature 增刊, 2000。另外，Nielsen 和 Chuang 的书 Quantum Computation and Quantum Information P. 59 有较详细的实验文献介绍。

③ 此位相约定与介质表面通常的 π 位相跳变不矛盾。详见 5.1 节。

contents

A celebration of physics

The 100th anniversary of the American Physical Society, which will be celebrated this year, is a fitting occasion to look back over the past century of physics. And what a century it has been. To some, twentieth-century physics will be remembered largely for the advent of the theories of relativity and quantum mechanics, which still underlie most of modern physics. But significant though these theories undoubtedly are, to focus on these two issues alone does not do justice to the revolution in physical thought that continues to the present day, as is amply clear from Frank Wilczek's introductory overview on pages 4 and 5. Moreover, no physical system is outside the physicist's realm, and the application of the principles of physics has led to breakthroughs of both a fundamental and a technological nature in fields as diverse as astronomy, chemistry and even biology.

The aim of this collection is to celebrate the ingenuity and diversity of physics, and its ability to stimulate other disciplines, as reported through the pages of *Nature*. For the early discoveries and inventions, we have the benefit of hindsight. A finding that, at the turn of the century, may have seemed little more than a curiosity might have taken on a significant new role in the light of the developments that it subsequently inspired. But such developments can often take years, even decades, to materialize, so we at *Nature* cannot claim that the contributions that conclude this collection will one day be viewed in a light similar to their now-famous predecessors. Rather, we have chosen them to illustrate some of the exciting intellectual avenues that physicists continue to explore, while holding out the possibility – little more than a guess on our part – that with time their significance will be recognized.

Furthermore, the collection is not intended to be comprehensive: with well over a century's worth of material to choose from, the volume of candidate papers for inclusion far exceeds the scope of several such collections. And this means that some difficult choices have had to be made. We wanted, for example, to include the discovery of the Zeeman effect (*Nature* 55, 347; 1897), the π-meson (*Nature* 159, 694-697; 1947) and a selection of the many insightful comments published by Bohr on the burning scientific issues of his day. Regrettably, space limitations prevented their inclusion.

But we do hope that those papers that we have included – many of which you will probably be seeing for the first time – will help to convey something of the excitement that has accompanied the past century of physics.

Philip Campbell
Editor, *Nature*

A celebration of physics
Editor, *Nature*: Philip Campbell
Supplement Editor: Karl Ziemelis
Art Editor: Majo Xeridat
Layout: Jane Walker
Subeditor: Simon Gribbin
Production Manager: Yvonne Strong

contents

图 27.2

$$|\psi_f\rangle_{12}=|\leftrightarrow\rangle_1\cdot\frac{1}{\sqrt{2}}(\mathrm{i}|c\rangle_1+|d\rangle_1)\otimes|\updownarrow\rangle_2\cdot\frac{1}{\sqrt{2}}(|c\rangle_2+\mathrm{i}|d\rangle_2)$$

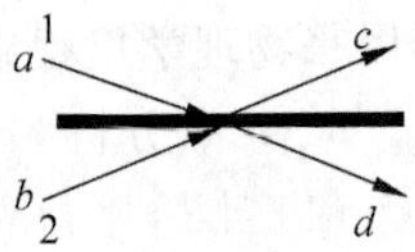

图 27.3

假如两个光子大体同时到达分束器,则出射态中两光子空间模有重叠,必须考虑全同性原理的交换干涉。这相当于两个电子同时到达的杨氏双缝实验,只是此处出射态需要的是对称化。所以正确的出射态应为

$$|\psi_f\rangle_{[12]}=\frac{1}{\sqrt{2}}(|\psi_f\rangle_{12}+|\psi_f\rangle_{21})$$

$$=\frac{1}{2}\{\mathrm{i}|\psi^+\rangle_{12}\cdot(|c\rangle_1|c\rangle_2+|d\rangle_1|d\rangle_2)+|\psi^-\rangle_{12}\cdot(|d\rangle_1|c\rangle_2-|c\rangle_1|d\rangle_2)\}$$

这里$|\psi^{\pm}\rangle$是四个(正交归一)Bell 基中的两个:

$$|\psi^{\pm}\rangle_{12}=\frac{1}{\sqrt{2}}\{|\updownarrow\rangle_1|\leftrightarrow\rangle_2\pm|\leftrightarrow\rangle_1|\updownarrow\rangle_2\}$$

如果入射极化态为一般的$|e\rangle_1$、$|e'\rangle_2$，对称化出射态结果只需相应替换。

显然，对此实验采用极化测量或者符合测量两种不同的测量，由于测量方案不同，所得最后结果不同(详见第 6 讲)。

极化分束器(PBS)。由于常用的作为分束器的半透片，其透射/反射强度比值 1/2 通常是对中心波长而言的，由于片的透射宽度较宽，对于不是中心波长的光入射，这一比值可能偏离 1/2。这是使用它不方便的原因之一。现在常用的是极化分束器(PBS)。它让水平极化入射光子几乎全部透过，而让垂直极化入射光子几乎全部反射。若是斜的极化入射，则将其分解之后，对分解后的分量实行透射或反射。这完全是选择性的透射和反射。同半透片一样，反射后的分量有一个 $\pi/2$ 位相跃变。

(2) 图 27.1 的实验原理简单介绍：紫外激光脉冲入射，经 BBO 晶体产生 1-4 纠缠光子对，透过后返回入射又产生 2-3 纠缠光子对。Alice 用分束器 BS 所做的 Bell 基测量(f_1、f_2)，详细见文献[④](或见第 28 讲式(28.21)～式(28.24))。简单地说，探测光子 4 是为了检测光子 1 存在，(f_1、f_2)符合计数选择了探测展开式中反对称项$|\psi^-\rangle_{12}$，和 p 探测器符合有检测光子 3 存在的主观用意。Bob 的 PBS 测量(d_1、d_2 探测器)用于检验光子 3 是否处于光子 1 初态。

(3) **实验需要预先建立远程的量子纠缠**(即预先要建起“**量子通道**”)。实验主要操作是 Bell 基测量：Hadamard 门加 CNOT 操作。实验主要困难是提高(f_1、f_2、p 三个探测器)三重符合计数。

(4) **此过程不违背非克隆定理**。甲手中粒子 1 在测量后已不处于原来状态。过程只是信息态转移($1^\#$ 态→$3^\#$ 态)，不是信息态复制。

(5) **此过程不存在信息的瞬间传递**。乙必须等候收听甲测量的结果，所以没有违背狭义相对论原理。过程中信息分为两部分：量子信息(瞬时的超空间的转移)和经典信息(不大于光速)。最终信息传递速度不大于光速。

注意，乙在收听之前，甚至不知道甲做了测量与否，更谈不上知道甲的测量结果(以及自己手中粒子的状态)如何。

(6) 可以普遍证明：**从经典物理学，或量子统计平均来说，任何过程中任何物理信息都不能以超光速传递。但由于微观粒子具有波动性，体现 QT 空间非定域性的量子涨落过程除外。**

---

④ 张永德. 量子信息物理原理[M]. 北京：科学出版社，2015，第 9 章.

27.2 对首次实验的评论与改进

1. Braunstein 和 Kimble 的评论[⑤]

1998 年 8 月这个实验受到批评,说它是"a prior"teleportation! 因为产生光子对的波包振幅展开实际是($A_1 \propto \sqrt{p}, A_2 \propto p, p \ll 1$)

$$A_0 \mid 0\rangle_{14} + A_1 \mid \psi^- \rangle_{14} + A_2 \mid \chi\rangle_{14} + \cdots$$

这个展开式表明:激光穿过 BBO 晶体时,产生一对光子的概率是第二项$|A_1|^2 \approx p$ 量级,而同时产生两对光子的概率则是第三项$|A_2|^2 \approx p^2$ 量级。问题是现在实验方案采用了穿过去,经反射镜反射回来再穿过的两次穿过 BBO 晶体,并产生两对光子。这个过程的概率也是 p^2 量级。它与一次穿过 BBO 晶体按第三项同时产生两对光子概率量级相同。于是,**实验没有考虑存在一个同量级的竞争的寄生过程**。这时实验会以相等概率发生:

(1) 左边(1,4)同时产生两对光子,所以 4-1-2 能出现三重符合计数。

(2) 与此同时,右边(2,3)对光子根本没有产生。

因此,现有的三重符合计数并不能保有光子 3 出现(作为 teleportation)。若要知道有无,需要对 3 作实测,而这就破坏了光子 3 的 teleported 状态。

这个评论暴露了实验方案的缺陷,显著降低了这个著名实验的重大科学和技术意义,至少降低了量子态的传送效率。

2. Innsbruck 小组的答复,后来"自由传播 teleported qubits"

(1) Innsbruck 小组的答复:见 Nature,1998,394:841。

(2) 直到 2003 年,才出现改进的自由传播的 teleported qubits[⑥]:"In our previous teleportation experiment,the teleported qubit had to be detected(and thus destroyed) to verify the success of the procedure. Here we report a teleportation experiment that results in freely propagating individual qubits."这里"freely propagating individual qubit"指飞行光子 3 处在:

$$|\boldsymbol{e}\rangle_3 = \alpha \mid H\rangle_3 + \beta \mid V\rangle_3$$

(3) 添加衰减片 γ 的作用是:降低虚假三重符合计数。于是,无 teleported qubit 输出的虚假的三重符合计数与有 teleported qubit 输出的虚假的三重符合计数的比值为

$$\frac{(\gamma p)^2}{\gamma p^2} = \gamma \ll 1$$

实验方案的原理图如图 27.4 所示。

---

⑤ Comment: Braunstein S L and KIMBLE H J. Nature,1998: 394,840,and Reply: Nature,1998: 394,841.

⑥ PAN J W,et al. ,Nature,2003: 421,721.

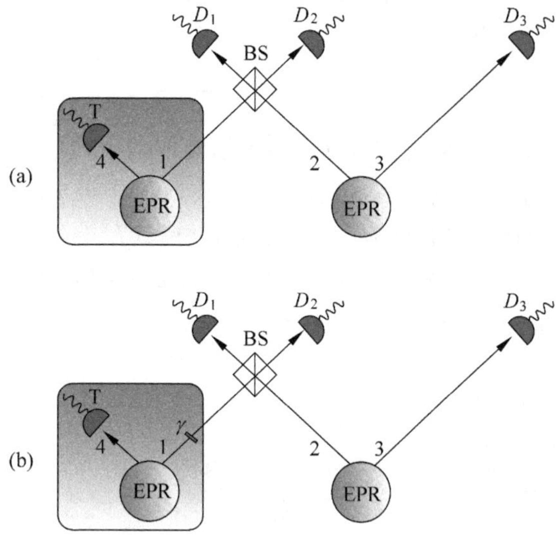

图 27.4

其中,图(a)为以前的 teleportation,图(b)为现在添加衰减片的 teleportation。但这样一来,实验效率因加入衰减片 γ 而显著减低,实验难度加大。

27.3 Quantum-Swapping——量子纠缠的超空间制造——第二代量子态超空间传送

1998 年,量子交换实验——量子纠缠的超空间传送实验也首次实现[7]。以前以为,量子纠缠只能由相互作用直接就地产生,**此实验表明,量子纠缠可以间接地、遥控地制造**。鉴于任意态的主要特征为“**叠加系数**”和“**纠缠模式**”,**两个实验的实现表明,原理上可以实现任意量子态的超空间传送**。

1. 理论方案

设实验前 1#、2# 光子处于纠缠态 $|\psi^-\rangle_{12}$;3#、4# 光子处于另一纠缠态 $|\psi^-\rangle_{34}$,此时两对光子之间并无任何纠缠。其中 2# 光子和 3# 光子在 Alice 手中,1# 和 4# 光子在 Bob 手中。这样,在 Alice 和 Bob 之间已有两条量子通道:1—2 以及 3—4 之间的最大量子纠缠态。整个系统处于初态:

$$|\Psi\rangle_{1234}=\frac{1}{2}\{|H\rangle_1|V\rangle_2-|V\rangle_1|H\rangle_2\}\otimes\{|H\rangle_3|V\rangle_4-|V\rangle_3|H\rangle_4\}$$

---

[7] PAN J W, BOUWMEESTER D, WEINFURTER H and ZEILINGER A. Phys. Rev. Lett., 1998, 80: 3891.

实验开始，Alice对手中2#、3#光子作Bell测量，产生相应纠缠分解和塌缩。相当于用4个Bell基对上述态重新作等价分解：

$$|\Psi\rangle_{1234}=\frac{1}{2}\{|\psi^+\rangle_{14}|\psi^+\rangle_{23}-|\psi^-\rangle_{14}|\psi^-\rangle_{23}-|\varphi^+\rangle_{14}|\varphi^+\rangle_{23}+|\varphi^-\rangle_{14}|\varphi^-\rangle_{23}\}$$

经Alice作上述测量后，这个态将等概率随机地塌缩到四项中的任一项。比如，在某单次测量中，Alice测得结果为第一项$|\psi^+\rangle_{23}$，接着她用经典通信告诉Bob，Bob就知道自己手中1#和4#两光子不但已经通过关联塌缩而纠缠起来，并已处在$|\psi^+\rangle_{14}$态上。

注意这时1#和4#光子之间没有直接相互作用，而是当Alice对2#和3#光子作Bell测量时，通过2#和3#纠缠，以间接方式纠缠起来的。

2. 实验过程

实验装置如图27.5所示。

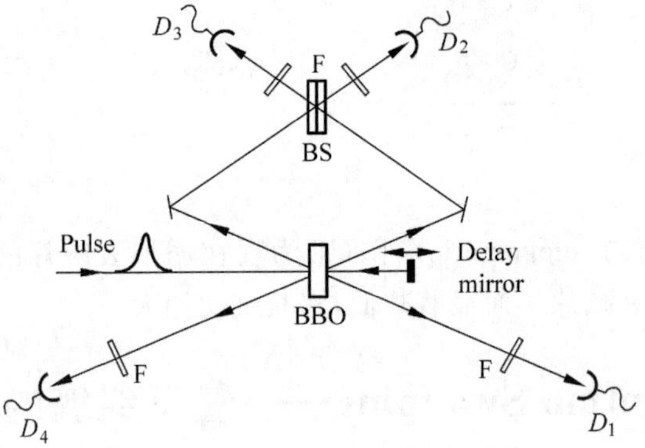

图 27.5

27.4 Open-Destination Teleportation——非定域存储的超空间传送——第三代量子态超空间传送⑧

1. 理论方案

设光子1#处于未知的信息态

$$|\psi\rangle_1=\frac{1}{\sqrt{2}}(\alpha|H\rangle_1+\beta|V\rangle_1)$$

而光子2#、3#、4#、5#则事先制备在4光子的GHZ态上，

$$|\varphi\rangle_{2345}=\frac{1}{\sqrt{2}}\{|H\rangle_2|H\rangle_3|H\rangle_4|H\rangle_5+|V\rangle_2|V\rangle_3|V\rangle_4|V\rangle_5\}$$

⑧ ZHAO Z, et al. Experimental demonstration of five-photon entanglement and open-destination teleportation[J]. Nature, 2004, 430: 54-58.

然后对光子 1# 和 2# 作 Bell 基测量，这意味着先对此态作分解

$$|\Phi\rangle_{12345}=|\psi\rangle_1|\Phi\rangle_{2345}=\frac{1}{2}\{|\varphi^+\rangle_{12}[\alpha|H\rangle_3|H\rangle_4|H\rangle_5+\beta|V\rangle_3|V\rangle_4|V\rangle_5]$$
$$+|\varphi^-\rangle_{12}[\alpha|H\rangle_3|H\rangle_4|H\rangle_5-\beta|V\rangle_3|V\rangle_4|V\rangle_5]$$
$$+|\psi^+\rangle_{12}[\alpha|V\rangle_3|V\rangle_4|V\rangle_5+\beta|H\rangle_3|H\rangle_4|H\rangle_5]$$
$$+|\psi^-\rangle_{12}[\alpha|V\rangle_3|V\rangle_4|V\rangle_5-\beta|H\rangle_3|H\rangle_4|H\rangle_5]\}$$

接着类似于 Teleportation 实验做法，根据 Alice 对光子 1# 和 2# 的 Bell 测量结果，Bob（1 个人或 3 个人）可设计（与信息态 $|\psi\rangle_1$ 无关的）局域幺正操作，将光子 3#、4#、5# 转换成

$$|\Psi\rangle_{345}=\frac{1}{\sqrt{2}}\{\alpha|H\rangle_3|H\rangle_4|H\rangle_5+\beta|V\rangle_3|V\rangle_4|V\rangle_5\}$$

完成开放目标的 Teleportation：

$$|\psi\rangle_1=\frac{1}{\sqrt{2}}\{\alpha|H\rangle_1+\beta|V\rangle_1\}\rightarrow$$
$$|\Psi\rangle_{345}=\frac{1}{\sqrt{2}}\{\alpha|H\rangle_3|H\rangle_4|H\rangle_5+\beta|V\rangle_3|V\rangle_4|V\rangle_5\}$$

注意，这时信息 α、β 由处于三个不同地方的三个光子（3#、4#、5#）所共同荷载，由三方共同掌握。如无事先商议的协同操作，三方中任何单方都提取不到信息。这就是量子信息的**“非定域存储”**，它完全超越了以前的信息存储总是局部的定域的状况。

2. 实验进行

首先要制备 4 光子（第 2#、3#、4#、5#）的 GHZ 态。为此先从两对光子对 2-3、4-5 开始，它们分别处于

$$\begin{cases}|\psi^{\pm}\rangle_{ij}=\frac{1}{\sqrt{2}}(|H\rangle_i|V\rangle_j\pm|V\rangle_i|H\rangle_j)\\|\varphi^{\pm}\rangle_{ij}=\frac{1}{\sqrt{2}}(|H\rangle_i|H\rangle_j\pm|V\rangle_i|V\rangle_j)\end{cases}$$

这里 i、j 标志光子的空间模。接着将 3# 和 4# 光子在一个极化分束器（PBS）上交叠，就可以得到上面 4 光子 GHZ 态[⑨]

显然，态 $|\Psi\rangle_{345}$ 带有冗余位的信息码，可以用于量子纠错。

27.5 Two-Qubit Composite System Teleportation——复合体系量子态的超空间传送——第四代量子态超空间传送[⑩]

现在，发送方为 Alice，接收方为 Bob。A 要送的是

$$|\chi\rangle_{12}=\alpha|H\rangle_1|H\rangle_2+\beta|H\rangle_1|V\rangle_2+\gamma|V\rangle_1|H\rangle_2+\delta|V\rangle_1|V\rangle_2$$

---

⑨ PAN J W, et al. Phys, Rev. Lett, (2001)86, 4435.

⑩ ZHANG Q, et al., PAN J W. Experimental quantum teleportation of a two-qubit composite system[J]. Nature, 2:678-682, 2006(Nature Physics, vol. 2).

这里系数 α、β、γ、δ 均是需要送出的信息。

事先,A 和 B 已共享两对纠缠光子对:

$$\begin{cases} |\varphi^+\rangle_{35} = \dfrac{1}{\sqrt{2}}(|H\rangle_3|H\rangle_5 + |H\rangle_5|H\rangle_3) \\ |\varphi^+\rangle_{46} = \dfrac{1}{\sqrt{2}}(|H\rangle_4|H\rangle_6 + |H\rangle_6|H\rangle_4) \end{cases}$$

A 和 B 联合进行适当操作,B 即可获得发送态。"实现两粒子复合系统量子态的超空间传输"荣获2006年度国内十大科技进展。

27.6 Satellite Quantum Teleportation——第五代量子态超空间传送

此代超空间传送的地球卫星"墨子"号已于2016年8月16日凌晨1点发射,成功入轨。按不完全资料,研制期间的进展简况是:

(1) 潘建伟和印娟等人2012年做的量子态超空间传送,距离为97km,纠缠分发102km,通过地-基实验证明了实现卫星全球量子通信网络的可行性[⑪]

(2) 目前量子态超空间传送实验的最远距离是2012年马小松和Zeilinger工作的143km[⑫]。

(3) 目前最远距离的量子密钥分发是潘建伟等人的200km,并将成码率提高了3个数量级,2014年发表在PRL上[⑬]。欧洲物理学会下属网站"物理世界"以《安全量子通信传输到远距离》为题进行了报道。成果入选2014年中国十大科技进展。

(4) 2014年,潘建伟等人利用光子的自旋和轨道角动量,搭建了6光子11量子比特的超纠缠光源,突破了1997年的首次实现单一自由度量子超空间传态,成功实现了多自由度量子体系的量子超空间传态。成果登在*Nature*杂志封面,并发在欧洲物理学会新闻网站"物理世界"上[⑭]。

(5) 2015年,潘建伟等人实现了最大高速量子随机数发生器[⑮]。

27.7 量子态超空间传送的普遍理论方案[⑯]

1. 混态演化与超算符映射

既然混态是密度矩阵、是算符,那么混态到混态的映射就称做超算符$。只要$满足

---

⑪ YIN J, et al. Nature, 2012, 488: 185-188.

⑫ MA X S, et al. Nature, 2012, 489: 269-273.

⑬ TANG Y L, et al. Phys. Rev. Lett., 2014, 113: 190501.

⑭ 陆朝阳,刘乃乐,潘建伟等. *Nature* 杂志2015年2月27日封面,论文链接: http://www.nature.com/nature/journal/v518/n7540/full/nature14246.html.

⑮ ZHANG J, et al. Rev. Sci. Instrum, 2015, 86, 063105.

⑯ 详见:张永德. 量子信息物理原理[M]. 北京: 科学出版社, 2012, 9.5节.

“完全正的”条件，按 Kraus 定理，它肯定能够用量子跃变算符序列$\{L_\mu\}$表示成为“Kraus 求和表示”：

$$\rho'_A = \$[\rho_A] = \sum_\mu L_\mu \rho_A L_\mu^+$$

这是量子态变化的普遍描述，当然也可以用来描述 Teleportation 过程。

2. 超空间传送过程表达

这是一个密度矩阵映射的超算符作用过程。现用此方法来表达：

$$\$[|\psi\rangle_{2323}\langle\psi| \otimes |\varphi\rangle_{11}\langle\varphi|] = |\varphi\rangle_{33}\langle\varphi| \otimes \frac{I_{12}}{4}$$

此时核心问题是去寻找这些量子跃变算符序列$\{L_\mu\}$，使得可以把给定的超空间传送用 Kraus 求和来表示：

$$\sum_\mu L_\mu [|\psi\rangle_{2323}\langle\psi| \otimes |\varphi\rangle_{11}\langle\varphi|] L_\mu^+ = |\varphi\rangle_{33}\langle\varphi| \frac{I_{12}}{4}$$

解：设 3 粒子处于信息态

$$|\varphi\rangle_1 = \alpha|0\rangle_1 + \beta|1\rangle_1$$

不失一般性，设 2、3 粒子处在下述最大纠缠态上：

$$|\psi^-\rangle_{23} = \frac{1}{\sqrt{2}}(|0\rangle_2|1\rangle_3 - |1\rangle_2|0\rangle_3)$$

则$|\varphi\rangle_1|\psi^-\rangle_{23}$，按照$|\Phi_\mu\rangle_{12}$展开有

$$|\varphi\rangle_1|\psi^-\rangle_{23} = \frac{1}{\sqrt{2}}\sum_\mu |\Phi_\mu\rangle_{12} u_\mu |\varphi\rangle_3$$

其中

$$\begin{cases} |\Phi_0\rangle_{12} = \frac{1}{\sqrt{2}}(|0\rangle_1|1\rangle_2 - |1\rangle_1|0\rangle_2), & u_0 = -1 \\ |\Phi_1\rangle_{12} = \frac{1}{\sqrt{2}}(|0\rangle_1|0\rangle_2 - |1\rangle_1|1\rangle_2), & u_1 = \sigma_1 \\ |\Phi_2\rangle_{12} = \frac{1}{\sqrt{2}}(|0\rangle_1|0\rangle_2 + |1\rangle_1|1\rangle_2), & u_2 = \mathrm{i}\sigma_2 \\ |\Phi_3\rangle_{12} = \frac{1}{\sqrt{2}}(|0\rangle_1|1\rangle_2 + |1\rangle_1|0\rangle_2), & u_3 = \sigma_3 \end{cases}$$

于是，定义 $L_\mu = u_\mu^+ \otimes |\Phi_\mu\rangle_{1212}\langle\Phi_\mu|$，即得所要的展式。

当然可以不用$|\psi^-\rangle_{23}$，而用其他最大纠缠态建立量子通道，那样相应的 u_μ 将有所变化。

3. Teleportation 方案的理论推广

对于 n 个粒子，每个粒子有 s 个能级情况，以及受控的 Teleportation 方案均有拟定[17]。

---

[17] ZHOU J D, HOU G, and ZHANG Y D. Phys. Rev. A, 2001, 64: 2301. 周锦东硕士论文《量子态超空间传送方案的理论研究》，中国科学技术大学，2000 年 6 月。

该文指出,有限维量子体系的量子态进行普遍形式超空间传送的充要条件是:

传接双方事先建立的量子通道是最大纠缠态,传送者进行测量所塌缩的联合基也是最大纠缠态。而塌缩至哪个联合基是等概率的。

27.8 量子态超空间传送的奇异性质

(1) 不考虑信息中经典部分的传递,单就信息中量子部分的传送——量子态的关联塌缩而言,上述几个实验,无论传送的是复系数,还是纠缠模式,都有以下三个共同特征:**传送是瞬间实现的;传送时无须预先知道对方在哪里;传送过程不会为任何障碍所阻隔。根据这三点,有理由说**[18]**:量子态的传送是含有某种"超空间"性质的物理现象**。这种看似不可思议的现象,其物理根源在于,传送过程不像常见的借助空间自由度变数进行,而是借助(独立于空间自由度的)内禀自由度变数——自旋或极化进行的。于是过程才会显示出古怪的空间非空域性。

(2) 最近已有实验表明:量子态的塌缩速度大于 $10^7 c$[19],而且不涉及多重同时性的问题[20]。但由于毕竟涉及不同空间点上物理态的"同时变化"的事实,导致出现"**量子理论与相对论性定域因果律究竟是否协调**"的问题(详见第26讲)。

[18] 张永德.量子信息物理原理[M].北京:科学出版社,2012.

[19] ZBINDEN H,BRENDEL J,GISIN N,and TITTEL W. Phys. Rev. A,2001,63:022111.

[20] STEFANOV A,ZBINDEN H,GISIN N,and SUAREZ A. Phys. Rev. Lett.,2002,88:120404.

第28讲

广义量子擦洗

——恢复与建立相干性技术

※ ※ ※

28.1 前　言

任意量子态的删除或清洗，一般是将其变换(或投影)为某一固定的标准态，相当于通常的置零。本讲所说的擦洗(erase)不是删除，不是量子态的清洗，而是将某个粒子(或多个全同粒子)的两个(或多个)态(或非相干的混合成分)之间的差别(可用来区分它们的所定域的空间、历史、路径、出口等一切可供鉴别的痕迹——"广义好量子数")设法用各种方法擦洗或抹掉，使这些量子态之间再次成为原则上不可区分的，从而呈现出相干性。具体说有三类方式：其一，对单个粒子，可利用其不同组分态之间不可区分的准则——等价于不可以观测各态之间的相对位相差。这时不涉及全同性原理的对称化或反称化。其二，全同多粒子态之间相干性的恢复，则一定涉及全同性原理的应用。其中，多体全同粒子自由波包弥散将会造成相干性的建立(出现)，叙述见 28.6 节。**其三，**不同的多粒子态之间相干性的恢复，则是 GHJW 定理应用的范畴。这时利用纯化加测量，即通过添加一个粒子使原来彼此非相干的混态成分扩充成为一个纠缠纯态，再对这个新添加的粒子进行适当的测量。这三类方式都能使原先这些已经失去量子相干性的态或组分之间重新恢复相干性。简单地说，**量子擦洗**

就是通过LOCC操作使量子态之间的相干性得到恢复。量子擦洗现象在各种场合都有表现和应用。一般来说,应当区分单粒子组分量子态擦洗和多粒子量子态擦洗两种情况。

从概念分析来看,"相干性恢复"比"量子擦洗"更为普遍。因为,擦洗的手段主要是GHJW定理,其目的正是为了恢复相干性;而恢复相干性的手段并不限于GHJW定理这一种,还可以使用不确定性关系、全同性原理等。而且恢复相干性的目的也不仅是为了复原相干性,甚至有更广泛的目标(比如,利用全同性原理,通过交换效应和符合测量产生新的纠缠态——就像在Bell基$|\psi^-\rangle_{12}$测量中那样,等等)。虽然以往在量子信息论中还没有广泛明确地提出过相干性恢复的概念,当然也就谈不上区分相干性恢复和量子擦洗在概念上的差别,**但从实验的角度,确实有必要强调"相干性恢复"这一重要概念,以及把量子擦洗和相干性恢复这两种并不相同的概念区分开来,并且以更高的"相干性恢复"的高度看待"量子擦洗"的概念**。

再进一步说,从全局看,QT的理论体系只包含了von Neumann熵保持为零(纯态演化)和von Neumann熵增加(测量和混态退相干演化)**这两类物理机制都回避了相干性建立、恢复或增强的物理机制的描述**。但是,作为全面描述宇宙实际状态的QT不能欠缺第三种机制,"三足鼎立"的描述才是完备的,并且与自然界实际演化状况相符合。否则,由于不断地自发碰撞测量和退相干,宇宙早就应当热寂——成为一堆不含任何信息的垃圾态集合了。

事实上,QT中已经包含着诸多相干性建立、恢复和增强的物理机制。只是大概受到经典统计物理和经典信息论的影响,量子信息理论始终回避将它们系统化并提升为"三足鼎立"(而这正是本讲的任务)的局面。**这一类物理机制涉及的技术包括:利用不确定性关系,利用正交投影分解,纯态化后的正交关联测量(GHJW定理),利用全同性原理及波包弥散等**。

28.2 不确定性关系和波包交叠——单粒子态的量子擦洗

按广义杨氏双缝叙述,只有原则上无法知道A处在$|\pm z\rangle_A$中哪一个上,这两个态之间才具有相干性。这一问题参见广义杨氏双缝和Schrödinger猫的叙述,这里不再多述。只简单地补充一点:为了延长一个粒子的空间相干长度,以便恢复或增加其两个态间的相干性(比如,分束器后两路再会合),**主要的方法是按坐标-动量不确定性关系,将这个粒子束作动量单色化过滤,以增加空间波包交叠的区域,或者说增加空间相干长度**;与此平行,如希望增加时间相干性,则按能量-时间不确定性关系,将这个粒子束作能量单色化过滤,以增加波包相互会合的时间间隔。这类量子擦洗技术可称为**"单色化量子擦洗"技术,是一类基于不确定性关系的单粒子态相干性恢复技术**。在中子干涉量度学实验[①],以及用量子光

① RAUCH H, WERNER S A. Neutron Interferometry—Lessons in Experimental Quantum Mechanics[M]. Qxford: Oxford Science Publications, 2000: 139-141.

学实验技术所做的量子信息实验[②]中，经常以预选择或是后选择的方式采用这些实验技巧。显然，这种"单色化量子擦洗"技术同样也适用于多个同类粒子的多路干涉实验、符合计数实验。

28.3 正交再分解——单粒子不同组分态的量子擦洗

单粒子不同组分态的量子擦洗，**即单粒子相干性恢复技术，除上面这种"单色化量子擦洗方法"之外，还有另一类"正交再分解方法"。为了抹去光子路径的信息可以使用半透片的方法；而为了抹去自旋取向的信息，可以使用正交再分解的实验手段。**前一种半透片方法见半透镜分析；后一种正交再分解方法的例子是，一束电子(氢原子)射向(非均匀)磁场沿 z 轴的 Stern-Gerlach 装置，这时电子束的自旋状态被相干分解成为 $|+z\rangle_A$ 和 $|-z\rangle_A$，并与 S-G 装置的 z 方向位置可区分态产生纠缠(见第 4 讲中 von Neumann 模型)。虽然 $|+z\rangle_A$ 和 $|-z\rangle_A$ 暂时还是相干叠加着，但由于已经和仪器态纠缠起来了，按通常说法，单就电子这一方来看，此时 $|+z\rangle_A$ 和 $|-z\rangle_A$ 之间就已经失去了相干性。而一旦测取数据，就会发生在这两个状态之间的二择一塌缩，两个态就将是非相干的混合。但是，如果不观察、不取数据，就不会发生这种塌缩(这里应当预先指出，即使塌缩成了混态，也可以用下节混态 GHJW 定理，用量子擦洗方法使这些非相干成分之间恢复相干性)。这时再仔细重新将束聚焦，并使之再通过一个磁场沿 x 轴的 Stern-Gerlach 装置。在测量并发生塌缩之后，得到 $|+x\rangle$ 和 $|-x\rangle$ 态的混合系综。这样就抹去了自旋朝向 $\pm z$ 轴的信息，使得在这个系综里，$|+z\rangle_A$ 和 $|-z\rangle_A$ 恢复了相干叠加关系。这就是单粒子态通过"正交再分解"的量子擦洗技术。

28.4 GHJW 定理——混态的纠缠纯化与广义量子擦洗

1. 特殊情况：$|\varphi^+\rangle_{AB}$ 态

现在讨论两个和多个不同粒子"关联正交分解"量子擦洗概念。Alice 的 A 粒子和 Bob 的 B 粒子处于纠缠态

$$|\varphi^+\rangle_{AB}=\frac{1}{\sqrt{2}}(|+z\rangle_A\,|+z\rangle_B+|-z\rangle_A\,|-z\rangle_B) \tag{28.1}$$

现在，与 B 粒子的纠缠摧毁了 A 粒子两个组分态 $|\pm z\rangle_A$ 之间的相干性。纠缠之所以摧毁相干性也是由于：现在只要对 B 粒子沿 z 方向作自旋取向测量，原则上就能掌握(区分)A 是在哪个态上的信息。但是，如果 Bob 不企图知道手中 B 粒子朝向 $|\pm z\rangle_B$ 哪一种，而是仔

② BOUWMEESTER D, EKERT A, ZEILINGER A (Eds.). The physics of Quantum Information[M]. Berlin: Springer, 2000: 202-203; PAN J W, et al. Experimental entanglement purification of arbitrary unknown states[J]. Nature, 2003, 423: 417-422.

细地抹去这一信息,情况就有所不同。为此所用的办法是,对 B 粒子作 x(而不是 z!)方向自旋取向的测量,这时 Alice 的 A 粒子就将处在

$$|\pm x\rangle_A = \frac{1}{\sqrt{2}}(|+z\rangle_A \pm |-z\rangle_A)$$

两态之一上。注意此时 A 粒子在其两个组分态 $|\pm z\rangle_A$ 之间的相干性已经得到恢复。**这一类通过对 B 方进行适当操作,使 A 方原本已经彼此非相干的量子态之间恢复相干性的现象称为"关联正交分解"量子擦洗技术**。实际上,在多光子符合测量的许多干涉实验中,都使用了这种技术以提高相干性,增加符合计数率(见前面脚注①、②文献)。

2. 从量子系综观点看量子擦洗现象

设 Alice 和 Bob 共有许多式(28.1)的纠缠态所组成的量子系综,对 Alice 而言等于有了一个量子系综 $\rho_A = \frac{1}{2}I_A$。这个系综使她无法观测 $|\pm z\rangle_A$ 态之间的干涉。即便 Bob 沿 x 方向测量,(他通过 LO)制备了一个特殊的系综。单只这一点仍不能使 Alice 察觉,因为她手中的量子系综仍是 $\rho_A = \frac{1}{2}I_A$。但是,当 Alice 收到 Bob 每次测量结果的电话(经典通信 CC)之后,她就可以选择她手中系综的一个子集合——比如 A 粒子自旋都在 $|+x\rangle_A$ 态上。这就是说,**Bob 所作的局域测量与经典通信(LOCC),允许 Alice 从一个最混乱无序的系综中选出一个纯态系综,并且在这个系综中两个态 $|\pm z\rangle_A$ 恢复了相干性。这就是从系综观点来看的量子擦洗现象**。这也说明,Alice 不知道自己手中每个粒子自旋朝上还是朝下的系综,和 Alice 知道自己手中每个粒子自旋朝上还是朝下的系综,是不同的物理态(尽管两种情况系综的总体描述都为 $\rho_A = \frac{1}{2}I_A$)。由于后面情况下 Alice 掌握了信息,她手上的量子态从根本上是不同于以前的了。这就是为什么人们常说"信息是物理的"缘故。其实,也就是"信息是金钱"的意思。实质上,这只应当理解为:**"虽然信息本身不是物理的,但利用信息可以达到相应的物理实现。"**

3. 量子擦洗与延迟选择[③]

当 Alice 和 Bob 各自的局域操作是类空间隔时,他们之间谁先测量(因而是"塌缩")谁后测量(因而是"关联塌缩"),按狭义相对论观点,是没有绝对意义的,因为这会由于参考系选择改变而改变。最近的实验也许证实了这一点[④]。事实上,相干性恢复这件事可以造成"延迟选择"的效果。比如,先是 Alice 在今天(星期二)对她手中的全部粒子沿 x 方向做了测量(这样一来,$|\pm x\rangle_A$ 两个态已失去了相干性)。但下个星期二,Bob 才决定如何测量(比如说他才决定沿 $\boldsymbol{n}(\theta,\varphi)$ 方向测量)。这时 Bob 能够以延迟的方式"制备"出 Alice 的粒子在

③ PRESKILL J. Lecture Notes for physics 229: Quantum Information and Computation,[2]课程讲义,CIT,1998,9:68-73.

④ ZBINDEN H,et al. Phys. Rev. A,2001,63:022111.

$\boldsymbol{n}(\theta,\varphi)$方向(这就是 Bob 对 Alice 粒子态的“延迟选择”)。因为,Bob 在测量并取得结果之后告诉 Alice,她的哪些粒子的自旋沿正 $\boldsymbol{n}(\theta,\varphi)$方向。这时已是事后 Alice 检验她的测量记录,的确能证实

$$_A\langle \boldsymbol{n}(\theta,\varphi) \mid \sigma_x^A \mid \boldsymbol{n}(\theta,\varphi)\rangle_A = \boldsymbol{n}(\theta,\varphi)\cdot \boldsymbol{e}_x \tag{28.2}$$

这样一来,在这些态里原先两个$|\pm x\rangle_A$ 态已恢复了相干性。事实是,不论在 Alice 测量之前或之后,Bob 是否“制备”了自旋,结果即式(28.2)都是一样的。分析如下:

(1) 如 Alice 和 Bob 各自都不做自旋测量实验,则 Alice 有态

$$\begin{aligned}\rho_A &= \mathrm{tr}^{(B)}\{\mid \psi^+\rangle_{AB}\langle\psi^+\mid\} = \frac{1}{2}\{|+z\rangle_A\langle+z\mid+\mid-z\rangle_A\langle-z\mid\}\\ &= \frac{1}{2}\{|+y\rangle_A\langle+y\mid+\mid-y\rangle_A\langle-y\mid\} = \frac{1}{2}\{|+x\rangle_A\langle+x\mid+\mid-x\rangle_A\langle-x\mid\}\\ &= \frac{1}{2}\{|+\boldsymbol{n}\rangle_A\langle+\boldsymbol{n}\mid+\mid-\boldsymbol{n}\rangle_A\langle-\boldsymbol{n}\mid\}\\ &= \frac{1}{2}I_A\end{aligned} \tag{28.3}$$

这时如果 Alice 沿 $\boldsymbol{n}(\theta,\varphi)$方向测量 σ_x,必得式(28.2)的结果。

(2) 如果 Alice 和 Bob(分别沿 x 和 $\boldsymbol{n}(\theta,\varphi)$方向)都做自旋测量实验,则因$_A\langle\pm x|\psi^+\rangle_{AB}=\frac{1}{\sqrt{2}}|\pm x\rangle_B$,在 Alice 测量前后系综态分别为

$$\mid\psi^+\rangle_{AB}\langle\psi^+\mid \to \frac{1}{2}\{(|+x\rangle_A\langle+x\mid\cdot\mid+x\rangle_B\langle+x\mid)+(|-x\rangle_A\langle-x\mid\cdot\mid-x\rangle_B\langle-x\mid)\} \tag{28.4}$$

这时 Alice 的粒子态和 Bob 的相同,均为 $\rho=\frac{1}{2}\{|+x\rangle\langle+x|+|-x\rangle\langle-x|\}=\frac{1}{2}I$。如果接着,Bob 再沿 $\boldsymbol{n}(\theta,\varphi)$方向制备他的态,则有

$$\rho_B = \frac{1}{2}\{\mid \boldsymbol{n}(\theta,\varphi)\rangle_B\langle\boldsymbol{n}(\theta,\varphi)\mid+\mid-\boldsymbol{n}(\theta,\varphi)\rangle_B\langle-\boldsymbol{n}(\theta,\varphi)\mid\} \tag{28.5}$$

而此时 Alice 手中粒子态也是如此。因此平均值仍然是式(28.2)。其余情况照此分析。总之,这里只涉及 $\rho_A=\frac{1}{2}I_A$ 态以等概率正交态分解所表现的擦洗现象。下面就用现在这种添加 B 粒子到 A 粒子上,使 A 粒子的混态扩大变成纯态,再作适当测量的方法,来推广这里的擦洗——相干性恢复的讨论。

4. 一般情况:GHJW 定理

(1) 添加粒子纠缠将混态予以纯态化。

已经知道,任何量子体系的任意混态可以用无数不同方式作为一系列纯态的一个系综来实现(因为仅就直观简单情况就可以说,一个混态 ρ 可以有各种各样的非正交分解)。现在考虑一个密度矩阵 ρ_A 实现为下述纯态系综,

$$\rho_A = \sum_i p_i \mid \varphi_i\rangle_A\langle\varphi_i \mid, \rho_A = \{p_i, \mid \varphi_i\rangle_A, i = 1,2,\cdots\}, \sum_i p_i = 1 \tag{28.6}$$

这里$\{|\varphi_i\rangle\}$是归一的,但不必是相互正交的。对任何密度矩阵ρ_A,总可以再添加一个粒子予以"纯化"为$|\Phi\rangle_{AB}$,构造它的一个"纯化"——扩充组成一个双粒子的纯态

$$\mid \Phi\rangle_{AB} = \sum_i \sqrt{p_i} \mid \varphi_i\rangle_A \mid \alpha_i\rangle_B \tag{28.7}$$

其中$|\alpha_i\rangle_B \in H_B$,${}_B\langle\alpha_i|\alpha_j\rangle_B = \delta_{i,j}$。显然,这里只要求$H_B$的维数不小于这个混态系综中的项数,不涉及所用到的$\{|\alpha_i\rangle_B\}$是否完备。于是有

$$\rho_A = \mathrm{tr}^{(B)}(\mid \Phi\rangle_{AB}\langle\Phi \mid) \tag{28.8}$$

然后,对B进行与$\{|\alpha_i\rangle_B\}$相关的力学量组测量,纯态(28.7)将以概率p_i投影到$\{|\alpha_i\rangle_B\}$。相应地,A在关联塌缩中得到$|\varphi_i\rangle_A$。于是就实现了这个给定的混态——给定概率分布的一系列纯态组成的系综

$$\rho_A = \{p_i, \mid \varphi_i\rangle_A, i = 1,2,\cdots\} \tag{28.9}$$

(2) 推广的擦洗技术——**GHJW(Gisin,Hughston,Jozsa,Wootters)定理**

第10讲曾说,一个混态可以实现为各种纯态系综。比如有两种:

$$\rho_A = \sum_i p_i \mid \varphi_i\rangle_A\langle\varphi_i \mid = \sum_\mu q_\mu \mid \psi_\mu\rangle_A\langle\psi_\mu \mid \tag{28.10}$$

对后一种表示,同样也有一个相应的纯态化结果:

$$\mid \Psi\rangle_{AB} = \sum_\mu \sqrt{q_\mu} \mid \psi_\mu\rangle_A \mid \beta_\mu\rangle_B \tag{28.11}$$

这里$\{|\beta_\mu\rangle_B\}$的情况和上面$\{|\alpha_i\rangle_B\}$的类似。接着在B中执行选定的系列测量,得到以概率q_μ将B正交投影到$|\beta_\mu\rangle_B$,相应得到A的表示为这个系列纯态的同一混态ρ_A。

现在问:表示A同一个混态的两个纯化态$|\Phi\rangle_{AB}$和$|\Psi\rangle_{AB}$之间是什么关系呢?由于要满足

$$\rho_A = \mathrm{tr}^{(B)}(\mid \Phi\rangle_{AB}\langle\Phi \mid) = \mathrm{tr}^{(B)}(\mid \Psi\rangle_{AB}\langle\Psi \mid) \tag{28.12a}$$

所以这两个纯化态$|\Phi\rangle_{AB}$和$|\Psi\rangle_{AB}$之间的差别仅仅在于:在H_B空间中的一个幺正变换U_B。就是说,有

$$\mid \Psi\rangle_{AB} = (I_A \otimes U_B) \mid \Phi\rangle_{AB} \tag{28.12b}$$

或者写成

$$U_B: \{\mid \alpha_i\rangle_B\} \to \{\mid \beta_\mu\rangle_B\} \tag{28.12c}$$

与此同时,求和式(28.7)中各$|\varphi_i\rangle_A$项也就拆解合并成为求和式(28.11)中$|\psi_\mu\rangle_A$各项。

这表明,对于同一个纯化态$|\Phi\rangle_{AB}$,只要在B中选择合适的局域变换和测量(针对各种不同基矢作不同的测量,产生B粒子态的各种不同塌缩),将能得到A的(系综$\{p_i, |\varphi_i\rangle_A\}$或系综$\{q_\mu, |\psi_\mu\rangle\}$等)任何纯态系综表示。**$A$粒子这些不同系综表示之间,只相差$B$空间的一个幺正变换——$B$中基矢变换**。于是比如说,在$\{p_i, |\varphi_i\rangle_A\}$系综中,本来各个$|\varphi_i\rangle$之间是非相干的,但从$\{q_\mu, |\psi_\mu\rangle\}$系综来看,它们之间的相干性是恢复了。

类似地,可以考虑全都实现同一个 ρ_A 的许多系综的情况。这就导致如下 **GHJW 定理**[⑤]:

考虑全都实现同一个 $\boldsymbol{\rho}_A$ 的许多纯态系综,并设在各系综中所含纯态的最大数目是 $\boldsymbol{n}$。于是总可以选择一个 $\boldsymbol{n}$ 维系统 $\boldsymbol{H}_B$ 和找到一个纯态 $|\boldsymbol{\Phi}\rangle_{AB}\in \boldsymbol{H}_A\otimes\boldsymbol{H}_B$,使得任何(实现 $\boldsymbol{\rho}_A$ 的)系综都能通过 $\boldsymbol{B}$ 中适当的局域测量予以实现。

(3) GHJW 定理分析

其一,此定理以最一般的形式表达了量子擦洗现象。GHJW 定理是说,从另一种表示来看,原来非相干混合着的两个态,现在相干叠加了、具有相干性了,仿佛经过擦洗,恢复了它们的相干性;反过来说也如此。事实上,在$\{|\beta_\mu\rangle_B\}$基中测 B,将"抹去"A 在"哪条路"的信息(A 在$|\varphi_i\rangle_A$ 还是在$|\varphi_j\rangle_A$ 上的信息)。这就是说 GHJW 定理以最一般的形式表达了广义量子擦洗现象的原因。不仅如此,定理还说明了得到这些表达式的办法。这种广义擦洗的相干性恢复技术在实际中十分有用。

其二,事实上,GHJW 定理是 Schmidt 分解的一个平凡推论。因为,两个纯化态$|\Phi\rangle_{AB}$和$|\Psi\rangle_{AB}$,都有自己的 Schmidt 分解,并在对 B 取迹后产生同一个$\rho_A=\sum_k\lambda_k|k\rangle_A\langle k|$,于是这两个分解必须有如下形式:

$$|\Phi\rangle_{AB}=\sum_k\sqrt{\lambda_k}\,|k\rangle_A\,|k'\rangle_B,\qquad |\Psi\rangle_{AB}=\sum_k\sqrt{\lambda_k}\,|k\rangle_A\,|k''\rangle_B \tag{28.13}$$

这里 λ_k 是 ρ_A 的本征值,而$|k\rangle_A$ 是相应的本征矢量。但因为$\{|k'\rangle_B\}$、$\{|k''\rangle_B\}$是 H_B 的两组正交归一基(可能都是各自其中一部分,但在两个表达式中用到这两组基的个数相等),所以存在一个幺正变换 U_B,使得

$$U_B:\{|k''\rangle_B\}\rightarrow\{|k'\rangle_B\} \tag{28.14}$$

由此即得前面$|\Phi\rangle_{AB}$和$|\Psi\rangle_{AB}$的关系。这种变换计算,如果从 A 粒子已知态ρ_A 谱表示和AB 粒子 Schmidt 表示式来理解,道理十分明显,甚至很平庸。然而这种广义擦洗的相干性恢复技术在实际中却十分有用。

在 ρ_A 表述为一些纯态的系综的时候,这些纯态是非相干叠加的(一个在 A 中的观察者是不可能观察到这些纯态之间的相对位相的)。但令人深思的是,这些纯态不能彼此干涉的理由是:在原则上,通过对 B 执行一种测量,将其投影到正交基$\{|\alpha_i\rangle_B\}$上就能发现(或鉴别出)A 的这些纯态。然而,若是换为另一种测量,投影到$\{|\beta_\mu\rangle_B\}$基上,并将测量结果信息传送给 A,人们就能从系综中抽出纯态中的一个(比如$|\psi_\mu\rangle_A$),即使这个态会是一些$|\varphi_i\rangle_A$ 态的相干叠加态!

5. GHJW 定理的一个算例

算例详见 10.3 节,结论列举如下。Alice 有一个如下混态:

---

⑤ PRESKILL J. Lecture Notes for physics 229: Quantum Information and Computation, CIT-internet, 1998, 9, P. 68-73. 张永德. 量子信息物理原理[M]. 北京: 科学出版社, 2006, 7.2 节.

$$\rho=\frac{1}{2}\{|+z\rangle\langle+z|+|+\boldsymbol{n}\rangle\langle+\boldsymbol{n}|\}=\frac{1}{2}\begin{pmatrix}1+\cos^2\frac{\pi}{8} & \sin\frac{\pi}{8}\cos\frac{\pi}{8}\\ \sin\frac{\pi}{8}\cos\frac{\pi}{8} & 1-\cos^2\frac{\pi}{8}\end{pmatrix}$$

按量子系综观点,这个混态是如下两种非正交纯态等概率无序排列:

$$\rho=\left\{\frac{1}{2},\ |+z\rangle;\ \frac{1}{2},\ |+\boldsymbol{n}\rangle\right| \tag{28.15a}$$

这是第一种观点。

这个混态ρ有个唯一的正交分解——本征分解。可以检验,此混态密度矩阵ρ的本征分解(谱表示)成为

$$\rho=\{\lambda_+,\ |+\boldsymbol{n}\rangle;\lambda_-,\ |-\boldsymbol{n}\rangle\} \tag{28.15b}$$

现在对ρ作非正交分解。这类分解有无穷多种。其中一种为过ρ态的极化矢量作一水平直线,交圆周于两点。这又代表将此混态分解成了另外两个纯态的凸性和。按系综观点,ρ又有第三种解释,即如下两个非正交纯态的非相干混合随机序列:

$$\rho=\{\delta_+,\ |\boldsymbol{p}_1\rangle;\ \delta_-,\ |\boldsymbol{p}_2\rangle\} \tag{28.15c}$$

其中$\boldsymbol{p}_1$、$\boldsymbol{p}_2$、δ_+、δ_-的表达式见式(10.11c)前面的解释。理论上,这三种不同纯态系综都代表同一个混态,实验完全无法鉴别。

现在,通过添加一个粒子B,将它们纯化。由这三种系综表示分别得到

$$\begin{cases}|\psi\rangle_{AB}=\dfrac{1}{\sqrt{2}}|+z\rangle_A|+x\rangle_B+\dfrac{1}{\sqrt{2}}|+\boldsymbol{n}\rangle_A|-x\rangle_B\\ |\varphi\rangle_{AB}=\lambda_+|+\boldsymbol{n}\rangle_A|+y\rangle_B+\lambda_-|-\boldsymbol{n}\rangle_A|-y\rangle_B\\ |\chi\rangle_{AB}=\delta_+|\boldsymbol{p}_1\rangle_A|+z\rangle_B+\delta_-|\boldsymbol{p}_2\rangle_A|-z\rangle_B\end{cases} \tag{28.16}$$

第一种方案测量的是B粒子的σ_x;第二种测量B粒子的σ_y;第三种测量B粒子的σ_z。塌缩结果都能得到A粒子的上述同一个混态ρ。

6. 考虑POVM的GHJW定理

讨论GHJW定理时已经看到,借助于制备态

$$|\Phi\rangle_{AB}=\sum_\mu\sqrt{q_\mu}\,|\psi_\mu\rangle_A|\beta_\mu\rangle_B \tag{28.17}$$

能够采用H_B的正交测量$\{E_\mu=|\beta_\mu\rangle\langle\beta_\mu|\}$来实现$A$粒子的系综:

$$\rho_A=\sum_\mu q_\mu|\psi_\mu\rangle_A\langle\psi_\mu| \tag{28.18}$$

而且,假如H_B的维数为n,即便对这单个纯态$|\Phi\rangle_{AB}$,通过在H_B中测量一组合适的可观测量,能够制备彼此不相干的任何最多为n个纯态的纯态系综ρ_A。方法是假定H_B中这个可观测量的本征态是$\{{}_B\langle\eta_\nu|\}$,则

$$|\varphi_\nu\rangle_A={}_B\langle\eta_\nu|\Phi\rangle_{AB}=\sum_\mu\sqrt{q_\mu}\,{}_B\langle\eta_\nu|\beta_\mu\rangle_B|\psi_\mu\rangle_A\equiv\sum_\mu\gamma_{\nu\mu}|\psi_\mu\rangle_A \tag{28.19}$$

即可实现系综ρ_A的一个纯态系列$\{|\varphi_\nu\rangle\}$。或反过来,用已知的A的态对纯化态去作内积,

找出 B 中的态和它们所对应的力学量。但此做法未见得方便，因为从内积所得 B 态不一定彼此正交。

但利用 POVM 概念，就能看到，如果要在 H_B 上作 POVM（而不单只是正交测量），那么即便对于 H_B 的维数为 $N<n$，也可以通过在 H_B 的子空间中适当选择一组 POVM 来实现任何 ρ_A 的制备。于是可以重写 $|\Phi\rangle_{AB}$ 作为

$$|\Phi\rangle_{AB}=\sum_{\mu}\sqrt{q_\mu}\,|\psi_\mu\rangle_A\,|\tilde{\beta}_\mu\rangle_B \tag{28.20}$$

这里 $|\tilde{\beta}_\mu\rangle_B$ 是将 $|\beta_\mu\rangle_B$ 向 ρ_B 的子集作正交投影的结果。现在可以在 ρ_B 的子集上用 $F_\mu=|\tilde{\beta}_\mu\rangle_B\langle\tilde{\beta}_\mu|$ 执行 POVM。于是也就以概率 q_μ 制备了态 $|\psi_\mu\rangle_A$。

28.5 Swapping——遥控相干性恢复技术

作为说明的例子，考虑两个已经失去相干性的粒子（比如 A 和 B）。只要它们分别都和别的粒子（比如 C 和 D，即 A-C、B-D 之间）存在最大纠缠，不仅可以用遥控的方式在它们之间建立起具有最大纠缠度的量子纠缠关系，而且也可以恢复 A 和 B 之间的量子相干性。方法是采用 Quantum Swapping 技术，对 C 和 D 作关联性的向 Bell 基投影的量子测量。注意这不但是以遥控的方式，而且是在不同粒子之间建立或恢复相干性。

当然，如果上面 GHJW 定理中的 A 和 B 相互之间是空间分隔的，那就也可以通过对 B 的适当测量来遥控恢复 A 粒子的已经失去相干性的某些态之间的相干性。

28.6 全同性原理应用——全同多粒子态的相干性恢复技术

1. 全同性原理及其分析

有关原理的核心内容、如何理解这种不可分辨性的性质、全同粒子在什么情况下可以分辨等详见 29.3 节。这里专注于原理在恢复相干性问题上的应用。

这里也许存在一个如下尚待解决的问题：考虑原先彼此完全无关的 N 个自由电子组成的体系。若不计它们总体位相的不确定性，共计有 $N-1$ 个独立位相因子的任意性。但经过足够而有限时间自由演化波包弥散之后，它们的波函数彼此交叠。按全同性原理将它们的波函数反称化，形成一个整体的 N 体波函数。**这时发现，那 $N-1$ 个独立位相因子的任意性完全消失，彼此之间建立起了相干性，于是体系的确定性是增加了！与此相应，是否应当改进现有的 von Neumann 熵计算方案，将这个过程看做是熵减少过程?!**

2. 原理对相干性恢复的应用

普遍地说，即便过程中两粒子有取值不同并且守恒的量子数作为标记，这时两粒子究竟是否可分辨，最终还要看如何进行测量，即选择何种末态塌缩而定。从初态、相互作用过程、选择向其投影的末态测量这三个环节，仔细最终地抹去一切可辨认的“广义好量子数”，让全

同性原理起作用,这是恢复全同粒子体系量子态相干性的核心思想。总之,粒子不可分辨性和交换效应相干性紧密关联,同时存在。

例子：分析双光子的分束器。如图28.1所示,有一块半透镜,水平极化光子1从左上方 a 入射,透镜将其相干分解,部分反射向 c,部分透射向 d；垂直极化光子2从左下入射,相干分解后,反射向 d,透射向 c。由 a 入射的称 a 空间模,向 c 出射的称为 c 空间模,等等。此时两个光子的输入态为

$$|\psi_i\rangle_{12}=|\leftrightarrow\rangle_1\otimes|a\rangle_1\cdot|\updownarrow\rangle_2\otimes|b\rangle_2 \tag{28.21}$$

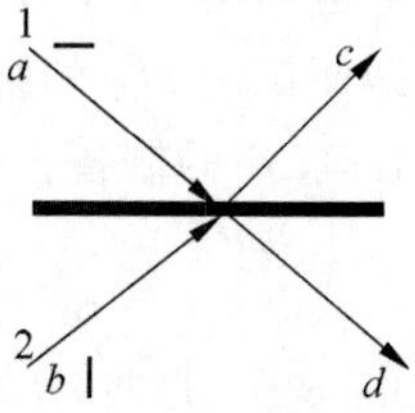

图 28.1

这里水平和垂直箭头分别表示光子的两种极化方向,相应的两种极化状态彼此正交。经过分束器之后,反射束应附加 $\frac{\pi}{2}$ 位相跃变而透射束则无位相跃变(见5.1节)；同时,分束器不改变入射光子的极化状态,出射态为

$$|\psi_f\rangle_{12}=|\leftrightarrow\rangle_1\otimes\frac{1}{\sqrt{2}}(\mathrm{i}|c\rangle_1+|d\rangle_1)\cdot|\updownarrow\rangle_2\otimes\frac{1}{\sqrt{2}}(|c\rangle_2+\mathrm{i}|d\rangle_2) \tag{28.22}$$

如果两个光子足够单色化,使波列的空间相干长度远大于光子波包的宽度和程差之和,这时它们将同时(或几乎同时)到达分束器,出射态光子的空间模将会重叠,这就必须考虑两个光子按全同性原理所产生的相干性。这时出射态应该是交换对称的,正确写法应为

$$\begin{aligned}|\psi_f\rangle&=\frac{1}{\sqrt{2}}(|\psi_f\rangle_{12}+|\psi_f\rangle_{21})\\&=\frac{1}{2}\{\mathrm{i}|\psi^+\rangle_{12}(|c\rangle_1|c\rangle_2+|d\rangle_1|d\rangle_2)+|\psi^-\rangle_{12}(|d\rangle_1|c\rangle_2-|c\rangle_1|d\rangle_2)\}\end{aligned} \tag{28.23}$$

注意出射态第二项的空间模不同于第一项。为了探测这个模,可在分束器出射方向 c 和 d 两处分别放置两个探测器,对两处光子探测作符合计数。此式表明这种实验安排将有 $\frac{1}{2}$ 概率得到符合计数(探测到出射态塌缩为第二项)。最后便有 $\frac{1}{2}$ 概率得到双光子极化纠缠态 $|\psi^-\rangle_{12}$,

$$|\psi^-\rangle_{12}=\frac{1}{\sqrt{2}}\{|\updownarrow\rangle_1|\leftrightarrow\rangle_2-|\leftrightarrow\rangle_1|\updownarrow\rangle_2\} \tag{28.24}$$

这样一来,尽管两个光子之间(以及分束器中)并不存在可以令光子极化状态发生改变的相互作用,但全同性原理的交换作用和测量塌缩还是使两个光子的极化状态发生了变化。就是说,如此的测量造成了这般的塌缩,使得两个光子中每一个的极化矢量都不再守恒(尽管表面上看来并不存在改变入射光子极化状态的作用)。**现在,两个光子已经因为不可分辨而相互干涉。这是由于这种末态投影测量实验造成的,说明这种符合测量的塌缩末态和光子极化本征态是不兼容的。**如果设想换另外一种测量实验——采用极化灵敏的探测器测量出

射光子的极化本征态，则由于分束器过程和测量过程中极化矢量一直守恒，在这种测量实验中两个光子就可以用它们的极化状态来分辨，也就不存在交换效应。这个例子从另一个角度再次说明，**两个光子究竟是否可分辨（或说可否相干），还要看如何测量——末态如何选择而定**。

附带指出，Young 氏双缝实验中，如果入射电子束很强，就必须考虑两个电子同时到达时波包重叠，穿过双缝振幅的反称化问题。见 1.6 节。

第29讲

论波粒二象性

——"大道归一，返璞归真"

※ ※ ※

29.1 波粒二象性是微观粒子最基本的内禀性质

1. 此禀性是全部 QT 的物理基础

全部实验事实表明，微观粒子的行为，有时像经典物理学中的粒子，有时又像经典物理学中的波动，体现着波动和粒子两种图像。就是说，**全部 QT 物理学不过是表明，微观粒子具有波粒二象的性质。**

看起来，"**波粒二象性**"的确是一个很不自然的、"二元拼凑"的说法。其实，这应当归咎于人们惯性思维的逆向性质：人们非要使用宏观物理学的经典概念描述微观粒子行为。仿佛初学外语的人总是习惯使用母语去理解外语，也像苏州西园罗汉堂中济公和尚那副"又哭又笑"的尴尬面孔。说到底，正是无数实验事实告诉了人们，**微观粒子只是表现出"像"，其实并不就是经典物理学的"粒子"**(注意，作为抽象概念的"质点"只是"人造之物"，自然界中实际并不存在！详见有关各讲，特别是第 30 讲)；**微观粒子也只是表现出"像"，其实也并不就**

是经典物理学的"波动"。两种图像都只是在相关实验条件下所"表现"出的"面孔"。其实，说到底，微观粒子本身就是它们客观自在的本身！人们不能也无法脱离"实验表现"去凭空谈论那些"本身"，更不能就将它们表现的面孔认作它们本身。

以光子为例说明，光量子的禀性可以概括为：在冲撞过程中，粒子的图像体现着光量子的整体性；在转化过程中，波包的图像体现了光量子的相干相融性。或者说，光量子既蕴含着用于整体冲撞的粒子性，又蕴含有用于相干相融转化的波动性。关于可道之道的量子力学，**从第 1 讲引用 Feynman 的话"Young 氏双缝是量子力学的心脏"开始，到这一讲采用"波粒二象性是量子力学的灵魂"作为归纳。这是一个对立统一、圆融深邃、极富张力、充满活力的灵魂**。对此下面逐步展开解释。

由微观粒子具有波粒二象性质的基本观念出发，运用自然科学"实验事实+逻辑推理"的理性思维模式，可以推论出 NRQM 的三个基本特征[①]：概率解释、不确定关系、量子化现象。这三种禀性如此基本，以致贯穿全部 QT！

接下去，采用 5 条公设（波函数公设、算符公设、测量公设、基本方程公设、全同性原理公设）就逻辑地支撑起 NRQM 框架。这里应当指出，NRQM 教材经常避免谈论第三（以及第五）公设，那是对 NRQM 很不完善的表述。后果是使 NRQM 成了一个古怪的、经常回避问题的、不讲道理的数学结构。

2. **此禀性是"无厘头"的"一次量子化"的"始作俑者"**

众所周知，从排斥轨道概念的 Maxwell 波动方程取极短波长极限可以得到主张轨道概念的几何光学（基本方程为程函方程）。与此相似，从排斥轨道概念的量子力学取极短波长近似便得到主张轨道概念的经典物理学[②]。16.5 节表明：**只要相对而言不必计较波动性，即当 $\frac{\lambda_{\text{de Broglie}}}{l}=\frac{\hbar}{mvl}\to 0$ 时，量子力学便经过极短波长近似简化成为经典力学。**

但是，人们不自觉地沿袭人择原理偏颇的惯性思维（第 30 讲），习惯从身边熟悉的知识出发去理解新东西，也即从经典物理学出发，主观经验主义的引入"一次量子化"，企图由经典力学"导出"（至少是"理解"）量子力学！从理论上看，这种"一次量子化"的"推导"过程全无逻辑可言，是个"无厘头"的东西。它有个经典类比：企图从几何光学"导出"波动光学！两者的共同之处是逆向性思维。

虽然这个"无厘头"的作法来源于人们的惯性思维，但其实是，这个"无厘头"作法所处理的正是微观粒子的波粒二象性质：正是微观粒子的波动性，借助人们先入为主的经验主义，导演出这么个"无厘头"的"一次量子化"（见 11.2 节）！至于在宏观世界，粒子质量通常很大，涉及的波长极短，于是只要不是超低温或是超高密度，波动性便可以忽略（第 16 讲）。

---

① 详见：张永德. 量子力学[M]. 4 版. 北京：科学出版社，2016，第 1 章.

② 其实，向经典过渡的通常相关论述有明显的局限性，见第 16 讲。

29.2 此禀性是不确定性关系的物理根源

首先,应当指出,**虽然不确定性关系是 Heisenberg 最先提出的,但他当时的解释有两个偏颇:其一,将此关系式理论意义拔得过高,不适当地说成是整个量子理论的第一原理和出发点;其二,对此关系式的理解和解释是从"观测必定带来扰动"角度出发的**。现在出现弱测量技术后,再回过头去看他当时给出的解释就显得既不到位,也不准确,更不普适。**以致目前不少人提出突破和修正 Heisenberg 原来意义上的解释**。关于第一点见本节分析,第二点见第4讲弱测量的 MDR 分析和相关文献。

现在看看微观粒子波动性怎样导致不确定性关系。众所周知,Fourier 积分变换理论中有个"Fourier 带宽定理"[③]:令 Fourier 积分变换的像函数和原函数分别为

$$F(y)=\int_{-\infty}^{+\infty}f(x)\mathrm{e}^{-\mathrm{i}xy}\,\mathrm{d}x,\quad f(x)=\frac{1}{2\pi}\int_{-\infty}^{+\infty}F(y)\mathrm{e}^{\mathrm{i}xy}\,\mathrm{d}y \tag{29.1a}$$

接着,定义相对于任意固定值 x_0、y_0 的方差

$$(\Delta x)^2=\frac{\int_{-\infty}^{+\infty}(x-x_0)^2\,|f(x)|^2\mathrm{d}x}{\int_{-\infty}^{+\infty}|f(x)|^2\mathrm{d}x},\quad (\Delta y)^2=\frac{\int_{-\infty}^{+\infty}(y-y_0)^2\,|F(y)|^2\mathrm{d}y}{\int_{-\infty}^{+\infty}|F(y)|^2\mathrm{d}y} \tag{29.1b}$$

于是就有如下不等式成立:

$$\Delta x\cdot\Delta y\geqslant\frac{1}{2} \tag{29.1c}$$

显然,按照这个定理,任何种类的波(弹性波、光波……)都存在类似关系式。这是对波动过程进行 Fourier 分析所得的基本结论之一。

将这个数学定理用到 de Broglie 波上来。由 $\psi(x)$、$\varphi(p)$ 物理解释,定义微观粒子坐标 x 和动量 p(相对于任选值 x_0、p_0)的均方偏差:

$$(\Delta x)^2=\frac{\int_{-\infty}^{+\infty}(x-x_0)^2\,|\psi(x)|^2\mathrm{d}x}{\int_{-\infty}^{+\infty}|\psi(x)|^2\mathrm{d}x},\quad (\Delta p)^2=\frac{\int_{-\infty}^{+\infty}(p-p_0)^2\,(\varphi(p))^2\mathrm{d}p}{\int_{-\infty}^{+\infty}(\varphi(p))^2\mathrm{d}p} \tag{29.2a}$$

显然,$\psi(x)$ 和 $\varphi(p)$ 是积分核为 $\exp(\mathrm{i}xp/\hbar)$($x,y=p/\hbar$)的 Fourier 积分变换的变换对,按照此数学定理立即得到:不论粒子 de Broglie 波波包形状如何,动量和坐标的两个均方根偏差乘积存在如下不确定性关系[④]:

$$\Delta x\cdot\Delta p\geqslant\frac{\hbar}{2} \tag{29.2b}$$

---

③ 香帕尼 D C. 傅里叶变换及其物理应用[M]. 陈难先,何晓民,译. 北京:科学出版社,1980:18.

④ Heisenberg 当年提出的下述不等式关系是普适正确的,但他从实验测量精度与干扰关系(MDR)的解释是不准确的。这已为近来文献所指出,见本书第4讲弱测量部分。

于是，不论微观粒子处于何种状态，它的坐标和动量客观上就不能同时具有确切值，当然也就不能在同一个实验中将它们都测准。

这是说，**不确定性关系的物理根源在于微观粒子的波动性**（**更确切些，在于微观粒子波粒二象的内禀性质**）。也正因为如此，它与相互作用无关，是个普适关系式：在任何量子物理实验中，都能分析出这一不确定性关系。随着研究对象向宏观领域趋近，如果问题容许取极短波长近似$\frac{\lambda_{\text{de Broglie}}}{l}=\frac{\hbar}{mvl}\to 0$，则不确定性关系的作用消失，从 x、p 不能同时测准而“约略”成为能够同时“测准”了。

再次强调，**这种不能同时测准是原则性的**。不但不存在能同时测准微观粒子位置和动量的实验方案，而且这个乘积本身客观上就有下限。通常，对不确定性关系的理解区分三个层次：实验误差，可以逐步改进；虽是实验误差，但不可能改进；并非实验误差，无从谈及改进。最后的理解才是到位的理解。本质上，关系式根源于 de Broglie 波的波动性，来源于 de Broglie 波的 Fourier 分析，由波函数本身决定并包含于波函数本身，并非任何实验方案欠周密、实验技术欠精密所致。

分析到此，联想起唐高宗时，皖鄂交界[⑤]黄梅东山（冯茂山）的禅宗五祖弘忍考察挑选衣钵传人的故事。其时上座弟子神秀和初入门下的慧能（37 岁，还在后院做杂务）两人有偈语之辩。神秀先作偈：身是菩提树，心如明镜台；时时勤拂拭，莫使惹尘埃。慧能认为“**知未见性**”，续作一偈[⑥]：**菩提本无树，明镜亦非台，本来无一物，何处惹尘埃**。深悟禅宗识心见性要旨，得到弘忍秘传衣钵，成为禅宗六祖。**这正是“本身不确定，何关测不准”。其实，何止不确定性关系，就连微观粒子位置概念本身，将来精确（局限）到 Compton 波长尺度以下，也将会“本身失意义，何关确不定”（参见第 7、11、20、23 各讲）！**

29.3　此禀性是全同性原理的物理根源

1. 全同性原理

首先，如果两个微观粒子的内禀属性（质量、电荷、自旋、同位旋、内部结构及其他内禀性质）相同，就称它们为两个全同粒子。两个全同粒子可以处在不同的动力学状态。然而，两个内部结构相同而仅仅内部激发状态不同的复合粒子（比如，处于基态和激发态的氢原子），有时就不能视作全同粒子。

由于微观粒子具有波动性，两个或多个全同的微观粒子存在置换对称性，呈现出置换效

---

⑤ 附带提及，从隋末到唐开元—天宝年间，以皖西天柱山为中心的潜山、太湖、岳西三县和皖鄂交界处湖北黄梅县，是中国禅宗盛传的区域。至今，地区内仍坐落着禅宗的二祖庙、三祖庙、四祖庙、五祖庙。直到六祖，得五祖衣钵后去了广东，开创禅宗南派。神秀则成立禅宗北派。进入宋朝，禅宗与儒学相结合，使佛教发扬光大，完成了东传佛教的本土化。

⑥ 《大藏经：六祖坛经》，第 179 页。北方联合出版传媒（集团）股份有限公司出版，2011 年。

应这种特殊相干性。这种置换对称性陈述为如下原理：

［微观粒子全同性原理］**体系中全同粒子因实验表现相同而无法分辨。设想交换体系中任意两个全同粒子所处状态和地位，将不会表现出任何可以观察的物理效应。也即，微观粒子的全同性必定导致全同微观粒子的实验不可分辨性。**

既然全同微观粒子体系中各粒子"原则上"就不能分辨，改变它们(纯粹人为外加)的编号顺序，就不应当导致任何可观察的物理效应。就是说，全部实验观测结果必须对编号置换为对称的！总体而言，这些实验观测量分为两类：力学量的取值以及取值的概率。于是，全同微观粒子体系的全部力学量算符，以及体系全部可观察概率，对任何粒子编号置换都是对称的！简单推理即知，由这个论断可以得到如下两条重要结论[⑦]：

(1) 体系全部可观察量算符 $\hat{\Omega}$ 对于粒子间的置换 $\hat{P}$ 完全对称：

$$\hat{P}\hat{\Omega}\hat{P}^{-1}=\hat{\Omega} \tag{29.3a}$$

(2) 体系任一总波函数 Ψ，整体上对于粒子间的置换要么全对称，要么全反对称，不存在任何中间类型的状态。即有

$$\hat{P}\Psi=\pm\Psi \tag{29.3b}$$

其次，究竟什么样粒子的全同粒子体系用全对称波函数，什么样粒子的全同粒子体系用全反对称波函数呢？QED中，Pauli依据 Lorentz 变换和相对论性定域因果律[⑧]，证明了现在所称的**Pauli 基本定理**(见第18讲)。由此定理又导出**Pauli 不相容原理：组成一个体系的两个全同 Fermion 不能处于相同的状态上**。因为这样一来，反称化使体系的总波函数为零。

全同性原理不仅是 NRQM 的第五公设，更是微观世界的普遍规律，适用于从低能到高能全部 QT[⑨]。原理导致一种由于波函数对称化或反称化所造成的可观察的纯量子效应——交换效应。

2. 此禀性是全同性原理的物理根源

可以明确地说，全同性原理的物理根源是微观粒子的波粒二象性。特别是，它和微观粒子的波动性有必然的内在联系。

实际上，**微观粒子波动性，反映在单个粒子之上就表现为一对正则共轭量之间的不确定性关系，否定了质点概念和轨道概念，由于干涉而呈现出量子化现象；反映在全同粒子之间关系上就是全同性原理，就是原理所主张的全对称或全反对称的量子纠缠，使两个或多个全同微观粒子出现置换对称性，实验上表现出交换效应，体现波动性在全同粒子之间的影响。**

经典物理学中原则上不存在(完全相同的)全同粒子。并且，由于宏观粒子的 de Broglie

---

⑦ 详见脚注①，第6章。

⑧ 必须不违背普遍的定域因果性原理——两件类空间隔($|\Delta l|>|c\Delta t|$)事件彼此应当没有因果关联。即，此原理主张，相隔为类空间隔的两个测量可以独立进行，互不干扰；有此间隔的两个物理场算符应当彼此对易。

⑨ 见脚注①，第6章。

波波长极短，即便存在“全同”的宏观粒子，原理上也可以对它们进行分辨和追踪，交换效应并不存在。但在量子力学中，两个全同粒子——比如两个电子的情况完全不同。由于电子具有波粒二象性，特别是它的波动性，导致不确定性关系，使得轨道概念失效，在 de Broglie 波波包演化重叠区内(如果也不存在其他可供鉴别的守恒量子数的话)，肯定出现它们坐标不再具有确定值，原理上就无法分辨测量塌缩中所得粒子谁是谁。某个时刻的定位对追踪并无帮助。重叠区域越大，以后时刻越不容易分辨和追踪它们。这说明，**微观世界里的全同粒子，一旦它们波包有重叠而又没有守恒的内禀量子数可供鉴别，波动性将肯定使它们失去“个性”和“可分辨性”，出现交换效应！**

正因为全同性原理植根于微观粒子的内禀属性，它对全部量子理论都是正确的。正因为全同性原理和微观粒子内禀属性紧密关联，所以不少人认为它不能算作独立公设，而只是量子力学基本观念的一个推论。

3. 全同粒子的可区分性

原则上对任何全同粒子体系都应当作对称(反对称)化。但常常由于各种原因，交换效应不存在或不显著，而不必作这种对称(反对称)化。于是判断交换效应何时存在、何时不存在，对澄清物理概念和简化计算都很重要。特别当末态测量方案复杂多变时尤须如此。

全同性原理干涉效应(交换效应)存在的充要条件是：对末态测量分解之后相应交换矩阵元不为零，

$$\text{交换矩阵元} \propto \langle f \mid \boldsymbol{\Omega} \mid i \rangle \tag{29.4}$$

详细些说，如果从初态$|i\rangle$经过相互作用$\hat{\Omega}$，到测量投影末态$|f\rangle$的全过程中，不存在任何“广义好量子数”可供鉴别标记，物理上这等于原理上彼此不可分辨。一旦可以用某种办法分辨，交换作用就消失。**总之，粒子不可分辨性和交换效应存在性二者紧密关连，同时存在，相互依存。**

这里说的“广义好量子数”中的“好”是指：这些广义好量子数不会被最后实验观测所破缺。因为，这些交换矩阵元不仅与初态$|i\rangle$、相互作用$\hat{\Omega}(1,2,\cdots)$有关，而且与测量方案，即分解投影后的测量末态$|f\rangle$有关——就是说与观测内容和测量方法有关！只当两粒子存在某种取值不同的量子数或特征，这种量子数或特征能从初态$|i\rangle$穿过$\hat{\Omega}$到$|f\rangle$态全过程保持不变情况下，交换矩阵元才为零，体现干涉的交换效应才消失。与此同时，两个粒子当然已经可以分辨。反过来说也如此，这些论述在全同粒子散射中可以得到佐证。在两个波函数空间分布重叠情况下，如果两个电子各自自旋s_z取值不同并且在演化中守恒，则由于波函数自旋部分的正交性，本来可以根据它们$s_{zi}(i=1,2)$的取向来分辨它们，但最终可否分辨还要看测量的物理量与σ_z^i是否对易而定：最后观测方案使末态朝向σ_z^i本征态的塌缩，两个电子仍然可以根据s_{zi}的取向来分辨。这时即便实施反称化效果为零，但如果测量的量与σ_z^i不对易，相应分解时有关交换项就不会消失，存在交换效应。换句话说，这时两个电子在这种测量中将不可分辨。所以，**即便过程中两粒子有取值不同并且守恒的量子数作为标记，它们**

究竟可否分辨最终还要看如何进行测量和塌缩,即如何选择末态种类而定。

这里说的"广义好量子数"中的"广义"是指:包括波包分布彼此空间分开等特征。当两个波函数 $\varphi_1(\boldsymbol{r}_1 t)$、$\varphi_2(\boldsymbol{r}_2 t)$的空间分布不重叠,即它们定义区域没有交集时,实际上两个空间波函数的交换积分等于零:

$$\int \varphi_1^*(\boldsymbol{r}_i t)\varphi_2(\boldsymbol{r}_i t)\mathrm{d}\boldsymbol{r}_i = 0, \quad i = 1,2$$

若交集很小,这项数值也很小。这时有和没有对(反)称化结果是一样的。于是两个全同电子在原理上便可以(用区域 A 和 B)来分辨,交换效应消失。

下面就空间波函数重叠问题,区分三种情况作进一步补充分析:

第一,两个全同粒子的空间波函数在演化中从不重叠。这时两个全同的粒子原理上可以区分,不存在交换效应,有否对称化(或反称化)结果一样。但如果涉及它们的历史,则由于也许还存在自旋量子纠缠,是否能够区分仍然不确定。

为论述简单,不考虑有内禀量子数可供区分的情况,仅就空间波函数单一角度而论:波动性越明显,波函数空间延展越大,来源于交换作用的干涉效应就越显著;而粒子性越明显,波函数的空间延展越小,这种干涉效应就越小。于是,依照空间波函数有完全(或基本)重叠、部分重叠、不重叠等各种情况,自然界包容了:从微观粒子的"原理上不可能区分",到宏观粒子的"原理上能够区分"这两个相互排斥的论断,纳入了自己的统一体。或者说,微观世界的前者包容了宏观世界的后者作为自己的特例。

但是,如果将只考虑空间波函数重叠的片面结论绝对化,陈述为"粒子的不可分辨性密切关联于粒子的非定域化"[⑩]就粗糙了。因为,①即便这种非定域化是过去的事,现在粒子之间已经很好的定域化,以至可认为它们是彼此分离的(如全同粒子散射后),但也许存在其他内禀自由度的量子纠缠,未见得一定可以分辨谁是谁;②即便两个粒子的波包如此好的重叠,以至可认为是很好非定域化的,但如果从给定的初态一直到(依赖于测量方案的)末态存在守恒量子数,则仍然可以分辨谁是谁。

第二,不论在重叠区内(分束器情况)或走出重叠区之后(全同粒子散射情况),即便全同粒子原先处于不同的量子态或不同的内能状态,如果在相互作用过程中没有守恒的相异量子数可资鉴别,就无法分辨它们谁是谁。即便在过程中有守恒的相异量子数可资鉴别,也要看最后如何观测而定:①如果观测过程所测力学量与守恒量子数的力学量对易,测量并不干扰这些量子数守恒,最终就可以用这些量子数来鉴别。例如,除上面关于电子自旋的守恒分析之外,内部激发能级不同的复合粒子,若过程的相互作用和最后的观测都不影响复合粒子的内部状态,就可以用它们内能状态的不同来区分它们。还例如,光子分束器中,如果实验观测方案不是符合测量而是观测光子的极化状态,观测中两个光子的极化状态全程不受

⑩ 注意,许多量子力学书把空间波函数重叠与否作为可区分的唯一标志。这是不全面的,忽略了其他自由度的作用,以及量子纠缠空间非定域性效应。比如见:席夫 L I. 量子力学[M]. 北京:人民教育出版社,1981:423. 梅西亚. 量子力学Ⅱ[M]. 北京:科学出版社,1986:100. 等等。

干扰，就可以用两个光子的极化状态区分它们。②如果测量过程所测力学量与守恒量子数的力学量不对易，这一类末态测量将干扰这个量子数的守恒（经相干分解之后再塌缩），已不能用这个量子数作为鉴别，经测量之后两个粒子已不可区分，表现出相应的交换效应。这在前面电子散射的自旋和光子分束器符合测量等观测实验中都已说明了。也可以换一种说法，如果它们内禀量子数都相同，或是其中有些原先不同但经过相互作用已不再守恒（也许总量还守恒），或是在相互作用中虽然守恒但由于最后实验观测的干扰而不守恒，则不论在重叠区内还是走出重叠区之后，都是不能够区分它们谁是谁。对内部状态不同的复合粒子，如果在散射中或是在测量时有牵连到内能的相互作用，就必须当全同粒子看待，否则不必当全同粒子看待。

第三，演化出了重叠区之后经某种实验安排又再次相遇。这时发生干涉的充要条件依然是它们具有不可分辨性，也就是它们经过路径和内部状态都不能够区分。

最后，附带指出两点：

第一，不同种类微观粒子之间不存在干涉，因为不同种类微观粒子的波函数不能相加减。

第二，Dirac 的提法——“每个光子只与它自己发生干涉，从来不会出现两个不同光子之间的干涉”[⑪]是不全面的。弱光束入射的光学 Young 氏双缝实验情况确是如此！但当入射束强度增强，或是其他相干散射情况，并不如此！全同性原理就主张，两个或多个全同粒子之间由于直接或间接相互作用而发生量子纠缠，或是空间波包因演化而发生重叠，使总波函数对称化或反对称化，加之在包括观测过程在内的全过程中不存在可分辨的某种东西，这种对称化或反对称化就会在这类观测中表现出来，导致交换作用的干涉效应。**这就是源于全同性原理的全同粒子之间的干涉效应**。两个（自旋指向相同的）中子并不容易产生干涉，除了它们之间不确定的位相差之外，主要是它们的 de Broglie 波波长很短，加之中子束的单色性难以做得很好，以致它们空间波包十分狭窄，难“相遇”重叠的缘故。**将两个中子的动量很好的单色化，这就展宽了它们在行进方向上的波包尺度，增加了它们的空间相干长度，使波包有较好的空间重叠，就容易让两个中子发生相干叠加，或是发生全同粒子散射。这一思想首先由 Rauch 教授提出并在中子干涉量度学实验中实现**[⑫]。

29.4 此禀性是保证二次量子化成功的充要条件

有关内容详见 11.4～11.6 节，下面只作简述。

二次量子化方法共计两条规定：

（1）**将普通场量函数替换为非对易的场算符。替换的主要内容就是规定对易规则，并将经典 Poisson 括号替换为量子 Poisson 括号，**

---

⑪ 参见：狄拉克 P A M. 量子力学原理[M]. 陈咸亨，译. 北京：科学出版社，1965：9.

⑫ RAUCH H，WERNER S A. Neutron Interferometry[M]. Oxford：Oxford University Press，2000.

$$\begin{cases}\{A,B\}_{\text{P.B.}} \Rightarrow \dfrac{1}{\mathrm{i}\hbar}[\hat{A},\hat{B}] \\ \psi(\boldsymbol{r},t) \to \hat{\Psi}(\boldsymbol{r},t); \quad \pi(\boldsymbol{r},t) \to \hat{\Pi}(\boldsymbol{r},t) \\ [\hat{\Psi}(\boldsymbol{r},t),\hat{\Psi}^{+}(\boldsymbol{r}',t)] = \delta(\boldsymbol{r}-\boldsymbol{r}') \\ [\hat{\Psi}(\boldsymbol{r},t),\hat{\Psi}(\boldsymbol{r}',t)] = [\hat{\Psi}^{+}(\boldsymbol{r},t),\hat{\Psi}^{+}(\boldsymbol{r}',t)] = 0 \end{cases} \tag{29.5}$$

(2) **维持原来方程形式不变,只将其中普通函数替换成场算符**。这实质是规定了场算符的时空传播规律。

对 Schrödinger 方程情况,可以严格证明:这种“二次量子化程式”正是将单粒子 Schrödinger 方程转换为该粒子全同多粒子 Schrödinger 方程。所以这种“二次量子化程式”并不是一个假设,而只是对这种转换过程的一种简便约定。

但是,将这个“二次量子化程式”推广开来,用于相对论的 Maxwell 场方程,以及单粒子所有 RQM 方程,得到它们的量子场方程,**这是实质性的、有理性基础的重大推广。这种推广将量子理论从粒子数守恒的力学理论提升、扩张到可以考虑粒子转化的更广大领域**。总之,**二次量子化方法是建立微观世界全同多粒子体系动力学理论的正确途径**。

从物理上看,这样做能够获得成功的前提是,那个场所描述的对象必须具有波-粒二象性和全同粒子性。这才可以用这个方法建立它们的全同多粒子动力学理论。大家知道,这正是所有相对论量子力学方程所描述的微观粒子共同具有的性质,也正是这些方程能够被成功推广的物理基础。

29.5 此禀性是 Feynman 公设的物理基础

前面 16.1 节说过,如果可以认定某个过程中微观粒子波动性消失——(相对)极短波长近似,

$$\frac{\lambda_{\text{de Broglie}}}{l} = \frac{\hbar}{mvl} \to 0 \tag{29.6}$$

则描述此过程的量子力学便过渡到经典力学。这时全空间的路径积分自然会塌缩、简并、回归到轨道运动。所以说,**Feynman 路径积分公设的物理基础也是微观粒子波动性**。Feynman 公设的讨论详见 26.5 节。

29.6 此禀性必定导致 QT 的空间非定域性

1. 此禀性必定导致理论的空间非定域性

可以想象,多粒子体系的纠缠态在进行联合测量时,塌缩与关联塌缩所表现出的超空间关联性,以及 Feynman 公设中对全体路径积分等 QT 的所有空间非定域现象都和微观粒子

的波动性密不可分。这里再次指出,如果微观粒子只具有经典的粒子性,不存在波动性,这些现象将肯定不会出现。

2. 塌缩与关联塌缩的因果关联问题

QT 的空间非定域性导致了量子态的塌缩与关联塌缩现象。下面简单叙述塌缩与关联塌缩之间的因果关联问题,详细可参见第 26 讲。

不少人主张关联塌缩是非物理的(事物),想借此规避塌缩与关联塌缩之间因果性的讨论。于是他们主张,信息是物理的,不传递信息的过程就不是物理的过程。由于 Bell 基关联塌缩本身没有传递信息,所以是非物理的。如果 Bob 不知道 Alice 广播的经典信息,就不知道 Alice 的测量结果,也就无法(在不破坏手中粒子状态情况下)知道自己手中粒子的状态。这听起来似乎有点道理。

可以推导:①就统计平均意义而言,A 方进行任何测量过程,对 B 的状态没有影响;②在 A、B 已协商确定测量方案的基础上,对 A 做或没做单次测量,对 B 的状态也没有影响。于是,B 单凭自己对 B 的测量,无法知道 A 方做了什么样的测量,甚至也无法知道 A 方做没做测量。于是有结论:**量子系综的统计测量信息必定遵守相对论性定域因果律,不存在瞬间传递的可能。**

实际上,就算经典物理学如此,平均意义上的量子统计也如此,但就单次测量而言,A 方实施怎样的测量方案对 B 的状态是有影响的。因为如何测量 A,涉及 B 向怎样的末态投影(但这并不影响 B 的密度矩阵,也即就统计平均而言对 B 的状态没有影响)。这意味着,**量子涨落过程情况不一定是这样**。正如同下面分析 Feynman 公设中体现出的那样:**量子涨落可以破坏相对论性定域因果律。这种在单次测量中瞬间被传递过去的“什么东西”并不遵守相对论性定域因果律!**

总之,通过量子通道确实是传过去了“部分信息”。否则,即便听到 Alice 广播,Bob 又能有什么作为?! 就是说,更为合理的是应当承认“关联塌缩”是客观存在的现象,是一种(迄今尚未了解的)物理过程——虽然 Bob 不能发现,但 Alice 已经知道! 人们不能因为 Bob 不知道“关联塌缩”的内容就否定其客观物理实在性!

关联塌缩与相对论定域因果律矛盾分析:首先,QT 认为,塌缩与关联塌缩是同一体系的同一事件,无所谓相对论的“类空、类时间隔”问题。其次,QT 又认为,塌缩与关联塌缩不存在因果关系。

但事实是,**两个粒子毕竟处在不同的空间点上,理应将它们的测量塌缩与关联塌缩两件事认作类空间隔,这会更自然、更具说服力。而且,两件事之间应当存在并且直接就是因果关系。因为塌缩地点配置有测量仪器,而关联塌缩地点则没有——这件事是绝对的,与观察系无关。然而,这样一来将出现重大矛盾:①如果这种同时性是绝对的→将与 RT 矛盾**—— RT 认为,同时性是相对的。若是绝对的,塌缩与关联塌缩便可用作不同参照系之间绝对时钟的校正。②**如果这种同时性是相对的→也将与 RT 矛盾**——RT 认为,类空间隔时序可变,所以总会存在这样一类 Lorentz 参考系,在其中观察,有测量仪器在旁边的测量塌缩的时刻在后,无测量仪器在旁边的关联塌缩的时刻反而在前。这种时序颠倒难以接受。

29.7 此禀性必定导致QT的纠缠叠加与或然性

根据第24、26讲,QT的相干叠加性、量子纠缠性与或然性都来源于微观粒子的波动性质。这里不再赘述。

第30讲

现代量子理论中的雾霾与自然科学基本公设

——再论自然科学为“可道”之“道”

※　※　※

30.1　引论——现代量子理论中的三重雾霾

作为“可道”之“道”的全部自然科学，一直沉浸在三重雾霾之中，使人难于看清事物本来的面貌，以及各个事物之间真实的无限丰富的因果关联。这三重雾霾就是人们自觉不自觉存在的科学观与方法论中常见的三类偏颇和局限。下面从数理科学的观察角度给以说明。

第一重雾霾——经典观念“先入为主”的偏颇。

按照人类的尺寸和重量，人类别无选择地最先掌握了属于这个能区和空间尺度的物理学——以 Newton 力学和 Maxwell 电磁理论为代表的经典物理学。因为它们离人们手边最近。然而，离人们手边最近的物理学只是最直观、最容易理解、最容易掌握的物理学，未必就是宇宙中最基础、最普适、最深刻的物理学！这类似如，每个人最先学会的方言别无选择地总是父母的方言，但父母的方言未必就是最普遍、最科学的语言。至少，人们不应当总是从自己的方言去理解甚至试图去“同化”、去“替代”别种语言。因此，**人们在享受经典物理学带来好处的同时，也应当注意消除经典物理学带来的先入为主的偏颇**。使用宏观经典物理学的概念和思维模式去理解微观世界的量子力学常常是不可取的，是科学观与方法论的一种常见的偏颇。应当说，在科学发展面前，真正需要的不是过往的经验，而是相信“**科学的理性精神”——尊重实验，相信逻辑！**

第二重雾霾——“人择原理”的局限。

人们看见树叶是绿的,天空是蓝的,总之人们看到的宏观世界和微观世界是这个样子,不但取决于自然界中客观现象本身,还取决于人的眼耳鼻舌身以及人类利用所在空间物质制造的全部探测系统的特性。不仅如此,如果观测过程干扰了被观测的对象,则所看到的东西只是干扰之后的,而不是干扰之前的。这时候要小心,不要把所看到的东西主观外推认为观测之前就是如此。人们不能主张:“它原来就是这个样子,因为现在我看到它是这个样子。”这在微观世界测量中是经常发生的事。因为被观测物体非常小,其运动状态总是很脆弱的,极易受到测量的干扰。**总之,人们看到世界的样子,不仅取决于自然界客观存在的现象本身,还取决于人们使用怎样的探测系统,以及如何进行观测!**

进一步提问:**人类眼耳鼻舌身以及利用所在空间物质已经和将会制造的全部探测系统,是完备的吗?这是一个无法论证的问题。**就是说,假如是不完备的,那么就有可能:客观上存在于人们所处空间中的现象,人们却永远观测不到!当然,要是永远的绝对的观测不到,倒也没什么,人们可以“定义”它们客观上就不存在而不会产生任何困惑。问题是诸如暗物质、暗能量,可以间接地推测它们存在,只是由于相互作用很弱很难探测,但却并非原则上永远不能观测!

最后,还有一个有关人择原理的重要问题:**每个观察者在观察自然的时候,总是拥有他自己的观察系统,持有他自己的观察角度,使用他自己的种种约定。实际上,人们对自然界的每次观察从来都是局部的、片面的、一定角度的,某种层次的、某个范围的、某种近似程度的!每次观测都必定具有人择成分,属于下面说的“人为约定”。总之,约定就是偏颇!永远不存在没有任何偏颇的观测!就像永远不存在没有误差的测量一样。**

其实,**以上两条都属于“人择原理”局限性的范畴**:第一类局限性源于主观的经验和约定,第二类局限性源于客观的探测系统。的确如古希腊哲学家 Xenophanes 所说:**如果牛会画画,它也会把神画成牛的形状**(附录 C)。

第三重雾霾——“可道之道”的眩惑、“人造事物”的干扰。

自从 Euclid 的 *The Elements* 引入其小无内的“点”、其细无比的“线”、其尖无比的“角”、其薄无比的“面”等几何概念开始,Newton 在《自然哲学的数学原理》中将其引申为“质点”和“轨道”的物理概念,形成一种文化传承。就这样,人们创造了许多人造的、自然界中并不存在的数学和物理概念。

Poincare 说[①]:“几何点其实是人的幻想。”“几何学不是真实的,但是有用的。”他以著名几何学家的身份,对几何学给出这种透底的评价,发人深省!于是比如,无穷大“不是真实的,但是有用的”,极限概念“不是真实的,但是有用的”,微积分“不是真实的,但是有用的”,等等!

① POINCARE H. 科学与假设[M]. 叶蕴理,译. 北京:商务印书馆,1989:63,65.

Weyl 也说②：“17 世纪 Descartes 以坐标的形式将数引进了几何，引起了一场暴力革命。从此，数和几何图形就像魔鬼和天使那样争夺着每一位几何学家的灵魂。”现在人们对这段话是越来越有深入体会了。

当代大数学家 Atiyah 也提问③：“数学是发明还是发现?”他自己回答说：“发明和发现同时出现，发明的部分就是人类的贡献。”他话的意思是，数学中发现和发明两种成分都存在，发现部分是自然界本来有的，是上帝创造之物；而发明部分则是自然界中原本没有的，是人类创制之物。

Kronecker 更明确地说④：“上帝创造了整数，余者皆出自凡人之力。”

上面这些话的意思是，除数论之外，包含无理数的实数连续统概念、Descartes 引入的坐标、印第安人发明的无穷大⑤、Euler 集大成的无穷小⑥、极限概念、微分积分概念，乃至微分方程、积分方程等常用的数学成果，也如同电视机、iphone 6 和汽车一样，是人类创制之物！好用当然不妨使用，但毕竟它们在自然界中原本不存在，至少存在的概率忽略不计。

QT 里也采用了大量数学中的人造事物。比如极限概念和连续概念、含奇性的坐标系，等等。而且还进一步，大量采用了人造的各种物理概念、模型和假设。比如，位置本征态、各种奇性势、无穷高势垒、非正规态矢、δ 函数等各种奇异函数、平面波，以及定域描述等。以致后果之一是，QT 的渐近自由状态空间大于数学家定义的 Hilbert 空间。因为这个态空间还包含了：①连续基；②各类渐近条件下的散射态；③周期结构中的 Bloch 波等不能平方可积的、不能归一化的非正规态矢。

引入这些“人造之物”确实使理论描述变得简明扼要。特别是定域描述方法，可以帮助人们迅速理解和掌握自然规律。Dirac 说得好⑦：“一个本征态属于连续区内的某一本征值，是实际上所能达到情况的一种数学理想化。虽然如此，这样的本征态在理论上起着非常有益的作用，而使我们没有它不行。科学中有许多理论概念的例子，这些理论概念是实际上遇到的事物的极限，虽然它们在实验上是不能实现的，但它们对自然规律的精确表达是有用的。”Dirac 又说：“使用非正规函数不会使理论的严格性受到任何损失，它仅仅是一个方便的符号，它使我们能把某些关系表现为一种简明的形式。如果必要的话，我们也能把这些关系用不含有非正规函数的形式重新写出，只不过表现方式十分复杂，常常把推理掩盖得不易看清。”

这里需要提醒的是，**这些人造概念、模型和假设虽然使理论描述变得简明扼要，在它们**

---

② WEYL H. Philosophy of Mathematics and Science[M]. Princeton：Princeton University Press，1949：90. 转引自：陈省身. 陈省身文集[M]. 上海：华东师范大学出版社，2002：237.

③ ATIYAH M F.《数学是发明还是发现？》，该文收入于《数学与物理最前沿》，香港科技大学与商务印书馆联合出版。2010 年，P. 1。

④ Leopold Kronecker 相信所有的数字奠定了数学的基础。此处这句话引自《环球科学》，2013 年 1 月号，P. 44。

⑤ 据华盛顿美国国家博物馆展览说明，符号“∞”是印第安人发明的。

⑥ Euler 是无穷小概念的总结者和倡导者，他的代表著作之一是“无穷小分析引论”。

⑦ DIRAC P A M. 量子力学原理[M]. 陈咸亨，译；喀兴林，校. 北京：科学出版社，1965.

好用时当然不妨使用。但如果因此出现奇性的困扰，要知道问题出在什么地方，该摒弃时就摒弃，注重物理、回归真实的物理世界，再行考量！

比如，**其一**，量子力学中，当 Pauli 和 Landau 对无限深方阱动量波函数给出两种不同答案后，源于对无限大是否虔诚，在不少人中引发了许多争议。**其二**，量子场论中，基于实数论连续统观念的定域描述经常招致发散。**其三**，散射理论中必须区别正规态矢和非正规态矢，那里有些结果对非正规态矢并不成立。仅仅是正规矢量才代表物理的实在的状态，非正规矢量只是人们为了简化描述所作的理想化、绝对化的抽象物，并不代表真实的物理状态。后者有意义仅仅在于利用它们可以形式的展开正规矢量。如此等等，例子数不胜数。

所以，应当注意图 30.1(常见引用，遗憾不知最初出处)所示思维模式的偏颇：

The Blind Men and the Quantum Mechanics

图 30.1

这幅图画形象地描绘了**6位盲人的实践、认知和争论**。显然，干扰这几位盲人认识的就是上述弥漫在人们脑海中的“三重雾霾”：**经典物理学带来的“先入为主的偏颇”，人类全部观测能力可能具有的“先天的局限”，人类炮制的“可道之道的眩惑”**。这些雾霾无形而又无处不在地束缚思想、干扰观察、畸变思考。人们对它们难于察觉，无从脱出，毕生茫然。

总之，这些“可道之道”“人造之物”不可避免地具有局部性、片面性、近似性的特质，带有绝对化、极端化、理想化的禀性！这些特质和禀性有时会带来麻烦，引起理论的发散、不确定，逻辑不自洽等奇性现象！说到底，人造的“可道”之“道”，“可名”之“名”，它们的功能只是帮助人们简明理解、简洁表述自然规律，不要将它们看成是物理的真实！它们在自然法则内涵中不占有任何实质性的地位！

如同人们在雾霾之中，难觅初春美景：

烟笼新绿眼难见，月盈暗香鼻未闻。

这里需要的是，尊重但不执着于重重雾霾之中所看到的东西！否则将会约束、扭曲、干扰人们对真实物理世界的认识。正因为忽视了这一层考量，才会时常出现那么多意见分歧、那么多对量子力学的责难、那么多奇性现象！这里重要的是，**依照禅宗思想，洞穿重重雾霾的蒙**

蔽、回归物理现实，回归自然，再行考量！ 这时人们的认识便返璞归真地逐渐接近禅宗见性的境界：**“见山仍是山，见水仍是水！”“云在青天水在瓶！”**

30.2 自然科学第一基本公设——“人为约定无效公设”

洞穿上面三重雾霾，便容易明了自然科学的种种局限性（此问题参见附录 A），有助于理解下面关于自然科学的三条基本原理，或称三条公设。下面对其进行表述，以供商榷。

1. **预备：整体位相的人为约定不变性→定域位相变换不变原理**

众所周知，任意量子体系的外部整体相因子是可以人为自由约定的。进一步发现，电磁场中 Schrodinger 方程具有定域位相变换（定域规范变换）不变性⑧：如果对电磁场 4 维电磁势实施如下定域规范变换（变换与空间变数 $\boldsymbol{r}$ 有关，所以称做定域的）：

$$(A_\mu) \rightarrow (A'_\mu = A_\mu + \partial_\mu f)$$

此处函数 $f(x)$ 是 4 维赝欧空间任意可微函数，具有磁通量纲。这时，只需波函数也同时经过如下定域位相变换：

$$\psi(x) \rightarrow \psi'(x) = \exp\left(\mathrm{i}\,\frac{qf(x)}{\hbar c}\right)\psi(x)$$

Schrödinger 方程形式保持不变。

问题在于，电磁势并不是确定的，它们彼此间可以相差任意定域规范变换。因此，电磁场下带电粒子的波函数也就有一个任意定域位相因子的不确定性。

将问题反转来看：如果电子波函数有一个任意定域相因子变换，比如为波函数随意指定一个空间分布位相场，那也就相应于电磁势重新选取了一种规范。现在，无穷自由度的场内每个空间点都可以看作一个量子体系，都可以自由约定它们的初始位相。于是事情就成了人们自由约定位相场了。所以，电磁场常常直接称做可对易的 $U(1)$ 位相场——Abelian 规范场。数学上看，电磁势就是将导数 ∂_μ 转为流形协变导数 D_μ 所必须引入的连络场 $A_\mu(x)$：$\partial_\mu \rightarrow D_\mu = \left(\partial_\mu - \frac{\mathrm{i}e}{\hbar c}A_\mu\right)$。

将这个观点推广，用李群不可积元素取代简单的复数相因子，便走向了 non-Abelian 规范场，也即非对易的位相场⑨，导致规范理论的基本主张：**“广义定域规范（位相）变换不变原理”——一个正确物理理论的必要条件是物理结论与人为约定的位相场无关。于是，基本主张又可以称做“广义定域位相场约定无效原理”，或称“广义定域位相场变换不变原理”。**

2. **自然科学的“约定无效公设”**

再进一步思考，人们在观察自然现象的时候，总是离不了各自的角度、各自的范围、各自

⑧ 张永德. 量子力学[M]. 4 版. 北京：科学出版社，2016，第 9 章.

⑨ 宁平治，等. 杨振宁讲演集[M]. 天津：南开大学出版社，1992：342，362，370.

的要求,所以自然科学中存在许许多多各种各样的"人为约定"。比如 Descartes 坐标的选取、时间和能量基点的约定,体系初始位相选定、从 Galileo 变换到 Lorentz 变换的运动坐标系的选取、QT 各种表象的选取、σ_i 矩阵的 Pauli 表示、γ_μ 矩阵的 Dirac 表象及 Majorana 表象约定、Fock 空间量子变换与产生湮灭算符表象选定、初始定域位相场的选定等等,都是各种各样的人为约定。**当然,凡是有"人为约定"的地方,总是因为存在需要人们作选择的自由度!反之亦然。**

显然,这些约定只是为了便于具体确切的描述。它们可能影响观测结果和具体表示形式,但绝不会影响自然规律的实质内涵!**一切形式的人为约定不应进入自然法则!因为,既然一位观察者能有自己的约定,另一位观察者也就可以有他的另一种约定!但是,除了表观现象的东西外,作为法则的自然规律应当超越所有个人约定,体现出与观察者约定(也即与观察者)无关的客观性和统一性**[⑩]**!于是,自然科学中存在一个"人为约定无效公设":**

自然法则不依赖于任何人为约定。或者说,

自然法则对于全体人为约定是变换不变的。

这条原理是全体变换不变原理的综合概括。本质上,所有变换不变原理都是不同约定、不同观察角度之下所得各种"可道"之"道"的最大公约数。这正是为什么说"**自然法则是全体人类认识的最大公约数**"的依据。

这里有个比喻:上帝创造世界并为世界拟定演化法则的时候,还没造人,于是子民们创制的这些"可道"之"道"当然也还没有出现!由此产生的第一个结果是,子民们作出的任何约定不可能进入自然规律!即便在后来上帝造人时,人类也只被赋予观察和应用自然规律的能力,并没有被赋予参与修订自然规律的能力。上帝容许子民们观察、理解甚至通过能动作用改变自然的状态,但从没有容许他们参与修订自然法则!

最初最简单的例子是,物体是静止还是匀速直线运动,这纯粹是一个观察系选择的问题,应当归结为只是一种人为约定。于是,自然物体的运动规律应当与这种人为约定无关!这时的"约定无效原理"具体化作"力学运动相对性原理";再比如,上面谈及的规范场论中的"定域规范变换不变原理",实质就是广义的定域位相场的人为约定无效公设。

30.3 自然科学第二基本公设——"自然无奇性公设"

更广泛地看,不论是无科学内涵的人为约定的东西,还是人们抽象概括出的、模型性质的、有科学内涵的数学物理概念,都属于人类炮制的"可道"之"道","可名"之"名"。这些人造的东西有时带来大大小小的奇性现象,产生了大大小小的不必要的困惑!这些大大小小的困惑显现着"可道"之"道"的局限性!其实,自然界只存在或大或小的物理量数值、或快或

⑩ 西方近代科学整体具有5个共同要素:因果性、普适性、自洽性、可观测性、可量度性。详见本书附录A。这里涉及其中与观察者无关的普适性,即客观性。

慢的演变过程，从不存在任何奇性。简单地说，**自然界只有过程，没有奇性**。即便是相变、爆炸、黑洞，也都是各种各样时空演化的物理过程！**所有奇性，要么是理论缺陷招致的后果，要么是观测局限导致的结果，或是标度选择产生的表象，总之是人造事物“可道”之“道”、“人为约定”招致的结果！**

这里又有个比喻：上帝从不考虑子民们的“可道”之“道”。这招致第二个后果：**这些人造事物一定会出问题——人造事物最终一定会招致各种奇性现象。它们包括不确定、不自洽、计算发散以及逻辑悖论！这反衬出自然规律中存在一个普遍的公设——“自然无奇性公设”：**

自然无奇性，凡人自扰之。

我们不知道上帝是否作计算，但我们知道，上帝即便作计算也从不出奇性！**上帝那里没有奇性。奇性都是凡人所为，只是伴随凡人“可道”之“道”的现象！**

30.4 自然科学第三基本公设——“自然理性自洽公设”

这条公设同样无法验证但却自然明白，即，全体自然法则的“**自然规律理性自洽公设**”：

自然规律全体必定是彻底理性、绝对自洽、全面和谐的。

这条规律可以从下面两件事实看出一些端倪：**其一**，只要是深刻的结论，不论从多么不同的角度，用多么不同的方法，一定殊途同归！这里的蹊跷和惊叹体现着这条公设；**其二**，反过来看，任何自然科学理论，如果在一定前提下的逻辑推理有不自洽现象，就肯定是不正确的（当然，不正确和不能用到什么程度则是另一个问题）。实际中，这个判断错误的充分条件人们一直在自觉不自觉地使用着。

与此公设相对照，全部人造的可道之道，都不是彻底理性、绝对自洽、全面和谐的！“可道”之“道”和“可名”之“名”都是“相对真理”，不可能有全面的和谐与绝对的自洽！无论是表象的“佯谬”，还是含有真实成分的“悖论”，都仅仅来源于“可道”之“道”的“相对真理”。“理发师悖论”“Russell 悖论”[11]等莫不如此。Gödel 定理[12]揭示：**人类依据公设和概念构造的所有逻辑体系都不可能是绝对自洽和封闭的，只能是开放的！**尽管在过程中人们总是力求和谐与自洽！由此可知，S. W. Hawking 的论述[13]：“如果宇宙确实是完全自足的，没有边界或边缘，它就既没有开端也没有终结——它就是存在。那么，还会有造物主存身之处吗?”逻辑

---

⑪ 悖论内容是：小镇上有个理发店，店中理发师将顾客定义为：凡是不给自己理发的人都是他的顾客。但他立即发现，将此定义用到自己身上会出现悖论：如果自己是不给自己理发的人，必定是顾客，应当由自己理发，但这自相矛盾；如果自己是给自己理发的人，那必定不是顾客，不能由自己理发，还是自相矛盾。关于集合论的 Russell 悖论与此类似。这些悖论也见《数学大百科全书》，悖论条目。

⑫ Kürt Gödel（1906—1978）关于数理逻辑的“不完备定理”（1931）。定理叙述见：汪芳庭. 数理逻辑[M]. 2 版. 合肥：中国科学技术大学出版社，2010，第 3 章，第 4 章。

⑬ 史蒂芬·霍金. 时间简史[M]. 许明贤，吴忠超，译. 长沙：湖南科学技术出版社，2002：131.

上是不正确的！即便以这种自足方式拟定宇宙演化初始条件，他的宇宙模型终究还是一个人造的逻辑体系，不可能跨越 Gödel 定理，从相对真理的“可道”之“道”，“跃升”而为绝对真理的第一个“道”！这可以比喻为：上帝制定的自然法则是绝对理性、自洽与和谐的，而所有人类制造的东西，虽然有时也很好用，终归不是彻底理性、完全自洽、绝对和谐的！也不会是永恒不变的！正如前言所说，上帝创造人类的时候，就没有赋给人类以这种本领。再说，Hawking 的论述也是平庸的：既然已经是“宇宙模型”了，当然就不能有边界条件，否则“边界”之外算不算宇宙?！更何况，以没有时空边界条件的方式求解模型问题，在 QT 中比比皆是。比如，常见的氢原子模型求解就既没有空间的边界条件也没有时间的初条件。显然没人会像 Hawking 那样认为，基于氢原子模型求解中的初、边界条件完全自足，就说没有造物主存身之处！

再次强调，这里重要的是要意识到，**自然法则全体必定是彻底理性、绝对自洽、全面和谐的！这种彻底理性、绝对自洽、全面和谐的高贵品格与它们普适永恒的存在性紧密相连！**换句话说，**不是普适永恒存在的相对真理不会呈现这种高贵品格**，反之亦然！这条规律令人震撼，使人敬畏！同时，因为展示出自然界内蕴至高无上的理性与和谐境界，让人虔诚，引人向往！

※　　※　　※

总而言之，自然科学中，所有个人约定、奇性、不和谐、不自洽、非理性都是虚妄的！与此同时，以为人类认识最大公约数的自然科学必定是绝对的、完备的与和谐的，这种认识也是虚妄的！只有联系前提的实验事实因客观真实而具有永恒性质，成为构建任何相对真理的支柱和基石！

说到底，上面关于自然科学的三条公设只是一些无法证明的信念。它们既是人们构建自然科学的起点，也是人们思考自然科学的终点。

附录A

科学、物理学、量子力学(提纲)

A.1 前　　言

对当代众多自然科学和工程学科,人们习惯统称之为现代科学技术。它们有没有共同的本质特征?其中现代科学如何界定?基本特征是什么?现代科学为何发源于西方而未能发源于中国?现代科学有局限性吗?

将眼光从现代科学上收拢转向物理学,也可以提出许多问题。眼光再收拢,聚焦在量子力学上,同样会产生不少问题。

思索之后再返回去,"庐山真面貌"是在走出庐山,回首鸟瞰之中。

A.2 西方现代科学

1. 现代科学范围的界定

全部科学理论都只是"可道之道",都只是相对真理。

"实验验证"——从实践出发 → 实践检验。

"逻辑体系"——理智、自洽、普适、可量度。

"西方现代科学"的五要素:

因果性:有因果关联、有实验响应的。无任何相互作用、不受任何影响的事物不属于科学研究范畴。"人世界"——"鬼世界";"黑洞"——"白洞"世界。

普适性:满足前提下,结论普适,与观察人无关。"规范变换不变原理"。

自洽性:体系内部所有结论是自洽的。

可重复性、可检验性:所有结论都可以接受检验。不能重复、不可检验的事,不属于科学的范畴。

可量度性:不可量度的事物不属现代科学范畴。爱情——难以建立相关的科学。那是

"糊里又糊涂的"、缺乏理智的、不可度量的。还有,作曲家的激情。

没有理性基础、无因果关联、不可重复、无法检验、不可量度的命题属于文学、艺术和宗教等范畴。比如,如来佛头上有多少根头发?孙悟空体重是多少?梁山伯与祝英台的爱情、人类各种情感——各种"笑";宗教信仰;音乐灵感;……

可以概括为《自然科学三原理》:人为约定无效原理;无奇性原理;理性自洽原理[①]。

2. 现代科学的本质

现象和经验+ 逻辑演绎+实验验证="逻辑实验主义"

从经验和现象出发,运用逻辑演绎建立一个逻辑自洽体系。再返回实践,经受检验,得到进一步修正和发展。

现代科学的本质是"可道之道"。归纳为:唯物的逻辑实证主义。

不是只承认经验,不是概念复合、符号主义。而是承认物质的客观存在性、绝对真理的存在性、客观规律的物质性。例如:桌子、月亮。

物质与精神——对立统一体。人脑思维过程——既是精神过程也是物质过程,是同一过程两个不可分割的侧面。

像计算机的硬件与软件。近来牛津学派主张:信息是物理的。

哲学上的对立统一,人们是着重于"对立"——为斗争哲学寻找理论依据呢?!还是应当着重于"统一"——强调统一、强调共性、强调团结呢?!

不管哲学家如何想,脑科学家感兴趣的是:两者之间的关联、对应和统一。

真、善、美:科学"求真",文艺"求美",信仰"求善"。

科学的禀性是客观性,是理性,具有"诚不诚都灵"的"霸气"。而科学之外的爱情、美感、信仰等带有主观性,属于"诚则灵,不诚可能不灵"的范畴。

科学规律是全体人类理性认识的最大公约数。

3. 现代科学发源于西方

L. Josehp 问题[②]:何以现代科学出现于西方而非中国?这里指现代科学,而非中古时代那些初步的甚至是原始哲学形态的科学。

追溯起来应当说,西方现代科学的摇篮是 Euclid 的"几何学原本(The Elements)"。其思维模式为:从实践中抽出公设+逻辑演绎 =构成理论 → 用于实践。

这种"逻辑+实证"的传统有曲折的发展:

15—16 世纪,科学曾经沦为神学的奴仆("天使博士"Tomaso d'Aquino 主张:"科学是神学的奴仆")。经过 Kopernik、Bruno、Galilei 的斗争,使科学挣脱了侍奉上帝的束缚。对自然现象进行观察、测量、实验和分析的现代科学的理性思维模式逐渐形成。

中国有雄厚的技术史,但确实没有雄厚的、传承一贯的科学史。

---

① 见本书第 30 讲。

② 有关论述很多,其中可见余英时《中国文化史通释》,Oxford University Press,香港印刷,2010 年,第 145 页。

当然,在中国五千年文明史中有不少科学成果的亮点。注意,著名的四大发明(指南针、造纸术、火药、活字印刷)都是技术。

总体而论,中国古代学者缺乏大块逻辑思维模式的训练,所以对自然界研究的基本特征经常是:集中于"天人合一"的、直觉的"综合";缺乏逻辑的、理性的"分析"。叙述常"知其然而不知其所以然"。知道"格物致知",但不知道如何"格物",也就无法系统深入地去"致知"。

例证之一:从开始到后来一直未能诞生"几何学原本"。例证之二:明徐光启将《九章算法》和《几何原本》比较之后,说"其法略同,其义全阙"。例证之三:中医和西医基本特征的对照——东西方文化和思维模式的对照。陈寅恪说:"中医有见效之药,无可通之理"。[③]

4. 现代科学的局限性(1)

西方科学既然属于"可道"之"道",总体思维模式必存在局限性:

(1) **人类实践有局限性→认识局限性→公设局限性**。欧氏几何→罗氏几何→黎曼几何。

(2) **人类认知能力有局限性**:人类的眼耳鼻舌身,以及将来可能制造出来的全部探测系统,一定是完备的吗?!这是一个未经论证,也无法证实的问题。

(3) **逻辑演绎能力有局限性**。牛顿力学的创立、量子力学的创立、基本规律本身,都是逻辑推理无能为力的地方。K. Gödel 的"不完备定理"。Landau 说:理论物理中追求数学严格性往往是自欺欺人。其含意也正在此。

(4) **科学只能解决物质文明问题,并不能够解决道德文明问题**。

(5) **量化问题的局限性**。Einstein 说过:不是所有可以量化的东西都是重要的,也不是所有重要的都可以量化。

5. 现代科学的局限性(2)

科学本身是把双刃剑。它既可以造福人类,也可以危害人类。如战争、环境污染、高科技犯罪,等等。

科学是振兴中国所必需的、重要的,但不是万能的、包容一切的。走向极端就是科学主义,是偏颇的。

科学与信仰、科学与宗教 —— 应当并行不悖。

不能说"信仰科学":实质上,科学不是个"信仰"问题,而是一个"信服"问题。

科学解决物质文明;

信仰解决精神文明。

只有科学,没有信仰的社会是自私、放纵的社会;

只有信仰,没有科学的社会是贫穷、愚昧的社会。

世界上,信仰是多种多样的。学会尊重别人的信仰。

---

③ 陈寅恪.寒柳堂集[M].北京:生活·读书·新知三联书店,2001:188.

孙中山说：**佛教有救世之仁，佛学是哲学之母，研究佛学可补科学之偏。**

Einstein说：**没有宗教的科学是瘸子；没有科学的宗教是瞎子。**

公共汽车车门踏脚板——“变心板”。纽约报纸载文：“我们已经可以把人送上月球，却无法让人从车门口向车中间挪动一步。”

6. 科学＋技术 ＝ 科技?!

科学与技术两者之间的差别：

科学：对自然界基本规律的发现。为满足人类求知欲望，不带(或基本不带)功利目的。只有第一，没有第二。

技术：只涉及自然界基本规律的应用，是发明。有明确的功利目的。不是“只有第一”。

英、日、俄各国文字中，这两个词都是分开的！

吴大猷先生90高龄时著文《近数百年我国科学落后于西方的原因》中说：“很不幸的，我们在现代创用了‘科技’这个名词，代表‘科学’与‘技术’两个(而不是一个)观念。但我们目前所注重的问题，二者的分别是重要的点。”现在的关键问题是：通过“科技”一词，“科学”被“技术”所取代！

例如，L. Josehp 的巨著 *Science and Civilization in China* 竟被降格译成了《中国科技(!)史》。

A.3　科学中的物理学

1. 什么是物理学?

物理学是关于物质世界的基础层次上运动规律的科学分支。

物理学是西方逻辑实证主义科学的核心和典型体现。

“物理”一词最早可能出自杜甫在公元758年(唐肃宗乾元元年)所作《曲江二首》之一：

一片飞花减却春　风飘万点正愁人
且看欲尽花经眼　莫厌伤多酒入唇
江上小堂巢翡翠　花边高冢卧麒麟
细推物理须行乐　何用浮名绊此身

录全唐诗上四函三册，
分目杜甫第五四七页

2. 物理学与人类文明(1)

物理学是自然科学的领袖。理由如下：

所有重大进展都与它密切相关：原子能、计算机、电子技术……

本身分流众多：近代力学、近代热机学和燃烧学、电子工程、半导体工程、光机科学、材料科学……

向其他科学渗透巨大：近代化学、近代生物学、医学、计算机科学……(23对遗传基因、

DNA 双螺旋结构、经典通信到量子通信……)

3. 物理学与人类文明(2)

物理学是人类文明的第一推动力。

“经典物理学”: 1687 年 Newton《自然哲学的数学原理》发表,标志经典物理学诞生。经典物理学的诞生推动了第一次工业革命,为人类带来第一次物质文明大飞跃。

“近代物理学”: 19 世纪末到 20 世纪末,以量子力学和相对论(以及电磁理论)为支柱的近代物理学推动了第二次科学和技术的大发展,为人类带来第二次物质文明大飞跃——20 世纪物质文明大飞跃。

A.4 物理学中的量子力学

1. 量子理论的诞生

量子论生日——1900 年 12 月 14 日。

Planck④ 在柏林物理学会上报告他的公式(Planck 公式)的量子说明——辐射能量的吸收或发射均以整个量子进行,频率为 ν 的辐射振子,其能量为 $h\nu$。宣告了量子论的诞生。

2. 量子力学是什么?

量子力学,更广泛地说——量子理论,是研究微观粒子运动和变化的基本规律的科学分支。

宏观物质全是由微观粒子组成的,整个宏观世界全部建立在微观世界之上。因此,量子力学便无处不在、普遍适用。

3. 自诞生起至今的势头

自从量子理论诞生以来,它的发展和应用一直广泛深刻地影响、促进和触发人类物质文明的大飞跃。近 80 年的人类全部历史可以证明这一点。

如果读者还不信,那么,可以把所有学科名称前面冠以“量子”二字,就会发现: 已经或者将要形成一门新的理论、一门新的学问。物理学内外有很多这种例子。物理学内部,直接添加这两个字就形成新学问的有:

光学—量子光学,电子学—量子电子学,电动力学—量子电动力学,统计力学—量子统计力学,经典场论—量子场论。

物理学之外也有大量例子: 化学—量子化学,生物学—量子生物学,宇宙学—量子宇宙学,信息论—量子信息论,计算机—量子计算机。

就连投机家索罗斯的基金会也时髦地称为“量子基金会”。

百年(1901—2002)内总共颁发诺贝尔奖 96 次(其中 1916、1931、1934、1940、1941、1942 共 6 年未颁奖),单就物理奖而言: 直接由量子理论得奖或与量子理论密切相关而得奖的次

---

④ PLANCK M. Ann. Physik, 1901; 4, 553.

数有57次(直接由量子理论得奖25次)。

Nature 杂志2000年总结100年来在它上面发表的文章,从登载的数千篇文章中精选出21篇具有里程碑性的文章,其中与量子力学有关的竟占14篇。

量子理论自20世纪20年代创立以来,直到现在,已逐步成为核物理、粒子物理、凝聚态物理、超流和超导物理、半导体物理、激光物理等众多物理分支学科的共同理论基础。而且在量子理论的框架内建立了弱电统一的标准模型;量子理论进入了宇宙起源和黑洞理论。

总之,量子理论诞生百年以来的发展,使得:

量子理论成为整个近代物理学的共同理论基础。

4. 近代量子力学的重要应用

(除BEC及其应用这一大块之外)

量子信息论和量子计算机:位(bit)—量子位(qubit)。*New York Time* 说:

既是Yes又是No,既不是Yes又不是No,一经测量,不是Yes就是No!

存储器—量子存储器,逻辑门—量子逻辑门,网络—量子网络,算法—量子算法(Deutsch\DFT\Shor\Grover)(并行计算、超高速、超大容量),通信—量子通信(超大容量、天然保密),编码—量子编码,密码—量子密码,密钥—量子密钥,经典可克隆—量子不可克隆(经典克隆是硬件克隆;量子克隆是软硬件全部克隆,原理上不可能),经典通信的定域传播—量子通信的非定域传播。

例如:Lov K. Grover "Quantum Mechanics Helps in Searching for a Needle in a Haystack",PRL,Vol. 79,No. 2,1997("量子力学帮助在干草堆里找一根针",物理评论快报,第79卷,第2期,1997年)。

量子生物学,量子生命科学,量子神经网络,量子化学,量子材料科学,量子信息科学,量子计算机科学,BEC器件、原子分子器件。

目前,它正在向材料科学、化学、生物学、信息科学、计算机科学等大规模渗透。预计在不久的将来,

量子理论将会成为整个近代科学的共同理论基础。

总之,量子力学将为人类带来第三次物质文明大飞跃!这次文明飞跃将单独由量子力学向生命科学、材料科学、信息科学的应用所发动!

5. 量子力学骨干归纳[⑤]

(1) 量子力学主要线索归纳为2-1-3-5

2——两类基础实验:微观粒子具有波粒二象性

1——一个基本图像:波粒二象性

3——三大基本特征:概率幅描述;量子化现象;不确定性关系

⑤ 见:张永德.量子力学[M].4版.北京:科学出版社,2016,第1,2章.

5——五大基本公设：波函数、算符、测量、动力学方程、全同性原理

(2) 另有 3-2-1

3——测量过程的 3 阶段：纠缠分解、波包塌缩、初态演化

2——两种因果律：决定论的、或然的

1——一个中心任务：概率幅计算

附录B

量子物理百年回顾(转录)

D. Kleppner & R. Jackiw,张鹏飞 译校

关于 20 世纪影响最深远的科学进展的一份内行的清单,多半会包括广义相对论、量子力学、大爆炸宇宙学、基因码破译、进化生物学,以及读者可能选择的若干其他课题。在这些进展当中,量子力学,基于其深邃地激进特性,是独一无二的。量子力学迫使物理学家们改造他们关于实在的观念,迫使他们在最深层次上重新审视事物的本性,迫使他们修正位置和速度的概念以及他们的因果观。

尽管量子力学是为描述远离我们日常生活经验的抽象原子世界而创立的,但对我们日常生活的影响无比巨大。离开由量子力学造成的各种工具,就不可能有化学、生物、医学以及其他各门科学的激动人心的进展。没有量子力学就没有全球经济可言,因为将我们带入计算机时代的电子学革命是量子力学的产物。将我们带入信息时代的光子学革命也是如此。量子物理的诞生伴随着一场科学革命的全部好处和风险,改变了人类世界。

既不像来自对引力与几何关系的非凡洞察的广义相对论,也不像揭开了生物学一个新世界的 DNA 解码,量子理论不是一蹴而就产生的。相反,它是古往今来历史上少有的天才荟萃在一起共同创造的。量子的观念是如此的令人困惑,以至于它们在被引入以后的 20 年中几乎没有前进的基础。此后在三年的激荡岁月中,一小群物理学家创立了量子力学,这些科学家曾为自己在做的事情所困扰,有时为自己的所做过的事情而苦恼。

用下面一段评述或许能最好地概括这一重要而又令人难以捉摸的理论的独特状况:量子理论是科学史上最精确地经受了实验检验的、最成功的理论。尽管如此,量子力学不仅深深地困扰着它的创立者们,即便在这一理论实质上已被表述为目前形式之后的 75 年的今天,一些科学界的精英们尽管承认它强大的威力,还仍然对它的基础和诠释不满意。

今年是 Max Planck 提出量子概念 100 周年。在他关于热辐射的开创性论文中,Planck 假定振动系统的总能量不能连续改变,而必须以不连续的步子即能量子从一个值跳到另一个值。能量子的概念太激进了,以至于 Planck 后来将它搁置下来。随后,Einstein 在他的 1905 奇迹年认识到光量子化的意义。即使到那时量子的观念还是太离奇了,以至于几乎没有前进的基础。现代量子理论的创立还需要再等 20 年时间以及全新一代的物理学家。

读者只要看一下量子以前的物理学,就能体会到量子物理的革命性影响。1890 年到 1900 年间的物理期刊充斥着的是关于原子光谱和实际上其他所有可以测量的物质属性的论文,如粘性、弹性、电导率、热导率、膨胀系数、折射系数以及热弹性系数等。由于维多利亚时代工作机制的活力和越来越精巧的实验方法发展的刺激,知识在以巨大的速度累积。

然而,按现代人的眼光,最明显的事情是,对于物质属性的简明描述基本上是经验性的。成千上万页的光谱数据罗列了大量元素波长的精确值,但谁都不知道光谱线为何会出现,更不知道它们所传递的信息。热导率和电导率仅由符合大约半数事实的参考性的模型解释。有许多经验定律,但它们并不令人满意。比如说,Dulong-Petit 定律建立了一种物质的比热容和其原子质量的简单关系,很多情况下它好用,有时它又不好用。在多数情况下相同体积气体的质量比满足简单的整数关系。为蓬勃发展的化学提供关键的组织规则的元素周期表,也根本没有理论基础。

这场变革的最大进展之一是:量子力学提供了一种定量的物质理论。现在,我们基本上理解了原子结构的每一个细节,元素周期表也有了简单自然的解释,而大量排列的光谱数据也纳入了一个优美的理论框架。量子力学允许定量地理解分子、流体和固体,以及导体和半导体。它解释了诸如超流体和超导体等离奇现象,解释了诸如中子星和 Bose-Einstein 凝聚(在这种现象里,气体中所有原子的行为像一个单一的超级原子)等奇异的物质存在形式。量子力学为全部科学和每一项高技术提供了必不可少的工具。

实际上,量子物理包含两个方面:一是原子层次的物质理论——量子力学,正是它使我们能理解和调控物质世界;另一是量子场论,它在科学中充当一个完全不同的角色,后面我们再回到它上面来。

量子力学

量子革命的导火线不是来自对物质的研究,而是来自关于辐射的一个问题。这一特定的难题就是理解热物体发射的光——黑体辐射的光谱。注视着火的人都熟悉这样一种现象:热的物体发光,越热发出的光越明亮。光谱的范围宽广,随着温度的升高,光谱的峰值波长从红线向黄线移动,然后又向蓝线移动(尽管我们不能直接看见这些)。

结合热力学和电磁学的概念似乎可以对光谱的形状作出解释,不过所有的尝试均告失败。而通过假定辐射光的振动电子的能量是量子化的,Planck 得到一个表达式,它与实验完美符合。但是他也充分认识到,这一理论在物理上是荒唐的,就像他后来所说的那样:“是一个走投无路的做法。”

Planck 将他的量子假设应用到辐射体表面振子的能量上。如果没有新秀 Albert Einstein,量子物理恐怕在那里就结束了。1905 年,Einstein 谨慎地断言:如果振子的能量是量子化的,那么它辐射的电磁场即光的能量也应该是量子化的。这样,Einstein 在他的理论中赋予了光的粒子行为,尽管 Maxwell 理论以及一个多世纪的可靠实验都表明光的波动本性。随后十多年的光电效应实验显示光被吸收时其能量实际上是分束到达的,就像是被一个个粒子携带着一样。光的波粒二象性取决于人们观察问题的着眼点,这是始终贯穿于量子物理并且令人费解的第一个实例。波粒二象性成为接下来20年中一个理论上的难题。

通往量子理论的第一步是由辐射的一个两难问题促成的,第二步则由关于物质的一个两难问题促成。众所周知,原子包含正负两种电荷的粒子,异号电荷相互吸引。根据电磁理论,正负电荷彼此将按螺旋运动相互靠近,并辐射出宽频的光,直到原子坍塌为止。

前进的大门再一次由一个新秀Niels Bohr打开。1913年,Bohr提出一个大胆的假设:原子中的电子只能处于包含基态在内的定态上,电子在两个定态之间"跃迁"而改变它的能量,同时辐射出一定波长的光,光的波长取决于定态之间的能量差。将已知的定律与关于量子行为的这一离奇假设结合,Bohr解决了原子的稳定性问题。Bohr理论充满了矛盾,但却为氢原子光谱提供了定量的描述。Bohr认识到他的模型的成功和不足。出于非凡的预见性,他聚集了一批物理学家来创立新的物理学。一代年轻的物理学家花了12年时间终于实现了他的梦想。

开始时,发展Bohr量子论(所谓的旧量子论)的尝试遭受了一次又一次的失败。接着一系列的进展完全改变了思想的进程。

1923年Louis de Broglie在他的博士论文中提出光的粒子行为应该有对应的粒子的波动行为。他将一个波长和粒子的动量联系起来:动量越大,波长越短。这一想法是极有趣的,但没有人知道粒子的波动性意味着什么,也不知道它如何与原子结构发生关系。不管怎么样,de Broglie的假设是即将发生的那些事情的一个重要前奏。

1924年夏天,出现了又一个前奏。Satyendra N. Bose提出了一种全新的方法来解释Planck辐射定律。他把光看作一种无(静)质量的粒子(现称为光子)组成的气体,这种气体不遵循经典的Boltzmann统计规律,而遵循一种基于全同粒子不可区分性的一种新的统计。Einstein立即将Bose的论证应用于实际的有质量的气体上,从而得到一种新的描述气体中粒子数关于能量的分布律,即著名的Bose-Einstein分布。在通常情况下,新旧理论预测的气体中原子的行为仍然相同。Einstein没有进一步的兴趣,因此这一结果也被搁置了10多年。然而,它的关键思想——全同粒子的不可区分性,即将变得极其重要。

突然,一系列事件纷至沓来,最后导致一场科学革命。从1925年元月到1928年元月的3年间:

- Wolfgang Pauli提出了不相容原理,为元素周期表奠定了理论基础。
- Werner Heisenberg、Max Born和Pascual Jordan创立了矩阵力学,这是量子力学的第一个版本。理解原子中电子运动这一历史目标被放弃,而让位于梳理可观测的光谱线的系统方法。
- Erwin Schrödinger创立了波动力学,这是量子力学的第二种形式。在波动力学中,体系的状态用Schrödinger方程的解——波函数来描述。矩阵力学和波动力学貌似不一致,被证明其实是等价的。
- 电子被证明遵循一种新的统计规律——Fermi-Dirac统计。人们认识到,所有粒子要么遵循Fermi-Dirac统计,要么遵循Bose-Einstein统计,这两类粒子具有完全不同的性质。

- Heisenberg 阐明不确定性关系。
- P. A. M. Dirac 发展了电子的相对论性波动方程,该方程解释了电子的自旋并且预言了反物质。
- Dirac 提出电磁场的量子描述,建立了量子场论的基础。
- Bohr 提出互补原理,这一个哲学原理有助于解决量子理论中一些明显的佯谬,特别是波粒二象性。

量子理论创立过程中的主角都是年轻人。1925 年,Pauli 25 岁,Heisenberg 和 Enrico Fermi 24 岁,而 Dirac 和 Jordan 只有 23 岁。Schrödinger 这年 36 岁,是一个大器晚成者。Born 和 Bohr 就更年长了,令人注意的是他们的贡献大多是诠释性的。量子理论这一智力成果深邃地激进的属性由 Einstein 的反应可见一斑:尽管他发明一些导向量子理论的关键概念,Einstein 却不接受量子理论。他关于 Bose-Einstein 统计的论文是他对量子物理的最后一项贡献,也是对物理学的最后一项重要贡献。

需要新一代物理学家来创立量子力学并不太奇怪,Lord Rayleigh 在祝贺 Bohr 1913 年关于氢原子的论文的一封书信中表述了其中的原因。他说,Bohr 的论文中有很多真理,可他自己永远不能理解。Rayleigh 认为全新的物理学必将出自无拘无束的头脑。

1928 年,革命结束而量子力学的基础实质上已经建立好了。已故的 Abraham Pais 在他的《内向界限》中详细叙述的一段轶事展示了这场革命发生时的狂热的节奏。1925 年,Samuel Goudsmit 和 George Uhlenbeck 已提出了电子自旋的概念,Bohr 对此深表怀疑。12 月 Bohr 乘火车前往荷兰莱顿参加 Hendrik A. Lorentz 获博士学位 50 周年庆典。Pauli 在德国汉堡火车站迎接 Bohr,想探询 Bohr 对电子自旋可能性的看法。Bohr 用他那著名的低调评价的语言回答说,自旋这一建议是"非常,非常有趣的"。Bohr 所乘火车一到莱顿,Einstein 和 Paul Ehrenfest 进入车厢里接他,也是为了讨论自旋。在那里,Bohr 说了自己反对的理由,但是 Einstein 指出了化解这一反对理由的办法,从而使 Bohr 成为自旋的支持者。在返回的旅途中,Bohr 遇到了更多的讨论者。当他所乘火车经过德国哥廷根时,Heisenberg 和 Jordan 为询问他的意见已等在车站。到柏林火车站时,Pauli 也已特意从汉堡赶过去在那里等候了。Bohr 跟他们每个人都说自旋的发现是一重大进步。

量子力学的创建触发了科学的淘金热。早期的成果有:1927 年 Heisenberg 得到了氦原子 Schrödinger 方程的近似解,建立了原子结构理论的基础;紧接着 John Slater、Douglas Rayner Hartree 和 Vladimir Fock 提出了原子结构的一般计算方法;Fritz London 和 Walter Heitler 求解了氢分子的结构,在他们结果的基础上,Linus Pauling 建立了理论化学;Arnold Sommerfeld 和 Pauli 建立了金属电子理论的基础,而 Felix Bloch 创立了能带结构理论;Heisenberg 解释了铁磁性的起因;粒子发射的放射线衰变的随机本性之谜在 1928 年由 George Gamow 给出了解释。他指出衰变是由量子力学的隧道效应引起的。随后几年中,Hans Bethe 建立了核物理的基础并解释了恒星能量的来源。随着这些进展,原子物理、分子物理、固体物理和核物理进入了近代物理的时代。

争议和混乱

伴随着这些进展，围绕量子力学的诠释与正确性发生了许多激烈的争论。争论的主角有信奉新理论的 Bohr 和 Heisenberg，以及对新理论感到不满意的 Einstein 和 Schrödinger。要体会这些混乱的原因，必须理解量子理论的一些主要特征，总结如下(为了简单起见，我们只叙述 Schrödinger 版本的量子力学，有时称为波动力学)。

基本描述：波函数。体系行为由 Schrödinger 方程描述，方程的解称为波函数。体系的全部信息由它的波函数描述，在测量任意可观测量时，通过波函数可以计算出各种可能值的概率。在空间给定体积内找到一个电子的概率正比于波函数幅值的平方，因此，粒子的位置弥散分布在波函数所在的体积内。粒子的动量依赖于波函数的斜率：波函数越陡，动量越大。因为从一个地方到另一个地方斜率是变化的，因此动量也是弥散分布的。这样，有必要放弃位移和速度能确定到任意精度的经典图像，而采纳一种模糊的概率图像，这也是量子力学的核心。

对于同样制备的相同体系进行相同测量不一定会给出同一结果。相反，结果分散在波函数描述的范围内。因此，电子具有特定的位置和动量的观念失去了基础。这由不确定性关系作如下定量表述：要使粒子位置测得精确，波函数必须是尖峰型的，而不是弥散的。然而，尖峰必有很陡的斜率，因此动量分散就大。相反，若动量分散小，波函数的斜率必须小，这意味着波函数分布于大的体积内，这样描述粒子位置的精确度就变低。

波能干涉。波峰相加还是相减取决于波的相对相位，波幅同相时相加，反相时相减。当波沿着几条路径从波源到达接收器，比如光的双缝干涉，则接收器上的亮度显示一般会呈现干涉图样。粒子遵循波动方程，将有类似的行为，如电子衍射。要不是人们探究波的本性，这个类推似乎是合理的。波通常被认为是介质中的一种扰动。量子力学中没有介质，从某种意义上说根本就没有波，波函数本质上是我们对系统信息的一种陈述。

对称性和全同性。氦原子由一个原子核以及绕其运动的两个电子构成。氦原子的波函数描述了每一个电子的位置，然而没有办法区分究竟是哪一个。因此，两电子交换后看不出体系有何变化，也就是说在给定位置找到电子的概率不变。由于概率依赖于波函数的幅值的平方，因而粒子交换后体系的波函数与原始波函数的关系只可能是下面的一种：要么与原波函数相同，要么改变符号，即乘以−1。到底是哪一种情况呢?

在量子力学中令人震惊的发现之一个是电子的波函数对于电子交换总是变号。其后果是戏剧性的，若两个电子处于相同的量子态，体系的总波函数不得不等于其反号的量，因此总波函数为零。这就是说两个电子处于同一状态的概率为零，此即 Pauli 不相容原理。所有半整数自旋的粒子(包括电子)都遵循这一原理，并称为费米子。对于自旋为整数的粒子(包括光子)体系，其体系的总波函数对于交换不变号，这样的粒子称为玻色子。电子是费米子，因而在原子中分成壳层排列；光由玻色子组成，所以激光以单一超强的光束(实质上是一个量子态)出现。最近，气体原子被冷却到量子区域而形成 Bose-Einstein 凝聚，这时体系可发射超强物质束,形成原子激光。

上述这些观念仅对全同粒子适用,因为不同粒子交换后波函数当然不同。因此仅当为全同粒子时才显示出玻色子或费米子的行为。同类粒子是完全相同的,这是量子力学最神秘的侧面之一,量子场论能够解释这个疑谜并作为其成就之一。

这意味着什么?波函数到底是什么?进行一次测量是什么意思?诸如此类的问题在早期都激烈争论过。直到1930年,Bohr和他的同事发展了量子力学的多少算是标准的诠释,即所谓的哥本哈根诠释。其关键点是,对物质和事件的概率描述,以及通过Bohr的互补原理调和物质波粒二象性的矛盾。Einstein从不接受量子理论,并一直就其原理与Bohr争论,直至1955年去世。

关于量子力学争论的焦点是:究竟是波函数包含了体系的所有信息,还是可能有隐含的因素(隐变量)决定了特定测量的结果?20世纪60年代中期John S. Bell证明,如果存在隐变量,那么实验观测到的概率应该在特定的界限之下,这被称为Bell不等式。许多小组进行了实验,发现Bell不等式被破坏,他们汇总出来的数据明确反对隐变量存在的可能性。这样,大多数科学家对量子力学的正确性不再怀疑了。

量子理论,由于具有令人着迷的有时被说成是"量子怪异性"的本质,一直吸引着人们的注意力。量子体系的怪异性质起因于所谓的量子纠缠。简单说来,量子体系(如原子)不仅能处于一系列的定态,也可以处于它们的叠加或求和态。测量处于叠加态的原子的某种性质(如能量),一般说来,有时得到这一个值,有时得到另一个值。至此还没有出现任何怪异。

但是也可以构造处于纠缠态的双原子体系,使得两个原子的状态是相互关联的。当这两个原子分开以后,一个原子态的信息被另一个原子态共享(或者说是纠缠)。这一行为只能用量子力学的语言才能解释。这个效应如此令人惊奇,以至于它成了一部分活跃的理论和实验团体的研究焦点。研究并不限于原理性问题,因为纠缠态具有实用性。纠缠态已经应用于量子信息系统,而纠缠构成量子计算所有方案的基础。

二次革命

在20世纪20年代中期创立量子力学的狂热年代里,另一场革命也在进行着。量子物理的另一个分支——量子场论的基础正在建立。不像量子力学创立于一阵短暂的忙乱中,并且产生时就基本上是完整的了,量子场论创立经历了一段曲折的延续至今的历史。尽管量子场论存在各种困难,但其预言是整个物理学中最为精确的,并为一些重要的理论探索提供了范例。

导致量子场论诞生的问题是,电子从激发态跃迁到基态时原子怎样辐射光。1916年,Einstein提出了这一称为自发辐射的过程,但他无法计算自发辐射系数。解决这个问题需要彻底发展电磁场的相对论性量子理论,即光场的量子理论。量子力学是关于物质的量子理论,而量子场论正如其名,是关于场(不仅是电磁场,还有后来发现的其他场)的量子理论。

1925年,Born、Heisenberg和Jordan发表了光的量子场论的初步想法,但开创性的一步是由年轻基本不知名的独立研究的物理学家Dirac迈出的,他于1926年提出了量子场论。Dirac的理论有很多缺陷：令人生畏的计算复杂性，计算结果出现无穷大，并且和对应原理明显矛盾。

20世纪40年代晚期，Richard Feynman、Julian Schwinger和Sin-Itiro Tomonaga(朝永振一郎)发展了量子场论的一种新方法，即量子电动力学(缩写为QED)。他们通过称做重整化的方法回避了计算中的无穷大，其实质是通过减掉一个无穷大量来得到有限的结果。由于方程复杂，无法找到精确解，所以通常用级数来得到近似解，级数项越高越难于计算。级数项虽然依次减小，但是在一些点它们又开始增大，预示着计算方法失效。尽管存在这些理论困难，QED仍被列入物理学史上最成功的理论，用它预测电子和磁场的作用强度已得到实验验证，其精度达到2/1000000000000。

尽管QED取得了超凡的成功，它仍然充满谜团。对于内无一物的空间(真空)，理论提供的看法初看起来显得荒谬。它表明真空不空，到处充满着小的起伏涨落的电磁场。这些小的涨落是解释自发辐射的关键，并且，它们使原子能量和诸如电子等粒子的性质产生小的然而可以测量的变化。这些效应虽然显得奇怪，但已经被一些迄今以来最精密的实验所验证。

对于我们周围世界这样的低能场合，量子力学令人难以置信的精确。但对于高能，相对论效应作用显著，需要更全面的处理办法，量子场论是为了使量子力学和狭义相对论协调而创立的。

量子场论在物理学中突出的作用体现在它为物质本性相关的一些最深刻问题提供了答案。它解释了为什么存在玻色子和费米子这两类基本粒子，它们的性质如何与其内禀自旋有关系；它描述了粒子(不单光子，还有电子，正电子即反电子)是怎样产生和湮灭的；它解释了量子力学中神秘的全同性，为什么全同粒子是绝对相同的是因为它们产生于相同的基本场；QED描述的不仅是电子，还描述包括μ子，τ子及其反粒子的称为轻子的一类粒子。

由于QED是一个关于轻子的理论，当然它不能描述被称为强子的复杂粒子，它们包括质子、中子和大量的介子。对于强子，就必须创立一个新的理论，这就是QED的推广，称为量子色动力学(QCD)。

QED和QCD之间存在很多类似之处。电子是原子的组成要素，夸克是强子的组成要素。在QED中，带电粒子之间的相互作用通过光子传递；在QCD中，夸克之间的相互作用通过胶子传递。尽管有这些类似之处，但QED和QCD之间还存在一个重大的区别。与轻子和光子不同，夸克和胶子永远被囚禁在强子内部，它们不能被释放出来并被单独地研究。

QED和QCD构成了被称为标准模型的大统一的基石。标准模型成功地解释了迄今进行的每一次粒子实验。然而许多物理学家认为它还不够好，因为各种基本粒子的质量、电荷以及其他属性的数据还要来自实验。一个理想的理论应该对所有这些给出预言。

今天，寻求对物质终极本性的理解是每一项重大科学研究的焦点，使人不自觉地想起创造量子力学那段狂热的奇迹般的日子，而其结果可能将更加深远。现在义无反顾地要努力寻求引力的量子描述。虽说经过半个世纪的努力，QED中如此成功地用于电磁场的量子化程序对于引力场则还没有成功。问题是紧要的,因为如果广义相对论和量子力学都成立的话,它们对于同一事件最终应当提供相容一致的描述。在我们周围的日常世界中不会有矛盾,因为在原子中引力相对于电力来说是如此微弱以至于其量子效应可以忽略,从而引力的经典描述已足够完美。但对于黑洞这样引力难以置信之强的体系,我们没有可靠的办法预测其量子行为。

一个世纪以前,我们对物理世界的理解是经验性的。量子物理给我们提供了一个物质和场的理论,它改变了我们的世界。展望 21 世纪,量子力学将继续为全部科学提供基本的观念和必不可少的工具。我们能信心十足地作这样的预言,是因为量子力学为我们周围的世界提供了精确而又完备的理论。然而,今日物理学与 1900 年的物理学在这一点上还是相同的:它说到底还是经验性的——我们不能完全预言组成物质的基本单元的属性,仍然需要测量它们。

或许,超弦理论或者某个目前还在构想中的理论可以解决这一难题。超弦理论是量子场论的推广,它通过以延展体取代诸如电子的点状物体来消除所有的无穷大量。无论结果如何,正如从科学的黎明时期开始就一直是这样的,对自然的终极理解之梦将继续成为新知识的推动力。从现在开始的一个世纪,不断地追寻这个梦,其结果将是现在的我们想象不到的。

附录 C

Einstein 的有神论与宗教观

人们通常会认为，科学是反对有神论的。**实际上，科学只是提倡理性精神，反对迷信，反对无稽之谈。科学并不反对有神论，甚至处处向人们昭示有神论！**

人们不曾注意，**自然界中最令人困惑的问题是：为什么会有科学本身存在？为什么会存在那么多精美绝伦、理性和谐、普适强悍、永恒存在的科学规律？宇宙中万事万物永远地、绝对地遵守着，并行和谐地演化着！**只重视科学应用的人们，总是以功利主义的目的、实用主义的态度对待科学，对于进一步思考这些令人困惑的问题不感兴趣，是可以理解的。然而，富于探索精神的一流科学家们，作为思想家，从来喜欢"打破砂锅问到底"。正是他们，提出这种遐想问题，并试图找寻答案。Einstein 远不是第一个，也决非最后一个[①]。

Einstein 以第一流科学家的身份，从科学研究角度发出了最强力的感叹：**The most incomprehensible thing about the world is that it is comprehensible。正是从科学本身开始思考，导致他相信有神论**。他认为：**每一个严肃地从事科学事业的人都深信，宇宙定律中显示出一种精神，这种精神大大超越于人的精神，我们在它面前必须感到谦卑**[②]。他经常批评无神论者，令他不解的是，宇宙中既然存在着这样一种和谐，竟然还有人会说上帝不存在[③]。这种认识可以归结为：

自然规律昭神示；世间因果蕴禅机。

然而，Einstein 为 Xenophanes 的话所震动：**如果牛会画画，它也会把神画成牛的形状**。这句话导致他终身抛弃了人格化上帝的观念。Einstein 信仰的上帝很像 Spinnoza 的**"神或自然"，祂在自然的和谐与美中显示自身**。一般而言，祂既可以体现为佛祖如来，也可以体现为上帝、太上李老君等。所体现的具体形象与人们的历史文化传承有关。

---

① 参见 EINSTEIN A. Ideas and Opinions[M]. Carl Seelig, ed. New York: Three Rivers Press, 1982; JAMMER M. Einstein and Religion: Physics and Theology[M]. Princeton: Princeton University Press, 1999.

② Einstein 给 P. Wright 的信。24, Jan. 36。

③ 安·罗宾逊. 爱因斯坦 相对论一百年[M]. 张卜天, 译. 长沙：湖南科学技术出版社, 2006: 188. Max Jammer 的文章：BORN M, MAX and EINSTEIN A, The Born-Einstein Letters, London, Macmillan, 2000.

出于这种信念，他认为宗教活动和宗教仪式是人为的，有时有些参加者怀有功利的目的。或许他潜意识里觉得，向上帝祈祷并向其索取的人不能说十分虔诚。所以他从不去教堂参加宗教活动，不算是“笃信宗教”的人。同是犹太人的同事 Born 曾经说过[④]：“Einstein 并不认为宗教信仰是愚蠢的表现，也不认为宗教信仰是理智的表现。”就是说，根据 Born 的了解，**Einstein 认为宗教信仰是科学（理智）之外的正常的东西**。

Einstein 意识到，**科学与宗教不但在有神论上相连相通，落实到每个人身上，科学和宗教分别体现为对人能力的培养和对人格的引导。如果将它们分离开来，就对人的全面教育而言，都是偏颇的**。正是基于这种考量，**Einstein 认为科学和宗教是相互支持、并行不悖、不可或缺的**。所以他说：**科学离开了宗教就像瘸子，宗教离开了科学就像瞎子**[⑤]。总之都是很不健全的。与此同时，并非巧合的是，孙中山先生也说：**佛教有救世之仁，佛学是哲学之母，研究佛学可补科学之偏**[⑥]。两人所见相仿。

目前情况下，需要强调两点：其一，科学从来不是真正独立、彻底完备的。有些科学家，比如 S. W. Hawking 主张[⑦]：“如果宇宙确实是完全自足的，没有边界或边缘，它就既没有开端也没有终结——它就是存在。那么，还会有造物主存身之处吗？”他以为，只要以这种自足方式拟定宇宙演化的初始条件，就可以认定人们创制的宇宙演化解释因自足而不需要上帝的存在。其实，无论从人们创制的“可道”之“道”都不是“常道” 的哲理考量，或者依据“Gödel 不完备定理”进行逻辑梳理[⑧]，都容易明了 Hawking 的观点只是一个误会。**其二，科学作用从来是局限的、偏颇的**。人们常说，人之所以区别于动物是因为人有思想，其实还另有重要角度观察人和动物的区别。**无例外地，人都有两个层次的属性：基本的或初级的动物性层次，以及高级的人性层次。前者动物性层次，是每个人生而固有的。其主要特征是“个人利益挂帅”，也就是通俗说的“屁股决定脑袋”，全部人生只是关心“我的奶酪”**。本来，顾及个人利益无可厚非，只要遵纪守法，不损及他人即可。圣人都说“**食、色，性也**”。**但是，如果沦落到“肉骨头就是一切”的地步，也就落入了动物本性的层次，其行为与动物行为并无本质差别！后者人性层次，一般而言不为动物所具备，只为万物之灵的人类所特有。其主要特征是超越个人利益考量的所有思想、意识、情感和行为。它们不属于“屁股决定脑袋”的范畴，而源自人类先天特有的禀性与后天思想品德的修为**。比如，对民族讲忠诚、对父母讲孝心、重仁爱、讲情义、尊礼守信、有同理心、有感恩心、有敬畏心、有羞耻心，等等。**这些属性塑造人的品格。它们或是人类先天具备的，或是经过后天教育能够具有的。一般来说，它们不为动物先天所具备，也不可能经过后天训练让动物具有。说到底，唯有人性才是人类特有的**

---

④ BORN M. Max and Albert Einstein. The Born-Einstein Letters，London，Macmillan，2nd edn，2005.

⑤ EINSTEIN A. Ideas and Opinions[M]. Carl Seelig，ed，New York：Three Rivers Press，1982.

⑥ 《孙中山全集》第 9 卷，或见西安大慈恩寺石壁题字。

⑦ 史蒂芬·霍金. 时间简史[M]. 许明贤，吴忠超，译. 长沙：湖南科学技术出版社，2002：131. 实际上，这种观点没有充分考虑 K. Gödel 的“不完备定理”，把人类创制的第二个“道”——“可道”之“道” 当成了第一个“道”。

⑧ K. Gödel 定理见本书第 30 讲脚注⑫中文献。有关此处的论述详见本书前面有关各讲。

品质,才是人类有别于动物,比所有动物高明、高尚、高级的标志。换个角度说,假如一个人的"人性泯灭"了,那他就只剩下动物性了。全部科学技术只限于教人掌握知识、提高本领、增长才干,并不涉及人性的增强、人格的培养,从不教人如何超越做强壮动物的层次去做人!这就是为什么孙中山和Einstein都认为科学是偏颇的!

总而言之,Einstein是自然神的有神论者。自然神体现在自然界精美法则与永恒和谐的韵律之中。鉴于科学和宗教在有神论上相连相通,对人格塑造而言相辅相成,Einstein认为两者彼此互补,不可或缺。但他对含有人为编排成分的宗教活动,或许因为持有保留,并不参加。

附录D

云门山石刻碑文

关于“有神论”与“无神论”问题，附录C叙述智者之识，下面再引述清朝一批普通妇女的看法，两个附录组成一体。看法来自山东青州云门山顶一方石碑。碑文表明，她们“世事洞明”地、有意识地做着有神论的事，而又很有道理地认为自己并不迷信，竟然将有神论和无神论融洽统一起来。录碑文如下（分段标点和部分简化汉字为转录者所为），奇文共赏析。

神之有无？呜呼！知曰：知之于人心而已！所为善耶，其心则窃喜；所为不善耶，其心则窃怒。此喜此怒，谁为为之？谁实使之？世人求其故而不得，□群拟一徽号，曰：“神”。

自神之名定，而世人咸时时自注之。神亦大昭其灵应，以赏善罚恶于无□。然则□仍辅助王法所不及，督责父师所易忽者也。

众信女夙本此义，以事诸神，又夙本此义，以事圣母。既不迷信，又非忽略事神。若此可谓得其要领矣。余承众人嘱，用记其事于碑，并将众信女所葺泰安社会诸名氏罗列于后，以期其因神而传焉。

众信女名

大清光绪三十四年四月上旬榖旦。

后　　记

量子力学诞生已逾百年，迄今依然存在关于它的大量争议和曲解，有时几乎就是排斥和抗拒，更多的是不理解和隔阂！人们在接受经典物理学的时候，从没有经历如此艰难波折的过程。Feynman 曾经说过：

I think I can safely say that nobody understands quantum mechanics.

于是教授量子力学的老师常常会对同学说：

Shut up，calculate!

因此不少量子力学课程的讲授就成为：既昧于“传道”，复闪躲于“解惑”，即便“授业”也只限于讲清数学外衣！而且还认为只得如此。但结果却是：学生后来也就逐渐淡忘了那些很想搞清楚而又很费思量的困惑。最终要么决定离开这个讲不清也想不通道理的领域，要么终至一生难于洗尽身上“只见有手，不见有脑袋”的“匠气”。其实，这里最需要的是 Descartes 说的：

I think，therefor I am.

这是一名学者研究精神之所在！只不过，这时却又应当警惕本书最后一讲所说的“三重雾霾”：经典物理学带来的“先入为主的偏颇”、人类全部观测能力可能具有的“先天的局限”、人类炮制的“可道之道的眩惑”。

所以，在从经典 Newton 力学过渡到量子力学问题上，人们确实有必要按“吾日三省吾身”的精神，对自己的思想认识多一点剖析，多一点省悟。**面对三重雾霾给人们思维模式所带来的偏颇、局限和眩惑，人们只能依照科学的“理性精神”——“相信实验，相信逻辑”，依循实验事实指引的方向，利用逻辑思维前行。新的实验事实是医治人们物理思想僵化的特效药方；逻辑思维是扶助人们前进的可靠工具。两者结合，是正确指引人们前进的灯塔，是肯定、修正或否定新旧物理理论的唯一裁判，是肯定、修正或否定人们传统观念和习惯认识的唯一裁判。其中，实验验证是最高和最后的裁判。**

应当指出，**科学理性精神的本源是自然界的绝对客观、彻底理性、完美和谐的品格。自然界具有如此高贵的品格十分蹊跷，发人深省，令人敬畏！**以致 Einstein 说：**自然界最不可以理解的是，自然界竟然是可以理解的！难道不是吗**?!

对于学术研究中的“创新”，幽默一点称做“抬杠”。**实际上，就量子理论基本和重要问题进行“抬杠”，求得对它的更科学、更深入、更自然的理解是本书的基本宗旨。**相关精神遍及书中各讲，内容涉及量子理论的几乎主要奠基者——Heisenberg、Pauli、Einstein、Dirac、Landau、Feynman，以及 Weinberg、Hawking 等人，还涉及一些国外著名教材。“抬杠”办法是并行列出他们和本书作者双方的观点，对照分析，呈献给读者鉴别。

附带地说，检查一个理论的前提、公设、出发点，及其间的逻辑自洽性十分重要，但人们往往疏失于此。其实，一个科学理论的前提或公设，既是它最基础、最重要的部分，也可能是它最薄弱的环节。因为，它们近于白话，看似无可挑剔，实际体现着当时社会生产力的发展程度、人们认识水平，暗含人们思想方法的偏颇、自然观的局限。这可以在自然科学发展史中找到大量例证。从牛顿力学转向量子力学的过程就明显暴露了人们宏观观察所得经验的局限性。

想起来，"抬杠"也有"抬杠学"，可以划分为三种境界："初级'抬杠'""中级'抬杠'"和"最高级'抬杠'"。其中，**"抬杠"的最高境界是抬前提、抬公设、抬出发点、抬游戏规则。从对方理论的出发点处入手，从根本处抬起，突破框架，彻底掀翻**。举两个例子：**其一**，Einstein对Newton的"抬杠"，Einstein成功了；**其二**，孙悟空大闹天宫之后和如来佛祖的对阵算得上是最高级别的"抬杠"了，结果悟空失败。究其原因是，**悟空跳上如来掌心之刻，便是依循佛祖游戏规则之时，由此失败**。悟空的失败在于盲目自信和缺乏经验，缺乏在最高级别"抬杠"时，一定要有"抬前提""抬游戏规则"的意识！考量一个理论，倘若注意从其前提、公设、出发点入手，往往可以得到出人意料的突破，虽然达不到北京卧佛寺如来涅槃之后**"得大自在"**，但能获得

"跳出你的三界外，不在你的五行中！"

这种"自在"已经十分超然、相当浩瀚了！

话说回来，人们经常是"无力补天"！不过总还可以做一块通往西天灵山路上的石阶：白天摩肩接踵过，晚上清泉石上流。只怕时常会不自觉地坠入6位盲人之列，凑成七律之数。奈何如前言所说，上帝造人时只给了人类这第三等的本事。**说到底，人生真实和永恒的体验还是"奉献即存在"。依循勤奋的三个层次：**

勤奋、多思、求悟，

奋力前行。就是说，

I contribute, therefore I am.

阶石承踵，证其存在。是为后记。

内 容 索 引

（讲号-节号-条号；讲号-节号、附录号）